21世纪高等学校规划教材

LILUN LIXUE

理论力学

主　编　陈建芳
副主编　王文宁　仇　君
编　写　蒋文宇
主　审　邱棣华

中国电力出版社
CHINA ELECTRIC POWER PRESS

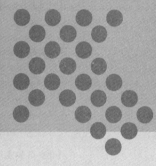

内 容 提 要

本书为21世纪高等学校规划教材，全书分为静力学、运动学及动力学三篇，共13章，主要内容包括静力学基础及物体的受力分析、基本力系、任意力系、静力学应用专题、点的运动学、刚体的简单运动、点的合成运动、刚体的平面运动、动力学基础、动能定理、动量原理、达朗伯原理（动静法）、虚位移原理等。本书根据教育部非力学专业力学基础课程教学指导分委员会制定的《高等学校工科本科理论力学课程教学基本要求》编写，力求对传统内容加以精选，通过贯通融合和相互渗透，以减少重叠。书中每篇均有教学基本要求；每章均有本章提要、小结及思考题和习题。书后附有思考题及习题答案，便于教学及自学。

本书可作为普通高等院校工科专业机械、土建、交通、水利、动力等专业的教材，也可供其他专业选用，还可作为自学、函授教材。

图书在版编目（CIP）数据

理论力学/陈建芳，王文宁，仇君编．—北京：中国电力出版社，2008.6（2019.7重印）

21世纪高等学校规划教材

ISBN 978-7-5083-7296-9

Ⅰ.理…　Ⅱ.①陈…②王…③仇…　Ⅲ.理论力学—高等学校—教材　Ⅳ.O31

中国版本图书馆CIP数据核字（2008）第070181号

中国电力出版社出版、发行

（北京市东城区北京站西街19号　100005　http：//www.cepp.sgcc.com.cn）

三河市航远印刷有限公司印刷

各地新华书店经售

*

2008年6月第一版　　2019年7月北京第五次印刷

787毫米×1092毫米　16开本　18.5印张　449千字

定价 **50.00** 元

前言

本书根据教育部非力学专业力学基础课程教学指导分委员会制订的《高等学校工科本科理论力学课程教学基本要求》（参考学时 60～80）组织编写。可作为高等院校工科专业理论力学课程的教材，也可供有关工程技术人员参考。

在编写本教材时，力求对传统内容加以精选，通过贯通融合和相互渗透，以减少重叠。例如，在静力学中，采用由基本力系到一般力系、由空间到平面的写法，先得出空间问题的结论，然后将平面问题作为空间问题的特殊问题处理，但侧重点仍放在平面力系上。特别在习题训练方面，重点放在平面任意力系部分。又比如在动力学普遍定理中，先讨论动能定理，然后将动量定理和动量矩定理合为动量原理一章编写，概念清楚，层次分明，内容精练。

本书内容包括静力学、运动学及动力学三部分。每部分有教学基本要求，每章前面有本章提要，后面有小结及针对相应内容的思考题及习题，书后附习题答案，便于教师教学及学生自学。

本书由陈建芳制订编写大纲。编写分工如下：陈建芳编写绪论、第 1～3、10、11 章；王文宁编写第 5～8 章；仇君编写第 4、9、12、13 章。全书由陈建芳统稿并负责修改和定稿工作，蒋文宇、王晓洁、王元龙三位同学做了大量的图片处理工作。本书在编写过程中，参阅了不少相关教材和文献，承蒙邱棣华教授全面详细的审阅并提出了许多宝贵建议，在此一并表示感谢。

由于作者水平有限，书中难免有不妥和疏漏之处，敬请读者批评指正。

编 者

2007 年 12 月

主要符号表

$\boldsymbol{a}$	加速度
$\boldsymbol{a}_{\mathrm{n}}$	法向加速度
$\boldsymbol{a}_{\tau}$	切向加速度
$\boldsymbol{a}_{\mathrm{a}}$	绝对加速度
$\boldsymbol{a}_{\mathrm{r}}$	相对加速度
$\boldsymbol{a}_{\mathrm{e}}$	牵连加速度
$\boldsymbol{a}_{\mathrm{C}}$	科氏加速度
$\boldsymbol{a}_{A\mathrm{n}}$	点 A 的法向加速度
$\boldsymbol{a}_{A\tau}$	点 A 的切向加速度
$\boldsymbol{a}_{MO}^{n}$	动点 M 绕基点 O 相对转动的法向加速度
$\boldsymbol{a}_{MO}^{\tau}$	动点 M 绕基点 O 相对转动的切向加速度
A	面积
C	重心，速度瞬心
f	动摩擦系数
f_{s}	静摩擦系数
$\boldsymbol{F}$	作用力
$\boldsymbol{F}_{\mathrm{R}}$	力系的合力
$\boldsymbol{F}'_{\mathrm{R}}$	力系的主矢
$\boldsymbol{F}_{\mathrm{s}}$	静滑动摩擦力
$\boldsymbol{F}_{\mathrm{N}}$	法向约束力
$\boldsymbol{F}_{\mathrm{T}}$	柔性体的拉力
$\boldsymbol{F}_{\mathrm{I}}$	惯性力
$\boldsymbol{g}$	重力加速度
$\boldsymbol{G}$	重力
h	高度
$\boldsymbol{i}, \boldsymbol{j}, \boldsymbol{k}$	沿正交轴 x，y，z 的单位矢量
$\boldsymbol{I}$	冲量
J_z	刚体对 z 轴的转动惯量
J_{xy}	刚体对 x、y 轴的惯性积
J_C	刚体对质心的转动惯量
k	弹簧的刚度系数
l	长度
$\boldsymbol{L}_O$	刚体对点 O 的动量矩
$\boldsymbol{L}_C$	刚体对质心的动量矩
m	质量
$\boldsymbol{M}$	力偶矩矢
$\boldsymbol{M}_O$	力系对点 O 的主矩
$\boldsymbol{M}_z(\boldsymbol{F})$	力 $\boldsymbol{F}$ 对轴 z 的矩
$\boldsymbol{M}_O(\boldsymbol{F})$	力 $\boldsymbol{F}$ 对点 O 的矩
$\boldsymbol{M}_{\mathrm{I}O}$	惯性力系对点 O 的主矩
n	质点的数目
$\boldsymbol{p}$	动量
P	功率，速度瞬心
q	荷载集度，广义坐标
r	半径
$\boldsymbol{r}$	矢径
$\boldsymbol{r}_O$	点 O 的矢径
$\boldsymbol{r}_C$	质心的矢径
s	弧坐标
t	时间
T	动能，周期
$\boldsymbol{v}$	速度
$\boldsymbol{v}_{\mathrm{a}}$	绝对速度
$\boldsymbol{v}_{\mathrm{r}}$	相对速度
$\boldsymbol{v}_{\mathrm{e}}$	牵连速度
V	势能，体积
W	力的功
x，y，z	直角坐标
$\alpha(\boldsymbol{\alpha})$	角加速度（角加速度矢）
α，β，γ，φ，θ，ψ	角度
φ_{f}	摩擦角
ρ	密度
δ	滚动摩阻系数，弹簧变形量，变分符号
$\delta \boldsymbol{r}$	虚位移
δW	虚功
$\omega(\boldsymbol{\omega})$	角速度（角速度矢）
ω_{a}	绝对角速度
ω_{r}	相对角速度
ω_{e}	牵连角速度

目　　录

第二篇 运 动 学

第三篇　动　力　学

绪　论

（一）理论力学的研究对象和主要内容

理论力学是研究物体机械运动一般规律的科学。

机械运动是指物体的空间位置随时间而发生变化，是最常见的运动形式。运动是物质存在的形式，是物质的固有属性。宇宙中的一切物质都在按自己的规律不断地运动着，其形式是多种多样的。例如，光、电、热的运动，物理变化、化学变化以及人脑的思维活动等，都是运动形式之一，而机械运动则是一切运动形式中最简单、最基本的一种。例如天体的运行，车辆、船只的行驶、各种机器的运转等，都属于机械运动，并且在其他高级和复杂形式的运动中，也会包含或伴随着机械运动。因此，对机械运动的研究，不仅是工程实际的需要，也是进一步研究其他高级运动形式的基础。

理论力学所研究的内容是以牛顿的基本定律为基础的，属于古典力学的范畴。在全部科学中，古典力学最能成功地把来自经验的物理理论，系统地表达成抽象数学的简明形式——定律，从而在一定程度上奠定了科学大厦的基础，而这些定律就是理论力学课程的科学根据。尽管在20世纪初，由于物理学的重大发展，产生了相对论力学和量子力学，证明古典力学的定律不适用于物体运动速度接近于光速的情况，也不适用于微观粒子的运动。但是在一般工程实际中，即使是一些尖端技术如火箭发射、宇宙飞船航行等，我们研究的也还是宏观物体的低速（与光速相比）运动，因此古典力学仍然是既方便又足够精确的理论，一直未失去其应用价值。

理论力学包括静力学、运动学和动力学三部分内容。

（1）**静力学**　主要研究力系的简化和物体的平衡条件；

（2）**运动学**　主要研究物体运动的几何性质，而不涉及引起物体运动的物理原因；

（3）**动力学**　主要研究物体运动与所受力之间的关系。

（二）理论力学的研究方法和学习目的

力学的发展历史表明，与任何一门科学一样，理论力学的研究方法也不能离开认识过程的客观规律。概括地说，理论力学的研究方法是从观察、实践和科学实验出发，经过分析、综合和归纳，总结出力学的最基本的概念和定律；在基本定律的基础上，经过逻辑推理和数学演绎，得出具有物理意义和实用意义的结论或定理，从而将通过实践得来的大量感性认识上升为理性认识，构成力学的理论体系；然后再回到实践中验证理论的正确性，并在更高的水平上指导实践，同时在这个过程中获得新的材料、新的认识，再进一步完善和发展理论力学。

理论力学有着严密的逻辑系统，它与数学的关系非常密切，数学不仅是推理的工具，同时还是计算的工具，因此，计算技术在力学的应用和发展上有巨大作用。现代电子计算机的出现，为计算技术在工程技术问题中的应用开辟了广阔的前景，大大地促进了数学在力学中的应用，处理力学问题的一般途径是：①先将所研究的问题抽象为力学模型，这些模型既要能反映问题的实质，又要便于求解；②由力学的基本理论及各力学量之间的数学关系建立方程；③运用数学工具求解，必要时对数学解进行分析讨论，舍去无力学意义的解。

学习理论力学课程，掌握机械运动的基本规律，使我们能够更好地理解周围许多机械运动现象。例如，公路和铁路在转弯处为什么外侧要比内侧高，发射人造地球卫星至少需要多大的速度，卫星怎样围绕地球运动，高速公路表面为什么宏观上要平整、微观上要粗糙等，这些都可由本门课程的原理和内容得到解答。

当然，学习本课程的主要目的，不仅在于解释日常所见的机械运动现象，而在于掌握机械运动的规律，以便在生产实践中应用这些规律，更好地为生产建设服务。在实际生产生活中，从土木建筑工程结构物的设计和施工、机械的制造和运转，到人造卫星、宇宙飞船的发射和运行，都存在着大量的力学问题，尽管这些问题并不都是单靠本门课程的理论就能解决的，但在解决这些问题时，机械运动的知识却是不可缺少的。

本门课程关于机械运动规律的基本理论是许多工程专业课程（如材料力学、结构力学、弹性力学、流体力学；土力学、机械原理、结构设计原理、振动理论等）的理论基础。通过本门课程的学习，读者不仅能够掌握理论力学的基本概念、基本理论与研究方法，并用于解决一些比较简单的工程实际问题，而且能够提高正确分析问题和解决实际问题的能力，为今后解决工程实际问题、从事科学研究打下良好基础。

第一篇 静 力 学

静力学教学基本要求

(1) 质点、质点系、刚体、刚体系的基本概念，力、力系的基本概念。

(2) 静力学公理及其推论。

(3) 约束的概念，掌握各种常见约束的性质及其约束力的表示方法。

(4) 对一般的物体系统能熟练地取分离体并正确地画出受力图。

(5) 力的投影及其计算，合力投影定理。

(6) 汇交力系的合成与平衡。

(7) 力对点之矩和力对轴之矩的概念及其计算。

(8) 力偶、力偶矩矢量的概念，力偶的等效条件，力偶系合成的平衡。

(9) 力的平移定理，力系的主矢与主矩概念。

(10) 任意力系的简化结果分析，合力矩定理。

(11) 会应用各种类型的平衡条件和平衡方程求解单个物体和简单物体系统的平衡问题。对平面任意力系的平衡问题，能熟练地取分离体和灵活应用各种形式的平衡方程求解。

(12) 静定与超静定的概念。

(13) 桁架的概念，简单桁架内力计算的节点法和截面法。

(14) 滑动摩擦的概念和摩擦力的特征，滑动摩擦定律，摩擦角（锥)、自锁条件。

(15) 了解滚阻的概念。

(16) 会求解考虑滑动摩擦时简单物体系统的平衡问题。

静力学引言

静力学是研究力系的简化及物体在力系作用下平衡条件的科学。

平衡是指物体相对于惯性参考系（如地面）处于静止或作匀速直线运动的情形。如桥梁、高层建筑物、作匀速直线飞行的飞机等都处于平衡状态。平衡是物体机械运动的一种特殊形式。

在静力学中，主要研究以下三方面问题。

(1) 物体的受力分析：即分析物体共受多少力，以及每个力的大小、方向和作用线位置，以便对所要研究的力系有系统和全面的了解。

(2) 力系的简化（或等效替换）：**力系**是指作用在物体上的一群力。将作用在物体上的一个力系用另一个力系代替，而不改变原力系对物体的作用效果，则此两力系等效或互为等效力系。用一个简单的力系来等效替换一个复杂的力系对物体的作用，称为力系的简化。这样我们就能抓住不同力系的共同本质，明确力系对物体作用的总效果。

(3) 力系的平衡条件及其应用：即研究物体处于平衡时，作用在物体上的各种力系所必须满足的条件。表示这种条件的数学方程式称为力系的平衡方程。通过求解这些方程，可以得到待求的各种未知量。这是静力学的核心任务。

在静力学中，将所研究的物体都看作是刚体，所以又称刚体静力学。**所谓刚体**，就是在任何情况下其大小和形状不变的物体。实践证明，任何物体受力后总会或多或少地产生变形，但是，在正常工作情况下，工程技术中的绝大多数零件和构件的变形，一般是很微小的，甚至只有用专门的仪器才能测量出来。例如，房屋建筑中常用的钢筋混凝土梁，在设计时梁中央的最大变形（挠度）就控制在梁长的1/250～1/300；在机械中，各零部件所允许的最大变形更是极为微小的。因此，在很多情况下，物体这些微小的变形，对于平衡问题的研究影响很小，可以忽略不计，从而使问题的研究大为简化。以后我们还将看到，对于那些必须考虑变形的平衡问题的研究，也是以刚体静力学为基础的，只不过还要考虑更复杂的力学现象并加上一些补充条件而已。

在工程实际中存在着大量的静力学问题，例如，在对各种工程结构的构件（如梁、桥墩、屋架等）设计时，须用静力学理论进行受力分析和计算，在机械工程设计时，也要应用静力学知识分析机械零部件的受力情况作为强度计算的依据。对于运转速度缓慢或速度变化不大的构件的受力分析通常都可简化为静力平衡问题来处理。另外，静力学中力系的简化理论和物体受力分析方法可直接应用于动力学和其他学科，而且动力学问题还可从形式上变换成平衡问题应用静力学理论求解。因此，静力学是理论力学的基础部分，不仅在力学理论上占有重要的地位，而且在工程中也有着极其广泛的应用。

1　静力学基础·物体的受力分析

本 章 提 要

本章是整个力学系列课程的基础。首先介绍静力学的基本概念；静力学的五个公理；然后分类介绍了工程上几种常见约束的特征、简图的表示方法以及约束反作用力的确定方法，这是本章的难点；在此基础上，最后讨论物体的受力分析，这是本章的重点，应多看勤练，垒实基本功。

1.1　力 与 力 系

1.1.1　力的概念

力是物体之间的相互机械作用，其作用效果是使物体的运动状态和形状发生改变。物体受力作用后产生的效应表现在两个方面：①物体运动状态发生变化；②物体产生变形。前者称为运动效应或外效应，后者称为变形效应或内效应。而在理论力学中将物体抽象为刚体，这就意味着刚体静力学只研究物体受力时的外效应；内效应将在后续课程材料力学中着重研究。

实践表明，力对物体的作用效果由三个要素——力的大小、方向、作用点来确定，称为**力的三要素**。从数学角度看，具有大小和方向的量被称为矢量，而且力的相加服从矢量加法规则（矢量合成的平行四边形法则），因此力是**定位矢量**。所以，可以用一个定位的有向线段来表示力，如图 1-1 所示。其中线段的长度按一定的比例尺（或定性表示即可）表示力的大小，线段的方位（与水平线的夹角 θ）和箭头的指向表示力的方向，线段的起点（或终点）表示力的作用点。线段所在的直线称为力的作用线。在手写体中，通常用白斜体大写字母上加箭头作为力的矢量符号，如 $\vec{F}$。在本书（印刷体）中用黑斜体字母（如 $\boldsymbol{F}$）来标记力矢量，而用对应的普通斜体字母（如 F）来表示力矢量的模。在国际单位制中，力的单位是牛顿（N）或千牛顿（kN）。

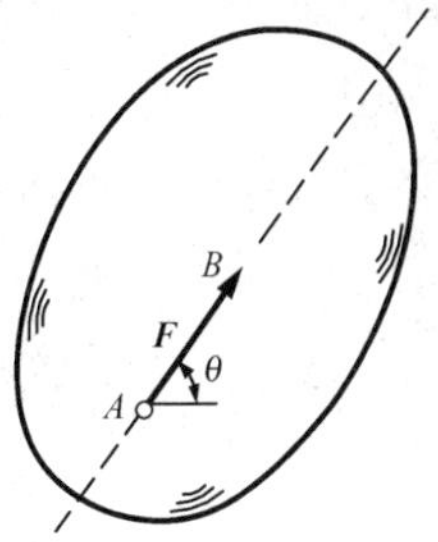

图 1-1

按力的作用范围来区分，力可以分为集中力与分布力两大类。

（一）分布力

分布力是指作用在物体整个或一部分长度（或面积、体积）上的力。例如自重，风、雪、水、气等的压力，都是分布力。沿长度分布的力其大小通常用符号 q 表示，

$$q = \lim_{\Delta l \to 0} \frac{\Delta F}{\Delta l}$$

式中　Δl——确定力大小的点附近微小的一段长度；

ΔF——作用于该微段长度内分布力的合力；

q——分布力的集度。

如果力的分布是均匀的，称为**均匀分布力**，简称**均布力**。均质等截面梁每单位长度的重量都相等，迎风面每单位面积（指投影面积）所受的风压力相等，这些都是均布力的例子。

（二）集中力

集中力指作用于物体某一点上的力。在实际问题中，物体相互作用的位置并不是一个点而是物体的一部分面积或体积，即上面所说的分布力，但当分布力的作用面积或体积与物体尺寸比较很小时，可以近似认为作用在一个点上。因此集中力是一个抽象出来的概念。另外，对刚体而言，一些分布力的作用效果可以用一个与之等效的集中力来代替，以使问题得到简化。例如，重力是体积分布力系，而我们通常用作用于刚体重心的一个等效集中力代替原力系。

尽管集中力是抽象的结果，但它却是最重要、最普遍的一种力，大多数力的作用可以用集中力来描述。下文中如无特殊说明，一般的力均指集中力。

1.1.2 力系的分类

我们已经知道，力是矢量，力矢所在的直线就是力的作用线，力系依作用线分布情况的不同可分为：

（1）**平面力系。** 所有力的作用线在同一平面内的力系。平面力系又可分为：①平面汇交力系；②平面平行力系；③平面任意力系。

（2）**空间力系。** 所有力的作用线不在同一平面内的力系。空间力系又可分为：①空间汇交力系；②空间平行力系；③空间任意力系。

由于平面力系可视为空间力系的特殊情况，而汇交力系和平行力系又可视为任意力系的特殊情况。所以，空间任意力系是力系中最复杂、最普遍、最一般的形式，其他各种力系都可看成是它的一种特殊情况。因此，在后面的讨论中，都从空间力系开始，而把平面力系作为它的特殊情况。

若按力系简化性质，力系又可分为**基本力系和任意力系**，而后者可以归结为前者的组合，因此在第二章先讨论基本力系，第三章再讨论任意力系。

1.2 静 力 学 公 理

任何一门科学都要有公理作为基础。公理，简言之，即为公认的道理（或真理）。公理在《辞海》中的解释为："在一个理论中已为反复的实践所证实而被认为不需证明的命题，可作为证明中的论据"。静力学公理是人们关于力的基本性质的概括和总结，是研究静力学的基础。

公理是有层次性的，在本门课程中，在已学过的知识的基础上，一般以下述五条命题作为公理。

公理 1　力的平行四边形法则

作用于物体上同一点的两个力可以合成为作用于该点的一个合力，合力的大小和方向由以这两个力为邻边所构成的平行四边形的对角线确定［图 1-2 (a)］。或者说，合力矢等于

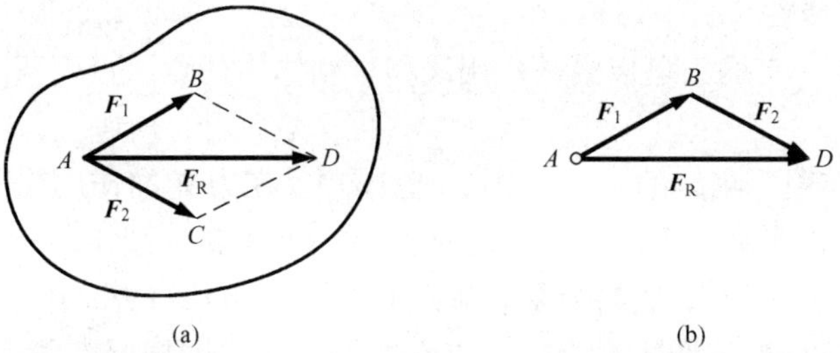

图 1-2

两个分力矢的矢量和，以数学公式表示为

$$F_R = F_1 + F_2 \tag{1-1}$$

这个公理表明了最简单力系简化的规则和基本方法，它是复杂力系简化的基础。

为了简便，作图时可直接将力矢 $\boldsymbol{F}_2$ 平移到力矢 $\boldsymbol{F}_1$ 的末端 B，连接 A、D 两点即可求得合力矢 $\boldsymbol{F}_R$［图 1-2（b）］。这个三角形 ABD 称为**力三角形**，这样的作图方法称为**力的三角形法则**。

公理 2　二力平衡公理

作用在同一刚体上的两个力，使刚体保持平衡的必要充分条件是：这两个力大小相等、方向相反、且作用在同一直线上（图 1-3），以数学公式表示为

$$F_1 = -F_2 \tag{1-2}$$

这个公理揭示了作用于刚体上最简单力系平衡时所必须满足的条件，又称为**二力平衡条件**。

仅在两点受力作用并处于平衡的刚体称为**二力体**或**二力构件**（图 1-4），而不管刚体的形状如何，常简称为**二力杆**。二力体所受的二力必沿此二力作用点的连线，且等值、反向。

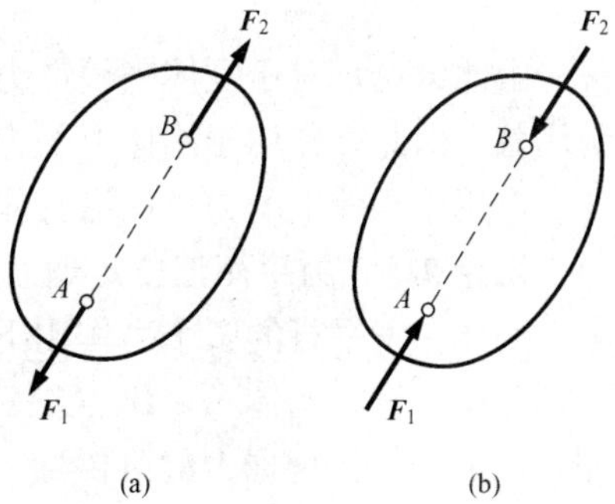

图 1-3

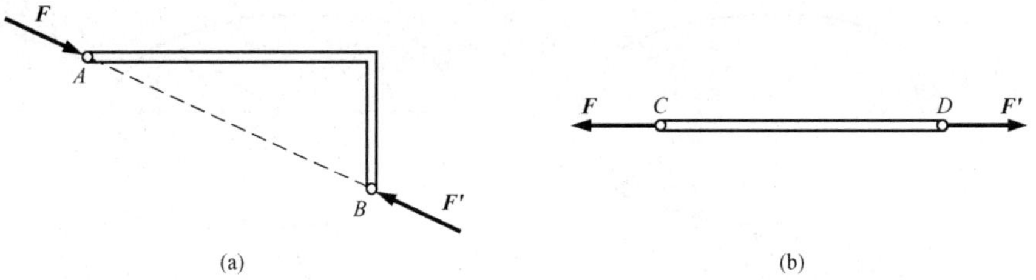

图 1-4

公理 3　加减平衡力系公理

在作用于刚体的任意力系上，增加或减去一个平衡力系，不改变原力系对刚体的作用效果。

此公理的正确性是显而易见的，但只对刚体成立。

这些公理为力系的简化提供了依据。

推论 1 力的可传性

作用于刚体上某一点的力可以沿其作用线移至刚体内任意一点而不改变该力对刚体的作用效果。

证明：设力 $\boldsymbol{F}$ 作用于刚体的 A 点［图 1-5（a）］。在力 $\boldsymbol{F}$ 的作用线上任取 B 点，并且在 B 点加一对沿 AB 线的平衡力 $\boldsymbol{F}_1$ 和 $\boldsymbol{F}_2$，且使 $\boldsymbol{F}_1=-\boldsymbol{F}_2=\boldsymbol{F}$［图 1-5（b）］。由加减平衡力系公理可知 $\boldsymbol{F}$、$\boldsymbol{F}_1$、$\boldsymbol{F}_2$ 三力组成的力系与原力 $\boldsymbol{F}$ 等效。再从该力系中去掉由 $\boldsymbol{F}$ 和 $\boldsymbol{F}_2$ 组成的平衡力系，则剩下的力 $\boldsymbol{F}_1$［图 1-5（c）］与原力 $\boldsymbol{F}$ 等效。即把原来作用在 A 点的力 $\boldsymbol{F}$ 沿作用线移到了 B 点。证毕。

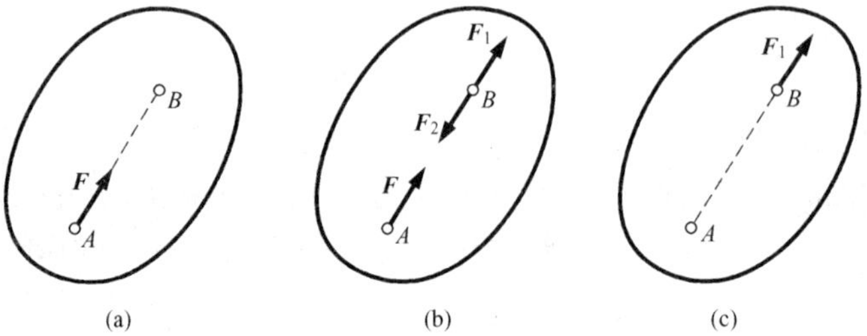

图 1-5

由此可见，对于刚体来说，力的作用点已不是决定力的作用效果的要素，它已为作用线所代替。因此，作用于刚体上的力的三要素是：力的大小、方向和作用线。

作用于刚体上的力可以沿其作用线移动，这种矢量称为**滑动矢量**。

推论 2 三力平衡汇交定理

刚体在不平行的三个力作用下平衡时，此三力的作用线必共面且汇交于一点。

证明：设在刚体 A、B、C 三点上，分别作用不平行的三个相互平衡的力 $\boldsymbol{F}_1$、$\boldsymbol{F}_2$、$\boldsymbol{F}_3$［图 1-6（a）］。根据力的可传性，将力 $\boldsymbol{F}_1$、$\boldsymbol{F}_2$ 移到其汇交点 O，然后根据力的平行四边形法则，得合力 $\boldsymbol{F}_{R12}$，则力 $\boldsymbol{F}_3$ 应与 $\boldsymbol{F}_{R12}$ 平衡［图 1-6（b）］。由二力平衡公理知，$\boldsymbol{F}_3$ 与 $\boldsymbol{F}_{R12}$ 必共线，由此知 $\boldsymbol{F}_3$ 的作用线必通过 O 点并与力 $\boldsymbol{F}_1$、$\boldsymbol{F}_2$ 共面。证毕。

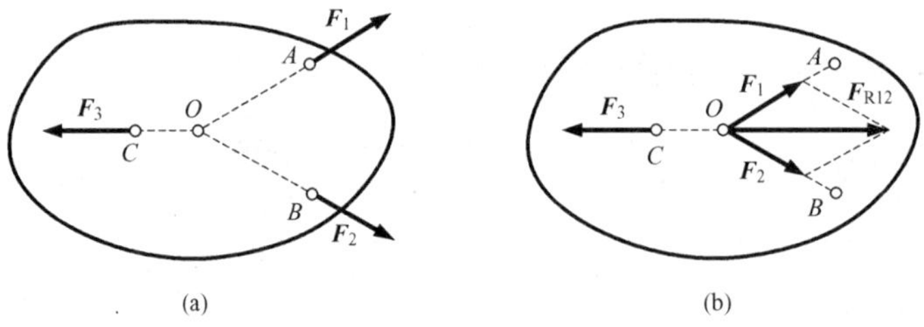

图 1-6

三力平衡汇交定理是三力平衡的必要条件，而不是充分条件。它常用来确定刚体在不平行三力作用下平衡时，其中某一未知力的作用线方位。

公理 4 作用与反作用定律

两物体间相互作用的力总是大小相等、方向相反、沿同一直线，分别且同时作用在这两个物体上。

这个公理概括了任何两个物体间相互作用的关系。有作用力，必定有反作用力，两者总是同时存在，又同时消失。

但须注意，由于作用力与反作用力分别作用在两个物体上，因此不能认为作用力与反作用力相互平衡。

公理 5 刚化原理

变形体在某一力系作用下处于平衡，如将此变形体刚化为刚体，其平衡状态保持不变。

这个公理指出，刚体的平衡条件对于变形体的平衡也是必要的。因此，可将刚体的平衡条件，应用到变形体的平衡问题中去，从而扩大了刚体静力学的应用范围，这对于弹性体静力学和流体静力学都有着重要的意义。

必须指出，刚体的平衡条件只是变形体的必要条件，而非充分条件。如图 1-7 所示，绳索在等值、反向、共线的两个拉力作用下处于平衡，如将绳索刚化为刚体，其平衡状态保持不变；而绳索在两个等值、反向、共线的压力作用下并不能平衡，此时绳索就不能刚化为刚体；但刚体在上述两种力的作用下都是平衡的。这说明对于变形体的平衡来说，除了满足刚体平衡条件之外，还应满足与变形体的物理性质相关的附加条件（如绳索不能承受压力）。

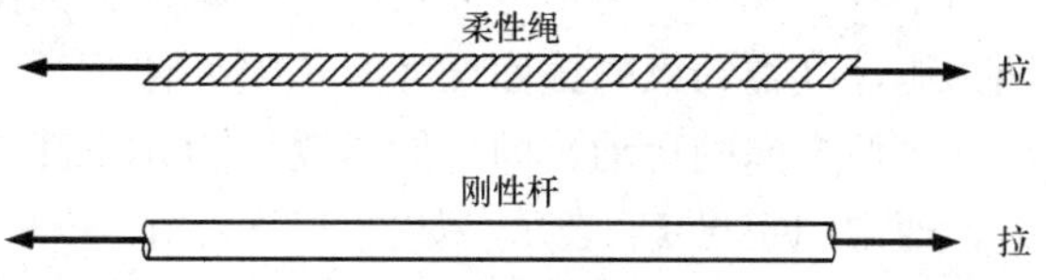

图 1-7

1.3 约束和约束反作用力

从本节开始，将讨论物体的受力分析。首先应注意，当分析两物体之间的相互作用力时，必须遵循公理 4，即作用与反作用定律。

工程实际中的物体，可以分为两类。一类是在空间的位置不受任何限制，可以在空间取得任意方向位移的物体，称为自由体，如飞行中的飞机、火箭等；另一类是在空间的位置（或运动）受到周围物体对它预先给定的不同程度的限制，而不能随意运动的物体，称为非自由体。非自由体在工程实际中占绝大多数，如在气缸中运动的活塞受到气缸的限制，行驶的列车受铁轨的限制等。非自由体之所以不能随意运动是由于受到了与之相连物体的限制，因而在运动中必须满足事先给定的几何条件，这种对非自由体预先给定的限制运动的几何条件称为**约束**。这些限制条件总是由被约束物体周围的其他物体构成的。为了方便起见，构成约束的物体也统称为约束。在上述例子中，铁轨是对火车的约束，气缸是对活塞的约束，等等。

作用在物体上的力可分为两类。一类力（如重力、水压力、风压力、燃油燃烧后的气体对活塞的推力、电磁力、切削力等）主动地使物体运动或使物体有运动的趋势，称为**主动力**（或称**载荷**），一般为已知，通常作为设计计算的原始数据；另一类力是由于周围约束的作用，物体在主动力作用下不能自由地运动，这种约束的作用以力的形式表现出来，便是约束物体的反作用力，简称**约束反力**或反力，亦称**约束力**，是未知的。

约束给被约束物体的反力通过接触来实现，这种接触可以是点、线或面的接触，其中只有点接触是集中力。在不改变约束性质的条件下，按等效的原则，可将约束力简化到最容易表达的程度，即将分布的约束力简化为集中的约束力。

约束力用集中力的形式表现出来后，便可以进一步分析它的三要素。约束力与已知的主动力有关，因而其大小要通过静力学方程或动力学方程求解；其方向则是依据此约束是阻止被约束物体沿哪个方向运动来决定的，即约束力的方向总是与这种受阻止的运动或运动趋势的方向相反；约束力的作用点是被约束物体与约束的接触点，当然，这种作用点有时作了等效简化。

将工程中常见的约束抽象出来，根据其特征，亦即约束力的性质，分成以下各种类型的约束。约束简图和约束力的符号根据约束类型已形成一种约定的画法和标注方法。下面在进行物体的受力分析时，一律采用这些约定。

1.3.1 柔性体约束

柔软、理想化为不可伸长的约束物体称为柔性体约束，如绳索、链条、皮带等。如不特别指明，这类约束的截面尺寸及重量一律不计。这类约束的特点是：只能限制物体沿柔性体约束拉伸方向的运动，即只能承受拉力，不能承受压力。柔性体的约束力是沿其中心线的拉力，通常用字母 $\boldsymbol{F}_{\mathrm{T}}$ 表示，如图 1-8 所示。

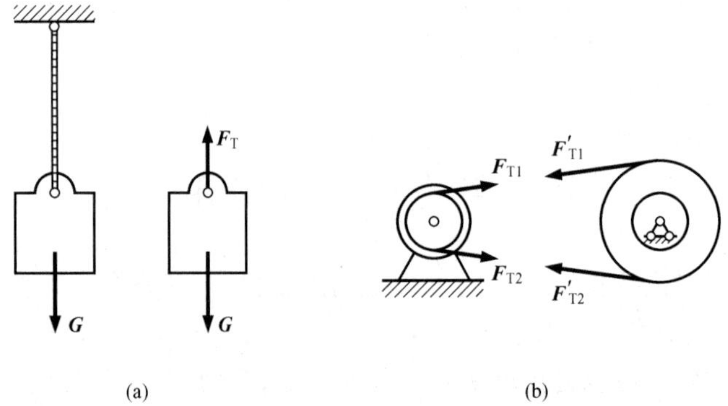

图 1-8

1.3.2 光滑面约束

若物体相接触的约束是一光滑表面，则称此约束为光滑面约束。绝对光滑是一种理想化的情形。事实上，两物体接触时，总有摩擦存在，不过，当略去这种摩擦不会影响问题的基本性质时，就可以将这种接触表面视为光滑面约束。这种约束只能限制物体沿接触处的公法线、且指向光滑面一方的运动。此类约束力的性质与光滑面和物体之间的接触形式有关。点接触时，约束力为集中力，如图 1-9（a）所示。若是线或面接触，如图 1-9（b）所示，约束力为分布力，但一般总是用分布力的合力来表示，其作用点与物体所受的主动力有关，要由力学条件来确定。由此可知，光滑面约束的反力为集中力，方向沿接触处的公法线指向物体。一般用字母 $\boldsymbol{F}_{\mathrm{NA}}$ 表示，下标 A 通常用来说明接触点的部位。

上面所讲光滑面约束与柔性体约束，只能限制物体沿一个方向的运动，而不能限制相反方向的运动，这种约束称为单面约束。单面约束的反力方向一般均能事先确定。另一种约束称为双面约束，图 1-10（a）中 B 处约束限制滑块向上或向下运动。因此，对于双面约束的

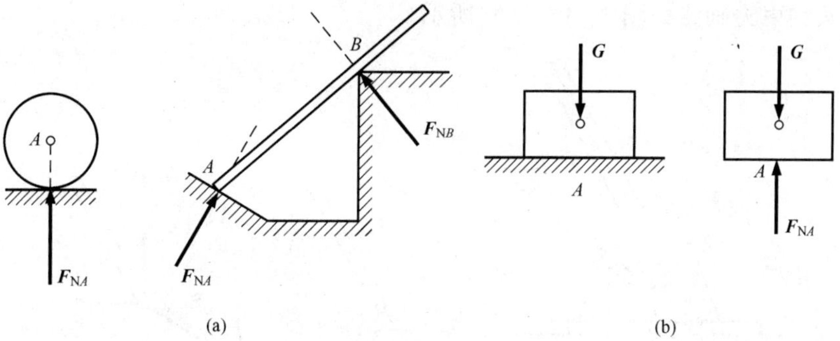

图 1-9

反力而言，其作用线的方位已知，但其指向事先难以确定，这时，画其约束力时，可以假设它的指向，如图 1-10（b）所示。最后，由其计算值的正负号，确定其真实的指向，即：计算值为正时，表明假设方向就是真实的方向；计算值为负时，表明真实方向与假设方向相反。

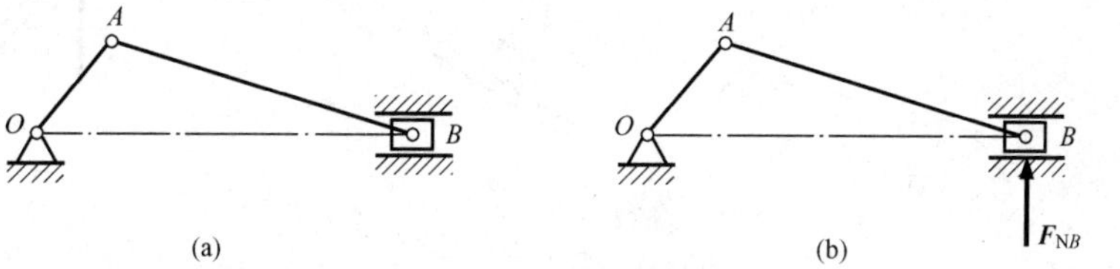

图 1-10

1.3.3 光滑铰链约束

光滑铰链约束的本质是光滑面约束。它大量地用于工程实际中，因其结构形式比较典型，在此单独列为一类约束。光滑铰链约束简称铰链，按结构形式可分为两种基本类型：光滑球铰链和光滑柱铰链，简称球铰链和柱铰链。球铰链一般用于空间问题，柱铰链可用于空间或平面情形，尤以平面问题常见。

一、光滑球铰链

（一）固定球铰链支座

汽车变速箱的操纵杆底部是一个典型的光滑球铰链约束，如图 1-11（a）所示。操纵杆的下端有一个圆球，嵌放在底座球窝内。球窝由两个半球壳组成，其上、下均有缺口，以便球与操纵杆和变速箱相连。球窝对球的约束作用是限制其沿任一方向的平移而只允许其绕球心转动。这种作用实质是光滑面约束，约束力作用于接触点，方向沿径向指向球心。实际上，接触点的位置与主动力有关，一般事先不能确定。但是，不论接触点在哪里，约束力的作用线总是通过球心。因此，一般球铰链的约束力画在球心上，以三个大小未知的正交分力 $\boldsymbol{F}_{Ax}$、$\boldsymbol{F}_{Ay}$、$\boldsymbol{F}_{Az}$ 表示。球铰链的简图如图 1-11（b）所示，其约束力画法如图 1-11（c）所示。

（二）中间球铰链

物体之间若用球铰链连接，这种铰链称为中间球铰链，中间球铰链的简图如图 1-12

(a) 所示，其约束力画法如图 1-12 (b) 所示。

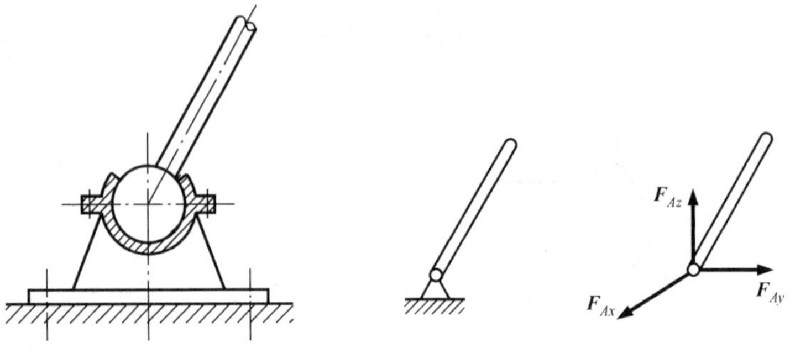

图 1-11

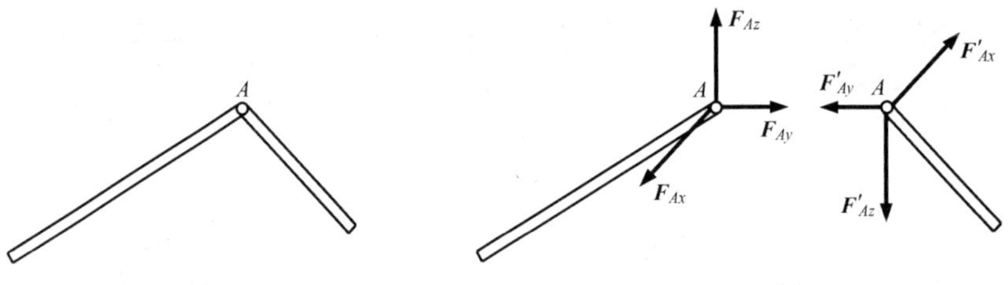

图 1-12

二、光滑柱铰链

(一) 中间柱铰链

在图 1-13 (a) 中，两个构件各有一圆孔，中间用一个圆柱形销钉连接起来，便构成光滑柱铰链。它只允许两构件绕销钉轴线有相对转动，销钉对构件的约束力的作用点在接触点处，它总是沿销钉的径向，指向其中心，如图 1-13 (b) 所示。在一般情况下，柱铰链的约束力的作用点及其大小，仅由约束本身的特征是不能确定的，不过它的作用线总是通过销钉中心，因此，通常将光滑柱铰链约束用两个大小未知的正交分力表示，其作用线通过圆柱的中心。柱铰链约束的简图与约束力的画法如图 1-13 (c)、(d) 所示，一般用符号 $\boldsymbol{F}_{NA}$ ($\boldsymbol{F}'_{NA}$) 或 $\boldsymbol{F}_{Ax}$、$\boldsymbol{F}_{Ay}$($\boldsymbol{F}'_{Ax}$、$\boldsymbol{F}'_{Ay}$) 表示。这种铰链称为中间柱铰链，与中间球铰链一起称为中间铰链。

(二) 固定柱铰链支座

如果将上述用中间铰链相连的两构件之一固定在支承物上，此种约束称为固定柱铰链支座，简称为铰链支座，如图 1-14 (a)、(b) 所示，铰链支座简图及约束力画法见图 1-14 (c)、(d)。

工程中有时要求物体不仅可绕某轴转动，还可以沿垂直于轴的方向平移，由此设计出滚动柱铰链支座，简称滚动支座，如图 1-15 (a) 所示。它是在铰链支座的下面安装了几个辊轴，又称辊轴支座，可以是单面的，也可以是双面的。这种约束只限制物体沿支承面法线方向的运动，类似于光滑面约束。滚动支座约束力的方向沿支承面法线，作用点在铰链中心。一般用符号 $\boldsymbol{F}_{NA}$ 表示。滚动支座简图及约束力画法见图 1-15 (b)、(c)。

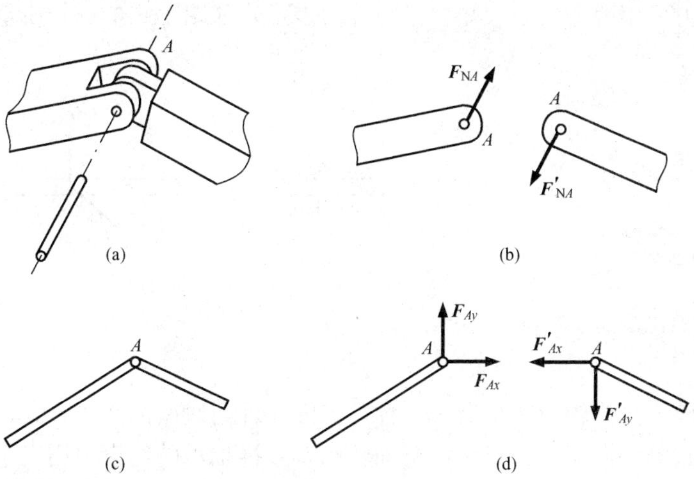

图 1-13

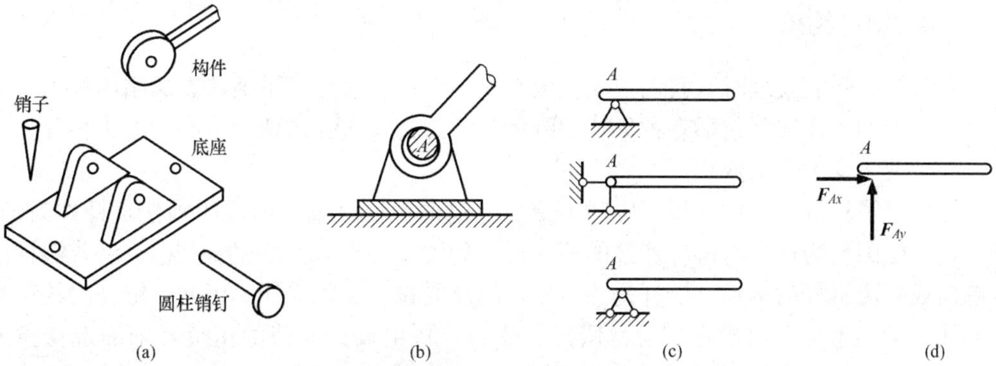

图 1-14

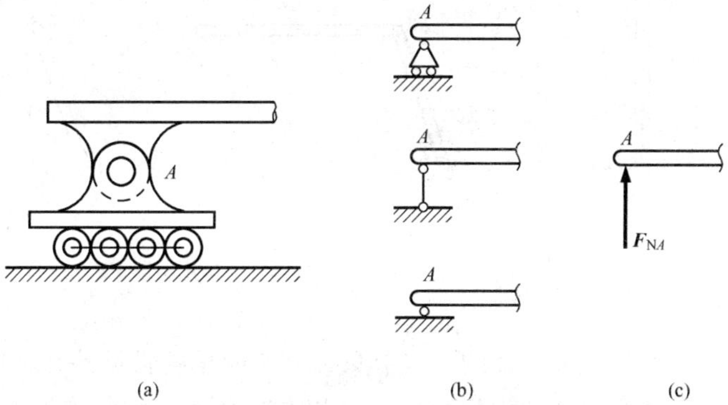

图 1-15

（三）轴承

（1）**向心轴承（径向轴承）**。机器中的向心轴承是转轴的约束，如图 1-16（a）所示，它允许转轴转动，但限制转轴垂直于轴线的任何方向的位移。因此，它与铰链支座相类似，向心轴承的约束力可用两个大小未知的正交分力表示，如图 1 - 16（c）所示；其简图画法如图 1 - 16（b）所示。

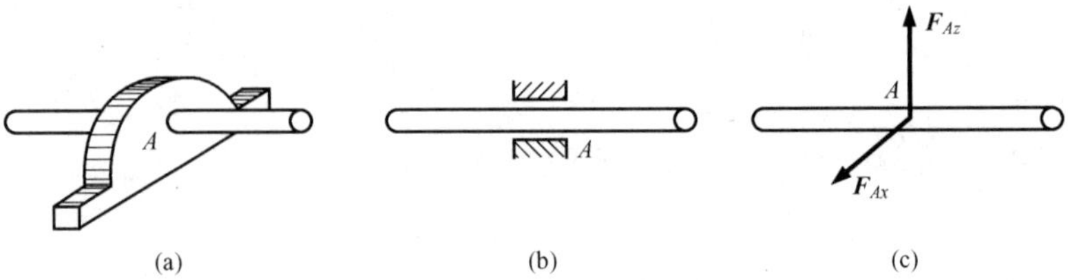

图 1 - 16

（2）**止推轴承。**止推轴承是机器中一种常见的零件与底座的连接方式，它限制转轴的径向平移，又限制它的轴向运动，只允许绕轴转动，止推轴承的约束力用三个大小未知的正交分力表示，如图 1 - 17（b）。不过，轴向分力的指向不能任意假定，必须根据止推轴承的结构特征来确定。其简图画法如图 1 - 17（a）所示。

1.3.4　链杆约束

在介绍二力平衡公理时，我们把仅在两点受力作用，且处于平衡状态的刚体称为二力构件。这里所说的刚体实际包括各种形状的刚体。二力构件所受的两个力必定大小相等、方向相反、并沿两个受力点的连线。

两端用光滑铰链与物体连接，中间不受力（包括不计自重在内）的刚性直杆称为**链杆**。链杆约束只能限制物体上与链杆连接的那一点［如图 1 - 18（a）中的 A 点］、沿着链杆的中心线趋向或背离链杆的运动。链杆是二力杆，既能受拉，又能受压。因此，链杆的约束力沿其中心线，指向事先难以确定，通常假设它受拉，再由其计算值的正负号来确定受拉或受压。链杆约束力的画法如图 1 - 18（b）所示，一般用符号 $\boldsymbol{F}_{AB}$ 表示。

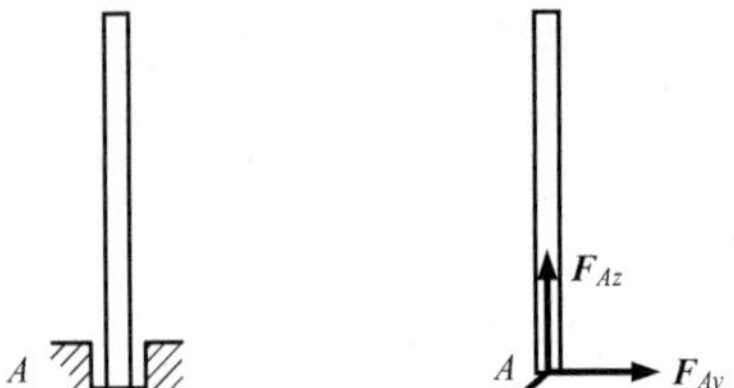

图 1 - 17

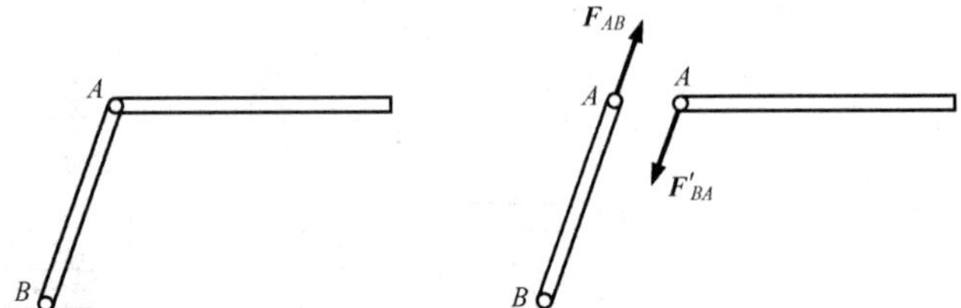

图 1 - 18

在工程实际中，约束是各种各样的，本节只是介绍简单的常见的几种典型约束，有的约束比较复杂，分析时需要专门的知识和经验，加以适当的简化和抽象化，在以后的某些章节中，我们将再作介绍。

1.4　物体的受力分析和受力图

将所研究的物体或物体系统从与其联系的物体中分离出来，分析它的受力状态，这一过程称为物体的受力分析。它包括两个步骤。

（一）选择研究对象，取分离体

根据实际情况，选取某个物体或物体系统进行分析研究，这就是选择研究对象。一旦明确了研究对象，需要解除它受到的全部约束，将其从周围的约束中分离出来，并画出相应的简图，这一过程称为取分离体。

（二）画受力图

在分离体图上，先画上所有的主动力，为了保证分离体能处于分离前的状态，还必须依据已解除约束的特征，逐个画上相应的约束力，然后标明各力的符号，这个简图称为受力图。

受力分析是力学的基础，为了能够正确地画出研究对象的受力图，画受力图时，应注意以下几点：

（1）明确研究对象，画出它所受的主动力；

（2）按照上节所讲的约束类型画出各约束力的作用线和指向；

（3）在物体系统问题中，一般先画整体的受力图，再画各分离体的受力图，当分析两分离体之间相互作用力时，应符合作用与反作用关系，作用力方向一经假定，则反作用力方向与之相反。画整体的受力图时，由于内力成对出现，因此不必画出，只需画出全部外力。

（4）如果分离体与二力体相连，要按二力体的特点去画它对分离体的作用力。一般情况下，二力体的两端为铰链，在去掉铰链约束之处，其作用力应画成沿此二力体两铰链连线的方向。

（5）滑轮一般不单独拆出单画受力图，而与某个构件连在一起。

（6）当一个铰链的销钉与三个或三个以上的物体连接时，各物体相互之间没有关系，都只与销钉之间有作用反作用关系。

【例 1-1】 简支梁 AB 两端分别固定在铰链支座与滚动支座上，如图 1-19（a）所示。在 C 处作用一集中力 $\boldsymbol{F}$，梁的自重不计。试画出此梁的受力图。

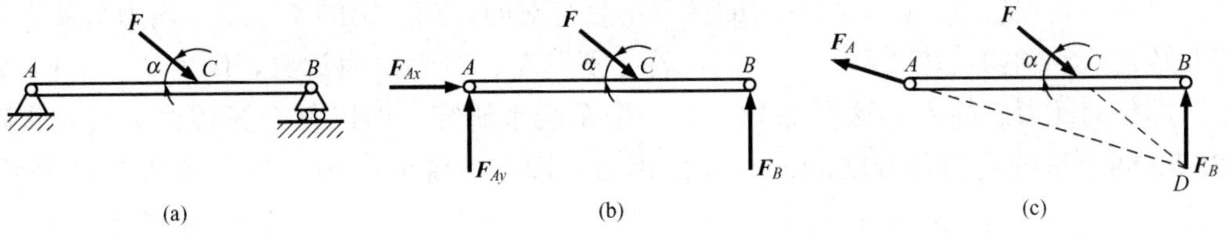

图 1-19

解 （1）取梁 AB 为研究对象，解除 A、B 支座的约束，画分离体简图。

（2）先画主动力 $\boldsymbol{F}$，通常按原样照搬上去。

（3）再画约束力。A 处为铰链支座，约束力用正交分力 $\boldsymbol{F}_{Ax}$、$\boldsymbol{F}_{Ay}$ 表示；B 处为滚动支座，约束力 $\boldsymbol{F}_B$ 沿铅直方向向上，如图 1-19（b）所示。

梁 AB 受力图的另一种画法：注意到梁 AB 受三个力作用而平衡，由三力平衡汇交定理可知，如果做出力 $\boldsymbol{F}$、$\boldsymbol{F}_B$ 作用线的交点 D，则 A 处反力 $\boldsymbol{F}_A$ 的作用线必过 D 点。由此可确定 $\boldsymbol{F}_A$ 作用线的方位。注意，一般三力汇交用虚线表示，如图 1-19（c）所示。

上述两种画法都是正确的，以后在具体计算时一般采用前一种画法。

【例 1-2】 图 1-20（a）所示为三铰拱结构的简图。A、B 为固定铰链支座，C 为连接左、右半拱的中间铰链。设左半拱上受到已知载荷 $\boldsymbol{F}$ 作用，拱的自重不计。试分别作出左半拱和右半拱的受力图。

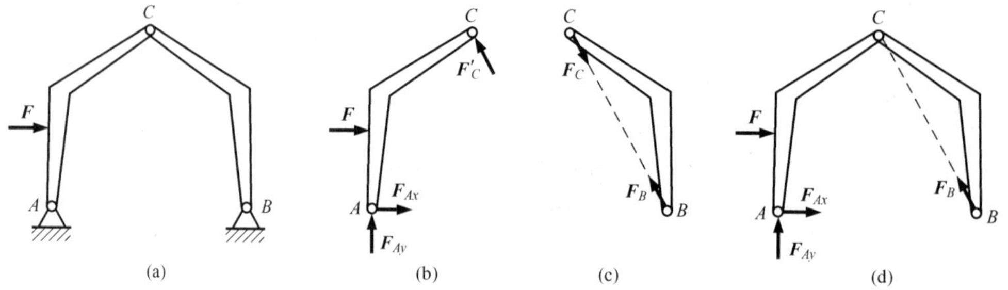

图 1-20

解 （1）先作右半拱 BC 的受力图。取右半拱为分离体时，需在 B、C 两处解除约束，而分别代之以固定铰链支座 B 的反力 $\boldsymbol{F}_B$ 和左半拱通过铰链 C 作用的反力 $\boldsymbol{F}_C$。本来，按照铰链约束反力的特点，这两反力的方位不能预先确定。但因右半拱的自重不计，它只在 $\boldsymbol{F}_B$、$\boldsymbol{F}_C$ 两力作用下处于平衡，即右半拱乃是二力体。因此，可以确定反力 $\boldsymbol{F}_B$、$\boldsymbol{F}_C$ 的方位必沿着连线 BC，它们的指向可任意假定，如图 1-20（c）所示。

（2）再作左半拱 AC 的受力图。左半拱受到已知主动力 $\boldsymbol{F}$ 的作用。取左半拱为分离体时，需在 A、C 两处解除约束，而代之以相应的约束反力。右半拱通过铰链 C 对左半拱所作用的力是 $\boldsymbol{F}'_C$；力 $\boldsymbol{F}'_C$ 与 $\boldsymbol{F}_C$ 互为作用力与反作用力，故力 $\boldsymbol{F}'_C$ 应与 $\boldsymbol{F}_C$ 等值、反向、共线。固定铰链支座 A 的反力则用两正交分力 $\boldsymbol{F}_{Ax}$、$\boldsymbol{F}_{Ay}$ 表示，其指向可任意假设，如图 1-20（b）所示。

有时需要对几个物体所组成的系统进行受力分析。这时必须注意区分内力和外力。系统内部各物体之间的相互作用力是这系统的内力；外部物体对系统内物体的作用力是这系统的外力。但是，必须指出，内力与外力的区分不是绝对的，在一定的条件下，内力与外力是可以相互转化的。例如，在［例 1-2］中，若分别以左、右半拱为对象，则力 $\boldsymbol{F}'_C$ 和 $\boldsymbol{F}_C$ 分别是这两部分的外力。如果将这两部分合为一个系统来研究，即以整个三铰拱为对象，则力 $\boldsymbol{F}'_C$ 和 $\boldsymbol{F}_C$ 属于系统内两部分之间的相互作用力，即该系统的内力。从牛顿第三定律可知，内力总是成对出现的，且彼此等值、反向、共线。对整个系统来说，内力系的主矢等于零，对任一点的主矩也等于零，即内力系是一零力系，对整个系统的平衡没有影响。因此，在作系统整体的受力图时，只需画出全部外力，不必画出内力。三铰拱整体的受力图如图 1-20（d）所示。

与［例 1-1］相似，左半拱 AC 及整体 A 处反力作用线的方位可利用三力平衡汇交定理确定，读者可作为练习自行画出其受力图。

【例 1-3】 如图 1-21（a）所示，球 E_1、E_2 置于墙和板 AB 间，BC 为绳索。试画出下列指定物体的受力图：（1）板、球整体；（2）球 E_1，球 E_2；（3）球 E_1、E_2 系统；（4）板 AB。

解 按题目要求，分别取分离体如图 1-21（b）、（c）、（d）、（e）所示，注意安排好各

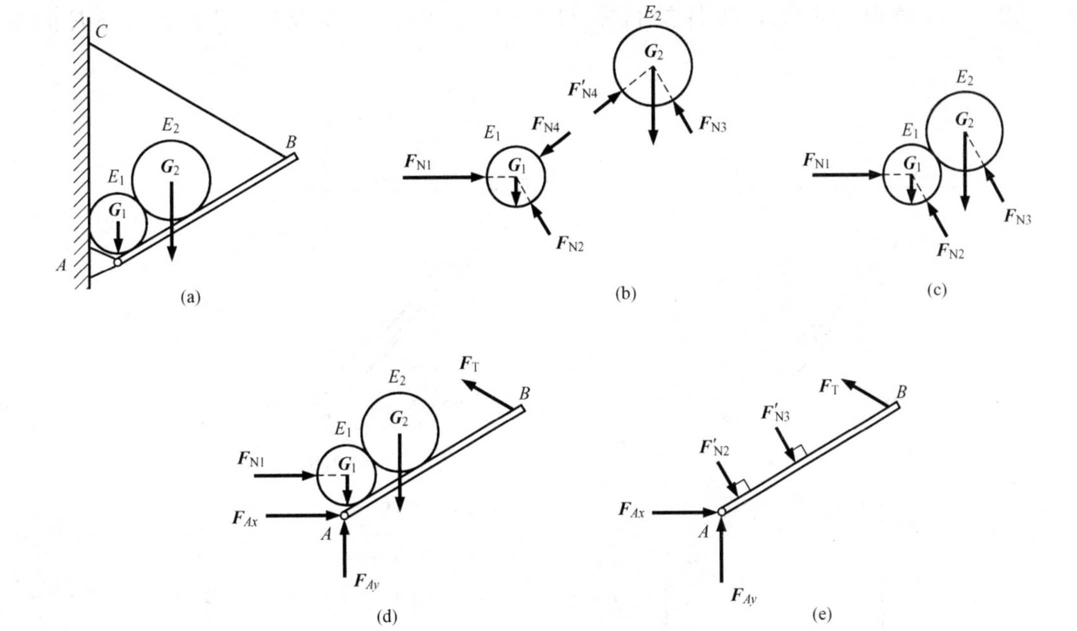

图 1-21

研究对象简图的相对位置。

（1）以板、球系统整体为研究对象，解除绳索、墙面及固定铰 A 之约束，将其分离出来，如图 1-21（d）所示。图中，已知力为重力 $\boldsymbol{G}_1$、$\boldsymbol{G}_2$。绳索为柔性约束，约束反力是沿其自身的拉力 $\boldsymbol{F}_{\mathrm{T}}$。墙与球间是光滑约束，为垂直于墙且过该球球心的压力 $\boldsymbol{F}_{\mathrm{N1}}$。$A$ 处为固定铰，约束反力用作用于 A 处的两正交分力 $\boldsymbol{F}_{Ax}$、$\boldsymbol{F}_{Ay}$ 表示，该研究对象的受力图如图 1-21（d）所示。

（2）图 1-21（b）分别画出了球 E_1、E_2 的受力图。研究对象球 E_1 除受重力作用外，有墙、板、球 E_2 三处光滑约束的反力，约束反力 $\boldsymbol{F}_{\mathrm{N1}}$、$\boldsymbol{F}_{\mathrm{N2}}$、$\boldsymbol{F}_{\mathrm{N4}}$ 均为压力且作用线沿接触处的公法线，通过球心。同样，研究对象球 E_2 除受重力作用外，有板、球 E_1 二处光滑约束的反力，反力 $\boldsymbol{F}_{\mathrm{N3}}$、$\boldsymbol{F}'_{\mathrm{N4}}$ 作用线通过球心。注意 $\boldsymbol{F}_{\mathrm{N4}}$ 为球 E_2 对球 E_1 的作用力，画在球 E_1 的受力图上；则球 E_1 对于球 E_2 的约束反力 $\boldsymbol{F}'_{\mathrm{N4}}$ 与 $\boldsymbol{F}_{\mathrm{N4}}$ 是作用力与反作用力的关系，二者等值、反向、共线，且作用在不同物体上。

（3）图 1-21（c）将二球作为一个物体系统取为研究对象，作用在其上的除重力 $\boldsymbol{G}_1$、$\boldsymbol{G}_2$ 外，只有板、墙对其有约束，约束反力作用在三个接触点处，即 $\boldsymbol{F}_{\mathrm{N1}}$、$\boldsymbol{F}_{\mathrm{N2}}$、$\boldsymbol{F}_{\mathrm{N3}}$。注意，取出此研究对象时并不解除二球间的相互约束，故二球间的作用力与反作用力 $\boldsymbol{F}'_{\mathrm{N4}}$ 与 $\boldsymbol{F}_{\mathrm{N4}}$ 对于取二球为系统的研究对象而言是内力，不用画出。

（4）图 1-21（e）是以板 AB 为研究对象的受力图。板自重不计。受绳、球 E_1、E_2 与固定铰 A 的约束，故有绳的反力 $\boldsymbol{F}_{\mathrm{T}}$、球的反力 $\boldsymbol{F}'_{\mathrm{N2}}$、$\boldsymbol{F}'_{\mathrm{N3}}$ 和固定铰约束反力 $\boldsymbol{F}_{Ax}$、$\boldsymbol{F}_{Ay}$。同样要注意到 $\boldsymbol{F}'_{\mathrm{N2}}$、$\boldsymbol{F}'_{\mathrm{N3}}$ 与 $\boldsymbol{F}_{\mathrm{N2}}$、$\boldsymbol{F}_{\mathrm{N3}}$ 间的作用与反作用力关系。还要注意，固定铰约束反力 $\boldsymbol{F}_{Ax}$、$\boldsymbol{F}_{Ay}$ 的指向必须与整体受力图一致，因为它们都是固定铰 A 对板的约束反力。

【例 1-4】 图 1-22（a）所示的构架中，BC 上有一导槽，DE 杆上的销钉可在其中滑动。设所有接触面均光滑，各杆的自重均不计，试画出整体及杆 AB、BC、DE 的受力图。

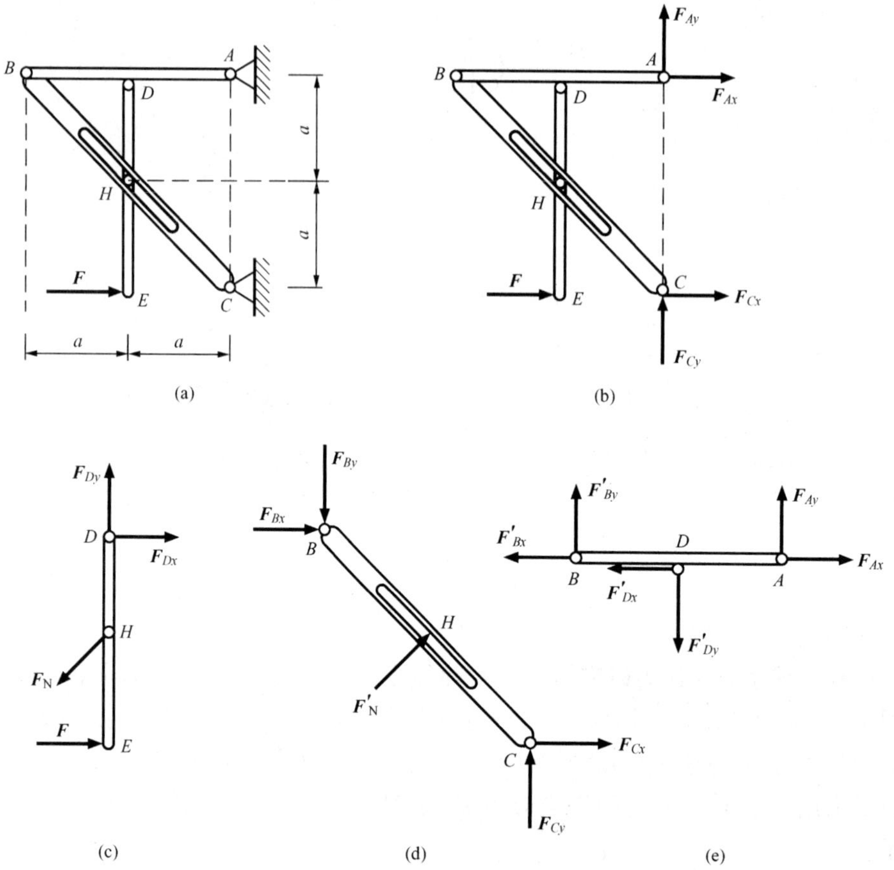

图 1-22

解 （1）取整体为研究对象，如图 1-22（b）所示。先画集中力 $\boldsymbol{F}$，再画 A、C 处的约束反力。分别用正交分量表示。B、D、H 处的约束力均为内力，不用画出。

（2）取 DE 杆为研究对象，如图 1-22（c）所示。先画集中力 $\boldsymbol{F}$，再画销钉所受之力。销钉 H 可沿导槽滑动，因此，导槽给销钉的约束力 $\boldsymbol{F}_N$ 应垂直于导槽。D 为中间柱铰链，用正交分力 $\boldsymbol{F}_{Dx}$、$\boldsymbol{F}_{Dy}$ 表示。

（3）取 BC 杆为研究对象，如图 1-22（d）所示，先画销钉 H 对导槽的作用力 $\boldsymbol{F}'_N$，它与图 1-22（c）的 $\boldsymbol{F}_N$ 是作用力与反作用力的关系；再画铰链支座 C 的约束力 $\boldsymbol{F}_{Cx}$、$\boldsymbol{F}_{Cy}$，它应与整体受力图 1-22（b）一致，中间柱铰链 B 用正交分力 $\boldsymbol{F}_{Bx}$、$\boldsymbol{F}_{By}$ 表示。

（4）取 AB 杆为研究对象，如图 1-22（e）所示。铰链支座 A 的约束力应与整体受力图 1-22（b）一致，中间柱铰链 D、B 的约束力与图 1-22（c）、（d）中 D、B 的约束力是作用力与反作用力的关系。

【例 1-5】 图 1-23（a）所示结构中，固结在 I 点的绳子绕过定滑轮 O，将重物 $\boldsymbol{G}$ 吊起。各杆之间用铰链连接，杆重不计。试画出下列指定物体的受力图：（1）整体；（2）杆

BC；（3）杆 *CDE*；（4）杆 *BDO* 连同滑轮和重物；（5）销钉 *B*。

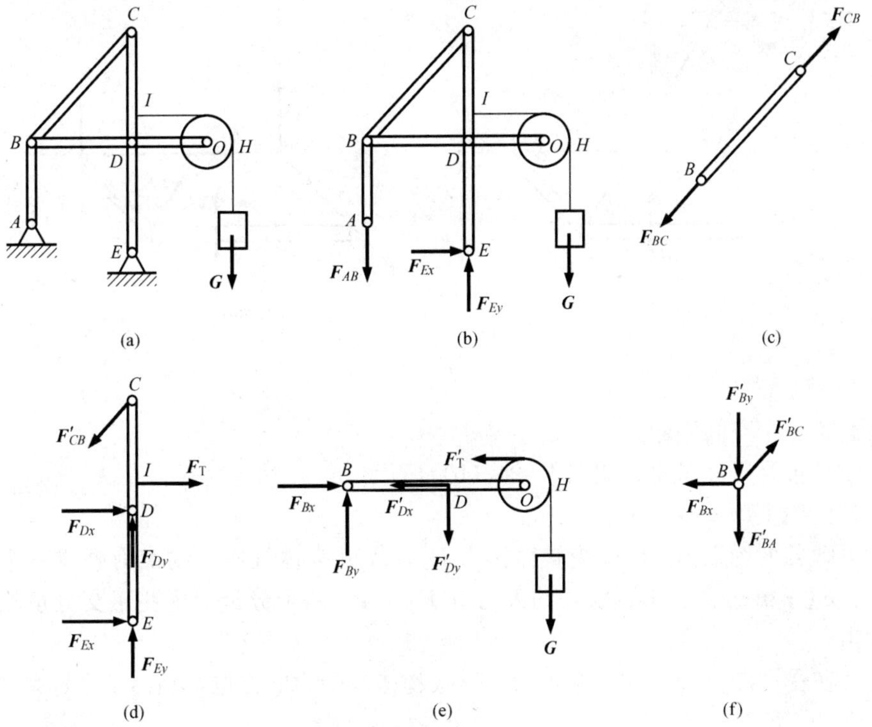

图 1-23

解 （1）取整体为研究对象，如图 1-23（b）所示。先画主动力 $\boldsymbol{G}$，再画 *A*、*E* 处的约束力。其中 *A* 处的反力 $\boldsymbol{F}_{AB}$ 由二力杆 *AB* 确定，*E* 处反力为 $\boldsymbol{F}_{Ex}$、$\boldsymbol{F}_{Ey}$。

（2）取 *BC* 杆为研究对象，如图 1-23（c）所示。*BC* 为二力杆，只受约束力 $\boldsymbol{F}_{BC}$、$\boldsymbol{F}_{CB}$ 作用而平衡。

（3）取 *CDE* 杆为研究对象，如图 1-23（d）所示。*C* 点所受的力 $\boldsymbol{F}'_{CB}$ 与图 1-23（c）中 *BC* 杆 *C* 点所受的力 $\boldsymbol{F}_{CB}$ 是作用力与反作用力的关系；*I* 点承受绳子的拉力 $\boldsymbol{F}_{\mathrm{T}}$；*D*、*E* 两处均为铰链，均用正交反力表示；*E* 处的反力应与整体受力图 1-23（b）一致。

（4）取杆 *BDO* 和滑轮、重物部件为研究对象，如图 1-23（e）所示。先画出重力 $\boldsymbol{G}$。绳索截断处画拉力 $\boldsymbol{F}'_{\mathrm{T}}$，它与图 1-23（d）中 *I* 处的拉力是作用力与反作用力的关系。*B*、*D* 为铰链，该杆在销钉 *D* 处的反力与 *CDE* 杆在销钉 *D* 处的反力是作用力与反作用力的关系，用 $\boldsymbol{F}'_{Dx}$、$\boldsymbol{F}'_{Dy}$ 表示。*B* 处反力用 $\boldsymbol{F}_{Bx}$、$\boldsymbol{F}_{By}$ 表示。

（5）将销钉 *B* 单独取出来，如图 1-23（f）所示。它分别与 *AB*、*BC*、*BDO* 三杆形成作用与反作用关系。*AB* 为二力杆，给销钉 *B* 的作用力 $\boldsymbol{F}'_{BA}$ 沿 *AB* 轴线方向，如图 1-23（f）所示；*BC* 杆给销钉 *B* 的作用力 $\boldsymbol{F}'_{BC}$ 应与图 1-23（c）中的 $\boldsymbol{F}_{BC}$ 为作用力与反作用力的关系；*BDO* 杆给销钉 *B* 的作用力 $\boldsymbol{F}'_{Bx}$、$\boldsymbol{F}'_{By}$ 与图 1-23（e）中的 $\boldsymbol{F}_{Bx}$、$\boldsymbol{F}_{By}$ 为作用力与反作用力的关系。

【例 1-6】 图 1-24（a）中，均质平板 *ABCD* 在球铰链 *A*、柱形铰链 *B* 及软绳 *CE* 约束下处于平衡，平板重为 $\boldsymbol{G}$。试画出平板的受力图。

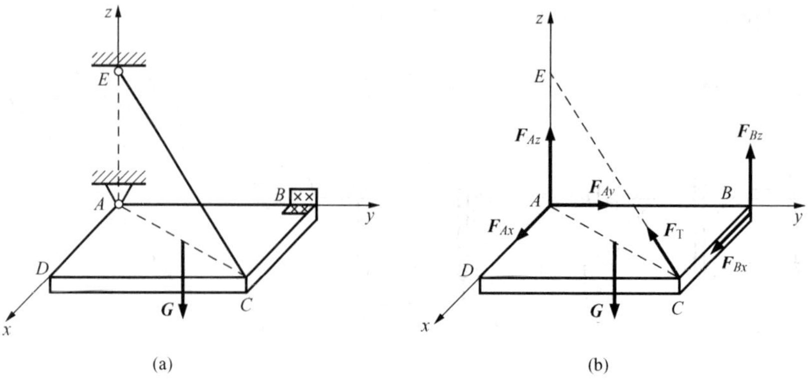

图 1-24

解 这是一个空间问题。

(1) 取平板为研究对象，如图 1-24 (b) 所示。

(2) 首先画主动力 $\boldsymbol{G}$。

(3) 再画各处约束力。C 处受软绳拉力 $\boldsymbol{F}_T$，A 处为球铰链，约束力画成三个正交分量 $\boldsymbol{F}_{Ax}$、$\boldsymbol{F}_{Ay}$、$\boldsymbol{F}_{Az}$；B 处为柱形铰链，约束力有 $\boldsymbol{F}_{Bx}$、$\boldsymbol{F}_{Bz}$ 两个分量。这些正交分量均沿坐标轴的正向画出。

注意，在受力图 1-24 (b) 中，为了反映物体及受力的方位，画出了坐标系 A_{xyz} 并用虚线画出了绳子 CE。

本 章 小 结

(一) 静力学的研究对象

静力学研究作用于物体上力系的平衡，具体研究以下三个问题：①物体的受力分析方法；②力系的等效与简化；③力系的平衡条件。

(二) 本章两个主要概念

(1) 力的概念：力是物体间相互的机械作用，这种作用使物体的机械状态发生变化，力是滑动矢量。

(2) 刚体的概念：刚体是指在力的作用下，内部任意两点之间的距离始终保持不变。这是一个理想化的力学模型。

(三) 静力学公理

公理一 力的平行四边形法则。

公理二 二力平衡公理。

以上两条公理，阐明了作用在一个物体上最简单的力系的合成规则及其平衡条件。画受力图时，应注意公理二的应用（二力构件的判断上）。

公理三 加减平衡力系公理。

这个公理是研究力系等效替换的依据。

公理四 作用反作用定律。

这个公理阐明了两个物体相互作用的关系。在画受力图时要给予足够的重视。

公理五　刚化原理。

这个公理阐明了将变形体抽象为刚体的条件，并指出刚体平衡的必要和充分条件只是变形体平衡的必要条件。

（四）约束和约束反力

限制非自由体某些位移的周围物体称为约束。约束对被约束物体施加作用即为约束反力。约束反力的方向与该约束所能阻碍的位移方向相反。根据约束性质，本章介绍了柔性体、光滑面、光滑球铰链、光滑柱铰链、二力构件、链杆几类约束及其约束反力的特点。

（五）物体的受力分析

画受力图时注意明确研究对象（即取分离体），画出分离体图，明确“施”与“受”的关系。约束反力要根据约束的性质来画，对多刚体系统要注意内力、外力，作用力与反作用力之间的关系。

思　考　题

1-1　二力平衡条件与作用、反作用定律都说明二力等值、反向、共线，二者有什么区别？

1-2　刚体上作用有三个力，三个力共面，并且三个力的作用线汇交于一点，刚体一定平衡吗？

1-3　试区别 $\boldsymbol{F}_R=\boldsymbol{F}_1+\boldsymbol{F}_2$ 和 $F_R=F_1+F_2$ 两个等式代表的意义。手写时应怎样加以区别？

1-4　图 1-25 所示，杆重不计，放于光滑水平面上。对图 1-25（a），能否在杆 A、B 两点各加一个力，使杆处于平衡？对图 1-25（b），能否在 B 点加一个力使杆平衡？为什么？

1-5　两不计自重长条斜块放置如图 1-26 所示，在两端受等值、反向、共线的两个力 $\boldsymbol{F}_1$、$\boldsymbol{F}_2$ 的作用，不计摩擦，它们是否处于平衡状态？$\boldsymbol{F}_1$、$\boldsymbol{F}_2$ 是否构成平衡力系？

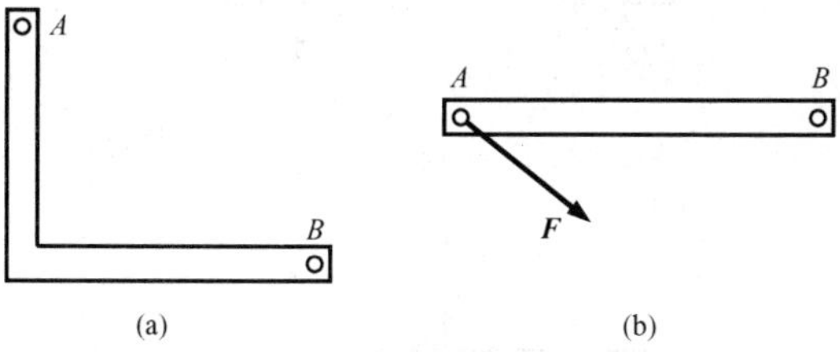

图 1-25　思考题 1-4 图

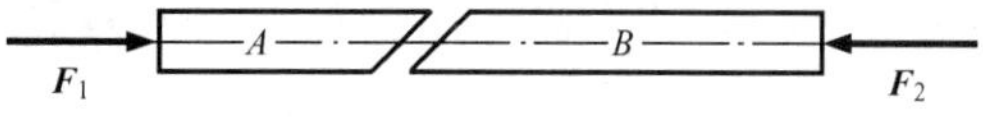

图 1-26　思考题 1-5 图

1-6　均质轮重 $\boldsymbol{G}$，以绳系住 A 点，静止地放到光滑斜面上，如图 1-27（a）、（b）、（c）所示，哪一种情况均质轮能处于平衡状态？为什么？

1-7　何谓二力构件？二力构件与构件形状有无关系？凡两端用铰链连接的杆都是二力杆吗？凡不计自重的刚性杆都是二力杆吗？

1-8　当求图 1-28 所示中铰链 C 的约束反力时，可否将作用于杆 AC 上点 D 的力 $\boldsymbol{F}$ 沿其作用线移动至点 E，变成力 $\boldsymbol{F}'$？

1-9　图 1-29 中力 $\boldsymbol{F}$ 作用在销钉 C 上，试问销钉 C 对杆 AC 的力与销钉 C 对杆 BC 的力是否等值、反向、共线？为什么？

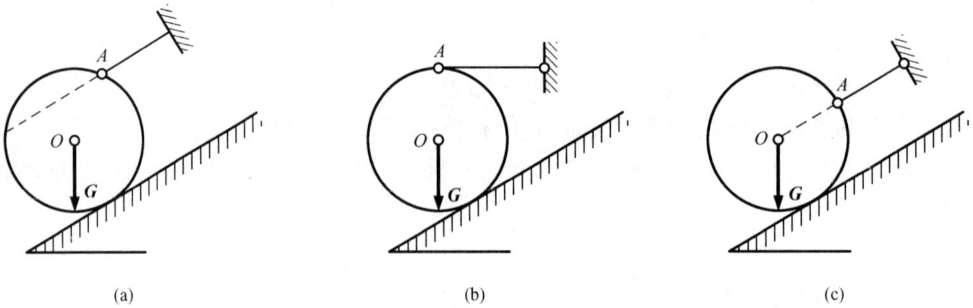

图 1-27　思考题 1-6 图

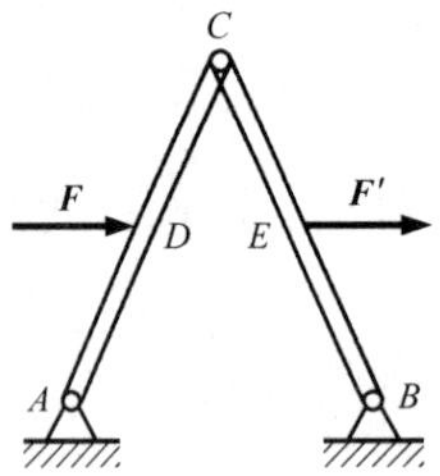

图 1-28　思考题 1-8 图

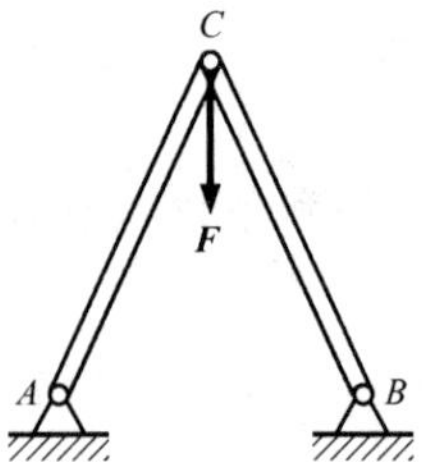

图 1-29　思考题 1-9 图

1-10　下列各物体的受力图是否有错误？如何改正？

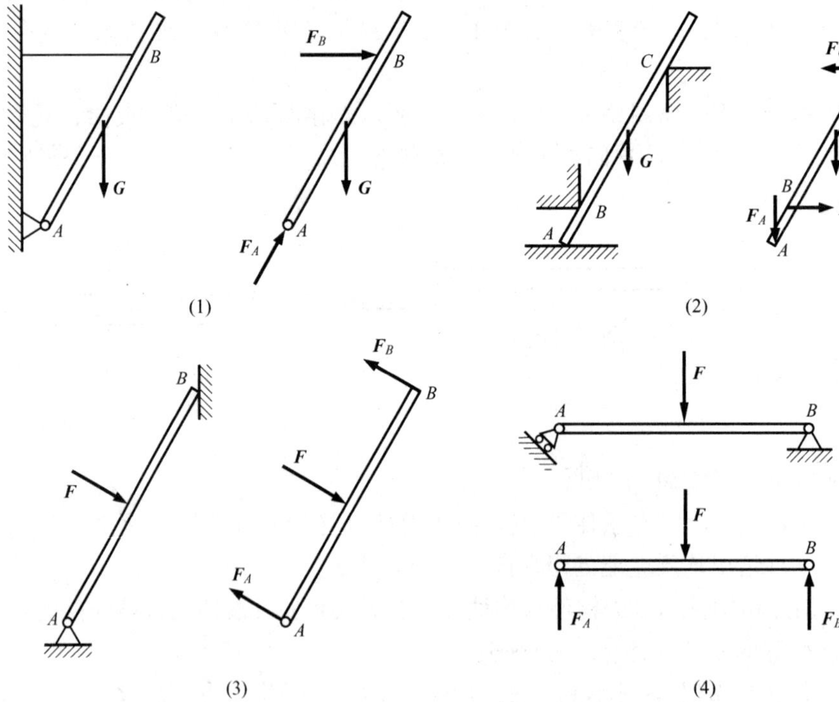

图 1-30　思考题 1-10 图（一）

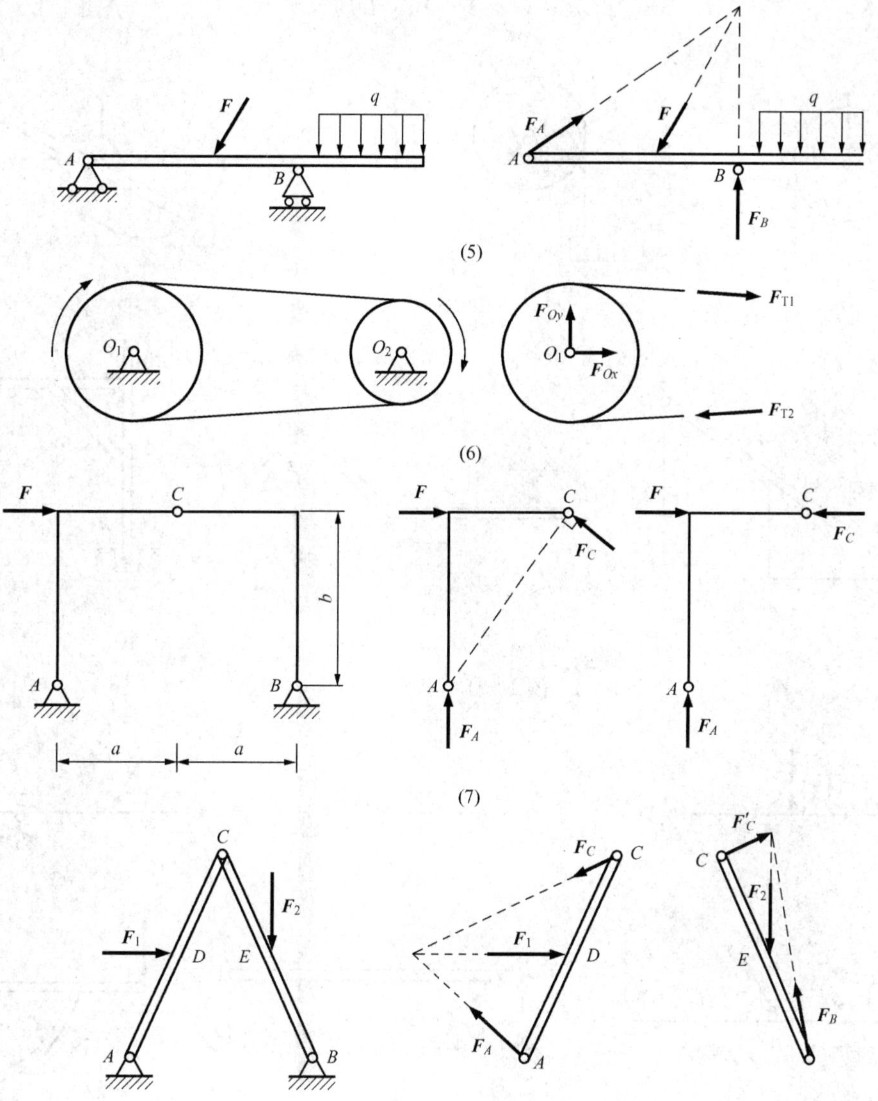

图 1-30　思考题 1-10 图（二）

习　　题

1-1　画出（下列各物体的受力图，凡未特别注明者，物体的自重均不计，且所有的接触面都是光滑的。

1-2　画出下列图中各梁 AB 的受力图，梁的自重均不计。

1-3　画出下列图中各刚架的受力图，刚架自重均不计。

1-4　画出下列各图中指定物体的受力图。凡未特别注明者，物体的自重均不计，且所有接触面都是光滑的。(a) AB 梁、BC 梁、整体；(b) AB、BC、CD、整体；(c) AC 杆、BC 杆、整体；(d) AC 部分、BC 部分、整体；(e) AC 部分、BC 部分、整体；(f) AB、

CD、整体；（g）杆 *AB*、*BEC* 部分；（h）杆 *OA*、*DBC*。

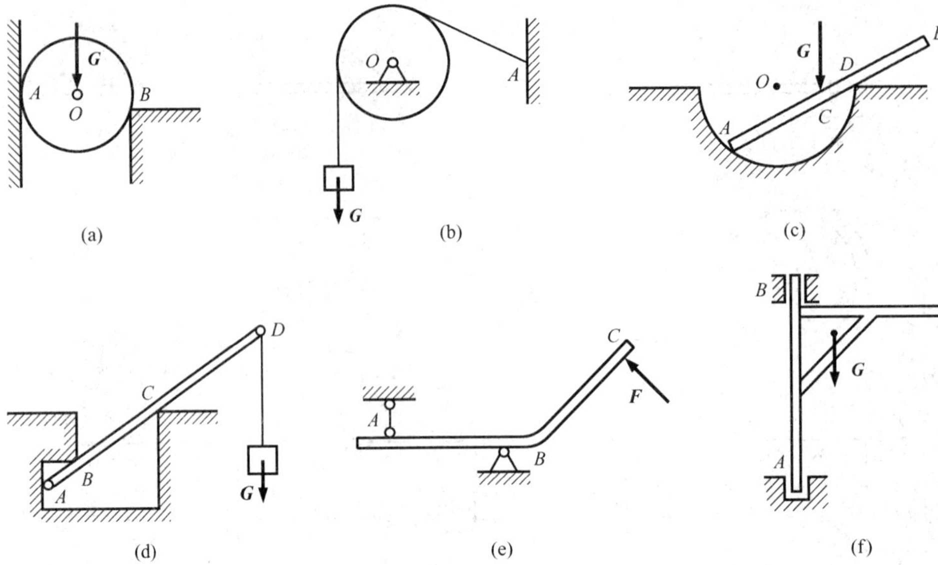

图 1-31 习题 1-1 图

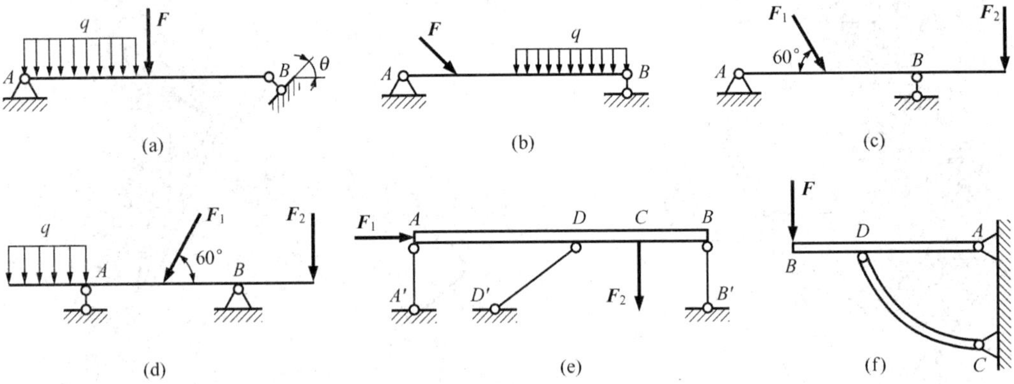

图 1-32 习题 1-2 图

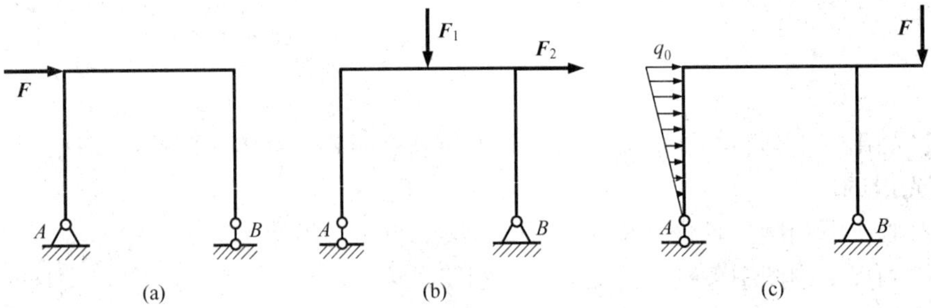

图 1-33 习题 1-3 图（一）

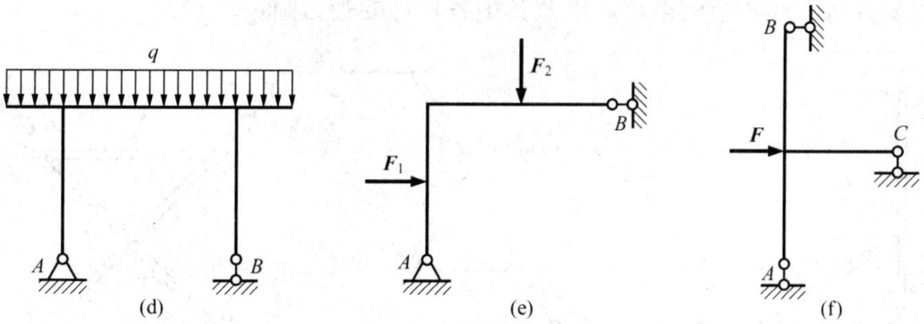

图 1-33 习题 1-3 图（二）

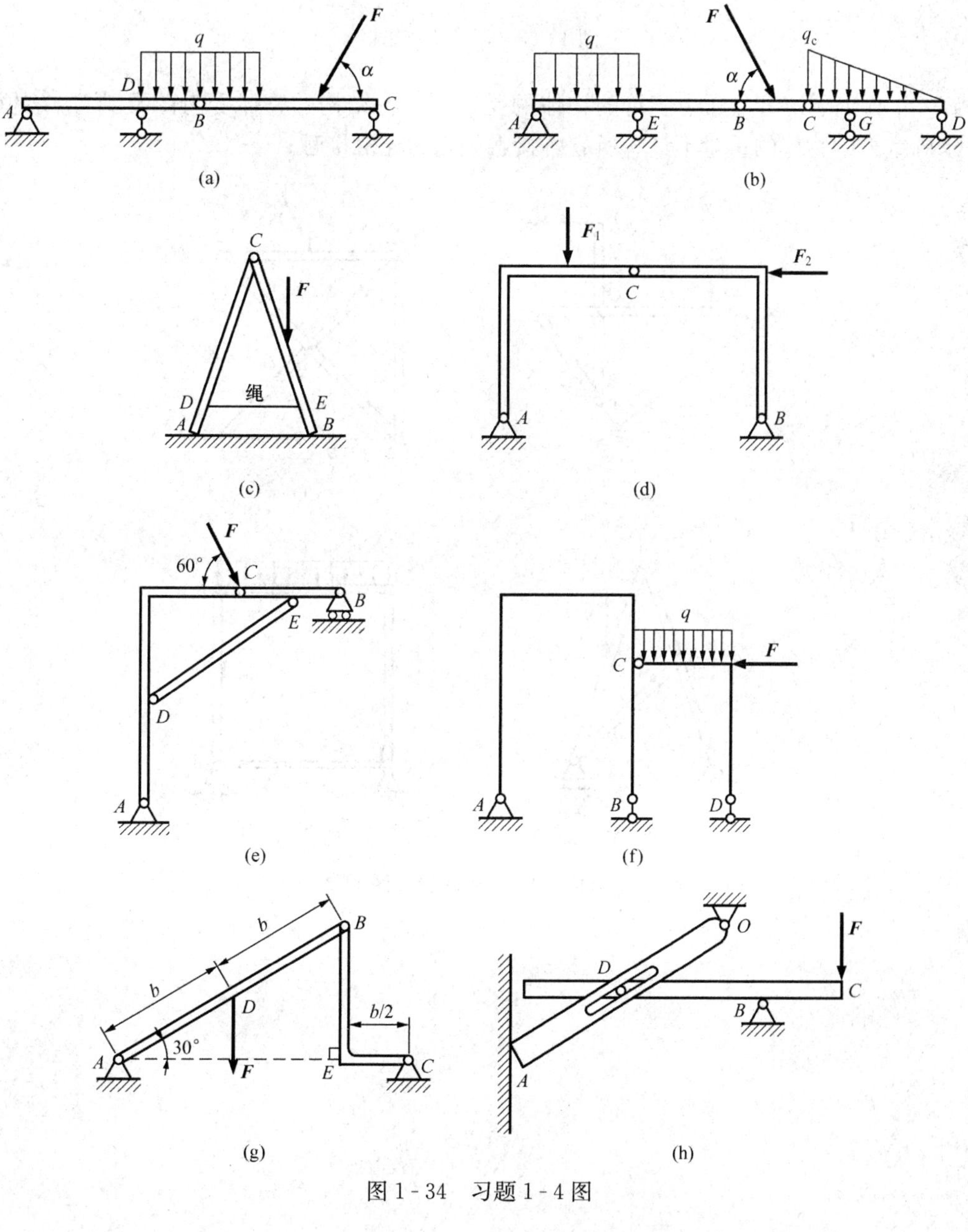

图 1-34 习题 1-4 图

1-5 试分析下列各结构整体，以及其中各杆件的受力图。

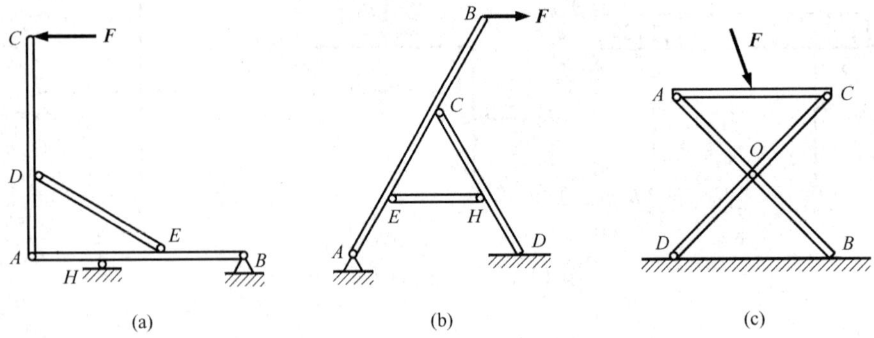

图 1-35 习题 1-5 图

1-6 画出下列每个标注字符的物体的受力图，各结构的整体受力图及销钉 A 的受力图。未画重力的物体的重量不计，所有各接触处均为光滑接触。

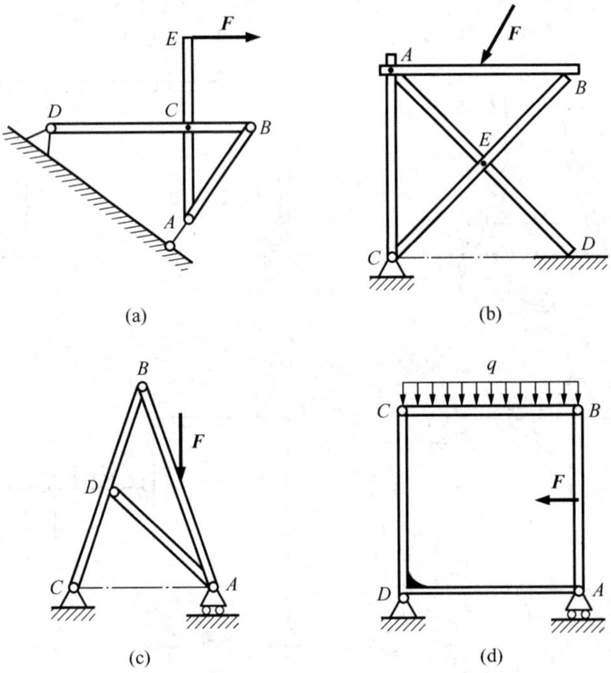

图 1-36 习题 1-6 图

2　基　本　力　系

本　章　提　要

基本力系包括汇交力系和力偶系，本章将分别研究这两种力系的合成、平衡条件及其应用。理解力在坐标轴上的投影、力对点的矩矢、力对轴的矩的概念，合力矩定理，力偶、力偶矩矢量的概念。熟练掌握力在坐标轴上的投影及力对轴之矩的计算，为正确列方程计算打下坚实基础。

2.1　汇交力系的合成与平衡

汇交力系是指各力作用线都汇交于一点的力系，可分为空间汇交力系和平面汇交力系。汇交力系是一种简单力系，是研究复杂力系的基础。本节主要介绍用解析法讨论汇交力系的合成与平衡。合成是指多个力汇交于一点，并能用一个力来等效替换，此力称为合力；平衡主要研究汇交力系平衡时应满足的条件。

由于作用在刚体上的汇交力可以沿它们的作用线移到汇交点，而并不影响其对刚体的作用效果，所以汇交力系与作用于同一点的共点力系对刚体的作用效果是一样的。因此，在本章中共点力系与汇交力系不再加以区别。

2.1.1　力的投影

一、力的投影

力在轴上的投影定义为力矢量与该投影轴单位矢量的数量积，是代数量。设任一投影轴的单位矢量为 $\boldsymbol{e}$，则力 $\boldsymbol{F}$ 在此轴上的投影为

$$F_e = \boldsymbol{F} \cdot \boldsymbol{e} \tag{2-1}$$

（一）直接投影法

已知力 $\boldsymbol{F}$ 与直角坐标系 $Oxyz$ 三轴间的夹角分别为 α、β、γ，如图 2-1 所示，则可直接将力在三轴上投影，得到

$$\left.\begin{aligned} F_x &= F\cos\alpha \\ F_y &= F\cos\beta \\ F_z &= F\cos\gamma \end{aligned}\right\} \tag{2-2}$$

$$\boldsymbol{F} = F_x\boldsymbol{i} + F_y\boldsymbol{j} + F_z\boldsymbol{k} \tag{2-3}$$

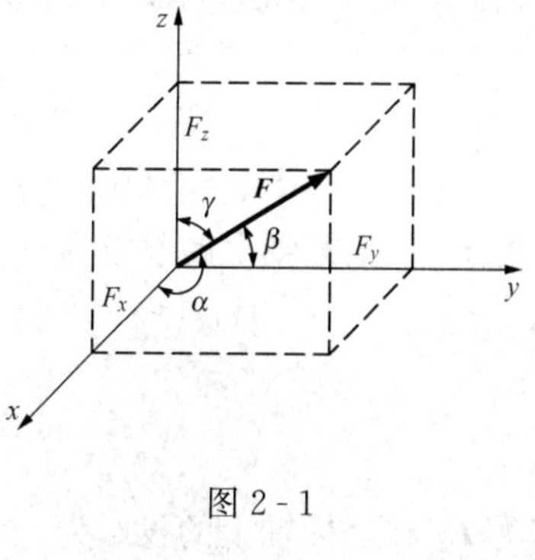

图 2-1

式（2-3）称为力 $\boldsymbol{F}$ 在直角坐标系中的解析表达式，力 $\boldsymbol{F}$ 在直角坐标系各轴上的投影 F_x、F_y、F_z 为已知时，力 $\boldsymbol{F}$ 的大小和方向余弦为

$$\left.\begin{aligned}F&=\sqrt{F_x^2+F_y^2+F_z^2}\\ \cos\alpha&=\frac{F_x}{F}\\ \cos\beta&=\frac{F_y}{F}\\ \cos\gamma&=\frac{F_z}{F}\end{aligned}\right\}\tag{2-4}$$

但力 $\boldsymbol{F}$ 的作用点不能确定。

（二）二次投影法

已知力 $\boldsymbol{F}$ 和直角坐标系 $Oxyz$，力 $\boldsymbol{F}$ 与 z 轴的夹角为 γ，力 $\boldsymbol{F}$ 在 Oxy 平面上的投影 $\boldsymbol{F}_{xy}$ 与 x 轴的夹角为 φ，则可用二次投影法先将力 $\boldsymbol{F}$ 投影到 Oxy 平面上得力 $\boldsymbol{F}_{xy}$，再将力 $\boldsymbol{F}_{xy}$ 分别投影到 x、y 轴上，如图 2-2 所示，得到力 $\boldsymbol{F}$ 在三直角坐标轴上的投影为

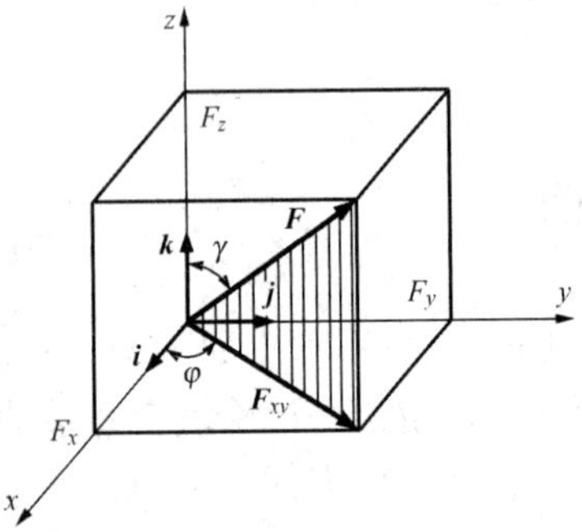

图 2-2

$$\left.\begin{aligned}F_x&=F\sin\gamma\cos\varphi\\ F_y&=F\sin\gamma\sin\varphi\\ F_z&=F\cos\gamma\end{aligned}\right\}\tag{2-5}$$

注意：一般在按图求力的投影时无论是直接投影法还是二次投影法，通常将力与轴（或面）按锐角处理，其投影的正负号由图直观判断。

【例 2-1】 长方体上作用有三个力，$F_1=500\text{N}$，$F_2=1000\text{N}$，$F_3=1500\text{N}$，其方向及尺寸如图 2-3 所示，分别求各力在坐标轴上的投影。

解 由于力 $\boldsymbol{F}_1$ 及 $\boldsymbol{F}_2$ 与坐标轴间的方位角都为已知，可应用直接投影法，力 $\boldsymbol{F}_3$ 与坐标轴间的方位角 φ 及仰角 θ 为已知，可应用二次投影法

$$\left.\begin{aligned}\sin\theta&=\frac{AC}{AB}=\frac{2.5}{5.59}\\ \cos\theta&=\frac{BC}{AB}=\frac{5}{5.59}\end{aligned}\right\},\quad \left.\begin{aligned}\sin\varphi&=\frac{CD}{CB}=\frac{4}{5}\\ \cos\varphi&=\frac{DB}{CB}=\frac{3}{5}\end{aligned}\right\}$$

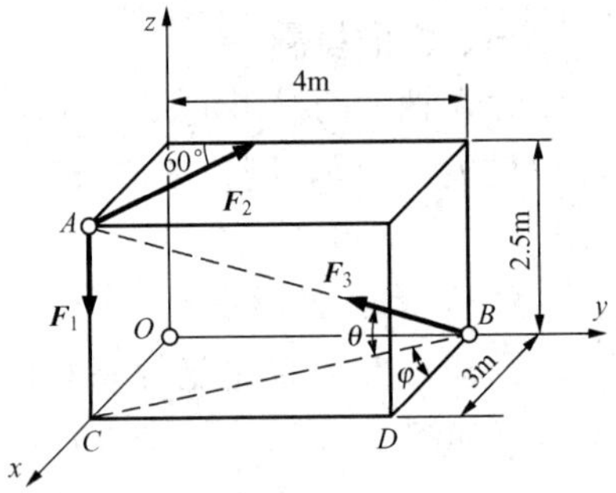

图 2-3

因此，力 $\boldsymbol{F}_1$ 在坐标轴上的投影为

$$F_{1x}=500\cos90°=0$$
$$F_{1y}=500\cos90°=0$$
$$F_{1z}=500\cos180°=-500(\text{N})$$

力 $\boldsymbol{F}_2$ 在坐标轴上的投影为

$$F_{2x}=-1000\sin60°=-866(\text{N})$$
$$F_{2y}=1000\cos60°=500(\text{N})$$
$$F_{2z}=1000\cos90°=0$$

力 $\boldsymbol{F}_3$ 在坐标轴上的投影为

$$F_{3x}=1500\cos\theta\cos\varphi=805(\text{N})$$
$$F_{3y}=-1500\cos\theta\sin\varphi=-1073(\text{N})$$

$$F_{3z} = 1500\sin\theta = 671(\text{N})$$

二、力的分解

汇交于一点的两个力（或空间内的三个力），可以合成为一个合力，且合成的力是唯一的。但是反过来，要将一个已知的力分解为两个（或三个）力，除非给定必要的限制条件，否则分解的结果并不是唯一的，现将力 $\boldsymbol{F}$ 沿直角坐标轴方向分解

$$\boldsymbol{F} = \boldsymbol{F}_x + \boldsymbol{F}_y + \boldsymbol{F}_z$$

与式（2-3）比较，力 $\boldsymbol{F}$ 沿直角坐标轴的分量与在相应轴上投影有以下关系：

$$\boldsymbol{F}_x = F_x\boldsymbol{i},\ \boldsymbol{F}_y = F_y\boldsymbol{j},\ \boldsymbol{F}_z = F_z\boldsymbol{k}$$

即力的投影与力的分解二者的大小相等。但这个结论是在直角坐标系中推导出来的，在非直角坐标系中并不成立，如图 2-4 所示。

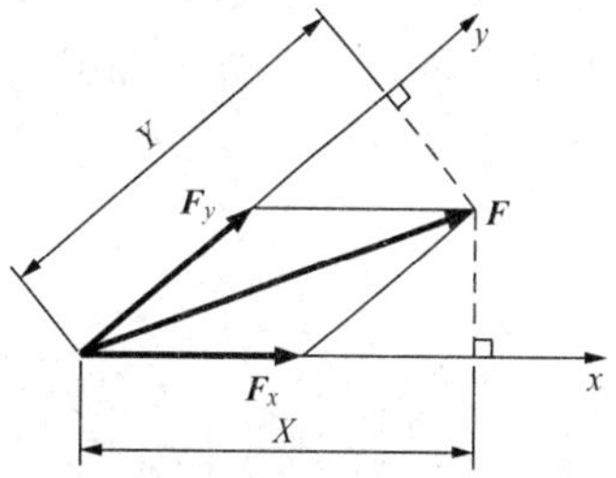

图 2-4

必须注意：力在轴上的投影和力的分量是两个不同的概念，力在轴上的投影是代数量，而力的分量是矢量，由分量能完全确定力的三要素。只有在直角坐标系中，力在轴上的投影才和力沿该轴的分量的大小相等，而投影的正负号可表明该分量的指向。

2.1.2 汇交力系的合成与平衡

力系 $\boldsymbol{F}_1$，$\boldsymbol{F}_2$，…，$\boldsymbol{F}_n$ 作用于物体的同一点 O 上，连续应用平行四边形（三角形）法则，最后可将诸力合成为过 O 点的一个合力 $\boldsymbol{F}_R$，即

$$\boldsymbol{F}_R = \boldsymbol{F}_1 + \boldsymbol{F}_2 + \cdots + \boldsymbol{F}_n = \sum \boldsymbol{F}_i \tag{2-6}$$

就是说，汇交力系可以简化为一个合力，合力等于原力系中所有各力的矢量和，作用线通过各力作用线的汇交点。

由于汇交力系可用其合力等效替换，显然此力系平衡的充分必要条件是：该力系合力为零。即

$$\boldsymbol{F}_R = \sum \boldsymbol{F}_i = 0 \tag{2-7}$$

可以用几何法或解析法来求 $\boldsymbol{F}_R$。采用几何法时，可以用**力多边形法则**，即将各力矢 $\boldsymbol{F}_1$，$\boldsymbol{F}_2$，…，$\boldsymbol{F}_n$ 按任意选定的顺序首尾相接地相继画出，则连接第一个力矢始端与最后一个力矢末端的矢量就是矢量和 $\boldsymbol{F}_R$。如图 2-5 所示，设一刚体受到平面汇交力系 $\boldsymbol{F}_1$，$\boldsymbol{F}_2$，$\boldsymbol{F}_3$，$\boldsymbol{F}_4$ 的作用，各力作用线汇交于点 A，根据刚体内部力的可传性，可将各力沿其作用线移至汇交点 A，为合成此力系，可根据力的平行四边形法则，逐步两两合成各力，最后求得一个通过汇交点 A 的合力 $\boldsymbol{F}_R$；还可以用更简便的方法求此合力 $\boldsymbol{F}_R$ 的大小与方向。任取一点 a 将各分力的矢量依次首尾相连，由此组成一个不封闭的**力多边形** $abcde$，如图 2-5（b）所示。此图中的

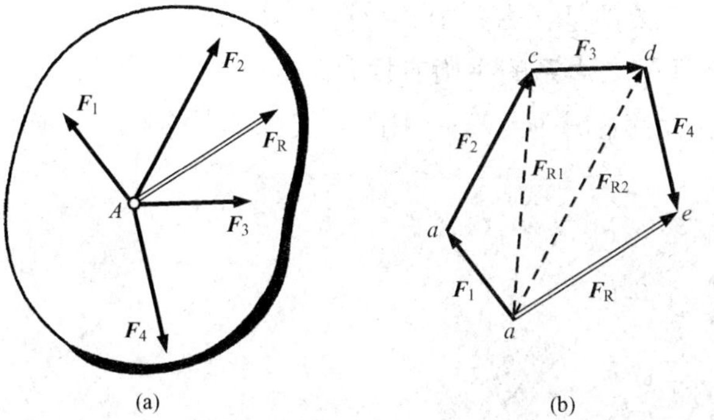

图 2-5

虚线$\overrightarrow{ac}$矢（$\boldsymbol{F}_{R1}$）为力 $\boldsymbol{F}_1$ 与 $\boldsymbol{F}_2$ 的合力矢，又虚线$\overrightarrow{ad}$矢（$\boldsymbol{F}_{R2}$）为力 $\boldsymbol{F}_{R1}$与 $\boldsymbol{F}_3$ 的合力矢，在作力多边形时不必画出。

显然，汇交力系平衡的几何条件是：**力多边形自行封闭**。若采用解析法，则需用下述合力投影定理。

2.1.3 合力投影定理 汇交力系合成与平衡的解析条件（平衡方程）

设有汇交力系 $\boldsymbol{F}_1$，$\boldsymbol{F}_2$，…，$\boldsymbol{F}_n$，以汇交点 O 为坐标原点，建立直角坐标系 $Oxyz$，将力系中各分力及合力都用坐标轴 x、y、z 上的投影表示为

$$\left.\begin{aligned}\boldsymbol{F}_1 &= F_{1x}\boldsymbol{i} + F_{1y}\boldsymbol{j} + F_{1z}\boldsymbol{k}\\ \boldsymbol{F}_2 &= F_{2x}\boldsymbol{i} + F_{2y}\boldsymbol{j} + F_{2z}\boldsymbol{k}\\ &\vdots\\ \boldsymbol{F}_n &= F_{nx}\boldsymbol{i} + F_{ny}\boldsymbol{j} + F_{nz}\boldsymbol{k}\end{aligned}\right\}$$

$$\boldsymbol{F}_R = F_{Rx}\boldsymbol{i} + F_{Ry}\boldsymbol{j} + F_{Rz}\boldsymbol{k}$$

将这二式代入式（2-6），等号两端同一单位矢量的系数应相等，即

$$\left.\begin{aligned}F_{Rx} &= F_{1x} + F_{2x} + \cdots + F_{nx} = \sum_{i=1}^{n} F_{ix} = \sum F_x\\ F_{Ry} &= F_{1y} + F_{2y} + \cdots + F_{ny} = \sum_{i=1}^{n} F_{iy} = \sum F_y\\ F_{Rz} &= F_{1z} + F_{2z} + \cdots + F_{nz} = \sum_{i=1}^{n} F_{iz} = \sum F_z\end{aligned}\right\} \tag{2-8}$$

于是得到，汇交力系的合力在某轴上的投影等于各分力在同一轴上的投影的代数和，称为**合力投影定理**。应用式（2-4）可求得合力的大小和方向（其公式在此不再列出）。

显然，为使合力为零，即

$$F_R = \sqrt{(\sum F_x)^2 + (\sum F_y)^2 + (\sum F_z)^2} = 0$$

必须同时满足

$$\left.\begin{aligned}\sum F_x &= 0\\ \sum F_y &= 0\\ \sum F_z &= 0\end{aligned}\right\} \tag{2-9}$$

于是得到，汇交力系平衡的充分与必要的解析条件是：力系中各力在直角坐标系每一轴上的投影的代数和都等于零。式（2-9）称为**空间汇交力系的平衡方程**。

对于**平面汇交力系**，可取力系作用面作为坐标平面 Oxy，则有 $F_{Rz} = \sum F_z \equiv 0$。于是式（2-8）简化为

$$\left.\begin{aligned}F_{Rx} &= \sum F_x\\ F_{Ry} &= \sum F_y\end{aligned}\right\} \tag{2-10}$$

上式称为平面汇交力系合力投影定理。

相应地，可以求出合力 $\boldsymbol{F}_R$ 的大小和方向为

$$F_R = \sqrt{F_{Rx}^2 + F_{Ry}^2} = \sqrt{(\sum F_x)^2 + (\sum F_y)^2}$$

$$\cos(\boldsymbol{F}_R,\boldsymbol{i})=\frac{F_{Rx}}{F_R}=\frac{\sum F_x}{F_R},\cos(\boldsymbol{F}_R,\boldsymbol{j})=\frac{F_{Ry}}{F_R}=\frac{\sum F_y}{F_R} \tag{2-11}$$

通常也可以求出合力 $\boldsymbol{F}_R$ 与 x 轴所夹锐角 θ，θ 的值由下式确定

$$\tan\theta=\left|\frac{F_{Ry}}{F_{Rx}}\right|$$

至于 $\boldsymbol{F}_R$ 的指向，则应由 F_{Rx} 和 F_{Ry} 的正负号通过作图来表示。而平面汇交力系的平衡方程则简化为

$$\left.\begin{array}{l}\sum F_x=0\\ \sum F_y=0\end{array}\right\} \tag{2-12}$$

式（2-9）虽然是用直角坐标系导出的，但在实际应用中，三根投影轴并不限定必须相互垂直。只要三根轴既不共面又互不平行，即可选为投影轴。恰当地选择投影轴，常可使计算简化。例如，在平面汇交力系情况下，如取一根投影轴与某未知力垂直，则在相应的平衡方程中就不出现该未知量。

【例 2-2】 用解析法求图 2-6 所示平面汇交力系的合力的大小和方向。已知 $F_1=1.5\text{kN}$，$F_2=0.5\text{kN}$，$F_3=0.25\text{kN}$，$F_4=1\text{kN}$。

解 由式（2-10）计算合力 $\boldsymbol{F}_R$ 在 x、y 轴上的投影分别为

$$F_{Rx}=0-F_2+F_3\cos60^\circ+F_4\cos45^\circ=0.332(\text{kN})$$

$$F_{Ry}=-F_1+0+F_3\sin60^\circ-F_4\sin45^\circ=-1.99(\text{kN})$$

故合力 $\boldsymbol{F}_R$ 的大小为

$$F_R=\sqrt{F_{Rx}^2+F_{Ry}^2}=\sqrt{(0.332)^2+(-1.99)^2}=2.02(\text{kN})$$

合力 $\boldsymbol{F}_R$ 的方向 $\tan\theta=\left|\frac{F_{Ry}}{F_{Rx}}\right|=\left|\frac{-1.99}{0.332}\right|=5.994$

可得 $\theta=80^\circ33'$

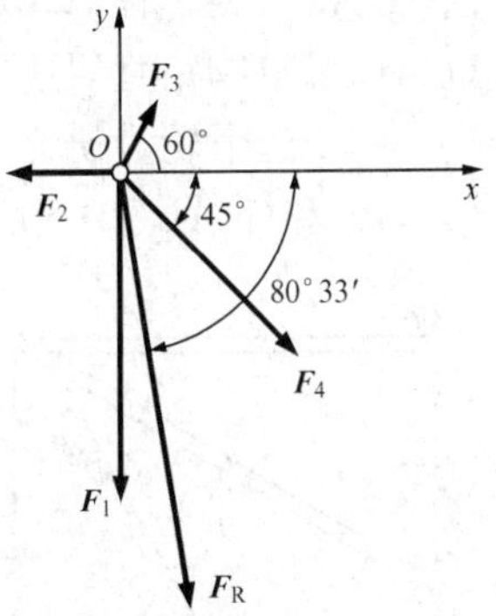

图 2-6

因为 $\boldsymbol{F}_{Rx}$ 为正，$\boldsymbol{F}_{Ry}$ 为负，故知合力 $\boldsymbol{F}_R$ 在第四象限，其作用线通过力系的汇交点 O，如图 2-6 所示。

【例 2-3】 减速箱盖重 $G=800\text{N}$，用两根铁链 AB 和 BC 吊起，如图 2-7（a）所示。已知铁链与铅直线的夹角为 $\alpha=35^\circ$，$\beta=25^\circ$，试求箱盖平衡时铁链的拉力。

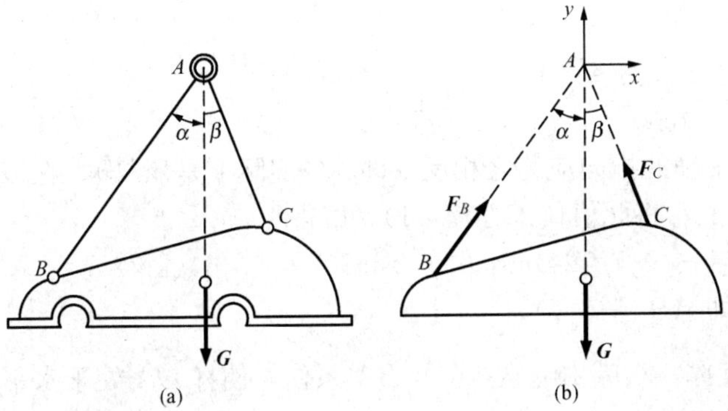

图 2-7

解 已知力 $\boldsymbol{G}$ 和待求的拉力都作用在箱盖上，所以选箱盖为研究对象。

作箱盖的受力图，它受到重力 $\boldsymbol{G}$ 和铁链拉力 $\boldsymbol{F}_B$、$\boldsymbol{F}_C$ 的作用，如图 2-7（b）所示。根据不平行三力平衡必要条件，此三力作用线必汇交于一点，即汇交于铁环的中心 A，构成平面汇交力系。

在力系平面内设直角坐标系

Axy，如图 2-7（b）所示，其中 x 轴水平，y 轴铅直。按式（2-12）列出平衡方程

$$\sum F_x = 0: F_B \sin\alpha - F_C \sin\beta = 0 \quad (1)$$

$$\sum F_y = 0: F_B \cos\alpha + F_C \cos\beta - G = 0 \quad (2)$$

独立的方程（1）（2）中含有两个未知量 F_B、F_C，不难解出

$$F_B = \frac{G}{\cos\alpha + \sin\alpha\cot\beta} \quad F_C = \frac{G}{\cos\beta + \sin\beta\cot\alpha}$$

以具体数据代入，得

$$F_B = \frac{800}{\cos35^\circ + \sin35^\circ\cot25^\circ} = 390.4(\mathrm{N})$$

$$F_C = \frac{800}{\cos25^\circ + \sin25^\circ\cot35^\circ} = 529.8(\mathrm{N})$$

【例 2-4】 简易起重装置如图 2-8（a）所示。重物吊在钢丝绳的一端，绳的另一端跨过光滑定滑轮 A，缠绕在绞车 D 的鼓轮上。滑轮用直杆 AB、AC 支承，A、B、C 三处均可当作光滑铰链。杆 AB 成水平，其他如图所示。设重物重量 G=2kN，不计滑轮和直杆重量。试求重物铅直匀速提升时杆 AB 和 AC 作用于滑轮的力。

解 选滑轮为研究对象，作出其受力图如图 2-8（b）所示。滑轮受到钢丝绳的拉力 $\boldsymbol{F}_1$、$\boldsymbol{F}_2$ 和杆 AB、AC 所作用的力 $\boldsymbol{F}_{AB}$、$\boldsymbol{F}_{AC}$。在重物处于平衡的情况下，$F_1=G$。因定滑轮是光滑的，故 $F_2=F_1$。不计杆重时，杆 AB、AC 都是二力杆，因而 $\boldsymbol{F}_{AB}$、$\boldsymbol{F}_{AC}$ 分别沿着连线 AB、AC。

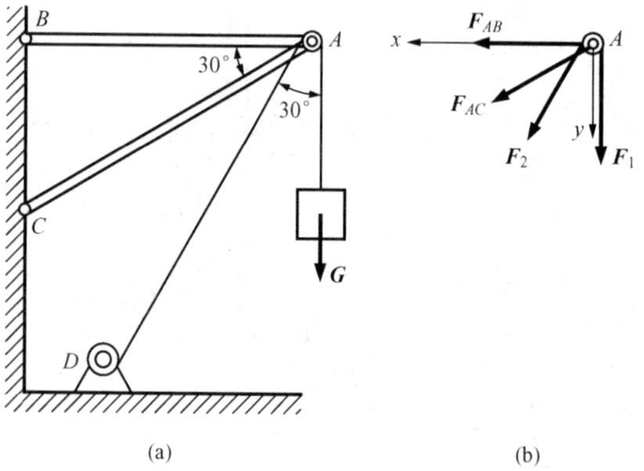

图 2-8

由图 2-8（b）可见，滑轮在 $\boldsymbol{F}_1$、$\boldsymbol{F}_2$、$\boldsymbol{F}_{AB}$、$\boldsymbol{F}_{AC}$ 四个力作用下处于平衡。若略去滑轮的大小，则此四力构成一平衡的汇交力系。

在解析法中，未知力的指向应预先设定。力 $\boldsymbol{F}_{AB}$ 和 $\boldsymbol{F}_{AC}$ 的指向（均假设为拉力）如图 2-8（b）所示。在力系作用面内取直角坐标系 Axy 如图，其中 x 轴水平向左，y 轴铅直向下。列出平衡方程

$$\sum F_x = 0: F_{AB} + F_{AC}\cos30^\circ + F_2\sin30^\circ = 0 \quad (1)$$

$$\sum F_y = 0: F_{AC}\sin30^\circ + F_2\cos30^\circ + F_1 = 0 \quad (2)$$

注意到 $F_1=F_2=G$，由式（2）解得

$$F_{AC} = -G\frac{1+\cos30^\circ}{\sin30^\circ} = -7.464(\mathrm{kN})$$

F_{AC} 为负值说明预先假设的指向错误，正确的指向应与之相反（即 AC 实际上是压杆）。在以下的计算中，注意必须采用 F_{AC} 的代数值。将此值代入方程（1），解得

$$F_{AB} = -F_{AC}\cos30^\circ - G\sin30^\circ = -(-7.464)\cos30^\circ - 2\sin30^\circ = 5.464(\mathrm{kN})$$

F_{AB} 为正值说明预先假设的指向正确（即 AB 是拉杆）。

【例 2-5】 杆 OA 的 O 端由球铰支撑，A 端由绳索 CA 及 BA 系住，使杆 OA 处于水平位置，$DA=DB$=1m，$DC=\sqrt{2}$m，如图 2-9（a）所示。若在点 A 悬挂重为 G=1kN 的重

物，略去杆 OA 的重量，试求两绳的拉力及支座 O 端的约束力。

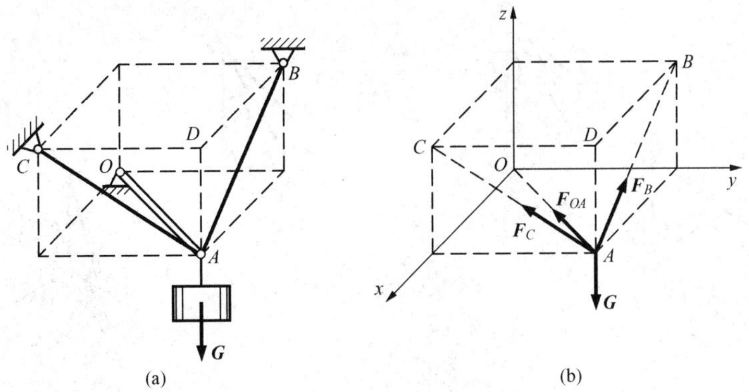

图 2-9

解　以点 A 为研究对象，作其受力图。作用在点 A 的力有：由重物的重力引起的对点 A 的一拉力，因与该重力相等，为简单起见就用 $\boldsymbol{G}$ 表示，二力杆 OA 的约束力 $\boldsymbol{F}_{OA}$（图中 $\boldsymbol{F}_{OA}$ 表示杆 OA 受拉力）及两条绳索的拉力 $\boldsymbol{F}_C$ 与 $\boldsymbol{F}_B$，点 A 的受力如图 2-9（b）所示。

显然这是空间汇交力系的平衡问题，建立图示坐标系 $Oxyz$，列平衡方程

$$\sum F_x = 0:\ -F_{OA} \times \frac{1}{\sqrt{3}} - F_B \times \frac{1}{\sqrt{2}} = 0$$

$$\sum F_y = 0:\ -F_{OA} \times \frac{\sqrt{2}}{\sqrt{3}} - F_C \times \frac{\sqrt{2}}{\sqrt{3}} = 0$$

$$\sum F_z = 0:\ F_C \times \frac{1}{\sqrt{3}} + F_B \times \frac{1}{\sqrt{2}} - G = 0$$

三个独立方程联立求解，可求得 $\boldsymbol{F}_{OA}$、$\boldsymbol{F}_C$ 与 $\boldsymbol{F}_B$ 分别为

$$F_{OA} = -\frac{\sqrt{3}}{2}G = -0.866(\text{kN})$$

$$F_C = \frac{\sqrt{3}}{2}G = 0.866(\text{kN})$$

$$F_B = \frac{\sqrt{2}}{2}G = 0.707(\text{kN})$$

$\boldsymbol{F}_{OA}$ 为负值表示受力图中所设 $\boldsymbol{F}_{OA}$ 的指向与实际指向相反，即杆 OA 受压力。

【例 2-6】　起重装置如图 2-10（a）所示。铅直支柱高 $AB=3\text{m}$，$AE=AF=4\text{m}$。拉索 BE、BF 相对于吊臂平面 ABC 对称布置，且 $\angle DAE=\angle DAF=45°$。如吊起的载荷重 $G=200\text{kN}$，其他部件重量均可略去不计，A 处可看作光滑铰链，试求拉索和支柱所受的力。

解　首先考察与已知力 $\boldsymbol{G}$ 有关的节点 C 的平衡，如图 2-10（b）所示。该节点受到吊索的拉力 $\boldsymbol{F}_{\text{T}}$、拉索 BC 的拉力 $\boldsymbol{F}_{\text{S}}$ 和吊臂 AC 的反力 $\boldsymbol{F}_{AC}$；吊臂作为双铰刚杆，其反力 $\boldsymbol{F}_{AC}$ 应沿 AC 连线。显然，在载荷平衡时，有 $F_{\text{T}}=G$。在平面 ABC 中取直角坐标系 Cx_1y_1 如图，其中 x_1 轴沿 AC 方向。

由平衡方程

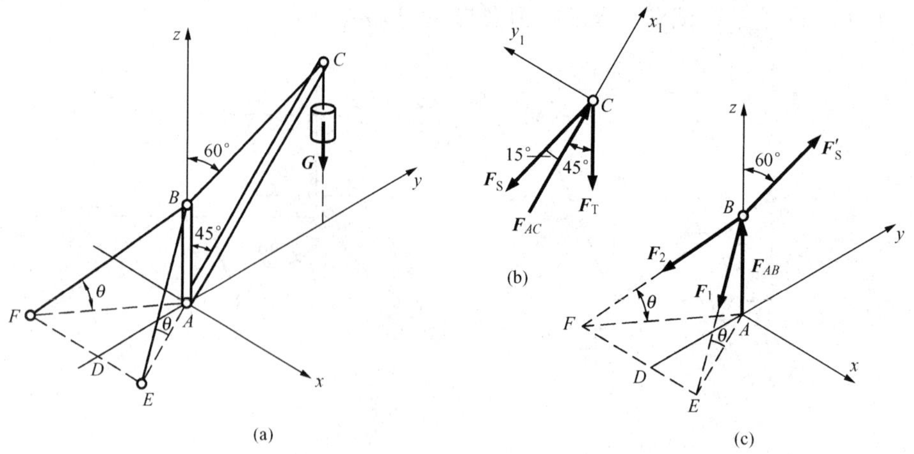

图 2-10

$$\sum F_{y_1} = 0, F_S\sin15^\circ - F_T\sin45^\circ = 0 \tag{1}$$

求得

$$F_S = G\frac{\sin45^\circ}{\sin15^\circ} = 546.4(\text{kN})$$

再考虑节点 B 的平衡。B 点受到拉索 BE、BF、BC 的拉力 $\boldsymbol{F}_1$、$\boldsymbol{F}_2$、$\boldsymbol{F}'_S$ 和作为二力杆的支柱 AB 的反力 $\boldsymbol{F}_{AB}$，如图 2-10（c）所示。由拉索 BC 的平衡可知 $F'_S = F_S$。取直角坐标系 $Axyz$ 如图 2-10 所示，其中坐标平面 Ayz 与吊臂平面 ABC 相重合，且 z 轴为铅直，列出节点 B 的平衡方程。注意在求 $\boldsymbol{F}_1$、$\boldsymbol{F}_2$ 在 x、y 轴上的投影时利用了两次投影法

$$\sum F_x = 0: F_1\cos\theta\sin45^\circ - F_2\cos\theta\sin45^\circ = 0 \tag{2}$$

$$\sum F_y = 0: F'_S\sin60^\circ - F_1\cos\theta\cos45^\circ - F_2\cos\theta\cos45^\circ = 0 \tag{3}$$

$$\sum F_z = 0: F_{AB} + F'_S\cos60^\circ - F_1\sin\theta - F_2\sin\theta = 0 \tag{4}$$

θ 角的三角函数不难由已知长度求出：

$$\cos\theta = \frac{AE}{BE} = \frac{4}{\sqrt{3^2+4^2}} = \frac{4}{5},\ \sin\theta = \frac{AB}{BE} = \frac{3}{5},\ (\theta = 36.87^\circ)$$

由方程（2）易得

$$F_1 = F_2$$

代入方程（3）得到

$$F_1 = F_2 = F_S\frac{\sin60^\circ}{2\cos\theta\cos45^\circ} = 418.3(\text{kN})$$

再由方程（4）得到

$$F_{AB} = (F_1 + F_2)\sin\theta - F_S\cos60^\circ = 228.8(\text{kN})$$

因此，由以上分析计算结果，根据作用与反作用定律，支柱 AB 受到 228.8kN 的压力，拉索 BC 受到 546.4kN 的拉力，拉索 BE、BF 所受的拉力都是 418.3kN。

通过以上例题可知，平衡问题的求解过程，一般可按如下步骤进行：

（1）选取研究对象。根据题意要求，选取适当的平衡物体作为研究对象，画出简图。即取分离体。

（2）进行受力分析。在所选取的研究对象上，画出其所受的全部已知力和未知力（包括约束反力）。

（3）列出平衡方程求解未知量。适当选择投影轴的方位，可以在相应的平衡方程中不出现某个未知力。

2.2 力　　矩

力对刚体的作用效应使刚体的运动状态发生改变，一般产生移动和转动两种效应，其中力对刚体的移动效应由力矢量的大小和方向来决定，而力对刚体的转动效应则由力对点之矩（简称力矩）来度量。

2.2.1 力对点之矩

一、平面力系中力对点之矩

扳手拧紧螺母、杠杆作用等简单形式，就是加力使物体产生转动效应的实例。用扳手拧螺母时（图 2-11），在扳手 A 点施加力 $\boldsymbol{F}$ 可以使扳手和螺母一起绕螺母中心 O 点（亦即绕通过 O 点垂直于纸面的轴）转动。即是说，力 $\boldsymbol{F}$ 有使扳手产生转动的效应。实践表明，这种转动效应不仅与力 $\boldsymbol{F}$ 的大小成正比，还与 O 点到力作用线的垂直距离 h（称为**力臂**）成正比。因此，规定力 $\boldsymbol{F}$ 的大小与力臂的乘积作为力 $\boldsymbol{F}$ 使扳手绕支点 O 转动效应的度量，称为**力 $\boldsymbol{F}$ 对 O 点之矩**，用符号 $M_O(\boldsymbol{F})$ 表示（图 2-12），O 点称为力矩中心，简称**矩心**，力矢量和矩心所决定的平面称为**力矩平面**。在平面问题中，各力使物体转动的转向在此平面内只有逆时针或顺时针两种，故力对点之矩可视为代数量，其正负号习惯上按下述方法确定：力使物体绕矩心逆时针转动（或转动趋势）为正，反之为负。记作

$$M_O(\boldsymbol{F}) = \pm Fh = \pm 2A_{\triangle OAB} \tag{2-13}$$

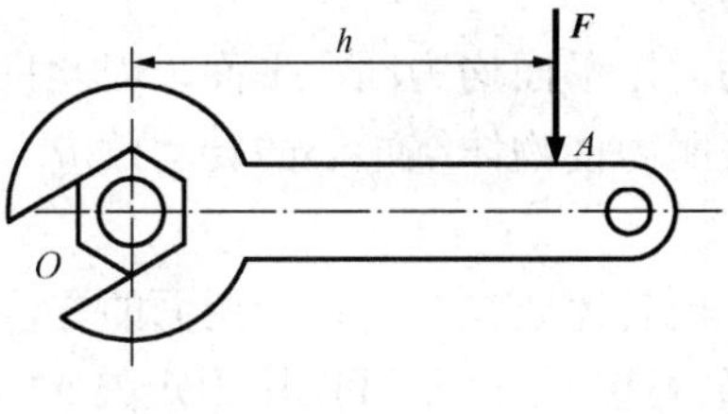

图 2-11

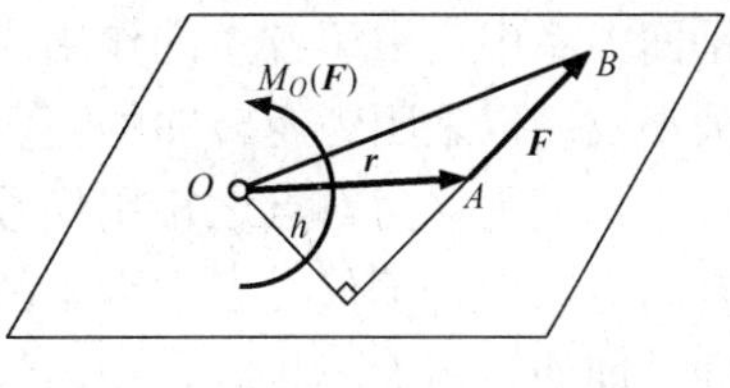

图 2-12

必须注意，在一般情况下，力将使物体同时产生移动和转动两种效应，其中转动可以是相对于任意一点，因此，可以选择任意一点作为矩心，而这一点并不一定是刚体内固定的转动中心。在确定力臂时，应该由矩心向力的作用线作垂线，求其垂线段长度。

由力矩的定义可知：

（1）当力 $\boldsymbol{F}$ 的大小等于零，或者力的作用线通过矩心（即力臂为 0 时），力矩等于零。

（2）当力沿其作用线移动时，力对点之矩保持不变。

在国际单位制中，力矩的单位为牛（顿）·米（N·m）或千牛（顿）·米（kN·m）。

【例 2-7】 钢筋混凝土带雨篷的门顶过梁的尺寸如图 2-13（a）所示，过梁和雨篷板的长度（垂直于纸平面）均为 4m。设此过梁上砌砖至 3m 高时，便要将雨篷下的木支撑拆除。试验算在此情况下雨篷会不会绕 A 点倾覆。已知钢筋混凝土的容重 $\gamma_1 = 25\text{kN/m}^3$，砖砌体容重 $\gamma_2 = 19\text{kN/m}^3$。验算时需要考虑有一检修荷载 $F = 1\text{kN}$ 作用在雨篷边缘上（检修荷载

即人和小工具重量)。

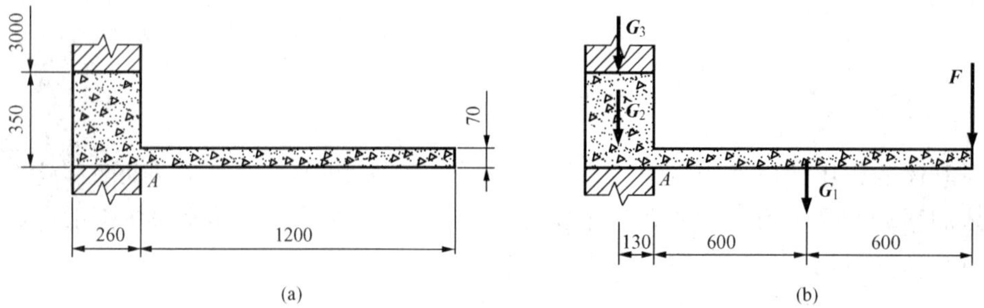

图 2-13

解 令雨篷、过梁及 3m 高砖墙的体积分别为 V_1、V_2、V_3,则

雨篷重:$G_1=\gamma_1\cdot V_1=25\times10^3\times(70\times10^{-3}\times1.2\times4)=8400(\text{N})$

过梁重:$G_2=\gamma_1\cdot V_2=25\times10^3\times(350\times10^{-3}\times260\times10^{-3}\times4)=9100(\text{N})$

砖墙重:$G_3=\gamma_2\cdot V_3=19\times10^3\times(260\times10^{-3}\times3\times4)=59280(\text{N})$

各载荷作用位置如图 2-13(b)所示。

使雨篷绕 A 点倾覆的因素是 $\boldsymbol{G}_1$ 和 $\boldsymbol{F}$,它们对 A 点产生的力矩称为倾覆力矩;而阻止雨篷倾覆的因素是 $\boldsymbol{G}_2$ 和 $\boldsymbol{G}_3$,它们对 A 点产生的力矩为抗倾覆力矩。

倾覆力矩 $=-G_1\times0.6-F\times1.2=-8400\times0.6-1000\times1.2=-6240(\text{N}\cdot\text{m})$

抗倾覆力矩 $=G_2\times0.13+G_3\times0.13=(9100+59280)\times0.13=8889.4(\text{N}\cdot\text{m})$

抗倾覆力矩的绝对值大于倾覆力矩的绝对值,所以雨篷不会倾覆。

二、空间力系中力对点之矩以矢量表示——力矩矢

在平面力系中,由于各力的作用线与矩心决定的力矩平面均为同一平面,因此只要知道力矩的大小及用以表明力矩转向的正负号,就足以表明力使物体绕矩心的转动效应。所以在平面力系中,只需将力对点之矩用代数量表示就行了。

在空间力系中,不仅要考虑力矩的大小、转向,而且还要注意力矩作用面的方位。如果方位不同,即使力矩大小相同,作用效果将完全不同。这三个因素可以用力矩矢 $\boldsymbol{M}_O(\boldsymbol{F})$ 来描述。其中矢量的模即 $|\boldsymbol{M}_O(\boldsymbol{F})|=Fh=2A_{\triangle OAB}$;矢量的方位和力矩作用面的法线方向相同;矢量的指向按右手螺旋法则来确定,如图 2-14 所示。

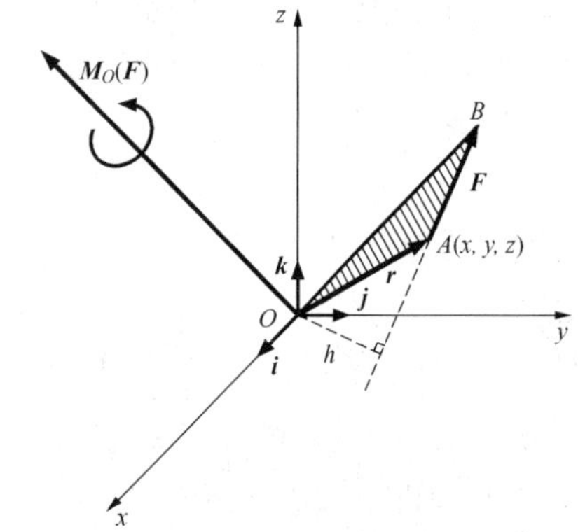

图 2-14

由图 2-14 可知,以 $\boldsymbol{r}$ 表示力作用点 A 的矢径,则矢积 $\boldsymbol{r}\times\boldsymbol{F}$ 的模等于三角形 OAB 面积的两倍,其方向与力矩矢一致。因此有

$$\boldsymbol{M}_O(\boldsymbol{F})=\boldsymbol{r}\times\boldsymbol{F} \tag{2-14}$$

式(2-14)为力对点之矩的矢积表达式,即力对点之矩矢等于力作用点对于矩心的矢径与该力的矢量积。

若以矩心 O 为原点,取直角坐标系 $Oxyz$ 如图 2-14 所示。令 $\boldsymbol{i}$、$\boldsymbol{j}$、$\boldsymbol{k}$ 分别为坐标轴 x、y、z 方向的单位矢量。设力 $\boldsymbol{F}$ 在各坐标轴上的投影为 F_x、F_y、F_z;力作用点 A 的坐标为 $A(x, y, z)$,则矢径 $\boldsymbol{r}$ 和力 $\boldsymbol{F}$ 分别

表示为

$$\boldsymbol{F} = F_x\boldsymbol{i} + F_y\boldsymbol{j} + F_z\boldsymbol{k}$$

$$\boldsymbol{r} = x\boldsymbol{i} + y\boldsymbol{j} + z\boldsymbol{k}$$

于是，得到力对点之矩矢按直角坐标的分解式

$$\boldsymbol{M}_O(\boldsymbol{F}) = \boldsymbol{r}\times\boldsymbol{F} = \begin{vmatrix} \boldsymbol{i} & \boldsymbol{j} & \boldsymbol{k} \\ x & y & z \\ F_x & F_y & F_z \end{vmatrix}$$

$$= (yF_z - zF_y)\boldsymbol{i} + (zF_x - xF_z)\boldsymbol{j} + (xF_y - yF_x)\boldsymbol{k} \tag{2-15}$$

式中 $\boldsymbol{i}$、$\boldsymbol{j}$、$\boldsymbol{k}$ 前面的系数就是力矩矢 $\boldsymbol{M}_O(\boldsymbol{F})$ 在 x、y、z 轴上投影，即

$$\left.\begin{aligned} [\boldsymbol{M}_O(\boldsymbol{F})]_x &= yF_z - zF_y \\ [\boldsymbol{M}_O(\boldsymbol{F})]_y &= zF_x - xF_z \\ [\boldsymbol{M}_O(\boldsymbol{F})]_z &= xF_y - yF_x \end{aligned}\right\} \tag{2-16}$$

由于力矩矢量 $\boldsymbol{M}_O(F)$ 的大小和方向都与矩心 O 的位置有关，故力矩矢的始端必须在矩心，因此力矩矢是定位矢量。

三、汇交力系的合力矩定理

力对点的矩矢的模等于力的大小与力臂的乘积。在有些实际问题中，力臂不易求出，因而力矩不便计算。如果将这个力分解成若干分力，各分力的总转动效应与合力的转动效应相同。因此，可以利用求分力的力矩来计算合力的力矩。

设汇交力系 $\boldsymbol{F}_1$，$\boldsymbol{F}_2$，…，$\boldsymbol{F}_n$ 合力为 $\boldsymbol{F}_R$，作用于 A 点，A 点相对某矩心 O 的矢径为 $\boldsymbol{r}$，

$$\boldsymbol{F}_R = \boldsymbol{F}_1 + \boldsymbol{F}_2 + \cdots + \boldsymbol{F}_n$$

以 $\boldsymbol{r}$ 对上式作矢积，有

$$\boldsymbol{r}\times\boldsymbol{F}_R = \boldsymbol{r}\times\boldsymbol{F}_1 + \boldsymbol{r}\times\boldsymbol{F}_2 + \cdots + \boldsymbol{r}\times\boldsymbol{F}_n$$

即

$$\boldsymbol{M}_O(\boldsymbol{F}_R) = \boldsymbol{M}_O(\boldsymbol{F}_1) + \boldsymbol{M}_O(\boldsymbol{F}_2) + \cdots + \boldsymbol{M}_O(\boldsymbol{F}_n) = \sum\boldsymbol{M}_O(\boldsymbol{F}_i) \tag{2-17}$$

此结果表明：汇交力系的合力对任一点之矩等于诸分力对同一点之矩的矢量和。这称为**合力矩定理**。

对于平面汇交力系，各力对力系平面内任一点之矩矢量共线，力对点之矩可视为代数量，则合力矩定理表示为

$$M_O(\boldsymbol{F}_R) = M_O(\boldsymbol{F}_1) + M_O(\boldsymbol{F}_2) + \cdots + M_O(\boldsymbol{F}_n) = \sum M_O(\boldsymbol{F}_i) \tag{2-18}$$

即平面汇交力系的合力对任一点之矩等于力系中各分力对同一点之矩的代数和。

【例 2-8】 为了竖起塔架，在 O 点处以固定铰链支座与塔架相联接，如图 2-15 所示。设在图示位置钢丝绳的拉力为 $\boldsymbol{F}$，图中 a、b 和 α 均为已知量。试计算力 $\boldsymbol{F}$ 对 O 点之矩。

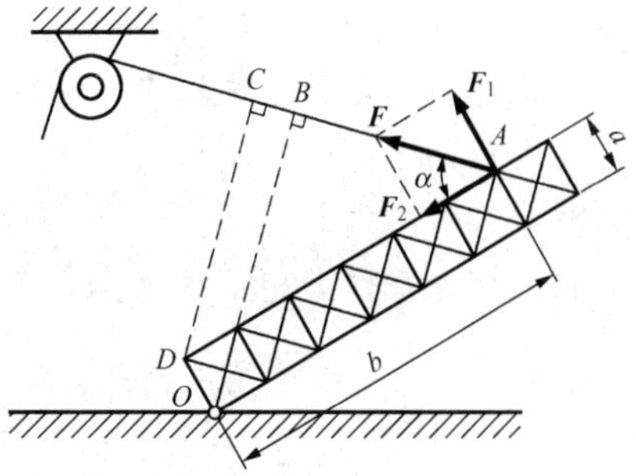

图 2-15

解 若直接求力臂 h 的大小（即求 $\overline{OB}$）是比较麻烦的。如果利用合力矩定理，可以较方便计算出力 $\boldsymbol{F}$ 对 O 点之矩。

将力 $\boldsymbol{F}$ 分解为与塔架两边平行的二个分力 $\boldsymbol{F}_1$ 和 $\boldsymbol{F}_2$，由合力矩定理，得

$$
\begin{aligned}
M_O(\boldsymbol{F}) &= M_O(\boldsymbol{F}_1) + M_O(\boldsymbol{F}_2) \\
&= F_1 b + F_2 a \\
&= Fb\sin\alpha + Fa\cos\alpha
\end{aligned}
$$

2.2.2　力对轴之矩

一、力对轴之矩的概念及其计算定义式

在生产和生活实际中，某些物体（如门、窗等）在力的作用下能绕某轴转动。为了度量力使物体绕某轴转动的效应，必须了解力对轴的矩的概念。现以开门为例说明。

设一刚性门上作用一力 $\boldsymbol{F}$，一般地力 $\boldsymbol{F}$ 的作用线与门轴（设为 z 轴）不平行也不垂直，现考察力 $\boldsymbol{F}$ 使刚性门绕 Oz 轴转动的效应。根据合力矩定理，将力 $\boldsymbol{F}$ 分解为两个分力，如图 2-16（a）所示。分力 $\boldsymbol{F}_z$ 平行于 Oz 轴，显然它对刚性门绕 Oz 轴没有任何转动效应；分力 $\boldsymbol{F}_{xy}$ 在垂直于 Oz 轴的平面 L 内（此力即为 $\boldsymbol{F}$ 在 L 平面上的投影力），有使刚性门绕 Oz 轴转动的效应。将分力的大小与其作用线到 z 轴的垂直距离 h（即 L 平面与 z 轴的交点 O 到分力 $\boldsymbol{F}_{xy}$ 作用线的垂直距离）的乘积 $F_{xy}h$ 并冠以正负号来表示力 $\boldsymbol{F}$ 对 z 轴之矩，并记为

$$M_z(\boldsymbol{F}) = M_O(\boldsymbol{F}_{xy}) = \pm F_{xy}h \tag{2-19}$$

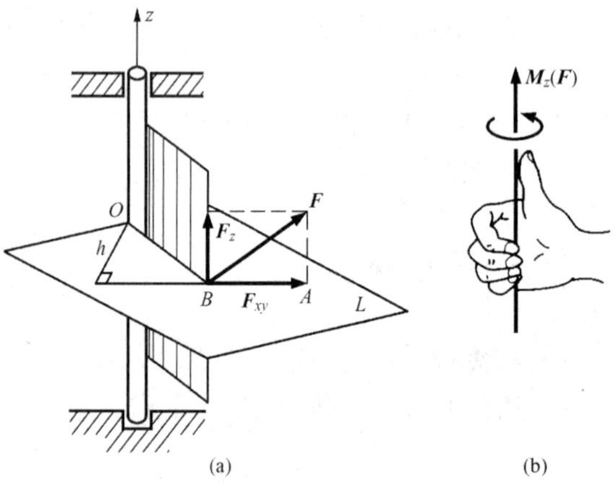

图 2-16

于是，力对轴之矩可定义如下：**力对轴之矩是力使刚体绕该轴转动效果的度量，是一个代数量，其大小等于力在垂直于该轴任一平面上的分力对轴与平面的交点之矩，其正负号按右手螺旋法则确定［图 2-16（b）］，四指顺着力矩的转向去握转轴，大拇指与轴 z 正向一致者为正，反之为负。**

由上述定义可知：当力沿其作用线滑动时，并不改变力对轴之矩。

力对轴之矩等于零的情形：①当力的作用线与轴相交时（此时 $h=0$）；②当力与轴平行时（此时 $F_{xy}=0$）。这两种情形可以合起来说：当力与轴共面时，力对轴之矩等于零。日常生活中，开门就是一个很好的例子，当施加与门上的力的作用线过门轴或与门轴平行时，都不能将门打开或关闭。

力对轴之矩的单位与力对点之矩的单位相同，为 N·m 或 kN·m。

二、力对直角坐标轴之矩的解析表达式

力对轴之矩也可用解析式表达。如图 2-17 所示，作直角坐标系 $Oxyz$，设力 $\boldsymbol{F}$ 在各坐标轴上的投影为 F_x、F_y、F_z；力作用点 A 的坐标为 $A(x, y, z)$，由力对轴之矩的定义和平面汇交力系合力矩定理可得力 $\boldsymbol{F}$ 对坐标轴 Ox，Oy，Oz 之矩分别为：

$$
\left.
\begin{aligned}
M_x(\boldsymbol{F}) &= yF_z - zF_y \\
M_y(\boldsymbol{F}) &= zF_x - xF_z \\
M_z(\boldsymbol{F}) &= xF_y - yF_x
\end{aligned}
\right\} \tag{2-20}
$$

上式是计算力对轴之矩的解析表达式。

三、力对点之矩与力对通过该点的轴之矩的关系

将式（2-20）与式（2-16）比较得

$$\left.\begin{aligned}[\boldsymbol{M}_O(\boldsymbol{F})]_x &= M_x(\boldsymbol{F})\\ [\boldsymbol{M}_O(\boldsymbol{F})]_y &= M_y(\boldsymbol{F})\\ [\boldsymbol{M}_O(\boldsymbol{F})]_z &= M_z(\boldsymbol{F})\end{aligned}\right\} \tag{2-21}$$

这就是**力矩关系定理**，它表明，力对点之矩矢在通过该点的某轴上的投影，等于力对该轴之矩。这一结论给出了力对点之矩与力对轴之矩的关系。

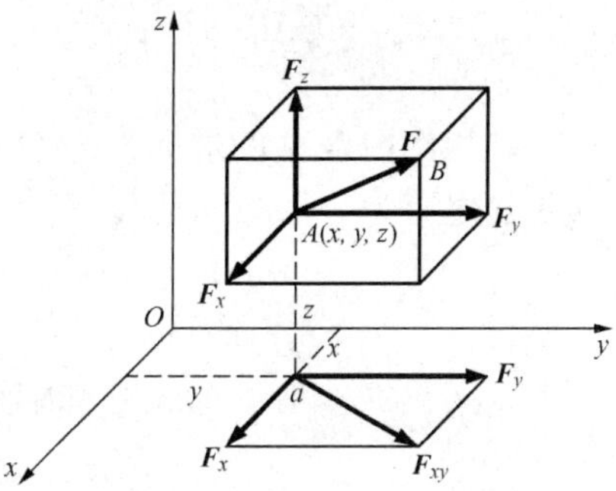

图 2-17

根据式（2-20）和式（2-21），可将式（2-15）改写为

$$\boldsymbol{M}_O(\boldsymbol{F}) = M_x(\boldsymbol{F})\boldsymbol{i} + M_y(\boldsymbol{F})\boldsymbol{j} + M_z(\boldsymbol{F})\boldsymbol{k} \qquad [2-22(a)]$$

若 $M_x(\boldsymbol{F})=M_y(\boldsymbol{F})=0$，则式［2-20（a)］退化为

$$\boldsymbol{M}_O(\boldsymbol{F}) = \boldsymbol{M}_z(\boldsymbol{F})\boldsymbol{k} \qquad [2-22(b)]$$

式［2-20（b)］表明平面力对点之矩与该力对过该点并垂直于力作用面之轴的矩相同，故在平面问题中，我们不区分力对点之矩和力对轴之矩，这恰好就是平面力系力矩的定义。

【例 2-9】 折杆 OA 各部分尺寸如图 2-18（a）所示，杆端 A 作用一大小等于 1000N 的力 $\boldsymbol{F}$，求力 $\boldsymbol{F}$ 对 O 点之矩以及它对坐标系 $Oxyz$ 各轴之矩。

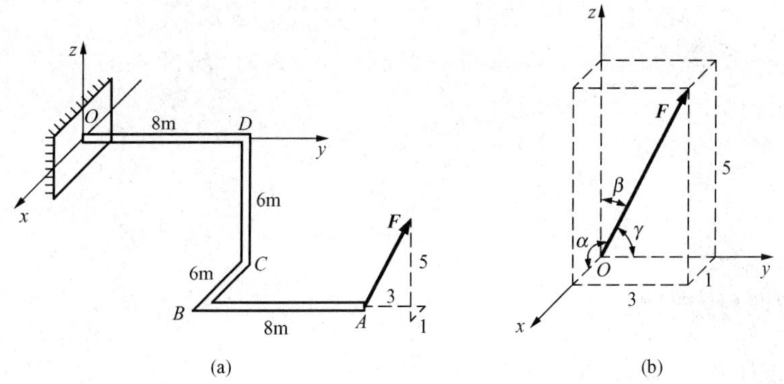

图 2-18

解 由图 2-18（b）得力 $\boldsymbol{F}$ 的三个方向余弦

$$\cos\alpha = \frac{1}{\sqrt{1^2+3^2+5^2}} = \frac{1}{\sqrt{35}},\ \cos\beta = \frac{3}{\sqrt{35}},\ \cos\gamma = \frac{5}{\sqrt{35}}$$

于是力 $\boldsymbol{F}$ 在各坐标轴上的投影分别为

$$F_x = F\cos\alpha = 1000\times\frac{1}{\sqrt{35}} = 169.0(\text{N})$$

$$F_y = F\cos\beta = 1000\times\frac{3}{\sqrt{35}} = 507.1(\text{N})$$

$$F_z = F\cos\gamma = 1000 \times \frac{5}{\sqrt{35}} = 845.5(\text{N})$$

又力 $\boldsymbol{F}$ 的作用点 A 的坐标为 $x=6\text{m}$，$y=16\text{m}$，$z=-6\text{m}$，故由式（2-15）可得力 $\boldsymbol{F}$ 对坐标原点 O 之矩为

$$\begin{aligned}\boldsymbol{M}_O(\boldsymbol{F}) &= (yF_z - zF_y)\boldsymbol{i} + (zF_x - xF_z)\boldsymbol{j} + (xF_y - yF_x)\boldsymbol{k} \\ &= 16565.8\boldsymbol{i} - 6085.2\boldsymbol{j} + 338.6\boldsymbol{k}(\text{N}\cdot\text{m})\end{aligned}$$

由式（2-21）得力 $\boldsymbol{F}$ 对各坐标轴之矩为

$$M_x(\boldsymbol{F}) = [\boldsymbol{M}_O(\boldsymbol{F})]_x = 16565.8(\text{N}\cdot\text{m})$$
$$M_y(\boldsymbol{F}) = [\boldsymbol{M}_O(\boldsymbol{F})]_y = -6085.2(\text{N}\cdot\text{m})$$
$$M_z(\boldsymbol{F}) = [\boldsymbol{M}_O(\boldsymbol{F})]_z = 338.6(\text{N}\cdot\text{m})$$

此题也可以先求力 $\boldsymbol{F}$ 对各坐标轴之矩，然后再求它对坐标原点 O 之矩。

根据合力矩定理，力 $\boldsymbol{F}$ 对轴之矩等于各分力对同一轴之矩的代数和，并且注意到力与轴共面时的矩为零，于是有

$$\begin{aligned}M_x(\boldsymbol{F}) &= M_x(\boldsymbol{F}_y) + M_x(\boldsymbol{F}_z) = F_y \cdot \overline{DC} + F_z(\overline{OD} + \overline{BA}) \\ &= 507.1 \times 6 + 845.2 \times (8+8) = 16565.8(\text{N}\cdot\text{m})\end{aligned}$$

$$\begin{aligned}M_y(\boldsymbol{F}) &= M_y(\boldsymbol{F}_x) + M_y(\boldsymbol{F}_z) = -F_x \cdot \overline{DC} - F_z \cdot \overline{CB} \\ &= -169.0 \times 6 - 845.2 \times 6 = -6085.2(\text{N}\cdot\text{m})\end{aligned}$$

$$\begin{aligned}M_z(\boldsymbol{F}) &= M_z(\boldsymbol{F}_x) + M_z(\boldsymbol{F}_y) = -F_x \cdot (\overline{OD} + \overline{BA}) + F_y \cdot CB \\ &= -169.0 \times 16 + 507.1 \times 6 = 338.8(\text{N}\cdot\text{m})\end{aligned}$$

则力 $\boldsymbol{F}$ 对坐标原点 O 之矩为

$$\begin{aligned}\boldsymbol{M}_O(\boldsymbol{F}) &= M_x(\boldsymbol{F})\boldsymbol{i} + M_y(\boldsymbol{F})\boldsymbol{j} + M_z(\boldsymbol{F})\boldsymbol{k} \\ &= 16565.8\boldsymbol{i} - 6085.2\boldsymbol{j} + 338.6\boldsymbol{k}(\text{N}\cdot\text{m})\end{aligned}$$

二者计算结果相同。

2.3　力偶和力偶系

2.3.1　力偶与力偶矩

力和力偶是力学中的两个最基本的机械作用量，力对刚体具有移动和转动两种效应；力偶对刚体只有转动效应。

由大小相等、方向相反且不共线的两个平行力组成的力系，称为**力偶**，记作（$\boldsymbol{F}$，$\boldsymbol{F}'$），两力之间的垂直距离 d 称为**力偶臂**，力偶所在的平面称为**力偶作用面**。

在实践中，汽车司机用双手转动驾驶盘而施加于其上的作用力（图 2-19）、钳工用丝锥攻螺纹作用于工具上的力等，都近似是一个力偶。

力偶对物体的转动效应，可用力偶的两个力对空间任一点的力矩矢量的和来度量。设有力偶（$\boldsymbol{F}$，$\boldsymbol{F}'$），力偶臂为 d，两个力的作用点为 A、B，如图 2-20 所示。任意选取矩心 O，A、B 相对矩心 O 的矢径为 $\boldsymbol{r}_A$ 和 $\boldsymbol{r}_B$，力偶对点 O 的矩为

$$\begin{aligned}\boldsymbol{M}_O(\boldsymbol{F},\boldsymbol{F}') &= \boldsymbol{M}_O(\boldsymbol{F}) + \boldsymbol{M}_O(\boldsymbol{F}') = \boldsymbol{r}_A \times \boldsymbol{F} + \boldsymbol{r}_B \times \boldsymbol{F}' \\ &= \boldsymbol{r}_A \times \boldsymbol{F} - \boldsymbol{r}_B \times \boldsymbol{F} = (\boldsymbol{r}_A - \boldsymbol{r}_B) \times \boldsymbol{F} = \boldsymbol{r}_{BA} \times \boldsymbol{F}\end{aligned}$$

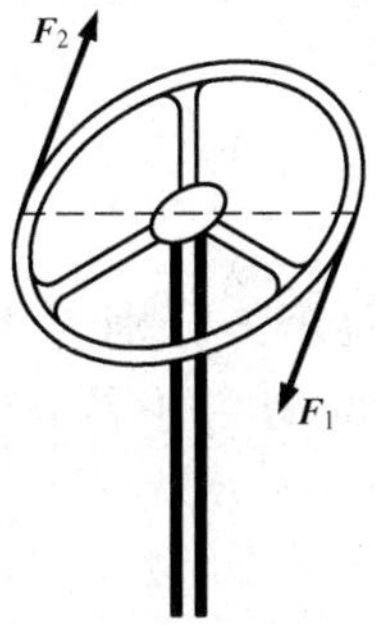

图 2-19

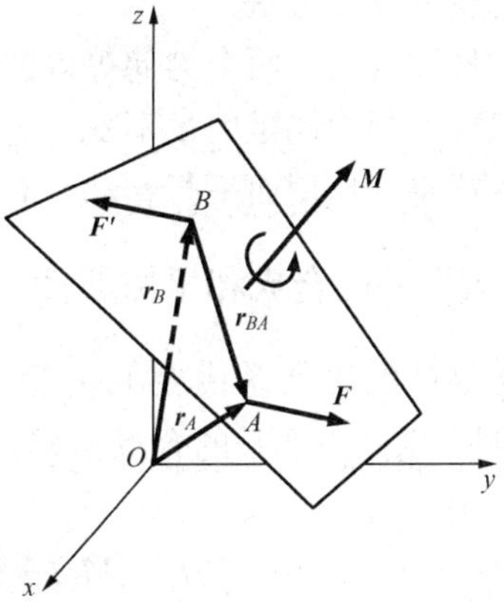

图 2-20

其中 $\boldsymbol{r}_{BA}$ 为 B 向 A 引的矢径。定义力偶矩矢量

$$\boldsymbol{M}=\boldsymbol{r}_{BA}\times\boldsymbol{F} \tag{2-23}$$

由此可知，力偶的作用效应决定于力偶矩矢量，与矩心的位置无关。

$$|\boldsymbol{M}|=|\boldsymbol{r}_{BA}\times\boldsymbol{F}|=Fd \tag{2-24}$$

力偶矩的大小是力的大小与力偶臂的乘积，方向由右手螺旋法则确定，即弯曲的四指表示力偶在作用面内的转向，拇指表示力偶矩矢的方向。

2.3.2 力偶的性质及等效条件

性质1 力偶的矢量和等于零，同时力偶在任一轴上的投影为零，但是由于它们不共线而不能相互平衡。力偶不能合成为一个力，亦即不能用一个力来平衡。力偶不能再简化为力这一性质说明，力偶是一种非零的最简单力系。

性质2 力偶对刚体的作用完全取决于力偶矩矢量。

力偶对刚体的作用效果与力偶矩的大小、力偶的作用面及力偶的转向有关。力偶矩是用力矩定义的，且与矩心选择无关，力偶对任意点之矩都等于常矢量力偶矩矢 $\boldsymbol{M}$，力偶对刚体的作用完全取决于力偶矩矢量。$\boldsymbol{M}$ 无作用点，它只有两要素：大小和方向。这种矢量称为**自由矢量**。对于空间力偶只要画出垂直于其作用面的 $\boldsymbol{M}$ 矢量，并按右手法则再附加一旋转箭头如图 2-21（a）即可。

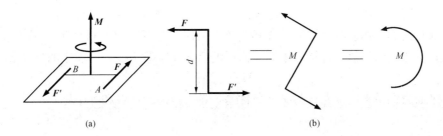

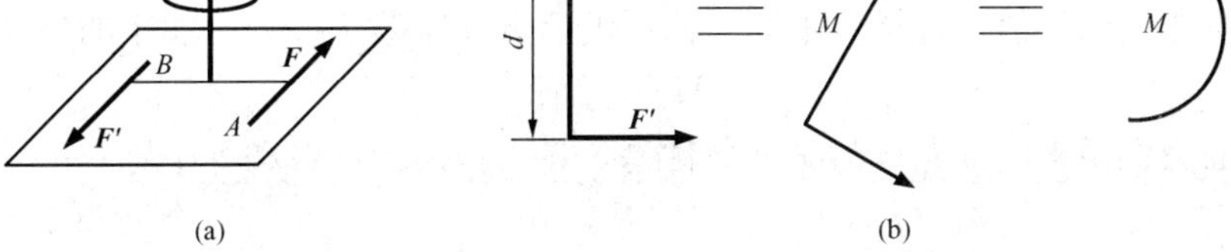

图 2-21

对于平面力偶只在其作用面内画出旋转箭头，表示力偶在作用面内的转向，如图 2-21

(b) 是三种等价的表示方法。

由力偶的性质可知，两个力偶等效的条件是两个力偶的力偶矩矢相等。由此可得到一重要**推论**，即只要保持力偶矩矢量不变，力偶在作用面内任意移动或转动，或同时改变力和力偶臂的大小，或将其作用面平行移动，它对刚体的作用效果不变。

2.3.3 力偶系的合成和平衡条件

设作用于刚体的力偶系由空间 n 个力偶组成，它们的力偶矩矢分别为 $\boldsymbol{M}_1$、$\boldsymbol{M}_2$、…、$\boldsymbol{M}_n$。可以证明，空间力偶系的合成结果为一合力偶，合力偶矩矢 $\boldsymbol{M}$ 等于各分力偶矩矢的矢量和，即

$$\boldsymbol{M} = \boldsymbol{M}_1 + \boldsymbol{M}_2 + \cdots + \boldsymbol{M}_n = \sum \boldsymbol{M}_i \tag{2-25}$$

设合力矩矢在坐标轴 x、y、z 轴上的投影分别为 M_x、M_y、M_z，则

$$\left.\begin{aligned} M_x &= M_{1x} + M_{2x} + \cdots + M_{nx} = \sum M_{ix} \\ M_y &= M_{1y} + M_{2y} + \cdots + M_{ny} = \sum M_{iy} \\ M_z &= M_{1z} + M_{2z} + \cdots + M_{nz} = \sum M_{iz} \end{aligned}\right\} \tag{2-26}$$

即合力偶矩矢在 x、y、z 轴上的投影等于各分力偶矩矢在相应轴上投影的代数和。合力偶矩矢的大小和方向余弦与汇交力系合力的大小、方向余弦的计算公式相类似，这里不再一一列出。

再考察平衡条件。如上所述，空间力偶系可以用一合力偶代替，所以**空间力偶系平衡的充分与必要条件**是：该力偶系的合力偶矩等于零，亦即所有力偶矩矢的矢量和等于零。按照式 (2-25)，这一条件可表示为

$$\sum \boldsymbol{M}_i = 0 \tag{2-27}$$

由于 $$M = \sqrt{(\sum M_{ix})^2 + (\sum M_{iy})^2 + (\sum M_{iz})^2}$$

欲使上式为零，必须同时满足

$$\left.\begin{aligned} \sum M_{ix} &= 0 \\ \sum M_{iy} &= 0 \\ \sum M_{iz} &= 0 \end{aligned}\right\} \tag{2-28}$$

称此为力偶系的平衡方程，即该力偶系中所有各分力偶矩矢在三个坐标轴上投影的代数和分别等于零。

在平面力偶系的特殊情况下，各力偶矩矢相互平行。因为力偶矩矢是自由矢量，可以将它们平行移到同一直线而成为一组共线矢。因而，各力偶矩就只需用代数值来表示。一般规定，若力偶有使刚体作逆时针转动（或转动趋势）时［如图 2-21 (b) 所示的力偶］，力偶矩取正值；反之则取负值。这样，平面力偶系的合力偶矩等于各分力偶矩的代数和

$$M = \sum M_i \tag{2-29}$$

相应地，平面力偶系平衡的充分与必要条件是：各力偶矩的代数和等于零

$$\sum M_i = 0 \tag{2-30}$$

【例 2-10】 图 2-22 (a) 所示机构的自重不计。圆轮上的销子 A 放在摇杆 BC 上的光滑导槽内。圆轮上作用一力偶，其力偶矩为 $M_1 = 2\text{kN}\cdot\text{m}$，$OA = r = 0.5\text{m}$。图示位置时 OA 与 OB 垂直，$\alpha = 30°$，且系统平衡。求作用于摇杆 BC 上力偶的矩 M_2 及铰链 O、B 处的约束反力。

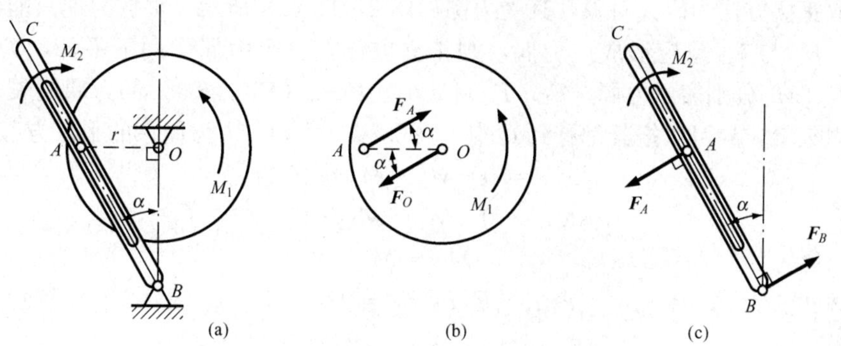

图 2-22

解 先取圆轮为研究对象，受力图如图 2-22（b）所示，其中 $\boldsymbol{F}_A$ 为光滑导槽对销子 A 的作用力。由于力偶必须由力偶来平衡，因而 $\boldsymbol{F}_O$ 与 $\boldsymbol{F}_A$ 必定组成一力偶，此为一平面力偶系，力偶矩转向与 M_1 相反，由此定出 $\boldsymbol{F}_A$ 指向如图 2-22（b）所示。而 $\boldsymbol{F}_O$ 与 $\boldsymbol{F}_A$ 等值且反向。由平面力偶平衡方程，有

$$\sum M_i = 0 \quad M_1 - F_O \cdot r\sin\alpha = 0$$

解得

$$F_O = F_A = 8(\text{kN})$$

再取摇杆 BC 为研究对象，受力图如图 2-22（c）所示，此也为一平面力偶系，列平衡方程，有

$$\sum M_i = 0 \quad F'_A \cdot \overline{AB} - M_2 = 0$$

因

$$F'_A = F_A$$

解得

$$M_2 = 8(\text{kN} \cdot \text{m})$$

且

$$F_B = F'_A = F_A = F_O = 8(\text{kN})$$

【例 2-11】 图 2-23（a）所示为一正立方体，悬挂在 A_1A_2 和 B_1B_2 两根直杆上，A_2B_2 为该立方体顶部表面的对角线。在此立方体上作用着两个力偶（$\boldsymbol{F}_1$，$\boldsymbol{F}'_1$）和（$\boldsymbol{F}_2$，$\boldsymbol{F}'_2$），$CD /\!/ A_2E$。不计立方体和直杆的自重，球铰链为光滑。求立方体平衡时力 F_1 与 F_2 的关系及两杆所受力。

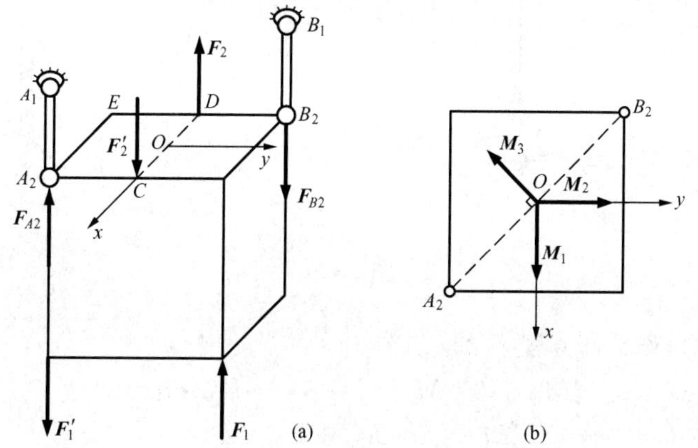

图 2-23

解 取正立方体为研究对象，其受力图如图 2-23（a）所示。根据力偶只能由力偶来平衡的性质，$\boldsymbol{F}_{A2}$与$\boldsymbol{F}_{B2}$也应形成一力偶，则正立方体在三个力偶作用下平衡，为一力偶系。以$\boldsymbol{M}_1$、$\boldsymbol{M}_2$、$\boldsymbol{M}_3$分别表示力偶（$\boldsymbol{F}_1$，$\boldsymbol{F}'_1$）、（$\boldsymbol{F}_2$，$\boldsymbol{F}'_2$）、（$\boldsymbol{F}_{A2}$，$\boldsymbol{F}_{B2}$）的力偶矩矢，因为力偶矩矢是自由矢量，故可以把其都移到O点［图 2-23（b）］，由力偶系的平衡方程，有

$$\sum M_{ix}=0 \quad M_1-M_3\cos45^\circ=0$$

$$\sum M_{iy}=0 \quad M_2-M_3\sin45^\circ=0$$

可解得
$$M_1=M_2$$

设正立方体边长为a，有
$$F_1a=F_2a\Rightarrow F_1=F_2$$

而
$$M_3=\sqrt{2}a\cdot F_{A2}$$

解得
$$F_{A2}=F_{B2}=F_1=F_2$$

因此，欲使正立方体保持平衡，必须使$F_1=F_2$，且两直杆对正方体的作用力$F_{A2}=F_{B2}=F_1=F_2$，A_1A_2杆受拉，B_1B_2杆受压。

【例 2-12】 图 2-24（a）所示为一直角弯管，$\angle ABC=\angle BCD=90^\circ$，且平面$ABC$与平面$BCD$垂直。杆的$D$端为球铰支，另一端$A$处为光滑联轴节仅在$z$和$y$方向有支反力。$\boldsymbol{M}_1$、$\boldsymbol{M}_2$、$\boldsymbol{M}_3$力偶所在平面分别垂直于$AB$、$BC$、$CD$。若$\boldsymbol{M}_1$大小未知，而$\boldsymbol{M}_2$、$\boldsymbol{M}_3$的大小已知。求使曲杆处于平衡的力偶矩$\boldsymbol{M}_1$的大小和支座反力。

解 取直角弯管$ABCD$为研究对象，由于所受主动力为一群力偶，根据力偶只能用力偶来平衡，可以判断支座A、D两处的约束反力必构成力偶，即应有力$\boldsymbol{F}_{Ay}=-\boldsymbol{F}_{Dy}$，$\boldsymbol{F}_{Az}=-\boldsymbol{F}_{Dz}$，$\boldsymbol{F}_{Dx}=0$，其受力图如图 2-24（b）所示。

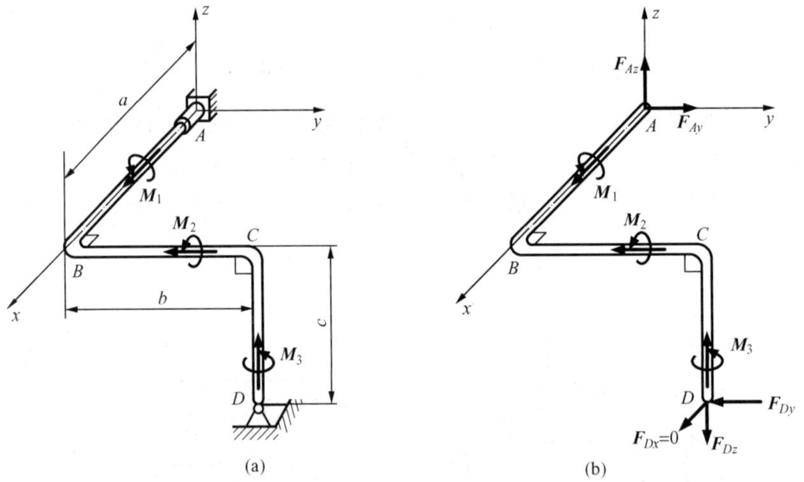

图 2-24

根据式（2-28）列平衡方程

$$\sum M_x=0 \quad M_1-F_{Dy}\cdot c-F_{Dz}\cdot b=0 \tag{1}$$

$$\sum M_y=0 \quad M_2+F_{Dz}\cdot a=0 \tag{2}$$

$$\sum M_z=0 \quad M_3-F_{Dy}\cdot a=0 \tag{3}$$

由方程式（2）得 $F_{Dz}=\dfrac{M_2}{a}$

由方程式（3）得 $F_{Dy}=\dfrac{M_3}{a}$

代入方程式（1）得 $M_1=M_2\cdot\dfrac{b}{a}+M_3\cdot\dfrac{c}{a}$

故 $M_1=M_2\cdot\dfrac{b}{a}+M_3\cdot\dfrac{c}{a}$，$F_{Ay}=F_{Dy}=\dfrac{M_3}{a}$，$F_{Az}=F_{Dz}=\dfrac{M_2}{a}$，$F_{Dx}=0$。

本章小结

（1）汇交力系的合成：应用公理一（平行四边形法则）可将汇交力系中的各分力依次合成，最后得到一个合力，合力矢为

$$\boldsymbol{F}_{\mathrm{R}}=\sum\boldsymbol{F}_i$$

合力作用线通过汇交点。

（2）汇交力系平衡的充分必要条件是合力矢为零，即

$$\sum\boldsymbol{F}_i=0$$

（3）汇交力系合成与平衡的解析法的基础是力在轴上的投影，可以分为以下两种。

1）**直接投影法**：已知力 $\boldsymbol{F}$ 和夹角 α、β、γ，如图 2-1 所示，则力 $\boldsymbol{F}$ 在三个轴上的投影为

$$\left.\begin{aligned}F_x&=F\cos\alpha\\F_y&=F\cos\beta\\F_z&=F\cos\gamma\end{aligned}\right\}$$

2）**二次投影法**：已知力 $\boldsymbol{F}$ 和夹角为 γ、φ，如图 2-2 所示，则力 $\boldsymbol{F}$ 在三个轴上的投影为

$$\left.\begin{aligned}F_x&=F\sin\gamma\cos\varphi\\F_y&=F\sin\gamma\sin\varphi\\F_z&=F\cos\gamma\end{aligned}\right\}$$

（4）用解析法求汇交力系合成的公式为

$$F_{\mathrm{R}}=\sqrt{(\sum F_x)^2+(\sum F_y)^2+(\sum F_z)^2}$$

$$\cos(\boldsymbol{F}_{\mathrm{R}},\boldsymbol{i})=\frac{\sum F_x}{F_{\mathrm{R}}},\ \cos(\boldsymbol{F}_{\mathrm{R}},\boldsymbol{j})=\frac{\sum F_y}{F_{\mathrm{R}}},\ \cos(\boldsymbol{F}_{\mathrm{R}},\boldsymbol{k})=\frac{\sum F_z}{F_{\mathrm{R}}}$$

此公式确定出的是合力的大小和方向，作用点仍在力的汇交点。

（5）汇交力系平衡的解析条件（平衡方程）为

$$\left.\begin{aligned}\sum F_x&=0\\\sum F_y&=0\\\sum F_z&=0\end{aligned}\right\}$$

即汇交力系中所有各力在三个坐标轴上的投影的代数和分别等于零。

（6）力对点之矩与力对轴之矩均是力对物体产生转动效应的度量。

（7）平面内力 $\boldsymbol{F}$ 对点 O 之矩有两要素（大小、转向），是代数量，记为 $M_O(\boldsymbol{F})$，且

$$M_O(\boldsymbol{F}) = \pm Fh$$

式中 F——力的大小；

h——力臂，以逆时针转向为正，反之为负。

(8) 空间中力 $\boldsymbol{F}$ 对点 O 之矩有三要素（大小、转向、作用面），是矢量，记为 $\boldsymbol{M}_O(\boldsymbol{F})$，且

$$\boldsymbol{M}_O(\boldsymbol{F}) = \boldsymbol{r} \times \boldsymbol{F}$$

式中 $\boldsymbol{r}$——矩心 O 到力 $\boldsymbol{F}$ 作用点的矢径。

(9) 力 $\boldsymbol{F}$ 对轴（如 z 轴）之矩有两要素（大小、转向），记为 $M_z(\boldsymbol{F})$，且

$$M_z(\boldsymbol{F}) = M_O(\boldsymbol{F}_{xy}) = \pm F_{xy}h$$

式中 F_{xy}——力 $\boldsymbol{F}$ 在垂直于 z 轴的平面 Oxy 上的投影；

h——力臂，从 z 轴正向看去，逆时针转向为正，反之为负。

力对直角坐标轴中 x、y、z 轴之矩也可按下式计算

$$M_x(\boldsymbol{F}) = yF_z - zF_y$$

$$M_y(\boldsymbol{F}) = zF_x - xF_z$$

$$M_z(\boldsymbol{F}) = xF_y - yF_x$$

式中 F_x、F_y、F_z——力在坐标轴上的投影；

x、y、z——力作用点的坐标。

(10) 力 $\boldsymbol{F}$ 对点 O 之矩在过该点的某轴 x 上的投影，等于该力对该轴之矩，即

$$[\boldsymbol{M}_O(\boldsymbol{F})]_x = M_x(\boldsymbol{F})$$

(11) 力偶和力偶矩。由两个等值、反向、不共线的平行力组成的力系称为力偶。力偶对物体的转动产生影响，这种影响用力偶矩来度量。力偶矩有三要素（大小、转向、作用面），是矢量，记为 $\boldsymbol{M}$，且

$$\boldsymbol{M} = \boldsymbol{r}_{BA} \times \boldsymbol{F}$$

式中 $\boldsymbol{r}_{BA}$——力偶中任一力作用线上一点到另一力作用线上一点的矢径。

(12) 力偶的性质，有如下几点：

1) 力偶在任何坐标轴上的投影为零。在计算力在坐标轴上的投影时，不用考虑力偶的投影。

2) 力偶没有合力，力偶不能用一个力代替，力偶只能由力偶来平衡。

3) 力偶对任意点取矩都等于力偶矩，不因矩心的改变而改变。

4) 力偶矩相等的力偶等效。即，只要力偶矩不变，力偶可在其作用而内任意移转，可以同时改变力偶中力的大小与力偶臂的长短，可从一平面移至另一与此平面平行的任一平面内，对刚体的作用效果不变。所以，力偶矩矢是一自由矢量。

(13) 力偶系可以合成为一合力偶。空间力偶系的合力偶矩矢等于力偶系中各个分力偶矩矢的矢量和，即

$$\boldsymbol{M} = \sum \boldsymbol{M}_i$$

平面力偶系的合力偶矩等于力偶系中各分力偶矩的代数和，即

$$M = \sum M_i$$

(14) 力偶矩的平衡条件是合力偶矩等于零。空间力偶系的平衡方程是

$$\left.\begin{aligned}\sum M_{ix} &= 0\\ \sum M_{iy} &= 0\\ \sum M_{iz} &= 0\end{aligned}\right\}$$

式中 M_{ix}、M_{iy}、M_{iz}——各分力偶矢 $\boldsymbol{M}_i$ 在 x、y、z 轴上的投影。

平面力偶系的平衡方程是

$$\sum M_i = 0$$

即各分力偶矩的代数和等于零。

思 考 题

2-1 合力一定比分力大吗？试举例说明。在图 2-25 中，已知 $F_1=100\text{kN}$，$F_2=200\text{kN}$，求合力 $\boldsymbol{F}_R$ 并比较其与分力的关系。

2-2 求图 2-26 所示力 $\boldsymbol{F}$ 在 x、y 轴上的投影及沿 x、y 轴向的分力。

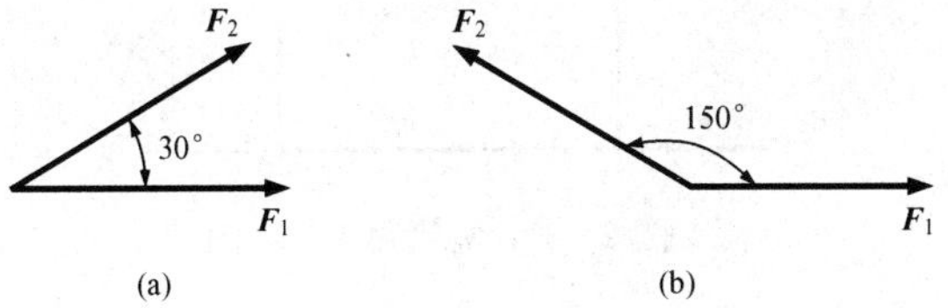

图 2-25 思考题 2-1 图

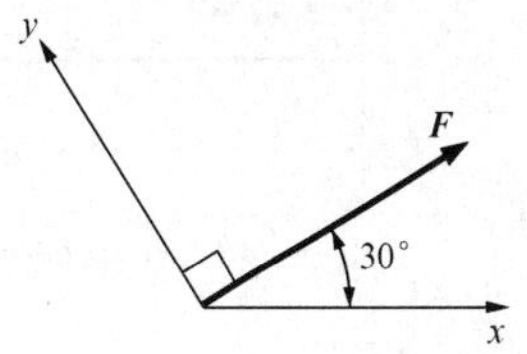

图 2-26 思考题 2-2 图

2-3 给定力 $\boldsymbol{F}$ 和 x 轴，试问 $\boldsymbol{F}$ 在 x 轴上的投影是否可以确定？力 $\boldsymbol{F}$ 沿 x 轴向的分力是否可以确定？

2-4 汇交于一点的三个共面力一定平衡吗？请说出理由。

2-5 刚体 A、B、C、D 四个点上分别作用四个力 $\boldsymbol{F}_1$、$\boldsymbol{F}_2$、$\boldsymbol{F}_3$、$\boldsymbol{F}_4$，此四个力刚好组成封闭的力多边形，如图 2-27 所示。问此刚体是否平衡？为什么？

2-6 图 2-28 所示的三种结构，构件自重不计，忽略摩擦，$\theta=60°$。如 B 处都作用有相同的水平力 $\boldsymbol{F}$，问铰链 A 处的约束力是否相同。请作图表示其方向。

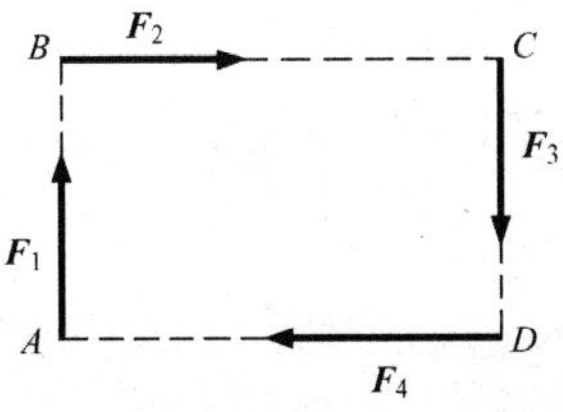

图 2-27 思考题 2-5 图

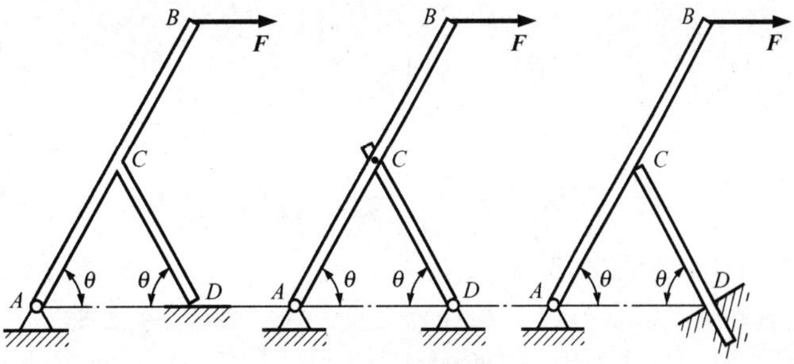

图 2-28 思考题 2-6 图

2-7 用解析法求解平面汇交力系的平衡问题时，x 与 y 两轴是否一定要相互垂直？当 x 与 y 轴不垂直时，建立的平衡方程 $\sum F_x=0$，$\sum F_y=0$ 能满足力系的平衡条件吗？对空间汇交力系呢？为什么？

2-8 输电线跨度 l 相同时，电线下垂量 h 越小，电线越易于拉断，为什么？

2-9 用手拔钉子拔不出来，为什么用羊角锤一下子能拔出来？手握钢丝钳，为什么不用很大的握紧力就能将铁丝剪断？

2-10 挡土墙如图 2-29 所示，$G_1=70\text{kN}$，垂直土压力 $G_2=115\text{kN}$，水平土压力 $F=85\text{kN}$，试分别求此三力对前趾 A 点的矩。并判断哪些力矩有使墙绕 A 点倾覆的趋势？哪些力矩使墙趋于稳定？

2-11 工地上有一矩形板 $a=4\text{m}$，$b=2\text{m}$。要使板转动，加力 $\boldsymbol{F}$、$\boldsymbol{F}'$ 如图 2-30 所示 $F=F'=200\text{N}$，试问应如何加力才能使所费的力最小，并求此最小的力。

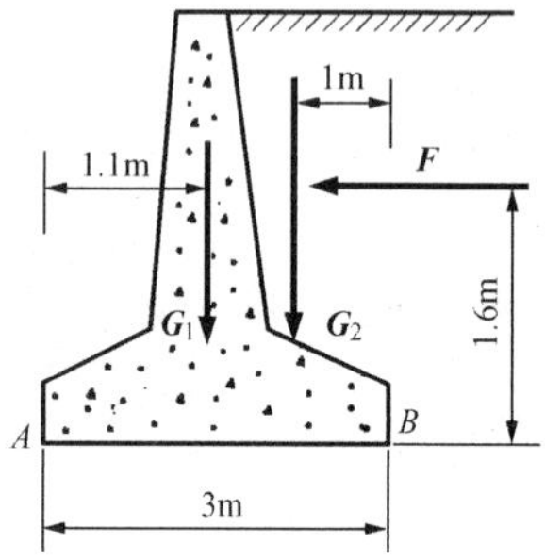

图 2-29 思考题 2-10 图

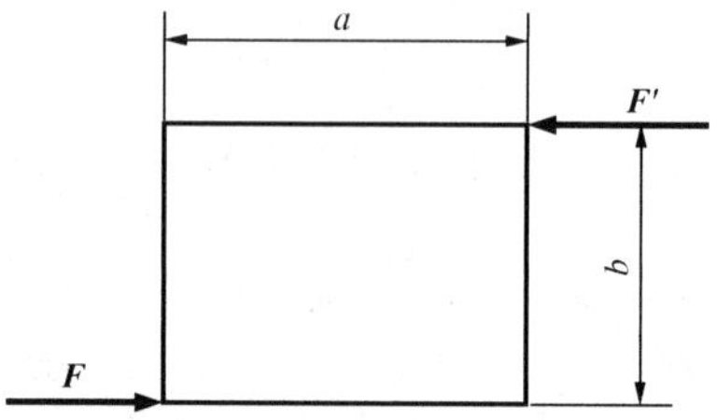

图 2-30 思考题 2-11 图

2-12 力和力偶都能使物体产生转动效应。图 2-31 所示力 $\boldsymbol{G}$ 和力偶矩矢 $\boldsymbol{M}$ 是否等效。其中力偶矩大小为 $M=GR$ 的力偶。

2-13 作用在刚体上四个力偶，若其力偶矩矢都位于同一平面内，则一定是平面力偶系吗？若力偶矩矢自行封闭（图 2-32），则一定是平衡力系吗？为什么？

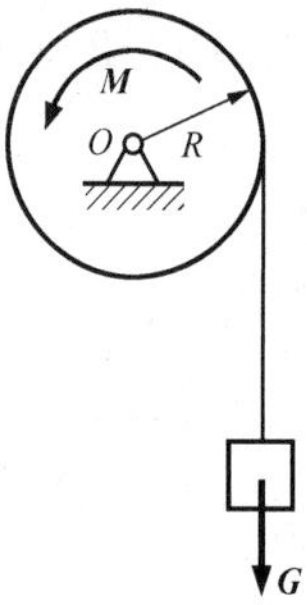

图 2-31 思考题 2-12 图

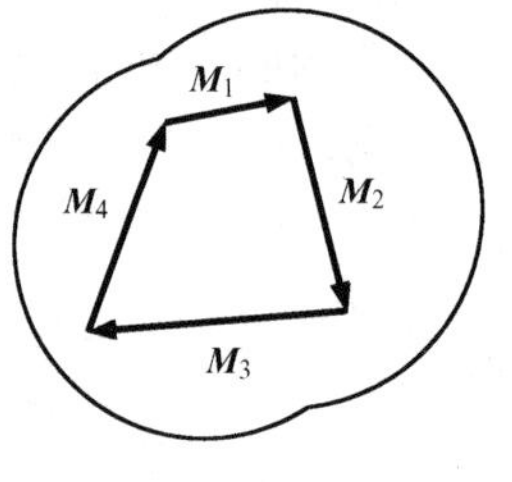

图 2-32 思考题 2-13 图

习 题

2-1 已知 $F_1=3\text{kN}$，$F_2=6\text{kN}$，$F_3=4\text{kN}$，$F_4=5\text{kN}$，如图 2-33 所示，试分别用解析法和几何法求这四个力的合力。

2-2 三绳索的拉力作用于光滑的固定环上如图 2-34 所示，力的大小 $F_1=3\text{kN}$，$F_2=6\text{kN}$，$F_3=12\text{kN}$，方向如图示。试求这三个力的合力。

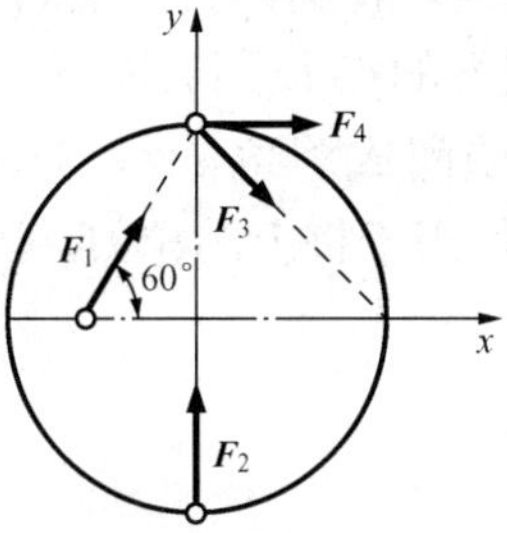

图 2-33　习题 2-1 图

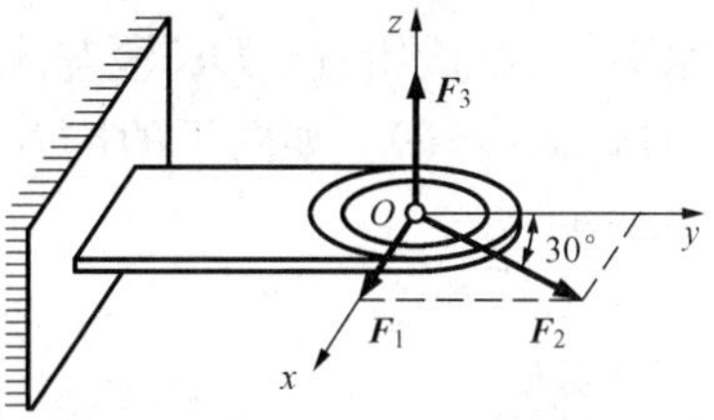

图 2-34　习题 2-2 图

2-3　支架如图 2-35 所示，由杆 AB 与 AC 组成，A、B 与 C 均为铰链，在销钉 A 上悬挂重量为 $\boldsymbol{G}$ 的重物。试求图中四种情形下，杆 AB 与 AC 所受的力。

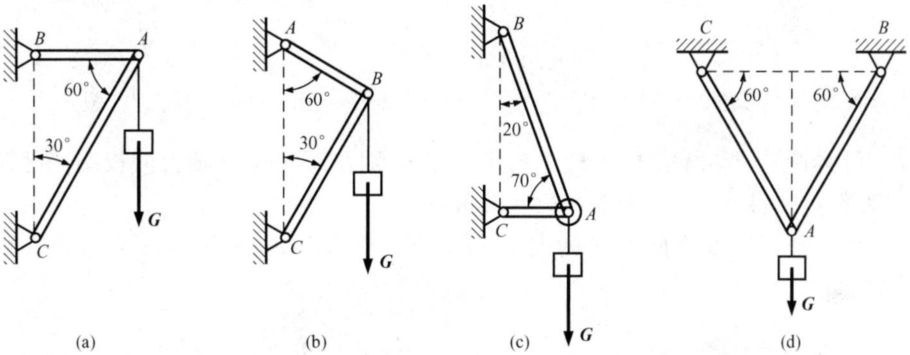

图 2-35　习题 2-3 图

2-4　试确定图 2-36 中铰 A 的约束力方位线。除图中注明的主动力外，重力均略去不计。

2-5　物体重 G=200N，用一绳悬挂并绕过轮 A 连接于 D 处，轮 A 用两根不计自重刚杆支撑如图 2-37 所示。忽略轮 A 的尺寸，试求两杆所受的力。

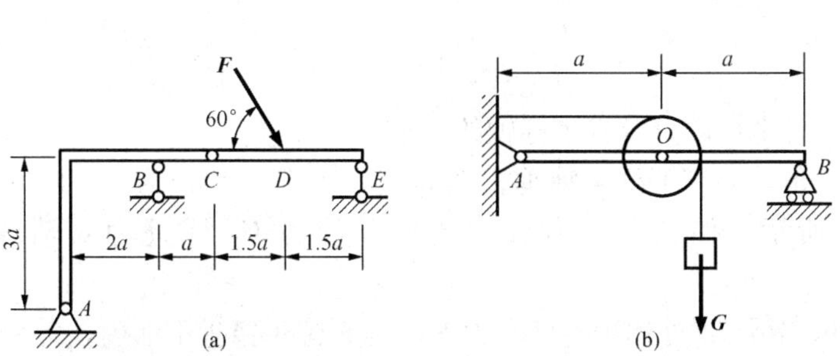

图 2-36　习题 2-4 图

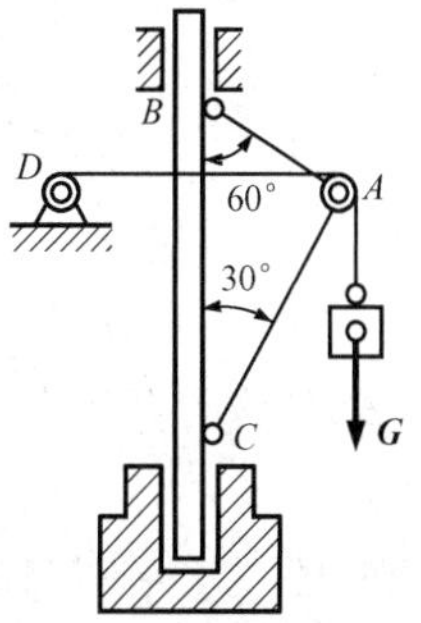

图 2-37　习题 2-5 图

2-6　压榨机 ABC，在 A 铰处作用水平力 $\boldsymbol{F}$，B 点为固定铰链。由于水平力 $\boldsymbol{F}$ 的作用使 C 块压紧物体 D，如 C 块与墙壁为光滑接触；压榨机尺寸如图 2-38 所示。试求物体 D 所受的压力 $\boldsymbol{F}_D$。

2-7 图2-39所示为一拔桩装置，在木桩的点A上系一绳，将绳的另一端固定在点C，在绳的点B系另一绳BE，将它的另一端固定在点E。然后在绳的点D用力向下拉，并使绳的BD段水平，AB段铅直；DE段与水平线、CB段与铅直线间成等角$\alpha=0.1\mathrm{rad}$（弧度）（当α很小时，$\tan\alpha\approx\alpha$）。如向下的拉力$F=800\mathrm{N}$，求绳AB作用于桩上的拉力。

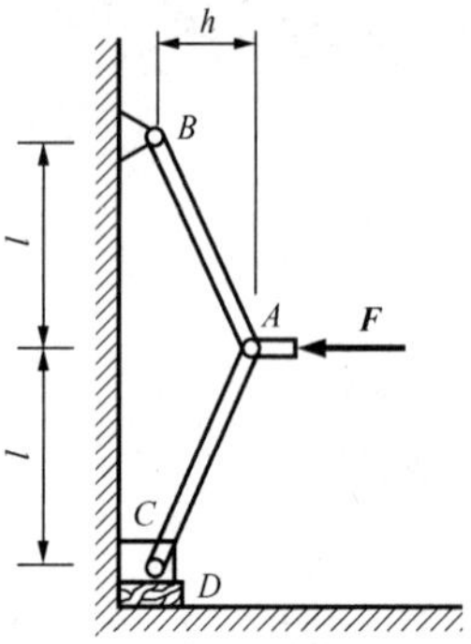

图2-38 习题2-6图

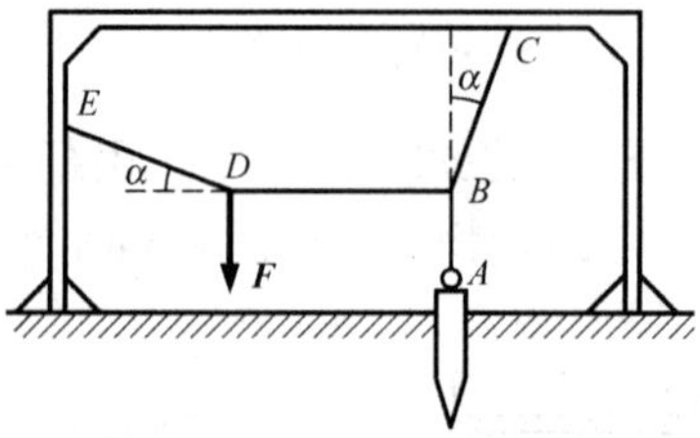

图2-39 习题2-7图

2-8 计算图2-40所示$\boldsymbol{F}_1$、$\boldsymbol{F}_2$、$\boldsymbol{F}_3$三个力分别在x，y，z轴上的投影。已知三个力的大小分别为$F_1=2\mathrm{kN}$，$F_2=1\mathrm{kN}$，$F_3=3\mathrm{kN}$。

2-9 已知作用在点A的力$\boldsymbol{F}$的大小为200N，其方向如图2-41所示。试计算该力对x，y，z轴之矩。

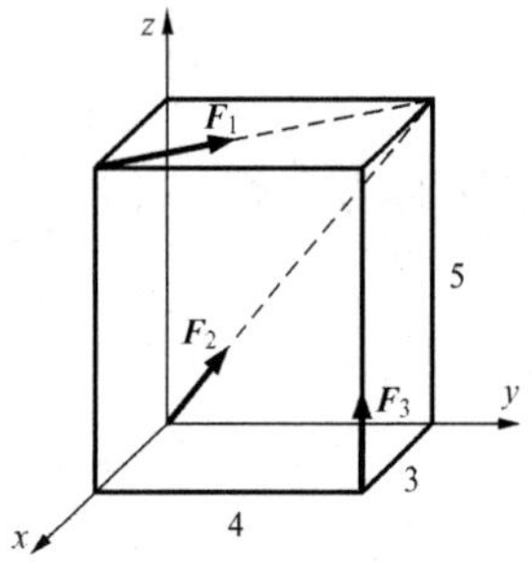

图2-40 习题2-8图

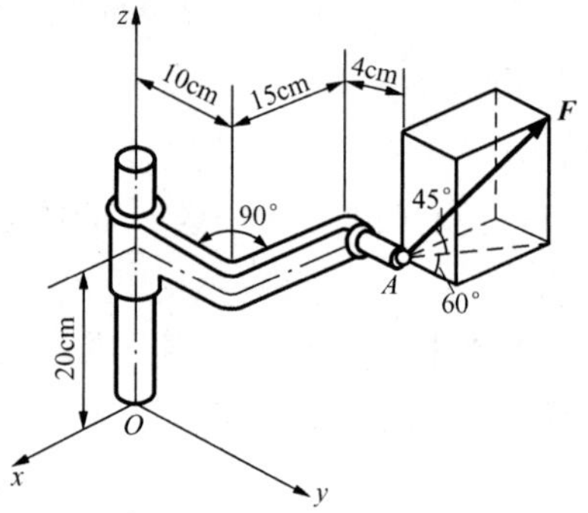

图2-41 习题2-9图

2-10 求图2-42所示力$\boldsymbol{F}$对坐标原点及各坐标轴的力矩。

2-11 轴AB与铅直线成α角，悬臂CD与轴垂直地固定在轴上，其长为a，并与铅直面zAB成β角，如图2-43所示，如在点D作用铅直向下的力$\boldsymbol{F}$，求此力对轴AB之矩。

2-12 水平圆盘的半径为r，外缘C处作用有已知力$\boldsymbol{F}$，力$\boldsymbol{F}$位于铅垂平面内，且与C处圆盘切线夹角为60°，其他尺寸如图2-44所示。求力$\boldsymbol{F}$对x，y，z轴之矩。

2-13 求图2-45所示结构中A、B、C三处铰链的约束力。已知物重$G=1\mathrm{kN}$。

2-14 AB、AC两杆铰接于A，一重物挂于A上，重$G=200\mathrm{N}$。现加一平行于y轴的水平力$\boldsymbol{F}$，使系统在图2-46所示位置平衡。已知$F=400\mathrm{N}$，求平面ABC与水平面的夹角α及杆AB、AC的内力。

2-15　物块重为 $G=420\text{N}$，由撑杆 AB 和链条 AC、AD 所支持，如图 2-47 所示，$AB=116\text{cm}$，$AC=64\text{cm}$，$AD=48\text{cm}$，矩形 $CADE$ 平面是水平的，而平面Ⅰ、Ⅱ则是铅垂的。试求 AB 杆所受的力和链条 AC、AD 的拉力。

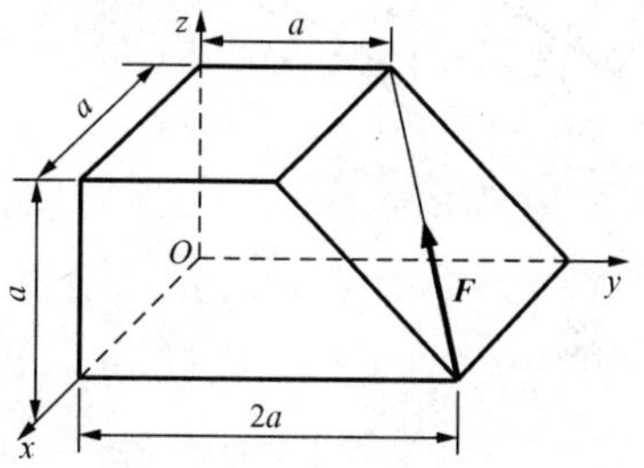

图 2-42　习题 2-10 图

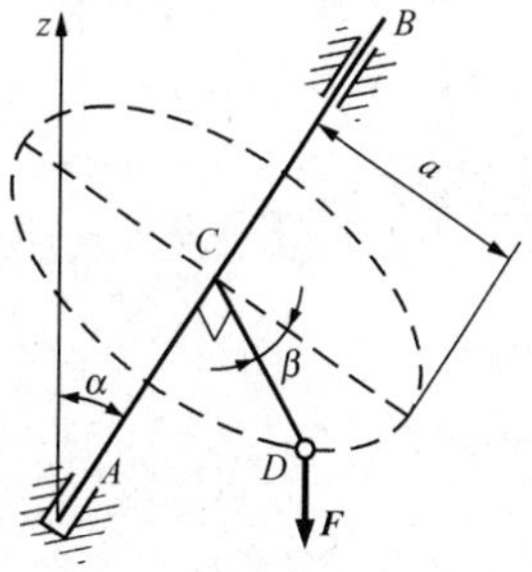

图 2-43　习题 2-11 图

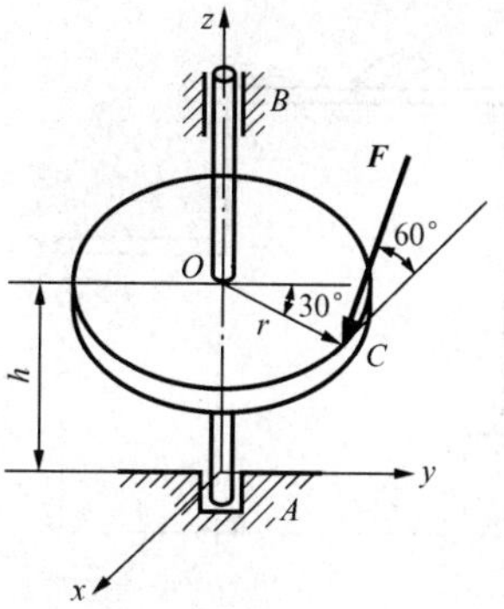

图 2-44　习题 2-12 图

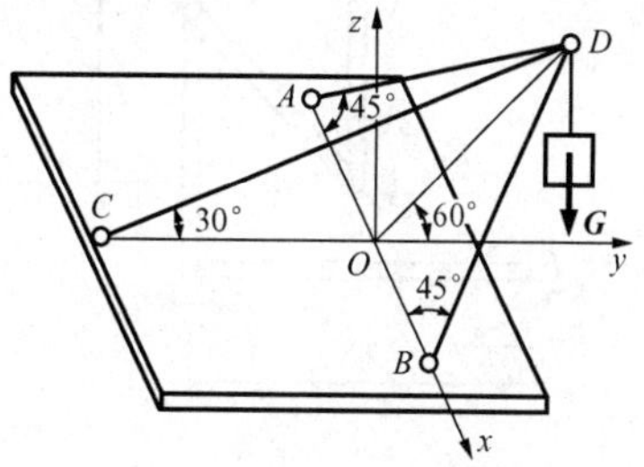

图 2-45　习题 2-13 图

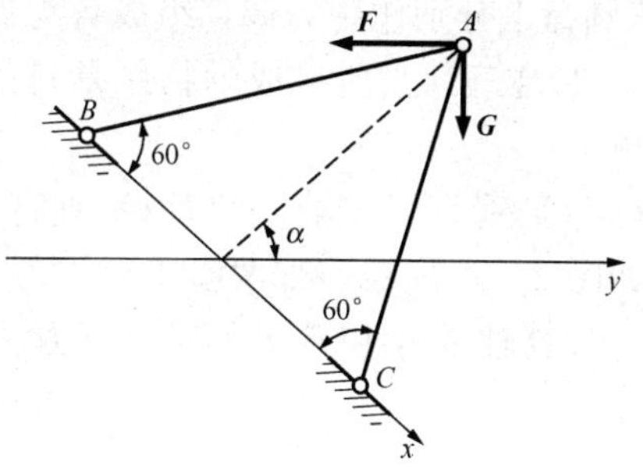

图 2-46　习题 2-14 图

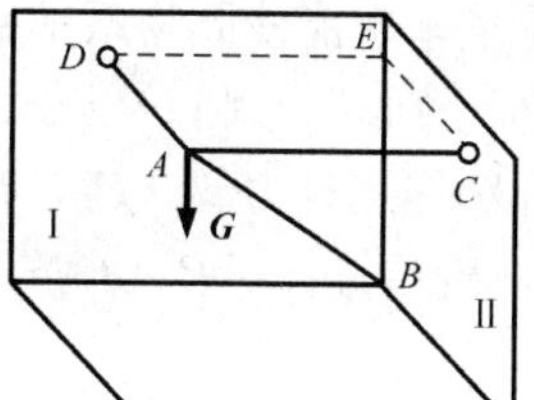

图 2-47　习题 2-15 图

2-16　如图 2-48 所示，结构上作用力 $\boldsymbol{F}$，试分别计算力 $\boldsymbol{F}$ 对 O 点的矩，F、l、a、b、θ、α 大小为已知量。

2-17　直角弯杆 $ABCD$ 与直杆 DE 及 EC 铰接如图 2-49 所示，作用在 DE 杆上的力偶的力偶矩 $M=40\text{kN}\cdot\text{m}$，不考虑摩擦和各杆件自重，尺寸如图 2-49 所示，求支座 A 和 B 处的约束反力及 EC 杆所受的力。

2-18　在图 2-50 所示结构中，各构件的自重略去不计。在构件 AB 上作用一力偶矩为 M 的力偶，求支座 A 和 C 的约束反力。

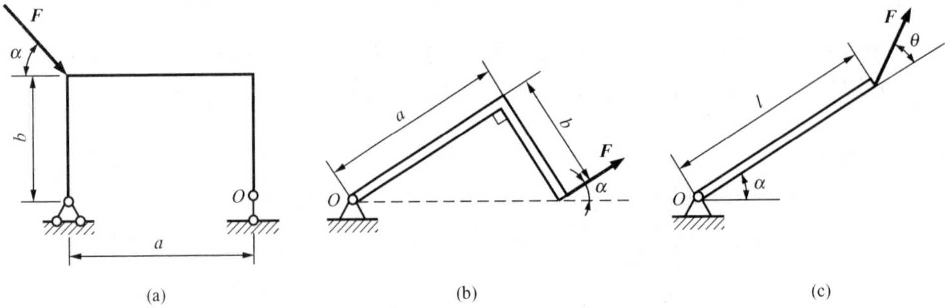

图 2-48 习题 2-16 图

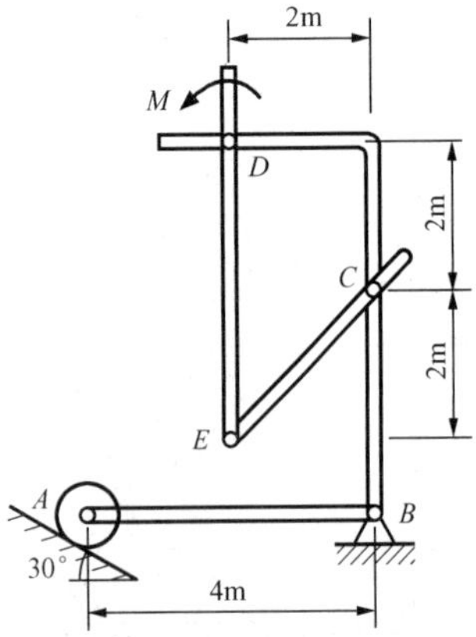

图 2-49 习题 2-17 图

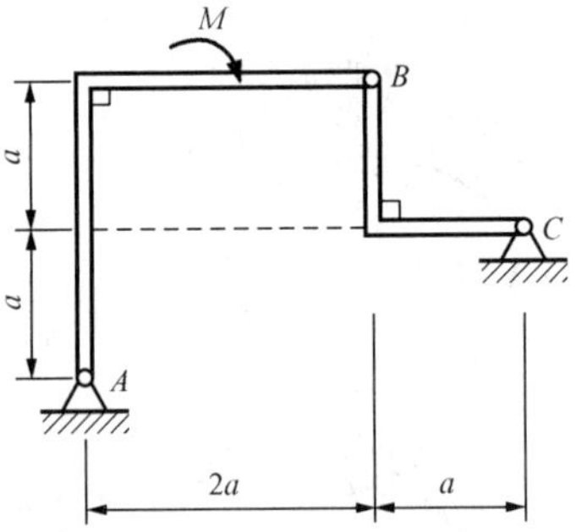

图 2-50 习题 2-18 图

2-19 图 2-51 所示三圆盘 A、B 和 C 的半径分别为 150、100mm 和 50mm。三轴 OA、OB 和 OC 在同一平面内，$\angle AOB$ 为直角。在这三圆盘上分别作用力偶，组成各力偶的力作用在轮缘上，它们的大小分别等于 10、20N 和 F。如这三圆盘所构成的物系是自由的，不计物系重量，求能使此物系平衡的力 $\boldsymbol{F}$ 的大小和角 θ。

2-20 圆盘 O_1 和 O_2 与水平轴 AB 固连，盘面 O_1 垂直于 z 轴，盘面 O_2 垂直于 x 轴，盘面上分别作用有力偶（$\boldsymbol{F}_1$，$\boldsymbol{F}'_1$）、（$\boldsymbol{F}_2$，$\boldsymbol{F}'_2$），如图 2-52 所示。如两盘半径均为 200mm，$F_1=3$N，$F_2=5$N，$AB=800$mm，不计构件自重，计算轴承 A 和 B 处的约束反力。

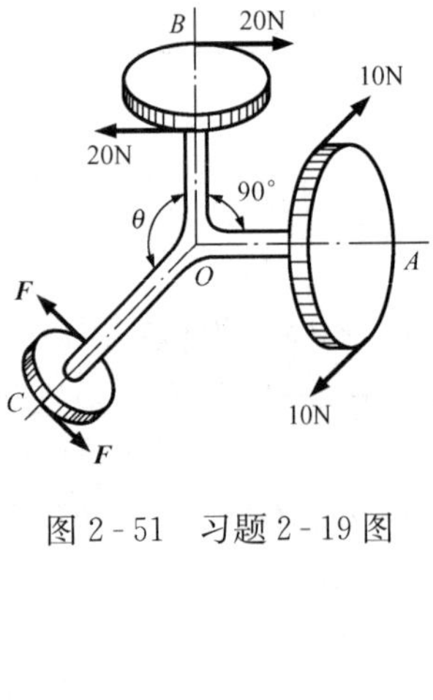

图 2-51 习题 2-19 图

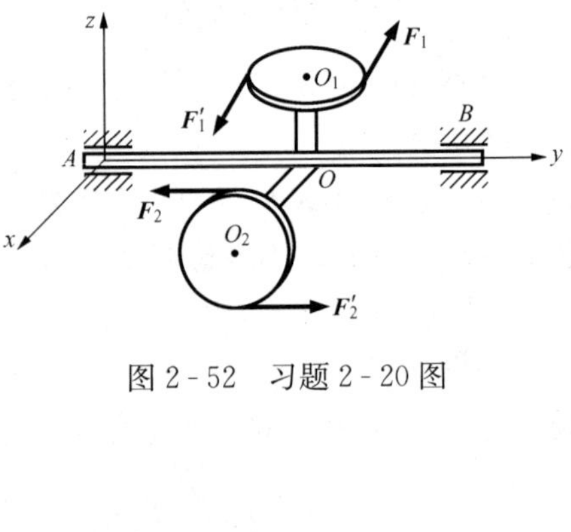

图 2-52 习题 2-20 图

3 任 意 力 系

本 章 提 要

前一章讨论了汇交力系和力偶系的合成与平衡问题，本章进一步讨论任意力系的合成与平衡问题及其应用。首先介绍力的平移定理，引进力系的主矢与主矩的概念。详尽地讨论任意力系的简化结果分析、平衡条件及方程的建立。介绍静定与超静定的概念。要求会应用各种类型的平衡方程求解单个物体和简单物体系统的平衡问题。对平面任意力系的平衡问题，能熟练地取分离体和灵活应用各种形式的平衡方程求解。

任意力系可以分为空间任意力系与平面任意力系。

空间任意力系是各力的作用线在空间任意分布的力系，这是力系中最普遍的情形，其他各种力系都是它的特例。因此研究空间任意力系，一方面可以使我们对力系的简化和平衡理论有一个全面完整的认识，另一方面对工程中空间结构和机构的静力分析也是有益的。

平面任意力系是各力的作用线分布在同一平面内的力系。它是空间任意力系的重要特例。平面任意力系在工程中极为常见，作用在平面结构或机构上的力系分布在同一平面时可视为平面任意力系，当作用在空间结构或机构上的力系具有对称面时，也可简化为平面任意力系来研究，因此研究平面任意力系具有重要实际意义。

本书第2章讨论了基本力系（即汇交力系和力偶系）的简化与平衡：汇交力系可合成为一个力（称为合力），合力矢的作用线通过汇交点，其大小和方向由各分力矢的矢量和表示。力偶系可合成为一个力偶（称为合力偶），合力偶矩矢等于各分力偶矩矢的矢量和。而对于某一个任意力系，却不一定能找到一个力或一个力偶与之等效，也就是说，该力系不一定存在合力或合力偶。

为了研究任意力系对刚体总的作用效果，并研究其平衡条件，需要将力系向一点简化，这是一种较为简便并且具有普遍性的力系简化方法。这个方法的理论基础是力的平移定理。下面就先介绍并证明这个定理，然后再介绍力系向一点简化理论及简化结果的讨论。

3.1 力 的 平 移 定 理

一、力沿作用线的移动

作用于刚体上某一点的力可沿其作用线移至该刚体的任意点，而不改变该力对刚体的作用效果。力的这种性质称为**力的可传性**。

力的可传性作为静力学公理的推论已在第1章中论述过，这里不再讨论。

二、力的平移定理

对刚体来说，根据上述力的可传性，可知力是滑动矢量，力的三要素为**大小、方向**和**作用线**。那么，能否保持此力的大小、方向不变，把作用线任意平移一段距离呢？力的平移定理可以回答这个问题。

力的平移定理：可以把作用在刚体上点 A 的力 $\boldsymbol{F}$ 平行移到任意一点 B，但必须同时附加一个力偶，这个附加力偶的矩等于原来的力 $\boldsymbol{F}$ 对新作用点 B 的矩。

证明：图 3-1(a) 中的力 $\boldsymbol{F}$ 作用于刚体的点 A，在刚体上任取一点 B，并在 B 点加上两个等值、反向、共线的力 $\boldsymbol{F}'$ 和 $\boldsymbol{F}''$，使它们与力 $\boldsymbol{F}$ 平行，且 $F=F'=F''$，如图 3-1（b）所示。显然，三个力 $\boldsymbol{F}$、$\boldsymbol{F}'$、$\boldsymbol{F}''$组成的新力系与原来的一个力等效。这三个力可以看作是一个作用在点 B 的力 $\boldsymbol{F}'$和一个力偶（$\boldsymbol{F}$，$\boldsymbol{F}''$），此力偶的力偶矩为 $\boldsymbol{M}=\boldsymbol{r}\times\boldsymbol{F}$，刚好等于力 $\boldsymbol{F}$ 对点 B 的力矩$\boldsymbol{M}_B(\boldsymbol{F})=\boldsymbol{r}\times\boldsymbol{F}$，可用图 3-1（c）来表示。这样，图 3-1（a）中的一个力就与图 3-1（c）中的一个力与一个力偶等效，即，把作用于点 A 的力 $\boldsymbol{F}$ 平移到另一点 B，必须同时附加上一个相应的力偶，这个力偶称为附加力偶，其力偶矩 $\boldsymbol{M}$ 等于力 $\boldsymbol{F}$ 对点 B 的矩，定理得证。

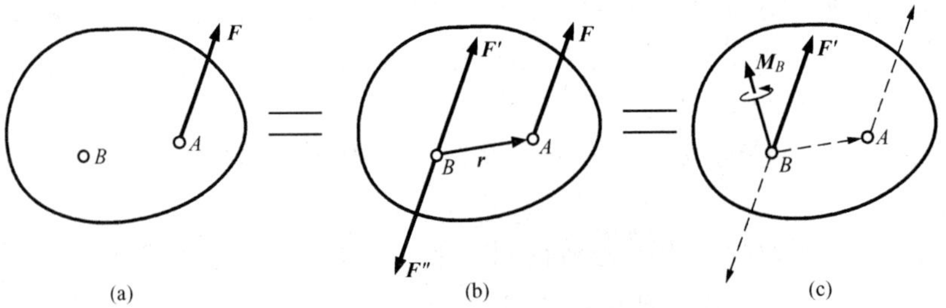

图 3-1

反过来，力的平移定理的逆定理也是存在的，即图 3-1（c）所示的一个力和一个力偶组成的力系可以简化成图 3-1（a）所示的一个力。

力的平移定理不仅是任意力系向一点简化的依据，而且可以用来解释一些现象与问题。例如，打乒乓球时，球拍若给球的力擦在球边上，这相当于在球心加一力与一力偶（图 3-2），乒乓球会在此力作用下向前运动，并在此力偶作用下旋转。又如图 3-3（a）所

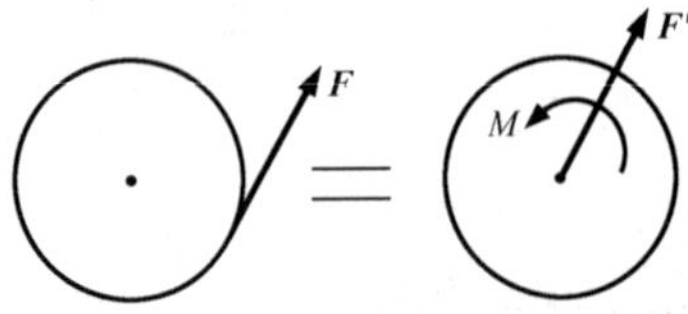

图 3-2

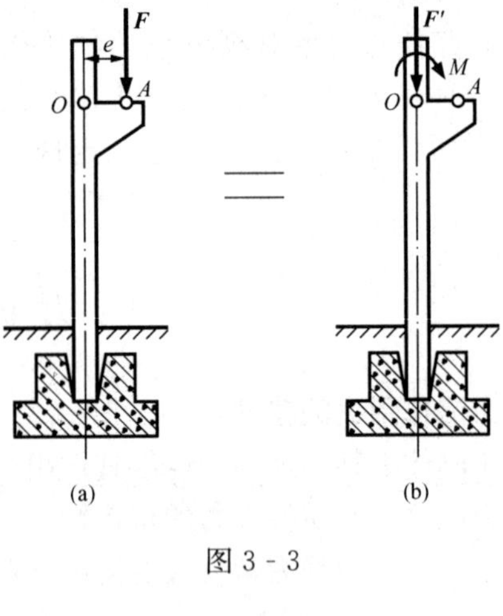

图 3-3

示厂房立柱受荷载 $\boldsymbol{F}$ 作用，在不考虑凸出部分变形的情况下，其作用效果和作用在立柱轴线上的力 $\boldsymbol{F}'$ 与矩为 $M=Fe$ 的力偶等效［图 3 - 3（b）］。在材料力学里可知，力 $\boldsymbol{F}'$ 使立柱压缩，而矩为 M 的力偶将使立柱弯曲。读者还可以考虑图 3 - 4 所示用丝锥攻螺纹时，为何要求用两只手操作且作用在把手上的二力要相等？用一只手是否可以使其转动？这样做是否可行？另外必须注意，在研究变形问题时，力是不能平移的。如图 3 - 5（a）所示，在梁端 B 受一力 $\boldsymbol{F}$ 作用，若将此力平移至 A 点成为 $\boldsymbol{F}'$ 并附加一矩为 M 的力偶［图 3 - 5（b）］，变形效果是不同的。

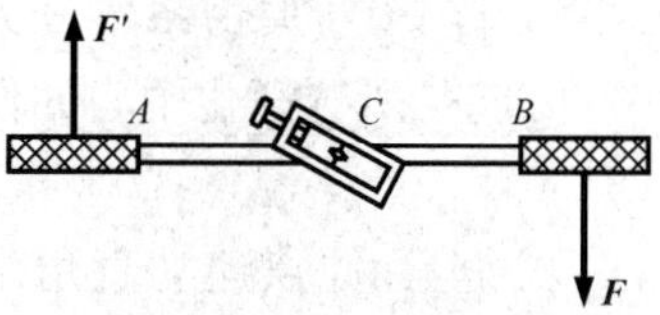

图 3 - 4

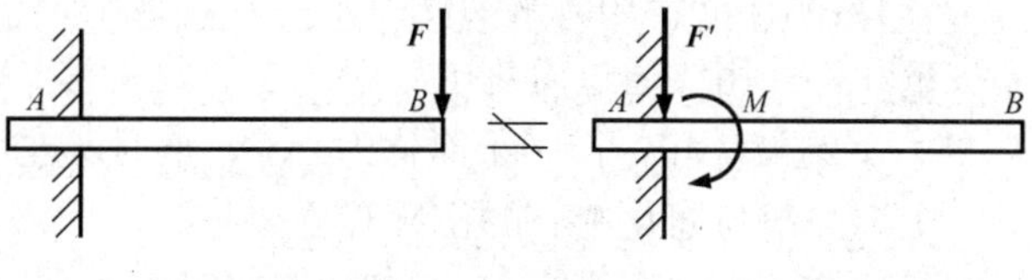

(a) (b)

图 3 - 5

3.2 任意力系向一点的简化·主矢和主矩

3.2.1 空间任意力系向一点的简化

设刚体上有一空间分布的任意力系 $\boldsymbol{F}_1$，$\boldsymbol{F}_2$，…，$\boldsymbol{F}_n$ 作用，称其为各分力，如图 3 - 6(a) 所示。在刚体上任选一点 O 称为简化中心，用力的平移定理，把各力都平移到点 O，同时附加一个相应的力偶。这样，原来的任意力系就被一空间汇交力系与一空间力偶系等效代替，如图 3 - 6（b）所示，其中

$$\boldsymbol{F}_1' = \boldsymbol{F}_1,\ \boldsymbol{F}_2' = \boldsymbol{F}_2,\ \cdots,\ \boldsymbol{F}_n' = \boldsymbol{F}_n$$

$$\boldsymbol{M}_1 = \boldsymbol{M}_O(\boldsymbol{F}_1),\ \boldsymbol{M}_2 = \boldsymbol{M}_O(\boldsymbol{F}_2),\ \cdots,\ \boldsymbol{M}_n = \boldsymbol{M}_O(\boldsymbol{F}_n)$$

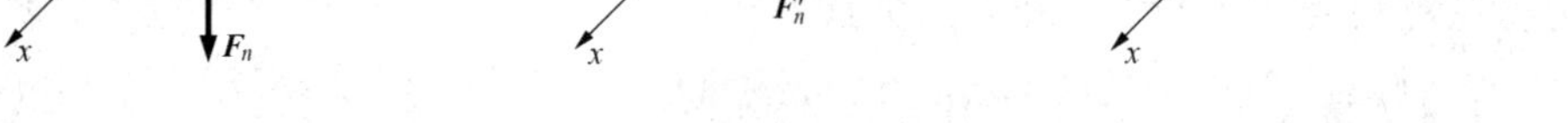

(a) (b) (c)

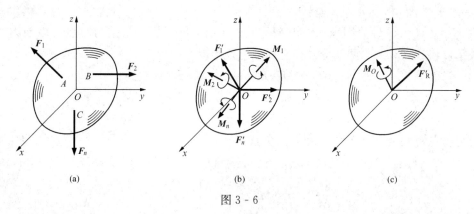

图 3 - 6

作用于点 O 的汇交力系可以合成为一力 $\boldsymbol{F}'_R$［图 3 - 6（c）］，此力的作用线通过点 O，大小和方向为

$$\boldsymbol{F}'_R = \sum \boldsymbol{F}'_i = \sum \boldsymbol{F}_i \tag{3-1}$$

此力不能与原力系等效，所以不能称其为原力系的合力，而称其为原力系的主矢。可以看

出，若选不同的点为简化中心，对主矢的大小与方向没有影响。

力偶系 $\boldsymbol{M}_1$，$\boldsymbol{M}_2$，…，$\boldsymbol{M}_n$ 可以合成为一力偶［图 3－6（c）］，由于此力偶不能与原力系等效，所以不能称其为原力系的合力偶，而称之为原力系的主矩。又由于各分力偶分别等于各力对所选 O 点的力矩，当取不同的点为简化中心时，各力的力矩将有改变，所以，主矩一般与简化中心的选择有关。因此，以 $\boldsymbol{M}_O$（而不以 $\boldsymbol{M}$）来表示主矩，且

$$\boldsymbol{M}_O = \sum\boldsymbol{M}_i = \sum\boldsymbol{M}_O(\boldsymbol{F}_i) \tag{3-2}$$

由此可得结论如下：任意力系向某一点 O 简化，一般可得一力（主矢）和一力偶（主矩），它们对刚体的作用效果与原力系等效。这个力（主矢）的大小与方向等于原力系各分力的矢量和，作用线通过简化中心 O；这个力偶（主矩）的大小和方向等于原力系各分力对点 O 的力矩的矢量和，作用于简化中心 O。而且，主矢的大小和方向与所选简化中心的位置无关，主矩一般与简化中心的位置有关。

实际计算主矢和主矩时，一般采用解析形式，以简化中心 O 为坐标原点建立直角坐标系如图 3－6 所示，根据式（3－1）、式（3－2）可分别列出该力系主矢、主矩的大小和方向余弦的计算公式，如下所示（为书写方便，略去下标 i）。

（一）主矢量 $\boldsymbol{F}'_{\mathrm{R}}$ 的计算

设 $F'_{\mathrm{R}x}$、$F'_{\mathrm{R}y}$、$F'_{\mathrm{R}z}$ 和 F_x、F_y、F_z 分别表示主矢量 $\boldsymbol{F}'_{\mathrm{R}}$ 和力系中第 i 个力 $\boldsymbol{F}_i$ 在坐标轴上的投影，则

$$\left.\begin{aligned} F'_{\mathrm{R}x} &= \sum F_x \\ F'_{\mathrm{R}y} &= \sum F_y \\ F'_{\mathrm{R}z} &= \sum F_z \end{aligned}\right\} \tag{3-3}$$

由此可得主矢量的大小和方向余弦为

$$\left.\begin{aligned} &F'_{\mathrm{R}} \sqrt{F'^2_{\mathrm{R}x} + F'^2_{\mathrm{R}y} + F'^2_{\mathrm{R}z}} = \sqrt{(\sum F_x)^2 + (\sum F_y)^2 + (\sum F_z)^2} \\ &\cos(\boldsymbol{F}'_{\mathrm{R}},\boldsymbol{i}) = \frac{\sum F_x}{F'_{\mathrm{R}}},\cos(\boldsymbol{F}'_{\mathrm{R}},\boldsymbol{j}) = \frac{\sum F_y}{F'_{\mathrm{R}}},\cos(\boldsymbol{F}'_{\mathrm{R}},\boldsymbol{k}) = \frac{\sum F_z}{F'_{\mathrm{R}}} \end{aligned}\right\} \tag{3-4}$$

（二）主矩 $\boldsymbol{M}_O$ 的计算

设 M_{Ox}、M_{Oy}、M_{Oz} 分别表示主矩 $\boldsymbol{M}_O$ 在坐标轴上的投影，根据力对点之矩与力对轴之矩的关系，将式（3－2）两端分别在坐标轴上投影得

$$\left.\begin{aligned} M_{Ox} &= [\sum\boldsymbol{M}_O(\boldsymbol{F})]_x = \sum M_x(\boldsymbol{F}) = \sum M_x \\ M_{Oy} &= [\sum\boldsymbol{M}_O(\boldsymbol{F})]_y = \sum M_y(\boldsymbol{F}) = \sum M_y \\ M_{Oz} &= [\sum\boldsymbol{M}_O(\boldsymbol{F})]_z = \sum M_z(\boldsymbol{F}) = \sum M_z \end{aligned}\right\} \tag{3-5}$$

由此可得力系对 O 点主矩的大小和方向余弦为

$$\left.\begin{aligned} &M_O = \sqrt{M^2_{Ox} + M^2_{Oy} + M^2_{Oz}} = \sqrt{(\sum M_x)^2 + (\sum M_y)^2 + (\sum M_z)^2} \\ &\cos(\boldsymbol{M}_O,\boldsymbol{i}) = \frac{M_{Ox}}{M_O},\ \cos(\boldsymbol{M}_O,\boldsymbol{j}) = \frac{M_{Oy}}{M_O},\ \cos(\boldsymbol{M}_O,\boldsymbol{k}) = \frac{M_{Oz}}{M_O} \end{aligned}\right\} \tag{3-6}$$

下面通过作用在飞机上的力系说明空间力系简化结果的实际意义。飞机在飞行时受到重力、升力、推力和阻力等力组成的空间任意力系的作用。通过其重心 O 作直角坐标系 $Oxyz$，如图 3－7 所示。将力系向飞机的重心 O 简化，可得一力 $\boldsymbol{F}'_{\mathrm{R}}$ 和一力偶，力偶矩矢为 $\boldsymbol{M}_O$。如果将这力和力偶矩矢向上述三坐标轴分解，则得到三个作用于重心 O 的正交分力

F'_{Rx}、F'_{Ry}、F'_{Rz}和三个绕坐标轴的力偶M_{Ox}、M_{Oy}、M_{Oz}。

可以看出它们的意义如下：

F'_{Rx}——有效推进力；

F'_{Ry}——有效升力；

F'_{Rz}——侧向力；

M_{Ox}——滚转力矩；

M_{Oy}——偏航力矩；

M_{Oz}——俯仰力矩。

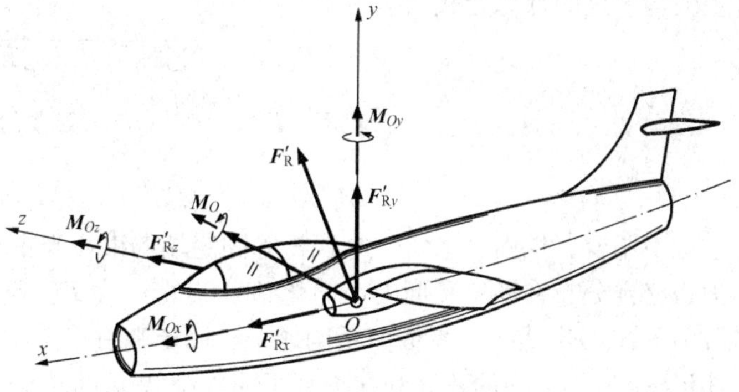

图 3-7

空间任意力系简化的又一实例是固定端（插入端）约束对被约束物体的约束反力。例如烟囱、水塔、电线杆等受到地基的约束，就属于这种约束。约束给被约束物体的力是空间任意分布的，如图 3-8（a）所示。这些约束反力的实际分布很难分析清楚，所以我们利用力系简化理论来考虑其总体效应。把这个力系向 A 点简化，得到一个力 F_{RA}和一个力偶M_A，如图 3-8（b）所示。一般情况下，F_{RA}、M_A 的大小、方向均未知，习惯用它们的正交分力 F_{Ax}、F_{Ay}、F_{Az}和M_{Ax}、M_{Ay}、M_{Az}表示，如图 3-8（c）所示。固定端约束反力的这六个正交分量所起的作用是分别阻止物体沿三个坐标轴方向的移动和绕三个坐标轴的转动。

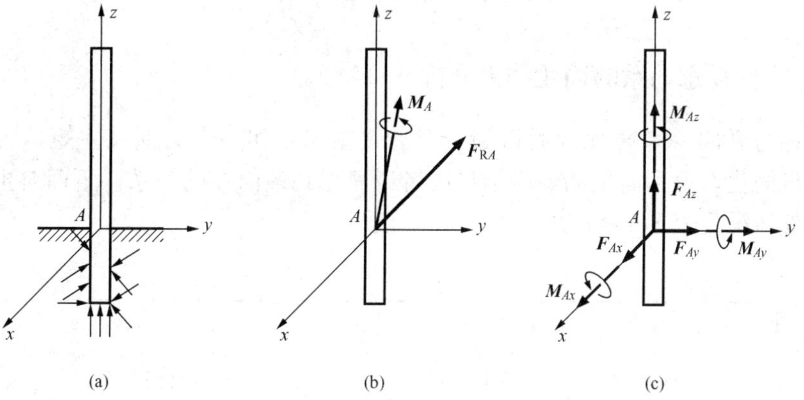

图 3-8

3.2.2 平面任意力系向一点的简化

平面任意力系是空间任意力系的特例。当作用在物体上的力的作用线都分布在同一平面内，或近似分布在同一平面内且任意分布时，可作为平面任意力系问题处理。当物体有一几何对称面，且所受的载荷也对称于此平面时，也可以作为平面任意力系问题来处理。

对平面任意力系，取力系所在平面为 Oxy 平面，则有

$$\sum F_z \equiv 0 \quad \sum M_x \equiv 0 \quad \sum M_y \equiv 0$$

主矢在力系所在平面内，主矩也在力系所在平面内（或主矩矢量垂直于力系所在平面）。则

主矢与主矩的计算公式为

$$\left.\begin{aligned} F'_R &= \sqrt{(\sum F_x)^2+(\sum F_y)^2} \\ \cos(\boldsymbol{F}'_R,\boldsymbol{i}) &= \frac{\sum F_x}{F'_R},\cos(\boldsymbol{F}'_R,\boldsymbol{j})=\frac{\sum F_y}{F'_R} \\ M_O &= \sqrt{(\sum M_z)^2}=\sum M_z=\sum M_O \end{aligned}\right\} \tag{3-7}$$

对阳台、烟囱、水塔、电线杆等固定端约束，当主动力都分布在一个平面内时，约束反力也必定分布在同一平面内，简化到 A 点得一力 $\boldsymbol{F}_{RA}$ 与一力偶 M_A，通常也将力 $\boldsymbol{F}_{RA}$ 用正交分力 $\boldsymbol{F}_{Ax}$、$\boldsymbol{F}_{Ay}$ 表示。平面力系问题中，固定端有三个约束反力 $\boldsymbol{F}_{Ax}$、$\boldsymbol{F}_{Ay}$、M_A，分别阻止物体沿 x、y 轴方向的移动和在力系平面内绕 A 点的转动，见图 3－9。

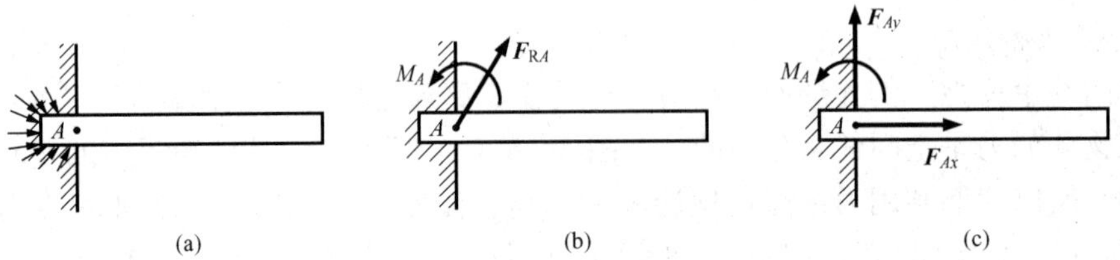

图 3－9

3.3　任意力系简化的结果分析

3.3.1　空间任意力系的简化结果分析

空间任意力系向一点简化以后得到一个力（主矢）和一个力偶（主矩），在此基础上，还可以进一步简化，得到简化的最后结果或者说简化到最简单的力系。下面对主矢主矩所可能出现的各种情况列表 3－1 予以讨论。

表 3－1

主矢	主　矩		最后结果	与简化中心的关系
$\boldsymbol{F}'_R=0$	(1)	$\boldsymbol{M}_O=0$	平衡	与简化中心无关
	(2)	$\boldsymbol{M}_O\neq0$	合力偶	与简化中心无关
$\boldsymbol{F}'_R\neq0$	(3)	$\boldsymbol{M}_O=0$	合力	合力作用线通过简化中心
	(4)	$\boldsymbol{M}_O\neq0$，$\boldsymbol{F}'_R\perp\boldsymbol{M}_O$	合力	合力作用线距简化中心为 $d=\frac{M_O}{F'_R}$
	(5)	$\boldsymbol{M}_O\neq0$，$\boldsymbol{F}'_R/\!/\boldsymbol{M}_O$	力螺旋	力螺旋中心轴过简化中心
	(6)	$\boldsymbol{M}_O\neq0$ $\boldsymbol{F}'_R$ 与 $\boldsymbol{M}_O$ 成 α 角	力螺旋	力螺旋中心轴距简化中心为 $d=\frac{M_O\sin\alpha}{F'_R}$

（一）空间任意力系为平衡力系的情形

$\boldsymbol{F}'_R=0$，$\boldsymbol{M}_O=0$。这时，说明空间力系与零力系等效，空间力系是个平衡力系。将在下节详细讨论。

（二）空间任意力系简化为合力偶的情形

$\boldsymbol{F}'_R=0$，$\boldsymbol{M}_O\neq 0$。这时，一个力偶 $\boldsymbol{M}_O$ 与原力系等效，力系简化为一合力偶。又由力偶的性质知，此种情况下，简化结果与简化中心的位置无关。

（三）空间任意力系简化为合力的情形·合力矩定理

（1）$\boldsymbol{F}'_R\neq 0$，$\boldsymbol{M}_O=0$。这时，一个力 $\boldsymbol{F}'_R$ 与原力系等效，力系简化为一合力，合力通过简化中心 O。

（2）$\boldsymbol{F}'_R\neq 0$，$\boldsymbol{M}_O\neq 0$，$\boldsymbol{F}'_R\perp\boldsymbol{M}_O$。这时，如图 3 - 10（a）所示。因 $\boldsymbol{F}'_R$、$\boldsymbol{M}_O$ 均不为零，以 F'_R 除 M_O 得 $d=\dfrac{|M_O|}{F'_R}$，在图 3 - 10（a）上量取 $OO'=d$，且令 $F_R=F'_R=F''_R$，因此，$\boldsymbol{M}_O$ 与力偶（$\boldsymbol{F}_R$，$\boldsymbol{F}''_R$）等效，则图 3 - 10（b）中所示力系与图 3 - 10（a）中所示情形等效。然而，再考察图 3 - 10（b），（$\boldsymbol{F}''_R$，$\boldsymbol{F}'_R$）是一零力系，根据力系等效定理，可知图 3 - 10（c）中力 $\boldsymbol{F}_R$ 与图 3 - 10（b）中所示力系等效，则 $\boldsymbol{F}_R$ 与原力系等效，力系简化为一合力，且 $\boldsymbol{F}_R=\boldsymbol{F}'_R$，合力作用线离简化中心 O 的距离为 $d=\dfrac{|M_O|}{F_R}$，由此式及图中可看出

$$\boldsymbol{M}_O=\boldsymbol{d}\times\boldsymbol{F}_R=\boldsymbol{M}_O(\boldsymbol{F}_R)$$

又

$$\boldsymbol{M}_O=\sum\boldsymbol{M}_O(\boldsymbol{F}_i)$$

则

$$\boldsymbol{M}_O(\boldsymbol{F}_R)=\sum\boldsymbol{M}_O(\boldsymbol{F}_i) \tag{3 - 8}$$

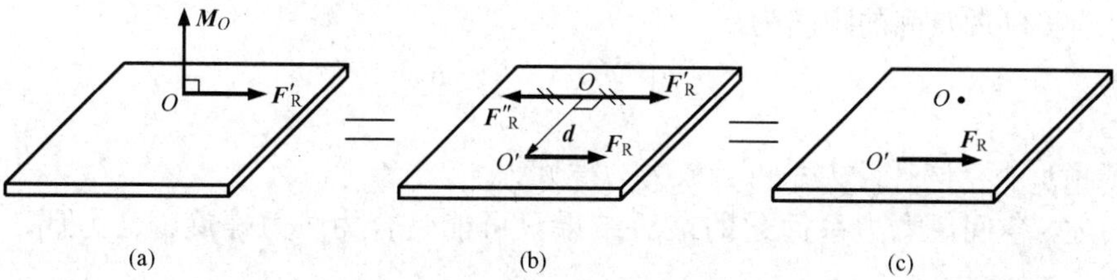

图 3 - 10

式（3 - 8）表达的意思是：空间任意力系的合力对于任意一点的矩等于各分力对同一点的矩的矢量和。这被称为**空间任意力系的合力矩定理**。又由对点之矩与对过该点轴之矩的关系，可知对轴的合力矩定理也成立。

（四）空间任意力系简化为力螺旋的情形

（1）$\boldsymbol{F}'_R\neq 0$，$\boldsymbol{M}_O\neq 0$，$\boldsymbol{F}'_R/\!/\boldsymbol{M}_O$，如图 3 - 11（a）、（b）所示的这种结果称为**力螺旋**。所谓**力螺旋就是由一力和一力偶组成的力系，且此力垂直于力偶的作用面**。钻孔时钻头对工件

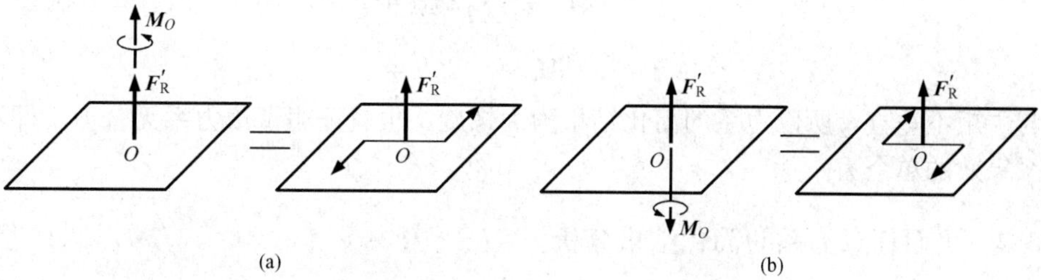

图 3 - 11

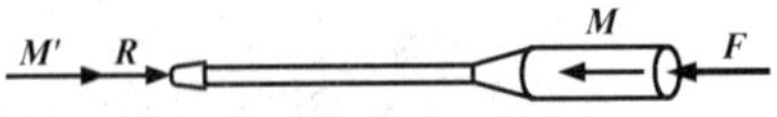

图 3 - 12

的作用，用螺丝刀松紧螺钉的作用（图 3 - 12），都是力螺旋作用的情形。

力螺旋是由力学中两个基本要素力和力偶组成的最简单的力系之一，不能再进一步合成。力偶的转向和力的指向符合右手螺旋规则的称为右螺旋［图 3 - 11（a）］，反之称为左螺旋［图 3 - 11（b）］。力螺旋中力的作用线称为该力螺旋的中心轴。在 $\boldsymbol{F}'_R /\!/ \boldsymbol{M}_O$ 的情况下，力螺旋的中心轴过简化中心。在工程上用手拧螺丝刀，手的作用 $\boldsymbol{F}$、$\boldsymbol{M}$ 与螺钉的阻力 $\boldsymbol{R}$、$\boldsymbol{M}'$都是力螺旋（图 3 - 12）。在一般情况下，中心轴不通过简化中心。

（2）$\boldsymbol{F}'_R \neq 0$，$\boldsymbol{M}_O \neq 0$，$\boldsymbol{F}'_R$ 与 $\boldsymbol{M}_O$ 即不垂直，又不平行，两者成任意 α 角。这时，如图 3 - 13（a)所示。此时可将 $\boldsymbol{M}_O$ 分解为两个分力偶 $\boldsymbol{M}''_O$ 与 $\boldsymbol{M}'_O$，它们分别垂直和平行于 $\boldsymbol{F}'_R$，如图 3 - 13(b)所示，则 $\boldsymbol{M}''_O$ 和 $\boldsymbol{F}'_R$ 可用作用于点 O'的力在 $\boldsymbol{F}_R$ 来代替。这时，可以证明 $\boldsymbol{M}'_O$ 为自由矢量，故可将 $\boldsymbol{M}'_O$ 平行移动，使之与 $\boldsymbol{F}_R$ 共线。这样就得到一力螺旋，中心轴不在简化中心 O，而是通过另一点 O'，如图 3 - 13（c）所示，且 OO'两点间的距离为

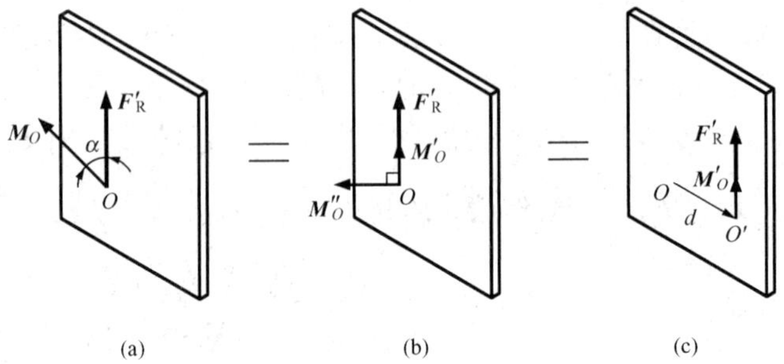

图 3 - 13

$$d=\frac{|M''_O|}{F'_R}=\frac{M_O\sin\alpha}{F'_R}$$

可见，一般情形下空间任意力系可合成为力螺旋。

综上所述，空间任意力系简化的最后结果只可能是合力、力螺旋、合力偶、平衡四种情况。

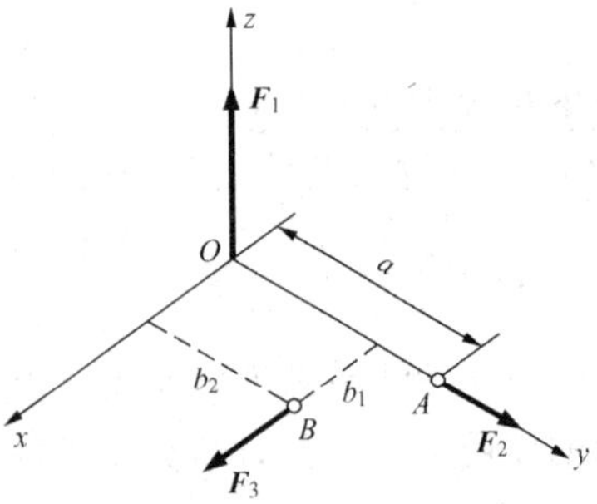

图 3 - 14

【例 3 - 1】 如图 3 - 14 所示，在刚体的 O、A、B 三点分别作用有三个力 $\boldsymbol{F}_1$、$\boldsymbol{F}_2$、$\boldsymbol{F}_3$，其中 $\boldsymbol{F}_1=12\boldsymbol{k}$，$\boldsymbol{F}_2=4\boldsymbol{j}$，$\boldsymbol{F}_3=3\boldsymbol{i}$（力的单位为 N），各点坐标为 O（0，0，0），A（0，a，0），B（b_1，b_2，0）（$b_2\neq0$）。试简化该力系并证明该力系无合力。

解　选 O 为简化中心。易求得力系的主矢和主矩分别为

$$\boldsymbol{F}'_R=\boldsymbol{F}_1+\boldsymbol{F}_2+\boldsymbol{F}_3=3\boldsymbol{i}+4\boldsymbol{j}+12\boldsymbol{k}$$

$$\boldsymbol{M}_O=\sum_{i=1}^{3}\boldsymbol{M}_O(\boldsymbol{F}_i)=0+0-3b_2\boldsymbol{k}=-3b_2\boldsymbol{k}$$

由于 $\boldsymbol{F}'_R\cdot\boldsymbol{M}_O=-36b_2\neq0$

即主矢与主矩不垂直，所以力系的简化结果为力螺旋。也就证明了该力系无合力，即不存在与该力系等效的单个力。

3.3.2　平面任意力系的简化结果分析

对于平面任意力系，由于各力作用线均位于同一平面内，其简化结果不可能出现主矢与

主矩平行或成 α 角（$\alpha\neq 90°$）的情况，此时，恒有 $\boldsymbol{F}'_R\perp\boldsymbol{M}_O$，所以平面任意力系简化的最后结果不可能出现力螺旋的情况，而只能是合力、合力偶、平衡三种情况。

在平面力系中，力偶的方位恒垂直于该力系的所在平面，只有逆时针和顺时针两种转向，因此，可视为代数量。于是，力系的主矢主矩改写为

$$\boldsymbol{F}'_R=\sum\boldsymbol{F}_i,\ M_O=\sum M_O(\boldsymbol{F}_i) \tag{3-9}$$

当 $\boldsymbol{F}'_R\neq 0$，$M_O\neq 0$ 时，则力系有合力 $\boldsymbol{F}_R$，$\boldsymbol{F}_R=\boldsymbol{F}'_R$，其偏离简化中心 O 的距离 $d=\dfrac{|M_O|}{F'_R}$，偏移的方向由 M_O 的转向确定（图 3 - 15）。

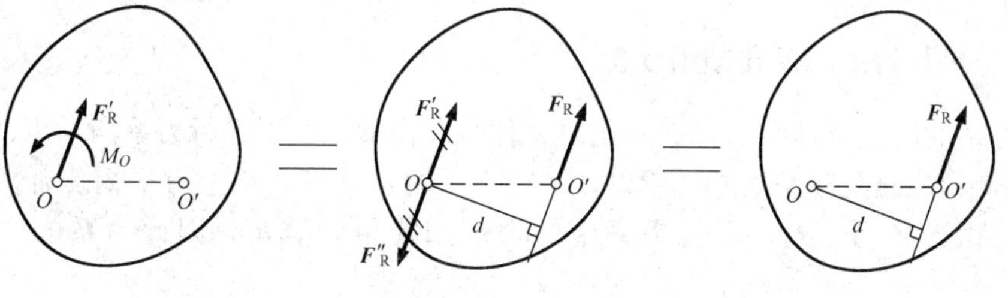

图 3 - 15

【例 3 - 2】 为校核重力坝的稳定性，需要确定出在坝体截面上所受主动力的合力作用线，并限制它与坝底水平线的交点 E 的距坝底左端点 O 不超过坝底横向尺寸的 $\dfrac{2}{3}$，即 $OE\leqslant\dfrac{2}{3}b$，如图 3 - 16 所示。重力坝取 1m 长度，坝底尺寸 $b=18$m，坝高 $H=36$m，坝体斜面倾角 $\alpha=70°$。已知坝身自重 $G=9.0\times10^3$kN，左侧水压力 $F_1=4.5\times10^3$kN，右侧水压力 $F_2=180$kN，F_2 力作用线过 E 点。各力作用位置的尺寸 $a=6.4$m，$h=10$m，$c=12$m。试求坝体所受主动力的合力、合力作用线位置，并判断坝体的稳定性。

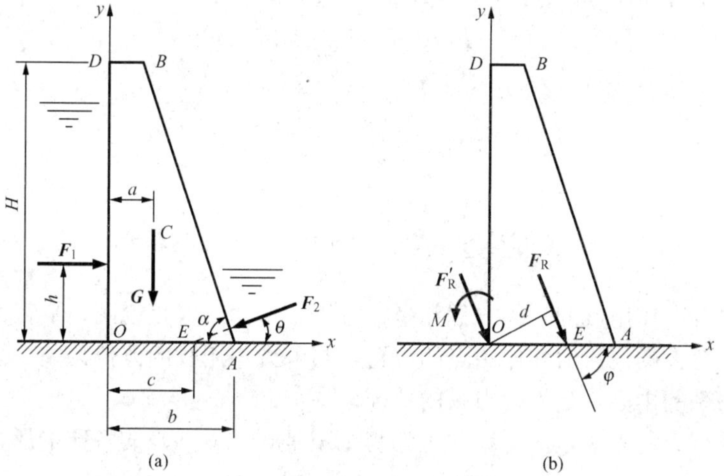

图 3 - 16

解 选点 O 为简化中心，建立图示坐标系 Oxy。图中 $\theta=90°-\alpha=20°$。力系向 O 点简

化，得到主矢 $\boldsymbol{F}'_{\mathrm{R}}$ 和主矩 M_O 分别为

$$F'_{\mathrm{R}x}=\sum F_x=F_1-F_2\cos\theta=4.331\times10^3(\mathrm{kN})$$

$$F'_{\mathrm{R}y}=\sum F_y=-G-F_2\sin\theta=-9.062\times10^3(\mathrm{kN})$$

$$F'_{\mathrm{R}}=\sqrt{F_{\mathrm{R}x}'^2+F_{\mathrm{R}y}'^2}=1.004\times10^4(\mathrm{kN}),\ \varphi=\arctan\left|\frac{F'_{\mathrm{R}y}}{F'_{\mathrm{R}x}}\right|=64°27'$$

$$M_O=\sum M_O(\boldsymbol{F}_i)=-F_1h-Ga-F_2\sin\theta\cdot c=-1.033\times10^5(\mathrm{kN\cdot m})$$

$$d=\frac{|M_O|}{F'_{\mathrm{R}}},\ OE=\frac{d}{\sin\varphi}=11.40(\mathrm{m})<\frac{2}{3}b=12(\mathrm{m})$$

根据计算结果易知该重力坝的稳定性满足设计要求。

3.3.3 平行力系的简化结果分析

平行力系的简化也是空间力系简化的一种特殊情形。由于平行力系向一点简化时其主矢 $\boldsymbol{F}'_{\mathrm{R}}$ 和主矩 $\boldsymbol{M}_O$ 总是互相垂直，所以，平行力系的最终简化结果有平衡、合力偶和合力三种情形。由于各力平行，平行力系中的力可用代数量表示，因此力系的主矢主矩可写为

$$\boldsymbol{F}'_{\mathrm{R}}=\sum\boldsymbol{F}_i,M_O=\sum M_O(\boldsymbol{F}_i) \tag{3-10}$$

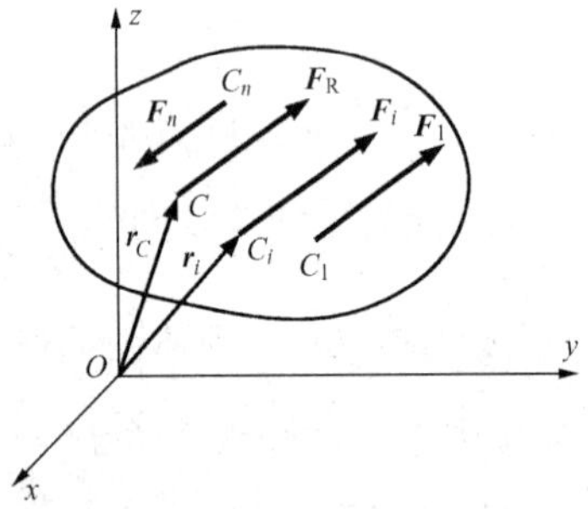

图 3 - 17

在平行力系中的各力的作用点位置均已知的情形下，还可以求出合力作用点的具体位置。在图 3 - 17 所示的平行力系中，任一力 $\boldsymbol{F}_i$ 作用点的矢径为 $\boldsymbol{r}_i$，合力 $\boldsymbol{F}_{\mathrm{R}}$ 作用点 C 之矢径为 $\boldsymbol{r}_C$。根据合力矩定理，得

$$\boldsymbol{r}_C\times\boldsymbol{F}_{\mathrm{R}}=\sum(\boldsymbol{r}_i\times\boldsymbol{F}_i)$$

取力作用线的某一方向为正向，单位矢量为 $\boldsymbol{e}$，则

$$\boldsymbol{F}_{\mathrm{R}}=F_{\mathrm{R}}\boldsymbol{e},\ \boldsymbol{F}_i=F_i\boldsymbol{e}$$

代入上式得

$$(F_{\mathrm{R}}\boldsymbol{r}_C-\sum F_i\boldsymbol{r}_i)\times\boldsymbol{e}=0$$

注意到坐标原点位置的任意性，$\boldsymbol{e}$ 不等于零，由上式得

$$F_{\mathrm{R}}\boldsymbol{r}_C-\sum F_i\boldsymbol{r}_i=0$$

所以

$$\boldsymbol{r}_C=\frac{\sum F_i\boldsymbol{r}_i}{F_{\mathrm{R}}}=\frac{\sum F_i\boldsymbol{r}_i}{\sum F_i} \tag{3-11a}$$

投影式为

$$x_C=\frac{\sum F_ix_i}{\sum F_i},\ y_C=\frac{\sum F_iy_i}{\sum F_i},\ z_C=\frac{\sum F_iz_i}{\sum F_i} \tag{3-11b}$$

这就是平行力系合力作用点的矢径方程和坐标方程。这两组方程说明，平行力系合力作用点的位置只取决于各力的代数值和作用点的位置，与各力作用线的方位无关。平行力系合力作用点称为**平行力系的中心**，是平行力系的特征。

对于平面平行力系来说，简化后的主矢与主矩是式（3 - 9）的特殊情形，即二式都为代数表达式

$$F'_{\mathrm{R}}=\sum F_i,\ M_O=\sum M_O(\boldsymbol{F}_i) \tag{3-12}$$

如果 $F'_R\neq0$，一定有合力 $\boldsymbol{F}_R$（$\boldsymbol{F}_R=\boldsymbol{F}'_R$），作用线偏离 O 点的距离 $OO'=d=\dfrac{|M_O|}{F'_R}$，偏移的方向由 M_O 的转向来确定。

沿直线分布的分布荷载是工程实际中常见的一种平行力系。在求解这类问题时，往往需要知道这种分布载荷的合力大小及作用线位置，这正是上述结果的具体应用。

【例 3-3】 重力坝受水的压力如图 3-18（a）所示。设水深为 h，水的容重为 γ。试求水压力简化的结果。

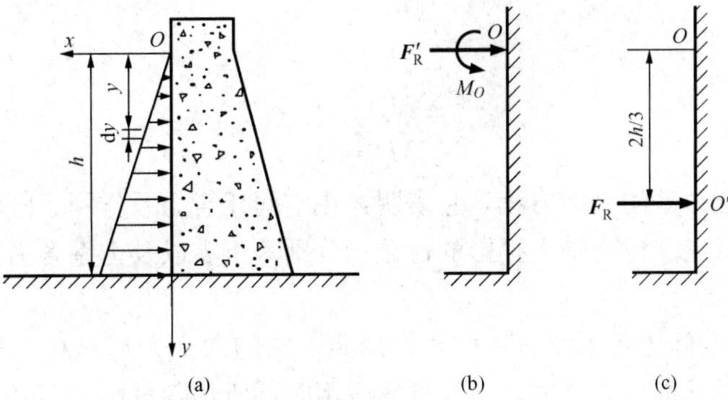

图 3-18

解 由于坝体受力对称，坝体所受水压力可看成为平面平行力系。选定单位长度的坝体为研究对象。建立图示坐标系 Oxy。以 O 为简化中心，将此分布的平行力系向 O 点简化。在距 O 为 y 处取长度 $\mathrm{d}y$ 微段，在此微段上的力为 $\mathrm{d}F$，则有

$$\mathrm{d}F=\gamma\cdot y\cdot 1\cdot \mathrm{d}y$$

由式（3-12），得

$$F'_R=-\int_0^h \mathrm{d}F=-\int_0^h \gamma y\,\mathrm{d}y=-\frac{1}{2}\gamma h^2$$

$$M_O=\int_0^h y\,\mathrm{d}F=\int_0^h y\cdot\gamma y\,\mathrm{d}y=\frac{1}{3}\gamma h^3$$

由于主矢 $\boldsymbol{F}'_R$ 与主矩 $\boldsymbol{M}_O$ 相垂直，则力系可进一步简化为合力，即合力 $\boldsymbol{F}_R$ 的作用线距 O 点的距离［图 3-18（c）］为

$$\overline{OO'}=\left|\frac{M_O}{F'_R}\right|=\frac{2}{3}h$$

3.4 任意力系的平衡

3.4.1 空间任意力系的平衡

由力系的简化结果可知，如果主矢、主矩均为零，即 $\boldsymbol{F}'_R=0$，$\boldsymbol{M}_O=0$。表明汇交于简化中心 O 的空间汇交力系，空间力偶系都是平衡的，这是空间力系平衡的充分条件；如果空间力系是平衡的，那么，它既不能合成为一个力，也不能合成为一力偶或力螺旋，因此，力系向任意点简化的主矢、主矩都要等于零，这是空间力系平衡的必要条件。由

此可知，空间力系平衡的必要与充分条件为：力系的主矢 $\boldsymbol{F}'_R$ 和对任意点的主矩 $\boldsymbol{M}_O$ 均等于零。即

$$\left.\begin{aligned}\boldsymbol{F}'_R = \sum\boldsymbol{F}_i = 0\\ \boldsymbol{M}_O = \sum\boldsymbol{M}_{Oi} = 0\end{aligned}\right\} \tag{3-13}$$

利用主矢和主矩的计算式（3-3）、式（3-5），可将上述平衡条件用解析式表示为

$$\left.\begin{aligned}\sum F_x = 0\\ \sum F_y = 0\\ \sum F_z = 0\\ \sum M_x = 0\\ \sum M_y = 0\\ \sum M_z = 0\end{aligned}\right\} \tag{3-14}$$

这就是空间任意力系的平衡方程，它表明：在空间任意力系作用下刚体平衡的充要条件是，力系各力在任意三个正交轴上投影的代数和分别等于零以及力系各力对此三轴之矩的代数和也分别等于零。

式（3-14）是空间力系平衡方程的基本形式，它的六个方程是相互独立的。该方程组虽然是在直角坐标系下推导出来的，但在具体应用时，所选各投影轴不必一定正交，且所选各矩轴也不一定与投影轴重合。此外，还可用矩轴方程取代投影方程，以使计算更为方便，后面将用具体例子说明。

3.4.2 其他力系的平衡

空间任意力系是力系中的最一般的情况，其他各种力系都可以看成是它的特例，因此，可直接从空间任意力系的平衡方程推导出其他力系的平衡方程，现以空间平行力系为例作详细说明，其他力系的情况，读者可自行推导。

（1）**空间平行力系的平衡方程**。设一空间平行力系平行于 z 轴，则各力对于 z 轴的矩及各力在 x 轴和 y 轴上的投影都等于零。因而在式（3-14）中，第一、第二和第六个方程为恒等式。因此空间平行力系只有三个独立平衡方程。即

$$\left.\begin{aligned}\sum F_z = 0\\ \sum M_x = 0\\ \sum M_y = 0\end{aligned}\right\} \tag{3-15}$$

（2）**空间汇交力系的平衡方程**。在空间汇交力系中，将简化中心 O 选在的汇交点上，则方程（3-14）中的三个力矩方程将恒等于零，于是有平衡方程

$$\left.\begin{aligned}\sum F_x = 0\\ \sum F_y = 0\\ \sum F_z = 0\end{aligned}\right\} \tag{3-16}$$

（3）**空间力偶系的平衡方程**。独立的平衡方程为

$$\left.\begin{aligned}\sum M_x = 0\\ \sum M_y = 0\\ \sum M_z = 0\end{aligned}\right\} \tag{3-17}$$

（4）**平面任意力系的平衡方程**。力系的作用面为 Oxy 平面，则各力在 z 轴上的投影及对 x 轴和 y 轴之矩均恒等于零，于是，平衡方程为

$$\left.\begin{aligned}\sum F_x &= 0\\ \sum F_y &= 0\\ \sum M_z = \sum M_O &= 0\end{aligned}\right\}\tag{3-18}$$

平面汇交力系、平面力偶系和平面平行力系等特殊平面力系的平衡条件及平衡方程可以从平面任意力系的平衡条件及平衡方程中推导出来。例如，在平面汇交力系中，对汇交点建立力矩方程，则有 $\sum M_O \equiv 0$，因此，在平面任意力系平衡方程的基本式中，只剩下 $\sum F_x = 0$，$\sum F_y = 0$ 两个独立的平衡方程，这就是平面汇交力系平衡方程的基本式。

3.4.3 平面任意力系平衡方程的其他形式

上述各类力系的平衡方程均属于基本形式，是相互独立的。可以证明，各类力系平衡方程组中的投影式可以部分或全部用力矩式替代。这样在解题中投影轴的取向，矩心或取矩轴的位置可以灵活选择，以便做到列一个平衡方程就能求出一个未知量，避免出现列出全部平衡方程再联立求解全部未知数时的困难。灵活选择的原则是：轴的取向应与某些未知力垂直；矩心要选在未知力的交点上；取矩轴与某些未知力共面等。这样就可构成其他形式的平衡方程。但是，只有当所选投影轴和取矩轴满足一定条件时，所得的平衡方程组才是相互独立（线性无关）的。

在具体问题中，例如空间任意力系可以有四矩式、五矩式或六矩式等，矩轴和投影轴也不一定重合。在平面任意力系中可以有二矩式或三矩式。要判断它们是否相互独立，是比较复杂的问题。通常，选择矩轴或投影轴应做到每列出一个平衡方程，即可解出一个未知量，那么，所列出的这种平衡方程就是独立的，而且求解过程中还可避免解联立方程。下面重点讨论平面任意力系的其他形式的平衡方程的附加条件。

（1）**二矩式的平衡方程**，即

$$\left.\begin{aligned}\sum F_x &= 0\\ \sum M_A &= 0\\ \sum M_B &= 0\end{aligned}\right\}\tag{3-19}$$

但二个力矩方程的矩心的连线不能与投影轴垂直。即 AB 不能与 x 轴垂直。

现证明二矩式（3-19）等价于平衡条件式（3-18），先看必要性，设平衡条件式（3-18）成立，则力系在任意轴上投影的代数和等于零，对任意点的力矩的代数和等于零，因此，二矩式（3-19）成立。再看充分性，设二矩式（3-19）成立，由 $\sum M_A = 0$ 和 $\sum M_B = 0$，可知力系不可能简化成为一力偶。所以力系简化的结果有两种可能：平衡或为过 A、B 两点的合力。再加上 $\sum F_x = 0$，力系的简化结果仍有两种可能：平衡或为过 A、B 两点、且与 x 轴垂直的合力。若投影轴 x 的选取不与 AB 连线垂直，则力系必是平衡的，因而这种形式的平衡方程有附加条件，即 A、B 连线不能与 x 轴垂直。

（2）**三矩式的平衡方程**，即

$$\left.\begin{aligned}\sum M_A &= 0\\ \sum M_B &= 0\\ \sum M_C &= 0\end{aligned}\right\}\tag{3-20}$$

但三个力矩方程的矩心（即 A、B、C 三点）不共线。

现证明三矩式（3－20）等价于平衡条件式（3－18）。必要性的证明与二矩式同，不重述；充分性的证明：设三矩式中的三个方程成立，力系简化结果也有两种可能：平衡或为过 A、B、C 三点的合力。因而，三矩式的平衡方程有附加条件，即 A、B、C 三点不共线，这表明，力系的简化结果只可能是平衡的。

3.5　静定问题与超静定问题

对每一种力系，它的独立方程式的数目是一定的，可求解的未知数也是一定的。如果单个物体或物体系的未知量的数目正好等于它的独立的平衡方程的数目，通过静力学平衡方程，可完全确定这些未知量，这种平衡问题称为静定问题；如果未知量的数目多于独立的平衡方程的数目，仅通过静力学平衡方程不能完全确定这些未知量，这种问题称为超静定或静不定问题。这里说的静定与超静定问题，是对整个系统而言的。若从该系统中取出一分离体，它的未知量的数目多于它的独立平衡方程的数目，并不能说明该系统就是超静定问题，而要分析整个系统的未知量数目和独立方程式数目才能得出结论。

图 3－19 所示是单个物体 AB 梁的平衡问题，对 AB 梁来说，可列三个独立的平衡方程。图 3－19（a）中的梁有三个约束力，等于独立的平衡方程的数目，属于静定问题；图 3－19（b）中的梁有四个约束力，多于独立的平衡方程的数目，属于超静定问题。图 3－20 是两个物体 AB、BC 组成的连续梁系统。AB、BC 都可列三个独立的平衡方程，AB、BC 作为一个整体虽然也可列三个平衡方程，但是，并非是独立的，因此，该系统一共可列六个独立的平衡方程。图 3－20（a）、（b）中的梁分别有六七个约束力（力偶），于是，它们分别是静定、超静定问题。

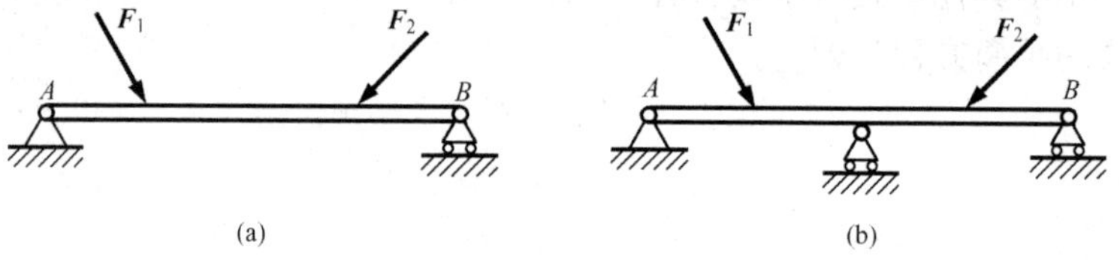

图 3－19

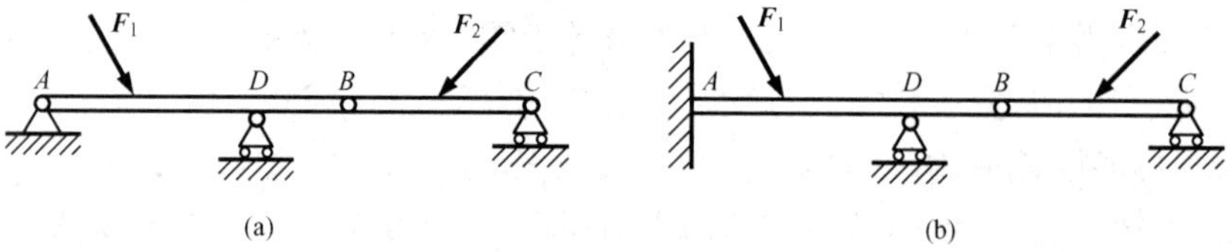

图 3－20

超静定问题之所以不能完全确定它的未知量，是因为在静力学中，把研究对象抽象化为刚体的缘故。如果在超静定问题中考虑物体的变形，还是能够完全确定它的未知量。工程中很多结构都是超静定结构，与静定结构相比，超静定结构能较经济地利用材料，且较牢固。本篇中只讨论静定问题。

3.6 任意力系平衡方程的应用

任意力系的平衡问题，特别是平面任意力系的平衡问题，在工程实际和后续课程中极为常用。任意力系的平衡问题是整个静力学的重点，它包括单个物体的平衡和由若干个物体组成物体系统的平衡。下面先讨论单个物体的平衡问题，同时它也是求解物体系统平衡的基础，必须熟练掌握。

3.6.1 单个物体的平衡问题

求解单个物体平衡问题时，首先画出研究物体的受力图，然后根据具体情况选择合适的平衡方程形式，对投影轴的方向及矩心或取矩轴的位置也要灵活选择，以便尽可能列一个平衡方程就能求出一个未知量。

一、平面任意力系的平衡问题

【例 3-4】 图 3-21（a）所示外伸梁 ABC 上作用有均布荷载 $q=10\text{kN/m}$，集中力 $F=20\text{kN}$，力偶矩 $M=10\text{kN}\cdot\text{m}$，求 A、B 支座的反力。

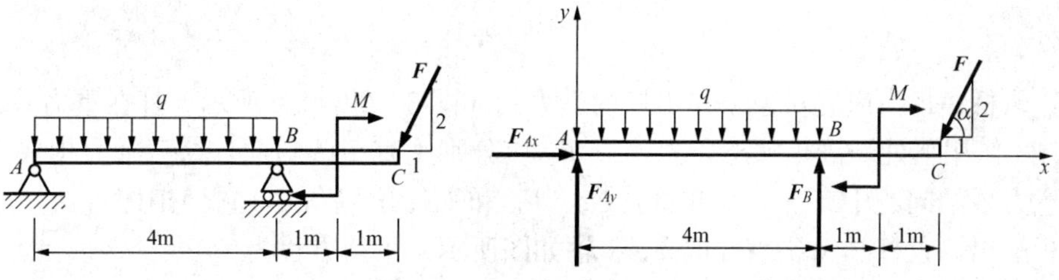

(a) (b)

图 3-21

解 取外伸梁 ABC 为研究对象，受力图如图 3-21（b）所示。标明坐标轴 x、y 的正向。

一般可先列力矩方程，矩心应选在两个未知力的交点，如图中的 A 点或 B 点。

在单个物体上遇有分布荷载时，可先将分布荷载简化为合力 $Q=\sum q$ 来计算，本题 $Q=q\times 4=40\text{kN}$，作用线在 AB 的中点。但一般分布荷载不宜在受力图上进行简化，应按原样画出。

如何对待力偶，应注意：

（1）投影方程中，根本不用考虑任何力偶的投影；

（2）在力矩方程中，不问矩心何在，只要将所有力偶矩的代数值统统列入即可。注意到 $\cos\alpha=\dfrac{1}{\sqrt{5}}$，$\sin\alpha=\dfrac{2}{\sqrt{5}}$。

现列平衡方程如下

$$\sum M_A=0,\ F_B\times 4\text{m}-4q\times 2\text{m}-M-F\sin\alpha\times 6\text{m}=0$$

$$F_B=\frac{1}{4}[8q+M+6F\sin\alpha]=49.3(\text{kN})$$

$$\sum F_x = 0,\quad F_{Ax} - F\cos\alpha = 0,\quad F_{Ax} = F\cos\alpha = 8.94(\text{kN})$$

$$\sum F_y = 0,\ F_{Ay} - 4q + F_B - F\sin\alpha = 0,\quad F_{Ay} = 4q - F_B + F\sin\alpha = 8.56(\text{kN})$$

最后可以用方程 $\sum M_B = 0$ 进行验算。

【例 3-5】 细杆 AB 搁置在两相互垂直的光滑斜面上，如图 3-22（a）所示。已知杆重为 $\boldsymbol{G}$，其重心 C 在 AB 中点，斜面之一与水平面的夹角为 α，求杆静止时与水平面的夹角 θ 和支点 A、B 的反力。

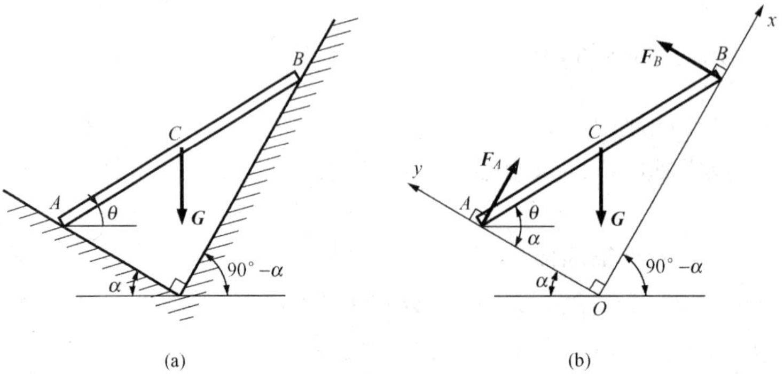

图 3-22

解 取杆 AB 为研究对象，作出杆的受力图如图 3-22（b）所示。杆在重力 $\boldsymbol{G}$、斜面反力 $\boldsymbol{F}_A$、$\boldsymbol{F}_B$ 作用下处于静止状态，力 $\boldsymbol{F}_A$、$\boldsymbol{F}_B$ 应分别垂直于两斜面，这三个力构成一平衡的平面任意力系。问题中有三个未知量：$\boldsymbol{F}_A$、$\boldsymbol{F}_B$ 和平衡位置角 θ，它们正好可由三个独立的平衡方程解出。设杆长 $AB=l$，取 x、y 轴如图所示。平衡方程为

$$\sum F_x = 0,\quad F_A - G\cos\alpha = 0,\quad F_A = G\cos\alpha$$

$$\sum F_y = 0,\quad F_B - G\sin\alpha = 0,\quad F_B = G\sin\alpha$$

$$\sum M_A = 0,\quad F_B l\sin(\theta + \alpha) - G\left(\frac{l}{2}\cos\theta\right) = 0$$

将 F_B 值代入上式，得到

$$2\sin\alpha(\sin\theta\cos\alpha + \cos\theta\sin\alpha) - \cos\theta = 0$$

即

$$\sin\theta\sin2\alpha - \cos\theta\cos2\alpha = 0$$

故有

$$\tan\theta = \cot2\alpha = \tan(90^\circ - 2\alpha)$$

即

$$\theta = 90^\circ - 2\alpha$$

由上式看出：当 $\alpha < 45^\circ$ 时，$\theta > 0$；当 $\alpha > 45^\circ$ 时，$\theta < 0$。

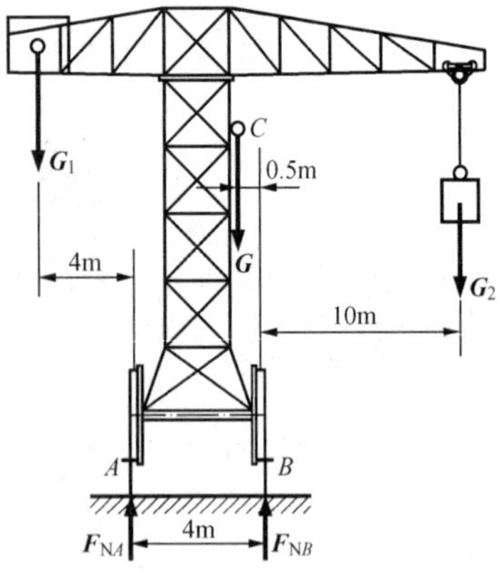

图 3-23

【例 3-6】 起重机的尺寸如图 3-23 所示，其自重（平衡重除外）$G=400\text{kN}$，平衡重 $G_1=250\text{kN}$。从实践经验可知，当起重机由于超载即将向右翻倒时，左轮的反力等于零。因此，为了保证安全工件，必须使任一侧轮（A 或 B）的向上反力，不得小于 50kN。求最大起吊量 G_2 为多少？

解 画支座反力 F_{NA} 与 F_{NB}。令 $F_{NA}=50\text{kN}$。列平衡方程：

$$\sum M_B = 0,\ 0.5G + 8G_1 - 4F_{NA} - 10G_2 = 0$$

所以 $G_2 = 200(\text{kN})$

如为空载，仍应处于平衡状态，故

$$\sum M_A = 0,\ 4F_{NB} + 4G_1 - 3.5G = 0$$

所以 $F_{NB} = 100(\text{kN})$

符合题意要求。

解这类问题时，应注意到平面平行力系的独立平衡方程只有两个，只能解两个未知数。如本题 F_{NA}、F_{NB}与G_2 均为未知，则解不出来。因此，就要联系实际情况加以考虑，具体如何规定，要到实际中调查研究。以往分别以 $F_{NA}=0$ 和 $F_{NB}=0$ 来确定最大吊重 G_2 的值，但其结果仍然是不安全的。

【例 3-7】 图 3-24 所示为可沿铁路行驶的起重机，本身自重 $G=250\text{kN}$，其重心在 E 点。最大载荷 $G_2=200\text{kN}$，在 C 点起吊。为防止机身向右翻倒，在左端 D 有一平衡重$\boldsymbol{G}_1$，$\boldsymbol{G}_1$ 的重心距支点 A 的水平距离为 x。$\boldsymbol{G}_1$ 与 x 必须计划适当，使得既能在 C 点满载时防止机身向右翻倒，又能在空载时机身不致向左翻倒。为保证安全，必须使任一侧轮（A 或 B）的向上反力，不得小于 50kN。设 $b=1.5\text{m}$，$e=0.5\text{m}$，$l=3\text{m}$，求 $\boldsymbol{G}_1$ 与 x 的适当值。

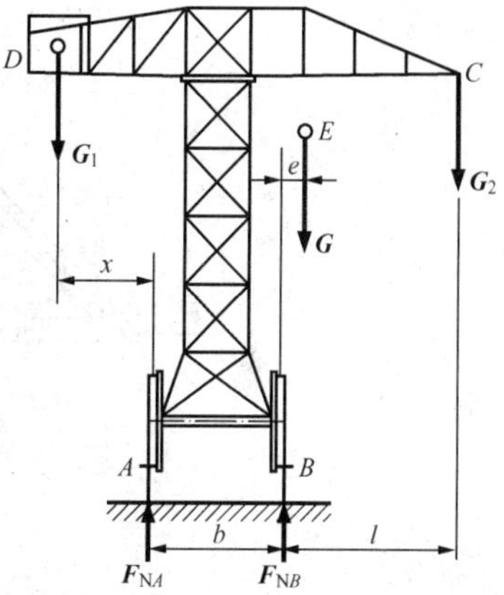

图 3-24

解 取起重机为研究对象，受力如图 3-24 所示，满载时

$$\sum M_B = 0,\ G_1(x+b) - F_{NA}b - Ge - G_2 l = 0,$$

即 $G_1(x+1.5) = 800$

空载时 $\sum M_A = 0,\ G_1 x + F_{NB}b - G(e+b) = 0$

即 $G_1 x = 425$

联立解得 $G_1 = 250(\text{kN})$，$x = 1.7(\text{m})$

二、空间任意力系的平衡问题

【例 3-8】 三轮小车 ABC 静止于光滑水平面上，如图 3-25 所示。已知 $AD=BD=0.5\text{m}$，$CD=1.5\text{m}$。若有铅垂荷载 $F=1.5\text{kN}$，作用于车上 E 点，$EH=DG=0.5\text{m}$，$DH=EG=0.1\text{m}$。试求地面作用于 A、B、C 三轮的反力。

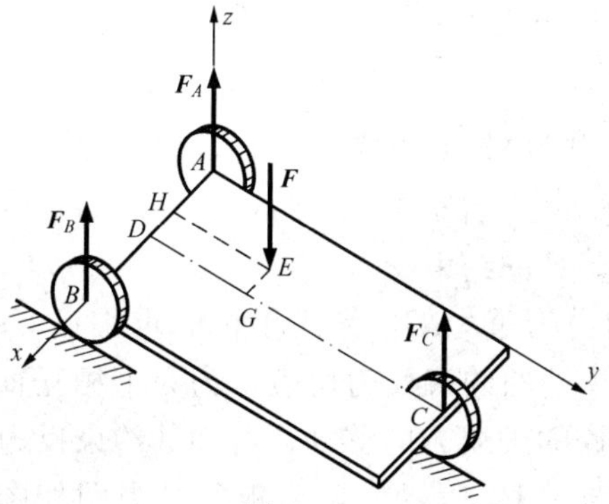

图 3-25

解 取小车为研究对象，作用于小车的力有：荷载 $\boldsymbol{F}$ 和地面对轮子的反力 $\boldsymbol{F}_A$、$\boldsymbol{F}_B$、$\boldsymbol{F}_C$。这四个力组成一空间平行力系。取 A 点为坐标原点，建立如图所示的空间直角坐标系。

由空间平行力系的平衡方程式（3-15）有

$$\sum M_x = 0,\ F_C \cdot \overline{CD} - F \cdot \overline{EF} = 0,$$

$$F_C = F\frac{\overline{EH}}{\overline{CD}} = 1.5 \times \frac{0.5}{1.5} = 0.5(\text{kN})$$

$$\sum M_y = 0,\ -F_B \cdot \overline{AB} - F_C \cdot \overline{AD} + F \cdot \overline{AH} = 0$$

$$F_B = \frac{-F_C \cdot \overline{AD} + F \cdot \overline{AH}}{\overline{AB}}$$

$$= \frac{-0.5 \times 0.5 + 1.5 \times 0.4}{1} = 0.35(\mathrm{kN})$$

$$\sum F_z = 0,\ F_A + F_B + F_C - F = 0$$

将 F_C、F_B 的值代入上式，可求得

$$F_A = F - F_B - F_C = 1.5 - 0.35 - 0.5 = 0.65(\mathrm{kN})$$

【例 3 - 9】 曲杆 $ABCD$ 有两个直角，$\angle ABC = \angle BCD = 90°$，且平面 ABC 与平面 BCD 垂直，A 端固定在墙上，如图 3 - 26（a）示。曲杆上沿三个坐标轴方向作用三个力 $\boldsymbol{F}_1$、$\boldsymbol{F}_2$、$\boldsymbol{F}_3$ 和三个力偶矩矢 $\boldsymbol{M}_1$、$\boldsymbol{M}_2$、$\boldsymbol{M}_3$，已知 $F_1 = F_2 = F_3 = F$，$M_1 = M_2 = M_3 = M$，$AB = a$，$BC = b$，$CD = c$。求 A 端的约束力。

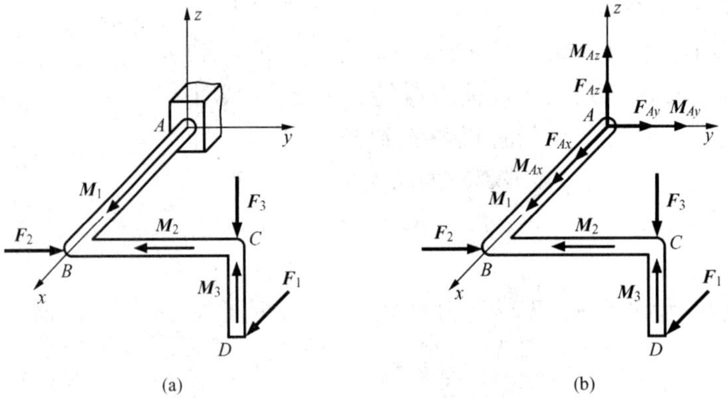

图 3 - 26

解 选取曲杆为研究对象，画受力图如图 3 - 26（b）示，A 端共有 6 个未知约束反力，力系为空间任意力系，可解。

$$\sum F_x = 0,\ F_{Ax} + F_1 = 0,\ \Rightarrow F_{Ax} = -F$$

$$\sum F_y = 0,\ F_{Ay} + F_2 = 0,\ \Rightarrow F_{Ay} = -F$$

$$\sum F_z = 0,\ F_{Az} - F_3 = 0,\ \Rightarrow F_{Az} = F$$

$$\sum M_x = 0,\ M_{Ax} + M_1 - F_3 b = 0,\ \Rightarrow M_{Ax} = Fb - M$$

$$\sum M_y = 0,\ M_{Ay} - M_2 - F_1 c + F_3 a = 0,\ \Rightarrow M_{Ay} = F(c - a) + M$$

$$\sum M_z = 0,\ M_{Az} + M_3 - F_1 b + F_2 a = 0,\ \Rightarrow M_{Az} = F(b - a) - M$$

【例 3 - 10】 均质等厚矩形板 $ABED$ 重 $\boldsymbol{G} = 200\mathrm{N}$，用球铰 A 和蝶铰 B 与墙壁连接，并用绳索 EH 拉住。在水平位置保持静止，如图 3 - 27 所示。已知 A、H 两点同在一铅直线上，且$\angle HEA = \angle BAE = 30°$，试求绳索的拉力和铰 A、B 的约束反力。

解 取矩形板 $ABED$ 为研究对象。板所受的主动力为重力 $\boldsymbol{G}$，作用于板的重心点 C；绳索 EH 的拉力 F_T，沿绳索；根据球铰的约束性质，A 处的约束反力可表示为 3 个相互垂直的分力 $\boldsymbol{F}_{Ax}$、$\boldsymbol{F}_{Ay}$、$\boldsymbol{F}_{Az}$；蝶铰不能阻碍被约束物体沿铰的轴线方向移动，可知其约束反力必在垂直于 y 轴的平面内，用相互垂直的两个分力 $\boldsymbol{F}_{Bx}$、$\boldsymbol{F}_{Bz}$ 表示。矩形板的受力图如图 3 - 27 所示。

为了便于计算绳索拉力 $\boldsymbol{F}_T$ 对各轴的矩，可将其分解为与 z 轴平行的分力 $\boldsymbol{F}_z$ 和位于平面 Axy 内的分力 $\boldsymbol{F}_{xy}$，且 $F_z=F_T\sin30^\circ$，$F_{xy}=F_T\cos30^\circ$，根据合力矩定理，力 $\boldsymbol{F}_T$ 对某轴的矩等于分力 $\boldsymbol{F}_z$ 和 $\boldsymbol{F}_{xy}$ 对同一轴的矩的代数和。

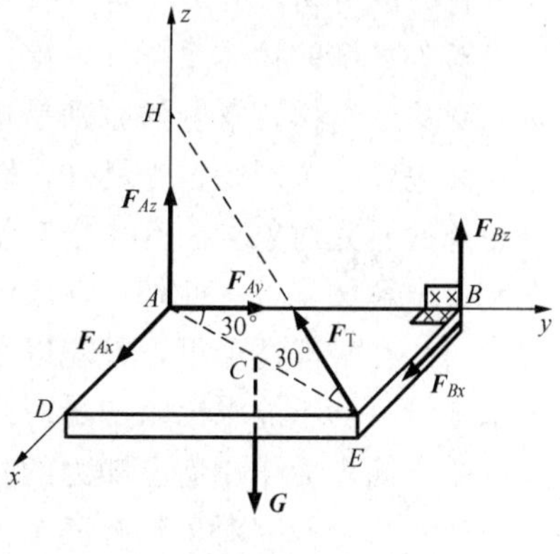

图 3 - 27

设矩形板两邻边的长度分别为 $AB=a$ 和 $AD=b$。列平衡方程，求解未知力如下

$$\sum M_y=0,\ G\frac{b}{2}-F_T\sin30^\circ\cdot b=0,$$

$$\Rightarrow\quad F_T=G=200(\text{N})$$

$$\sum M_x=0,\ F_{Bz}a+F_T\sin30^\circ\cdot a-G\frac{a}{2}=0,$$

$$\Rightarrow F_{Bz}=0$$

$$\sum M_z=0,\ -F_{Bx}\cdot a=0,\ \Rightarrow F_{Bx}=0$$

$$\sum F_x=0,\ F_{Ax}+F_{Bx}-F_T\cos30^\circ\cdot\sin30^\circ=0,$$

$$\Rightarrow F_{Ax}=F_T\cos30^\circ\sin30^\circ=86.6(\text{N})$$

$$\sum F_y=0,\ F_{Ay}-F_T\cos30^\circ\cos30^\circ=0,\ \Rightarrow F_{Ay}=F_T(\cos30^\circ)^2=150(\text{N})$$

$$\sum F_z=0,\ F_{Az}+F_{Bz}-G+F_T\sin30^\circ=0,$$

$$\Rightarrow F_{Az}=G-F_T\sin30^\circ=100(\text{N})$$

【例 3 - 11】 图 3 - 28 所示。四方形板 $ABCD$ 由 6 根直杆支撑于水平位置，若在 A 点沿 AD 方向作用水平力 $\boldsymbol{F}$，尺寸如图。设板和杆自重不计，求各杆的内力。

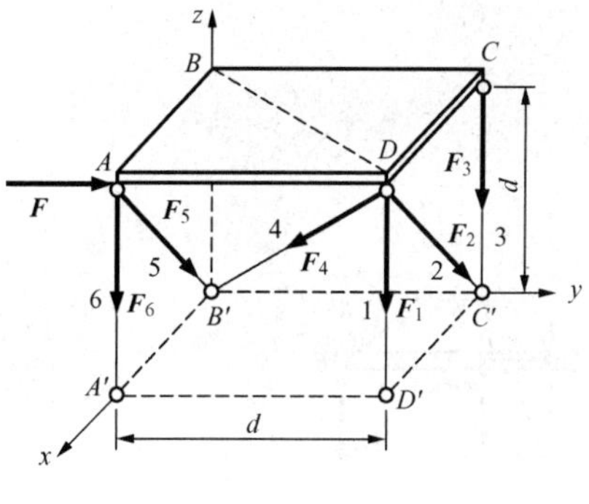

图 3 - 28

解 取正方形板为研究对象，各支杆均为二力杆，设它们均受拉力，板受力如图 3 - 28 所示。列平衡方程：

$$\sum M_{AD}=0,\ F_3=0$$

$$\sum M_{DD'}=0,\ F_5=0$$

$$\sum M_{BD}=0,\ F_6=0$$

$$\sum M_{B'C'}=0,\ F_1=0$$

$$\sum M_{BB'}=0,\ F\times d+F_2\times\frac{\sqrt{2}}{2}\times d=0\Rightarrow F_2=-\sqrt{2}F$$

$$\sum F_z=0,\ -F_2\times\frac{\sqrt{2}}{2}-F_4\times\frac{1}{\sqrt{3}}=0\Rightarrow F_4=\sqrt{3}F$$

在上题列力矩方程时选取的矩轴尽量与未知力平行或相交，使得每个方程中只有一个未知量，可方便求解，力矩方程的个数可取 3 个至 6 个。

3.6.2 物体系统的平衡问题

物体系统在力系作用下处于平衡状态，这意味着系统整体、部分物体的组合及每个物体都处于平衡状态。对于 n 个物体组成的系统，若系统是静定的，受平面任意力系作用的每个物体可列出三个独立方程，求解出 $3n$ 个未知量。虽然需要求解联立方程，但是在理论上和技术上已不存在困难。现在的问题是如何使过程最简捷，这需要恰当地选取研究对象，熟练地进行力的分析，并有一定的技巧性。

对于平衡的物体系统，可提供选取的研究对象大于 n 个，因而不必拘泥于以每个物体为研究对象。这样，解题的原则是选取恰当的研究对象求出一些未知量。显然，以建立的平衡方程只包含一个未知量为最佳，即尽量做到列一个平衡方程就能解出一个未知量。之后再选取另外的研究对象求出有关未知量，连续求解，直至求得全部的未知量，所以在解题之前要先制定出解题步骤。此外，在求解过程中应注意以下几点：

（1）在一般情形下，首先以系统的整体为研究对象，这样不会出现未知的内力，易于解出未知量。当不能求出未知量时应考虑选取单个物体或部分物体的组合为研究对象，一般应先选受力简单而作用有已知力的物体为对象，求出部分未知量后，再研究其他物体。

（2）每个研究对象只有三个独立的平衡方程，多余的方程只是平衡的必然结果，不是独立方程。显然，列出的平衡方程可以少于三个。

（3）在画受力图时只画外力不画内力。全套受力图中，所有约束力在整体、部分和单个物体的受力图中要前后一致，即在整体受力图中已画出的约束力在其他部分或单个物体的受力图中应和整体的受力图一致。物体之间的相互作用力要符合作用与反作用定律。

【例 3-12】 图 3-29（a）所示结构中，$AD=DB=2\text{m}$，$CD=DE=1.5\text{m}$，$G=120\text{kN}$，不计杆和滑轮的重量。试求支座 A 和 B 的约束反力和 BC 杆的内力 F_{BC}。

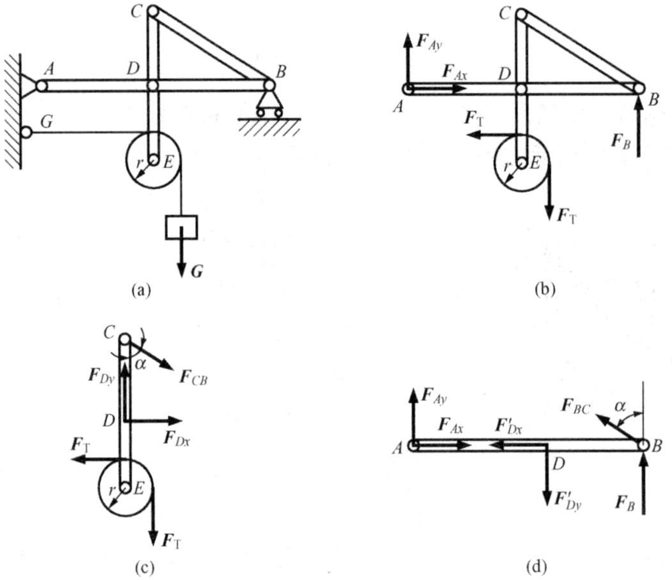

图 3-29

解 （1）取整体为研究对象，其受力如图 3-29（b）所示，显然图中绳的张力 $F_T=G$。设 $AD=DB=a=2\text{m}$，$CD=DE=b=1.5\text{m}$。列平衡方程

$$\sum M_A=0,\ F_B(a+a)-F_T(a+r)-F_T(b-r)=0$$

$$\Rightarrow F_B=\frac{F_T(a+b)}{2a}=105(\text{kN})$$

$$\sum F_y=0,\ F_{Ay}+F_B-F_T=0\Rightarrow F_{Ay}=F_T-F_B=15(\text{kN})$$

$$\sum F_x=0,\ F_{Ax}-F_T=0\Rightarrow F_{Ax}=F_T=120(\text{kN})$$

可用 $\sum M_B=0$ 验算 F_{Ay} 如下

$$\sum M_B=0, F_T(a-r)-F_T(b-r)-F_{Ay}(a+a)=0$$

$$\Rightarrow F_{Ay}=\frac{F_T(a-b)}{2a}=15(\text{kN})$$

（2）为求 BC 杆内力 F_{BC}，取 CDE 杆连带滑轮为研究对象，画受力图 3-29（c）。注意到 $\sin\alpha=\frac{4}{5}$，$\cos\alpha=\frac{3}{5}$，列平衡方程

$$\sum M_D=0,(F_{CB}\sin\alpha)b+F_T(b-r)+F_T\cdot r=0\Rightarrow F_{CB}=-\frac{F_T}{\sin\alpha}=-150(\text{kN})$$

$F_{CB}=-150(\text{kN})$，说明 BC 杆受压力。

求 BC 杆的内力 F_{BC}，也可以取 ADB 杆为研究对象，画受力如图 3-29（d）所示。

$$\sum M_D=0,(F_{BC}\cos\alpha)a+F_Ba-F_{Ay}a=0\Rightarrow F_{BC}=\frac{F_{Ay}-F_B}{\cos\alpha}=-150(\text{kN})$$

比较以上求 BC 杆内力 F_{BC} 的两个不同研究对象，可以看出以 ADB 杆为对象必须先求出 F_{Ay} 与 F_B 才能解出 F_{BC}，而以 CDE 杆连同滑轮为对象则不必。如果题意只要求 BC 杆内力，一开始就选出 CDE 杆连同滑轮为对象，显然，解题速度就提高很多。

【例 3-13】 曲轴压力机由飞轮、曲轴、连杆和滑块组成，其中飞轮和曲轴固连成一体，如图 3-30（a）所示。曲轴受到由传动机构（图中未画出）作用的力偶，其力偶矩为 M。曲轴长 $OA=r$，A、B、O 可以作为光滑铰链。在图示位置，曲轴 OA 和连杆 AB 分别与铅直线成 φ 和 β 角。此时滑块上受到的冲压力 $\boldsymbol{F}$ 大小已知，各部件重量可以略去不计。求系统平衡时力偶矩 M 的值。

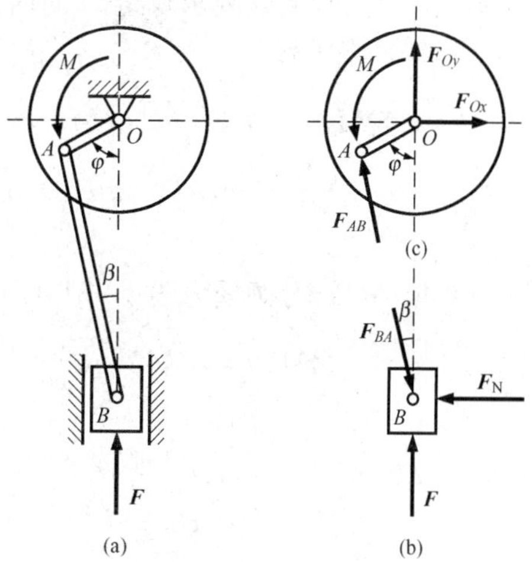

图 3-30

解 本题的刚体系统由曲轴（连飞轮）、连杆、滑块组成。

（1）考察滑块的平衡，滑块的受力图如图 3-30（b）所示，其中力 $\boldsymbol{F}_N$ 为导轨的反力，力 $\boldsymbol{F}_{BA}$ 为连杆作用于滑块的力，力 $\boldsymbol{F}$ 为冲压力（工件的反力）。在题设条件下，连杆是二力杆，故力 $\boldsymbol{F}_{BA}$ 应沿着 AB 连线。这三力组成一平衡的平面汇交力系。

$$\sum F_y=0,-F_{BA}\cos\beta+F=0\Rightarrow F_{BA}=\frac{F}{\cos\beta}\tag{1}$$

（2）考察曲轴（连飞轮）的平衡，其受力图如图 3-30（c）所示，其中力 $\boldsymbol{F}_{AB}$ 为连杆作用于曲轴的力。根据连杆的平衡条件易知 $F_{AB}=F_{BA}$，列平衡方程

$$\sum M_O=0,M-F_{AB}r\sin(\varphi+\beta)=0\tag{2}$$

将方程（1）代入方程（2），可求得

$$M=F\cdot r\frac{\sin(\varphi+\beta)}{\cos\beta}$$

【例 3-14】 已知结构如图 3-31（a）所示，其上作用荷载分布如图，力偶矩 $M=$

2kN·m，$q_1=3\text{kN/m}$，$q_2=0.5\text{kN/m}$，试求固定端 A 与支座 B 的约束反力和铰链 C 的内力。

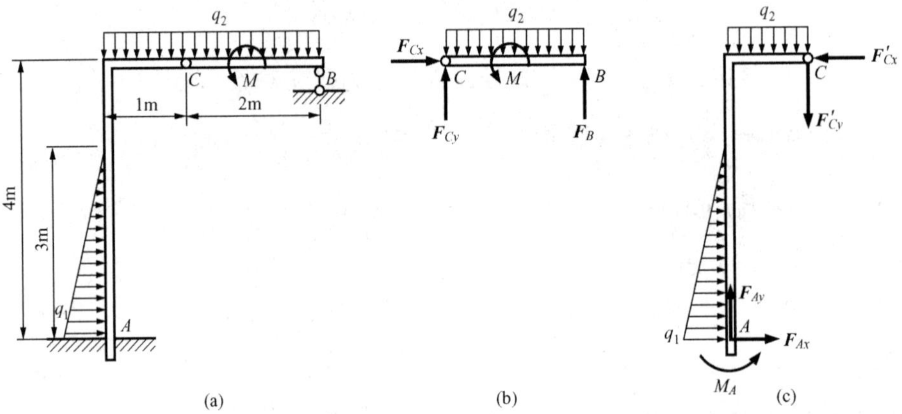

图 3-31

解 本题如以整体为研究对象，固定端反力有 $\boldsymbol{F}_{Ax}$、$\boldsymbol{F}_{Ay}$ 与 M_A，支座 B 反力 $\boldsymbol{F}_B$ 共四个未知量。又考虑到还要求铰链 C 的内力，故宜先选取 BC 部分为研究对象，画受力图如图 3-31（b）来求解

$$\sum M_C=0,\ F_B\times 2+M-q_2\times 2\times 1=0\Rightarrow F_B=\frac{2q_2-M}{2}=-0.5(\text{kN})$$

$$\sum F_y=0,\ F_{Cy}+F_B-q_2\times 2=0\Rightarrow F_{Cy}=2q_2-F_B=1.5(\text{kN})$$

$$\sum F_x=0,\ F_{Cx}=0$$

再取 AC 部分画受力图 3-31（c），列平衡方程求解：注意到 $F'_{Cx}=F_{Cx}=0$

$$\sum M_A=0,\ M_A-q_1\times 3\times\frac{1}{2}\times 1-q_2\times 1\times\frac{1}{2}-F'_{Cy}\times 1=0\Rightarrow$$

$$M_A=\frac{3}{2}q_2+\frac{1}{2}q_1+F'_{Cy}=6.25(\text{kN}\cdot\text{m})$$

$$\sum F_y=0,\ F_{Ay}-F'_{Cy}-q_2\times 1=0\Rightarrow F_{Ay}=F'_{Cy}+q_2\times 1=2(\text{kN})$$

$$\sum F_x=0,\ F_{Ax}+q_1\times 3\times\frac{1}{2}=0\Rightarrow F_{Ax}=-\frac{3}{2}q_1=-4.5(\text{kN})$$

讨论：在［例 3-4］中曾指出，一般分布荷载不宜在受力图上进行简化，应按原样画出。在本例中，若将图 3-31（a）中的分布荷载 q_2 进行简化，即用其作用在距 B 支座 1.5m 的合力 $Q_2=q_2\times 3=1.5\text{kN}$ 替代原均布荷载，在随后选取 BC、AC 为研究对象时，易造成与原力系不等效的后果。

在练习题中如遇到荷载加在中间铰链的情形，可作以下两种处理：

（1）如不需要计算受集中力的中间铰链的反力时，此集中力可以任意地加在某一部分分离体上。

（2）如需要计算受集中力的中间铰链的反力时，宜把中间铰链销钉单独作为一分离体，集中力则作用在销钉上来处理。

【例 3-15】 由两圆弧形曲杆所组成的结构如图 3-32（a）所示，其 A、B、C 三处均用铰链连接，受 $F_1=100\text{kN}$，$F_2=200\text{kN}$ 与 $F=400\text{kN}$ 三个力的作用如图 3 - 32 所示，求 A、B 两铰链之反力。

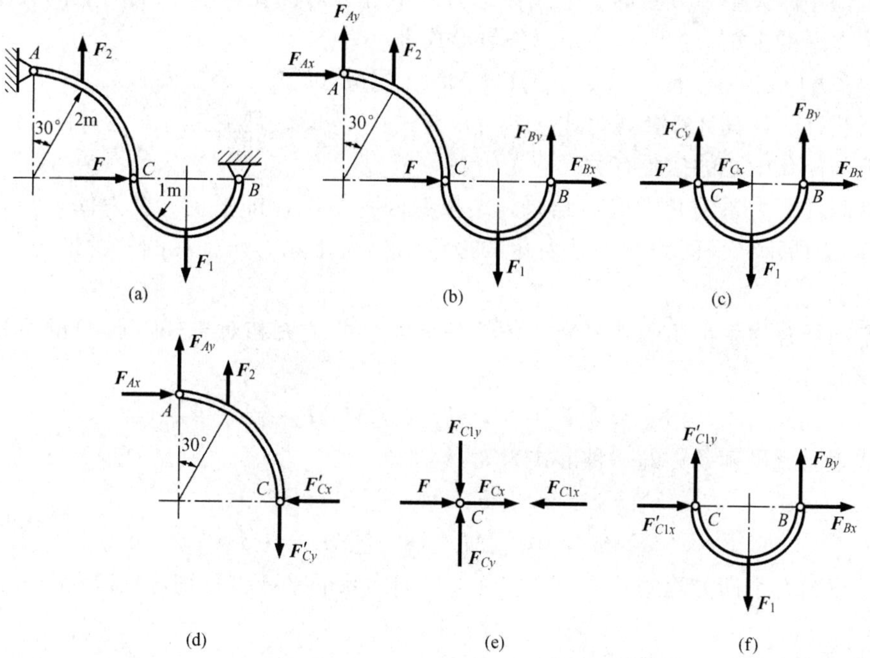

图 3 - 32

解 分别取整体和 BC 部分为研究对象，其受力图分别如 3 - 32（b）与 3 - 32（c）所示。

（1）对 BC 列方程

$$\sum M_C=0,\ F_{By}\times 2-F_1\times 1=0\Rightarrow F_{By}=50(\text{kN})$$

（2）再对整体列方程

$$\sum M_A=0,\ F_{Bx}\times 2+F_{By}\times 4-F_1\times 3+F\times 2+F_2\times 2\sin 30^\circ=0$$

$$\Rightarrow F_{Bx}=-450(\text{kN})$$

$$\sum F_x=0,\ F_{Ax}+F_{Bx}+F=0\Rightarrow F_{Ax}=50(\text{kN})$$

$$\sum F_y=0,\ F_{Ay}+F_2-F_1+F_{By}=0\Rightarrow F_{Ay}=-150(\text{kN})$$

如需计算中间铰链 C 的反力时，可把销钉 C 作为分离体，画受力图如图 3 - 32（d）、（e）、（f）所示。

销钉 C 上的力 $\boldsymbol{F}_{Cx}$、$\boldsymbol{F}_{Cy}$ 与曲杆 AC 上的 $\boldsymbol{F}'_{Cx}$、$\boldsymbol{F}'_{Cy}$ 构成作用与反作用关系。$\boldsymbol{F}_{C1x}$、$\boldsymbol{F}_{C1y}$ 与曲杆 BC 上的 $\boldsymbol{F}'_{C1x}$、F'_{C1y} 也是作用与反作用的关系。余下列平衡方程计算由同学们自行完成。

本 章 小 结

（1）力的平移定理：平移一力的同时必须附加一力偶，附加力偶的矩等于原来的力对新作用点的力矩。

（2）空间任意力系向任一点 O 简化一般得一个作用线通过简化中心 O 的力 $\boldsymbol{F}'_{\mathrm{R}}$ 和一个力偶 $\boldsymbol{M}_O$。此力的大小和方向等于空间任意力系中各力的矢量和，称为空间任意力系的主矢；此力偶的力偶矩的大小和方向等于空间任意力系中各力对简化中心 O 的力矩的矢量和，称为空间任意力系的主矩。主矢、主矩以矢量形式表示为

$$\boldsymbol{F}'_{\mathrm{R}} = \sum \boldsymbol{F}_i,\ \boldsymbol{M}_O = \sum \boldsymbol{M}_O(\boldsymbol{F}_i)$$

一般用解析法计算，其计算公式为式（3-4）与式（3-6）。且主矢与简化中心的位置无关，而主矩一般与简化中心的位置有关。

（3）空间任意力系简化的最后结果。结果有四种情况，即平衡、合力偶、合力与力螺旋，见表3-1所示。平面任意力系简化的最后结果为排除力螺旋后的三种情况，即平衡、合力与合力偶。

（4）空间任意力系平衡的必要充分条件是该力系的主矢和对于任一点 O 的主矩都等于零，即

$$\boldsymbol{F}'_{\mathrm{R}} = \sum \boldsymbol{F}_i = 0,\ \boldsymbol{M}_O = \sum \boldsymbol{M}_O(\boldsymbol{F}_i) = 0$$

以解析形式表示此平衡条件的一种形式为

$$\left.\begin{aligned} &\sum F_x = 0,\ \sum F_y = 0,\ \sum F_z = 0 \\ &\sum M_x = 0,\ \sum M_y = 0,\ \sum M_z = 0 \end{aligned}\right\}$$

称为空间任意力系平衡方程的基本形式。其他任何力系的平衡方程均可从这六个方程中推导出来。

（5）平面任意力系平衡方程的基本形式是

$$\sum F_x = 0,\ \sum F_y = 0,\ \sum M_O = 0$$

二矩式形式为

$$\sum F_x = 0,\ \sum M_A = 0,\ \sum M_B = 0$$

其中附加条件为两矩心的连线与投影轴不能垂直。

三矩式形式为

$$\sum M_A = 0,\ \sum M_B = 0,\ \sum M_C = 0$$

其中附加条件为三矩心（即 A、B、C 三点）不能共线。

思 考 题

3-1 如果任意力系的力多边形自行封闭，该力系的最后简化结果可能是什么？

3-2 空间任意力系向任意两个不同的点简化，问下述情况是否可能：①主矢相等，主矩也相等；②主矢不相等，主矩相等；③主矢相等，主矩不相等；④主矢、主矩都不相等。

3-3 空间汇交力系向汇交点外一点简化，其结果可能是一个力吗？可能是一个力偶吗？可能是一个力和一个力偶吗？可能平衡吗？

3-4 试分析以下三种力系最多各有几个独立的平衡方程：①空间力系中各力的作用线平行于某一固定平面；②空间力系各力的作用线垂直于某一固定平面；③空间力系中各力的作用线分别汇交于两个固定点。

3-5 某平面力系向 A、B 两点简化的主矩皆为零，此力系简化的最终结果可能是一个力吗？可能是一个力偶吗？可能平衡吗？

3－6　平面汇交力系的平衡方程中，可否取两个力矩方程，或一个力矩方程和一个投影方程？这时，其矩心和投影轴的选择有何限制？

3－7　你从哪些方面去理解平面任意力系只有三个独立的平衡方程？为什么说任何第四个方程只是前三个方程的线性组合？能否将三个平衡方程都写成投影方程？

3－8　怎样判断静定和静不定问题？图 3－33 所示的六种情形中哪些是静定问题，哪些是静不定问题？为什么？

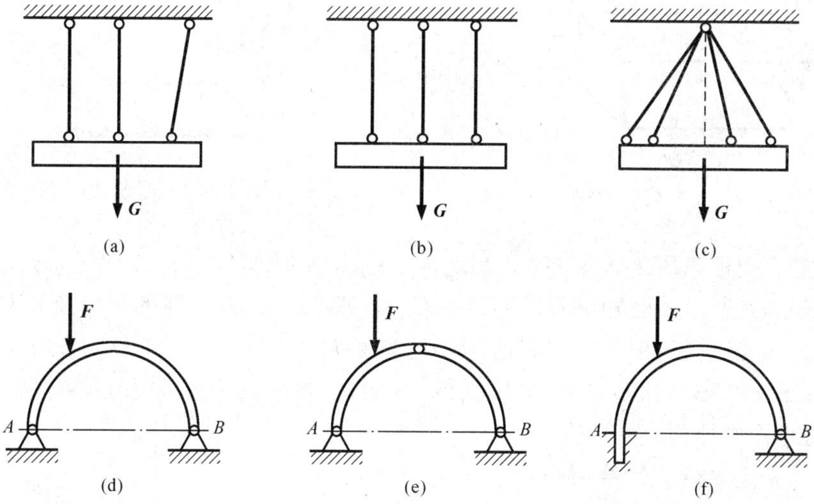

图 3－33　思考题 3－8 图

习　　题

3－1　图 3－34 所示力系中，$F_1=100\text{N}$，$F_2=300\text{N}$，$F_3=200\text{N}$，图中尺寸的单位是 mm。试将此力系向原点 O 简化。

3－2　正方体各边长为 a，在四个顶点 O、A、B、C 上分别作用有大小都等于 F 的四个力 $\boldsymbol{F}_1$、$\boldsymbol{F}_2$、$\boldsymbol{F}_3$、$\boldsymbol{F}_4$，方向如图 3－35 所示。试求此力系向 O 点的简化结果及力系的最后合成结果。

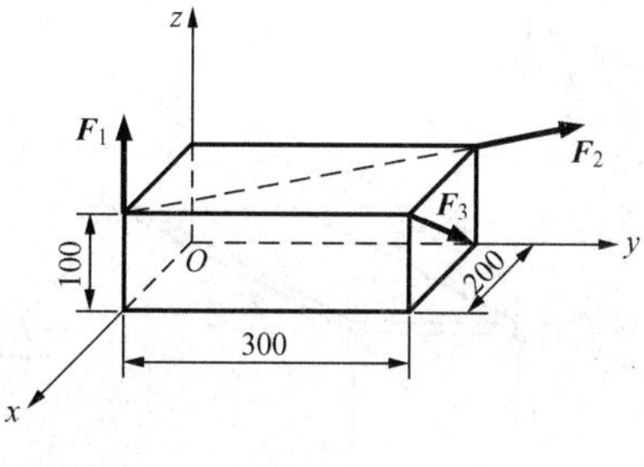

图 3－34　习题 3－1 图

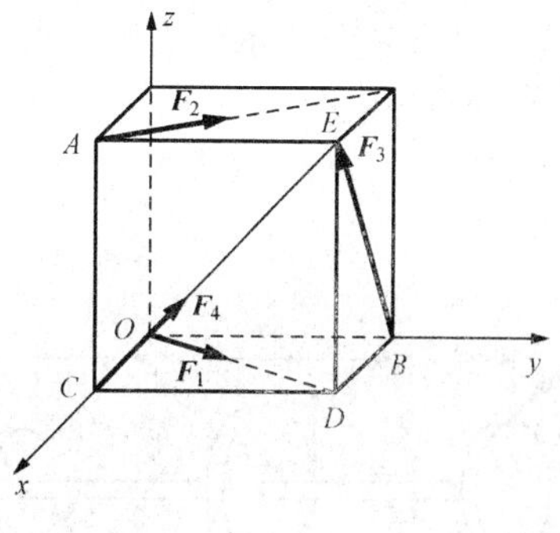

图 3－35　习题 3－2 图

3－3　沿长方体的三个不相交且不平行的棱边上作用有三个大小均为 F 的力，如图 3－36

所示。试问棱边长 a、b、c 应满足什么关系，此力系才能合成为一个合力？

3-4 在图 3-37 所示力系中，已知 $F_1=100\text{N}$，$F_2=40\text{N}$，$F_3=160\text{N}$，$F_4=40\text{N}$，$F_5=40\text{N}$，图中尺寸的单位为 cm。试问此力系能否合成为力螺旋？

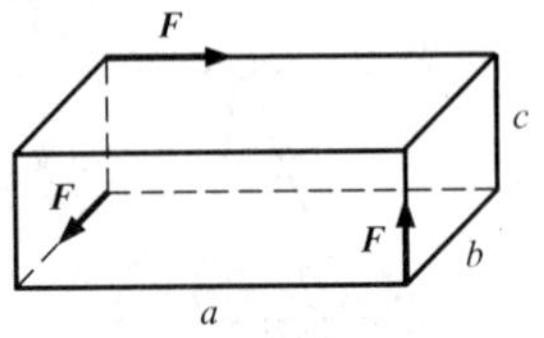

图 3-36 习题 3-3 图

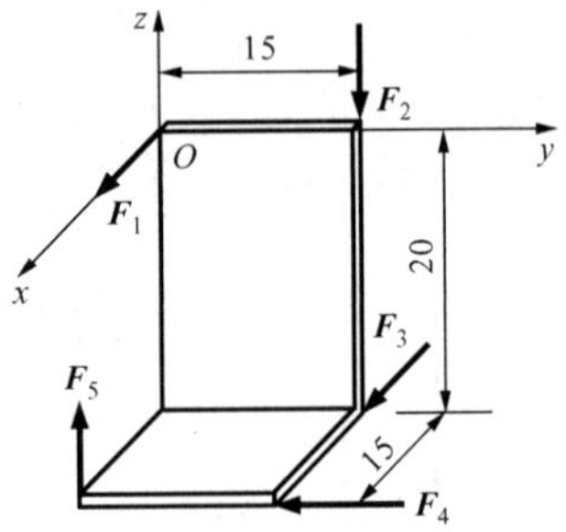

图 3-37 习题 3-4 图

3-5 空心楼板 $ABCD$，重 $G=2.8\text{kN}$，一端支承在 AB 中点 E，并在 H、K 两处用绳悬挂，如图 3-38 所示。已知 $HD=KC=AD/8$，求 H、K 两处绳的张力及 E 处的反力。

3-6 简易起重机如图 3-39 所示，已知 $AD=BD=1\text{m}$，$CD=1.5\text{m}$，$CM=1\text{m}$，$ME=4\text{m}$，$MS=0.5\text{m}$，机身的重力为 $G_1=100\text{kN}$，起吊重物的重力 $G_2=10\text{kN}$。试求 A、B、C 三轮对地面的压力。

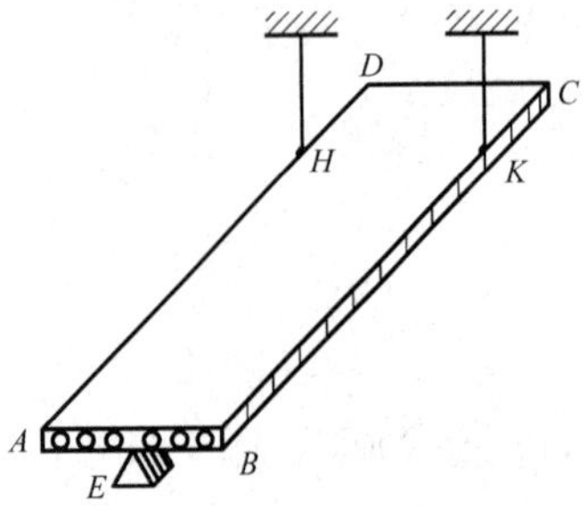

图 3-38 习题 3-5 图

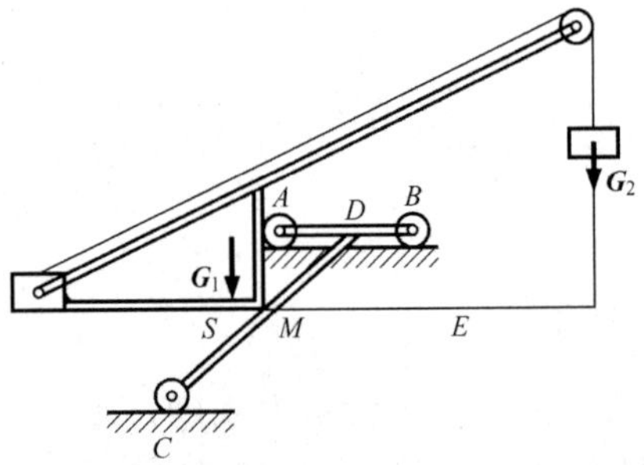

图 3-39 习题 3-6 图

3-7 固结在 AB 轴上的三个圆轮，半径各为 r_1，r_2，r_3，水平和铅垂作用力的大小 $F_1=F_1'$，$F_2=F_2'$ 为已知，如图 3-40 所示。求平衡时 $\boldsymbol{F}_3$ 和 $\boldsymbol{F}_3'$ 两力的大小。

3-8 图 3-41 所示杆支撑一水平矩形板，在板角处受铅直力 $\boldsymbol{F}$ 的作用。设板与杆自重不计，求各杆的内力。

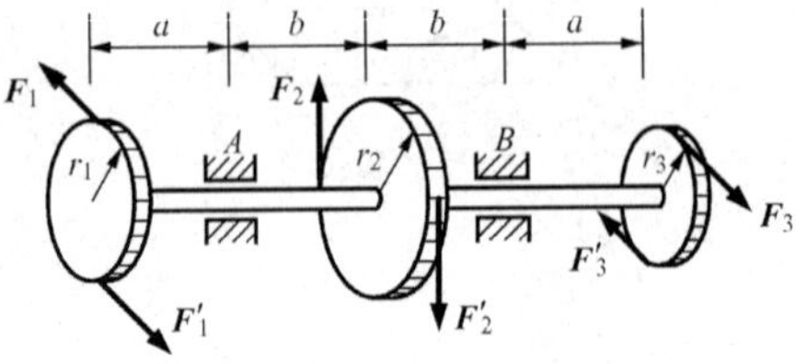

图 3-40 习题 3-7 图

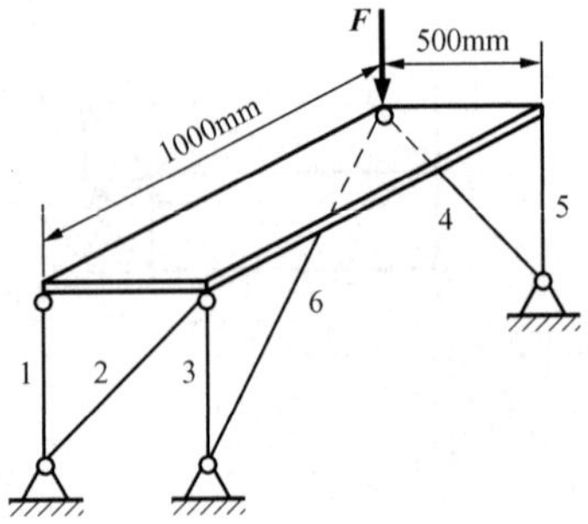

图 3-41 习题 3-8 图

3-9 传动轴如图 3-42 所示。皮带轮直径 $D=400$mm，皮带拉力 $F_1=2000$N，$F_2=1000$N，皮带拉力与水平线夹角为 15°；圆柱直齿轮的节圆直径 $d=200$mm，齿轮压力 $\boldsymbol{F}_N$ 与铅直线成 20°角。试求轴承反力和齿轮压力 $\boldsymbol{F}_N$。

3-10 如图 3-43 所示，悬臂刚架上作用着 $q=2$kN/m 的均布荷载，以及作用线分别平行于 AB、CD 的集中力 $\boldsymbol{F}_1$、$\boldsymbol{F}_2$。已知 $F_1=5$kN，$F_2=4$kN。求固定端 O 处的约束力及力偶矩。

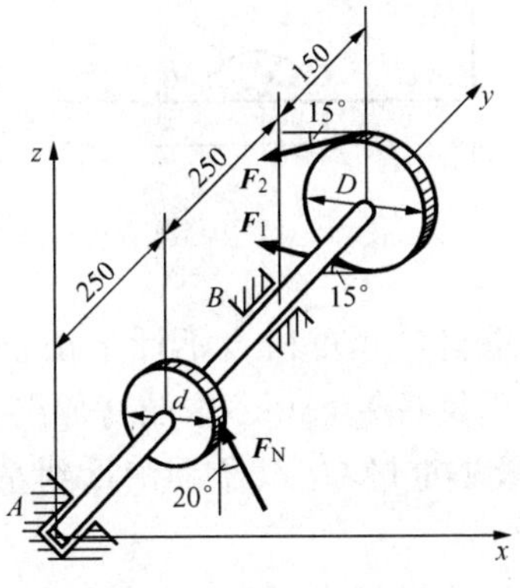

图 3-42 习题 3-9 图

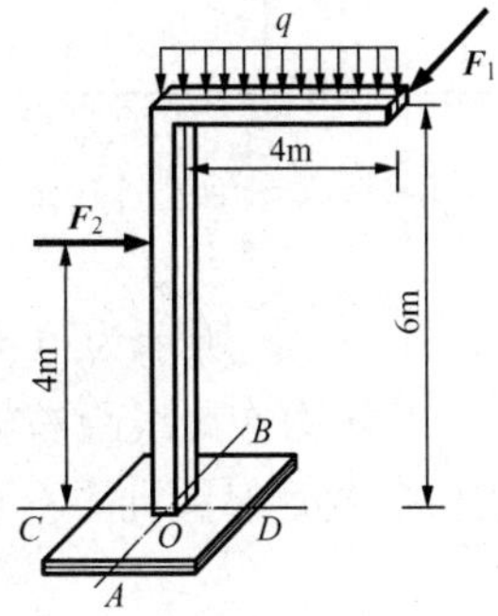

图 3-43 习题 3-10 图

3-11 图 3-44 所示平面力系中 $F_1=40\sqrt{2}$N，$F_2=80$N，$F_3=40$N，$F_4=110$N，$M=2000$N·mm，各力作用位置如图所示，图中尺寸的单位为 mm。求：①力系向 O 点的简化结果；②力系的合力的大小、方向及作用位置。

3-12 平面力系由三个力和两个力偶组成，如图 3-45 所示，已知 $F_1=1.5$kN，$F_2=2$kN，$F_3=3$kN，$M_1=100$N·m，$M_2=80$N·m，图中尺寸的单位为 mm。求：此力系简化的最后结果。

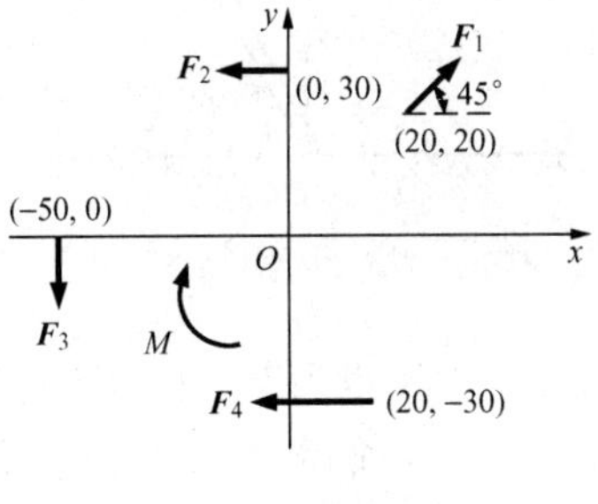

图 3-44 习题 3-11 图

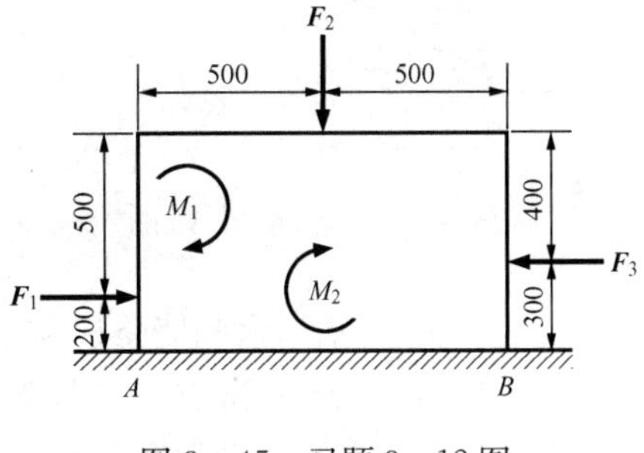

图 3-45 习题 3-12 图

3-13 图 3-46 所示为某车间的砖柱尺寸及受力情况。由吊车传来的最大压力 $F_1=56.2$kN，屋面荷重作用于柱顶上的力 $F_2=86.5$kN，柱的下段及上段自重分别为 $G_1=43.3$kN，$G_2=3.2$kN。由吊车刹车而传来的掣动力 $F_3=3.3$kN，风压力集度 $q=0.23$kN/m。图中尺寸的单位为 cm。试将此力系向柱子底面中点 O 简化，并求简化的最后结果。

3-14 图 3-47 所示为一平面力系，已知 $F_1=200$N，$F_2=100$N，$M=300$N·m。欲使力系的合力通过 O 点，问水平力 $\boldsymbol{F}_3$ 的值应为多大？

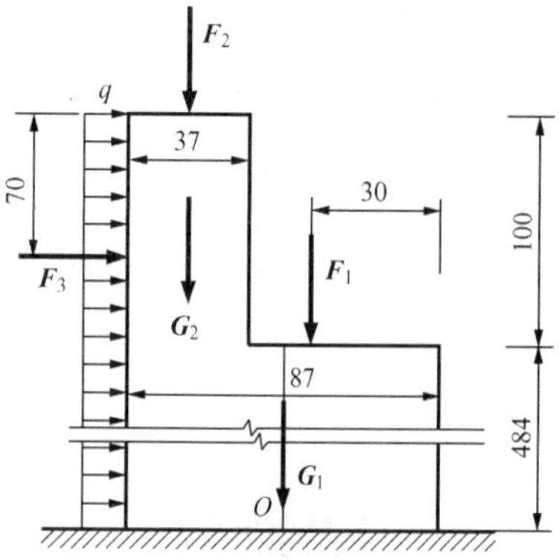

图 3-46 习题 3-13 图

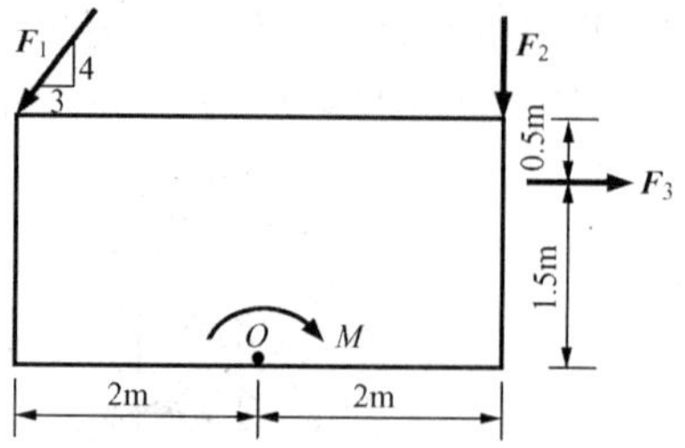

图 3-47 习题 3-14 图

3-15 图 3-48 所示为可沿路轨移动的塔式起重机，起重机（不计平衡重）的重量 $G_1=500\text{kN}$，其重力作用线距右轨 1.5m，起重机的起重量 $G_2=250\text{kN}$。凸臂伸出右轨 10m。要使在满载和空载时起重机均不致翻倒，求平衡重的最小重量 $\boldsymbol{G}_3$ 以及平衡重到左轨的最大距离 x。

3-16 两个水池用闸门板隔开，如图 3-49 所示，此板与水平面成 60°角，且板长 2m，宽 1m，其上部沿 AA（过 A 点而垂直于图面的直线）与池壁铰接。左池水面与 AA 线相齐，右池无水。如不计板重，求刚能拉开闸门所需的铅垂力 $\boldsymbol{F}_T$ 的大小（水的容重 $\gamma=9.8\text{kN/m}^3$）。

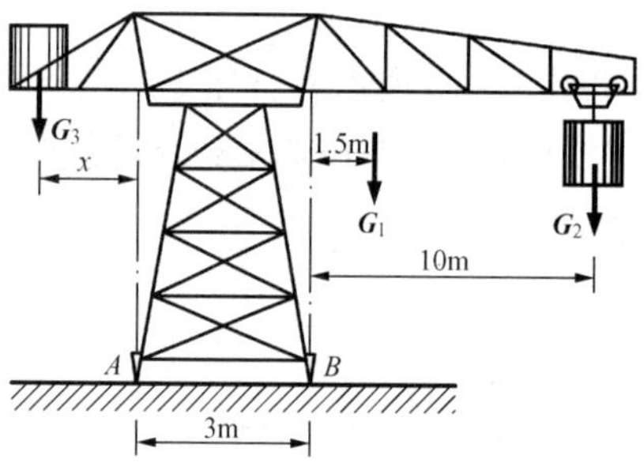

图 3-48 习题 3-15 图

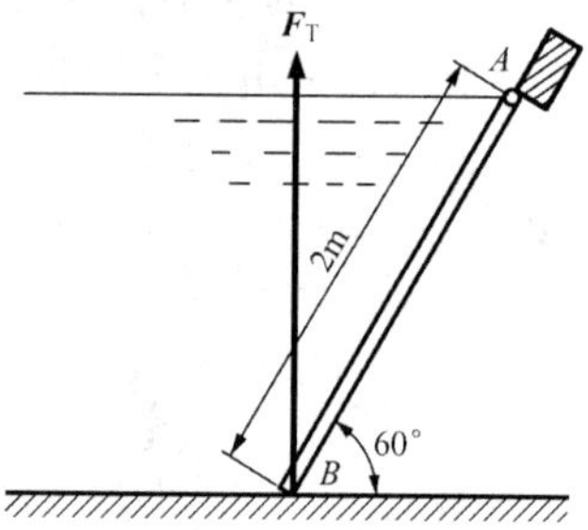

图 3-49 习题 3-16 图

3-17 图 3-50 所示挡水侧墙修建在基础上，高 $h=2\text{m}$，水深也为 h，如侧墙为片石混凝土，容重 $\gamma=22.5\text{kN/m}^3$。试求：①若取倾覆安全因数 $k_q=1.4$，侧墙不致绕 A 点倾倒时所需的墙宽 b 多大？②若使墙身的底面在 B 处不受张力作用，即沿基底 AB 的约束分布荷载为一三角形，这时墙宽的最小值为多少？

3-18 将水箱的支承简化如图 3-51 所示。已知水箱与水共重 $G=32\text{kN}$，侧面的风压力合力 $F=20\text{kN}$。求三杆对水箱的约束反力。

3-19 求图 3-52 所示各梁支座反力。

3-20 求图 3-53 所示刚架的支座反力。

3-21 求图 3-54 所示各多跨静定梁的支座反力。

3-22 求图 3-55 所示组合梁的支座反力。

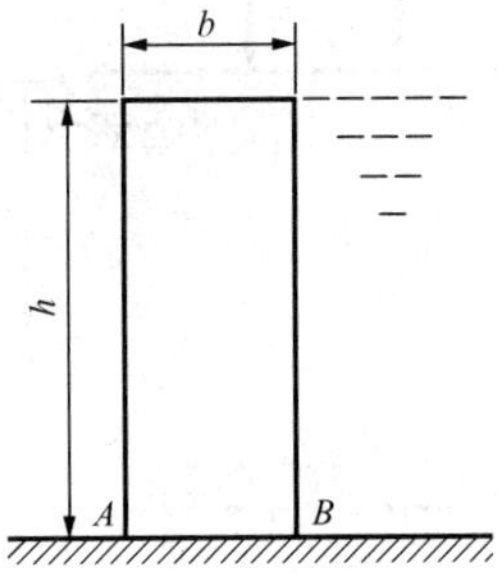

图 3 - 50　习题 3 - 17 图

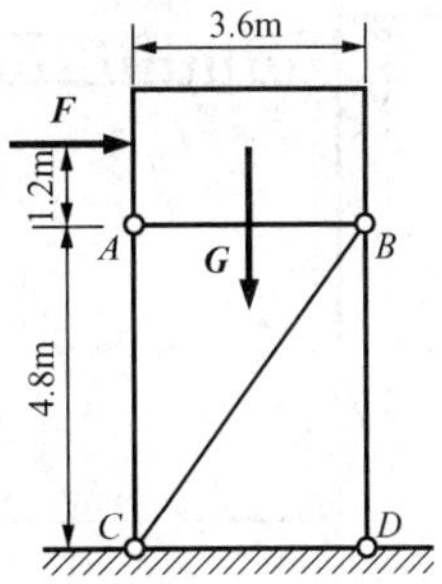

图 3 - 51　习题 3 - 18 图

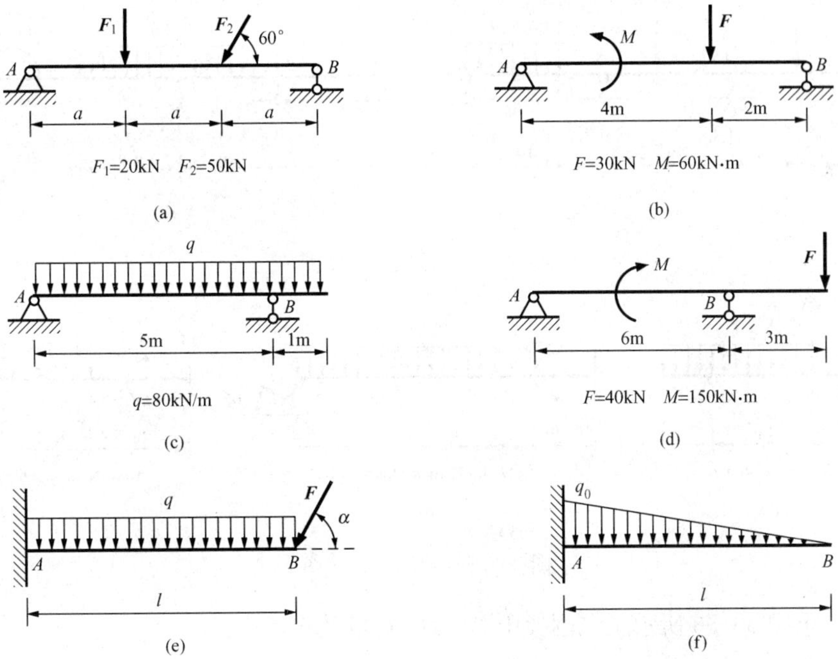

图 3 - 52　习题 3 - 19 图

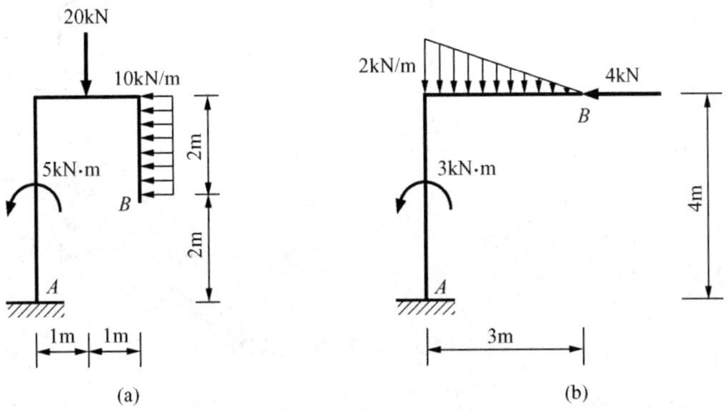

图 3 - 53　习题 3 - 20 图（一）

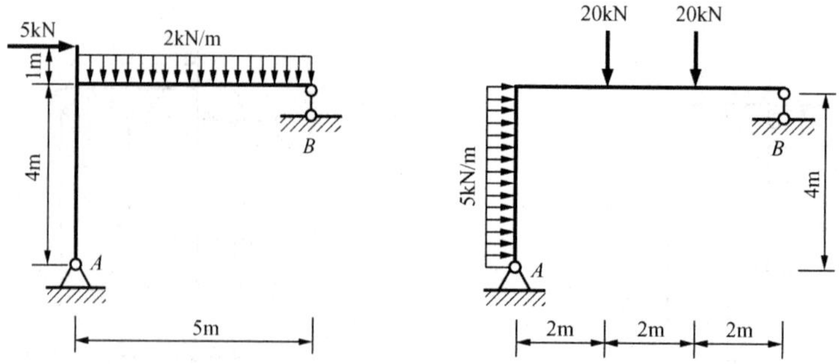

(c) (d)

图 3-53 习题 3-20 图（二）

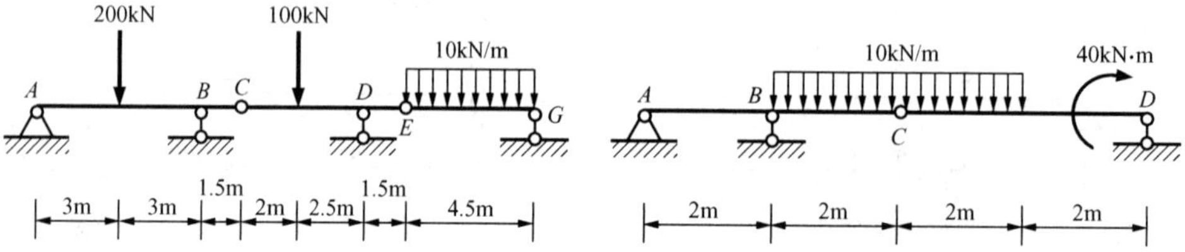

(a) (b)

图 3-54 习题 3-21 图

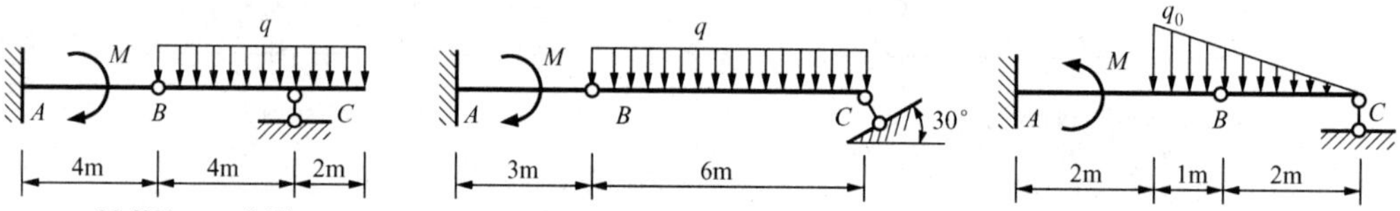

M=8kN·m q=4kN/m (a)

M=40kN·m q=20kN/m (b)

M=4kN·m q_0=9kN/m (c)

图 3-55 习题 3-22 图

3-23 求图 3-56 所示三铰刚架中 A、B、C 的约束反力。

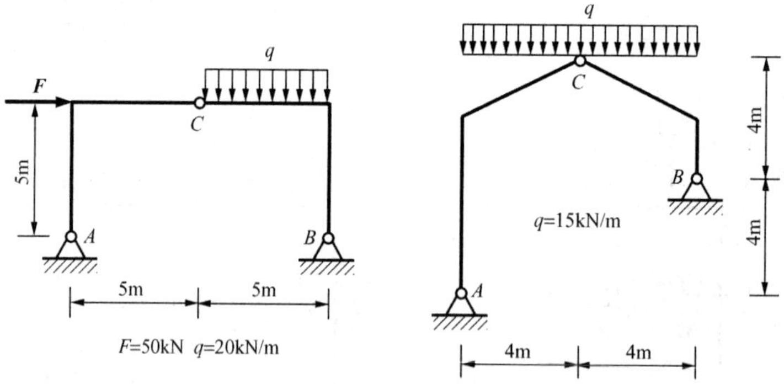

(a) (b)

图 3-56 习题 3-23 图

3-24 求图 3-57 所示结构中支座 A、B 的约束反力。已知 F=5kN，q=200N/m，q_A=300N/m。

3-25 试求图 3-58 所示两跨刚架的支座反力。

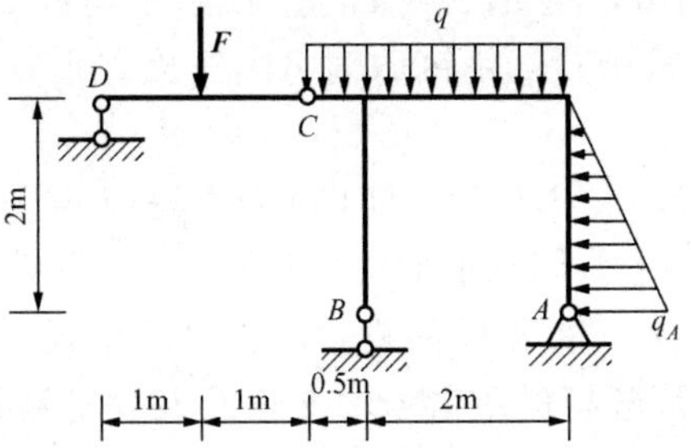

图 3-57 习题 3-24 图

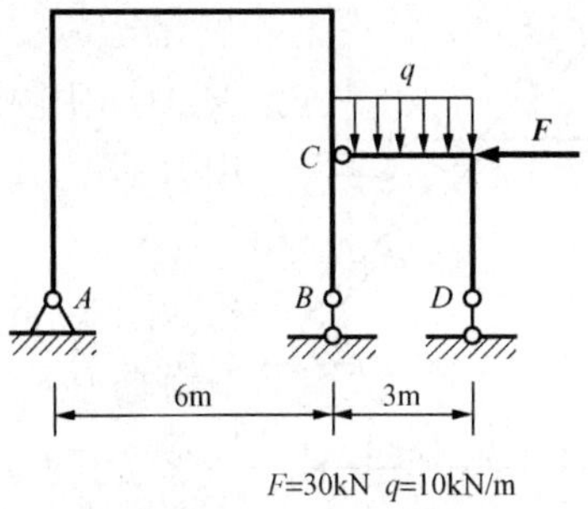

图 3-58 习题 3-25 图

3-26 试求图 3-59 所示结构中 AC 和 BC 两杆所受的力。已知 $q=2\text{kN/m}$，各杆自重均不计。

3-27 图 3-60 所示结构自重不计，已知 $G=10\text{kN}$，$AA_1=3\text{m}$，$BB_1=2\text{m}$，$\theta=30°$。试求固定端 A、B 处的反力。

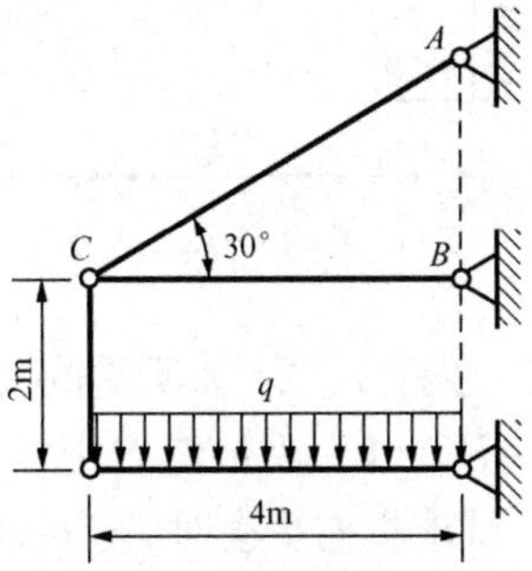

图 3-59 习题 3-26 图

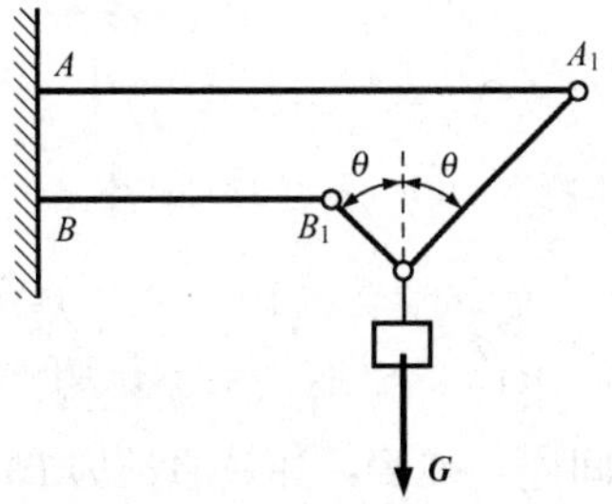

图 3-60 习题 3-27 图

3-28 如图 3-61 所示，无底圆柱形空筒放在光滑的水平面上，内放两个重球，每个球重均为 G_1，半径为 r，圆筒的半径为 R，且 $r<R<2r$。若不计各接触面的摩擦，不计筒壁厚度，求圆筒不致翻倒的最小重量 $G_{\min}$。

3-29 求图 3-62 所示结构中 A 处的支座反力。已知 $M=20\text{kN}\cdot\text{m}$，$q=10\text{kN/m}$。

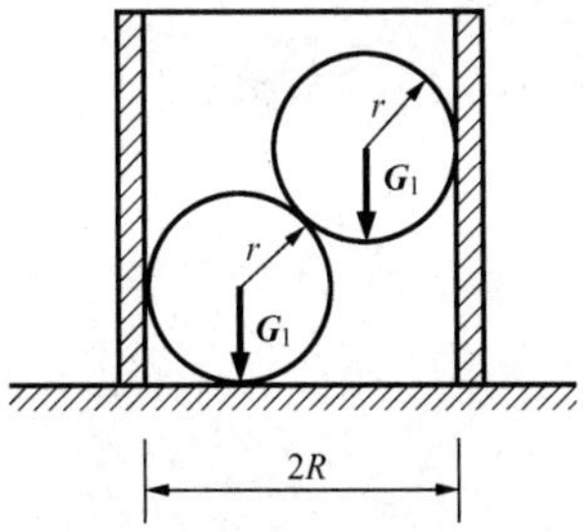

图 3-61 习题 3-28 图

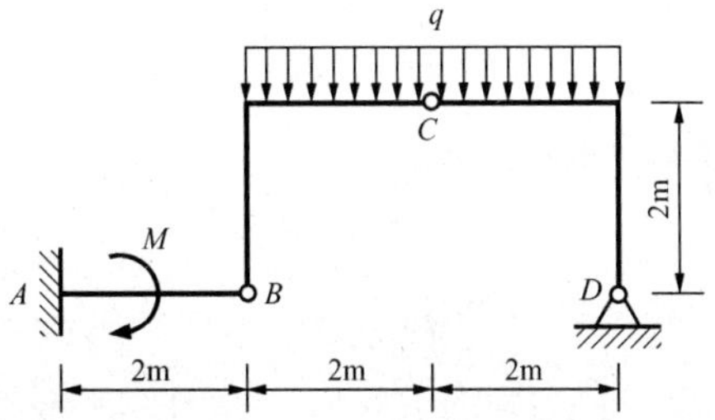

图 3-62 习题 3-29 图

3-30 构架由 AB、AC 和 DF 铰接而成，如图 3-63 所示，在 DEF 杆上作用一力偶矩为 M 的力偶。不计各杆的重量，求 AB 杆上铰链 A、D 和 B 所受的力。

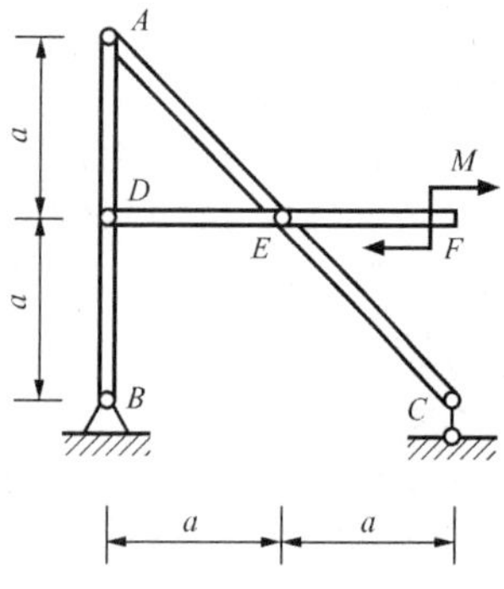

图 3 - 63 习题 3 - 30 图

3 - 31 图 3 - 64 所示结构位于铅垂面内，各杆自重不计。已知荷载 $\boldsymbol{F}_1$、$\boldsymbol{F}_2$、M 及尺寸 a，且 $M=F_1a$，$\boldsymbol{F}_2$ 作用于销钉 B 上。求：①固定端 A 处的约束反力；②销钉 B 对 AB 杆及 T 形杆的作用力。

3 - 32 由直角曲杆 ABC、DE 和直杆 CD 及滑轮 O 组成的结构如图 3 - 65 所示，AB 杆上作用有水平均布荷载 q，在 D 处作用一铅垂力 $\boldsymbol{F}$，在滑轮上悬挂一重为 G 的重物，滑轮的半径 $r=a$，且 $G=2F$，$OC=OD$。不计各杆的重量，求支座 E 及固定端 A 的约束反力。

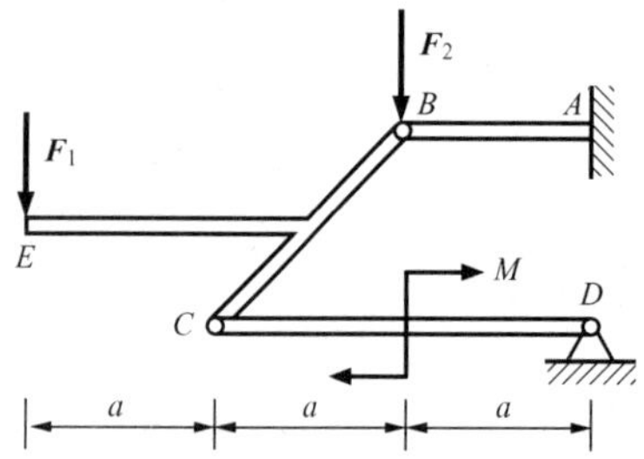

图 3 - 64 习题 3 - 31 图

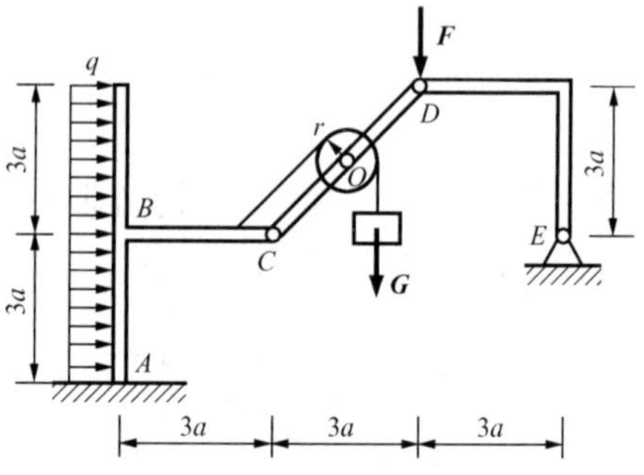

图 3 - 65 习题 3 - 32 图

3 - 33 某一组合结构，尺寸及荷载如图 3 - 66 所示，求杆 1、2、3 所受的力。

3 - 34 图 3 - 67 所示平面机构，自重不计。已知 $AB=BC=L$，在铰链 B 上作用一铅垂力 $\boldsymbol{F}$。A、C 间连一弹簧，弹簧原长为 L，弹簧刚度系数为 k。试求机构平衡时 A、C 间的距离 y。

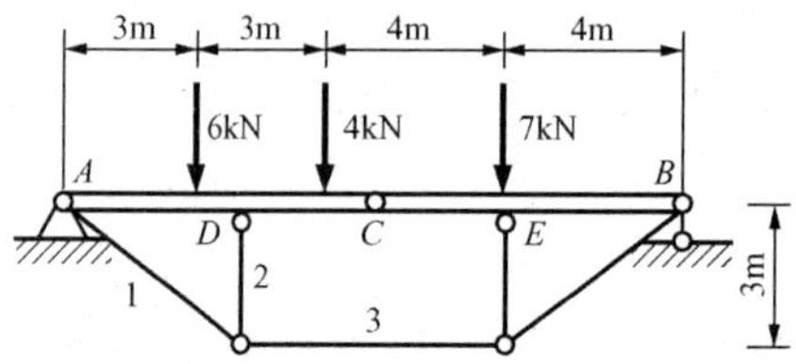

图 3 - 66 习题 3 - 33 图

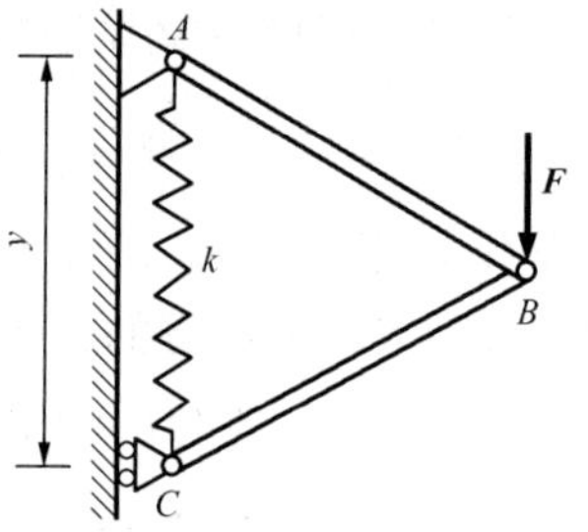

图 3 - 67 习题 3 - 34 图

4 静力学应用专题

本 章 提 要

本章主要介绍了静力学的几个应用专题。包括平面简单桁架的概念，计算桁架杆件内力的节点法和截面法；滑动摩擦和滚动摩阻的概念，考虑摩擦时物体平衡问题的求解；最后讨论了重心，应用合力矩定理得到了重心位置的坐标公式，并指出此公式也是平行力系中心的坐标公式。

4.1 桁 架

4.1.1 简单平面桁架

桁架是工程中常见的一种具有几何不变性的杆系结构，具有容易制造、组合安装、节省材料、自重轻等特点。在房屋建筑、桥梁、起重机、电视塔、油田井架等大型结构中经常采用桁架结构。

各杆件的轴线都位于同一平面内的桁架称**平面桁架**。大多数实际应用的桁架是由若干个平面桁架组合而成，因此在此只讨论平面桁架。

为计算荷载作用下平面桁架各杆件的受力情况（杆件的内力），工程实际计算时将桁架抽象为理想桁架，作了如下假设：

(1) 各杆件都是等截面直杆。

(2) 杆件都用光滑铰链连接，连接处称为节点。实际结构一般用焊接、铆接或榫接，一般不能转动。但由于杆件细长，两端连接部分相对杆件小许多，在实际计算时，将其视为光滑铰链可以简化计算，同时不能承受弯矩也偏于安全。

(3) 杆件的重量不计或平均分配到杆两端的节点上。

(4) 所有的荷载都作用在桁架平面内，且都作用在节点上，每根杆均为二力杆。

满足上述假设的桁架为“理想桁架”，各杆只承受拉或压力，可以合理地选择材料，充分发挥材料的作用。在同样跨度、荷载的情况下，桁架比梁节省材料，减轻自重。如此假设的桁架与实际桁架虽有一些差别，但可以简化计算且结果已满足工程实际的需要。

为保证桁架在荷载作用下维持几何形状不变，桁架结构多利用三角形。三角形是最简单的几何形状不变图形，通常由三根杆与三个节点构成一个基本三角形，在此基础上，每增加二根杆的同时增加一个节点而构成（如图 4-1 所示）。它的杆件数 m 以及节点数 n 满足关系式

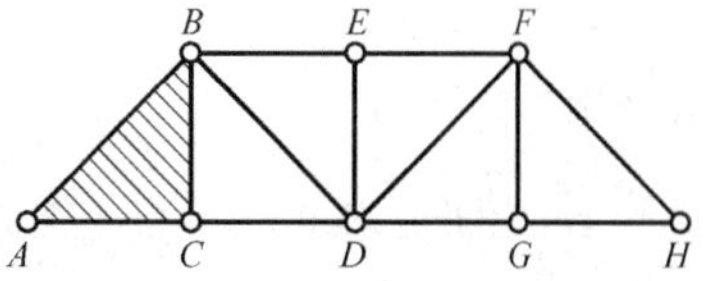

图 4-1

$$m = 2n - 3 \qquad (4-1)$$

式 (4-1) 称为**几何不变条件**，满足几何不变条件的平面桁架，在桁架外部约束是静定的情

况下是静定的，也称为**平面简单桁架**。只要从中任取出一根杆件，桁架就会变形，故又称**无余杆桁架**。

4.1.2 计算桁架杆件内力的方法

（一）节点法

节点法是逐个以节点为研究对象的求解杆件内力的方法。

这种方法的要点是：先以只有二未知量的节点为研究对象，逐个研究各节点的平衡，由平面汇交力系平衡方程，即可求出各杆的内力。在进行受力分析时，一般均假设各杆的内力为拉力，若求得结果为负值，则表明该杆件受压。

节点法适用于求解全部杆件的内力。

【例 4-1】 悬臂桁架梁如图 4-2（a）所示，试求各杆的内力。

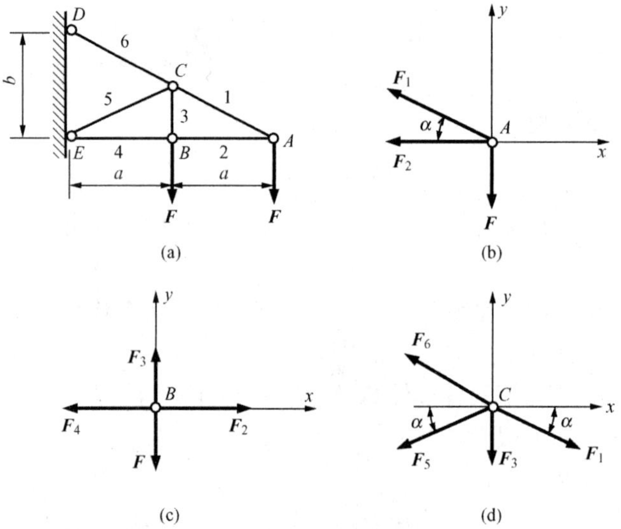

图 4-2

解 分析桁架的受力，节点 A 只有杆 1、杆 2 的两个内力未知，先以其为研究对象，由平面汇交力系平衡方程，即可求出杆 1、杆 2 的内力。然后，再以节点 B 和节点 C 为研究对象，即可依次求出杆 3、4、5、6 的内力。

节点 A 的受力如图 4-2（b）所示，列出平衡方程，有

$$\sum F_x = 0,\ -F_1\cos\alpha - F_2 = 0 \tag{1}$$

$$\sum F_y = 0,\ F_1\sin\alpha - F = 0 \tag{2}$$

由此解出

$$F_1 = \frac{F}{\sin\alpha},\ F_2 = -F\cot\alpha\ (\text{压力})$$

继续研究节点 B、C［图 4-2（c）、（d）］，即可求得各杆的内力，其结果为

$$F_3 = F,\ F_4 = -F\cot\alpha$$

$$F_5 = -\frac{F}{2\sin\alpha}\ (\text{压力}),\ F_6 = \frac{3F}{2\sin\alpha}$$

用节点法求各杆的内力，有时不需要求支座的约束力。

（二）截面法

截面法是假想用一截面截取出桁架的某一部分作为研究对象的求解杆件内力的方法。

这种方法的要点是：先求出支座的约束力，然后选择一适应的截面（可为平面，曲面或闭合曲面），假想地把桁架截开分成完全独立的两部分，考虑其中某一部分的平衡，将被截开杆件的内力转变成为该研究对象的外力，应用平面力系的平衡方程，当未知量等于或少于三个时，即可求出所截杆件的内力。显然，用截面法求解时，被截开的杆件数一般不能多于三根，且不应构成平面汇交力系，除非只截开二根杆。

【例 4-2】 试用截面法求图 4-3（a）所示桥梁桁架中杆件 8、9、10 的内力。已知各杆的长度均为 a，$F=50\text{kN}$。

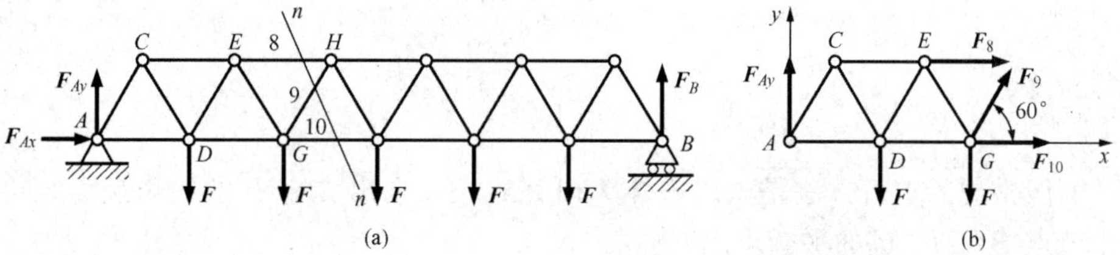

图 4-3

解 因为只要求桁架中杆件 8、9、10 的内力，应采用截面法，这时需先求出支座的约束力。

(1) 首先选择整个桁架为研究对象，其受力分析如图 4-3（a）所示，应用平面力系的平衡方程

$$\sum M_A(F)=0,\ -Fa-2Fa-3Fa-4Fa-5Fa+6F_Ba=0 \tag{1}$$

$$\sum F_x=0,\ F_{Ax}=0 \tag{2}$$

$$\sum F_y=0,\ F_{Ay}+F_B-5F=0 \tag{3}$$

解得

$$F_{Ax}=0,\ F_{Ay}=F_B=\frac{5}{2}F$$

(2) 为求杆 8、9、10 的内力，用截面法。

设想作截面 n—n，将杆 8、9、10 截断，使桁架分成完全独立的两部分，以左半部分桁架为研究对象，它的受力分析如图 4-3（b）所示，杆 8、9、10 所受的力 F_8，F_9 和 F_{10} 均假设为拉力。可见，截面法的应用，使杆的内力变为作用于所取研究部分的外力，因为整体平衡则部分也处于平衡，列出平衡方程

$$\sum M_G=0,\quad aF-2aF_{Ay}-a\sin 60^\circ F_8=0 \tag{4}$$

$$\sum F_y=0,\quad F_{Ay}+F_9\sin 60^\circ-2F=0 \tag{5}$$

$$\sum F_x=0,\quad F_{Ax}+F_8+F_9\cos 60^\circ+F_{10}=0 \tag{6}$$

由此解出 $F_8=-\frac{8\sqrt{3}}{3}F$（压力），$F_9=-\frac{\sqrt{3}}{3}F$（压力），$F_{10}=\frac{17\sqrt{3}}{6}F$

将 $F=50\text{kN}$ 代入，得

$$F_8=-230.9(\text{kN}),\ F_9=-28.9(\text{kN}),\ F_{10}=245.4(\text{kN})$$

其中负号表示杆受力的实际方向与所设方向相反为压力，即杆 8，9 为压杆。

由几个简单桁架按照几何形状不变的条件组成的桁架称**组合桁架**。在研究较复杂的组合

桁架时，可综合应用上述两种方法求解。

【例 4-3】 平面桁架的支座和荷载如图 4-4（a）所示。ABC 为等边三角形，E、H 为两腰中点，又 $AD=DB=a$。求杆 CD 的内力。

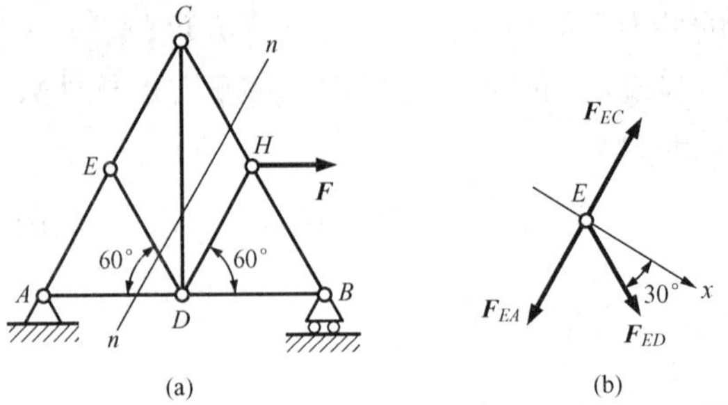

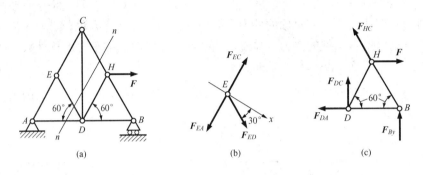

图 4-4

解 一般常规的求解方法是先以整体为研究对象，求出支座 B 的约束反力，再用节点法依次由节点 B、H、C 的平衡求出 F_{CD}。

仔细分析此桁架节点 E 的受力，如图 4-4（b）所示。

由 $\sum F_x=0$，可求出 $F_{ED}=0$，即杆 ED 的内力为 0。

再用截面法，取截面 $n-n$［图 4-4（a）］，将桁架截开，以右半部分研究如图 4-4（c）所示，被截断的四根杆中，只有三根杆的内力未知，且其中 F_{HC}、F_{DA} 过节点 B。列平衡方程

$$\sum M_B = 0 - F_{DC}a - aF\sin 60^\circ = 0$$

即可解出

$$F_{DC} = -F\sin 60^\circ = -0.866F(\text{压力})$$

可见，综合运用节点法和截面法求解，可使求解过程大为简便。

解题时，关键的一步，是用节点法分析节点 E 的受力，得出杆 ED 的受力为 0。在某些特定外力作用下，桁架中常有某些杆件不受力，称之为**零杆**。最常见的零杆发生在图 4-5 所示的节点处。在计算时，先判断零杆，能使计算工作简便得多。应该指出，零杆是桁架在某种载荷情况下内力为零的杆件，但它对保证桁架几何形状不变是不可或缺的。

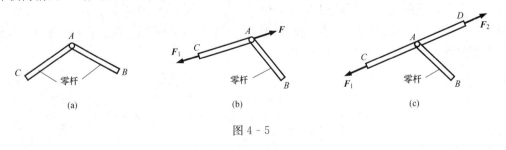

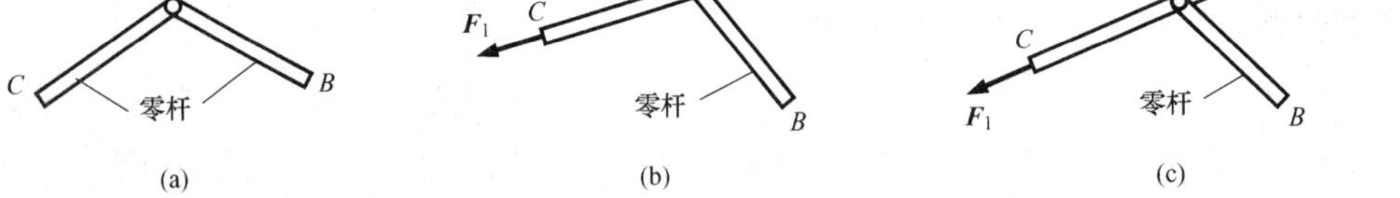

图 4-5

4.2 摩 擦

摩擦是自然界最普遍存在的一种现象。两个相互接触的物体产生相对运动或具有相对运动的趋势时，在接触面会产生彼此阻碍相对运动的作用。这种现象称为**摩擦**。按照接触物体

之间可能会发生的相对滑动或相对滚动，摩擦可分为**滑动摩擦**或**滚动摩阻**。

4.2.1 滑动摩擦

两个相互接触的物体当有相对滑动或相对滑动趋势时，在接触面间会产生彼此阻碍相对滑动的阻力，称为**滑动摩擦力**。

古典摩擦理论（法国科学家库仑1781年建立），认为摩擦力主要是由于粗糙凹凸不平的接触表面形成的。现代摩擦学认为摩擦力与物体接触面局部弹塑性变形、润滑理论、表面物理和化学等许多因素有关，其机理及性质是极其复杂的。目前已形成一门边缘学科“摩擦学”。在本章中，仅依据古典摩擦理论讨论摩擦阻力所引起的力学现象，虽然其结论和公式基本上都是在实验基础上建立的，只具有近似性，但对一般工程问题，这种简单近似的理论已具有足够的精确性。

一、静滑动摩擦

研究下面三种情况

（1）将一重 $\boldsymbol{G}$ 的物体放置在粗糙的水平面上处于静止状态。这时接触面上只有法向约束力 $\boldsymbol{F}_N$ 与重力 $\boldsymbol{G}$ 共同作用于物体，使该物体处于平衡［图4-6（a）］。

（2）现在该物体上施加一水平变力 $\boldsymbol{F}$［图4-6（b）］，当 $\boldsymbol{F}$ 较小，不超过某一限度时，物体没有发生沿力 $\boldsymbol{F}$ 方向的运动，仍保持静止。由平衡条件可知，支承面对物体的约束除法向约束力 $\boldsymbol{F}_N$ 外，还有一阻碍物体沿力 $\boldsymbol{F}$ 方向滑动的切向约束力 $\boldsymbol{F}_s$，称力 $\boldsymbol{F}_s$ 为**静滑动摩擦力**或**静摩擦力**。在物体保持静止时，力 $\boldsymbol{F}_s$ 的大小随 $\boldsymbol{F}$ 的增大而增大，具有约束力的性质，且总有 $F_s=F$，F_s 方向与物体的滑动趋势相反。

（3）继续增大 $\boldsymbol{F}$，这时物体不会永远保持静止，当 $\boldsymbol{F}_s$ 随之增大到某一临界值 $\boldsymbol{F}_{max}$ 时［图4-6（c）］，若 $\boldsymbol{F}$ 继续增加，$\boldsymbol{F}_s$ 不能再随之增大，物体将失去平衡而开始滑动，静滑动摩擦力则转为动滑动摩擦力。$\boldsymbol{F}_{max}$ 为物体处于平衡临界状态时，静滑动摩擦力达到的最大值，称为**最大静滑动摩擦力**或**最大静摩擦力**，其方向仍与物体的滑动趋势相反，但其大小不能再由平衡方程决定，而由**静摩擦定律（库仑定律）**决定

$$F_{max} = f_s F_N \tag{4-2}$$

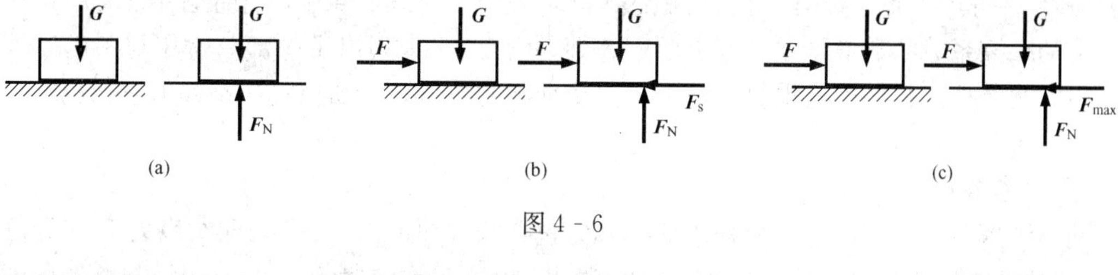

图4-6

即最大静摩擦力的大小与接触物体之间的正压力（法向约束力）成正比。比例系数 f_s 是无量纲的量，称**静滑动摩擦系数**或**静摩擦系数**，与接触物体的材料、接触面的粗糙度、温度等有关，与接触面积无关，由实验测定并载于工程手册。表4-1给出部分常用材料的摩擦系数。

综上所述可知：

（1）静摩擦力沿接触处的公切线总是与物体的相对滑动趋势反向。

（2）静摩擦力的大小是一范围值，满足下列条件

$$0 \leqslant F_s \leqslant F_{max} \tag{4-3}$$

表 4-1 **常用材料的滑动摩擦系数**

材料名称	静摩擦系数		动摩擦系数	
	无润滑	有润滑	无润滑	有润滑
钢一钢	0.15	0.1～0.12	0.15	0.05～0.1
钢—软钢			0.2	0.1～0.2
钢—铸铁	0.3		0.18	0.05～0.15
钢—青铜	0.15	0.1～0.15	0.15	0.1～0.15
软钢—铸铁	0.2		0.18	0.05～0.15
软钢—青铜	0.2		0.18	0.07～0.15
铸铁—铸铁		0.18	0.15	0.07～0.12
铸铁—青铜			0.15～0.2	0.07～0.15
青铜—青铜		0.1	0.2	0.07～0.1
皮革—铸铁	0.3～0.5	0.15	0.6	0.15
橡皮—铸铁			0.8	0.5
木材—木材	0.4～0.6	0.1	0.2～0.5	0.07～0.15

（3）当物体处于静止平衡状态时，静摩擦力与一般约束力同样是一个未知量，由平衡方程求出。

（4）当物体处于滑动临界平衡状态时，静摩擦力由静摩擦定律：$F_{max}=f_sF_N$ 确定。

二、动滑动摩擦力

在前述的第（4）种状态滑动摩擦力已达到最大值时，若再继续加大力 $\boldsymbol{F}$，则物体将沿力 $\boldsymbol{F}$ 方向发生滑动，此时接触物体之间仍作用有阻碍相对滑动的阻力 $\boldsymbol{F}_d$，称**动滑动摩擦力**或**动摩擦力**。实验表明：动摩擦力的大小与接触物体间的正压力成正比，即

$$F_d = fF_N \tag{4-4}$$

称动滑动摩擦定律。f 是动摩擦系数，与接触物体的材料和表面情况有关，还与物体相对滑动速度有关。在大多数情况下其随相对速度增大而稍减小，当速度变化不大时，可认为动摩擦系数为常数。一般动摩擦系数稍小于静摩擦系数，即 $f<f_s$。工程计算中，有时也近似认为 $f\approx f_s$。

滑动摩擦系数的数值可在工程手册中查到，表 4-1 中列出了一部分常用材料的摩擦系数。但影响摩擦系数的因素很复杂，如果需要准确的数值，必须在具体条件下进行测定。

三、摩擦角、自锁

（一）摩擦角

当有摩擦时，支撑面对平衡物体的约束力包含法向约束力 $\boldsymbol{F}_N$ 和切向约束力 $\boldsymbol{F}_s$（即静摩擦力）。这两个分力的几何和 $\boldsymbol{F}_R=\boldsymbol{F}_N+\boldsymbol{F}_s$ 称支撑面的**全约束力**，它的作用线与接触面的公法线成偏角 φ，与静摩擦力 $\boldsymbol{F}_s$ 同在公法线的一侧［图 4-7（a）］。当物体处于平衡的临界状态时，静摩擦力 $\boldsymbol{F}_s$ 达到由式（4-2）确定的最大值 F_{max}，全约束力 $\boldsymbol{F}_R$ 与接触面公法线的偏角 φ 也达到最大值 φ_f［图 4-7（b）］。称全约束力 $\boldsymbol{F}_R$ 与公法线间偏角的最大值 φ_f 为**摩擦角**，由图 4-7（b）可得

$$\tan\varphi_f = \frac{F_{max}}{F_N} = \frac{f_sF_N}{F_N} = f_s \tag{4-5}$$

即摩擦角的正切等于静摩擦系数，摩擦角与静摩擦系数一样，都是表示材料摩擦性质的量。

临界状态下，作用在物体上的力 $\boldsymbol{F}$ 方位改变时，最大静摩擦力 $\boldsymbol{F}_{max}$ 及全约束力 $\boldsymbol{F}_R$ 的方位也会随之改变。若力 $\boldsymbol{F}$ 绕作用点转一圈，全约束力 $\boldsymbol{F}_R$ 的作用线将形成一个以接触点为顶点的锥面，称**摩擦锥**。如果接触面的各方面的摩擦系数都相同，则摩擦锥是一个顶角为 $2\varphi_f$ 的圆锥［图 4－7（c）］。

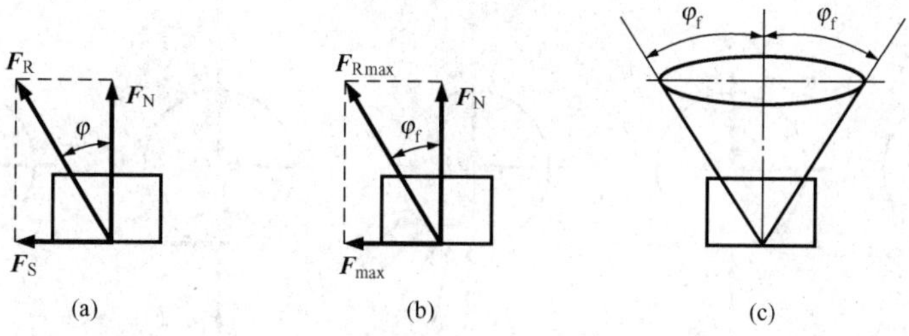

图 4－7

（二）自锁

物体平衡时，静摩擦力总是小于或等于最大静摩擦力，因而全约束力 $\boldsymbol{F}_R$ 与法线间的偏角 φ 也总小于或等于摩擦角 φ_f，由此得平衡条件的另一表述形式，即

$$\varphi \leqslant \varphi_f \qquad (4-6)$$

因此，如果作用于物体的全部主动力合力的作用线位于摩擦角（锥）之内，则无论这个力如何大，物体总能保持静止，这种现象称为**自锁**。式（4－6）称为自锁条件；反之如果全部主动力合力作用线在摩擦角（锥）之外，则不论这个力如何小，物体都不能保持平衡。工程中常应用自锁原理设计一些机构或夹具，如千斤顶、压榨机、镙钉等。有时要避免产生自锁现象，如自动装卸车，水闸闸门启闭装置等。

4.2.2 滚动摩阻概念

人们从实践中知道，使滚轮滚动比使它滑动省力。所以在工程实际中，为了提高效率，减轻劳动强度，常利用物体的滚动代替物体的滑动。平时常见的当搬运很重的物体时，在物体下垫上管子，就是以滚动代替滑动的实例。机械中以滚动轴承代替滑动轴承也是为了减少摩擦阻力。

为什么滚动比滑动摩擦阻力小？滚动摩擦有什么特性？下面通过分析车轮滚动时所受到的阻力来回答上述问题。

设有一半径为 r、重为 $\boldsymbol{G}$ 的车轮，放在水平固定面上处于静止状态［图 4－8（a）］，现在轮心 O 上作用一水平推力 $\boldsymbol{F}$。当力 $\boldsymbol{F}$ 较小时，车轮仍保持静止［图 4－8（b）］。分析此时轮子的受力情况，有水平面作用于轮子 A 点的法向约束力 $\boldsymbol{F}_N$ 及静滑动摩擦力 $\boldsymbol{F}_s$，如果平面给轮子的约束力仅有 $\boldsymbol{F}_N$ 和 $\boldsymbol{F}_s$，则轮子不可能保持平衡，力 $\boldsymbol{F}$ 与力 $\boldsymbol{F}_s$ 会组成一力偶，促使车轮发生滚动。但实际上，当力 $\boldsymbol{F}$ 不大时，轮子保持静止——即不滑动也不滚动。这说明有一阻碍轮子滚动的阻力偶存在。这是因为轮子和水平面均非刚体，在接触处会发生一些变形而形成一小的接触面［图 4－8（c）］，轮子所受的约束力是分布在此接触面上的分布力系，将其向 A 点简化，得法向约束力 $\boldsymbol{F}_N$，静摩擦力 $\boldsymbol{F}_s$ 和阻力偶 M_f［图 4－8（d）］，阻力偶 M_f

起着阻碍滚动的作用，称**滚动摩阻力偶**，其大小 $M_f=Fr$ 与主动力有关，转向与轮子相对滚动趋势相反，作用于轮子接触部位。当轮子保持静止时，若力 $\boldsymbol{F}$ 增大，M_f 也将随着增大。当力 $\boldsymbol{F}$ 增大到某一数值时，轮子即处于滚动的临界状态，这时滚动摩阻力偶 M_f 达到最大化 M_{max}［图 4－8（e）］。实验表明：滚动摩阻力偶的最大值 M_{max} 与法向约束反力 $\boldsymbol{F}_N$ 成正比，即

$$M_{max}=\delta F_N \tag{4-7}$$

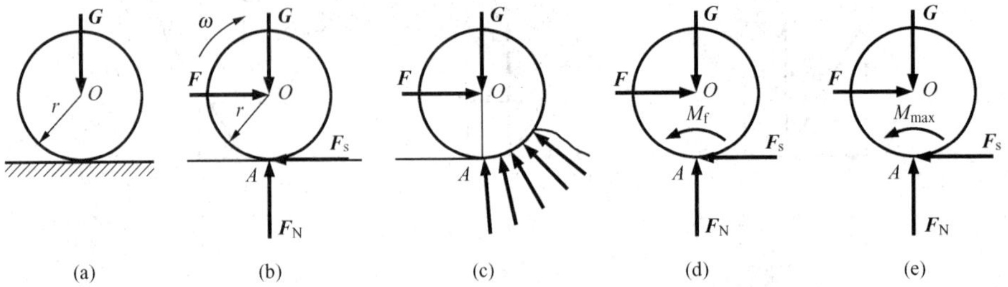

图 4－8

此式称**滚动摩阻力定律**，δ 称**滚动摩阻系数**，具有力偶臂的意义，为长度量纲，与材料的硬度、温度等因素有关，而与接触面的粗糙度无关。物体滚动起来后，一般认为此定律仍然成立。显然有

$$0\leqslant M_f\leqslant M_{max} \tag{4-8}$$

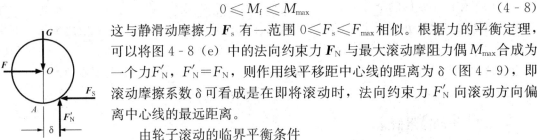

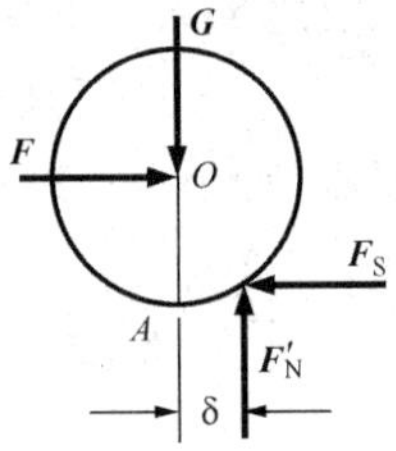

图 4－9

这与静滑动摩擦力 $\boldsymbol{F}_s$ 有一范围 $0\leqslant F_s\leqslant F_{max}$ 相似。根据力的平衡定理，可以将图 4－8（e）中的法向约束力 $\boldsymbol{F}_N$ 与最大滚动摩阻力偶 M_{max} 合成为一个力 F'_N，$F'_N=F_N$，则作用线平移距中心线的距离为 δ（图 4－9），即滚动摩擦系数 δ 可看成是在即将滚动时，法向约束力 F'_N 向滚动方向偏离中心线的最远距离。

由轮子滚动的临界平衡条件

$$\sum M_A=0,\quad F_N\delta-F_{滚}\,r=0$$

得

$$F_{滚}=\frac{\delta}{r}F_N$$

由轮子滑动的临界平衡条件

$$\sum F_x=0,\quad F_{滑}-F_{max}=0$$

得

$$F_{滑}=F_{max}=f_sF_N$$

一般情况下，δ 的最大值不超过 10mm，轮子的半径要比 δ 大许多，因此 $\frac{\delta}{r}$ 远远小于 f_s，所以 $F_{滚}$ 远远小于 $F_{滑}$，这就是使轮子滚动要比使轮子滑动省力的原因。

4.3 考虑摩擦时的平衡问题

求解考虑摩擦时的平衡问题，与前几章忽略摩擦时的物体平衡问题方法步骤基本相同，仍然是选取研究对象，分析受力情况，画受力图，最后列平衡方程求解。但需要特别注意的是，在进行受力分析时必须考虑接触处的摩擦力 $\boldsymbol{F}_s$，或滚动摩阻 M_f，它们的方向总是与相

对滑动或相对滚动趋势相反，它们的大小一般都是未知的。在非临界平衡状态时，应由平衡方程确定，且应满足 $F_s<f_sF_N$，或 $M_f<\delta F_N$，只有在考虑临界平衡状态时，才能使用 $F_s=F_{max}=f_sF_N$，或 $M_f=M_{max}=\delta F_N$。

由于摩擦力 $\boldsymbol{F}_s$ 及滚动摩阻 M_f 的大小有一个范围值，物体相应地在这个范围内都将保持平衡，因此所求得的平衡结果也是个范围值，称**平衡范围**。

（一）实际问题应用

工程上一般有三类问题：

（1）验证物体在已知条件下（如已知作用于物体上的主动力）是否平衡。

这时应先假设其平衡，由平衡方程解出 $\boldsymbol{F}_s(M_f)$，再由 $F_{max}=f_sF_N(M_{max}=\delta F_N)$，求出 $F_{max}(M_{max})$，比较两者大小，若 $F_s<F_{max}(M_f<M_{max})$，则物体平衡，反之不平衡。

（2）已知物体处于平衡临界状态，求主动力的大小或物体的平衡位置。

这时可由平衡方程及补充方程 $F_{max}=f_sF_N(M_{max}=\delta F_N)$ 求解。

（3）求物体处于平衡时有关各量（如作用力，物体尺寸、位置等）所具有的平衡范围。

这时通常假定物体处于平衡临界状态进行分析计算，然后再对结果进行平衡范围分析。

下面举例说明考虑摩擦时平衡问题的解法。

【例 4-4】 均质梯子长 l，重 $G=100$N，靠在光滑墙壁上并和水平地面成角 $\alpha=75°$，[图 4-10（a）]。地面与梯子间的静摩擦系数 $f_s=0.4$，问重 $F=700$N 的人能否爬到梯子的顶端？

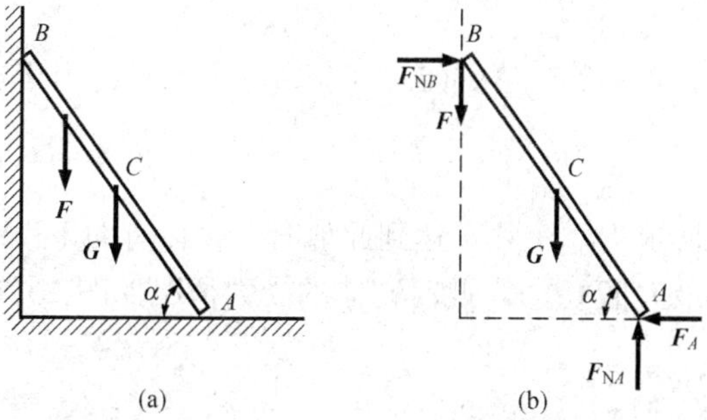

图 4-10

解 假设人站在梯子的上端，梯子仍保持平衡，这时梯子滑动的趋势是确定的，故摩擦力 F_A 的方向必定是水平向左。

取梯子为研究对象，受力分析图和建立坐标系如图 4-10（b）所示，由平衡方程

$$\sum F_x=0,\ F_A-F_{NB}=0 \tag{1}$$

$$\sum F_y=0,\ F_{NA}-G-F=0 \tag{2}$$

$$\sum M_A=0,\ F_{NB}\cdot l\sin\alpha-Fl\cos\alpha-G\frac{l}{2}\cos\alpha=0 \tag{3}$$

三个未知力 F_{NA}、F_{NB}、F_A，三个平衡方程，代入已知数据，解得

$$F_A=F_{NB}=\frac{2F+G}{2}\cot\alpha=\frac{2\times700+100}{2}\times0.268=210(\text{N})$$

$$F_{NA}=G+F=100+700=800(\text{N})$$

而最大静摩擦力 $F_{max}=f_sF_{NA}=0.4\times800=320(\text{N})$，由于 $F_A<F_{max}$，因此人能够爬上梯子顶端，前面所做的假设是正确的。

【例 4-5】 物体重为 $\boldsymbol{G}$，置于倾角为 α 的斜面上，它与斜面间的摩擦系数为 f_s，在其上作用一水平力 F [图 4-11（a）]，当物体处于平衡时，试求水平力 F 的大小。

解 显然，当力 F 太大，物体将向上滑；而若力 F 太小，物体将向下滑，因此为保持物体平衡，力 F 的数值应在某一范围内，即

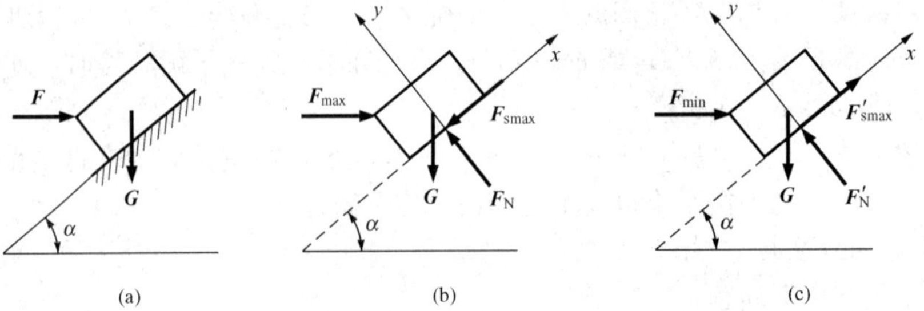

图 4-11

$$F_{min} \leqslant F \leqslant F_{max}$$

易见 F_{max}发生在物体将要向上滑动的临界状态，F_{min}发生在物体将要向下滑动的临界状态。先求 F_{max}，当 F 达到此值时，物体有向上滑动的趋势，摩擦力 F_s 沿斜面向下，并达到最大值 F_{smax}，以物体为对象进行受力分析，受力图及建立坐标系如图 4-11（b）所示，列平衡方程

$$\sum F_x = 0,\ F_{max}\cos\alpha - G\sin\alpha - F_{smax} = 0 \tag{1}$$

$$\sum F_y = 0,\ F_N - F_{max}\sin\alpha - G\cos\alpha = 0 \tag{2}$$

因为处于平衡临界状态，还有

$$F_{smax} = f_s F_N \tag{3}$$

联立方程（1）、（2）、（3），解出水平推力 F 的最大值为

$$F_{max} = G\frac{\sin\alpha + f_s\cos\alpha}{\cos\alpha - f_s\sin\alpha}$$

再求 F_{min}，当 F 达到此值时，物体有向下滑动的趋势，摩擦力 F_s 沿斜面向上，并达到另一最大值 F'_{smax}，此时物体的受力情况如图 4-11（c）所示，列平衡方程

$$\sum F_x = 0,\ F_{min}\cos\alpha - G\sin\alpha + F'_{smax} = 0 \tag{4}$$

$$\sum F_y = 0,\ F'_N - F_{min}\sin\alpha - G\cos\alpha = 0 \tag{5}$$

由于处于平衡临界状态，还有

$$F'_{smax} = f_s F'_N \tag{6}$$

联立方程（4）、（5）、（6），解出水平推力 F 的最小值为

$$F_{min} = G\frac{\sin\alpha - f_s\cos\alpha}{\cos\alpha + f_s\sin\alpha}$$

综上所述，得出为保持物体静止，力 F 应满足的条件

$$G\frac{\sin\alpha - f_s\cos\alpha}{\cos\alpha + f_s\sin\alpha} \leqslant F \leqslant G\frac{\sin\alpha + f_s\cos\alpha}{\cos\alpha - f_s\sin\alpha}$$

利用摩擦系数 f_s 等于摩擦角 φ_f 的正切的关系，上式可进一步表示为

$$G\tan(\alpha - \varphi_f) \leqslant F \leqslant G\tan(\alpha + \varphi_f)$$

易见，当 $\alpha < \varphi_f$ 时，$G\tan(\alpha - \varphi_f)$ 为负值。表明当斜面倾角 α 小于摩擦角 φ_f 时，物体自重不论有多大，不需要力 F 的支持就能静止于斜面上。物体处于自锁状态。

【例 4-6】 物块 A 重 500N，轮轴 B 重 1000N，物块 A 与轮轴 B 的轴以水平绳连接。在轮轴外绕以细绳，此绳跨过一光滑的滑轮 D，在绳的端点系一重物 C 如图 4-12（a）所示。如物块 A 与平面间的摩擦系数为 0.5，轮轴 B 与平面间的摩擦系数为 0.2，不计滚动摩阻，试求使物体系统平衡时，物体 C 的重量 G_C 的最大值。

解 由经验可知，若物块 C 的重量 $\boldsymbol{G}_C$ 太大，系统将向右运动。不考虑滚动摩阻，系统在 A、E 两处存在滑动摩擦。考虑系统平衡的临界状态，此时物块 C 的重量 $\boldsymbol{G}_C$ 就是所求的最大值 $\boldsymbol{G}_{C\max}$。

物系平衡的临界状态，具有滑动趋势的各处的静摩擦力，一般不可能都达到最大值，只要有一处达到了最大值，系统就处于即将运动的临界状态。故对物系问题，一般先设一处摩擦力达到最大值，再校核其他各处在此条件下是否平衡。

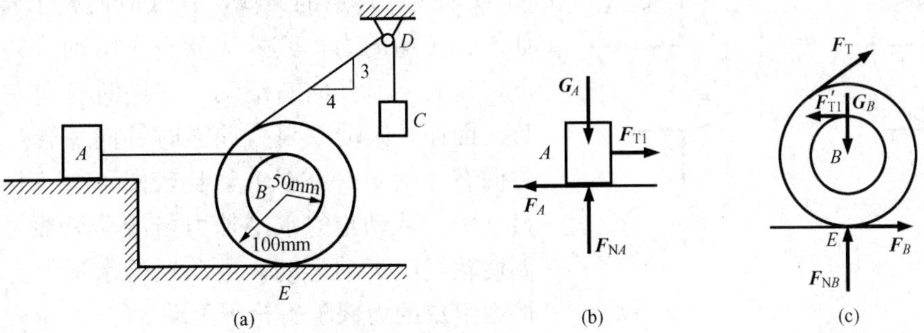

图 4 - 12

(1) 先设 A 处的静摩擦力达到最大值。

取物块 A 为研究对象，受力分析如图 4 - 12 (b) 所示，列平衡方程

$$\sum F_x = 0,\ F_A = F_{T1} \tag{1}$$

$$\sum F_y = 0,\ F_{NA} = G_A \tag{2}$$

又由 A 处于平衡临界状态，有

$$F_A = f_A F_{NA} \tag{3}$$

解得

$$F_{T1} = F_A = 0.5 \times 500 = 250(\text{N})$$

(2) 再研究轮轴 B，设它处于平衡，受力分析如图 4 - 12 (c)，列平衡方程

$$\sum F_x = 0,\ F_B - F'_{T1} + \frac{4}{5}F_T = 0 \tag{4}$$

$$\sum F_y = 0,\ F_{NB} - G_B + \frac{3}{5}F_T = 0 \tag{5}$$

$$\sum M_B = 0,\ 50F'_{T1} + 100F_B - 100F_T = 0 \tag{6}$$

解得 $F_T = 208(\text{N})$，即 $G_C = F_T = 208(\text{N})$

进一步验证，当 $G_C = 208\text{N}$ 时，轮轴 B 是否平衡。

将 $F_T = 208\text{N}$，$G_B = 1000\text{N}$ 代入方程 (5)，解出

$$F_{NB} = 875.2(\text{N})$$

则

$$F_{B\max} = f_B F_{NB} = 175(\text{N})$$

又由方程 (4)，解出 $F_B = 83.6(\text{N})$

易见

$$F_B < F_{B\max}$$

因此，当物块 A 处于平衡临界状态时，轮轴 B 无滑动，故所求之 $G_{C\max} = 208\text{N}$，确是维持系统平衡的最大重量。

而若求得 $F_B > F_{B\max}$，说明当物体 A 处于平衡临界状态时，轮轴 B 不能平衡。应另设轮

轴 B 处于平衡临界状态，再校核物块 A 是否平衡。

（二）从动轮、主动轮的受力分析

从动轮：其运动主要由过轮轴心的外力驱动，前面所讨论的形式［图 4-8（b）］即为从动轮，例如自行车的前轮。

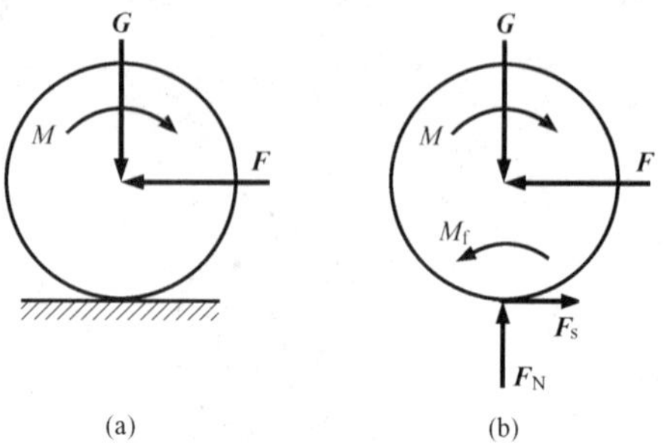

图 4-13

主动轮：其运动主要由作用其上的外力偶或附加力偶驱动［图 4-13（a）］，例如自行车后轮，力偶 M 如飞轮传递的力偶，其效应使轮子转动，力 $\boldsymbol{F}$ 如轮轴传递的力，其效应使轮子滑动。共同作用之下，轮有顺时针向右滚动、并同时有向左滑动的趋势。因而，滚动摩阻力偶逆时针向左转，滑动摩擦力向右［图 4-11（b）］。比较图 4-8（b）与图 4-11（b），从动轮的水平外力与滑动摩擦力组成的力偶使轮发生滚动运动；主动轮的水平外力与滑动摩擦力组成的力偶阻碍轮子滚动。

【例 4-7】 半径 $r=0.3$m 的均质轮子重 $G=3000$N，在轮心 O 上作用一平衡于斜面的拉力 $\boldsymbol{F}$，使轮子沿与水平面成 $\alpha=30°$ 的斜面匀速向上作纯滚动（只滚不滑）如图 4-14（a）所示，已知轮子与斜面间的滚动摩阻系数 $\delta=0.05$cm，试求力 $\boldsymbol{F}$ 的大小，并求解使轮作纯滚动时静滑动摩擦系数的最小值。

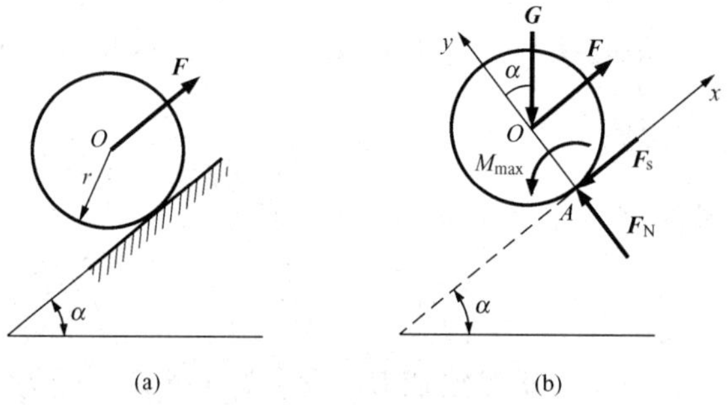

图 4-14

解　(1) 由于轮子作匀速运动，作用于轮子上的力包括轮子重力 G、拉力 F 及法向约束力 $\boldsymbol{F}_N$、静滑动摩擦力 $\boldsymbol{F}_s$ 和滚动摩阻 M_f 应组成平衡力系。轮子为从动轮，因此滑动摩擦力 $\boldsymbol{F}_s$ 的方向沿斜面向下，滚动摩阻达到最大值 M_{max}，方向为逆时针转向［图 4-14（b）］，列平衡方程

$$\sum F_x=0,\ F-G\sin\alpha-F_s=0 \tag{1}$$

$$\sum F_y=0,\ F_N-G\cos\alpha=0 \tag{2}$$

$$\sum M_A=0,\ M_{max}+G\sin\alpha\cdot r-Fr=0 \tag{3}$$

其中

$$M_{max}=\delta F_N \tag{4}$$

解得

$$F=G\left(\sin\alpha+\frac{\delta}{r}\cos\alpha\right)$$

显然，上式中的力 F 由两部分构成，一部分 $G\sin\alpha$ 是用于克服重力；另一部分 $G\dfrac{\delta}{r}\cos\alpha$ 是用于克服滚动摩擦。

(2) 求轮子作纯滚时静滑动摩擦系数的最小值 f_{smin}，由上述方程，可解出纯滚动时，静滑动摩擦力为

$$F_s=\frac{\delta}{r}G\cos\alpha \tag{5}$$

又由滑动摩擦定律 $F_{max}=f_sF_N$ 得只滚不滑的力学条件为

$$F_s \leqslant f_sF_N = f_sG\cos\alpha \tag{6}$$

比较方程（5）、（6），可得

$$f_{smin} \geqslant \frac{\delta}{r}$$

即轮子只滚动而不滑动时，静滑动摩擦系数的最小值应为$\frac{\delta}{r}$。

4.4 重　　心

地球表面或表面附近的物体都受到地心引力——重力的作用。重力是分布于物体体积内汇交于地球中心的汇交力系。但由于地球半径一般远远大于物体尺寸，故可将物体的重力视为平行力系。将刚体悬挂并处于静止［图 4 - 15（a）］，刚体的重力作用线必然与悬挂线重合。如改变悬挂方位，又得到另一条重力作用线［图 4 - 15（b）］。不论刚体如何悬挂，重力作用线始终都通过的那一点 C 称为**刚体的重心**，是物体受地球引力之重力的合力作用点。

确定物体的重心，在工程实际中具有重要的意义。高速转动的转子其转轴如未通过重心会引起机器的剧烈振动；飞机、船舶、起重机等的重心位置不当会影响运动的稳定，甚至会造成倾覆。

一、确定重心位置的坐标公式

可运用合力矩定理确定重心的位置坐标公式。建立图示直角坐标系 $Oxyz$，z 轴与重力作用线平行（图 4 - 16）。将物体分割成许多体积微元 ΔV_i，其重力为 $\boldsymbol{G}_i$，作用点的坐标为 x_i、y_i、z_i，物体重 $\boldsymbol{G}$，重心 C 的坐标为 x_C、y_C、z_C。则有

$$\boldsymbol{G} = \sum \boldsymbol{G}_i \tag{4-9}$$

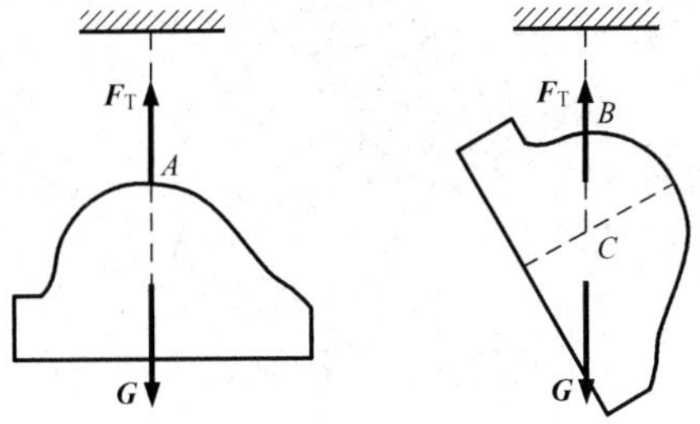

图 4 - 15

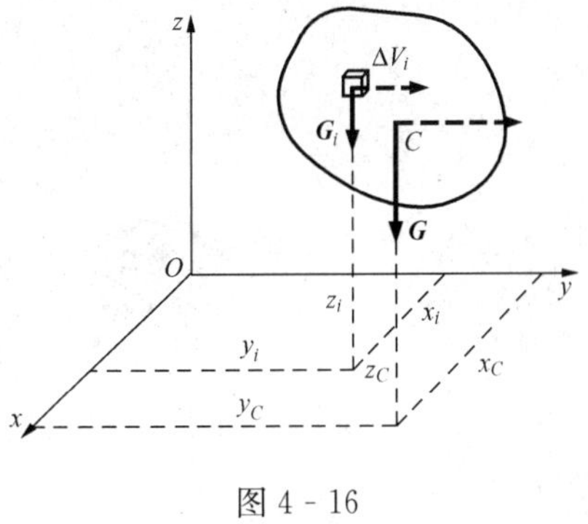

图 4 - 16

由对 y 轴的合力矩定理有

$$M_y(G) = \sum M_y(G_i)$$

即

$$x_C G = \sum x_i G_i$$

同理，对 x 轴取矩，有

$$-y_C G = -\sum y_i G_i$$

同时，由于物体重心的位置不随物体在空间放置的方位而改变，将各重力及其合力相对于物体按逆时针方向转 90°，使之与 y 轴平行，如图 4 - 16 中的虚线箭矢所示。这时，再对 x 轴取矩，可得

$$z_C G = \sum z_i G_i$$

综上所述，可求得重心的坐标公式为

$$\left.\begin{aligned} x_C &= \frac{\sum x_i G_i}{G} \\ y_C &= \frac{\sum y_i G_i}{G} \\ z_C &= \frac{\sum z_i G_i}{G} \end{aligned}\right\} \tag{4-10}$$

显然，式（4 - 10）也是平行力系中心的坐标公式。平行力系中心就是平行力系的合力通过的那一点。

对于均质物体，单位体积的重量 γ=常量，则 $G_i=\gamma \Delta V_i$，$G = \sum G_i = \gamma \sum \Delta V_i = \gamma V$。$V$ 为物体的总体积。将它们代入式（4 - 10），得

$$\left.\begin{aligned} x_C &= \frac{\sum x_i V_i}{V} \\ y_C &= \frac{\sum y_i V_i}{V} \\ z_C &= \frac{\sum z_i V_i}{V} \end{aligned}\right\} \tag{4-11}$$

可见均质物体的重心只决定于物体的形状，而与物体的重量无关。这时物体的重心也称为**体积重心**，这也就是物体的**形心**。即均质物体的重心与形心是重合的。

对式（4 - 11）取极限，得

$$\left.\begin{aligned} x_C &= \frac{\int_V x \, \mathrm{d}V}{V} \\ y_C &= \frac{\int_V y \, \mathrm{d}V}{V} \\ z_C &= \frac{\int_V z \, \mathrm{d}V}{V} \end{aligned}\right\} \tag{4-12}$$

对于其厚度与其表面积 S 相比是很小的均质等厚度薄壳（图 4 - 17），其重心（形心）的坐标公式为

$$\left.\begin{aligned} x_C &= \frac{\sum x_i \Delta S_i}{S} = \frac{\int_S x \, \mathrm{d}S}{S} \\ y_C &= \frac{\sum y_i \Delta S_i}{S} = \frac{\int_S y \, \mathrm{d}S}{S} \\ z_C &= \frac{\sum z_i \Delta S_i}{S} = \frac{\int_S z \, \mathrm{d}S}{S} \end{aligned}\right\} \tag{4-13}$$

这时物体的重心称为**面积重心**。

对于均质平板，将坐标系 Oxy 建立在平板所在平面内（图 4 - 18），则其重心（形心）的坐标公式为

$$\left.\begin{aligned} x_C &= \frac{\sum x_i \Delta S_i}{S} = \frac{\int_S x\,\mathrm{d}S}{S} \\ y_C &= \frac{\sum y_i \Delta S_i}{S} = \frac{\int_S y\,\mathrm{d}S}{S} \end{aligned}\right\} \tag{4 - 14}$$

对于任意形状长为 L 的等截面均质细杆（图 4 - 19），则其重心（形心）的坐标公式为

$$\left.\begin{aligned} x_C &= \frac{\sum x_i \Delta L_i}{L} = \frac{\int_L x\,\mathrm{d}L}{L} \\ y_C &= \frac{\sum y_i \Delta L_i}{L} = \frac{\int_L y\,\mathrm{d}L}{L} \\ z_C &= \frac{\sum z_i \Delta L_i}{L} = \frac{\int_L z\,\mathrm{d}L}{L} \end{aligned}\right\} \tag{4 - 15}$$

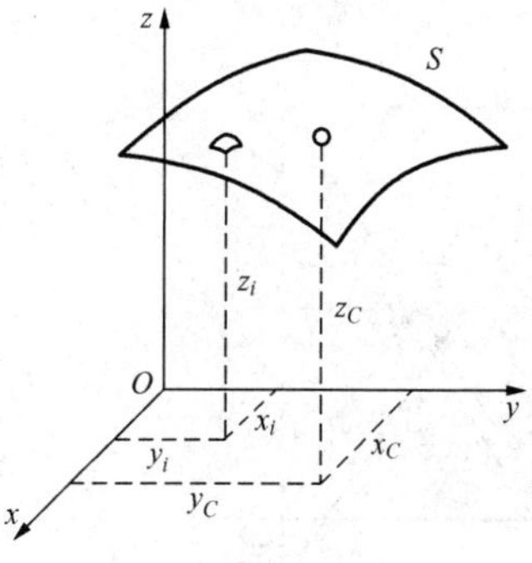

图 4 - 17

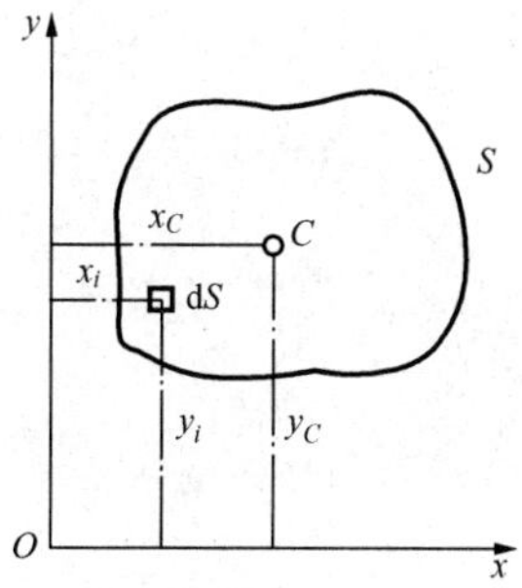

图 4 - 18

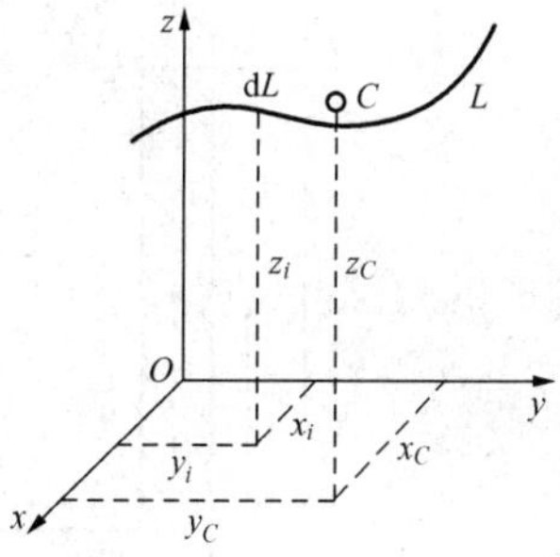

图 4 - 19

在实际中可以利用具有对称性的均质物体的具体特点确定它们的重心位置。

（1）具有对称点的均质物体的重心必在对称点上；

（2）具有对称轴的均质物体的重心必在对称轴上 ；

（3）具有对称面的均质物体的重心必在对称面上。

二、确定组合体重心位置的组合法

由若干均质简单图形组合而成的物体称**组合体**。当这些简单图形的重心已知时，利用式（4 - 11）就可以求得组合体的重心。

（一）分割法

【例 4 - 8】 试求图 4 - 20 所示角钢横截面的形心。已知 $B=160\text{mm}$，$b=100\text{mm}$，$d=16\text{mm}$。

解 建立图 4 - 20 所示的坐标系 Oxy。如图将图形分割为Ⅰ、Ⅱ两个矩形，设两矩形的面积分别为 S_1、S_2，它们的形心分别为点 $C_1(x_1, y_1)$、$C_2(x_2, y_2)$。则有

Ⅰ：$S_1=(B-d)\cdot d=2304(\text{mm}^2)$；$x_1=\dfrac{d}{2}=8(\text{mm})$；$y_1=d+\dfrac{B-d}{2}=88(\text{mm})$

Ⅱ：$S_2=b\cdot d=1600(\text{mm}^2)$；$x_2=\dfrac{b}{2}=50(\text{mm})$；$y_2=\dfrac{d}{2}=8(\text{mm})$

代入式（4－14）得角钢横截面的形心 C 的坐标为

$$x_C=\frac{\sum x_iS_i}{S}=\frac{8\times2304+50\times1600}{2304+1600}=25.2(\text{mm})$$

$$y_C=\frac{\sum y_iS_i}{S}=\frac{88\times2304+8\times1600}{2304+1600}=55.2(\text{mm})$$

（二）负面积（体积）法

对于图 4－20 所示，角钢横截面也可视为由在边长各为 B、b 的大矩形Ⅰ′中挖去一个边长各为 $B-d$、$b-d$ 的小矩形Ⅱ′（图 4－21）而得到。对于如此的分割，仍可用式（4－14）求图形的形心 C 坐标。将被挖掉部分视为相当于存在反向重力，因此在应用公式时，应叠加上相应的负值重力，即将被挖掉部分的面积（体积）视为负值。

仍以［例 4－8］为例加以说明。

解 建立图 4－21 所示的坐标系 Oxy。如图将图形分割为Ⅰ、Ⅱ两个矩形，设两矩形的面积分别为 S_1、S_2，它们的形心分别在其对称点 $C_1(x_1,y_1)$、$C_2(x_2,y_2)$。则有

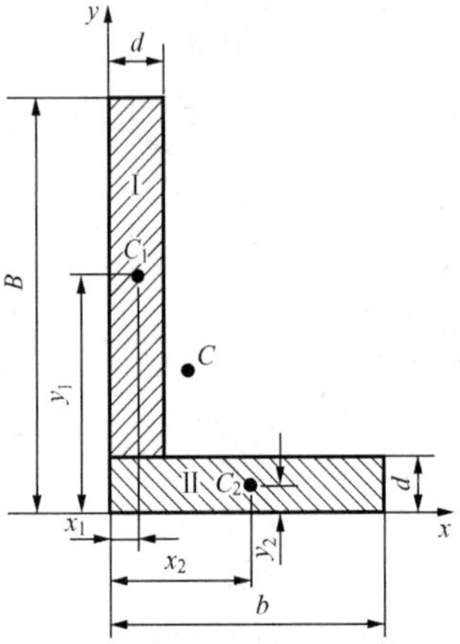

图 4－20

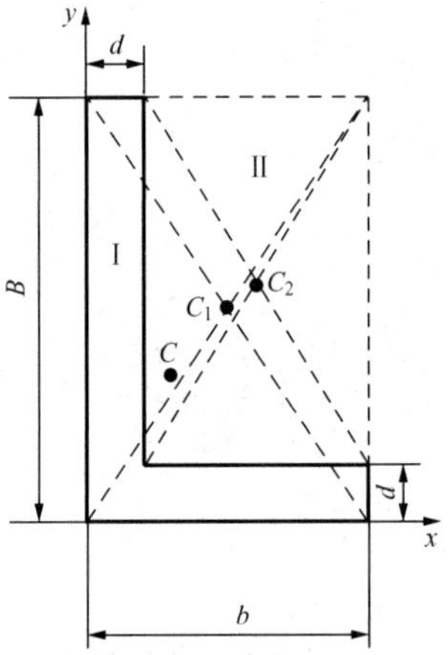

图 4－21

Ⅰ：$S_1=B\cdot b=16000(\text{mm}^2)$；$x_1=\dfrac{b}{2}=50(\text{mm})$；$y_1=\dfrac{B}{2}=80(\text{mm})$

Ⅱ：$S_2=-(B-d)\cdot(b-d)=-12096(\text{mm}^2)$；$x_2=d+\dfrac{b-d}{2}=58(\text{mm})$；

$y_2=d+\dfrac{B-d}{2}=88(\text{mm})$

代入式（4－14）得角钢横截面的形心 C 的坐标为

$$x_C=\frac{\sum x_iS_i}{S}=\frac{50\times16000+58\times(-12096)}{16000+(-12096)}=25.2(\text{mm})$$

$$y_C=\frac{\sum y_iS_i}{S}=\frac{80\times16000+88\times(-12096)}{16000+(-12096)}=55.2(\text{mm})$$

组合法也称加减法，利用它可以很方便地确定由若干均质简单图形（已知形心）组合而成的物体的重心（形心）。

三、用实验的方法确定重心位置

工程上常用实验的方法确定形状不规则，或非均质物体的重心位置。对于薄板状物体一般用悬挂法，对形状复杂、体积较大的物体常用称重法求其重心。

本 章 小 结

(1) 桁架是由二力杆铰接而成的一种具有几何不变性的杆系结构。计算平面简单桁架各杆件的内力有两种方法：

1) 节点法：首先选取只有二个未知量的节点为研究对象，逐个研究各节点的平衡，由平面汇交力系平衡方程求出各杆的内力的方法。节点法适用于求解全部杆件的内力。

2) 截面法：假想地截开待求内力的杆件，把桁架分割成完全独立的两部分，考虑其中一部分的平衡，被截开的杆件的内力成为该研究对象的外力，应用平面力系的平衡方程，当未知量等于或少于三个时，即可求出所截杆的内力。用截面法求解时，被截开的未知内力的杆件数一般不能多于三根，且不应构成平面汇交力系。

(2) 两个相互接触的物体有相对运动或具有相对运动的趋势时，在接触面会产生彼此阻碍相对运动的作用。这种现象称为摩擦。摩擦可分为滑动摩擦和滚动摩阻。

(3) 滑动摩擦力是两个相互接触的物体有相对滑动的趋势或产生相对滑动时，相互接触的表面产生的切向约束力。前者称为静滑动摩擦力，后者称为动滑动摩擦力。

1) 静摩擦力 $\boldsymbol{F}_s$ 沿接触处的公切线且总是与物体的相对滑动趋势反向，其大小是一范围值，满足：$0 \leqslant F_s \leqslant F_{max}$。当物体处于静止平衡状态时，静摩擦力与一般约束力同样是一个未知量，由平衡方程求出；当物体处于滑动临界平衡状态时，静摩擦力的大小由静摩擦定律 $F_{max}=f_s F_N$ 确定。

2) 动摩擦力 $\boldsymbol{F}_d$ 的方向与静摩擦力相同，大小与接触物体间的正压力成正比，$F_d=fF_N$。

(4) 摩擦角 φ_f 是摩擦力达到最大值时全反力 $\boldsymbol{F}_R$ 与接触处公法线间的夹角。且有 $\tan\varphi_f=f_s$。物体平衡时，静摩擦力总是小于或等于最大静摩擦力，全反力 $\boldsymbol{F}_R$ 与法线间的偏角 φ 也总是小于或等于摩擦角 φ_f。由此得平衡条件的另一表述形式，即 $\varphi \leqslant \varphi_f$。

(5) 滚动摩阻力偶 M_f 总是阻碍轮子可能的滚动，一般满足：$0 \leqslant M_f \leqslant M_{max}$。轮子滚动的临界状态，滚动摩阻达到最大值 $M_{max}=\delta F_N$，滚动摩阻系数具有长度单位，为临界状态时法向反力 F'_N 向滚动方向偏离中心线的最远距离。

(6) 物体的重心是该物体重力作用线始终通过的那一点。物体的重心相对物体本身有确定的位置，与该物体在空间的位置无关。均质物体的重心与形心是重合的。重心的坐标公式为

$$x_C=\frac{\sum x_i G_i}{G},\ y_C=\frac{\sum y_i G_i}{G},\ z_C=\frac{\sum z_i G_i}{G}$$

此式也是平行力系中心的坐标公式。平行力系中心就是平行力系的合力通过的那一点。

思　考　题

4－1　已知一重量为 $G=100\text{N}$ 的物块放在水平面上，其摩擦系数 $f_s=0.3$，如图 4－22 所示。当作用在物块上的水平推力 $\boldsymbol{F}$ 的大小分别为 10N、20N 及 40N 时，试分析这三种情形下物块是否平衡？摩擦力各等于多少？

4－2　已知一物块重 $G=100\text{N}$，用 $F=500\text{N}$ 的力压在一铅直表面上如图 4－23 所示，其摩擦系数 $f_s=0.3$。问此时物块所受的摩擦力等于多少？

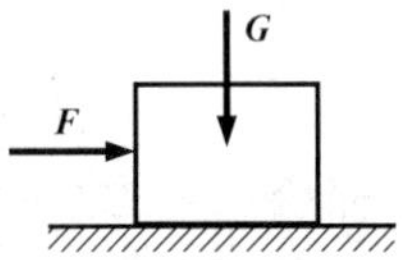

图 4－22　思考题 4－1 图

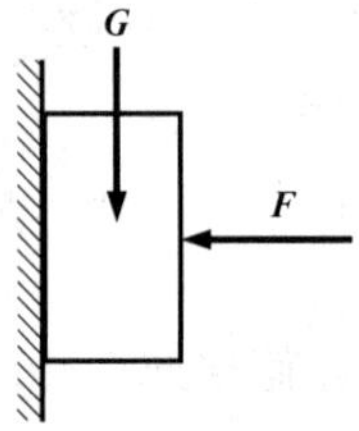

图 4－23　思考题 4－2 图

4－3　在摩擦定律 $F_{max}=f_sF_N$ 中，$\boldsymbol{F}_N$ 代表什么？如图 4－24 所示，重量均为 G 的两物体放在水平面上，摩擦系数也相同，问是拉动省力［图 4－24（a）］，还是推动省力［图 4－24（b）］？为什么？

4－4　物块重 $\boldsymbol{G}$，一力 $\boldsymbol{F}$ 作用在摩擦角之外，如图 4－25 所示，已知：$\theta=25°$，摩擦角 $\varphi_f=20°$，$F=G$，问物块是否平衡？为什么？

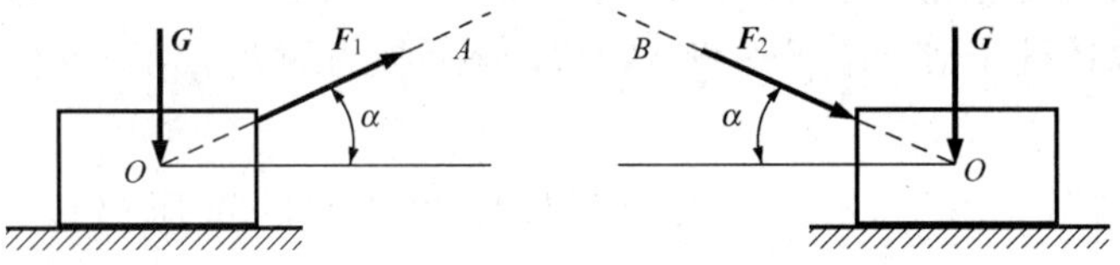

(a)　(b)

图 4－24　思考题 4－3 图

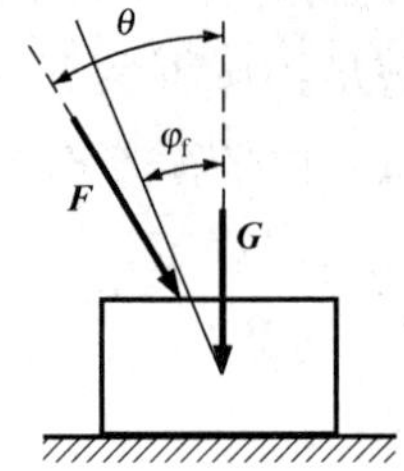

图 4－25　思考题 4－4 图

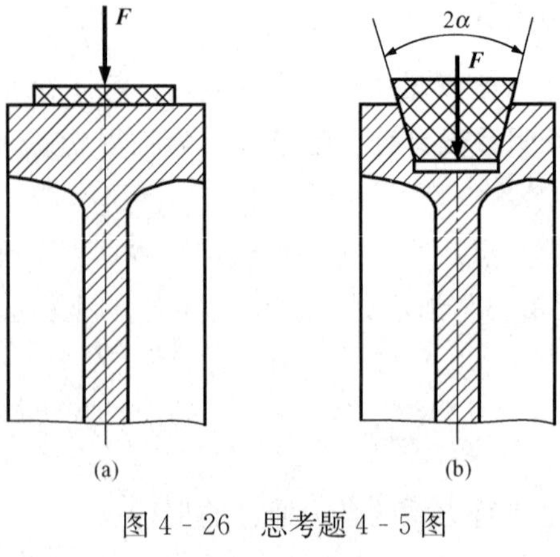

(a)　(b)

图 4－26　思考题 4－5 图

4－5　如图 4－26 所示，试比较用同样材料在相同皮带压力作用下，平皮带和三角皮带所能传递的最大拉力。

4－6　一均质等截面直杆的重心在哪里？若把它弯成半圆形，重心的位置是否改变？

4－7　当物体质量分布不均匀时，重心和几何中心还重合吗？为什么？

4－8　计算一物体重心的位置时，如果选取的坐标轴不同，重心的坐标是否改变？重心在物体内的位置是否改变？

4 - 9 图 4 - 27 所示系统为平面桁架结构，试直接指出受力为零的杆件。

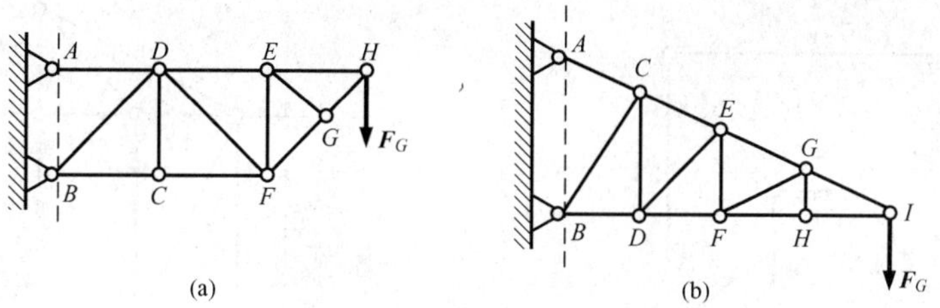

图 4 - 27 思考题 4 - 9 图

习　　题

4 - 1 平面悬臂桁架所受的荷载如图 4 - 28 所示。试求杆 1、2 和 3 的内力。

4 - 2 平面桁架的支座和荷载如图 4 - 29 所示，已知：各杆长均为 a，$F_1=2\text{kN}$，$F_2=10\text{kN}$。求各杆的内力，并指出杆件受拉还是受压。

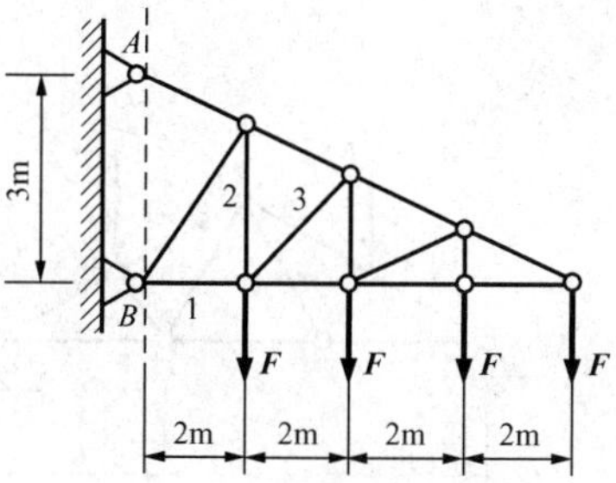

图 4 - 28 习题 4 - 1 图

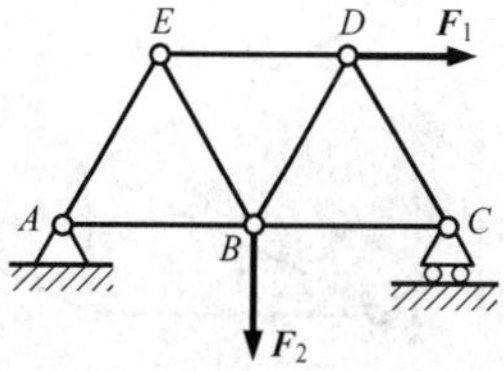

图 4 - 29 习题 4 - 2 图

4 - 3 桁架受力如图 4 - 30 所示，已知：$F_1=10\text{kN}$，$F_2=F_3=20\text{kN}$。试求桁架 6、7、8、9 各杆的内力。

4 - 4 桁架受力如图 4 - 31 所示，已知：$F_1=10\text{kN}$，$F_2=F_3=20\text{kN}$。试求桁架 4、5、7、10 各杆的内力。

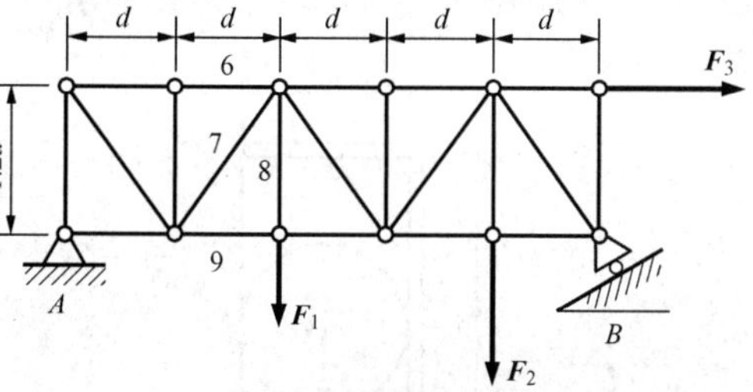

图 4 - 30 习题 4 - 3 图

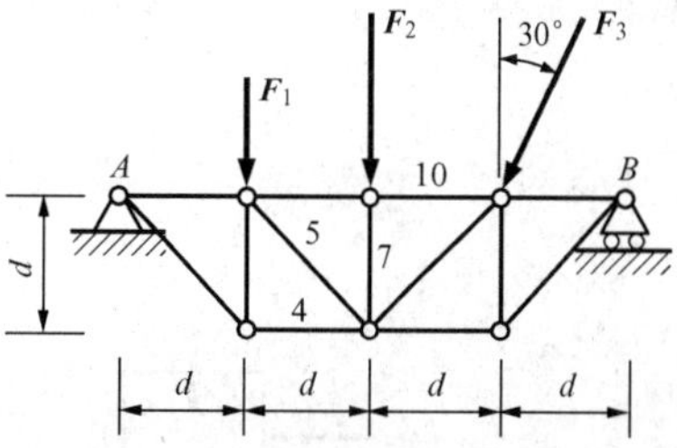

图 4 - 31 习题 4 - 4 图

4 - 5 平面桁架的支座和荷载如图 4 - 32 所示，求杆 1、2 和 3 的内力。

4 - 6 桁架受力如图 4 - 33 所示，已知：$F_1=F_2=2\text{kN}$，$F_3=3\text{kN}$。求杆件 BH、CH、DH 及 EH 的内力。

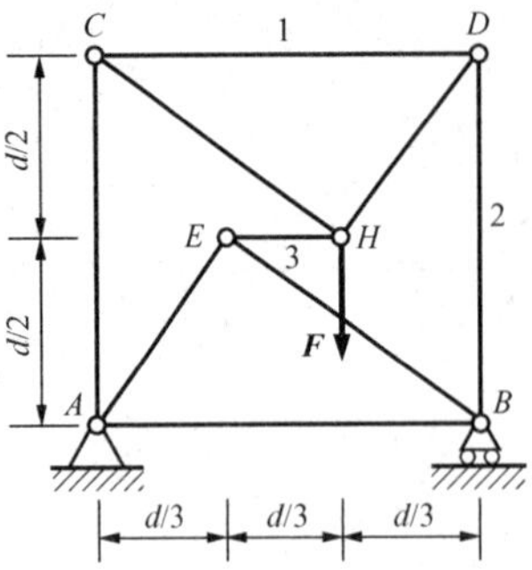

图 4 - 32 习题 4 - 5 图

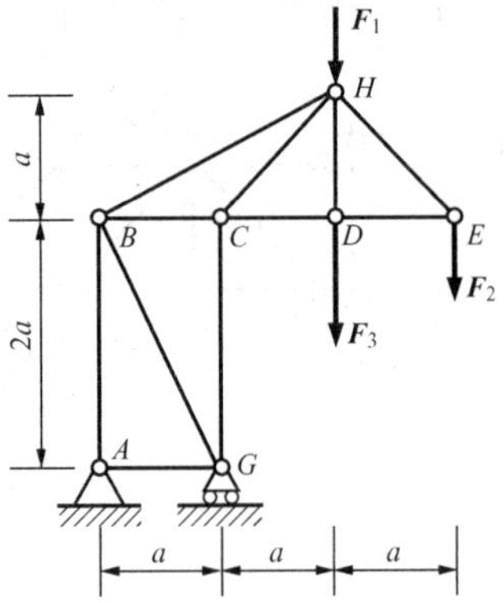

图 4 - 33 习题 4 - 6 图

4 - 7 平面桁架荷载如图 4 - 34 所示，求各杆的内力。

4 - 8 平面桁架的支座和荷载如图 4 - 35 所示，已知：$AB=BC=CD=a$，$BG\perp AG$，$CE\perp DE$，$BG=CE=a/2$，$F=2\text{kN}$，$F_1=F_2=3\text{kN}$。求杆 BC、HG 的内力，并指出杆件受拉还是受压。

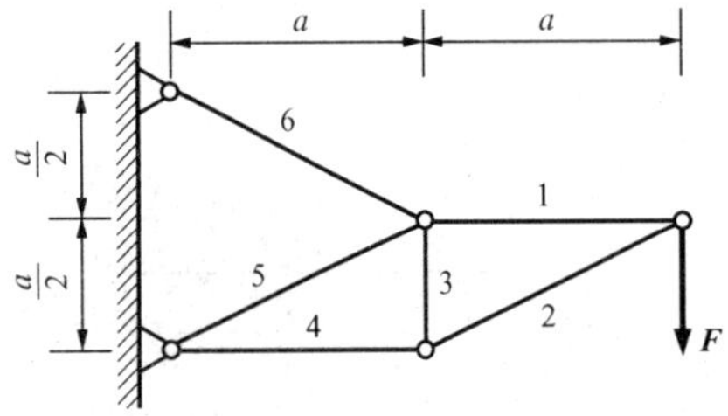

图 4 - 34 习题 4 - 7 图

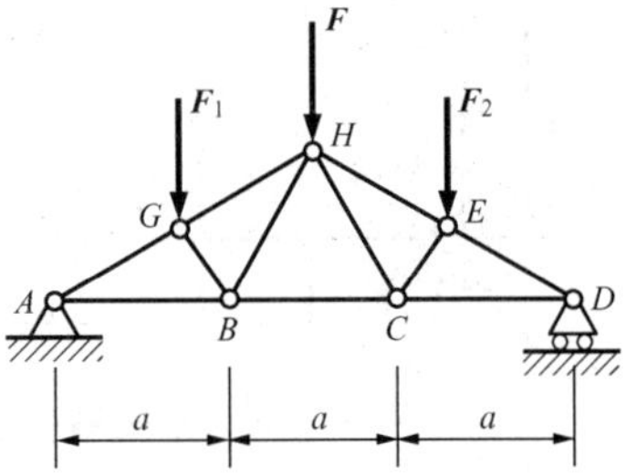

图 4 - 35 习题 4 - 8 图

4 - 9 重 $\boldsymbol{G}$ 的物块放在倾角 θ 大于摩擦角 φ_f 的斜面上，在物块上另加一水平力 $\boldsymbol{F}$ 如图 4 - 36 所示，已知 $G=500\text{N}$，$F=300\text{N}$，$f_s=0.4$，$\theta=30°$。试求摩擦力的大小。

4 - 10 如图 4 - 37 所示，球重 $\boldsymbol{G}=400\text{N}$，折杆自重不计，所有接触面间的静摩擦系数均为 $f_s=0.2$，铅直力 $F=500\text{N}$，$a=20\text{cm}$。问力 $\boldsymbol{F}$ 应作用在何处时，球才不致下落？

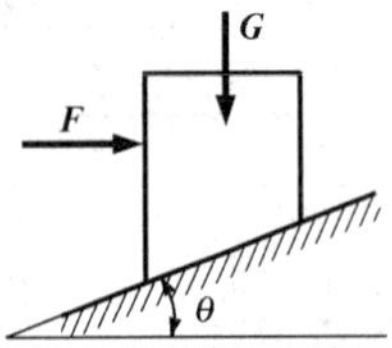

图 4 - 36 习题 4 - 9 图

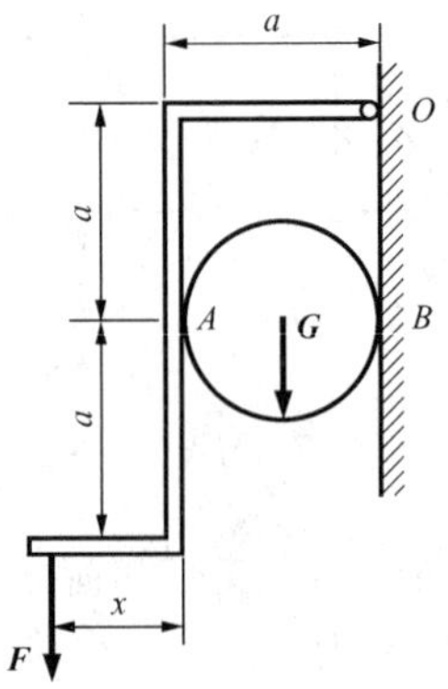

图 4 - 37 习题 4 - 10 图

4-11 简易升降混凝土吊桶装置如图 4-38 所示。混凝土和吊桶共重 25kN，吊桶与滑道间的摩擦系数为 0.3。试分别求出重物上升和下降时绳子的拉力。

4-12 如图 4-39 所示，重 $\boldsymbol{G}$ 的物体放在倾角为 α 的斜面上，物体与斜面间的摩擦角为 φ_f。如在物体上作用力 $\boldsymbol{F}$，此力与斜面的交角为 θ。求拉动物体时 $\boldsymbol{F}$ 的值，并问当角 θ 为何值时，此力为极小。

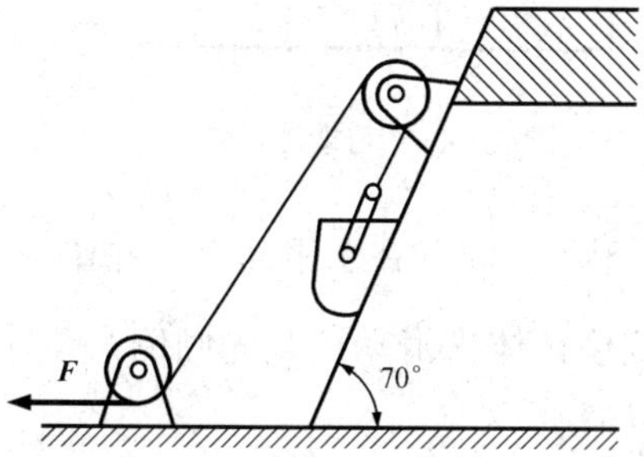

图 4-38 习题 4-11 图

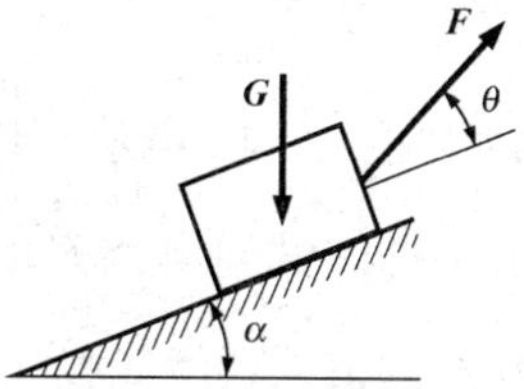

图 4-39 习题 4-12 图

4-13 如图 4-40 所示，梯子 AB 重 $\boldsymbol{G}_1$，上端靠在光滑墙上，下端搁在摩擦系数为 f_s 的粗糙水平地板上，如图所示。试问当梯子与地面间之夹角 α 为何值时，体重 $\boldsymbol{G}_2$ 的人能爬到梯子的顶点？

4-14 如图 4-41 所示，欲转动一置于 V 型槽中的棒料，需作用一力偶，力偶的矩 $M=1500\text{N}\cdot\text{m}$。已知棒料重 $G=400\text{N}$，直径 $D=25\text{cm}$，试求棒料与 V 型槽间的摩擦系数 f_s。

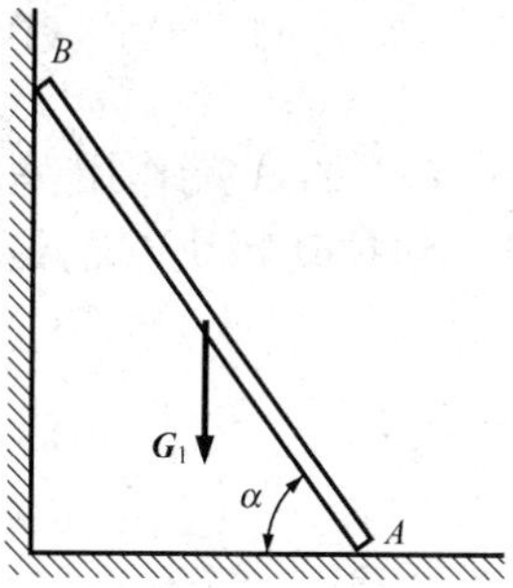

图 4-40 习题 4-13 图

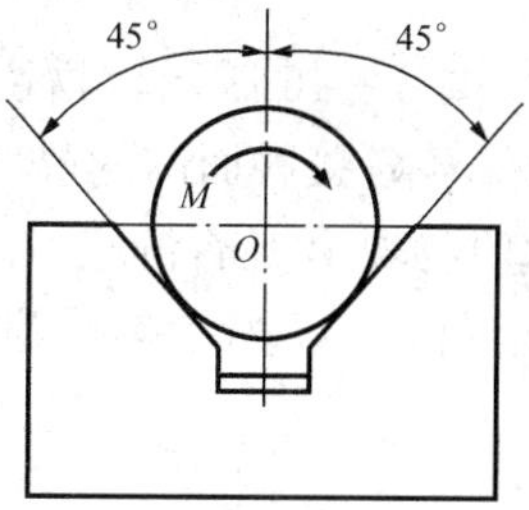

图 4-41 习题 4-14 图

4-15 鼓轮 B 重 500N，放在墙角里如图 4-42 所示。已知鼓轮与水平地板间的摩擦系数为 0.25，而铅直墙壁则假定是绝对光滑的。鼓轮上的绳索下段挂着重物。设半径 $R=20\text{cm}$，$r=10\text{cm}$。求平衡时重物 A 的最大重量。

4-16 物块 A 重 50N，B 重 100N。两者叠置如图 4-43 所示，且用细绳将物块 A 拴住。已知 A、B 之间以及 B 与水平地面之间的静摩擦系数均为 $f_s=0.3$，求能使物块 B 相对于地面产生滑动的最小水平力 $\boldsymbol{F}$。

4-17 物块 A 重 80N，B 重 200N。两者用细绳相连如图 4-44 所示。物块 A 与水平地面之间、物块 B 与斜面之间的静摩擦系数分别为 $f_A=0.2$，$f_B=0.1$。作用于物块 B 上的力 $\boldsymbol{F}$ 平行于斜面。求能使物块开始向上滑动的力 $\boldsymbol{F}$ 的最小值。

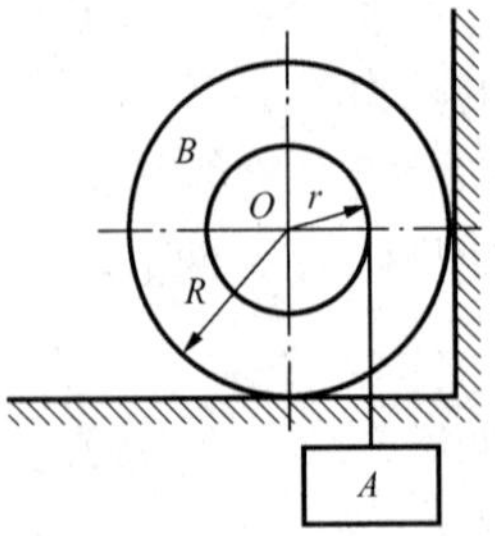

图 4-42 习题 4-15 图

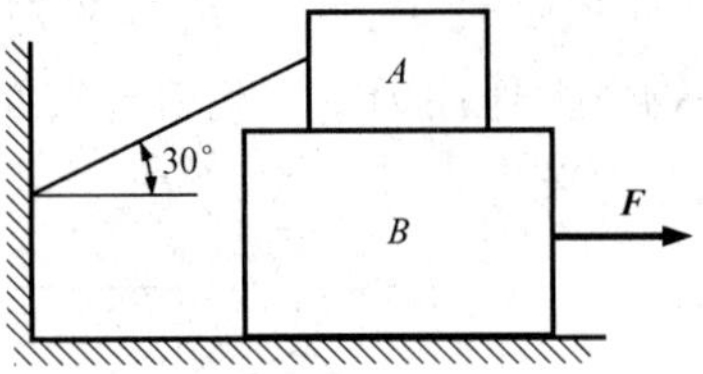

图 4-43 习题 4-16 图

4-18 如图 4-45 所示，均质棱柱体重 $G=4.8\text{kN}$，放置在水平面上，并作用于力 $\boldsymbol{F}$，摩擦系数 $f_s=\dfrac{1}{3}$。试问当力 $\boldsymbol{F}$ 的值逐渐增大时，该棱柱体先滑动还是先倾倒？并计算运动刚发生时力 $\boldsymbol{F}$ 的值。

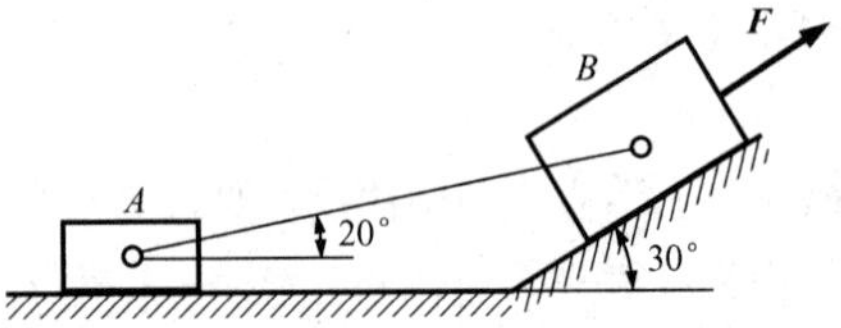

图 4-44 习题 4-17 图

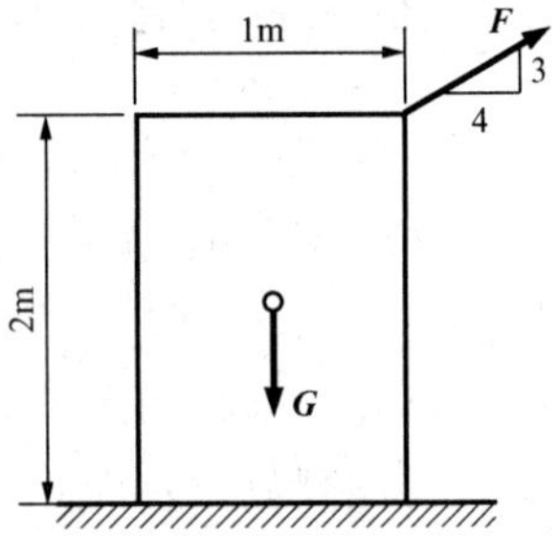

图 4-45 习题 4-18 图

4-19 如图 4-46 所示，物块 B、C 均重 20N，在杆 OA 的 A 端作用一力 $F_1=40\text{N}$，杆重忽略不计。若各接触面间的静摩擦系数均为 $f_s=0.1$。问拉动物块 C 的最小水平力 $\boldsymbol{F}_2$ 等于多少？此时物块 B 是否静止？

4-20 求图 4-47 所示匀质等截面金属细弯管的重心坐标。

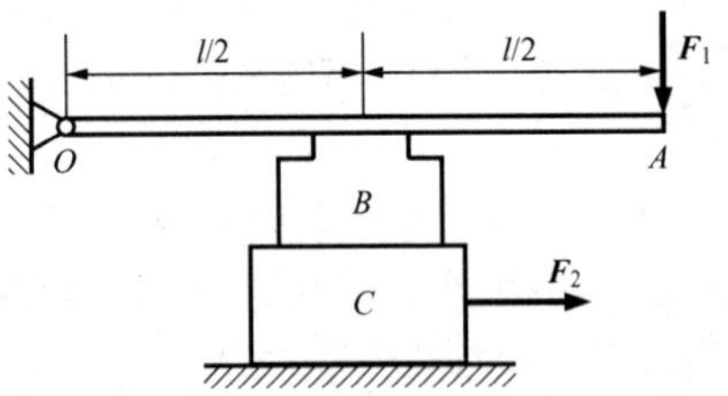

图 4-46 习题 4-19 图

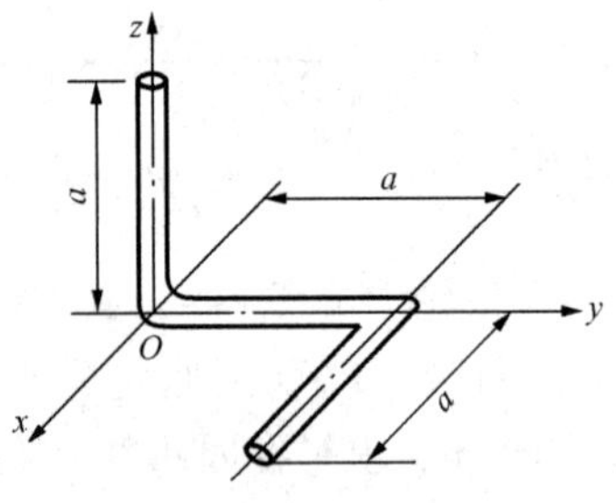

图 4-47 习题 4-20 图

4-21 试求图 4-48 所示型材剖面的形心位置。图中长度单位为 mm。

4-22 试求图 4-49 所示阴影部分形心位置：

(1) 已知图 4-49 (a) 中 $l=160\text{mm}$；

(2) 图 4-49 (b) 中单位为 m。

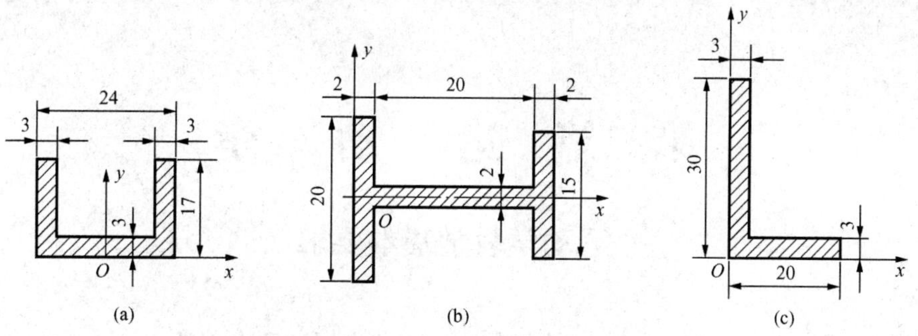

图 4 - 48 习题 4 - 21 图

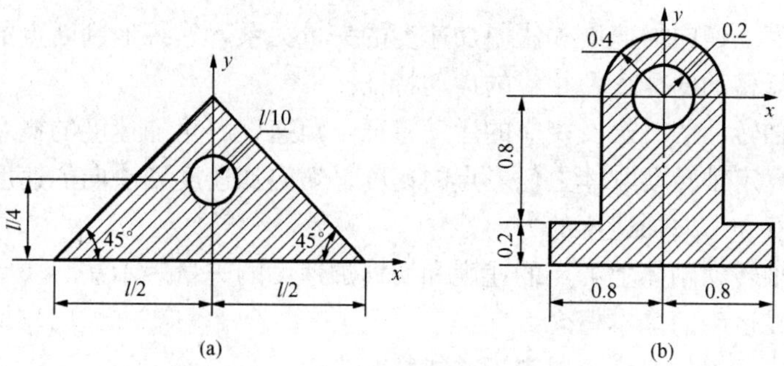

图 4 - 49 习题 4 - 22 图

第二篇 运 动 学

运动学教学基本要求

（1）描述点位置、速度、加速度的矢量法、直角坐标法和自然法。

（2）熟练计算速度、加速度在直角坐标轴及自然坐标轴的投影，并确定速度、加速度的大小和方向。

（3）根据速度、切向加速度和法向加速度的矢量关系，熟练地判断点的运动情况。

（4）刚体平行移动的概念及相应的运动特征。

（5）刚体定轴转动的概念及相应的运动特征，角速度、角加速度的概念。

（6）熟练计算定轴转动刚体上任一点的速度、切向加速度和法向加速度，并能熟练画出速度、切向加速度和法向加速度的方向。

（7）了解定轴转动刚体上各点的速度和切向加速度的矢量表示法。

（8）点的合成运动的基本概念。

（9）点的合成运动的速度合成定理并能熟练应用。

（10）点的合成运动的加速度合成定理及其应用。

（11）理解有关刚体平面运动的各种概念，如刚体平面运动的分解、基点、平面运动的角速度、角加速度及速度瞬心。

（12）对给出的刚体机构，能熟练、正确地判断出机构中哪一个刚体作平面运动，能熟练、正确地确定运动的传递关系。

（13）能熟练应用基点法、速度瞬心法和速度投影法求解有关的速度问题。能熟练、正确地画出所求点的速度矢量图。

（14）会用基点法求解有关的加速度问题。

运动学引言

运动学是研究物体运动几何性质的学科。在力学中运动是指物体的机械运动，即物体位置的变化。运动学是从几何的角度研究物体的运动，而不考虑作用于物体上的力和质量等物理量，即运动学研究的内容只限于物体运动的几何性质（包括物体的运动方程，运动轨迹，速度及加速度）。

运动方程：物体位置随时间的变化规律。

速度：物体位置变化的快慢。

加速度：物体速度变化的快慢。

轨迹：物体运动过程中所经过的曲线。

由于运动是相对的，研究某一物体的运动时，必须选择另一个物体作为参考体来描述该物体的运动，这个作为参考的物体称为参考体，固结在参考体上的坐标系称为参考坐标系或参考系。一般情况都取与地面固连的坐标系为参考系，以后不作特别说明都应如此理解。对于特殊问题，将根据需要另选参考系，并加以说明。

运动学研究的对象有两个：点和刚体。当物体的几何尺寸和形状在运动中不起主要作用时，物体运动可简化为点的运动。由于刚体可看作无数点组合，所以点的运动学既有其单独的作用，又是研究刚体运动学的基础。

5 点的运动学

本章提要

本章主要研究点相对于某一参考系的运动量随时间的变化规律，包括点的运动方程的建立；运动轨迹的描述；速度和加速度的确定。介绍了描述点的运动最常用的三种方法：矢量法、直角坐标法和自然法。矢量法常用于理论推导，具体计算时，一般用直角坐标法和自然法。点的运动学不仅在工程中有重要的意义，它还是研究刚体运动学的基础。

5.1 用矢量法研究点的运动

5.1.1 点的运动方程

为了描述动点 M 在某一瞬时 t 的运动，选取参考系上某确定点 O 为坐标原点，自点 O 向动点 M 作矢量 $\boldsymbol{r}$，称为点 M 相对原点 O 的位置矢量，简称矢径。当动点 M 运动时，矢径 $\boldsymbol{r}$ 随时间而变化，并且是时间的单值连续函数，即

$$\boldsymbol{r}=\boldsymbol{r}(t) \tag{5-1}$$

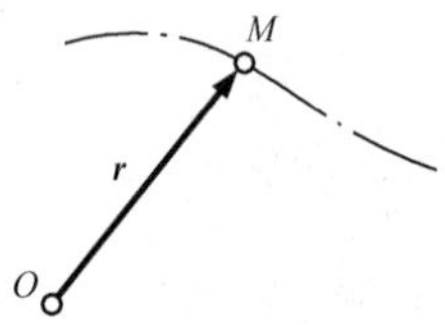

图 5 - 1

式（5 - 1）称为以矢量表示的点的运动方程。动点 M 在运动过程中，其矢径 $\boldsymbol{r}$ 末端描绘出一条连续曲线就是动点 M 的运动轨迹。如图 5 - 1 所示。

5.1.2 点的速度 $\boldsymbol{v}$

动点的速度等于矢径对时间的一阶导数。

$$\boldsymbol{v}=\frac{\mathrm{d}\boldsymbol{r}}{\mathrm{d}t} \tag{5-2}$$

点的速度不仅有大小还有方向，所以点的速度是一个矢量，依据导数意义可知，动点速度方向沿着点运动轨迹的切线方向，并与此点的运动方向相同，速度大小表示点的运动快慢，也称为速率，数学上用速度矢量 $\boldsymbol{v}$ 的模表示，速度的量纲是长度除以时间，在国际单位制中以 m/s 为速度 $\boldsymbol{v}$ 的单位。

5.1.3 点的加速度 $\boldsymbol{a}$

点的加速度是速度变化的快慢，而速度是矢量，所以加速度表示了速度大小和速度方向变化的快慢。因此，动点的加速度矢等于动点的速度矢对时间的一阶导数或等于矢径对时间的二阶导数，其数学表达式为

$$\boldsymbol{a}=\frac{\mathrm{d}\boldsymbol{v}}{\mathrm{d}t}=\frac{\mathrm{d}^2\boldsymbol{r}}{\mathrm{d}t^2} \tag{5-3}$$

有时为了方便，在字母上方加“.”表示对时间的一阶导数，加“..”表示对时间的二阶导数，式（5-2）、式（5-3）也可写成

$$\boldsymbol{v}=\dot{\boldsymbol{r}} \quad \boldsymbol{a}=\dot{\boldsymbol{v}}=\ddot{\boldsymbol{r}}$$

加速度的量纲是长度除以时间平方，在国际单位制中以 $\mathrm{m/s^2}$ 为加速度 $\boldsymbol{a}$ 的单位。

5.2 用直角坐标法研究点的运动

5.2.1 点的运动轨迹和运动方程

取一固定直角坐标系 $Oxyz$，则动点 M 在任意瞬间的空间位置可用它相对于坐标原点 O 的矢径 $\boldsymbol{r}$ 表示，也可用它的三个直角坐标 x、y、z 表示，如图 5-2 所示

$$\boldsymbol{r}=x\boldsymbol{i}+y\boldsymbol{j}+z\boldsymbol{k} \tag{5-4}$$

式中 $\boldsymbol{i}$、$\boldsymbol{j}$、$\boldsymbol{k}$——沿三个定坐标轴的单位矢量。

由于 $\boldsymbol{r}$ 为时间 t 的单值连续函数，则其三个投影 x、y、z 也是时间 t 的单值连续函数，可将矢量法中运动方程式（5-1）写成

$$x=f_1(t), y=f_2(t), z=f_3(t) \tag{5-5}$$

称式（5-5）为以直角坐标表示的动点的运动方程，知道了点的运动方程式（5-5），可以求出各瞬时点的坐标 x、y、z 的值，也就完全确定了该瞬时动点的位置。

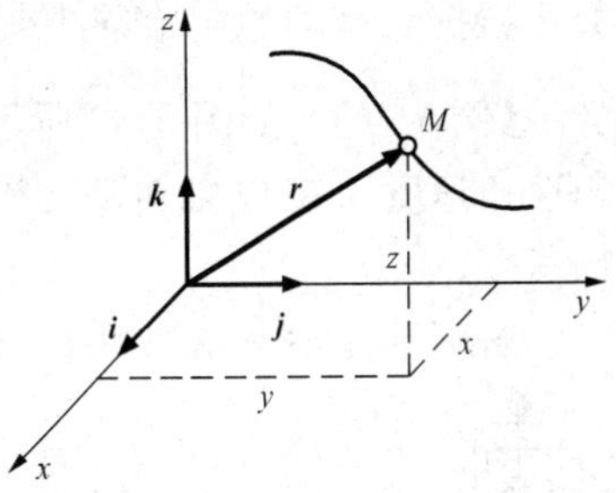

图 5-2

式（5-5）也是动点 M 的轨迹参数方程，只要给定 t 的不同数值，依次得到 M 点的坐标 x、y、z 的相应数值，根据 x、y、z 数值可以描出动点的运动轨迹。

如果点在平面内运动，此时点的轨迹为平面曲线，取轨迹所在的平面为坐标平面 Oxy，则点的运动方程为

$$x=f_1(t),\ y=f_2(t) \tag{5-6}$$

从式（5-6）中消去 t，得到轨迹方程为

$$f(x,y)=0 \tag{5-7}$$

5.2.2 点的速度和加速度

由矢量法知

$$\boldsymbol{v}=\frac{\mathrm{d}\boldsymbol{r}}{\mathrm{d}t}=\frac{\mathrm{d}}{\mathrm{d}t}[x\boldsymbol{i}+y\boldsymbol{j}+z\boldsymbol{k}]=\frac{\mathrm{d}x}{\mathrm{d}t}\boldsymbol{i}+x\cdot\frac{\mathrm{d}\boldsymbol{i}}{\mathrm{d}t}+\frac{\mathrm{d}y}{\mathrm{d}t}\boldsymbol{j}+y\cdot\frac{\mathrm{d}\boldsymbol{j}}{\mathrm{d}t}+\frac{\mathrm{d}z}{\mathrm{d}t}\boldsymbol{k}+z\cdot\frac{\mathrm{d}\boldsymbol{k}}{\mathrm{d}t}$$

由于 $\boldsymbol{i}$、$\boldsymbol{j}$、$\boldsymbol{k}$ 为常矢量，$\frac{\mathrm{d}\boldsymbol{i}}{\mathrm{d}t}=0$，$\frac{\mathrm{d}\boldsymbol{j}}{\mathrm{d}t}=0$，$\frac{\mathrm{d}\boldsymbol{k}}{\mathrm{d}t}=0$，故有

$$\boldsymbol{v}=\dot{x}\boldsymbol{i}+\dot{y}\boldsymbol{j}+\dot{z}\boldsymbol{k} \tag{5-8}$$

设动点 M 的速度矢量 $\boldsymbol{v}$ 在直角坐标轴上的投影为 v_x，v_y，v_z，即

$$\boldsymbol{v}=v_x\boldsymbol{i}+v_y\boldsymbol{j}+v_z\boldsymbol{k} \tag{5-9}$$

比较式（5-8）和式（5-9），得到

$$v_x=\dot{x}, v_y=\dot{y}, v_z=\dot{z} \tag{5-10}$$

因此，速度在各坐标轴上的投影等于动点的各对应坐标对时间的一阶导数。

由式（5-10）求得 v_x，v_y，v_z 以后，速度 $\boldsymbol{v}$ 的大小和方向就可由这三个投影完全确定。具体计算表达式与式（2-4）完全相似，这里不再列出。

同理，设

$$\boldsymbol{a} = a_x\boldsymbol{i} + a_y\boldsymbol{j} + a_z\boldsymbol{k} \tag{5-11}$$

则有

$$a_x = \dot{v}_x = \ddot{x}, a_y = \dot{v}_y = \ddot{y}, a_z = \dot{v}_z = \ddot{z} \tag{5-12}$$

因此，加速度在各坐标轴上的投影等于动点的各对应坐标对时间的二阶导数。

加速度 $\boldsymbol{a}$ 的大小和方向由它的三个投影 a_x，a_y，a_z 完全确定。

运用式（5-5）、式（5-10）、式（5-12）常可解决如下两类问题，一类是已知（或根据题意建立）点的运动方程，求点的速度和加速度，这类问题用求导数方法来解决；另一类是已知点的加速度或速度，求点的速度或运动方程，这类问题可用积分的方法来求，积分常数可根据点运动的初始条件来确定。

【例 5-1】 如图 5-3 所示机构，已知 $BD=2l$、$MA=b$，A 为 BC 中点。曲柄 $OA=l$ 以匀速角速度 ω 绕 O 轴转动，当运动开始时，曲柄在铅垂位置。求 M 点的运动方程、速度、加速度。

解　选择参考系如图 5-3 所示。

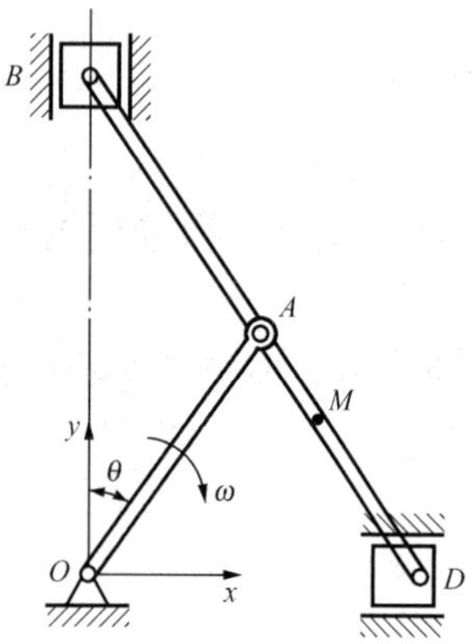

图 5-3

（1）M 点运动方程

$$x = OA\sin\theta + AM\sin\theta$$

$$y = OA\cos\theta - AM\cos\theta$$

$$\theta = \omega t$$

$$x = (l+b)\sin\omega t$$

$$y = (l-b)\cos\omega t$$

（2）求 $\boldsymbol{v}$

$$v_x = \frac{\mathrm{d}x}{\mathrm{d}t} = (l+b)\omega\cos\omega t$$

$$v_y = \frac{\mathrm{d}y}{\mathrm{d}t} = -(l-b)\omega\sin\omega t$$

$$v = \sqrt{v_x^2 + v_y^2} = \omega\sqrt{l^2 + b^2 + 2lb\cos2\omega t}$$

其方向余弦

$$\cos(\boldsymbol{v},\boldsymbol{i}) = \frac{v_x}{v} = \frac{(l+b)\cos\omega t}{\sqrt{(l^2+b^2)+2lb\cos2\omega t}}$$

$$\cos(\boldsymbol{v},\boldsymbol{j}) = \frac{v_y}{v} = \frac{-(l-b)\sin\omega t}{\sqrt{l^2+b^2+2lb\cos2\omega t}}$$

（3）求 $\boldsymbol{a}$

$$a_x = \frac{\mathrm{d}v_x}{\mathrm{d}t} = -(l+b)\omega^2\sin\omega t$$

$$a_y = \frac{\mathrm{d}v_y}{\mathrm{d}t} = -(l-b)\omega^2\cos\omega t$$

$$a = \sqrt{a_x^2 + a_y^2} = \omega^2\sqrt{l^2+b^2+2lb\cos2\omega t}$$

其方向余弦

$$\cos(\boldsymbol{a},\boldsymbol{i})=\frac{a_x}{a}=\frac{-(l+b)\cos\omega t}{\sqrt{l^2+b^2+2lb\cos2\omega t}}$$

$$\cos(\boldsymbol{a},\boldsymbol{j})=\frac{a_y}{a}=\frac{-(l-b)\cos\omega t}{\sqrt{l^2+b^2+2lb\cos2\omega t}}$$

【例 5-2】 如图 5-4 所示，半圆形凸轮以等速 $v_0=0.01\text{m/s}$ 沿水平方向向左运动，而使活塞杆 AB 沿铅直方向运动，当运动开始时，活塞杆 A 端在凸轮的最高点上，若凸轮半径 $R=80\text{mm}$。求活塞 B 相对地面和相对于凸轮的运动方程和速度。

解 (1) 求活塞 B 相对地面运动方程和速度

选择初始时刻时圆心 O 点为坐标原点，y 轴向上为正

$$y_A=\sqrt{R^2-(v_0t)^2}=\sqrt{(0.08)^2-(0.01)^2t^2}$$

$$y_A=0.01\sqrt{64-t^2}$$

$$v_A=\frac{\mathrm{d}y_A}{\mathrm{d}t}=-\frac{0.01t}{\sqrt{64-t^2}}$$

(2) 求活塞相对凸轮的运动方程和速度

选择圆心 O' 点为动坐标系原点，y' 轴垂直向上为正

$$y'_A=y_A=0.01\sqrt{64-t^2}$$

$$x'_A=v_0t=0.01t$$

$$v'_{Ax}=\frac{\mathrm{d}x'_A}{\mathrm{d}t}=0.01(\text{m/s})$$

$$v'_{Ay}=\frac{\mathrm{d}y'_A}{\mathrm{d}t}=\frac{-0.01t}{\sqrt{64-t^2}}$$

【例 5-3】 炮弹从离地面高度 h 处的 A 点以初速度 $\boldsymbol{v}_0$ 在图 5-5 所示平面内射出，$\boldsymbol{v}_0$ 与水平线夹角为 α。在运动过程中炮弹加速度 $\boldsymbol{a}=\boldsymbol{g}$，试确定炮弹运动方程及射程 d。

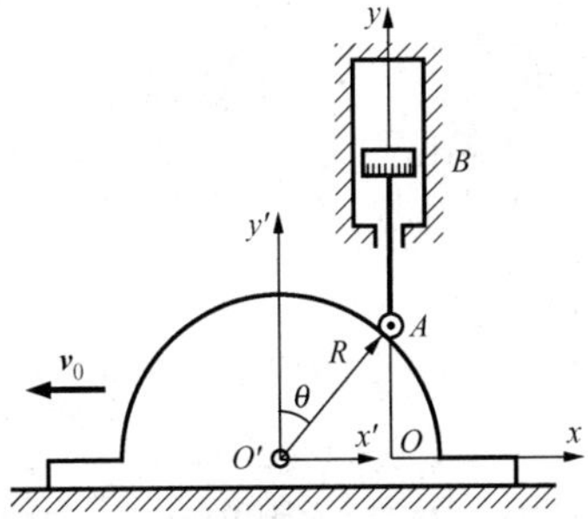

图 5-4

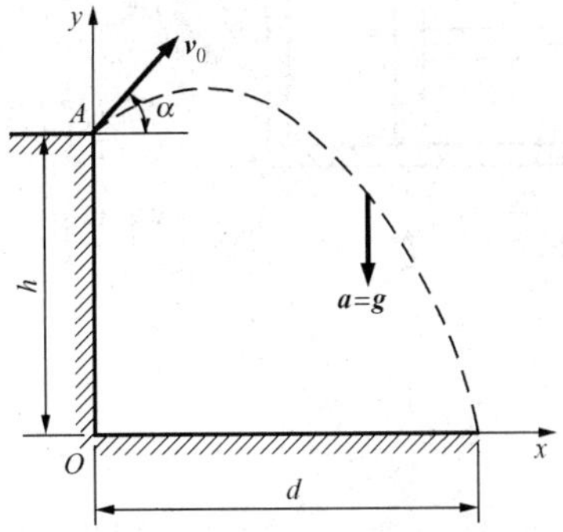

图 5-5

解 (1) 取坐标如图 5-5 所示。在任一瞬时 t，有

$$a_x=0,\ a_y=-g \tag{1}$$

对方程 (1) 积分一次，有

$$v_x=c_1,\ v_y=-gt+c_2 \tag{2}$$

当 $t=0$ 时，$v_x=v_0\cos\alpha$ ，$v_y=v_0\sin\alpha$，易求得

$$c_1=v_0\cos\alpha\ ,\ c_2=v_0\sin\alpha$$

代入方程（2）有

$$v_x=v_0\cos\alpha,\ v_y=-gt+v_0\sin\alpha \tag{3}$$

对方程式（3）积分，有

$$x=v_0t\cos\alpha+c_3,y=v_0t\sin\alpha-\frac{1}{2}gt^2+c_4 \tag{4}$$

当 $t=0$ 时，$x=0$，$y=h$，易求得

$$c_3=0,\ c_4=h$$

代入方程（4）有可得炮弹的运动方程为

$$x=v_0t\cos\alpha,\ y=v_0t\sin\alpha-\frac{1}{2}gt^2+h \tag{5}$$

从上式消去 t 得炮弹轨迹方程为

$$y=h+x\tan\alpha-\frac{gx^2}{2v_0^2\cos^2\alpha} \tag{6}$$

炮弹的轨迹为抛物线，当 $x=d$ 时，$y=0$ ，代入式（4）有

$$0=h+d\tan\alpha-\frac{gd^2}{2v_0^2\cos\alpha}$$

解得水平射程

$$d=\frac{v_0\cos\alpha}{g}[v_0\sin\alpha+\sqrt{(v_0\sin\alpha)^2+2gh}]$$

【例 5-4】 如图 5-6 所示，当液压减震器工作时，活塞在套管内沿直线往复运动，设活塞加速度 $a=-kv$（v 为活塞的速度，k 为比例常数），活塞初速为 v_0，求活塞的运动规律。

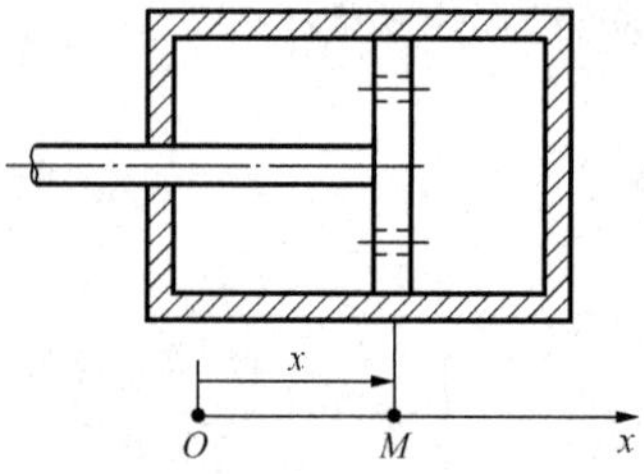

图 5-6

解 活塞作直线运动，取坐标轴如图 5-6 所示。

因 $$\frac{dv}{dt}=a$$

带入已知条件得 $$\frac{dv}{dt}=-kv$$

将上式变量分离后积分 $$\int_{v_0}^{v}\frac{dv}{v}=\int_0^t-k\,dt$$

得 $$\ln\frac{v}{v_0}=-kt$$

解得 $$v=v_0e^{-kt}$$

又因 $$\frac{dx}{dt}=v=v_0e^{-kt}$$

对上式积分得

$$\int_{x_0}^{x}dx=\int_{t_0}^{t}-v_0e^{-kt}dt$$

解得 $$x=x_0+\frac{v_0}{k}=（1-e^{-kt}）$$

5.3 用自然坐标法研究点的运动

在很多工程实际问题中，动点 M 的运动轨迹往往是已知的，此时可利用点的运动轨迹建立弧坐标及自然轴系，并用它们来研究点的运动规律，这种方法称为自然法或弧坐标法。

5.3.1 自然坐标法的运动方程

设动点 M 的轨迹为如图 5-7 所示曲线，则动点 M 在轨迹上位置可以这样确定：在轨迹上任选一点 O 作为参考点，并设 O 的某一侧正向，动点 M 在轨迹上的位置可用弧长 s 确定，视弧长 s 为代数量，称它为动点 M 在轨迹上的弧坐标。当动点 M 运动时，s 随时间变化，它是时间的单值连续函数。即

$$s = f(t) \tag{5-13}$$

式（5-13）称为点沿轨迹的运动方程，或以弧坐标表示的点的运动方程。

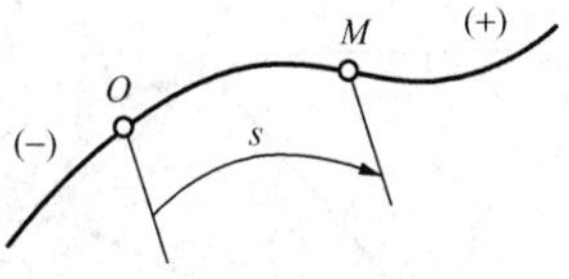

图 5-7

5.3.2 自然轴系

在点的运动轨迹曲线上取极为接近的两点 M 和 M_1，这两点的切线的单位矢量分别为 $\boldsymbol{\tau}$ 和 $\boldsymbol{\tau}_1$，其指向与弧坐标正向一致，如图 5-8 所示。将 $\boldsymbol{\tau}_1$ 平移到 M 点，则单位切向量 $\boldsymbol{\tau}$ 和 $\boldsymbol{\tau}_1$ 确定一平面。当点 M_1 无限趋近点 M 时，此平面的极限位置平面称为在点 M 的密切面。过 M 点以切线 $\boldsymbol{\tau}$ 为一直线可作出相互垂直的三条直线：切线、主法线（位于密切面内）和副法线（垂直于密切面）。沿这三个方向的单位矢量分别为 $\boldsymbol{\tau}$、$\boldsymbol{n}$、$\boldsymbol{b}$，$\boldsymbol{\tau}$ 指向弧坐标正向，$\boldsymbol{n}$ 指向曲率中心，而 $\boldsymbol{b}=\boldsymbol{\tau}\times\boldsymbol{n}$。上述规定正向的三根相互正交的线组成为自然轴系。注意，随着点 M 的运动，$\boldsymbol{\tau}$，$\boldsymbol{n}$，$\boldsymbol{b}$ 的方向也在不断变动。自然坐标系是沿曲线而变动的游动坐标系。

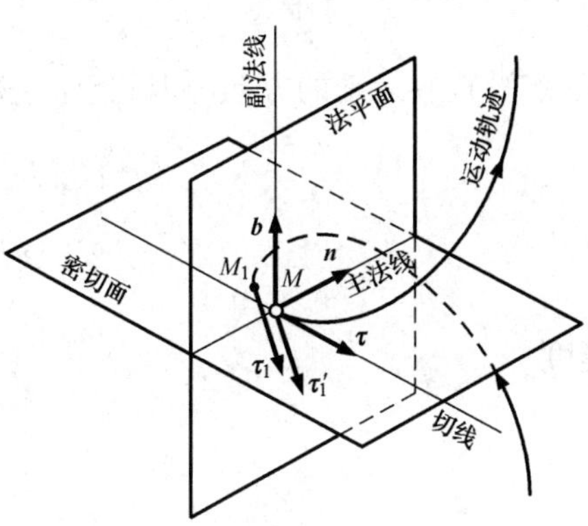

图 5-8

在曲线运动中，轨迹的曲率 κ 或曲率半径 ρ 是一个重要的参数，它表示曲线的弯曲程度。如点 M 沿轨迹经过弧长 Δs 到达 M' 点，如图 5-9 所示。设点 M 处的切线单位矢量为 $\boldsymbol{\tau}$，点 M' 处的切线单位矢量为 $\boldsymbol{\tau}'$，而切线经过弧长 Δs 时转过的角度为 $\Delta\varphi$。曲率 κ 定义为曲线切线的转角对弧长一阶导数的绝对值。曲率 κ 的倒数称为曲率半径 ρ，则有

$$\kappa = \frac{1}{\rho} = \lim_{\Delta s\to 0}\left|\frac{\Delta\varphi}{\Delta s}\right| = \left|\frac{\mathrm{d}\varphi}{\mathrm{d}s}\right| \tag{5-14}$$

由图 5-9 可见

$$|\Delta\boldsymbol{\tau}| = 2|\boldsymbol{\tau}|\sin\left|\frac{\Delta\varphi}{2}\right|$$

当 $\Delta s\to 0$ 时，$\Delta\varphi\to 0$，$\Delta\boldsymbol{\tau}$ 与 $\boldsymbol{\tau}$ 垂直，且有 $|\boldsymbol{\tau}|=1$ 所以得

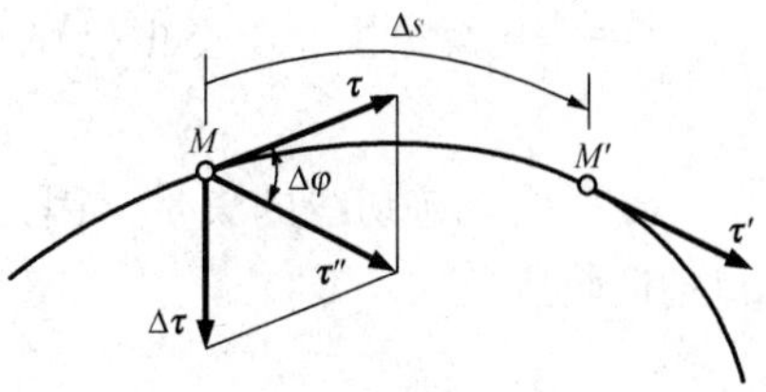

图 5-9

$$|\Delta\boldsymbol{\tau}| = 2\cdot|\Delta\boldsymbol{\tau}|\cdot\sin\frac{\Delta\varphi}{2} = 2\times1\times\frac{\Delta\varphi}{2} = \Delta\varphi$$

无论点沿切向 $\boldsymbol{\tau}$ 的正方向还是负方向运动，$\Delta\boldsymbol{\tau}$ 都指向曲线凹的一侧，既都指向曲线的曲率中心，因此有

$$\frac{\mathrm{d}\boldsymbol{\tau}}{\mathrm{d}s} = \lim_{\Delta s\to0}\frac{\Delta\boldsymbol{\tau}}{\Delta s} = \lim_{\Delta s\to0}\frac{\Delta\varphi}{\Delta s}\boldsymbol{n} = \frac{1}{\rho}\boldsymbol{n} \tag{5-15}$$

5.3.3 自然坐标法中点的速度

设动点沿已知曲线运动，点沿轨迹由 M 到 M'，经过 Δt 时间其矢径有增量 $\Delta\boldsymbol{r}$，如图5-10所示。

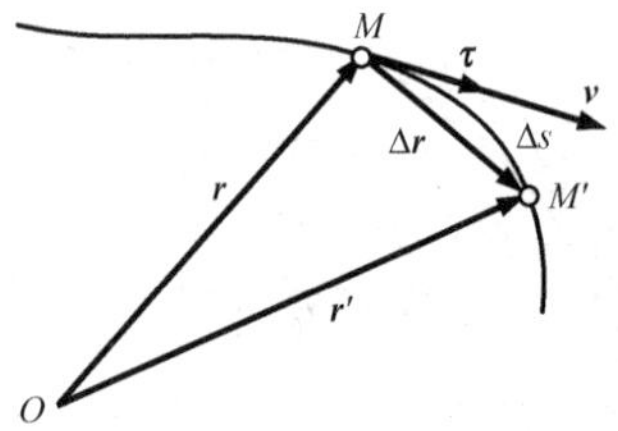

图 5-10

当 $\Delta t\to0$，$\Delta s=\Delta\boldsymbol{r}$，故有

$$|\boldsymbol{v}| = \lim_{\Delta t\to0}\left|\frac{\Delta\boldsymbol{r}}{\Delta t}\right| = \lim_{\Delta t\to0}\left|\frac{\Delta s}{\Delta t}\right| = \left|\frac{\mathrm{d}s}{\mathrm{d}t}\right|$$

速度大小等于动点弧坐标对时间的一阶导数。而弧坐标对时间一阶导数是一代数量，用 v 表示。

$$v = \frac{\mathrm{d}s}{\mathrm{d}t} = \dot{s} \tag{5-16}$$

若$\frac{\mathrm{d}s}{\mathrm{d}t}>0$，则 $\Delta s>0$，s 随时间增加而增大，点沿轨迹正向移动，若$\frac{\mathrm{d}s}{\mathrm{d}t}<0$，则，点沿轨迹负向移动。$\frac{\mathrm{d}s}{\mathrm{d}t}$的绝对值表示速度大小，它的正负号表示点沿轨迹运动的方向。因此点的速度矢可以写为

$$\boldsymbol{v} = v\boldsymbol{\tau} = \frac{\mathrm{d}s}{\mathrm{d}t}\boldsymbol{\tau} \tag{5-17}$$

5.3.4 自然坐标法中点的切向加速度和法向加速度

由矢量法，有

$$\boldsymbol{a} = \frac{\mathrm{d}\boldsymbol{v}}{\mathrm{d}t} = \frac{\mathrm{d}(v\boldsymbol{\tau})}{\mathrm{d}t}$$

即

$$\boldsymbol{a} = \frac{\mathrm{d}v}{\mathrm{d}t}\boldsymbol{\tau} + v\frac{\mathrm{d}\boldsymbol{\tau}}{\mathrm{d}t} \tag{5-18}$$

式（5-18）右端两项都是矢量，第一项是反映速度大小变化的加速度，称为切向加速度度，记为 $\boldsymbol{a}_\tau$，第二项是反映速度方向变化的加速度，称为法向加速度记为 $\boldsymbol{a}_n$。下面分别求它们大小和方向。

（一）反映速度大小变化的加速度 $\boldsymbol{a}_\tau$

$$\boldsymbol{a}_\tau = \dot{v}\boldsymbol{\tau} \tag{5-19}$$

$\boldsymbol{a}_\tau$ 是沿轨迹切线的矢量，因此称为切向加速度。如 $\dot{v}>0$，$\boldsymbol{a}_\tau$ 指向轨迹正向；$\dot{v}<0$，$\boldsymbol{a}_\tau$ 指向轨迹负向，令

$$a_\tau = \dot{v} = \ddot{s} \tag{5-20}$$

a_τ 是一代数量，是加速度沿轨迹切向的投影。

由此得出结论，切向加速度反映点的速度值对时间的变化率，它的代数值等于速度代数值对时间一阶导数，或弧坐标对时间的二阶导数，它的方向沿轨迹切线。

（二）反映速度方向变化的加速度 $\boldsymbol{a}_n$

因为

$$\boldsymbol{a}_n = v \cdot \frac{d\boldsymbol{\tau}}{dt}$$

上式可改写成

$$\boldsymbol{a}_n = v \cdot \frac{d\boldsymbol{\tau}}{ds} \cdot \frac{ds}{dt}$$

将式（5－15）及式（5－16）代入上式得

$$\boldsymbol{a}_n = \frac{v^2}{\rho}\boldsymbol{n} \tag{5-21}$$

$\boldsymbol{a}_n$ 方向与主法线正向一致，称为法向加速度。因此可得结论：法向加速度反映点的速度方向改变的快慢程度，它的大小等于点的速度平方除以曲率半径，它的方向总是指向曲率中心。

切向加速度 $\boldsymbol{a}_\tau$ 反映速度大小变化率，法向加速度 $\boldsymbol{a}_n$ 反映速度方向变化率，因此，当 $\boldsymbol{a}_\tau$ 方向与 $\boldsymbol{v}$ 相同时，速度的绝对值不断增加，点作加速运动，$\boldsymbol{a}_\tau$ 方向与 $\boldsymbol{v}$ 相反时，速度的绝对值不断减小，点作减速运动，如图 5－11 所示。

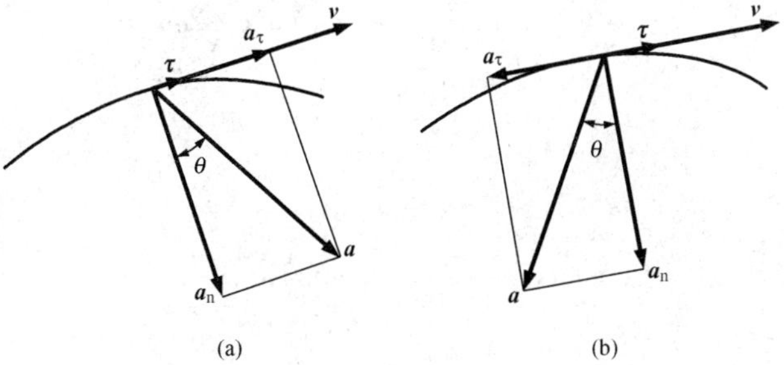

图 5－11

将式（5－19）、式（5－21）代入式（5－18）得

$$\boldsymbol{a} = \boldsymbol{a}_n + \boldsymbol{a}_\tau = a_\tau \boldsymbol{\tau} + a_n \boldsymbol{n} \tag{5-22}$$

$$a_\tau = \frac{dv}{dt} = \frac{d^2 s}{dt^2}, a_n = \frac{v^2}{\rho} \tag{5-23}$$

由于 $\boldsymbol{a}_\tau$、$\boldsymbol{a}_n$ 均在密切面内，因此全加速度 $\boldsymbol{a}$ 也必在密切面内，即

$$\boldsymbol{a}_b = \boldsymbol{0} \tag{5-24}$$

全加速度的大小可由下式求出

$$a = \sqrt{a_n^2 + a_\tau^2} \tag{5-25}$$

如图 5－11 所示全加速度 $\boldsymbol{a}$ 与法线间的夹角的正切是

$$\tan\theta = \frac{a_\tau}{a_n} \tag{5-26}$$

【例 5－5】 图 5－12 所示机构中滑块 M 同时在固定的圆弧槽 BC 和摇杆 O_2A 的滑道中滑动。其中 BC 弧的半径为 R，摇杆 O_2A 的转轴 O_2 在通过 BC 弧所在的圆周上。摇杆绕 O_2

轴以等角速度 ω 转动，运动开始时，摇杆在水平位置。试分别用直角坐标法和自然坐标法给出点 M 的运动方程，并求其速度和加速度。

解 （1）直角坐标法

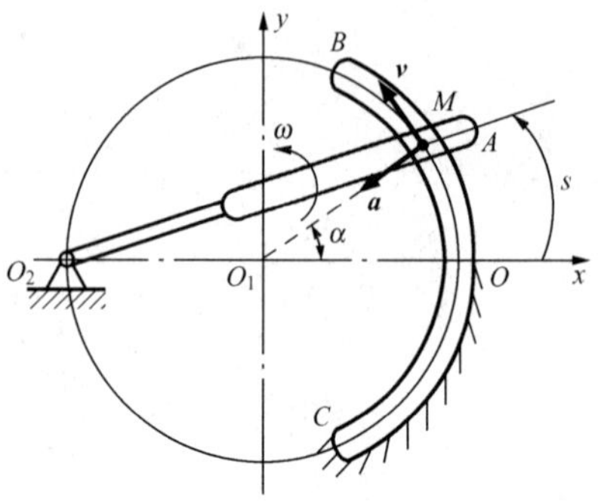

图 5 - 12

选择 O_1 为坐标原点，x、y 轴如图 5 - 12 所示

$$x = R\cos\alpha$$

$$y = R\sin\alpha$$

运动方程 $$x = R\cos 2\omega t$$

$$y = R\sin 2\omega t$$

速度 $$v_x = \frac{\mathrm{d}x}{\mathrm{d}t} = -2R\omega\sin 2\omega t$$

$$v_y = \frac{\mathrm{d}y}{\mathrm{d}t} = 2R\omega\cos 2\omega t$$

$$v = \sqrt{v_x^2 + v_y^2} = 2R\omega$$

速度方向余弦 $$\cos(\boldsymbol{v},\boldsymbol{i}) = \frac{v_x}{v} = -\sin\omega t$$

$$\cos(\boldsymbol{v},\boldsymbol{j}) = \frac{v_y}{v} = \cos\omega t$$

加速度 $$a_x = \frac{\mathrm{d}v_x}{\mathrm{d}t} = -4R\omega^2\cos 2\omega t$$

$$a_y = \frac{\mathrm{d}v_y}{\mathrm{d}t} = -4R\omega^2\sin 2\omega t$$

$$a = \sqrt{a_x^2 + a_y^2} = 4R\omega^2$$

加速度方向余弦 $$\cos(\boldsymbol{a},\boldsymbol{i}) = \frac{a_x}{a} = -\cos 2\omega t$$

$$\cos(\boldsymbol{a},\boldsymbol{j}) = \frac{a_y}{a} = -\sin 2\omega t$$

（2）自然坐标法

取滑块 M 的起始位置为弧坐标原点 O，并规定其正向沿逆时针方向。则有

运动方程 $$s = R\alpha = 2\omega R t$$

速度 $$v = \dot{s} = 2\omega R$$

速度方向总是沿着动点运动轨迹方向，现求得 v 为正值，说明速度 $\boldsymbol{v}$ 方向沿圆弧切线正方向如图 5 - 12 所示。

加速度 $$\boldsymbol{a} = \boldsymbol{a}_\tau + \boldsymbol{a}_\mathrm{n}$$

$$a_\tau = \dot{v} = 0$$

$$\boldsymbol{a} = \boldsymbol{a}_\mathrm{n}$$

$$a_\mathrm{n} = \frac{v^2}{\rho} = \frac{4\omega^2 R^2}{R} = 4R\omega^2$$

加速度方向如图 5 - 12 所示沿半径指向圆心 O_1。

【例 5 - 6】 列车沿半径 R=800m 的圆弧轨道作匀加速运动。如初速度为零，经过 2min 后，速度达到 54km/h。求起点和末点的加速度。

解 列车作匀加速运动。即

$$\frac{dv}{dt}=a_\tau=\text{常量}$$

取定积分，即$\int_0^v dv=\int_0^t a_\tau dt$，易求得

$$v=a_\tau t$$

当$t=2\text{min}=120\text{s}$时，$v=54\text{km/h}=15\text{m/s}$，代入上式可求得

$$a_\tau=0.125(\text{m/s}^2)$$

在起点，$v=0$，因此法向加速度等于零，列车只有切向加速度

$$a=a_\tau=0.125(\text{m/s}^2)$$

在末点时加速度

$$\boldsymbol{a}=\boldsymbol{a}_\tau+\boldsymbol{a}_\text{n}$$

而

$$a_\tau=0.125(\text{m/s}^2),\quad a_\text{n}=\frac{v^2}{\rho}=\frac{15^2}{800}=0.281(\text{m/s}^2)$$

末点的全加速度大小为

$$a=\sqrt{a_\tau^2+a_\text{n}^2}=0.308(\text{m/s}^2)$$

末点的全加速度与法向夹角θ为

$$\tan\theta=\frac{a_\tau}{a_\text{n}}=0.443,\ \theta=23°54'$$

【例 5-7】 已知点的运动方程为$x=50t$，$y=500-t^2$，其中x，y以m计，求当$t=1\text{s}$时，点的切向和法向加速度以及轨迹的曲率半径。

解 点的速度和加速度沿x，y轴的投影分别为

$$v_x=\dot{x}=50,\quad a_x=\ddot{x}=0$$

$$v_y=\dot{y}=-2t,\quad a_y=\ddot{y}=-2$$

点的速度和全加速度大小为

$$v=\sqrt{v_x^2+v_y^2}=\sqrt{2500+4t^2},\quad a=\sqrt{a_x^2+a_y^2}=2(\text{m/s}^2)$$

将$t=1\text{s}$代入上式，得

$$v(1)=50.04(\text{m/s})$$

点的切向加速度和法向加速度大小为

$$a_\tau=\frac{dv}{dt}=\frac{4t}{\sqrt{2500+4t^2}},\quad a_\text{n}=\sqrt{a^2-a_\tau^2}=\sqrt{4-\frac{16t^2}{2500+4t^2}}$$

将$t=1\text{s}$代入上式，得

$$a_\tau(1)=0.08(\text{m/s}^2),\quad a_\text{n}(1)=2.00(\text{m/s}^2)$$

由$a_\text{n}=\frac{v^2}{\rho}$易求得$t=1\text{s}$时轨迹的曲率半径为

$$\rho=\frac{[v(1)]^2}{a_\text{n}(1)}=\frac{(50.04)^2}{2.00}=1252.00(\text{m})$$

【例 5-8】 半径为r的轮子沿直线轨道的作无滑动滚动（称为纯滚动），设轮子转角

$\varphi=\omega t$（ω 为常数），如图 5 - 13 所示。求轮缘上任一点 M 的运动方程，并求该点速度、切向加速度、法向加速度和曲率半径 ρ。

解　取点 M 与直线轨道接触点 O 为坐标原点，建立直角坐标系如图 5 - 13 所示。当轮子转过 φ 角时，轮子与直线轨道接触点为 C，由于是纯滚动，有

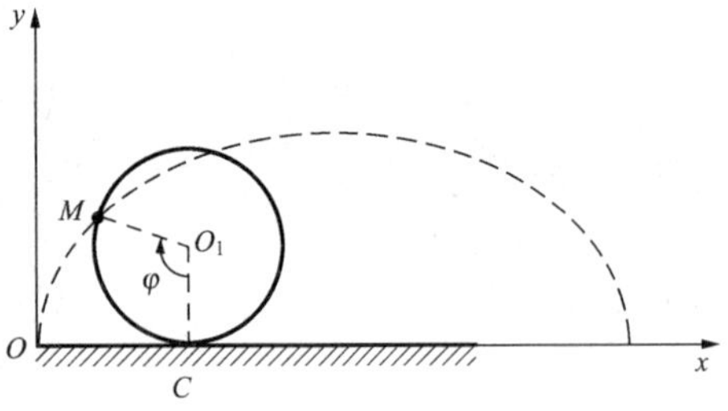

图 5 - 13

$$\overline{OC} = \widehat{MC} = r\varphi = r\omega t$$

$$x = OC - O_1M\sin\varphi,\quad y = O_1C - O_1M\cos\varphi$$

则运动方程为

$$\left.\begin{aligned} x &= r(\omega t - \sin\omega t) \\ y &= r(1-\cos\omega t) \end{aligned}\right\} \tag{1}$$

上式对时间求导有

$$v_x = \dot{v} = r\omega(1-\cos\omega t)\qquad v_y = \dot{y} = r\omega\sin\omega t \tag{2}$$

点 M 点速度为

$$v = \sqrt{v_x^2 + v_y^2} = r\omega\sqrt{2-2\cos\omega t} = 2r\omega\sin\frac{\omega t}{2},\ (0 \leqslant \omega t \leqslant 2\pi) \tag{3}$$

方程（1）实际上也是点 M 运动轨迹的参数方程（以 t 为参变量）。这是一个摆线（或称旋轮线）方程，即点 M 的运动轨迹是摆线，如图 5 - 13 所示。

取点 M 的起始点 O 作为弧坐标原点，将方程（3）的速度积分，得弧坐标表示的运动方程为

$$s = \int_0^t 2r\omega\sin\frac{\omega t}{2}\mathrm{d}t = 4r\left(1-\cos\frac{\omega t}{2}\right),\ (0 \leqslant \omega t \leqslant 2\pi)$$

点 M 的加速度

$$a_x = \ddot{x} = r\omega^2\sin\omega t\quad a_y = \ddot{y} = r\omega^2\cos\omega t \tag{4}$$

由此得全加速度

$$a = \sqrt{a_x^2 + a_y^2} = r\omega^2$$

由方程（3）可求点 M 的切向加速度

$$a_\tau = \dot{v} = r\omega^2\cos\frac{\omega t}{2}$$

法向加速度为

$$a_n = \sqrt{a^2 - a_\tau^2} = r\omega^2\sin\frac{\omega t}{2} \tag{5}$$

由于 $a_n=\dfrac{v^2}{\rho}$，于是可由方程（3）及方程（5）求出曲率半径为

$$\rho = \frac{v^2}{a_n} = 4r\sin\frac{\omega t}{2}$$

讨论：当点 M 位于与地面接触的位置，即 $\varphi=2\pi$ 的特殊情况下点 M 的速度、加速度。

（1）速度。因 $\varphi=\omega t=2\pi$，由前面的速度公式 $v=2r\omega\sin\dfrac{\omega t}{2}$ 计算出点 M 的速度为零，这说明沿地面作纯滚动的轮子与地面接触的点的速度为零（这是后面刚体平面运动的速度瞬心）。

（2）加速度。由加速度公式 $a_x=\dfrac{\mathrm{d}v_x}{\mathrm{d}t}=r\omega^2\sin\omega t$，$a_y=\dfrac{\mathrm{d}v_y}{\mathrm{d}t}=r\omega^2\cos\omega t$ 求出

$$a_x = 0,\quad a_y = r\omega^2$$

与地面接触的点的加速度不等于零，其大小为 $r\omega^2$，方向垂直向上。

本 章 小 结

（1）观察物体的运动必要相对某一参考体。

（2）矢量法：

运动方程 $$\boldsymbol{r}=\boldsymbol{r}(t)$$

速度 $$\boldsymbol{v}=\frac{\mathrm{d}\boldsymbol{r}}{\mathrm{d}t}$$

加速度 $$\boldsymbol{a}=\frac{\mathrm{d}\boldsymbol{v}}{\mathrm{d}t}=\frac{\mathrm{d}^2\boldsymbol{r}}{\mathrm{d}t^2}$$

点的速度是矢量，它的大小表示点运动的快慢，它的方向表示点运动的方向。点的加速度也是个矢量，它等于速度矢对时间的变化率。

（3）直角坐标法：

运动方程 $$x=f_1(t),\ y=f_2(t),\ z=f_3(t)$$

速度 $$\boldsymbol{v}=v_x\boldsymbol{i}+v_y\boldsymbol{j}+v_z\boldsymbol{k}$$

其中 $$v_x=\frac{\mathrm{d}x}{\mathrm{d}t}\quad v_y=\frac{\mathrm{d}y}{\mathrm{d}t}\quad v_z=\frac{\mathrm{d}z}{\mathrm{d}t}$$

加速度 $$\boldsymbol{a}=a\boldsymbol{i}+a\boldsymbol{j}+a\boldsymbol{k}$$

其中 $$a_x=\frac{\mathrm{d}v_x}{\mathrm{d}t}=\frac{\mathrm{d}^2x}{\mathrm{d}t^2}\quad a_y=\frac{\mathrm{d}v_y}{\mathrm{d}t}=\frac{\mathrm{d}^2y}{\mathrm{d}t^2}\quad a_z=\frac{\mathrm{d}v_z}{\mathrm{d}t}=\frac{\mathrm{d}^2z}{\mathrm{d}t^2}$$

（4）自然坐标法：

运动方程 $$s=f(t)$$

速度 $$\boldsymbol{v}=v\boldsymbol{\tau}=\frac{\mathrm{d}s}{\mathrm{d}t}\boldsymbol{\tau}$$

加速度 $$\boldsymbol{a}=\boldsymbol{a}_\tau+\boldsymbol{a}_\mathrm{n}=a_\tau\boldsymbol{\tau}+a_\mathrm{n}\boldsymbol{n}$$

$$a_\tau=\frac{\mathrm{d}v}{\mathrm{d}t}=\frac{\mathrm{d}^2s}{\mathrm{d}t^2},\ a_\mathrm{n}=\frac{v^2}{\rho},\ a=\sqrt{a_\tau^2+a_\mathrm{n}^2}$$

（5）点的切向加速度只反映速度大小的变化，法向加速度只反映速度方向的变化。当点的速度与切向加速度方向相同时，点作加速运动；反之，点作减速运动。

思 考 题

5-1 $\frac{\mathrm{d}\boldsymbol{v}}{\mathrm{d}t}$和$\frac{\mathrm{d}v}{\mathrm{d}t}$，$\frac{\mathrm{d}\boldsymbol{r}}{\mathrm{d}t}$和$\frac{\mathrm{d}r}{\mathrm{d}t}$是否相同？

5-2 点作何种运动时，出现下列情况：

（1）切向加速度恒等于零；

（2）法向加速度恒等于零；

（3）全加速度恒等于零。

5-3 点作曲线运动，图 5-14 所示各点所给出的速度 $\boldsymbol{v}$，加速度 $\boldsymbol{a}$，问哪些是可能的哪些是不可能的？

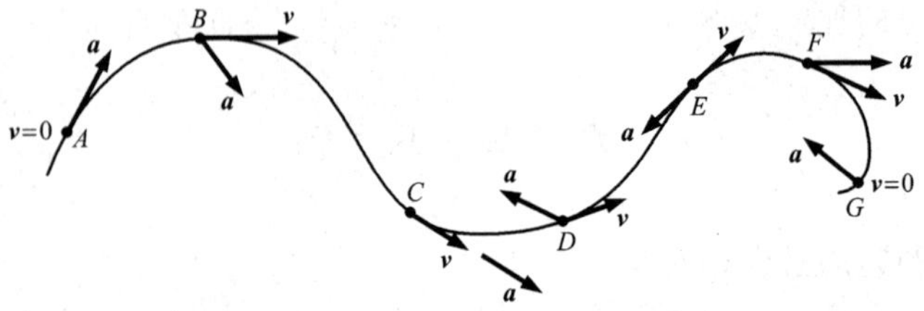

图 5 - 14 思考题 5 - 3 图

5 - 4 点作曲线运动，如图 5 - 15 所示，试就以下三种情况画出加速度的大致方向：

（1）在 M_1 处作匀速运动；

（2）在 M_2 处作加速运动；

（3）在 M_3 处作减速运动。

5 - 5 点 M 沿螺线自外向内运动，如图 5 - 16 所示。它走过的弧长与时间的一次方成正比，问点的加速度是越来越大、还是越来越小？这点越跑越快、还是越跑越慢？

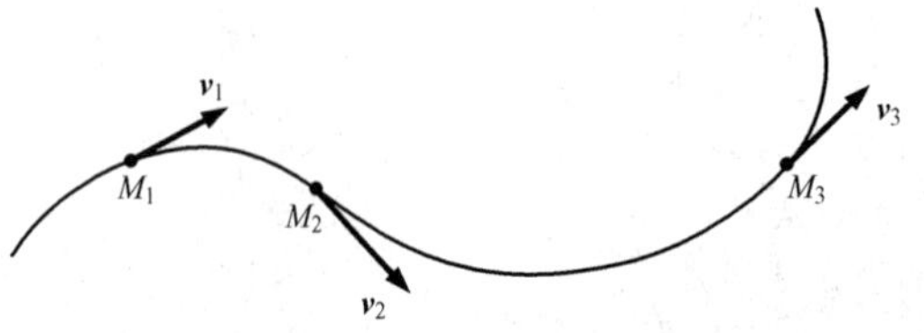

图 5 - 15 思考题 5 - 4 图

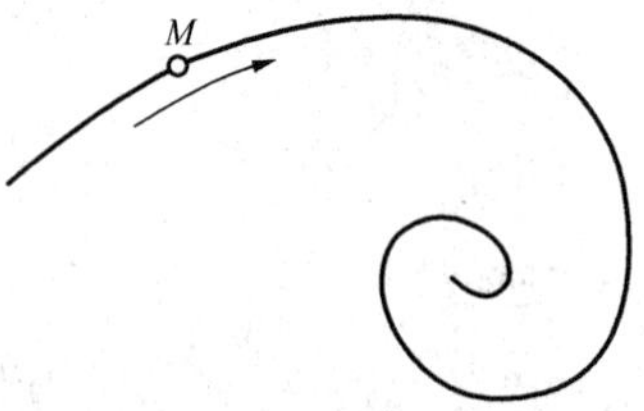

图 5 - 16 思考题 5 - 5 图

5 - 6 试说明切向加速度和法向加速度的物理意义，解释法向加速度为何与曲率半径有关。

习 题

5 - 1 图 5 - 17 所示雷达在距离火箭发射台为 l 的 O 处观察铅直上升的火箭发射，测得角 $\theta=kt$（k 为常数）。试写出火箭的运动方程并计算当 $\theta=\frac{\pi}{6}$ 和 $\frac{\pi}{3}$ 时，火箭的速度和加速度。

5 - 2 套管 A 由绕过定滑轮 B 的绳索牵引而沿导轨上升，滑轮中心到导轨的距离为 l，如图 5 - 18 所示。设绳索以等速 v_0 拉下，忽略滑轮尺寸，求套管 A 的速度和加速度与距离 x 的关系式。

5 - 3 如图 5 - 19 所示，偏心凸轮半径为 R，绕 O 轴转动，转角 $\varphi=\omega t$（ω 为常量），偏心距 $OC=e$，凸轮带动顶杆 AB 沿铅垂线作往复运动。试求顶杆的运动方程的速度。

5 - 4 阴极射线管中的一个电子沿轨迹：$y=0.7x$，$z=\sqrt{x^2+2500}$运动，其 x 方向的运动规律为：$x=1.5\times10^6t^4$，式中 x、y 和 z 以 mm 计，t 以 s 计。求当 $x=150$mm 时电子的速度和加速度。

5 - 5 如图 5 - 20 所示，曲柄 OB 带动杆 AD 运动，从而使杆 AD 上连接的滑块 A、C 分别沿水平和垂直滑道运动。已知 $AB=BC=CD=120$mm。$\varphi=\omega t$，$\omega=\sqrt{2}$rad/s。求点 D

的运动方程，以及 $\varphi=45°$ 时点 D 的速度和加速度。

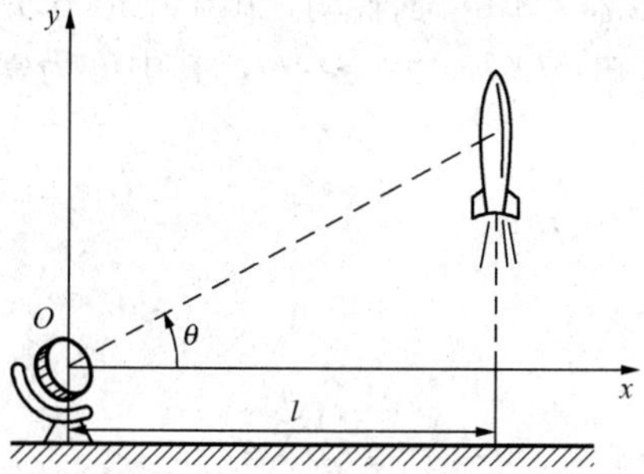

图 5-17 习题 5-1 图

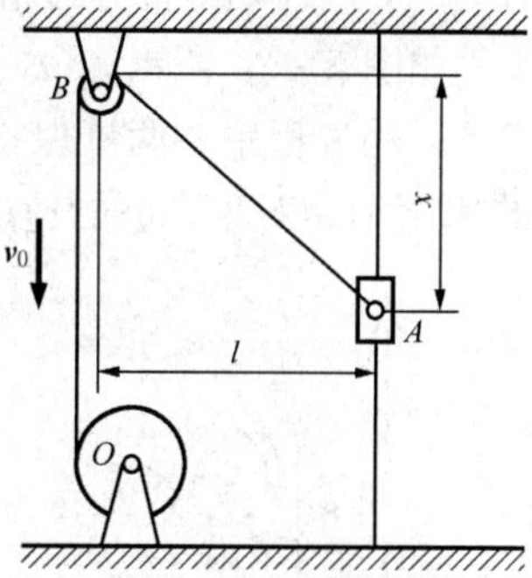

图 5-18 习题 5-2 图

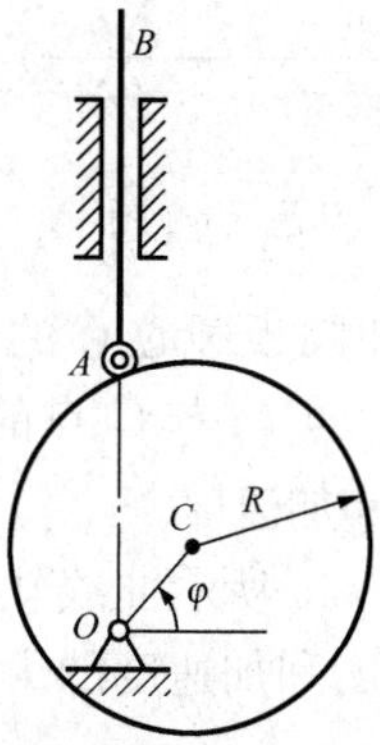

图 5-19 习题 5-3 图

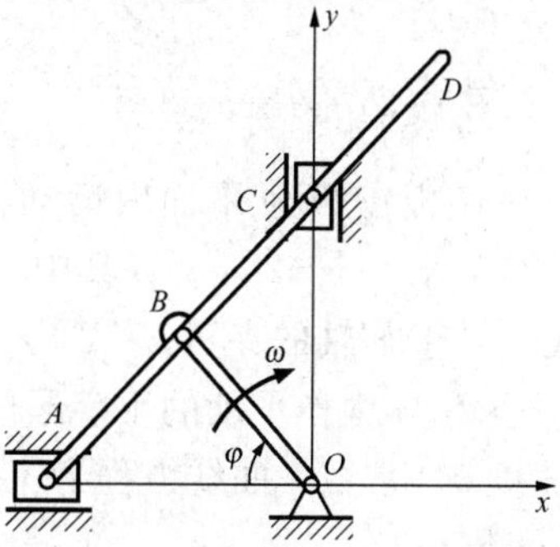

图 5-20 习题 5-5 图

5-6 如图 5-21 所示，曲柄 $OA=r$，在水平面内绕 O 轴转动。杆 AB 通过固定于点 N 的套筒，并与曲柄 OA 铰接于点 A。设 $\varphi=\omega t$，ω 为常数。杆 AB 长 $l=2r$。求点 B 的运动方程、速度和加速度。

5-7 如图 5-22 所示，动点 M 沿轨道 $OABC$ 运动，OA 段为直线，AB 和 BC 段分别为四分之一圆弧。已知点 M 的运动方程为 $s=30t+5t^2$ m，求 $t=0$，1，2s 时点 M 的加速度。

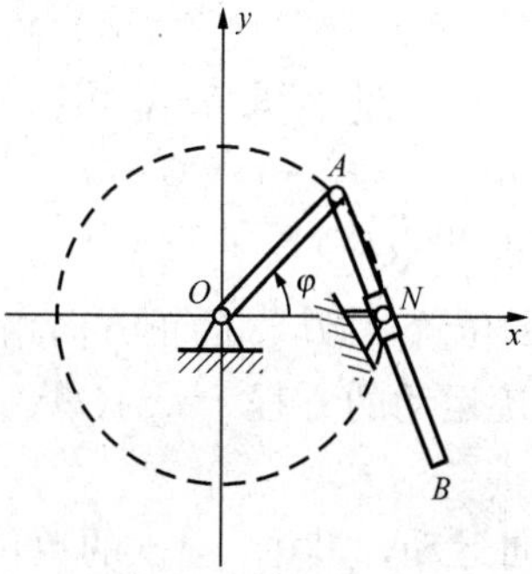

图 5-21 习题 5-6 图

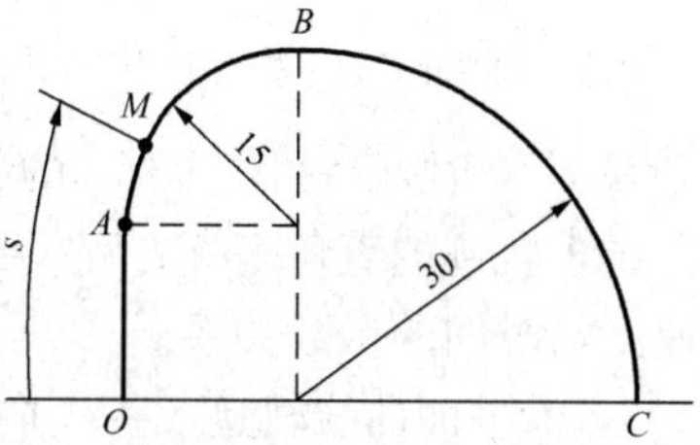

图 5-22 习题 5-7 图

5-8 小环 M 在铅垂面内沿曲杆 $ABCE$ 从 A 点由静止开始运动。在直线段 AB 上，小

环的加速度为 g；在圆弧段 BCE 上，小环的切向加速度 $a_\tau=g\cos\varphi$。曲杆尺寸如图 5 - 23 所示，求小环在 C，D 两处的速度和加速度。

5 - 9　如图 5 - 24 所示，OA 和 O_1B 两杆分别绕 O 和 O_1 轴转动，用十字形滑块 D 将两杆连接。在运动过程中，两杆保持相交成直角。已知：$OO_1=a$；$\varphi=kt$，其中 k 为常数。求滑块 D 的速度和相对于 OA 的速度。

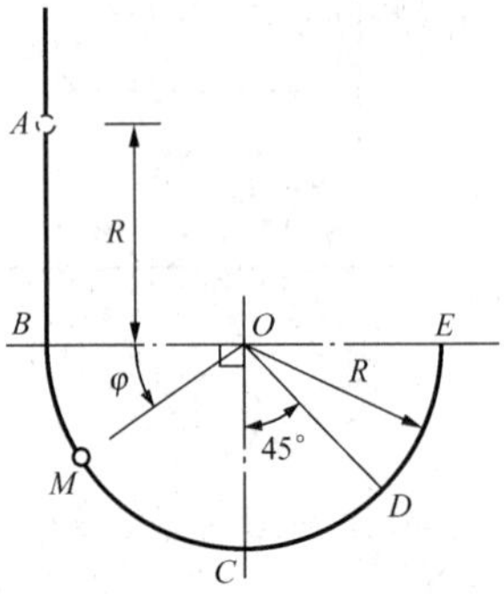

图 5 - 23　习题 5 - 8 图

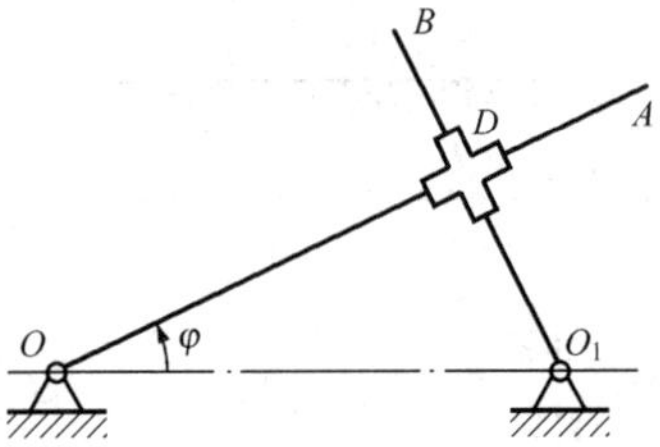

图 5 - 24　习题 5 - 9 图

5 - 10　一圆板在 Oxy 平面内运动，如图 5 - 25 所示。已知圆板圆心 C 的运动方程为 $x_c=3-4t+2t^2$，$y_c=4+2t+t^2$（其中 x_C，y_C 以 m 计）。板上一点 M 与 C 点的距离为 $l=0.4$m，直线 CM 于 x 轴的夹角 $\varphi=2t^2$，求 $t=1$s 时点 M 的速度和加速度。

5 - 11　小环 M 由作平动的丁字形杆 ABC 带动，沿着图 5 - 26 所示曲线轨道运动。设杆 ABC 的速度 $v=$常数，曲线方程为 $y^2=2px$。试求环 M 的速度和加速度的大小（写成杆的位移 x 的函数）。

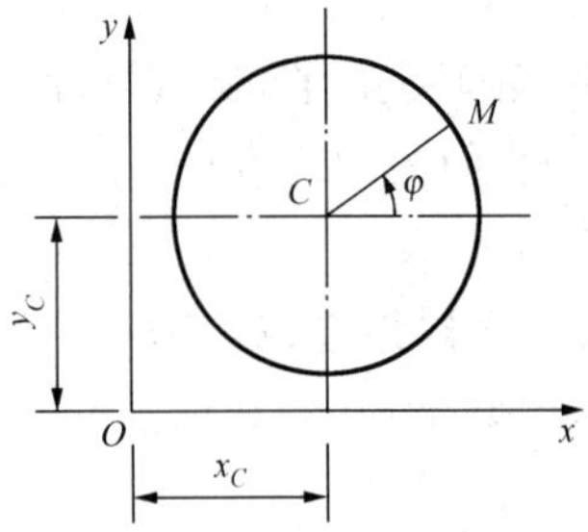

图 5 - 25　习题 5 - 10 图

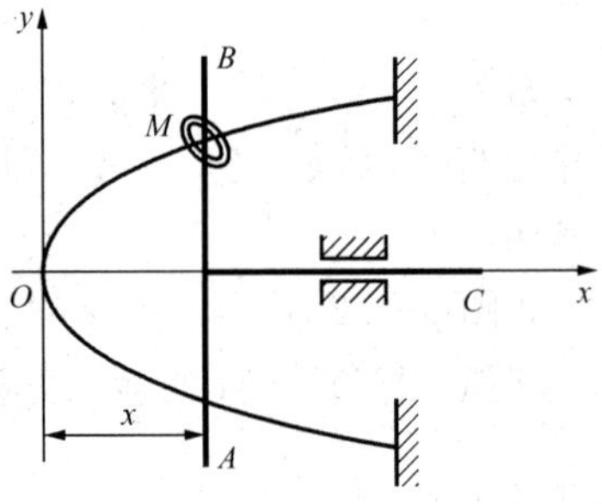

图 5 - 26　习题 5 - 11 图

5 - 12　点在平面上运动，其轨迹的参数方程为：$x=2\sin\dfrac{\pi}{3}t$，$y=4+4\sin\dfrac{\pi}{3}t$，式中 x、y 以 m 计，设 $t=0$ 时，$s=0$；坐标 s 的起点和 $t=0$ 时点的位置一致，s 的正方向相当于 x 增大的方向。试求轨迹的直角坐标方程 $y=f(x)$、点沿轨迹运动的方程 $s=g(t)$、点的速度和切向加速度与时间的函数关系。

5 - 13　点沿平面曲线轨迹 $y=e^x$ 向 x、y 增大的方向运动，其中 x，y 的单位皆为 m，速度大小为常量 $v=12$m/s。求动点经过 $y=1$m 处时，其速度和加速度在坐标轴上的投影。

6 刚体的简单运动

本章提要

刚体的简单运动包括刚体的平行移动和定轴转动这两种简单的运动形式，它们是刚体各种运动形式中最简单、最基本的运动。本章主要研究刚体的这两种简单运动的运动规律，建立刚体运动与刚体上各点运动之间的关系。这是研究刚体其他复杂运动的基础。

前一章我们研究了点的运动，但在工程实际中，很多物体的运动不能视为点的运动，此时就要研究物体（刚体）上各点运动及它们之间的运动关系。本章将研究刚体的两种最简单运动，即平行移动和定轴转动。

6.1 刚体的平行移动

在刚体运动的过程中，刚体上任意一条直线始终与它的最初位置平行，这种运动称为平行移动，简称平动或平移。

刚体作平动时，其上各点轨迹可以是直线，也可能是平面曲线或空间曲线。

下面研究平动刚体上各点轨迹，速度和加速度之间关系。

在平动刚体内任选两点 A、B，选择坐标系如图 6 - 1 所示，选择不同瞬时 t_1、t_2、t_3，…A 和 B 分别走到 A_1，A_2，A_3，… 和 B_1，B_2，B_3，…由刚体平动的定义知

$$AB \parallel A_1B_1 \parallel A_2B_2 \parallel A_3B_3 \cdots$$

从刚体定义有 $AB = A_1B_1 = A_2B_2 = A_3B_3 = \cdots$

所以 AA_1B_1B，$A_1A_2B_2B_1\cdots$，这些四边形都是平行四边形。因此

$$B_1B = AA_1, B_1B \parallel AA_1,$$

$$B_1B_2 = A_1A_2、B_1B_2 \parallel A_1A_2 \cdots$$

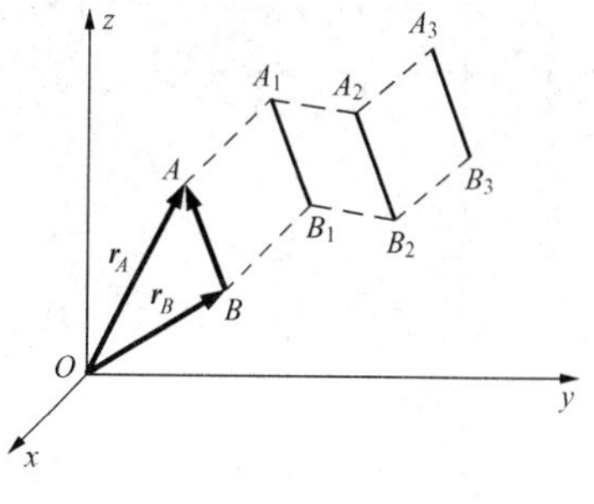

图 6 - 1

这说明折线 $AA_1A_2A_3\cdots$的形状与折线 $BB_1B_2B_3\cdots$的形状相同且互相平行，若取无穷多个位置，且相邻位置时间间隔 $\Delta t \to 0$ 时，$AA_1A_2A_3\cdots A_n$ 折线，$BB_1B_2B_3\cdots B_n$ 折线分别是 A、B 两点运动轨迹，它们形状完全相同且相互平行。

由图 6 - 1 可知

$$\boldsymbol{r}_A = \boldsymbol{r}_B + \overrightarrow{BA} \tag{1}$$

方程（1）两边对 t 求导得

$$\frac{\mathrm{d}\boldsymbol{r}_B}{\mathrm{d}t} = \frac{\mathrm{d}\boldsymbol{r}_A}{\mathrm{d}t} + \frac{\mathrm{d}\,\overrightarrow{BA}}{\mathrm{d}t}$$

由于 A、B 两点是刚体上的点，所以 $\overrightarrow{BA}$ 为常矢量，即 $\frac{\mathrm{d}\overrightarrow{BA}}{\mathrm{d}t}=0$，所以有

$$\boldsymbol{v}_B = \boldsymbol{v}_A \tag{2}$$

方程（2）两边对 t 求导得

$$\boldsymbol{a}_A = \boldsymbol{a}_B \tag{3}$$

由此得结论：当刚体平行移动时，其上各点的运动轨迹形状相同且互相平行；在每一瞬时，各点的速度相同，加速度也相同。

因此研究刚体的平动，可以归结为研究刚体内任一点的运动，也就是归结为上一章所研究过的点的运动学问题。

6.2 刚体的定轴转动

6.2.1 刚体定轴转动的转动方程

刚体运动时，其上或其扩展部分有两点保持不动，则这种运动称为刚体绕定轴的转动，简称刚体的转动。通过两个固定点的一条不动直线，称为刚体的转轴或轴线，简称轴。

为确定转动刚体的位置，取转轴为 z 轴，正向如图 6-2 所示，过轴线作一固定面 A 和一随刚体一起转动的平面 B，两平面间用夹角用 φ 表示，φ 为刚体的转角。转角 φ 是一个代数量，确定刚体的位置，符号规定如下：自 z 正端往负端看，从固定面起按逆时针转向计算 φ，取正值；按顺时针转向计算 φ，取负值，φ 用弧度（rad）表示。当刚体转动时，转角 φ 是时间 t 的单值连续函数，即

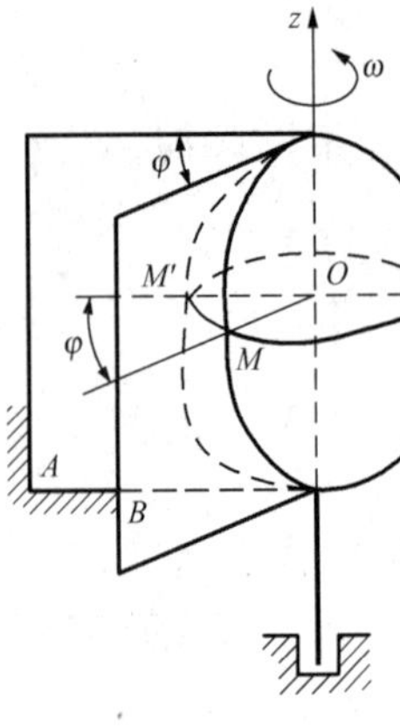

图 6-2

$$\varphi = \varphi(t) \tag{6-1}$$

式（6-1）称为刚体绕定轴转动的运动方程。绕定轴转动的刚体，只要用一个参变量 φ 就可决定它的位置，这样的刚体，称它具有一个自由度。

转角 φ 对时间的一阶导数，称为刚体的瞬时角速度并用 ω 表示，即

$$\omega = \frac{\mathrm{d}\varphi}{\mathrm{d}t} \tag{6-2}$$

角速度 ω 表征刚体转动的快慢和方向，其单位一般用 rad/s（弧度/秒）。从轴正端向负端看，刚体逆时针转动时，角速度 ω 取正值，反之取负值。

角速度 ω 对时间的一阶导数，称为刚体的瞬时角加速度用字母 α 表示，即

$$\alpha = \frac{\mathrm{d}\omega}{\mathrm{d}t} = \frac{\mathrm{d}^2\varphi}{\mathrm{d}t^2} \tag{6-3}$$

角加速度表征刚体角速度变化的快慢，其单位一般用 rad/s^2（弧度/秒·秒），角加速度也为代数量。

如果 ω 与 α 同号，刚体转动角速度 ω 不断增大，转动是加速的，称为加速转动；如果 ω 与 α 异号，刚体转动角速度 ω 不断减小，转动是减速的。称为减速转动。

当 ω=常量时，这种转动称为匀速转动，机器中转动部件，一般都在匀速转动的情况下

工作。工程上常用每分钟转数 n 来表示转速，n 的单位为 r/min（转/分）来表示，ω 与 n 关系可用下式求出

$$\omega = \frac{2\pi n}{60} = \frac{\pi n}{30} \tag{6-4}$$

6.2.2 转动刚体上各点速度和加速度

当刚体绕定轴转动时，刚体内任意一点都在过该点且与转轴垂直平面内作圆周运动，如图 6 - 3 所示，圆心为转轴与该平面交点。用自然法研究该点运动。

运动方程为

$$s = R\varphi$$

式中　R——点 M 到轴心 O 的距离。

$$v = \frac{ds}{dt} = R\frac{d\varphi}{dt} = R\omega \tag{6-5}$$

式（6 - 5）表明：转动刚体内任一点速度大小，等于该点至转轴的距离与刚体角速度乘积，速度方向沿圆周切线指向转动的一方。由于点 M 作圆周运动，所以其加速度有切向加速度 $\boldsymbol{a}_\tau$ 和法向加速度 $\boldsymbol{a}_n$ 两个分量。

切向加速度为

$$a_\tau = \frac{dv}{dt} = R\frac{d\omega}{dt} = R\alpha \tag{6-6}$$

式（6 - 6）表明：转动刚体内任一点切线加速度的大小，等于该点到轴线的距离与刚体角加速度乘积。切线加速度方向沿圆周切线，指向 α 的转向。当 α 与 ω 转向相同时，$\boldsymbol{a}_\tau$ 与 $\boldsymbol{v}$ 指向相同［图 6 - 4（a）］，当 α 与 ω 转向相反时，$\boldsymbol{a}_\tau$ 与 $\boldsymbol{v}$ 方向相反［图 6 - 4（b）］。

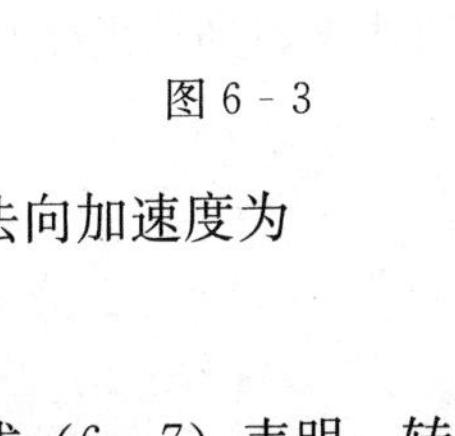

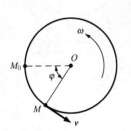

图 6 - 3

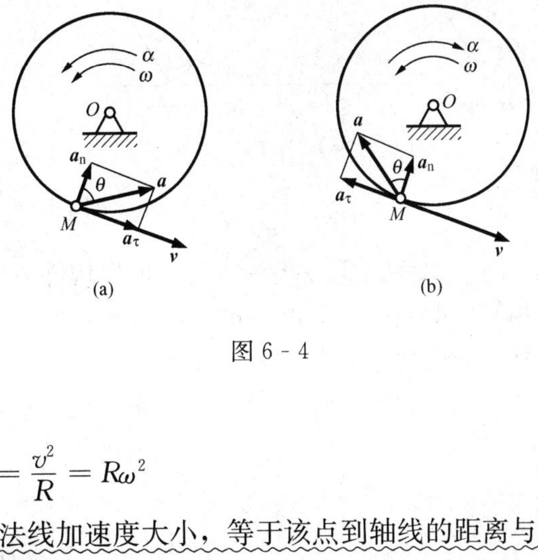

图 6 - 4

法向加速度为

$$a_n = \frac{v^2}{R} = R\omega^2 \tag{6-7}$$

式（6 - 7）表明：转动刚体内任一点法线加速度大小，等于该点到轴线的距离与刚体角速度的平方的乘积，法向加速度方向指向转轴。

M 点全加速度为

$$a = \sqrt{a_\tau^2 + a_n^2} = R\sqrt{\alpha^2 + \omega^2} \tag{6-8}$$

$$\theta = \arctan\frac{a_\tau}{a_n} = \arctan\frac{\alpha}{\omega^2} \tag{6-9}$$

由于在每一瞬时，刚体的 ω 与 α 都只有一个确定的值，所以从式（6－5）、式（6－8）、式（6－9）可知：

（1）在每一瞬时转动刚体内各点速度和加速度大小，分别与这些点到轴线的距离成正比。

（2）在每一瞬时转动刚体内各点速度与转动半径夹角为直角，各点加速度 $\boldsymbol{a}$ 与转动半径间夹角 θ 值相同，如图 6－5（a）、（b）所示。

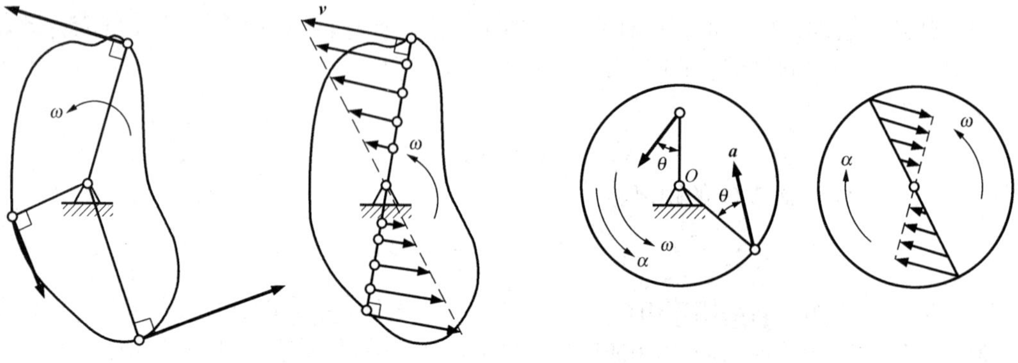

图 6－5

【例 6－1】 机构如图 6－6（a）所示。其中 $O_1A=O_2B=r$，$AB=O_1O_2$，$AM=a$，曲柄的角速度、角加速度分别为 ω 和 α，求 A、M 两点的速度、切向加速度和法向加速度。

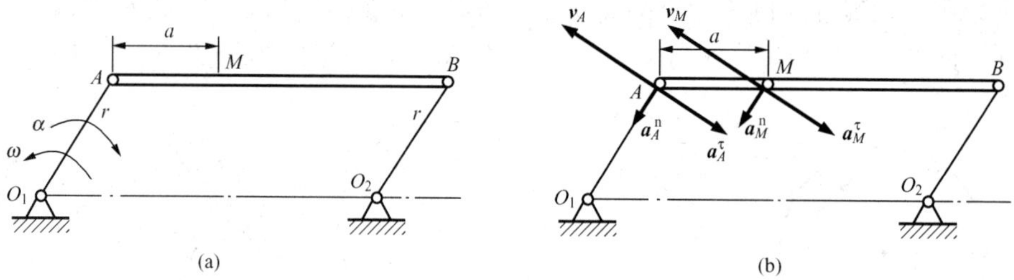

图 6－6

解 因 $O_1A=O_2B$，$AB=O_1O_2$，所以构件 AB 作平动，而平动刚体上任意两点的速度、加速度相等，即 $\boldsymbol{v}_M=\boldsymbol{v}_A$，$\boldsymbol{a}_M^\tau=\boldsymbol{a}_A^\tau$，$\boldsymbol{a}_M^n=\boldsymbol{a}_A^n$，所以，只须求出 A 点的速度、加速度便可知 M 点的速度、加速度。由于曲柄 O_1A 作定轴转动，则有

$$v_A=r\omega$$

$$a_A^\tau=\frac{\mathrm{d}v}{\mathrm{d}t}=r\frac{\mathrm{d}\omega}{\mathrm{d}t}=r\alpha$$

$$a_A^n=\frac{v^2}{\rho}=\frac{(r\omega)^2}{R}=r\omega^2$$

方向如图 6－6（b）所示。

【例 6－2】 如图 6－7 所示圆轮由静止作匀加速转动，其上一点距转轴的距离为 $r=0.5\mathrm{m}$，某瞬时的全加速度为 $a=50\mathrm{m/s^2}$，与半径的夹角 $\theta=30°$。若 $t=0$ 时位置角 $\varphi_0=0$，求圆轮的转动方程及 $t=1\mathrm{s}$ 时 M 点的速度和法向加速度。

解 将 M 点的全加速度 $\boldsymbol{a}$ 沿其轨迹的切向及法向分解，则切向加速度和角加速度为

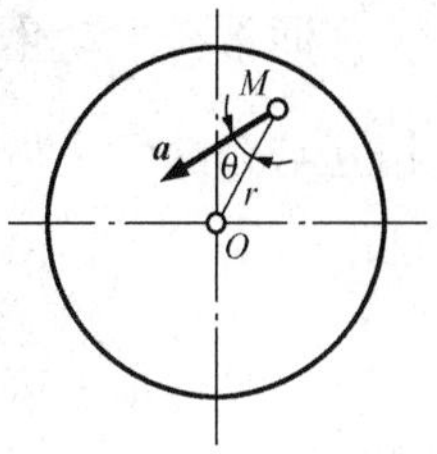

图 6-7

$$a_{\tau} = a\sin\theta = 50\sin30^{\circ} = 25(\text{m/s}^2)$$

$$\alpha = \frac{a_{\tau}}{r} = \frac{25}{0.5} = 50(\text{rad/s}^2)$$

因作匀加速转动，切向加速度 $\boldsymbol{a}_{\tau}$ 的大小不变（即角加速度 α 为常数），α 与 ω 转向相同，此例是逆时针转向。

$$\alpha = \frac{\mathrm{d}\omega}{\mathrm{d}t} = \frac{\mathrm{d}^2\varphi}{\mathrm{d}t^2}$$

分别积分得

$$\omega = 50t + \omega_0, \varphi = \varphi_0 + \omega_0 t + \frac{1}{2}\alpha t^2$$

当 $t=0$ 时，$\omega_0=0$，$\varphi_0=0$，所以 $\omega=50t$，$\varphi=\frac{1}{2}\alpha t^2$。$t=1\text{s}$ 时圆轮的角速度为

$$\omega = \alpha t = 50\times1 = 50(\text{rad/s})$$

M 点的速度和法向加速度分别为

$$v = r\omega = 0.5\times50 = 25(\text{m/s})$$

$$a_{\text{n}} = r\omega^2 = 0.5\times50^2 = 1250(\text{m/s}^2)$$

【例 6-3】 齿轮传动分析。图 6-8（a）和 6-8（b）分别表示一对外啮合和内啮合的齿轮，已知齿轮Ⅰ和齿轮Ⅱ的半径分别为 R_1 和 R_2，在某一瞬时齿轮Ⅰ的角速度为 ω_1，求齿轮Ⅱ的角速度 ω_2。

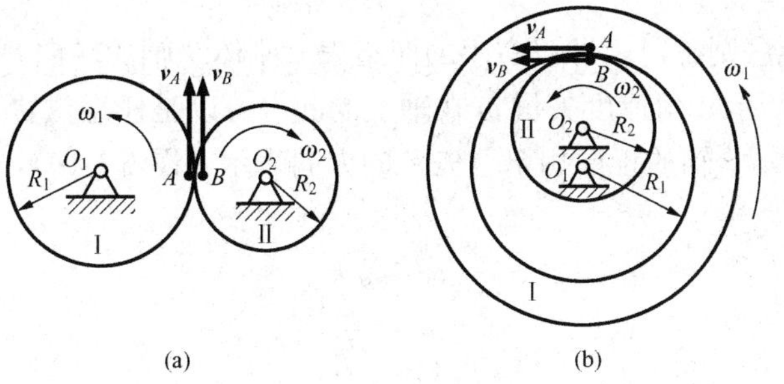

图 6-8

解 由于齿轮在接触处无相对滑动，则二齿轮在啮合处有共同的速度 J 及切向加速度，即

$$v_A = v_B, a_A^{\tau} = a_B^{\tau}$$

因此有

$$R_1\omega_1 = R_2\omega_2, R_1\alpha_1 = R_2\alpha_2$$

或写成

$$\frac{\omega_1}{\omega_2} = \frac{\alpha_1}{\alpha_2} = \frac{R_2}{R_1}$$

即角速度（角加速度）之比与半径成反比。也可表示为转速与半径成反比，即

$$\frac{n_1}{n_2} = \frac{R_2}{R_1}$$

通常将主动轮与从动轮的角速度之比$\frac{\omega_1}{\omega_2}$称为传动比，用 i_{12} 表示。按齿轮传动的要求，相互啮合的两个齿轮的半径与其齿数 z 成正比，即

$$\frac{z_2}{z_1}=\frac{R_2}{R_1}$$

于是传动比可表示为

$$i_{12}=\frac{\omega_1}{\omega_2}=\frac{n_1}{n_2}=\frac{\alpha_1}{\alpha_2}=\frac{z_2}{z_1}=\frac{R_2}{R_1} \tag{6-10}$$

须要说明的是，上式对外啮合和和内啮合的齿轮均适用。从图 6-8 可知外啮合的齿轮还将改变转向。

对于带传动问题，设带与带轮之间无相对滑动，则带与轮缘接触之处具有相同的速度，可得出类似的传动比关系。

6.3 角速度矢量和角加速度矢量及定轴转动刚体上点的速度和加速度的矢积表达式

为了便于矢量分析方法研究刚体的运动和刚体上各点的运动，有必要用矢量表示角速度和角加速度。

角速度和角加速度矢量表示：角速度矢 $\boldsymbol{\omega}$ 可用**一有向线段**表示，其大小等于角速度的绝对值，即

$$|\boldsymbol{\omega}|=|\omega|=\left|\frac{\mathrm{d}\varphi}{\mathrm{d}t}\right|$$

指向按右手螺旋法则确定，即以右手的四指表示刚体绕轴的转向，大拇指的指向表示 $\boldsymbol{\omega}$ 的指向，如图 6-9 所示。角速度矢量 $\boldsymbol{\omega}$ 在轴上的起点可以是任意位置，这是滑动矢量。

如取转轴为 z 轴，z 轴的正向用单位矢 $\boldsymbol{k}$ 的方向表示（图 6-10），于是刚体绕定轴转动的角速度矢可写为

$$\boldsymbol{\omega}=\omega\boldsymbol{k} \tag{6-11}$$

$$\omega=\dot{\varphi}$$

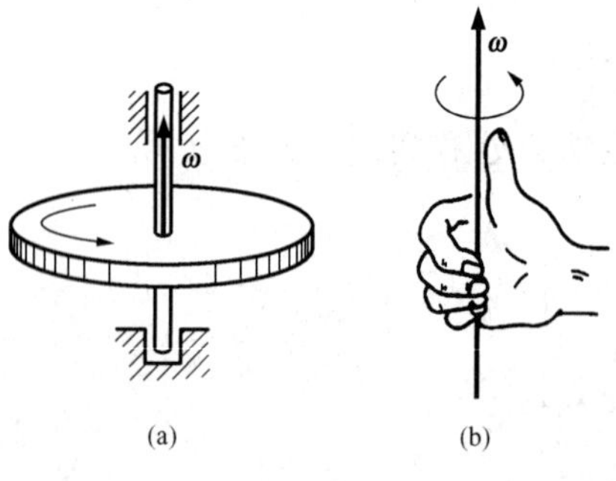

图 6-9

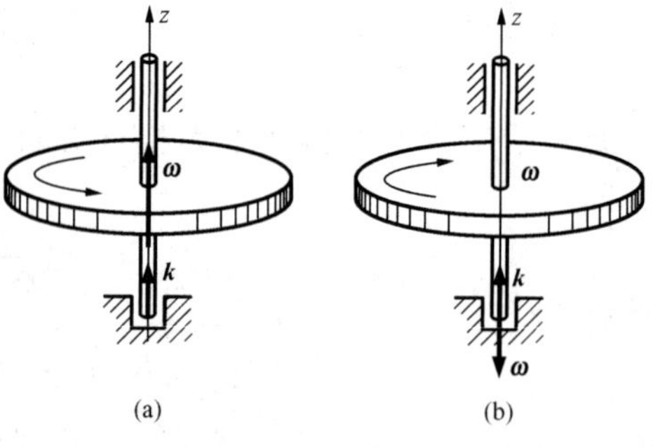

图 6-10

同理，角加速度矢 $\boldsymbol{\alpha}$ 也可以用一个沿轴线的滑动矢量表示

$$\boldsymbol{\alpha}=\alpha\boldsymbol{k} \tag{6-12}$$

$$\alpha = \dot{\omega} = \ddot{\varphi}$$

$$\boldsymbol{\alpha} = \frac{\mathrm{d}\boldsymbol{\omega}}{\mathrm{d}t} = \frac{\mathrm{d}}{\mathrm{d}t}(\omega \boldsymbol{k}) = \frac{\mathrm{d}\omega}{\mathrm{d}t}\boldsymbol{k} \qquad (6-13)$$

即角加速度矢 $\boldsymbol{\alpha}$ 为角速度矢 $\boldsymbol{\omega}$ 对时间的一阶导数。

定轴转动刚体上任一点的速度矢和加速度矢可用矢积表示，速度 $\boldsymbol{v}$ 与角速度矢 $\boldsymbol{\omega}$ 和该点的矢径 $\boldsymbol{r}$ 有关。设由转轴 z 上任一固定点 A 作 M 点的矢径 $\boldsymbol{r}$，并用 θ 表示矢量 $\boldsymbol{\omega}$ 与 $\boldsymbol{r}$ 之间的夹角如图 6-11 所示，则由图示的几何关系可知，点的速度大小为

$$|\boldsymbol{v}| = R\omega = r\omega\sin\theta = |\boldsymbol{\omega} \times \boldsymbol{r}|$$

其方向与矢积 $\boldsymbol{\omega} \times \boldsymbol{r}$ 的方向相同，因此 M 点的速度可写为

$$\boldsymbol{v} = \boldsymbol{\omega} \times \boldsymbol{r} \qquad (6-14)$$

结论：定轴转动刚体上任一点的速度矢等于刚体的角速度矢与该点矢径的矢积。

点加速度矢与 $\boldsymbol{\omega}$、$\boldsymbol{\alpha}$ 和 $\boldsymbol{r}$ 有关，以下分切向加速度和法向加速度两部分分别讨论。因为点的加速度为 $\boldsymbol{a}=\frac{\mathrm{d}\boldsymbol{v}}{\mathrm{d}t}$，把式（6-14）代入，得

$$\boldsymbol{a} = \frac{\mathrm{d}\boldsymbol{v}}{\mathrm{d}t} = \frac{\mathrm{d}}{\mathrm{d}t}(\boldsymbol{\omega} \times \boldsymbol{r}) = \frac{\mathrm{d}\boldsymbol{\omega}}{\mathrm{d}t} \times \boldsymbol{r} + \boldsymbol{\omega} \times \frac{\mathrm{d}\boldsymbol{r}}{\mathrm{d}t}$$

即

$$\boldsymbol{a} = \boldsymbol{\alpha} \times \boldsymbol{r} + \boldsymbol{\omega} \times \boldsymbol{v} \qquad (6-15)$$

由图 6-12 可知，上式中右边两项的大小分别为

$$|\boldsymbol{\alpha} \times \boldsymbol{r}| = \alpha r\sin\theta = R\alpha$$

$$|\boldsymbol{\omega} \times \boldsymbol{v}| = \omega v\sin\theta = R\omega^2$$

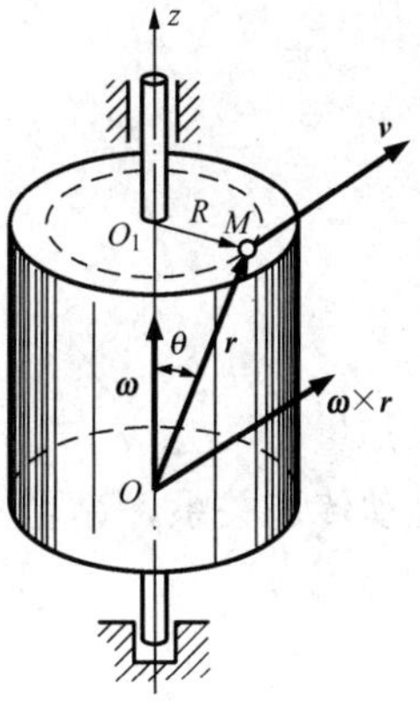

图 6-11

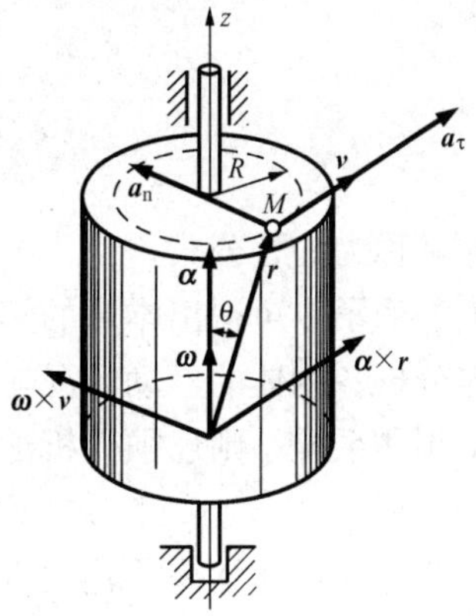

图 6-12

它们的方向分别与切向加速度和法向加速度一致，因此得

$$\boldsymbol{a}_\tau = \boldsymbol{\alpha} \times \boldsymbol{r} \qquad (6-16)$$

$$\boldsymbol{a}_\mathrm{n} = \boldsymbol{\omega} \times \boldsymbol{v} \qquad (6-17)$$

于是可得结论：定轴转动刚体上任一点的切向加速度等于刚体的角加速度矢与该点矢径的矢积；法向加速度等于刚体的角速度矢与该点速度矢的矢积。

【例 6-4】 如图 6-13 所示，在绕定轴 z 转动的刚体上固结一个坐标系，用 $\boldsymbol{i}'$、$\boldsymbol{j}'$、$\boldsymbol{k}'$ 分别表示三个轴的方向矢量，刚体绕 z 轴转动的角速度矢为 $\boldsymbol{\omega}$，试证下列关系式

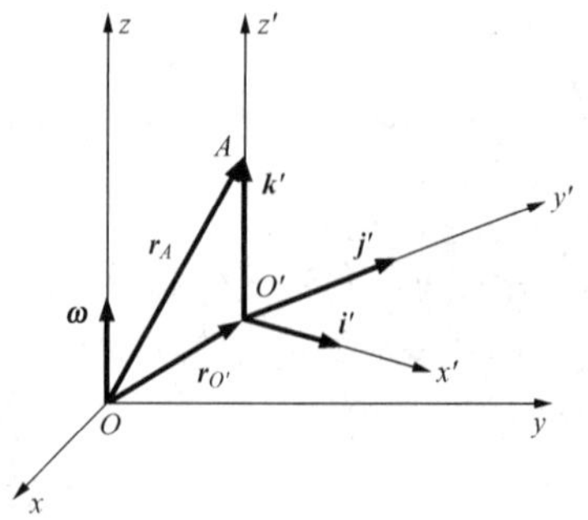

图 6 - 13

$$\frac{\mathrm{d}\boldsymbol{i}'}{\mathrm{d}t}=\boldsymbol{\omega}\times\boldsymbol{i}'$$
$$\frac{\mathrm{d}\boldsymbol{j}'}{\mathrm{d}t}=\boldsymbol{\omega}\times\boldsymbol{j}'$$
$$\frac{\mathrm{d}\boldsymbol{k}'}{\mathrm{d}t}=\boldsymbol{\omega}\times\boldsymbol{k}'$$

证明 先分析$\frac{\mathrm{d}\boldsymbol{k}'}{\mathrm{d}t}$。设$\boldsymbol{k}'$的矢端点$A$的矢径为$\boldsymbol{r}_A$，动系原点$O'$点的矢径为$\boldsymbol{r}_{O'}$，$A$点和$O'$点均绕$z$轴作圆周运动，其速度分别为

$$\boldsymbol{v}_A=\frac{\mathrm{d}\boldsymbol{r}_A}{\mathrm{d}t}=\boldsymbol{\omega}\times\boldsymbol{r}_A$$

$$\boldsymbol{v}_{O'}=\frac{\mathrm{d}\boldsymbol{r}_{O'}}{\mathrm{d}t}=\boldsymbol{\omega}\times\boldsymbol{r}_{O'}$$

由图 6 - 13 可知

$$\boldsymbol{k}'=\boldsymbol{r}_A-\boldsymbol{r}_{O'}$$

对上式求导，得

$$\frac{\mathrm{d}\boldsymbol{k}'}{\mathrm{d}t}=\frac{\mathrm{d}(\boldsymbol{r}_A-\boldsymbol{r}_{O'})}{\mathrm{d}t}=\boldsymbol{v}_A-\boldsymbol{v}_{O'}=\boldsymbol{\omega}\times\boldsymbol{r}_A-\boldsymbol{\omega}\times\boldsymbol{r}_{O'}=\boldsymbol{\omega}\times\boldsymbol{k}'$$

$\boldsymbol{i}'$，$\boldsymbol{j}'$的导数与上式相似。合写为

$$\left.\begin{aligned}\frac{\mathrm{d}\boldsymbol{i}'}{\mathrm{d}t}&=\boldsymbol{\omega}\times\boldsymbol{i}'\\\frac{\mathrm{d}\boldsymbol{j}'}{\mathrm{d}t}&=\boldsymbol{\omega}\times\boldsymbol{j}'\\\frac{\mathrm{d}\boldsymbol{k}'}{\mathrm{d}t}&=\boldsymbol{\omega}\times\boldsymbol{k}'\end{aligned}\right\}\qquad(6-18)$$

证毕。上式通常称为泊松公式。

通过以上的例子，可得出本章的解题基本步骤为：

（1）首先分析各刚体的运动情况，弄清已知量与待求未知量；

（2）对于刚体系统，则还须分析清楚各运动刚体间的运动传递关系，建立相应的传递关系式；

（3）利用相应的运动学公式建立方程；

（4）求解所建立的方程，得其结果。

本 章 小 结

（一）刚体运动的最简单形式为平行移动和绕定轴转动

（二）刚体平行移动

（1）刚体内任一直线在运动过程中，始终与它的最初位置平行，此种运动称为刚体平行移动，或平动。

（2）刚体作平动时，刚体内各点的轨迹状完全相同，各点的轨迹可能是直线，也可能是平面曲线或空间曲线。

（3）刚体作平动时，在同一瞬时刚体内各点的速度和加速度大小、方向都相同。

（三）刚体绕定轴转动

（1）刚体运动时，其中有两点保持不动，此种运动称为刚体绕定轴转动，或转动。

（2）刚体的转动方程 $\varphi=f(t)$ 表示刚体的位置随时间的变化规律。

（3）角速度 ω 表示刚体转动的快慢程度和转向，是代数量。

$$\omega=\frac{\mathrm{d}\varphi}{\mathrm{d}t}$$

角速度也可用矢量表示，如图 6-9 所示，即

$$\boldsymbol{\omega}=\omega\boldsymbol{k}$$

（4）角加速度表示角速度对时间的变化率，是代数量，即

$$\alpha=\frac{\mathrm{d}\omega}{\mathrm{d}t}=\frac{\mathrm{d}^2\varphi}{\mathrm{d}t^2}$$

当 ω 与 α 同号时，刚体作加速转动；当 ω 与 α 异号时，刚体作减速转动。
角加速度也可用矢量表示

$$\boldsymbol{\alpha}=\frac{\mathrm{d}\boldsymbol{\omega}}{\mathrm{d}t}=\alpha\boldsymbol{k}$$

（5）绕定轴转动刚体上点的速度、加速度与角速度、角加速度的关系为

$$\boldsymbol{v}=\boldsymbol{\omega}\times\boldsymbol{r},\quad \boldsymbol{a}_\tau=\boldsymbol{\alpha}\times\boldsymbol{r},\quad \boldsymbol{a}_\mathrm{n}=\boldsymbol{\omega}\times\boldsymbol{v}$$

式中 $\boldsymbol{r}$——点的矢径。

速度、加速度的代数值为

$$v=R\omega,\quad a_\tau=R\alpha,\quad a_\mathrm{n}=R\omega^2$$

式中 R——点到转轴的垂直距离，即转动半径。

（6）传动比

$$i_{12}=\frac{\omega_1}{\omega_2}=\frac{n_1}{n_2}=\frac{\alpha_1}{\alpha_2}=\frac{z_2}{z_1}=\frac{R_2}{R_1}$$

思 考 题

6-1 试推导刚体作匀速转动和匀加速转动的方程。

6-2 各点都作圆周运动的刚体一定是定轴转动吗？

6-3 “刚体作平动时，各点的轨迹一定是直线或平面曲线；刚体绕定轴转动时，各点的轨迹一定是圆”。这种说法对吗？

6-4 有人说：“刚体绕定轴转动时，角加速度为正，表示加速度转动；角加速度为负，表示减速转动”。对吗？为什么？

6-5 刚体作定轴转动，其上某点 A 到转轴距离为 R。为求出刚体上任意点在某一瞬时的速度和加速度的大小，下述哪组条件是充分的？

（1）已知点 A 的速度及该点的全加速度方向。

（2）已知点 A 的切向加速度及法向加速度。

（3）已知点 A 的切向加速度及该点的全加速度方向。

（4）已知点 A 的法向加速度及该点的速度。

（5）已知点 A 的法向加速度及该点全加速度的方向。

6 - 6　试画出图 6 - 14（a）、（b）中标有字母的各点速度方向和加速度方向。

6 - 7　图 6 - 15 所示鼓轮的角速度这样计算对否？

因为

$$\tan\varphi=\frac{x}{R}$$

所以

$$\omega=\frac{\mathrm{d}\varphi}{\mathrm{d}t}=\frac{\mathrm{d}}{\mathrm{d}t}\left(\arctan\frac{x}{R}\right)$$

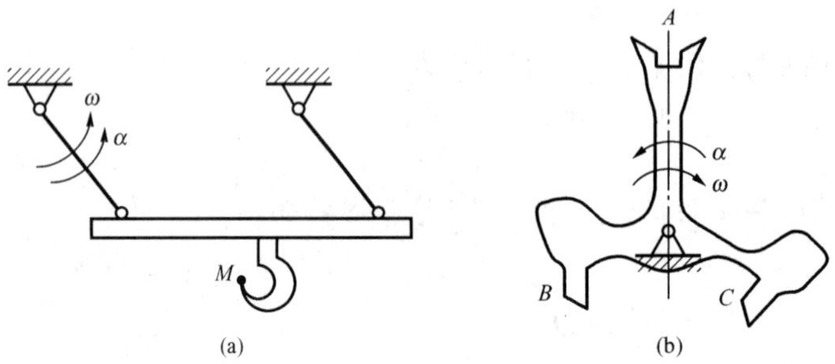

图 6 - 14　思考题 6 - 6 图

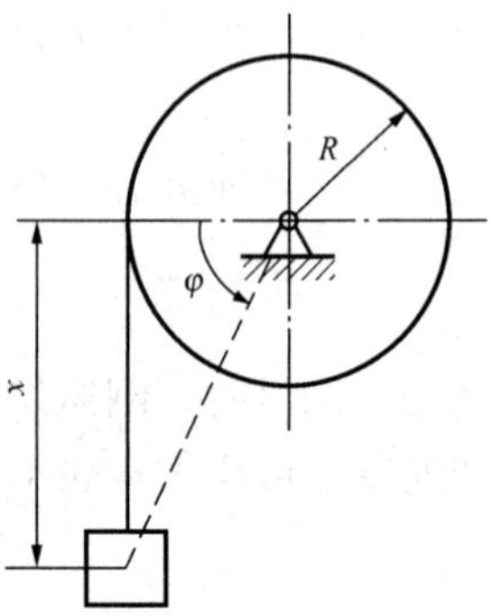

图 6 - 15　思考题 6 - 7 图

习　　题

6 - 1　图 6 - 16 所示曲柄滑杆机构中，滑杆上有一圆弧形滑道，其半径 R=100mm，圆心 O_1 在导杆 BC 上。曲柄长 OA=100mm，以等角速度 ω=4rad/s 绕 O 轴转动。求导杆 BC 的运动规律以及当曲柄与水平线间的交角 φ 为 30°时，导杆 BC 的速度和加速度。

6 - 2　图 6 - 17 所示为把工件送入干燥炉内的机构，叉杆 OA=1.5m 在铅垂面内转动，杆 AB=0.8m，A 端为铰链，B 端有放置工件的框架。在机构运动时，工件的速度恒为 0.05m/s，AB 杆始终铅垂。设运动开始时，角 φ=0。求运动过程中角 φ 与时间的关系。同时，求点 B 的轨迹方程。

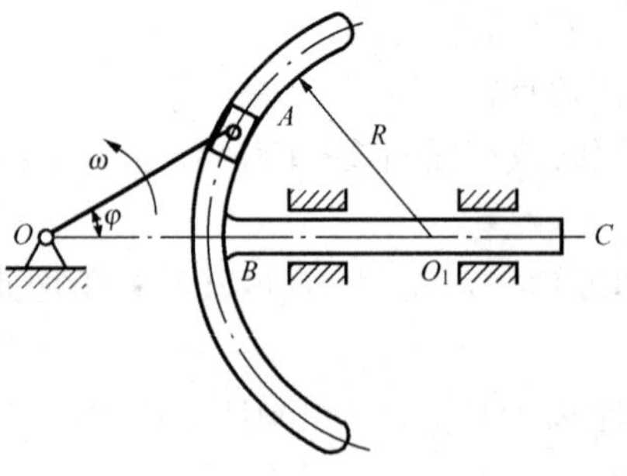

图 6 - 16　习题 6 - 1 图

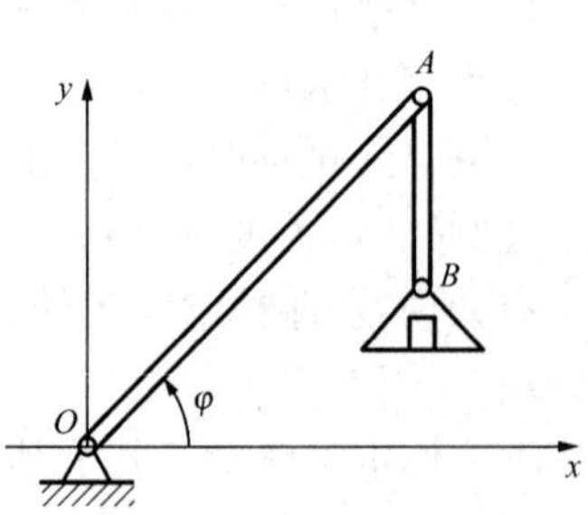

图 6 - 17　习题 6 - 2 图

6 - 3　揉茶机的揉桶由三个曲柄支持，曲柄的支座 A、B、C 与支轴 a、b、c 都恰成等边三角形，如图 6 - 18 所示。三个曲柄长度相等，均为 l=150mm，并以相同的转速 n=

45r/min 分别绕其支座在图平面内转动。求揉桶中心点 O 的速度和加速度。

6 - 4 机构如图 6 - 19 所示，假定杆 AB 以匀速 $\boldsymbol{v}$ 运动，开始时 $\varphi=0$。试求当 $\varphi=\frac{\pi}{4}$ 时，摇杆 OC 的角速度和角加速度。

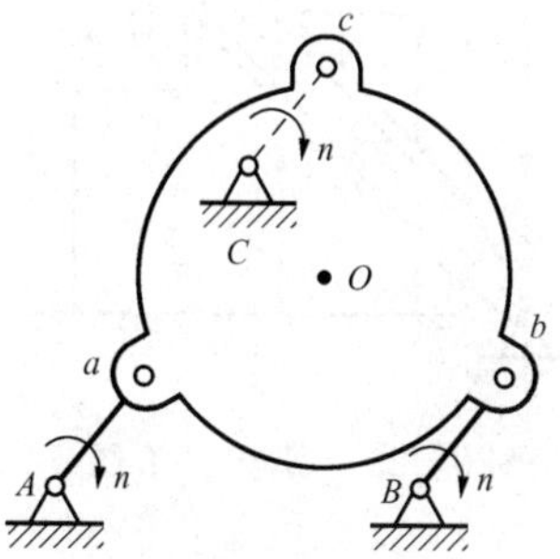

图 6 - 18 习题 6 - 3 图

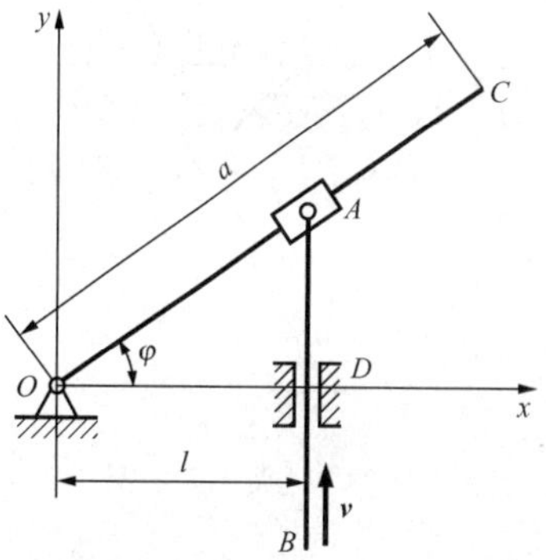

图 6 - 19 习题 6 - 4 图

6 - 5 如图 6 - 20 所示平板 A 放置在两个半径 $r=250$mm 的圆筒上。某瞬时，平板具有向右的匀加速度 $a=0.5\text{m/s}^2$，同瞬时圆筒周边上一点的加速度 $a_1=3\text{m/s}^2$，假设平板于圆筒之间无滑动，求该瞬时平板 A 速度。

6 - 6 如图 6 - 21 所示直角折杆 $OABC$ 绕 O 轴在铅垂面内转动。已 $OA=15$cm，$AB=10$cm，$BC=5$cm，直角折杆 $OABC$ 绕 O 轴转动的角加速度 $\alpha=4t$（rad/s^2），若杆从静止开始转动，求 $t=1$s 时，杆上 B 点和 C 点的速度、加速度。

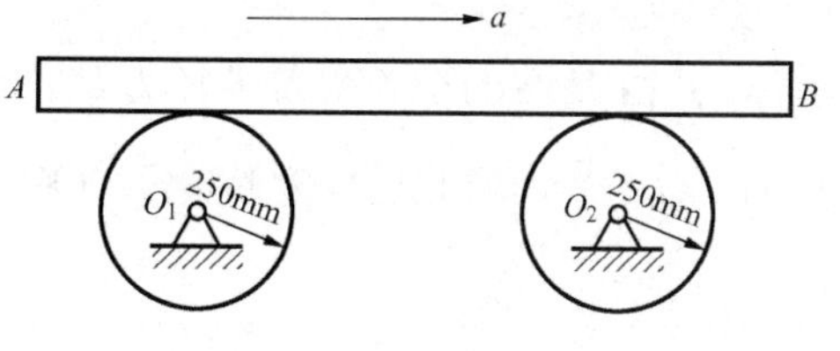

图 6 - 20 习题 6 - 5 图

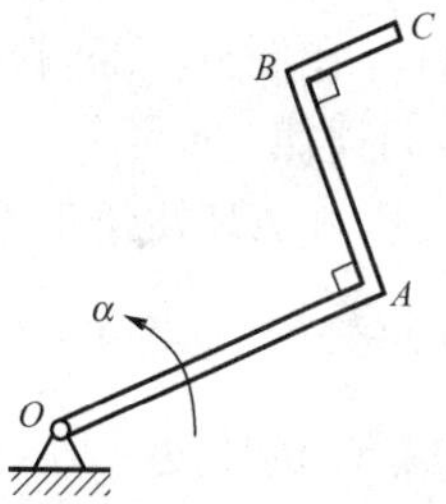

图 6 - 21 习题 6 - 6 图

6 - 7 如图 6 - 22 所示，曲柄 CB 以等角速度 ω_0 绕 C 轴转动，其转动方程为 $\varphi=\omega_0 t$。滑块 B 带动摇杆 OA 绕轴 O 转动。设 $OC=h$，$CB=r$。求摇杆的转动方程。

6 - 8 如图 6 - 23 所示，滑座 B 沿水平面以匀速 $\boldsymbol{v}_0$ 向右移动，其上销钉连接一滑块 C，并带动槽杆 OA 绕 O 轴转动。开始时槽杆 OA 在铅垂位置，销钉 C 位于 C_0，$OC_0=b$。求槽杆 OA 的角速度和角加速度。

6 - 9 一飞轮绕固定轴 O 转动，其轮缘上任一点的全加速度在某段运动过程中与轮半径的交角恒为 60°，如图 6 - 24 所示。当运动开始时，其转角 φ_0 等于零，角速度为 ω_0。求飞轮的转动方程以及角速度与转角的关系。

6 - 10 图 6 - 25 所示机械中齿轮 1 紧固在杆 AC 上，$AB=O_1O_2$，齿轮 1 和半径为 r_2 齿轮 2 啮合，齿轮 2 可绕 O_2 轴转动且和曲柄 O_2B 没有联系。设 $O_1A=O_2B=l$，$\varphi=b\sin\omega t$，试

确定 $t=\frac{\pi}{2\omega}$ s 时，轮 2 的角速度和角加速度。

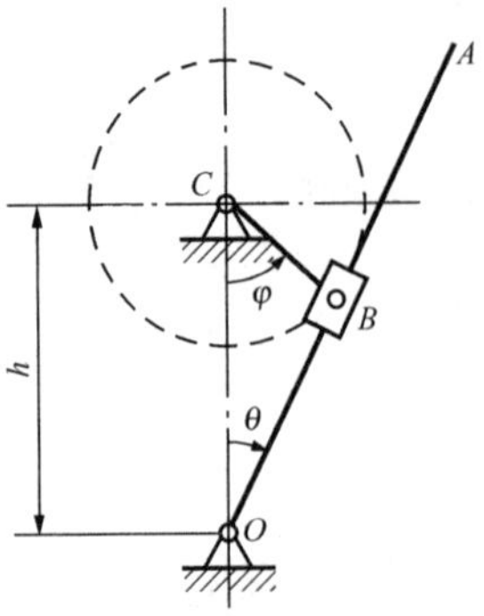

图 6 - 22 习题 6 - 7 图

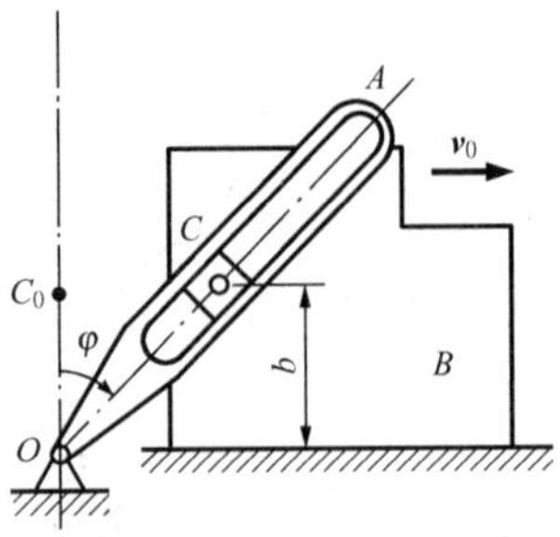

图 6 - 23 习题 6 - 8 图

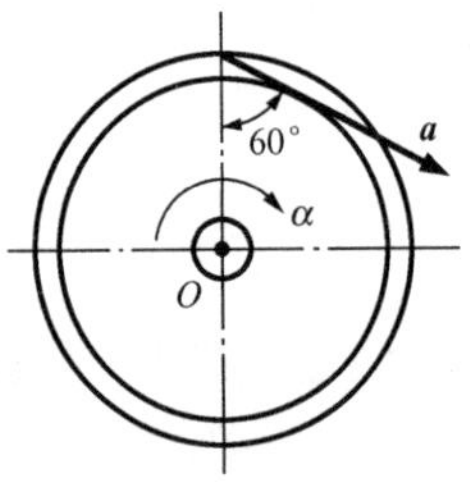

图 6 - 24 习题 6 - 9 图

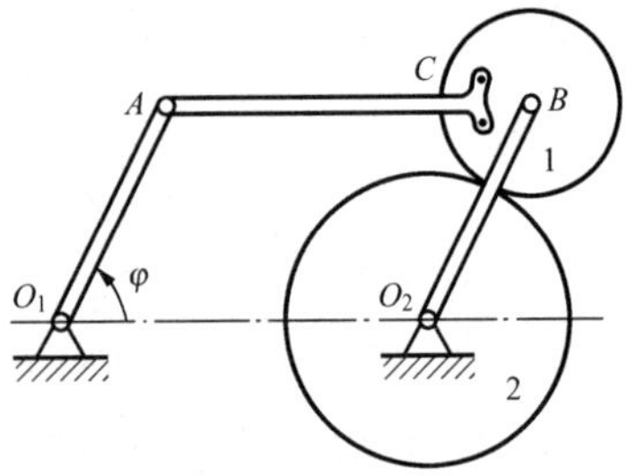

图 6 - 25 习题 6 - 10 图

6 - 11 在图 6 - 25 中，设机械从静止开始转动，轮 2 的角加速度为常量 $\boldsymbol{\alpha}_2$。求曲柄 O_1A 的转动规律。

6 - 12 杆 AB 在铅垂方向以恒速 $\boldsymbol{v}$ 向下运动，并由 B 端的小轮带着半径为 R 的圆弧杆 OC 绕轴 O 转动，如图 6 - 26 所示。设运动开始时，$\varphi=\frac{\pi}{4}$，求此后任意瞬时 t，OC 杆的角速度 ω 和点 C 的速度。

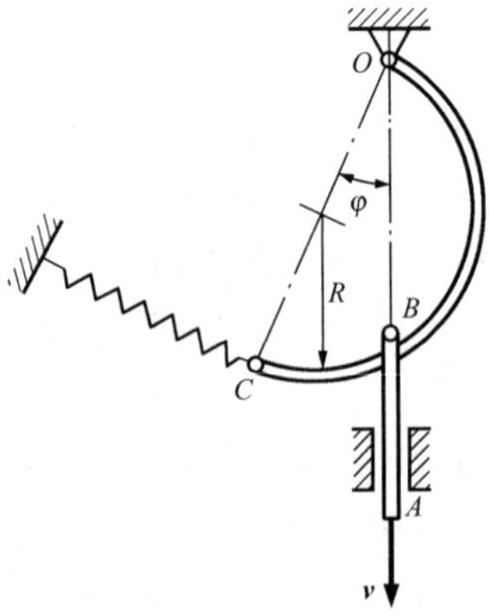

图 6 - 26 习题 6 - 12 图

7 点的合成运动

本章提要

本章研究同一动点相对定参考系和动参考系运动之间的关系，建立运动的合成和分解的分析方法，讨论点在任一瞬时的速度合成和加速度合成的规律及其应用。这一章的内容相对抽象一些，要正确理解点的合成运动的基本概念，明确一个动点、两个坐标系（定、动坐标系）和三种运动（绝对运动、相对运动、牵连运动）。

在前面我们研究点运动时，都是相对定参考系而言，但在工程实际中，有时需要同时在两个不同参考系中来描述同一点的运动，而其中一个参考系相对另一参考系也在运动，显然在这两个参考系中所观察到的该点运动是不同的。例如，如图 7-1 所示，桥式起重机起吊重物时，横梁 AB 沿着吊车梁作纵向运动，同时小车又沿横梁作横向运动，则站在固结在横梁上的坐标系 $O'x'y'z'$ 中的观察者，观察到小车沿横梁作直线运动，而站在固结于地面上坐标系 $Oxyz$ 上的观察者，观察到小车的运动一般为曲线运动。通过观察发现，这一曲线运动是由小车沿横梁的横向直线运动和吊车梁 AB 的纵向运动的合成。于是相对于某一参考系的运动可由相对于其他参考系的几个运动组合而成，称这种运动为合成运动。本章介绍点的合成运动，分析运动中某一瞬时点的速度合成和加速度合成的规律。

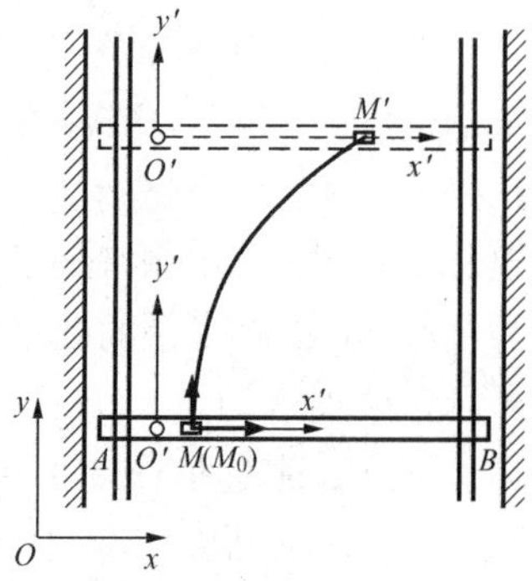

图 7-1

7.1 绝对运动·相对运动·牵连运动

（一）定参考系、动参考系

习惯上把固结于地球表面上的坐标系称为定参考系 $Oxyz$（或静参考系），简称定系；固结于其他相对地球运动物体上的坐标系 $O'x'y'z'$ 称为动参考系，简称动系。

（二）绝对运动

动点相对于定参考系的运动，称为绝对运动。换言之，人站在地面上观察到动点的运动，就是动点的绝对运动。

（三）相对运动

动点相对于动参考系的运动，称为相对运动。直观的说，人在动系上观察到动点的运动，就是相对运动。

（四）牵连运动

动参考系相对定参考系的运动，称为牵连运动。动参考系往往是固结在相对地球有运动的刚体上，因此牵连运动实质上是刚体的运动。

（五）绝对运动轨迹、绝对速度 $\boldsymbol{v}_a$、绝对加速度 $\boldsymbol{a}_a$

动点 M 在绝对运动中的轨迹、速度、加速度称为绝对运动轨迹、绝对速度和绝对加速度。绝对速度、绝对加速度分别记为 $\boldsymbol{v}_a$，$\boldsymbol{a}_a$。

（六）相对轨迹、相对速度 $\boldsymbol{v}_r$、相对加速度 $\boldsymbol{a}_r$

动点 M 在相对运动中的轨迹、速度和加速度，称为相对运动轨迹、相对速度和相对加速度。相对速度、相对加速度分别记为 $\boldsymbol{v}_r$、$\boldsymbol{a}_r$。

（七）牵连速度 $\boldsymbol{v}_e$、牵连加速度 $\boldsymbol{a}_e$

由于牵连运动是刚体运动而不是一个点的运动，一般情况下刚体上各点运动情况都不相同，而动参考系与动点运动直接相关的是动参考系上与动点相重合的那一点（牵连点）的运动，不同瞬时，该点位置不同。因此定义，某瞬时，在动参考系上与动点相重合那一点（**牵连点**）的速度、加速度称为动点的牵连速度和牵连加速度，牵连速度，牵连加速度分别记为 $\boldsymbol{v}_e$、$\boldsymbol{a}_e$。

下面通过举例分析来理解上述的基本概念。

曲柄摇杆机构如图 7-2（a）所示，已知在图示瞬时位置时，曲柄 OA 的角速度为 ω_1，角加速度为 α_1，O_1B 摇杆角速度为 ω_2，角加速度为 α_2，若取滑块 A 为动点，动坐标系固结在摇杆 O_1B 上。显然动点 A 相对于动坐标系 O_1B 的运动是沿 O_1B 杆的直线运动，因此相对轨迹为直线 O_1B，相对速度 $\boldsymbol{v}_r$ 和相对加速度 $\boldsymbol{a}_r$ 方向都沿 O_1B 杆。A 点的绝对运动是以 O 点为圆心，OA 为半径的圆周运动，绝对速度 $\boldsymbol{v}_a$、绝对加速度 $\boldsymbol{a}_a=\boldsymbol{a}_a^\tau+\boldsymbol{a}_a^n$ 方向如图 7-2（b）所示，牵连运动是 O_1B 杆绕 O_1 轴的定轴转动，牵连点是 O_1B 杆上与 A 重合那一点 A'，牵连速度 $\boldsymbol{v}_e$、牵连加速度 $\boldsymbol{a}_e=\boldsymbol{a}_e^\tau+\boldsymbol{a}_e^n$ 是 A' 点相对于定坐标系的速度、加速度，它们的方向如图7-2（b）所示，其大小分别为

$$v_a=OA\cdot\omega_1,\quad a_a^\tau=OA\cdot\alpha_1,\quad a_a^n=OA\cdot\omega_1^2$$

$$v_e=O_1A\cdot\omega_2,\quad a_e^\tau=O_1A\cdot\alpha_2,\quad a_e^n=O_1A\cdot\omega_2^2$$

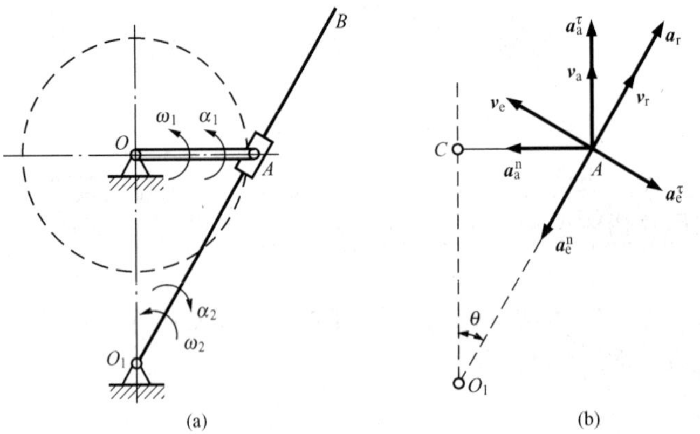

图 7-2

7.2 点的速度合成定理

本节将建立绝对速度 $\boldsymbol{v}_a$，相对速度 $\boldsymbol{v}_r$ 和牵连速度 $\boldsymbol{v}_e$ 之间的关系。

设动点 M 按一定规律沿某物体上的 K 曲线运动，同时该物体（曲线 K）相对于定系 $Oxyz$ 又作任意规律运动。若动系 $O'x'y'z'$ 固结在该曲线 K 上，由上节合成运动的概念可知，动点 M 沿 K 曲线的运动为它的相对运动，固结在曲线 K 上的动系 $O'x'y'z'$ 的运动称为牵连运动，动点对定系运动为绝对运动。

设在瞬时 t，动点 M 与曲线 K 上的 M_0 点重合，如图 7-3 所示，则此时 M_0 点为牵连点，经过 Δt 后，相对运动轨迹曲线 K 随动系运动到曲线 K'。在这期间，动点 M 随牵连点 M_0 沿弧线 M_0M_1 运动到 M_1，与此同时又沿相对运动轨迹曲线 K' 运动到 M'。弧线 MM' 即为动点绝对运动轨迹。$\overrightarrow{M_1M'}$ 和 $\overrightarrow{MM'}$ 分别为动点的相对位移和绝对位移，而 $\overrightarrow{M_0M_1}$ 为瞬时 t 动点的牵连点 M_0 在 Δt 时间间隔内的位移，称为牵连位移，从图显见

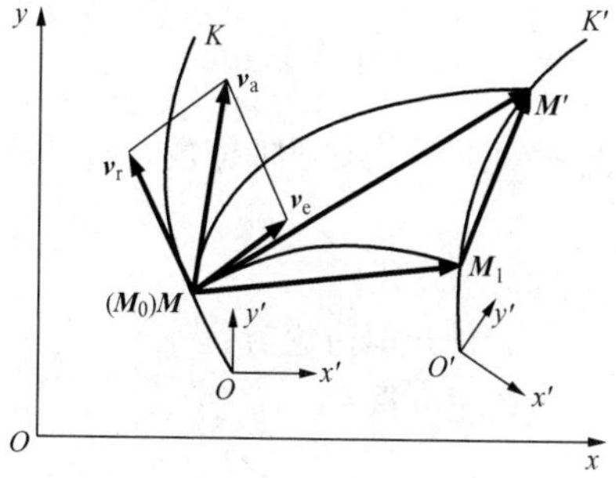

图 7-3

$$\overrightarrow{MM'} = \overrightarrow{M_0M_1} + \overrightarrow{M_1M'} \tag{1}$$

上式除以 Δt 并取 $\Delta t \to 0$ 的极限，则得

$$\lim_{\Delta t \to 0} \frac{\overrightarrow{MM'}}{\Delta t} = \lim_{\Delta t \to 0} \frac{\overrightarrow{M_0M_1}}{\Delta t} + \lim_{\Delta t \to 0} \frac{\overrightarrow{M_1M'}}{\Delta t} \tag{2}$$

由速度定义可知

$$\lim_{\Delta t \to 0} \frac{\overrightarrow{MM'}}{\Delta t} = v_a, \quad \lim_{\Delta t \to 0} \frac{\overrightarrow{M_0M_1}}{\Delta t} = v_e, \quad \lim_{\Delta t \to 0} \frac{\overrightarrow{M_1M'}}{\Delta t} = v_r$$

于是方程（2）极限式可写成

$$\boldsymbol{v}_a = \boldsymbol{v}_e + \boldsymbol{v}_r \tag{7-1}$$

由此得到点的速度合成定理：动点在某瞬时的绝对速度等于它在该瞬时的牵连速度与相对速度的矢量和。即动点的绝对速度可以由牵连速度与相对速度所构成的平行四边形的对角线来确定。这个平行四边形称为速度平行四边形。

7.3 点的加速度合成定理

7.3.1 动系平动时加速度合成定理

设图 7-4 所示动坐标系 $O'x'y'z'$ 相对定坐标系 $Oxyz$ 作平动（即动坐标系固结在作平动的刚体上）。动点 M 的相对运动方程为：

$$x' = x'(t), \quad y' = y'(t), \quad z' = z'(t)$$

根据运动学理论，动点 M 的相对速度 $\boldsymbol{v}_r$ 和相对加速度 $\boldsymbol{a}_r$ 分别为

$$\boldsymbol{v}_r = \frac{dx'}{dt}\boldsymbol{i}' + \frac{dy'}{dt}\boldsymbol{j}' + \frac{dz'}{dt}\boldsymbol{k}' \tag{7-2}$$

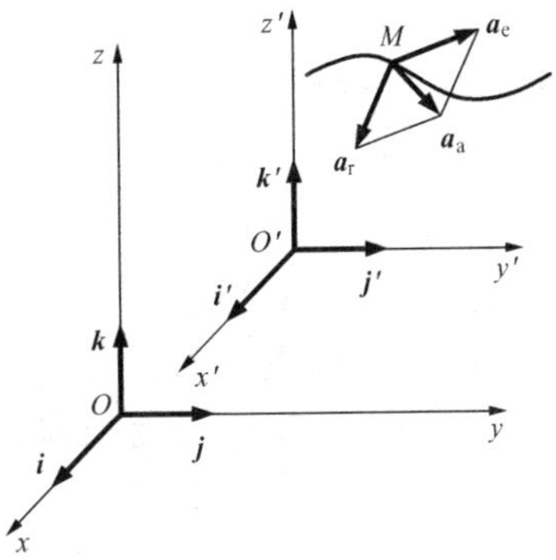

图 7-4

$$a_r = \frac{d^2x'}{dt^2}i + \frac{d^2y}{dt^2}j' + \frac{d^2z}{dt^2}k' \quad (7-3)$$

式中　i'，j'，k'——沿动坐标轴的单位矢量（动系平动时其方向不变，即它们是常矢量）。

由平动刚体运动性质知，在每瞬时，平动刚体上各点的速度和加速度相同，因此有

$$v_e = v_{O'}\,,\ a_e = a_{O'} \quad (1)$$

$$\frac{di'}{dt} = 0,\quad \frac{dj'}{dt} = 0,\quad \frac{dk'}{dt} = 0 \quad (2)$$

由速度合成定理有

$$v_a = v_e + v_r$$

上式两边对 t 求一阶导数，有

$$\frac{dv_a}{dt} = \frac{dv_e}{dt} + \frac{dv_r}{dt} \quad (3)$$

下面分别讨论方程（3）中各项的计算结果：

由定义便可得

$$\frac{dv_a}{dt} = a_a \quad (4)$$

由于动系平动，利用方程（1）有

$$\frac{dv_e}{dt} = \frac{dv_{O'}}{dt} = a_{O'} = a_e \quad (5)$$

利用式（7-2）、式（7-3）和方程（2）有

$$\frac{dv_r}{dt} = \frac{d^2x'}{dt^2}i' + \frac{d^2y}{dt^2}j' + \frac{d^2z}{dt^2}k' = a_r \quad (6)$$

将方程（4）、（5）、（6）代入方程（3）得

$$a_a = a_e + a_r \quad (7-4)$$

这表明：当牵连运动为平动时，动点在某瞬时的绝对加速度等于该瞬时它的牵连加速度和相对加速度的矢量和。式（7-4）称为牵连运动为平动时点的加速度合成定理。

7.3.2　牵连运动为转动时点的加速度合成定理

当牵连运动为转动时，加速度合成定理与平动所述的结论不同。在合成绝对加速度时，除了牵连加速度 a_e、相对加速度 a_r 外，还有一项是由牵连运动和相对运动相互影响引起的附加项科氏加速度 a_c。

$$a_a = a_e + a_r + a_c$$

其中

$$a_c = 2\omega_e \times v_r$$

以下证明上述两式。

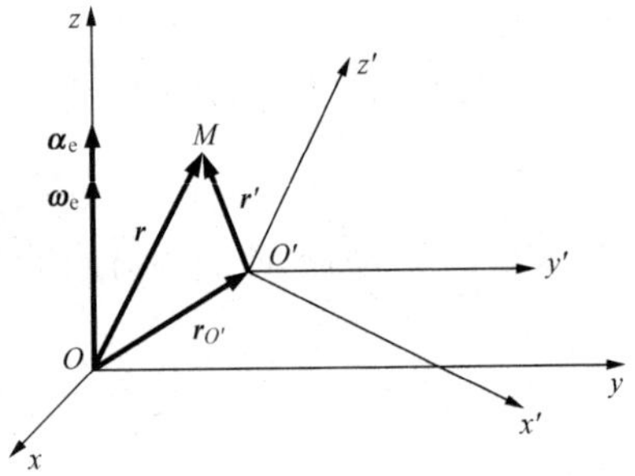

图 7-5

设 $Oxyz$ 代表定坐标系，$O'x'y'z'$ 代表动标系，如图 7-5 所示。动坐标系绕定轴 z 转动的角速度矢量和角加速度矢量分别为 ω_e 和 α_e，动点 M 的相对速度和相对加

速度分别如式（7-2）、式（7-3）所示。

点 M 的牵连速度 $\boldsymbol{v}_e$ 和牵连加速度 $\boldsymbol{a}_e$ 分别为动坐标系上与动点重合那一点的速度和加速度，动坐标系绕 z 轴作定轴转动，因此，它们表达式为

$$\boldsymbol{v}_e = \boldsymbol{\omega}_e \times \boldsymbol{r} \tag{1}$$

$$\boldsymbol{a}_e = \boldsymbol{\alpha}_e \times \boldsymbol{r} + \boldsymbol{\omega}_e \times \boldsymbol{v}_e \tag{2}$$

利用速度合成公式，同上一节分析有

$$\frac{d\boldsymbol{v}_a}{dt} = \frac{d\boldsymbol{v}_e}{dt} + \frac{d\boldsymbol{v}_r}{dt} \tag{3}$$

$$\boldsymbol{a}_a = \frac{d\boldsymbol{v}_a}{dt} \tag{4}$$

下面讨论方程（3）右端两项计算结果

方程（3）右端第一项为［分析中用到方程（1）及方程（2）］

$$\begin{aligned}\frac{d\boldsymbol{v}_e}{dt} &= \frac{d}{dt}(\boldsymbol{\omega}_e \times \boldsymbol{r}) = \frac{d\boldsymbol{\omega}_e}{dt} \times \boldsymbol{r} + \boldsymbol{\omega}_e \times \frac{d\boldsymbol{r}}{dt}\\ &= \boldsymbol{\alpha}_e \times \boldsymbol{r} + \boldsymbol{\omega}_e \times \boldsymbol{v}_a\\ &= \boldsymbol{\alpha}_e \times \boldsymbol{r} + \boldsymbol{\omega}_e \times (\boldsymbol{v}_e + \boldsymbol{v}_r)\\ &= \boldsymbol{\alpha}_e \times \boldsymbol{r} + \boldsymbol{\omega}_e \times \boldsymbol{v}_e + \boldsymbol{\omega}_e \times \boldsymbol{v}_r\end{aligned}$$

利用方程（2），有

$$\frac{d\boldsymbol{v}_e}{dt} = \boldsymbol{a}_e + \boldsymbol{\omega}_e \times \boldsymbol{v}_r \tag{5}$$

方程（3）右端第二项为［分析中用到式（7-2）及式（7-3）］

$$\begin{aligned}\frac{d\boldsymbol{v}_r}{dt} &= \frac{d}{dt}\left(\frac{dx'}{dt}\boldsymbol{i}' + \frac{dy'}{dt}\boldsymbol{j}' + \frac{dz'}{dt}\boldsymbol{k}'\right)\\ &= \left(\frac{d^2x'}{dt^2}\boldsymbol{i}' + \frac{d^2y'}{dt^2}\boldsymbol{j}' + \frac{d^2z'}{dt^2}\boldsymbol{k}'\right) + \left(\frac{dx'}{dt}\cdot\frac{d\boldsymbol{i}'}{dt} + \frac{dy'}{dt}\cdot\frac{d\boldsymbol{j}'}{dt} + \frac{dz'}{dt}\cdot\frac{d\boldsymbol{k}'}{dt}\right)\\ &= \boldsymbol{a}_r + \left(\frac{dx'}{dt}\cdot\frac{d\boldsymbol{i}'}{dt} + \frac{dy'}{dt}\cdot\frac{d\boldsymbol{j}'}{dt} + \frac{dz'}{dt}\cdot\frac{d\boldsymbol{k}'}{dt}\right)\end{aligned}$$

由式（6-18），即 $\frac{d\boldsymbol{i}'}{dt} = \boldsymbol{\omega}_e \times \boldsymbol{i}'$，$\frac{d\boldsymbol{j}'}{dt} = \boldsymbol{\omega}_e \times \boldsymbol{j}'$，$\frac{d\boldsymbol{k}'}{dt} = \boldsymbol{\omega}_e \times \boldsymbol{k}'$，可得到

$$\left(\frac{dx'}{dt}\cdot\frac{d\boldsymbol{i}'}{dt} + \frac{dy'}{dt}\cdot\frac{d\boldsymbol{j}'}{dt} + \frac{dz'}{dt}\cdot\frac{d\boldsymbol{k}'}{dt}\right) = \boldsymbol{\omega}_e \times \left(\frac{dx'}{dt}\boldsymbol{i}' + \frac{dy'}{dt}\boldsymbol{j}' + \frac{dz'}{dt}\boldsymbol{k}'\right) = \boldsymbol{\omega}_e \times \boldsymbol{v}_r$$

综上分析有

$$\frac{d\boldsymbol{v}_r}{dt} = \boldsymbol{a}_r + \boldsymbol{\omega}_e \times \boldsymbol{v}_r \tag{6}$$

将方程（4）、（5）、（6）代入方程（3）得

$$\boldsymbol{a}_a = \boldsymbol{a}_e + \boldsymbol{a}_r + 2\boldsymbol{\omega}_e \times \boldsymbol{v}_r$$

令

$$\boldsymbol{a}_c = 2\boldsymbol{\omega}_e \times \boldsymbol{v}_r \tag{7-5}$$

称 $\boldsymbol{a}_c$ 为科氏加速度，其等于动系角速度矢和点相对速度的矢积的两倍。于是有

$$\boldsymbol{a}_a = \boldsymbol{a}_e + \boldsymbol{a}_r + \boldsymbol{a}_c \tag{7-6}$$

上式表示点的加速度合成定理：当牵连运动为转动时，某瞬时绝对加速度等于该瞬时它

的牵连加速度、相对加速度和科氏加速度三项的矢量和。

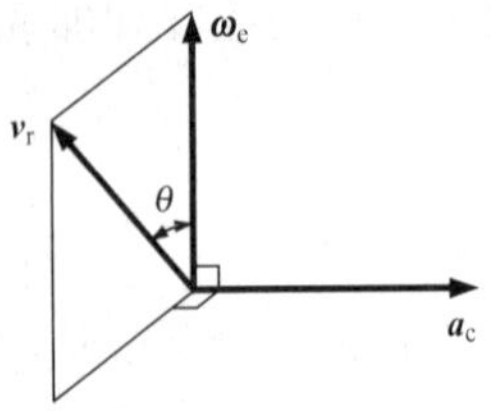

图 7-6

当牵连运动为任意运动时式（7-6）都成立，它是点的加速度合成定理的普遍形式。

根据矢积规则，科氏加速度 $\boldsymbol{a}_c$ 大小为

$$a_c = 2\omega_e v_r \sin\theta$$

其中 θ 为两矢量间的最小夹角。科氏加速度 $\boldsymbol{a}_c$ 垂直于 $\boldsymbol{\omega}_e$ 和 $\boldsymbol{v}_r$，指向按右手法则确定，如图 7-6 所示。

7.4 点的合成运动例题

7.4.1 点的合成运动解题步骤

应用速度和加速度合成定理求解点的速度、加速度，其步骤如下：

（1）选取动点，动系和定系。所选参考系应能将动点运动分解为简单相对运动和牵连运动，此外动点、动系不能选在同一物体上。

（2）分析三种运动和三种速度、加速度。各种速度和加速度的大小，方向两个元素，有哪几个要素是已知的，问题是否可解。

（3）速度分析，作出速度矢量图，作图时要使绝对速度成为平行四边形的对角线，并利用几何关系，求出速度中的未知量。

（4）加速度分析，在进行加速度分析时，首先应根据动系的运动（平动或是转动）确定是否有科氏加速度，然后作加速度矢量图。因为三种运动都有可能是曲线运动，因此其公式可写成下式

$$\boldsymbol{a}_a^\tau + \boldsymbol{a}_a^n = \boldsymbol{a}_e^\tau + \boldsymbol{a}_e^n + \boldsymbol{a}_r^\tau + \boldsymbol{a}_r^n + \boldsymbol{a}_c$$

上式中每一项都有大小和方向两要素，必须认真分析每一项，才可正确解决问题。

7.4.2 点的合成运动例题

【例 7-1】 正弦机构如图 7-7（a）所示，已知 $OA=10\text{cm}$，$\varphi=30°$时曲柄 OA 的角速度 $\omega=2\text{rad/s}^2$，角加速度 $\alpha=2\text{rad/s}^2$，求图示位置时，连杆 BC 上 C 点速度，加速度和滑块 A 相对于滑道的速度和加速度。

解 （1）选滑块 A 为动点，动坐标系固结在滑道 BC 上。

（2）分析运动：

1）绝对运动：以 O 为圆心，OA 为半径的圆周运动，$\boldsymbol{v}_a$、$\boldsymbol{a}_a$ 的大小、方向全知。

2）相对运动，沿滑道 AB 的水平直线运动，$\boldsymbol{v}_r$、$\boldsymbol{a}_r$ 方向已知，大小待求。

3）牵连运动：由于动坐标系固结在滑道 BC 上，BC 杆的运动即为牵连运动，BC 杆沿垂直方向铅垂平动，故 $\boldsymbol{v}_e$、$\boldsymbol{a}_e$ 方向已知，大小待求。

（3）速度分析，各速度矢量关系如图 7-7（b）所示。

$$\boldsymbol{v}_a = \boldsymbol{v}_e + \boldsymbol{v}_r \tag{1}$$

	$\boldsymbol{v}_a$	$\boldsymbol{v}_e$	$\boldsymbol{v}_r$
大小	√	?	?
方向	√	√	√

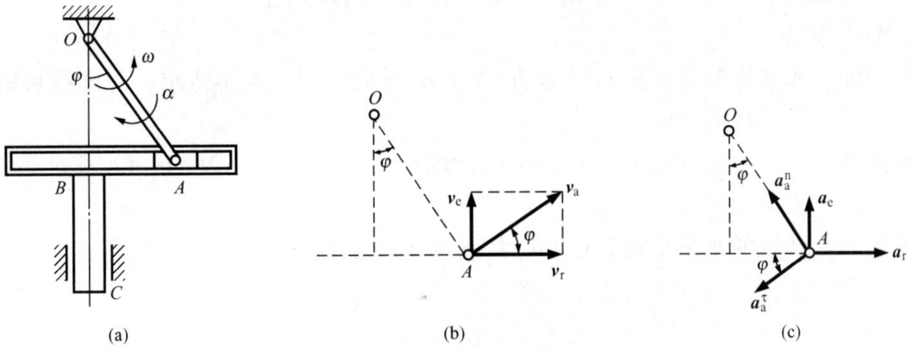

图 7-7

其中 $v_a=OA\cdot\omega=20\text{cm/s}$，方程（1）两边分别往水平，垂直方向投影得

x 轴：$v_a\cos\varphi=v_r$，　$v_r=17.32$（cm/s）　方向向右

y 轴：$v_a\sin\varphi=v_e$，　$v_e=10$（cm/s）　方向向上

（4）加速度分析：由于动系作平动，没有科氏加速度，各加速度矢量关系如图 7-7（c）所示。

$$\boldsymbol{a}_a=\boldsymbol{a}_e+\boldsymbol{a}_r$$

即

$$\boldsymbol{a}_a^\tau+\boldsymbol{a}_a^n=\boldsymbol{a}_e+\boldsymbol{a}_r \tag{2}$$

	$\boldsymbol{a}_a^\tau$	$\boldsymbol{a}_a^n$	$\boldsymbol{a}_e$	$\boldsymbol{a}_r$
大小	√	√	？	？
方向	√	√	√	√

$$a_a^n=OA\cdot\omega^2=40\text{cm/s}^2,\quad a_a^\tau=OA\cdot\alpha=20\text{cm/s}^2$$

方程（2）两边分别往 x、y 轴投影。

x 轴：$-a_a^\tau\cos\varphi-a_a^n\sin\varphi=a_r$，　$a_r=-37.32$（cm/s²）　方向向左

y 轴：$a_a^n\cos\varphi-a_a^\tau\sin\varphi=a_e$，　$a_e=24.64$（cm/s²）　方向向上

【例 7-2】 半径为 R 的半圆凸轮沿水平方向向右移动，使顶杆 AB 沿铅垂导轨滑动，在图 7-8（a）所示位置 $\varphi=60°$时，凸轮具有速度为 $\boldsymbol{v}$ 和加速度为 $\boldsymbol{a}$，试求该瞬时顶杆 AB 的速度和加速度。

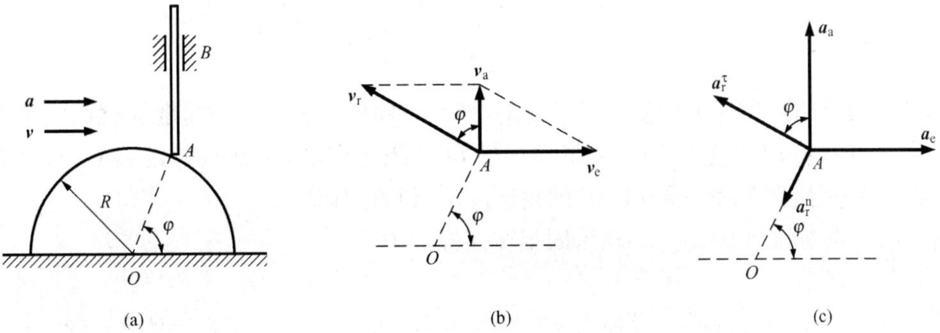

图 7-8

解 （1）选择 AB 杆上 A 点为动点，动系固结在凸轮 O 上。

（2）分析运动

绝对运动：A 点沿铅垂方向直线运动，$\boldsymbol{v}_a$，$\boldsymbol{a}_a$ 方向已知，大小待求，此即题目所求的顶杆 AB 的速度和加速度。

相对运动：以凸轮轮廓线为相对轨迹的圆周运动，$\boldsymbol{v}_r$ 方向已知，$\boldsymbol{a}_r=\boldsymbol{a}_r^n+\boldsymbol{a}_r^\tau$ 知道方向，大小待求。

牵连运动：凸轮的水平平动，$\boldsymbol{v}_e$，$\boldsymbol{a}_e$ 大小、方向已知。

（3）速度分析：各速度矢量关系如图 7-8（b）所示。

$$\boldsymbol{v}_a=\boldsymbol{v}_e+\boldsymbol{v}_r \tag{1}$$

	$\boldsymbol{v}_a$	$\boldsymbol{v}_e$	$\boldsymbol{v}_r$
大小	?	√	?
方向	√	√	√

$\boldsymbol{v}_e=\boldsymbol{v}$，方程（1）两边往 x、y 轴投影

x 轴 $0=v_e-v_r\sin\varphi$

y 轴 $v_a=v_r\cos\varphi$

$$v_r=\frac{2v}{\sqrt{3}}\quad v_a=\frac{v}{\sqrt{3}}$$

（4）加速度分析，牵连运动为平动，没有科氏加速度，各加速度矢量关系如图 7-8（c）所示。即

$$\boldsymbol{a}_a=\boldsymbol{a}_e+\boldsymbol{a}_r^\tau+\boldsymbol{a}_r^n \tag{2}$$

	$\boldsymbol{a}_a$	$\boldsymbol{a}_e$	$\boldsymbol{a}_r^\tau$	$\boldsymbol{a}_r^n$
大小	?	√	?	√
方向	√	√	√	√

其中 $a_e=a$，$a_r^n=\dfrac{v_r^2}{R}=\dfrac{4v^2}{3R}$

方程（2）两边分别向 x、y 轴投影

x 轴 $0=a_e-a_r^\tau\sin\varphi-a_r^n\cos\varphi$

y 轴 $a_a=a_r^\tau\cos\varphi-a_r^n\sin\varphi$

联立求解上两式，有

$$\begin{aligned}a_a&=a_e\cot\varphi-\frac{a_r^n}{\sin\varphi}\\&=a\cot\varphi-\frac{4v^2}{3R\sin\varphi}=\frac{\sqrt{3}}{3}\left(a-\frac{8v^2}{3R}\right)\end{aligned}$$

【例 7-3】 曲柄摇杆机构如图 7-9（a）所示，曲柄 OA 以匀角速度 ω 绕固定轴 O 转动时，滑块 A 在摇杆 O_1B 上滑动，并带动摇杆 O_1B 绕固定轴 O_1 摆动，设 $OA=r$，$OO_1=l$。求当曲柄 OA 在水平位置时摇杆 O_1B 的角速度 ω_1 和角加速度 α_1。

解 （1）选滑块 A 为动点、动系固定在摇杆 O_1B 上。

（2）分析运动

绝对运动：以 O 为圆心，半径为 r 的圆周运动，$\boldsymbol{v}_a$，$\boldsymbol{a}_a$ 大小和方向是已知的。

相对运动：沿 O_1B 直线运动，$\boldsymbol{v}_r$，$\boldsymbol{a}_r$ 方向已知，大小待求。

牵连运动：O_1B 杆绕 O_1 轴的定轴转动，$\boldsymbol{v}_e$、$\boldsymbol{a}_e=\boldsymbol{a}_e^n+\boldsymbol{a}_e^\tau$ 方向已知，大小待求。

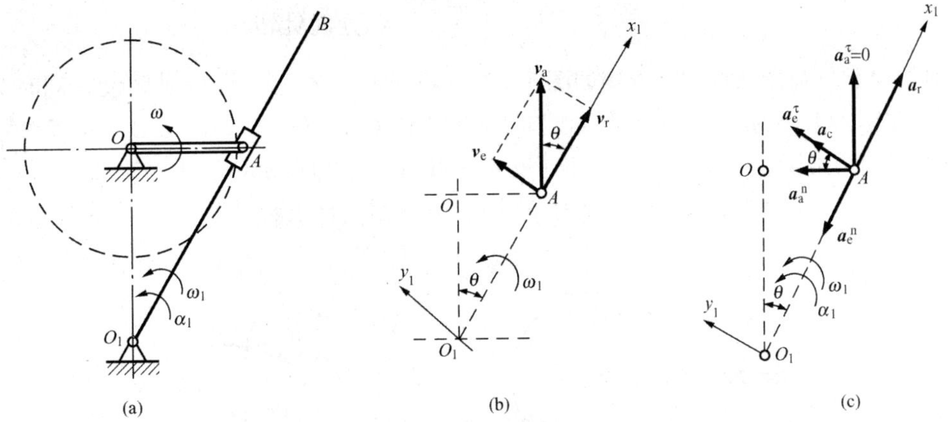

图 7 - 9

(3) 速度分析［速度矢量关系如图 7 - 9 (b) 所示］

$$\boldsymbol{v}_a = \boldsymbol{v}_e + \boldsymbol{v}_r \tag{1}$$

大小	√	?	?
方向	√	√	√

而 $v_a = OA \cdot \omega = r\omega$，方程 (1) 两边往 x_1，y_1 轴投影，有

x_1 轴：$v_a \cos\theta = v_r$，$v_r = \dfrac{lr\omega}{\sqrt{l^2+r^2}}$

y_1 轴：$v_a \sin\theta = v_e$，$v_e = \dfrac{r^2\omega}{\sqrt{l^2+r^2}}$

$$\omega_1 = \frac{v_e}{O_1A} = \frac{r^2\omega}{l^2+r^2} \quad （逆时针转）$$

(4) 加速度分析，动系有转动，加速度矢量关系如图 7 - 9 (c) 所示

$$\boldsymbol{a}_a^\tau + \boldsymbol{a}_a^n = \boldsymbol{a}_e^\tau + \boldsymbol{a}_e^n + \boldsymbol{a}_r + \boldsymbol{a}_c \tag{2}$$

大小	√	√	?	√	?	√
方向	√	√	√	√	√	√

其中

$$a_a^n = r\omega^2,\ a_a^\tau = 0,\ a_e^n = O_1A \cdot \omega_1^2 = \frac{r^4\omega^2}{(l^2+r^2)^{3/2}},$$

$$a_c = 2\omega_e v_r = 2\omega_1 v_r = \frac{2r^3 l\omega^2}{(l^2+r^2)^{3/2}}$$

将方程 (2) 两边往 y_1 轴投影，得

$$a_a^n \cos\theta = a_c + a_e^\tau$$

解出

$$a_e^\tau = a_a^n \cos\theta - a_c = \frac{lr\omega^2}{\sqrt{(l^2+r^2)}} - \frac{2r^3 l\omega^2}{(l^2+r^2)^{3/2}}$$

即

$$a_e^\tau = \frac{rl(l^2-r^2)\omega^2}{(l^2+r^2)^{3/2}}$$

$$\alpha_1=\frac{a_e^\tau}{O_1A}=\frac{rl(l^2-r^2)\omega^2}{(l^2+r^2)^2}\quad（逆时针转）$$

【例 7-4】 圆盘与杆 OA 铰接如图 7-10（a）所示，杆 OA 绕 O 轴转动，同时圆盘也相对于杆在同一平面内绕 A 轴转动。已知 $r=20\text{cm}$，$OA=l=40\text{cm}$，在图示位置 $OA\perp MA$ 时，杆 OA 的角速度 $\omega_e=1\text{rad/s}$，角加速度 $\alpha_e=2\text{rad/s}^2$，圆盘相对于杆 OA 的角速度，$\omega_r=3\text{rad/s}$，角加速度 $\alpha_r=4\text{rad/s}^2$ 转向分别如图 7-10 所示，试求轮缘上点 M 的绝对加速度。

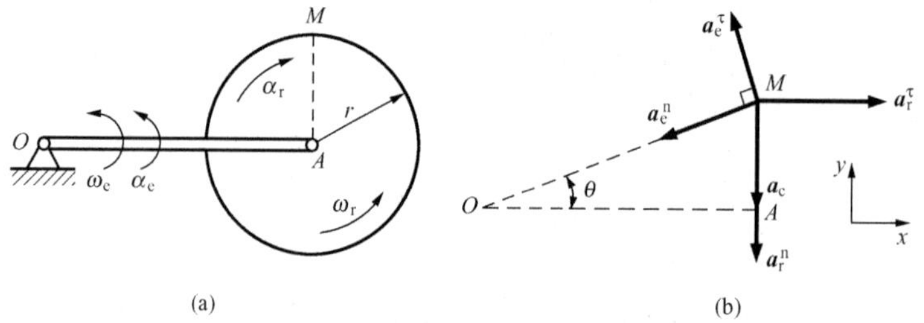

图 7-10

解 （1）取轮缘上 M 为动点、动系固结在 OA 杆上。

（2）分析运动

绝对运动：未知的平面曲线运动，$\boldsymbol{v}_a$、$\boldsymbol{a}_a$ 大小和方向待定。

相对运动：以 A 为圆心半径为 r 的圆周运动，$\boldsymbol{v}_r$、$\boldsymbol{a}_r=\boldsymbol{a}_r^n+\boldsymbol{a}_r^\tau$ 大小、方向都已知。

牵连运动：绕 O 轴的定轴转动，$\boldsymbol{v}_e$、$\boldsymbol{a}_e=\boldsymbol{a}_e^n+\boldsymbol{a}_e^\tau$ 大小、方向都已知。

（3）加速度分析，由于动系作转动

$$\boldsymbol{a}_a=\boldsymbol{a}_e^n+\boldsymbol{a}_e^\tau+\boldsymbol{a}_r^n+\boldsymbol{a}_r^\tau+\boldsymbol{a}_c \tag{1}$$

大小	?	√	√	√	√	√
方向	?	√	√	√	√	√

其中（令 $OM=l_1=\sqrt{l^2+r^2}=20\sqrt{5}\text{cm}$）

$$a_e^n=l_1\cdot\omega_e^2=20\sqrt{5}(\text{cm/s}^2),\ a_e^\tau=l_1\cdot\alpha_e=40\sqrt{5}(\text{cm/s}^2)$$

$$a_r^n=r\omega_r^2=180(\text{cm/s}^2),\ a_r^\tau=r\alpha_r=80(\text{cm/s}^2)$$

$$a_c=2\omega_e v_r=2\omega_e(r\omega_r)=120(\text{cm/s}^2)$$

将方程（1）两边往 x，y 轴投影，得

$$a_{ax}=a_r^\tau-a_e^n\cos\theta-a_e^\tau\sin\theta$$

$$a_{ay}=a_e^\tau\cos\theta-a_e^n\sin\theta-a_r^n-a_c$$

即

$$a_{ax}=r\alpha_r-l_1\cdot\omega_e^2\cdot\frac{l}{l_1}-l_1\cdot\alpha_e\cdot\frac{r}{l_1}=0$$

$$a_{ay}=l_1\cdot\alpha_e\cdot\frac{l}{l_1}-l_1\cdot\omega_e^2\cdot\frac{r}{l_1}-r\omega_r^2-2\omega_e\cdot r\omega_r=-240(\text{cm/s}^2)$$

综合以上计算，有

$$a_M=a_a=-240(\text{cm/s}^2)$$

即图示瞬时，M 点加速度大小为 240cm/s^2，方向沿 y 轴负向。

本 章 小 结

（1）点的绝对运动是点的牵连运动和相对运动的合成结果。

绝对运动：动点相对于定参考系的运动。

相对运动：动点相对于动参考系的运动。

牵连运动：动参考系相对于定参考系的运动。

（2）点的速度合成定理：

$$\boldsymbol{v}_a = \boldsymbol{v}_e + \boldsymbol{v}_r$$

绝对速度 $\boldsymbol{v}_a$：动点相对于定参考系运动的速度。

相对速度 $\boldsymbol{v}_r$：动点相对于动参考系运动的速度。

牵连速度 $\boldsymbol{v}_e$：动参考系上与动点相重合的那一点相对于定参考系运动的速度。

（3）点的加速度合成定理：

$$\boldsymbol{a}_a = \boldsymbol{a}_e + \boldsymbol{a}_r + \boldsymbol{a}_c$$

绝对加速度 $\boldsymbol{a}_a$：动点相对于定参考系运动的加速度。

相对加速度 $\boldsymbol{a}_r$：动点相对于动参考系运动的加速度。

牵连加速度 $\boldsymbol{a}_e$：动参考系上与动点相重合的那一点相对于定参考系运动的加速度。

科氏加速度 $\boldsymbol{a}_c$：牵连运动为转动时，牵连运动和相对运动相互影响而出现的一项附加的加速度，科氏加速度 $\boldsymbol{a}_c$

$$\boldsymbol{a}_c = 2\boldsymbol{\omega}_e \times \boldsymbol{v}_r$$

当动参考系作平动或 $\boldsymbol{v}_r=0$，或 $\boldsymbol{\omega}_e$ 和 $\boldsymbol{v}_r$ 平行时，$a_c=0$。

思 考 题

7-1 何为牵连点、牵连运动？动坐标系上任意一点的速度、加速度是否就是牵连速度、牵连加速度？

7-2 如何选择动点和动参考系？在［例 7-3］中以滑块 A 为动点。为什么不宜以曲柄 OA 为动参考系？若以 O_1B 上的点为动点，以曲柄 OA 为动参考系，是否可求出 O_1B 的角速度、角加速度？

7-3 图 7-11 中的速度平行四边形有无错误？错在哪里？

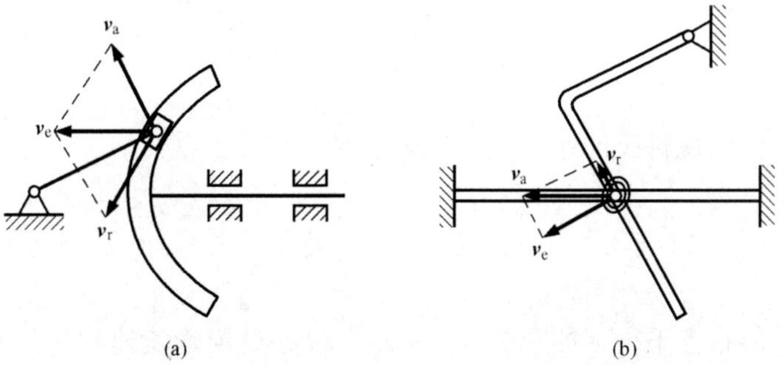

图 7-11 思考题 7-3 图

7-4 判断下列结论是否正确。

（1）某瞬时动点的绝动速度 $v_a=0$，则动点的牵连速度 v_e 和相对速度 v_r 也都等于零；

（2）$\boldsymbol{v}_a$，$\boldsymbol{v}_e$，$\boldsymbol{v}_r$ 三种速度的大小之间不可能有这样的关系：$v_r=\sqrt{v_a^2+v_e^2}$；

（3）由速度合成定理公式 $\boldsymbol{v}_a=\boldsymbol{v}_e+\boldsymbol{v}_r$ 可知，绝对速度的绝对值一定比相对速度大，也比牵连速度绝对值大。

7-5 图 7-12 所示曲柄滑道机构，设 $OA=r$，已知角速度与角加速度为 ω 和 α，转向如图 7-12 所示。取 OA 上的 A 点为动点，动系与 T 形构件固连。A 点的加速度矢量图如图 7-12 所示，为求 a_r、a_e，取坐标系 Axy，根据加速度合成定理有：

$$x：\quad a_a^n\cos\varphi+a_a^\tau\sin\varphi=a_e\Rightarrow a_e=r\omega^2\cos\varphi+r\alpha\sin\varphi$$

$$y：\quad a_a^\tau\cos\varphi-a_a^n\sin\varphi=a_r\Rightarrow a_r=r\alpha\cos\varphi-r\omega^2\sin\varphi$$

试判断以上求解过程是否正确。

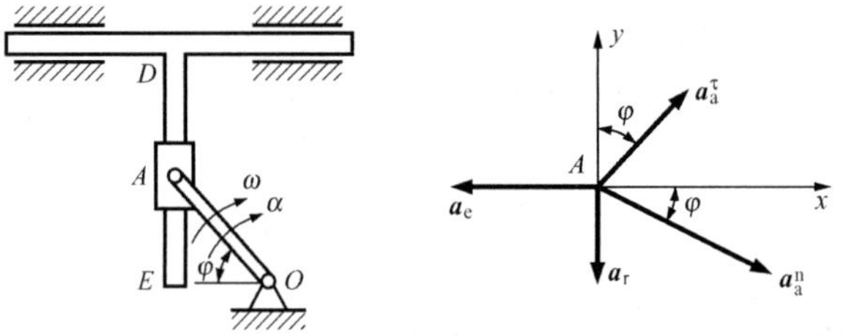

图 7-12 思考题 7-5 图

7-6 图 7-13 中曲柄 OA 以匀角速度转动，图 7-13（a）、（b）两图中哪一种分析正确？

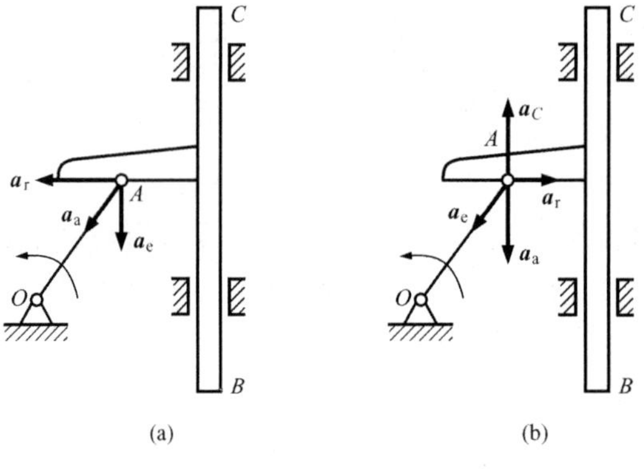

图 7-13 思考题 7-6 图

7-7 为什么会出现科氏加速度？在什么情况下它等于零？

习 题

7-1 河的两岸相互平行，如图 7-14 所示。设各处河水流速均匀且不随时间改变，一船由点 A 朝与岸垂直的方向等速驶出，经 10min 到达对岸，这时船到达点 B 下游 120m 处

的点 C。为使船从点 A 能垂直到达对岸的点 B，船应逆流并保持与直线 AB 成某一角度的方向航行。在此情况下，船经 12.5min 到达对岸。求河宽 L、船对水的相对速度 v_r 和水的流速 $\boldsymbol{v}$ 的大小。

7-2 杆 OA 长 l，由推杆推动而在图面内绕点 O 转动，如图 7-15 所示。假定推杆的速度为 $\boldsymbol{v}$，其弯头高为 a。试求杆端 A 的速度的大小（表示为由推杆至点 O 的距离 x 的函数）。

7-3 在图 7-16（a）、（b）所示的两种机构中，已知 $O_1O_2=a=200\text{mm}$，$\omega_1=3\text{rad/s}$。求图示位置时杆 O_2A 的角速度。

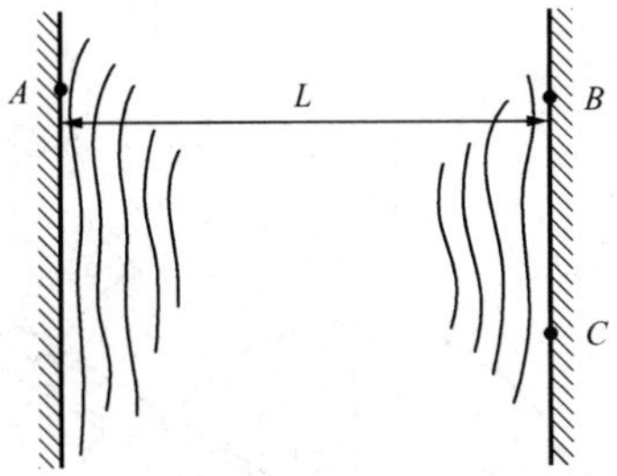

图 7-14 习题 7-1 图

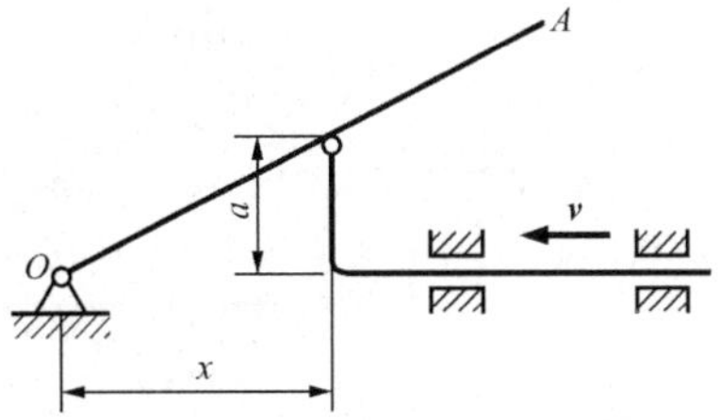

图 7-15 习题 7-2 图

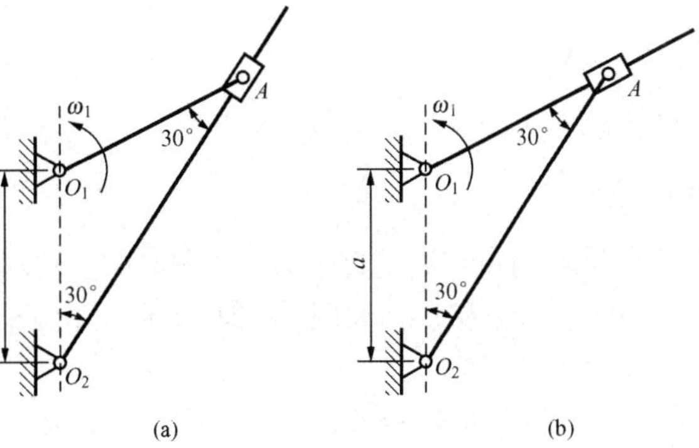

图 7-16 习题 7-3 图

7-4 图 7-17 所示曲柄滑道机构中，曲柄长 $OA=r$，并以等角速度 ω 绕 O 轴转动。装在水平杆上的滑槽 DE 与水平线成 60°角。求当曲柄与水平线的交角分别为 $\varphi=0°$，30°，60°时，杆 BC 的速度。

7-5 如图 7-18 所示，摇杆机构的滑杆 AB 以等速 $\boldsymbol{v}$ 向上运动，初瞬时摇杆 OC 水平。摇杆长 $OC=a$，距离 $OD=l$。求当 $\varphi=\frac{\pi}{4}$ 时点 C 的速度大小。

7-6 平底顶杆凸轮机构如图 7-19 所示，顶杆 AB 可沿导轨上下移动，偏心圆盘绕轴 O 转动，轴 O 位于顶杆轴线上。工作时顶杆的平底始终接触凸轮表面。该凸轮半径为 R，偏心距 $OC=e$，凸轮绕轴 O 转动的角速度为 ω，OC 与水平线成夹角 φ。求当 $\varphi=0$ 时，顶杆的速度。

7-7 绕轴 O 转动的圆盘及直杆 OA 上均有一导槽，两导槽间有一活动销子 M，如图 7-20所示，$b=0.1\text{m}$。设在图示位置时，圆盘及直杆的角速度分别为 $\omega_1=9\text{rad/s}$，$\omega_2=3\text{rad/s}$。求此瞬时销子 M 的速度。

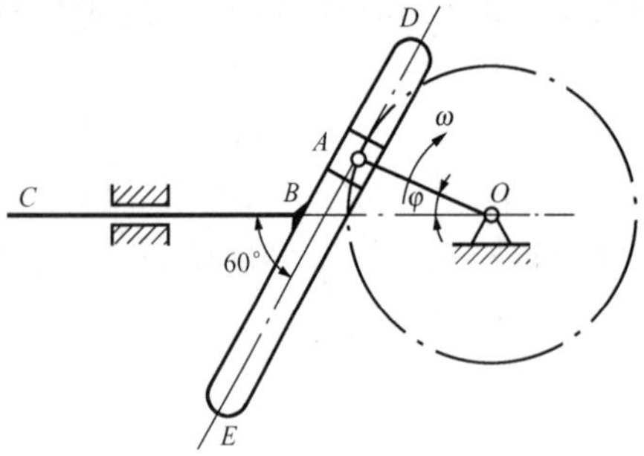

图 7-17 习题 7-4 图

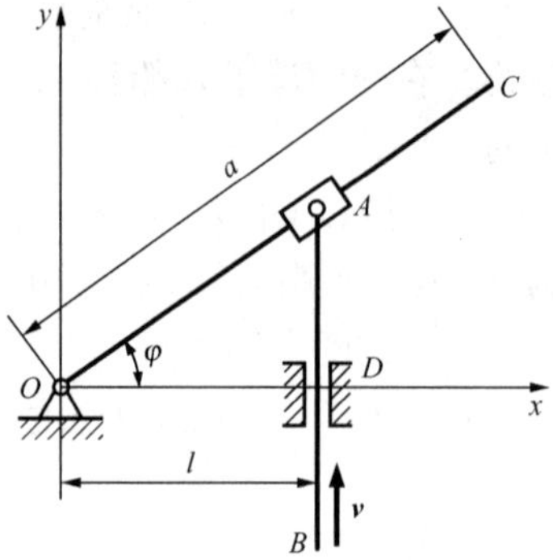

图 7-18 习题 7-5 图

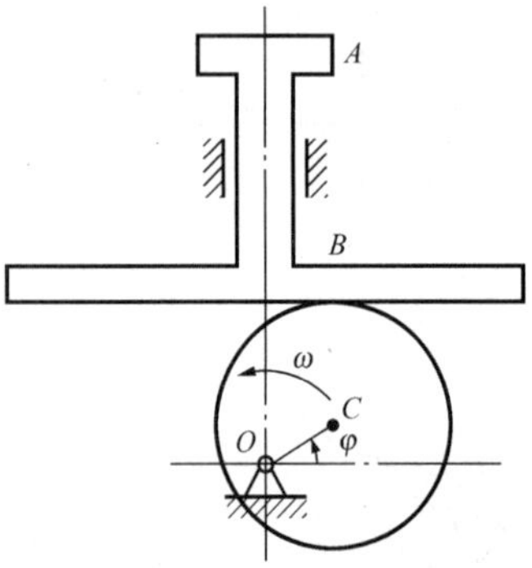

图 7-19 习题 7-6 图

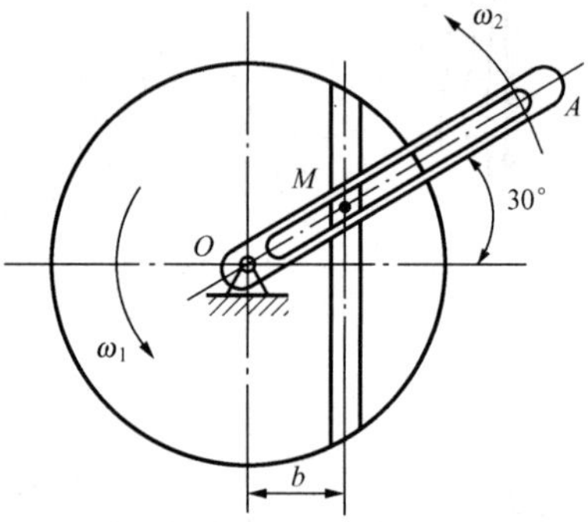

图 7-20 习题 7-7 图

7-8 直线 AB 以大小为 $\boldsymbol{v}_1$ 的速度沿垂直于 AB 的方向向上移动；直线 CD 以大小为 $\boldsymbol{v}_2$ 的速度沿垂直于 CD 的方向向左上方移动，如图 7-21 所示。如两直线间的交角为 0，求两直线交点 M 的速度。

7-9 图 7-22 所示机构由两个曲柄 O_1A、O_2B，半圆形平板 ACB 及铅直杆 CD 组成，机构在平面内运动。已知曲柄 O_1A 以匀角速度 $\omega=\sqrt{3}\text{rad/s}$ 绕固定轴 O_1 逆时针转动，$O_1A=O_2B=15\text{cm}$，$O_1O_2=AB$，半圆形平板的半径 $r=5\sqrt{3}\text{cm}$，O_1 与 O_2 位于同一水平线，求在图示位置，CD 杆的加速度。

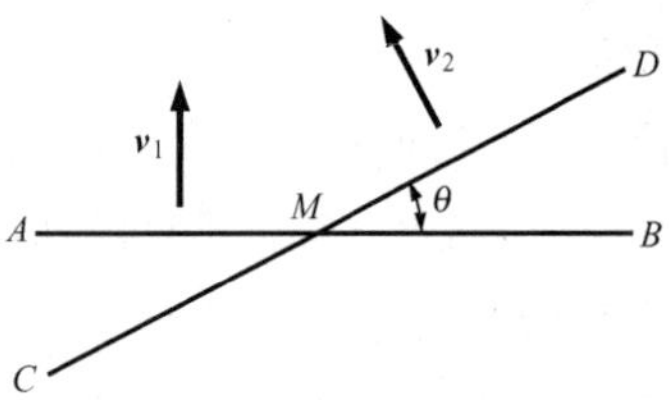

图 7-21 习题 7-8 图

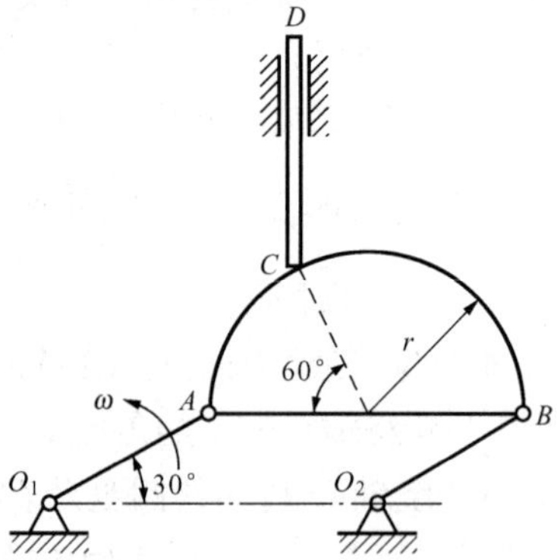

图 7-22 习题 7-9 图

7-10 图7-23所示铰接四边形机构中，$OA=O_2B=100$mm，又$O_1O_2=AB$，杆OA以等角速度$\omega=2$rad/s绕O_1轴转动。杆AB上有一套筒C，此筒与杆CD相铰接。机构的各部件都在同一铅直面内。求当$\varphi=60°$时，杆CD的速度和加速度。

7-11 如图7-24所示，曲柄OA长0.4m，以等角速度$\omega=0.5$rad/s绕O轴逆时针转向转动。由于曲柄的A端推动水平板B，而使滑杆C沿铅直方向上升。求当曲柄与水平线间夹角$\theta=30°$时，滑杆C的速度和加速度。

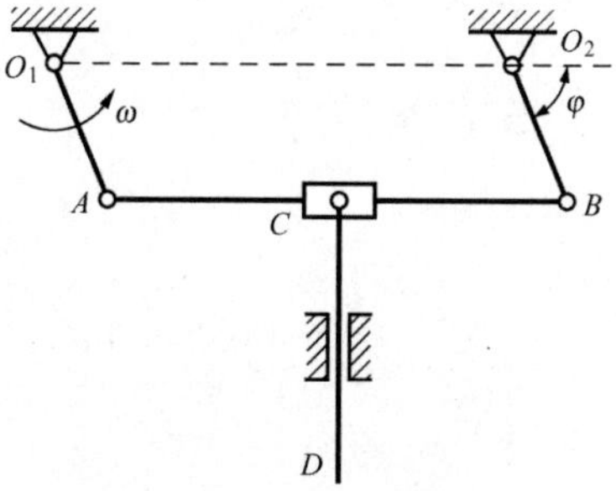

图7-23 习题7-10图

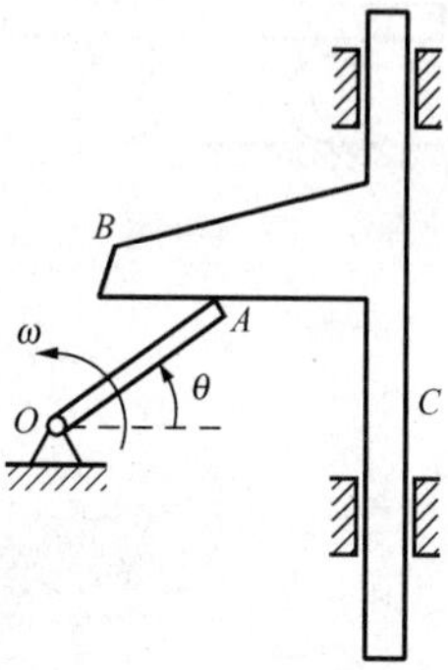

图7-24 习题7-11图

7-12 套筒C铰接于曲柄OC上，且沿杆AB滑动，在如图7-25所示瞬时，$a=150$mm，$b=200$mm，曲柄OC的角速度$\omega_0=4$rad/s，角加速度$\alpha_0=2\text{rad/s}^2$。求此时杆AB的角速度和角加速度。

7-13 图7-26所示偏心轮摇杆机构中，摇杆O_1A借助弹簧压在半径为R的偏心轮C上。偏心轮C绕轴O往复摆动，从而带动摇杆绕轴O_1摆动。设$OC\perp OO_1$时，轮C的角速度为ω，角加速度为零，$\theta=60°$。求此时摇杆O_1A的角速度ω_1和角加速度α_1。

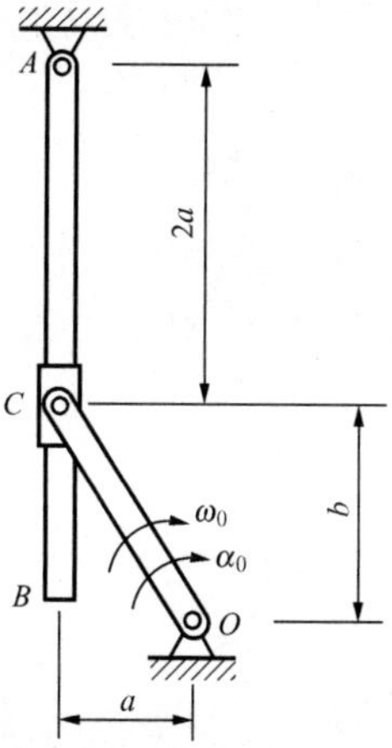

图7-25 习题7-12图

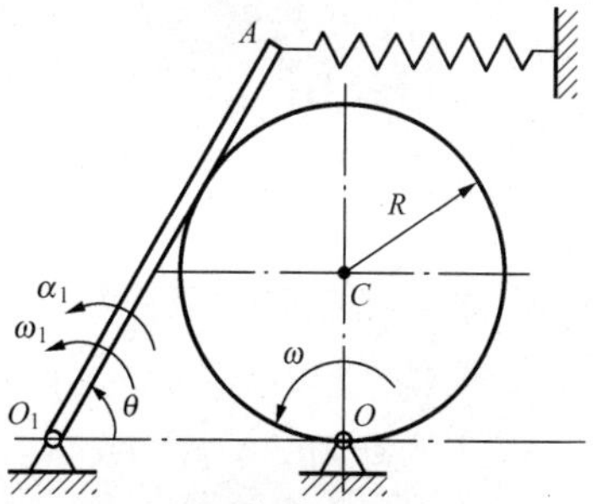

图7-26 习题7-13图

7-14 小车沿水平方向向右作加速运动，如图7-27所示其加速度$a=0.493\text{m/s}^2$。在小车上有一轮绕O轴转动，转动的规律为$\varphi=t^2$（t以s计，φ以rad计）。当$t=1$s时，轮缘上点A的位置如图所示。如轮的半径$r=0.2$m，求此时A的绝对加速度。

7-15 图7-28所示直角曲杆OBC绕O轴转动，使套在其上的小环M沿固定直杆OA

滑动。已知：$OB=0.1$m，OB与BC垂直，曲杆的角速度$\omega=0.5$rad/s，角加速度为零。求当$\varphi=60°$时，小环M的速度和加速度。

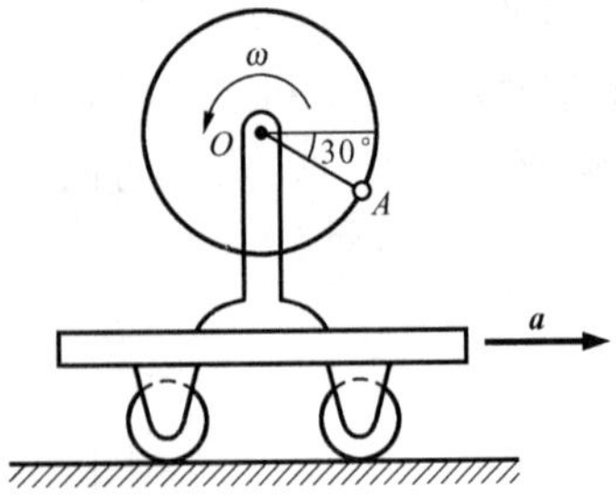

图 7-27 习题 7-14 图

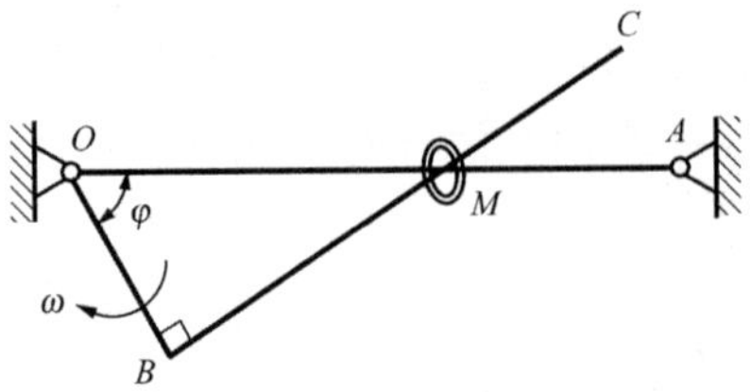

图 7-28 习题 7-15 图

8 刚体的平面运动

本 章 提 要

刚体的平面运动是一种较为复杂的刚体运动形式。运用合成运动的方法将刚体的平面运动分解为平动和定轴转动两种基本运动形式，本章对平面运动刚体的角速度和角加速度及其体内各点的速度和加速度进行分析。能正确判断机构中作平面运动的刚体，熟练掌握并灵活应用基点法、瞬心法和速度投影法求平面运动刚体上点的速度，会应用基点法平面运动刚体上点的加速度。

8.1 刚体平面运动方程

在第6章里，我们已讨论了刚体的两种基本运动，即刚体的平动和定轴转动。在实际工程中，我们还常常会碰上刚体一种较为复杂的运动，即刚体的平面运动。例如，图8-1所示曲柄连杆机构，连杆 AB 即不作移动，也不是定轴转动，但 AB 的运动有这样一个特点：在运动过程中，刚体上的任意一点与某一固定平面始终保持相等的距离，这种运动称为刚体的平面运动。

设图8-2所示刚体作平面运动，用一个平行于固定平面Ⅱ的平面Ⅰ切断刚体，得到截面 S，当刚体作平面运动时，截面 S 内任一点只能在自身平面内运动。若通过刚体作一垂直于截面 S 的直线 AB，则当刚体作平面运动时，AB 始终垂直于截面 S，因此，该直线 AB 作平动，因平面图形上的 a 点与 AB 直线上各点运动完全相同，由此可知，平面图形上各点的运动可以代表刚体内所有点的运动。因此，刚体的平面运动可简化为平面图形在其自身平面内的运动。也就是说，可用平面图形代替刚体的平面运动。

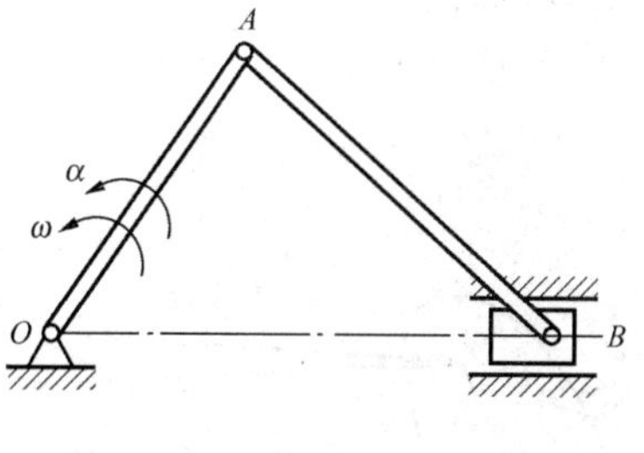

图 8-1

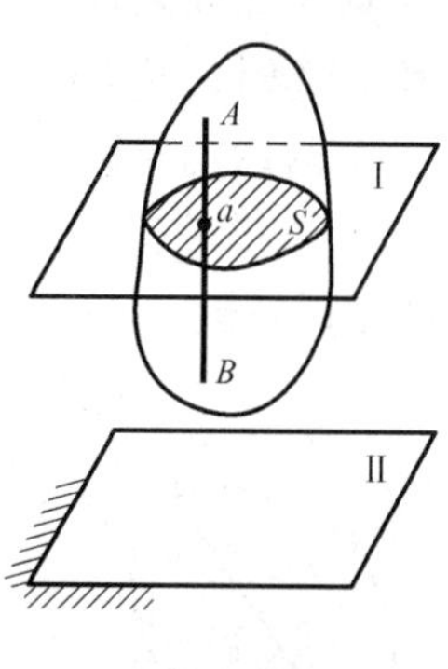

图 8-2

设平面图形 S 在定平面 Oxy 内运动，如图8-3所示，现欲确定该图形在任一瞬时的位置。在平面图形上任取一线段 $O'A$，如能确定该线段 $O'A$ 在任一瞬时的位置，则可确定平面图形的位置。而要确定此线段在平面内的位置，只需确定线段上任一点 O' 的位置和 $O'A$

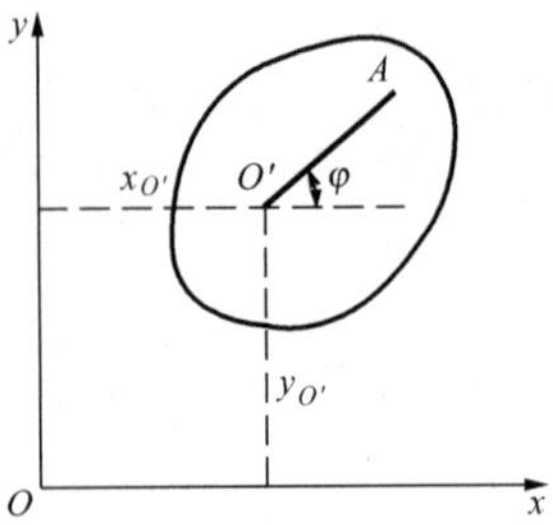

图 8-3

与固定坐标轴 Ox 间夹角 φ 即可。点 O' 的坐标及 φ 角都是时间的函数。

$$\left.\begin{aligned} x_{O'} &= f_1(t) \\ y_{O'} &= f_2(t) \\ \varphi &= f_3(t) \end{aligned}\right\} \tag{8-1}$$

式（8-1）就是平面图形 S 的运动方程，即刚体平面运动的运动方程。此运动方程描述了刚体平面运动的整体运动规律。

从式（8-1）中可以看到两种特殊的运动情况：

（1）若 φ=常数，则图形 S 上任一直线在运动过程中始终与原来位置平行，即图形 S 只在定平面上作移动，亦即刚体作平动。

（2）若 $x_{O'}$ 和 $y_{O'}$ 等于常数，即点 O' 位置不变，则图形 S 绕 O' 点在定平面上作定轴转动，亦即刚体只绕通过 O' 点且垂直于定平面的轴作定轴转动。

由此可见，刚体的平面运动包含着刚体基本运动的两种形式——平动和转动。

8.2　刚体平面运动的分解

设有一平面图形 S 作平面运动如图 8-4 所示，在该平面上任选一点 O'，称 O' 为基点。以 O' 为动坐标系 $O'x'y'$ 的原点，平面图形运动时，动坐标轴方向始终保持不变，可令其平行于定坐标轴 Ox 和 Oy，亦即动坐标系 $O'x'y'$ 随同基点 O' 作平动。研究点 M 的运动，由点的合成运动可知 M 点的绝对运动是由基点 O' 点的平动（牵连运动）和 M 绕基点 O' 转动（相对运动）组合而成的。

于是平面图形的平面运动可看成随同基点 O' 平移和绕基点转动这两部分运动的合成。亦即刚体平面运动可分解为随同基点 O' 平移和绕基点 O' 转动。必须指出上述分解中，总以选定的基点作为一无穷小的刚体，建立一个平动的动参考坐标系，所谓绕基点转动，是指相对于这个平动参考坐标系的转动。如图 8-1 中作平面运动的 AB 杆，若选择 A 为基点，则 AB 杆的平面运动可分解为随基点 A 的平动和绕基点 A 的转动；若选 B 点为基点，AB 杆的平面运动可分解为随同基点 B 这个无穷小的刚体的平动和绕基点 B 的转动。

研究平面运动时，基点的选择是任意的，若选择不同的点作基点，对平面运动分解为平动和转动两部分的运动规律有何影响呢？以下来说明该问题。

设平面图形如图 8-5 所示，在 Δt 时间内从Ⅰ位置移到Ⅱ位置。现以图形中任一直线 AB 运动为例进行分析。

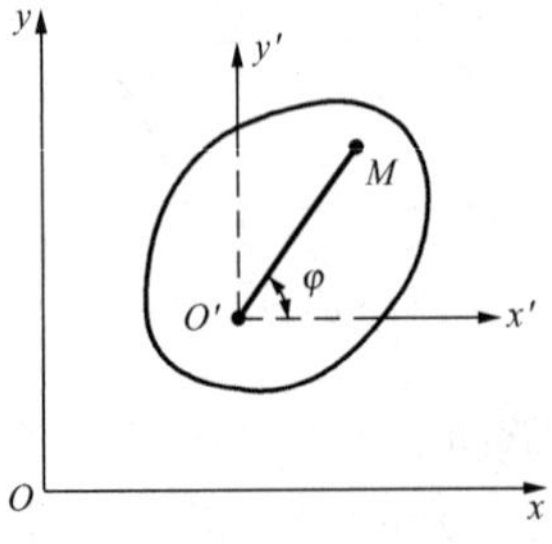

图 8-4

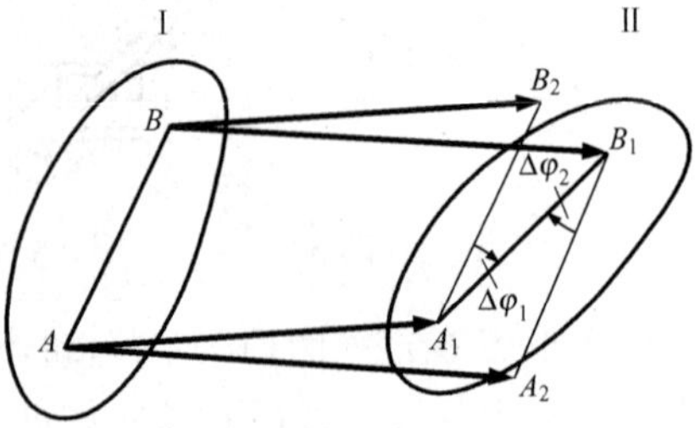

图 8-5

选 A 为基点：AB 可看作随基点 A 平移到Ⅱ位置的 A_1B_2，然后再绕 A_1 转过角度 $\Delta\varphi_1$ 到达 A_1B_1 的Ⅱ位置。

选 B 为基点：AB 可看作随基点 B 平移到Ⅱ位置的 B_1A_2，然后绕 B_1 转过角度 $\Delta\varphi_2$ 到达 A_1B_1 的Ⅱ位置。

由平动性质：$A_1B_2 /\!/ AB$，$B_1A_2 /\!/ AB$，所以 $\Delta\varphi_1=\Delta\varphi_2$，即图形相对于基点 A 或基点 B 转过的角位移大小相等，转向亦相同，即有相同的转动运动，其角位移、角速度、角加速度也相同，且与基点选择无关。

平动的运动规律是由基点来确定的，一般情况下，平面图形各点运动情况不同，因而选择不同基点的平动运动规律，显然是不相同的。

于是得到结论：平面运动可以取任意基点而分解为随基点的平动和绕基点的转动，其中平动部分的运动规律（速度和加速度等）与基点选择有关，而平面图形绕基点转动的运动规律（角速度和角加速度）与基点选择无关。即在同一瞬时，图形绕任一基点转动的角速度，角加速度都相同，因此无须指明它们是对哪个基点而言，只需说明某瞬时平面图形的角速度和角加速度。

虽然基点的选择是任意的，但在解决实际问题时，往往选取运动情况已知的点作为基点。

8.3 平面图形上各点速度求法

（一）基点法

由上节可知，平面图形的运动可以分解为随同基点 O' 的平动（牵连运动）和绕基点的转动（相对运动），平面图形上各点的运动同样可分解为上述两种运动，根据速度合成定理可求出任一点 M 的速度，这种方法称为基点法。

设已知图形上某一点 A 的运动，在某一瞬时该点速度为 $\boldsymbol{v}_A$，图形的角速度为 ω，如图 8-6 所示。若选 A 为基点，则由合成运动可知

$$\boldsymbol{v}_\mathrm{a} = \boldsymbol{v}_\mathrm{e} + \boldsymbol{v}_\mathrm{r}$$

$$\boldsymbol{v}_\mathrm{a} = \boldsymbol{v}_B$$

$$\boldsymbol{v}_\mathrm{e} = \boldsymbol{v}_A$$

$$\boldsymbol{v}_\mathrm{r} = \boldsymbol{v}_{BA}$$

所以

$$\boldsymbol{v}_B = \boldsymbol{v}_A + \boldsymbol{v}_{BA} \tag{8-2}$$

式中相对速度 $\boldsymbol{v}_{BA}$ 的大小为

$$v_{BA} = AB \times \omega$$

它的方向垂直于 AB 指向 ω 转向。

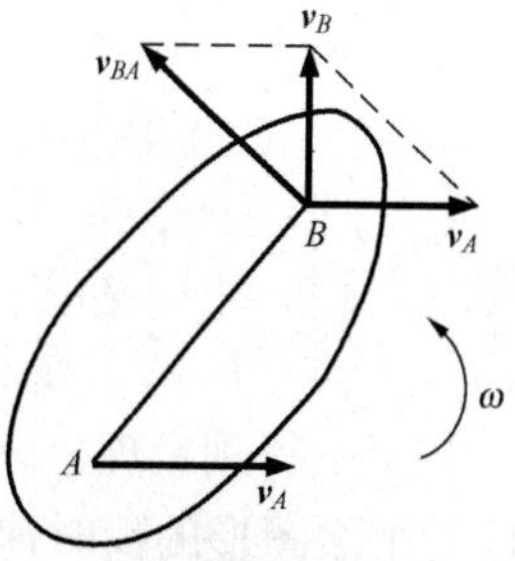

图 8-6

于是得结论：平面图形内任一点的速度等于基点的速度与该点随图形绕基点转动速度的矢量和。

（二）速度投影法

根据式（8-2）可导出速度投影定理：平面运动刚体上任意两点的速度矢量在这两点连线上投影相等。

证明：由式（8-2）有

$$\boldsymbol{v}_B = \boldsymbol{v}_A + \boldsymbol{v}_{BA}$$

将上式两边分别投影到 AB 线上（如图 8-7 所示）并分别用 $(\boldsymbol{v}_A)_{AB}$、$(\boldsymbol{v}_B)_{AB}$、$(\boldsymbol{v}_{BA})_{AB}$ 表示 $\boldsymbol{v}_A$、$\boldsymbol{v}_B$、$\boldsymbol{v}_{BA}$ 在 AB 线上的投影。

则
$$(\boldsymbol{v}_B)_{AB} = (\boldsymbol{v}_A)_{AB} + (\boldsymbol{v}_{BA})_{AB}$$

由于，$\boldsymbol{v}_{BA} \perp AB$，因此有 $(\boldsymbol{v}_{BA})_{AB}=0$。于是得到

$$(\boldsymbol{v}_B)_{AB} = (\boldsymbol{v}_A)_{AB} \tag{8-3}$$

这个定理也可这样说明：因为 A 和 B 是刚体上的两点，它们之间的距离应保持不变，所以两点的速度在 AB 方向上分量必须相同。否则，线段 AB 不是伸长，便要缩短。因此，此定理不仅适用于刚体作平面运动，也适合于刚体作其他任意的运动。

（三）速度瞬心法

用基点法求解平面图形上各点速度时，如果能选取速度等于零的点为基点，那么问题就简单得多了。现在的问题是平面图形上是否存在速度为零的点，此外如何确定该点的位置。下面就来讨论这两个问题。

设有一平面图形 S，如图 8-8 所示。取图形上一点 A 为基点，它的速度为 $\boldsymbol{v}_A$，图形的角速度为 ω，转向如图 8-8 所示。图上任一点 M 速度可用下式计算

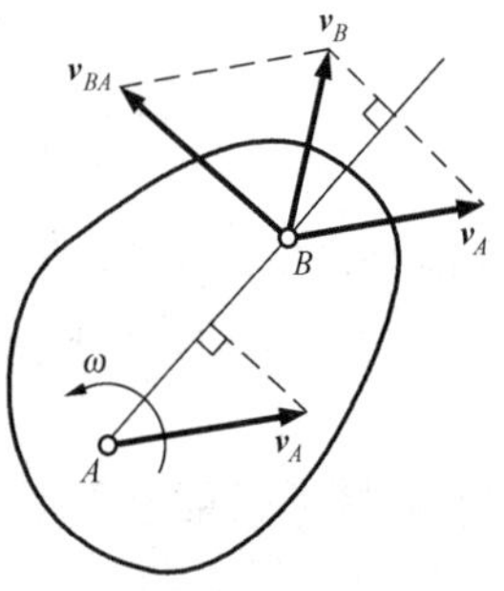

图 8-7

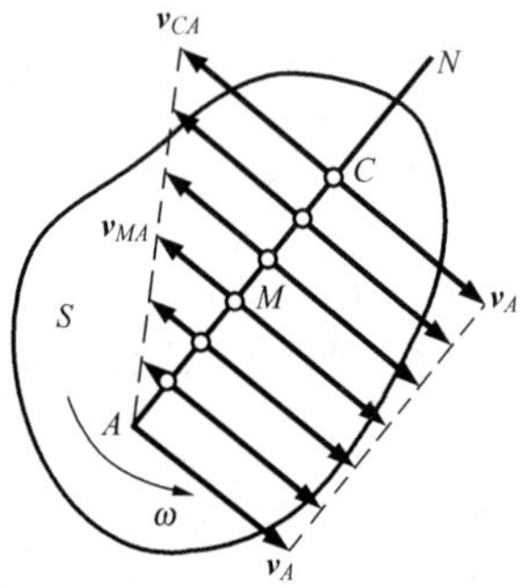

图 8-8

$$\boldsymbol{v}_M = \boldsymbol{v}_A + \boldsymbol{v}_{MA}$$

若点 M 在 $\boldsymbol{v}_A$ 的垂线 AN 上，则

$$v_M = v_A - v_{MA}$$

即

$$v_M = v_A - \omega \cdot AM$$

随着 M 点在 AN 上位置不同，$\boldsymbol{v}_M$ 的大小也不相同，因此总可以找到一点 C，这点瞬时速度为零，如令

$$AC = \frac{v_A}{\omega}$$

则

$$v_C = v_A - \omega \cdot AC = 0$$

于是得到定理：一般情况，在每瞬时，平面图形都唯一存在一个速度为零的点 C，称点 C 为平面图形的瞬时速度中心，或简称为速度瞬心。

根据上述定理，每瞬时都存在速度瞬心 C，选取 C 为基点，图 8-9（a）中，A、B、D

各点速度为

$$\boldsymbol{v}_A = \boldsymbol{v}_C + \boldsymbol{v}_{AC} = \boldsymbol{v}_{AC}$$
$$\boldsymbol{v}_B = \boldsymbol{v}_C + \boldsymbol{v}_{BC} = \boldsymbol{v}_{BC}$$
$$\boldsymbol{v}_D = \boldsymbol{v}_C + \boldsymbol{v}_{DC} = \boldsymbol{v}_{DC}$$

由此得到结论，平面图形任一点速度等于该点随图形绕瞬时速度中心转动的速度。图 8-9（a）中，A、B、D 各点速度大小为

$$v_A = v_{AC} = AC \cdot \omega$$
$$v_B = v_{BC} = BC \cdot \omega$$
$$v_D = v_{DC} = DC \cdot \omega$$

由此可见，图形中各点速度大小与该点到速度瞬心的距离成正比，速度方向垂直于该点到速度瞬心连线，指向图形转动的一方。平面图形各点速度分布情况如图 8-9（b）所示，与图形绕定轴转动时各点速度分布情况相类似，因此平面图形运动可看作绕速度瞬心的瞬时转动。

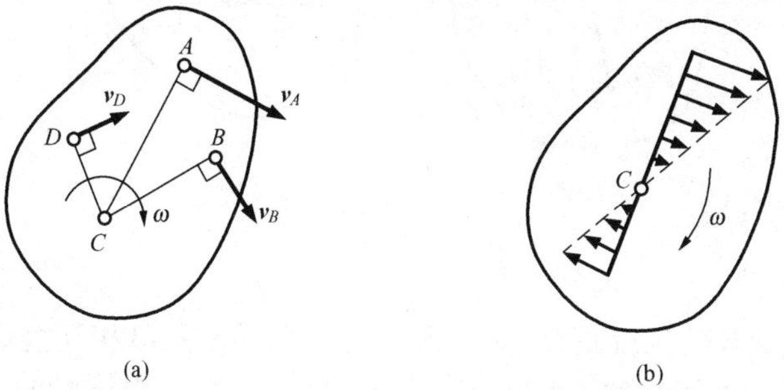

图 8-9

应该注意，速度瞬心可以在平面图形内，也可以在平面图形以外，且它的位置不是固定不变的，而是随着时间变化的。因此，在不同瞬时，平面图形具有不同的速度瞬心。

利用速度瞬心法求解平面图形点的速度关键是如何确定速度瞬心的位置，下面介绍确定速度瞬心位置的方法。

（1）平面图形沿一固定表面作无滑动的滚动（纯滚动）如图 8-10 所示。图形与固定表面的接触点 C 就是图形的速度瞬心。

（2）已知平面图形任意两点 A、B 的速度方向，如图 8-11 所示。速度瞬心在过该 A、B 两点且垂直于 $\boldsymbol{v}_A$、$\boldsymbol{v}_B$ 两条垂线的交点 C 上。

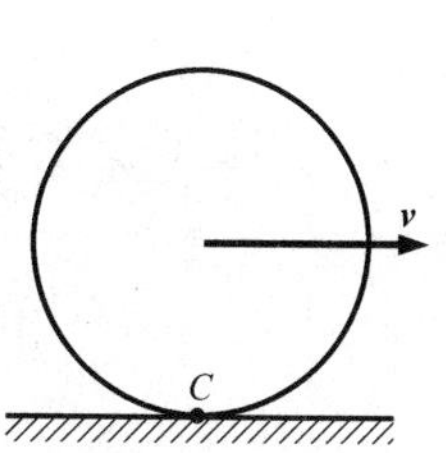

图 8-10

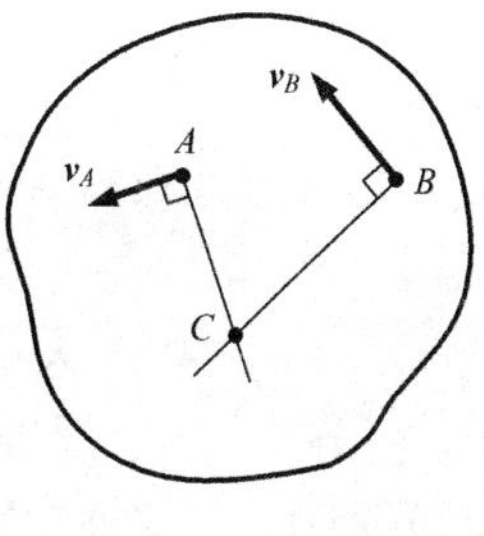

图 8-11

（3）已知平面图形 A、B 两点速度 $\boldsymbol{v}_A$、$\boldsymbol{v}_B$ 互相平行，并且速度方向垂直于该两点连线

AB，如图 8-12 所示。则速度瞬心必定在连线 AB 与速度矢 $\boldsymbol{v}_A$、$\boldsymbol{v}_B$ 端点连线的交点 C 上。因此，要确定图 8-12 所示平面图形速度瞬心 C 的位置，不仅要知道 $\boldsymbol{v}_A$、$\boldsymbol{v}_B$ 方向，而且还需知道它们的大小。

（4）某瞬时，平面图形上 A、B 两点速度相互平行但不垂直 A、B 两点连线 AB，如图 8-13（a）所示，或平面图形上 A、B 两点速度相等，且垂直于 A、B 两点连线 AB，如图 8-13（b）所示。则图形的速度瞬心在无限远处，此时平面图形的瞬时角速度 $\omega=0$。在该瞬时，平面图形上各点的速度相同，其分布如同图形作平移情形一样，故称瞬时平动。必须注意，此瞬时各点速度虽然相同，但加速度不同。瞬时平动的平面图形的角速度等于零，但角加速度不等于零。

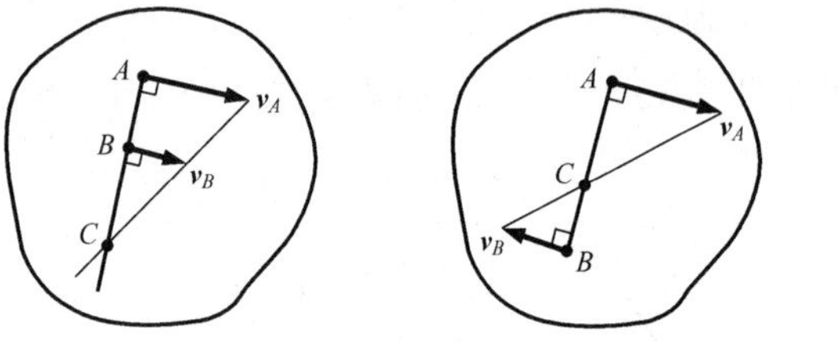

(a)　(b)

图 8-12

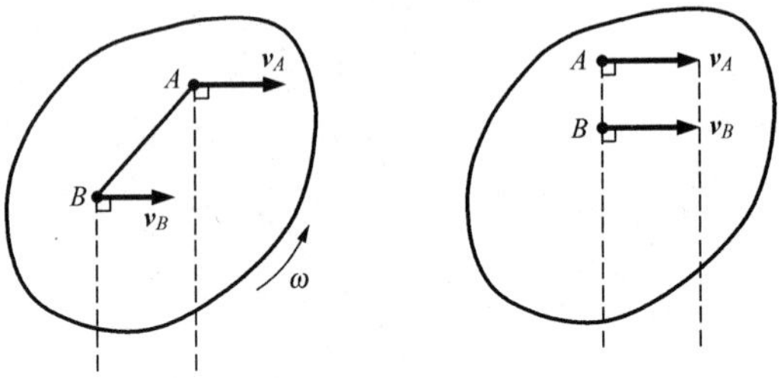

(a)　(b)

图 8-13

【例 8-1】 直杆 AB 的长度是 $l=200\text{mm}$，它的两端分别沿相互垂直两条固定直线滑动，如图 8-14（a）所示，在图示位置时 $\boldsymbol{v}_A=20\text{mm/s}$，$\theta=30°$，求该瞬时 AB 杆的角速度 ω 和 B 端速度 $\boldsymbol{v}_B$。

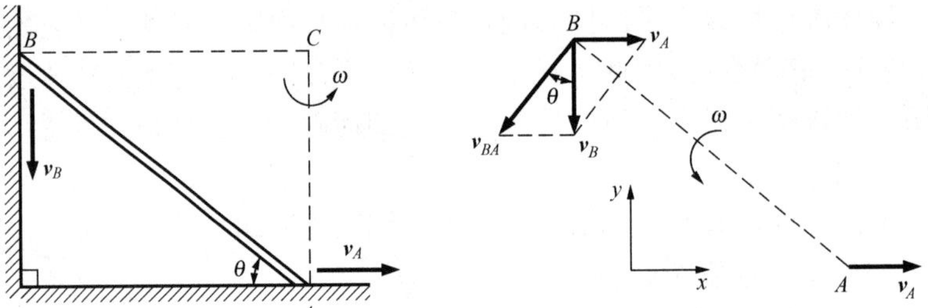

(a)　(b)

图 8-14

解　（1）基点法

选 A 为基点，用基点法求 ω 和 $\boldsymbol{v}_B$，各速度矢量关系如图 8-14（b）所示。

$$\boldsymbol{v}_B = \boldsymbol{v}_A + \boldsymbol{v}_{BA} \tag{1}$$

	$\boldsymbol{v}_B$	$\boldsymbol{v}_A$	$\boldsymbol{v}_{BA}$
大小	？	√	？
方向	√	√	√

将方程（1）分别往 x、y 轴投影，有

$$x\text{ 轴：}0=v_A-v_{BA}\sin\theta$$

$$y\text{ 轴：}-v_B=-v_{BA}\cos\theta$$

由此可求得

$$v_{BA}=\frac{v_A}{\sin\theta}=40(\mathrm{mm/s})$$

$$\omega=\frac{v_{BA}}{AB}=0.2(\mathrm{rad/s})（逆时针转）$$

$$v_B=v_{BA}\cos\theta=34.64(\mathrm{mm/s})$$

（2）速度瞬心法

先求出直杆在该位置的速度瞬心，其瞬心是过 A、B 两点分别作对应速度方位垂线的交点 C 为速度瞬心，如图 8-14（a）所示

$$v_A=CA\cdot\omega$$

$$\omega=\frac{v_A}{CA}=\frac{v_A}{AB\sin\theta}=0.2(\mathrm{rad/s})$$

$$v_B=CB\cdot\omega=(AB\cos\theta)\cdot\omega=34.64(\mathrm{mm/s})$$

（3）速度投影法

根据速度投影定理，有

$$(\boldsymbol{v}_A)_{AB}=(\boldsymbol{v}_B)_{AB}$$

即

$$v_A\cos\theta=v_B\sin\theta$$

可求得

$$v_B=\frac{v_A\cos\theta}{\sin\theta}=34.64(\mathrm{mm/s})$$

讨论：

（1）比较本题三种求解方法，可见基点法是求解平面图形各点速度的基本方法，速度瞬心法的应用显得简明又方便；而速度投影定理只能求解点的速度，无法求解平面图形的角速度，因此只求速度时常用此法。总之，求解时应选用一种便于求解的方法。

（2）选用某种求解速度方法，相应地要表达清楚，如用基点法，应写清楚选取哪一点为基点，写出矢量式，同时画出速度矢量图；如用速度瞬心法，应在图中画清速度瞬心位置；如用速度投影定理，应在图中画出速度矢量（或速度方位）。只有表达清楚，才能列式计算求解。

【例 8-2】 如图 8-15 所示机构，$BD\perp BC$、$BD=b$，$CD=a$，$OA=r$，曲柄 OA 以等角速度 ω 转动。求 CD 杆的角速度和 C 点的速度。

解 分析机构中各杆的运动，OA、CD 作定轴转动，AB、BC 作平面运动，由于 $\boldsymbol{v}_A$、$\boldsymbol{v}_B$ 互相平行，AB 杆作瞬时平动。因此有

$$\boldsymbol{v}_A=\boldsymbol{v}_B,\ v_A=v_B=r\omega$$

BC 杆作平面运动，速度瞬心为 D 点

$$v_B=BD\cdot\omega_{BC},\ \omega_{BC}=\frac{v_B}{BD}=\frac{r\omega}{b}（逆时针转）$$

$$v_C=CD\cdot\omega_{BC},\ v_C=\frac{ar\omega}{b}$$

由于 C 既是 BC 上的点，也是 CD 上的点，故又有

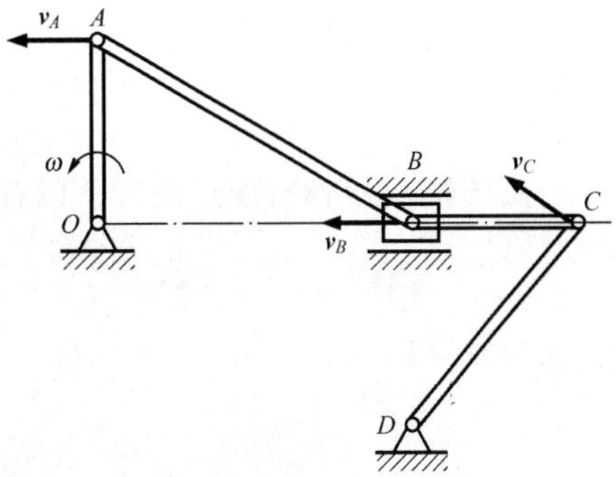

图 8-15

$$v_C = CD \cdot \omega_{CD}$$

由此可求

$$\omega_{CD} = \frac{v_C}{CD} = \frac{r\omega}{b} \quad (逆时针转)$$

综上所述解题步骤如下：

（1）分析机构中各物体的运动，哪些物体作平动，哪些物体作转动或平面运动。

（2）研究平面运动物体上哪一点速度是已知的，哪一点速度的某一要素（往往是方向）是已知的。

（3）利用基点法作出速度平行四边形，若用速度瞬心法则画出瞬心位置。

（4）利用几何关系，求未知量。

8.4 平面图形内各点的加速度

平面运动的加速度分析与速度分析相仿。设某一瞬时平面运动图形的角速度为 ω，角加速度为 α，平面运动图形上点 A 的加速度为 $\boldsymbol{a}_A$，如图 8-16 所示。选 A 为基点，牵连运动是以 A 点为代表的平动，相对运动是绕 A 点的转动。应用动系作平动的加速度合成公式 $\boldsymbol{a}_a=\boldsymbol{a}_e+\boldsymbol{a}_r$ 求平面图形上 B 点的加速度有下式

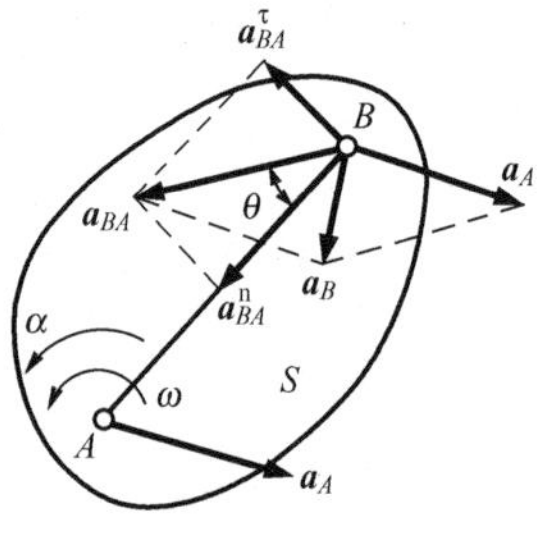

图 8-16

$$\boldsymbol{a}_B = \boldsymbol{a}_A + \boldsymbol{a}_{BA}$$

即

$$\boldsymbol{a}_B = \boldsymbol{a}_A + \boldsymbol{a}_{BA}^{\tau} + \boldsymbol{a}_{BA}^{n} \tag{8-4}$$

其中 $a_{BA}^{n}=AB\cdot\omega^2$，方向沿 AB 指向基点 A。

$a_{BA}^{\tau}=AB\cdot\alpha$，方向垂直 AB 指向 α 转向。

式（8-4）表明，平面图形内任意一点的加速度等于基点的加速度与该点绕基点转动的切向加速度和法向加速度的矢量和。以下举例说明如何求平面图形上各点加速度。

【例 8-3】 半径为 r 的轮子沿直线作无滑动的滚动，如图 8-17（a）所示。已知某瞬时轮心 O 速度为 $\boldsymbol{v}_O$，加速度为 $\boldsymbol{a}_O$，试求轮缘上 A、B、C、D 各点加速度。

解 轮子作纯滚动，则 A 为速度瞬心

$$v_O = OA\cdot\omega,\quad \omega=\frac{v_O}{r}$$

这个关系式任何瞬时都成立，因此可以通过对时间求导数来求轮子的角加速度

$$\alpha = \frac{\mathrm{d}\omega}{\mathrm{d}t} = \frac{1}{r}\frac{\mathrm{d}v_O}{\mathrm{d}t} \tag{1}$$

由于轮心 O 作直线运动，所以有

$$\frac{\mathrm{d}v_O}{\mathrm{d}t} = a_O$$

代入方程（1）得

$$\alpha = \frac{a_O}{r}$$

以 O 为基点，求 A、B、C、D 四点加速度，则

$$\boldsymbol{a}_A = \boldsymbol{a}_O + \boldsymbol{a}_{AO}^{\tau} + \boldsymbol{a}_{AO}^{n}$$
$$\boldsymbol{a}_B = \boldsymbol{a}_O + \boldsymbol{a}_{BO}^{\tau} + \boldsymbol{a}_{BO}^{n}$$
$$\boldsymbol{a}_C = \boldsymbol{a}_O + \boldsymbol{a}_{CO}^{\tau} + \boldsymbol{a}_{CO}^{n}$$
$$\boldsymbol{a}_D = \boldsymbol{a}_O + \boldsymbol{a}_{DO}^{\tau} + \boldsymbol{a}_{DO}^{n}$$

其中大小

$$a_{AO}^{\tau} = a_{BO}^{\tau} = a_{CO}^{\tau} = a_{DO}^{\tau} = r\alpha = a_O$$
$$a_{AO}^{n} = a_{BO}^{n} = a_{CO}^{n} = a_{DO}^{n} = r\omega^2 = \frac{v_O^2}{r}$$

方向如图 8-17（b）所示。

A 点加速度

$$a_{Ax} = a_O - a_{AO}^{\tau} = 0,\ a_{Ay} = a_{AO}^{n} = \frac{v_O^2}{r}$$

故有

$$a_A = a_{AO}^{n} = \frac{v_O^2}{r}, \text{方向指向圆心 } O。$$

B 点加速度

$$a_{Bx} = a_O + a_{BO}^{n} = a_O + \frac{v_O^2}{r},\ a_{By} = a_{BO}^{\tau} = a_O$$

故有

$$a_B = \sqrt{a_{Bx}^2 + a_{By}^2} = \sqrt{\left(a_O + \frac{v_O^2}{r}\right)^2 + a_O^2}$$

同理 C 点

$$a_C = \sqrt{(2a_O)^2 + \left(\frac{v_O^2}{r}\right)^2}$$

D 点

$$a_D = \sqrt{\left(a_O - \frac{v_O^2}{r}\right)^2 + a_O^2}$$

它们的方向如图 8-17（b）所示。

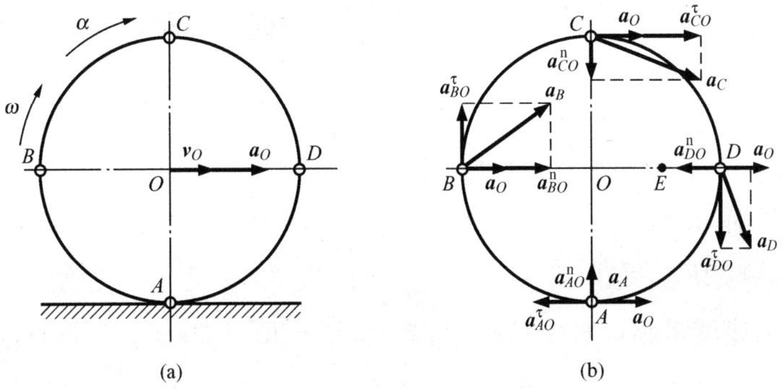

图 8-17

讨论： 值得注意的是，A 点虽是轮子的速度瞬心，但其加速度并不等于零。这说明速度瞬心本质上不同于固定的转动中心。从平面图形各点速度分布来说，可以把图形平面运动看成是绕速度瞬心的转动；但若从各点加速度分布来说，就不能这样看了。因此，选择速度瞬心为基点，求平面图形各点加速度时，必须计入基点（速度瞬心）的加速度。

【例 8-4】 如图 8-18（a）所示，圆轮在水平直线轨道上作纯滚动。AB 杆在 A 处与轮缘铰接，B 端沿水平面滑动，已知：轮半径 $R=30\text{cm}$，$AB=l=70\text{cm}$。当 OA 在水平位置时，轮心 O 的速度 $v_O=20\text{cm/s}$，加速度 $a_O=10\text{cm/s}^2$，方向均向右。试求该瞬时 B 点的速度和加速度。

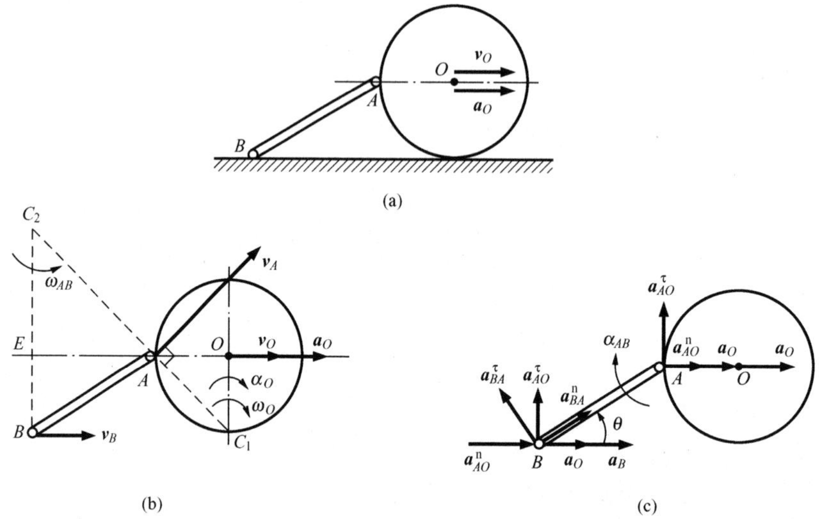

图 8-18

解 AB 杆和轮 O 均作平面运动。两刚体在 A 点铰接，轮 O 的运动已知，因此可通过轮 O 平面运动的分析，求出 A 点的速度、加速度，然后分析 AB 平面运动，求 B 的速度加速度。

圆轮 O 作纯滚动，因此它与地面接触点 C_1 为轮 O 的速度瞬心

$$v_O=R\omega_O$$

$$\omega_O=\frac{v_O}{R}=\frac{2}{3}(\text{rad/s})\quad（顺时针转向）$$

$$\alpha_O=\frac{a_O}{R}=\frac{1}{3}(\text{rad/s}^2)\quad（顺时针转向）$$

（1）速度分析

由圆轮 O 的平面运动得

$v_A=C_1A\cdot\omega_O=\sqrt{2}R\omega_O=20\sqrt{2}$（cm/s） 方向如图 8-18（b）所示。

C_2 为 AB 杆的速度瞬心，其中 $AE=C_2E=\sqrt{l^2-R^2}=20\sqrt{10}$（cm），由 AB 的平面运动得

$$v_A=C_2A\cdot\omega_{AB}$$

$$\omega_{AB}=\frac{v_A}{C_2A}=\frac{1}{\sqrt{10}}(\text{rad/s})\quad（逆时针转向）$$

$$v_B = C_2B \times \omega_{AB} = (R + C_2E) \cdot \omega_{AB} = 29.5(\text{cm/s})$$，方向如图 8-18(b) 所示。

(2) 加速度分析

1) 对圆轮分析。取轮心 O 为基点，分析 A 点的加速度。

$$\boldsymbol{a}_A = \boldsymbol{a}_O + \boldsymbol{a}_{AO}^{\tau} + \boldsymbol{a}_{AO}^{n} \tag{1}$$

$$a_{AO}^{n} = R\omega_O^2 = \frac{40}{3}(\text{cm/s}^2)$$，方向水平向右

$$a_{AO}^{\tau} = R\alpha_O = 10(\text{cm/s}^2)$$，方向垂直向上

2) 对 AB 杆分析。选 A 为基点，分析 B 点的加速度。各加速度关系如图 8-18 (c) 所示。

$$\boldsymbol{a}_B = \boldsymbol{a}_A + \boldsymbol{a}_{BA}^{\tau} + \boldsymbol{a}_{BA}^{n} \tag{2}$$

将方程 (1) 代入方程 (2)，各加速度关系如图 8-18 (c) 所示。

$$\boldsymbol{a}_B = \boldsymbol{a}_O + \boldsymbol{a}_{AO}^{\tau} + \boldsymbol{a}_{AO}^{n} + \boldsymbol{a}_{BA}^{\tau} + \boldsymbol{a}_{BA}^{n} \tag{3}$$

	$\boldsymbol{a}_B$	$\boldsymbol{a}_O$	$\boldsymbol{a}_{AO}^{\tau}$	$\boldsymbol{a}_{AO}^{n}$	$\boldsymbol{a}_{BA}^{\tau}$	$\boldsymbol{a}_{BA}^{n}$
大小	?	√	√	√	?	√
方向	√	√	√	√	√	√

其中

$$a_{BA}^{n} = l\omega_{AB}^2 = 7(\text{cm/s}^2)$$

将方程 (3) 两边往 AB 轴上投影，有

$$a_B\cos\theta = (a_O + a_{AO}^{n})\cos\theta + a_{AO}^{\tau}\sin\theta + a_{BA}^{n}$$

由此可求得

$$a_B = 35.8(\text{cm/s}^2)$$，方向水平向右。

【例 8-5】 如图 8-19 所示行星齿轮机构中，系杆 $O_1O=l$ 以匀角速度 ω_1 绕 O_1 轴转动。大齿轮Ⅱ固定，行星轮Ⅰ的半径为 r，在轮Ⅱ上只滚不滑。A 和 B 是轮Ⅰ轮缘上的两点，点 A 在 O_1O 的延长线上，而点 B 则在垂直于 O_1O 的半径上。求 A 和 B 点的加速度。

解 O_1O 绕 O_1 轴作匀速的定轴转动

$$v_O = O_1O \cdot \omega_1 = l\omega_1$$
$$a_O^{n} = O_1O \cdot \omega_1^2 = l\omega_1^2$$
$$a_O^{\tau} = 0$$

轮Ⅰ作平面运动，C 为它的速度瞬心，设轮Ⅰ的角速度为 ω，角加速度为 α

$$v_O = CO \cdot \omega = r\omega,\ \omega = \frac{v_O}{r} = \frac{l\omega_1}{r}$$

$$a_O^{\tau} = r\alpha = 0,\ \alpha = 0$$

选 O 为基点，分析点 A、B 的加速度：

$$\boldsymbol{a}_A = \boldsymbol{a}_O^{\tau} + \boldsymbol{a}_O^{n} + \boldsymbol{a}_{AO}^{\tau} + \boldsymbol{a}_{AO}^{n} \tag{1}$$

	$\boldsymbol{a}_A$	$\boldsymbol{a}_O^{\tau}$	$\boldsymbol{a}_O^{n}$	$\boldsymbol{a}_{AO}^{\tau}$	$\boldsymbol{a}_{AO}^{n}$
大小	?	0	√	√	√
方向	?	√	√	√	√

$$\boldsymbol{a}_B = \boldsymbol{a}_O^{\tau} + \boldsymbol{a}_O^{n} + \boldsymbol{a}_{BO}^{\tau} + \boldsymbol{a}_{BO}^{n} \tag{2}$$

	$\boldsymbol{a}_B$	$\boldsymbol{a}_O^{\tau}$	$\boldsymbol{a}_O^{n}$	$\boldsymbol{a}_{BO}^{\tau}$	$\boldsymbol{a}_{BO}^{n}$
大小	?	0	√	√	√
方向	?	√	√	√	√

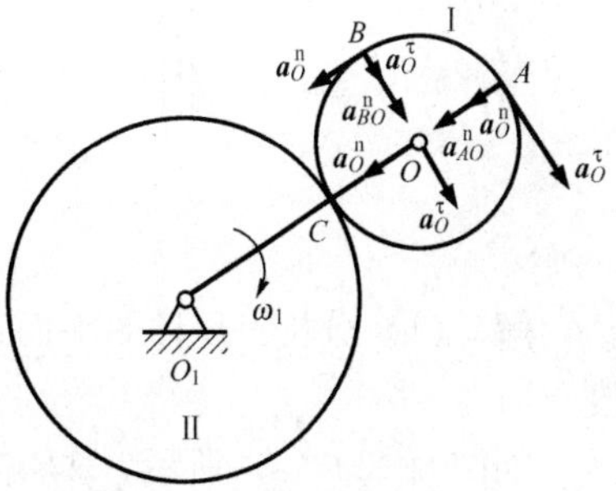

图 8-19

由于 $\alpha=0$，所以

$$a_{BO}^{\tau}=a_{AO}^{\tau}=r\alpha=0,\ a_{AO}^{n}=a_{BO}^{n}=r\omega^{2}=\frac{l^{2}\omega_{1}^{2}}{r}$$

点 A 加速度

$$a_{A}=a_{O}^{n}+a_{AO}^{n}=\left(1+\frac{l}{r}\right)l\omega_{1}^{2}\text{，方向沿 }AO\text{ 指向 }O$$

点 B 加速度大小

$$a_{B}=\sqrt{(a_{O}^{\tau}+a_{BO}^{n})^{2}+(a_{O}^{n})^{2}}=l\omega_{1}^{2}\sqrt{1+\left(\frac{l}{r}\right)^{2}}$$

$\boldsymbol{a}_B$ 与半径夹角 θ 为

$$\theta=\arctan\frac{a_{O}^{n}}{a_{BO}^{n}}=\arctan\frac{r}{l}$$

8.5 运动学综合应用举例

工程中的机构都是由数个物体组成的，各物体间通过联结点而传递运动。为分析机构运动，首先要分清各物体都作什么运动，要计算有关联结点的速度和加速度。

通常用平面运动理论来分析同一平面运动刚体上两个不同点间的速度和加速度联系。当两个刚体相接触而有相对滑动时，则需用合成运动的理论分析两个不同刚体上重合点的速度和加速度的联系。

复杂机构中，可能同时有平面运动和合成运动问题，应注意分析，综合应用有关理论，选择较为简便的方法求解。运动学解题的一般步骤：首先从运动已知的构件开始，通过两个构件连接处（如铰链或滑块与滑道类型连接）求得另一构件上相应点的速度、加速度，进而求得所需的角速度、角加速度，以下举例说明。

【例 8-6】 如图 8-20（a）所示，已知 $AB=0.4\text{m}$，在 $\theta=30°$，$AC=BC$ 时，滑块 A 的速度 $v_A=0.2\text{m/s}$，方向向右，加速度 $a_A=0$。求此时杆 CD 的速度和加速度。

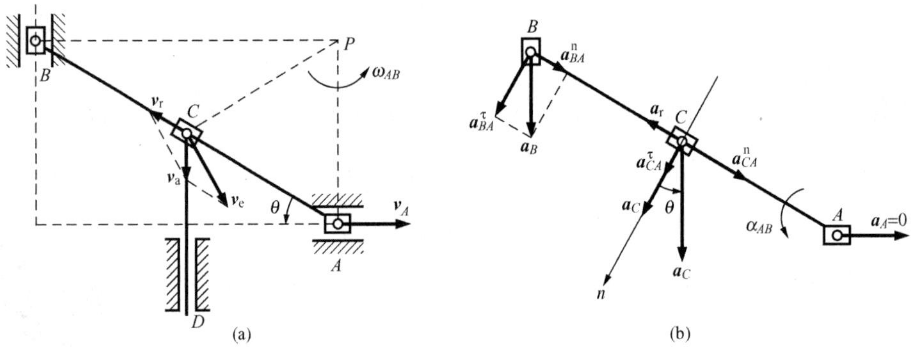

图 8-20

解 （1）分析 AB 杆的平面运动，目的是求出 AB 杆上与滑块 C 重合点 C' 的速度、加速度。

如图 8-20（a）所示，AB 杆平面运动速度瞬心为 P

$$v_A=PA\times\omega_{AB}=(AB\sin\theta)\times\omega_{AB}$$

$$\omega_{AB}=\frac{v_A}{AB\sin\theta}=1(\text{rad/s})(\text{逆时针})$$

$$v_{C'}=PC\times\omega_{AB}=0.2(\text{m/s})$$

AB 杆上与滑块 C 重合点 C' 的速度方向如图 8－20（b）中的 $\boldsymbol{v}_e$ 所示。

选 A 为基点，分析 AB 杆上 B 点的加速度，各加速度关系如图 8－20（b）所示。

$$\boldsymbol{a}_B=\boldsymbol{a}_A+\boldsymbol{a}_{BA}^{\tau}+\boldsymbol{a}_{BA}^{n} \tag{1}$$

大小	?	0	?	√
方向	√	√	√	√

其中

$$\boldsymbol{a}_{BA}^{n}=AB\cdot\omega_{AB}^2=0.4(\text{m/s}^2)$$

将方程（1）两边向水平轴投影，有

$$0=a_{BA}^{n}\cos\theta-a_{BA}^{\tau}\sin\theta$$

可解得

$$a_{BA}^{\tau}=0.4\sqrt{3}(\text{m/s}^2)$$

由此可求

$$\alpha_{AB}=\frac{a_{BA}^{\tau}}{AB}=\sqrt{3}(\text{rad/s}^2)(\text{逆时针向})$$

选 A 为基点，分析 AB 杆上 C' 点的加速度，各加速度关系如图 8－20（b）所示。

$$\boldsymbol{a}_{C'}=\boldsymbol{a}_A+\boldsymbol{a}_{C'A}^{\tau}+\boldsymbol{a}_{C'A}^{n} \tag{2}$$

大小	?	0	√	√
方向	√	√	√	√

其中

$$a_{C'A}^{\tau}=AC\cdot\alpha_{AB}\qquad a_{C'A}^{n}=AC\cdot\omega_{AB}^2$$

（2）分析 C 滑块的合成运动

1）速度分析

取滑块 C 为动点，动系固结在 AB 杆上，各速度矢量关系如图 8－20（a）所示

$$\boldsymbol{v}_a=\boldsymbol{v}_e+\boldsymbol{v}_r \tag{3}$$

大小	?	√	?
方向	√	√	√

其中

$$\boldsymbol{v}_e=\boldsymbol{v}_{C'}$$

将方程（3）两边往水平轴投影，有

$$O=v_e\cos60^\circ-v_r\cos30^\circ$$

可解得

$$v_r=\frac{v_{C'}\cos60^\circ}{\cos30^\circ}=\frac{\sqrt{3}}{15}(\text{m/s})$$

将方程（3）两边往垂直轴投影，有

$$v_a=v_e\sin60^\circ-v_r\sin30^\circ=\frac{\sqrt{3}}{15}(\text{m/s})$$

$\boldsymbol{v}_a$ 就是滑块 C 的速度，CD 杆作平动，因此 CD 杆速度大小为$\frac{\sqrt{3}}{15}$（m/s），方向向下。

2）加速度分析，由于动系有转动

$$\boldsymbol{a}_a = \boldsymbol{a}_e + \boldsymbol{a}_r + \boldsymbol{a}_c \tag{4}$$

其中牵连加速度为 AB 杆上 C' 点的加速度，所以可将方程（2）代入方程（4）得

$$\boldsymbol{a}_a = \boldsymbol{a}_A + \boldsymbol{a}_{C'A}^{\tau} + \boldsymbol{a}_{C'A}^{n} + \boldsymbol{a}_r + \boldsymbol{a}_c \tag{5}$$

大小	?	0	√	√	?	√
方向	√	√	√	√	√	√

其中

$$a_C = 2\omega_{AB} v_r = \frac{2\sqrt{3}}{15}(\text{m/s}^2)$$

方程（5）中各加速度关系如图 8-20（b）所示，将方程（5）两边向与 AB 垂直的轴投影，有

$$a_a \cos 30° = a_C + a_{CA}^{\tau}$$

可解得

$$a_a = \frac{a_C + a_{CA}^{\tau}}{\cos 30°} = \frac{2}{3}(\text{m/s}^2)$$

由于 CD 杆作平动，因此 CD 杆加速度的大小为$\frac{2}{3}$（m/s^2），方向垂直向下。

【例 8-7】 图 8-21 所示机构中，AB 杆一端连着滚子 A，滚子 A 的轮心 A 以速度 v_A = 16cm/s 沿水平方向匀速运动，AB 杆套在可绕 O 轴转动的套管内，求 AB 杆角速度 ω_{AB} 和角加速度 α_{AB}。

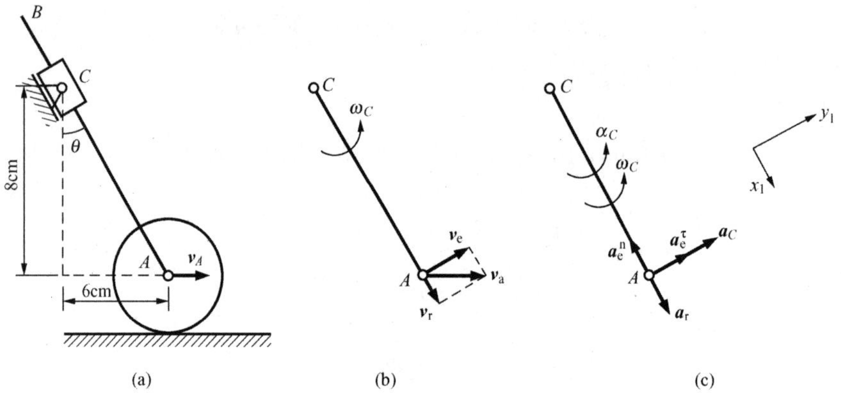

图 8-21

解 选择 A 为动点，动系固定在套管 C 上，设套管 C 的角速度、角加速度为 ω_C、α_C。

（1）速度分析，各速度矢量关系如图 8-21（b）所示

$$\boldsymbol{v}_a = \boldsymbol{v}_e + \boldsymbol{v}_r \tag{1}$$

其中

$$v_e = AC \cdot \omega_C，\boldsymbol{v}_a = \boldsymbol{v}_A$$

由速度平行四边形，易求得

$$v_e = v_a\cos\theta = 16 \times \frac{8}{10} = 12.8(\text{cm/s})$$

$$v_r = v_a\sin\theta = 16 \times \frac{6}{10} = 9.6(\text{cm/s})$$

$$\omega_C = \frac{v_e}{AC} = 1.28(\text{rad/s})(\text{逆时针转})$$

由于套管 C 与 AB 杆一起转动，因此有

$$\alpha_{AB} = \alpha_C$$

$$\omega_{AB} = \omega_C = 1.28(\text{rad/s})(\text{逆时针转})$$

(2) 加速度分析，动系有转动，所以

$$\boldsymbol{a}_a = \boldsymbol{a}_e^\tau + \boldsymbol{a}_e^n + \boldsymbol{a}_r + \boldsymbol{a}_C \tag{2}$$

	$\boldsymbol{a}_a$	$\boldsymbol{a}_e^\tau$	$\boldsymbol{a}_e^n$	$\boldsymbol{a}_r$	$\boldsymbol{a}_C$
大小	0	?	√	?	√
方向	√	√	√	√	√

其中

$$a_a = a_A = 0,\ a_e^n = AC \times \omega_C^2 = 16.384(\text{cm/s}^2),\ a_C = 2\omega_C v_r = 24.576(\text{cm/s}^2)$$

方程 (2) 中各加速度关系如图 8-21 (c) 所示。将方程 (2) 两边向 y_1 轴投影，得

$$0 = a_e^\tau + a_C$$

$$a_e^\tau = -a_C = -24.576(\text{cm/s}^2)$$

$$a_e^\tau = AC \cdot \alpha_C$$

$$\alpha_{AB} = \alpha_C = \frac{a_e^\tau}{AC} = -2.4576(\text{rad/s}^2)(\text{顺时针转})$$

本 章 小 结

(1) 刚体内任意一点在运动过程中始终与某一固定平面保持不变的距离，这种运动称为刚体的平面运动。平行于固定平面所截出的任何平面图形都可代表此刚体的运动。

(2) 研究平面运动的方法有基点法和瞬心法。

(3) 基点法：

1) 平面图形的运动可分解为随基点的平动和绕基点的转动。平动为牵连运动，它与基点的选择有关；转动为相对于平动参考系的运动，它与基点的选择无关。

2) 平面图形上任意两点 A 和 B 的速度、加速度的关系为

$$\boldsymbol{v}_B = \boldsymbol{v}_A + \boldsymbol{v}_{BA}$$

$$(\boldsymbol{v}_B)_{AB} = (\boldsymbol{v}_A)_{AB}$$

$$\boldsymbol{a}_B = \boldsymbol{a}_A + \boldsymbol{a}_{BA}^\tau + \boldsymbol{a}_{BA}^n$$

其中 $v_{BA} = AB \cdot \omega$，方向垂直 AB 连线指向 ω 转向；

$a_{BA}^\tau = AB \cdot \alpha$，方向垂直 AB 连线指向 α 转向；

$a_{BA}^n = AB \cdot \omega^2$，方向沿 AB 连线指向 A 点。

(4) 瞬心法：

1) 平面图形内某一瞬时绝对速度等于零的点称为该瞬时的瞬时速度中心，简称速度瞬心。

2）平面图形的运动可看成为绕速度瞬心作瞬时转动。

3）平面图形上任一点 M 的速度大小为

$$v_M = CM \cdot \omega$$

其中 CM 为点 M 到速度瞬心 C 的距离。v_M 垂直于 M 与 C 两点的连线，指向图形转动的方向。

4）平面图形绕速度瞬心转动的角速度等于绕任意基点转动的角速度。

思 考 题

8-1 什么是刚体的平面运动？刚体的平动是否一定是刚体的平面运动的特例？

8-2 试判断图 8-22 所示平面运动刚体上的各点速度方向是否可能？为什么？

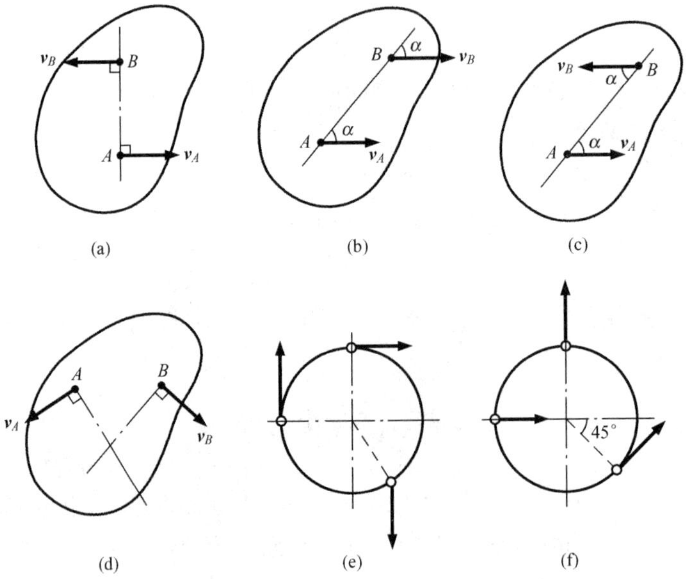

图 8-22 思考题 8-2 图

8-3 小车的车轮 A 与滚柱 B 的半径都是 r，如图 8-23 所示。设 A、B 与地面之间和 B 于车板之间都没有滑动，问小车前进时，车轮 A 和滚柱 B 的速度是否相等？

8-4 如图 8-24 所示，已知 $v_A = \omega_1 \cdot O_1A$，方向如图；$\boldsymbol{v}_D$ 垂直于 O_2D。于是可确定速度瞬心的位置，求得：

$$v_D = \frac{v_A}{AC} \cdot CD,\ \omega_2 = \frac{v_D}{O_2D} = \frac{v_A}{AC} \cdot \frac{CD}{O_2D}$$

这样计算对吗？为什么？

8-5 求图 8-25 中作平面运动刚体在图示位置时的瞬心位置。

8-6 四连杆机构在图 8-26 所示瞬时，由于杆 O_1A 与 O_2B 平行且相等，连杆 AB 瞬时平动，所以 $\omega_2 = \omega_1$，$\alpha_2 = \alpha_1$，对吗？

8-7 四连杆机构在图 8-27 所示瞬时，曲柄 O_1B 绕 O_1 轴转动，因为杆 ABC 的 AB 部分与曲柄 O_1B 在同一直线上，那么图中杆 ABO_1 上各点的速度分布情况是否正确？

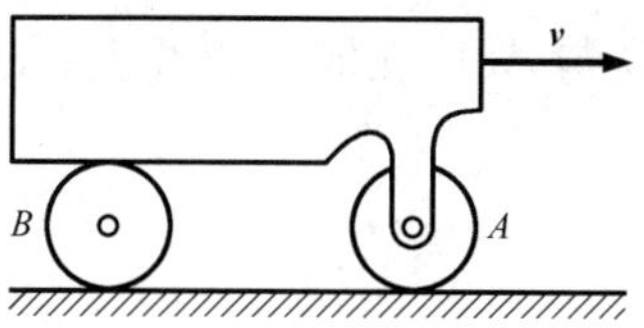

图 8-23 思考题 8-3 图

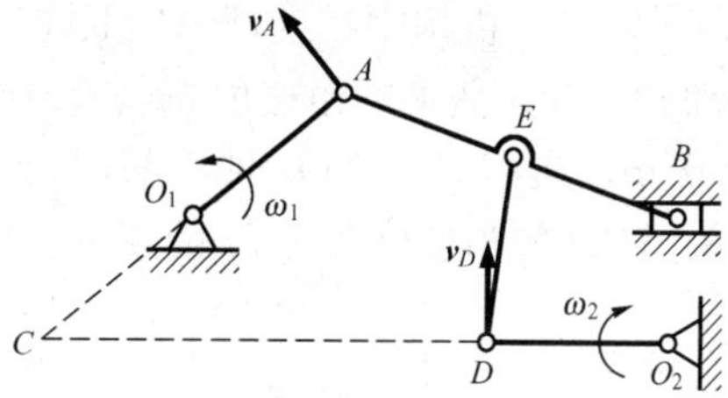

图 8-24 思考题 8-4 图

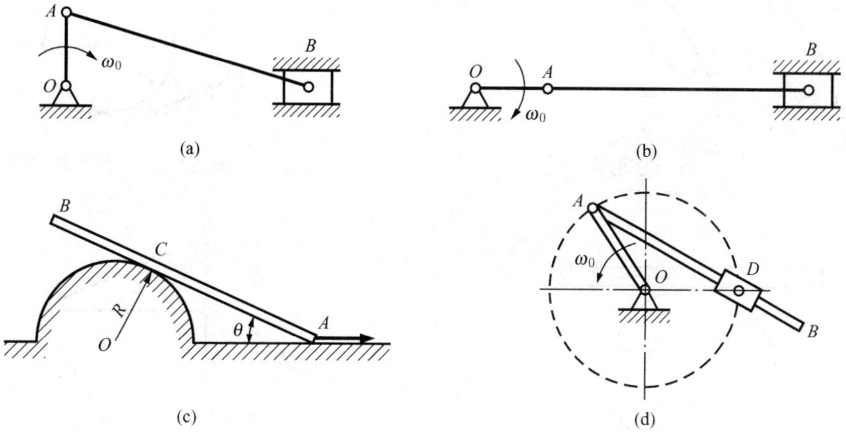

图 8-25 思考题 8-5 图

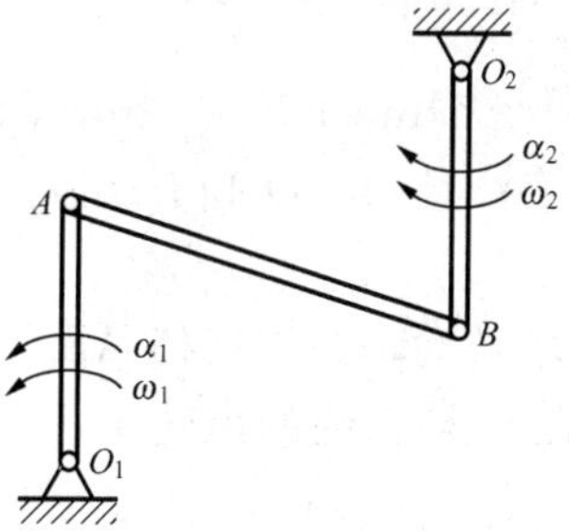

图 8-26 思考题 8-6 图

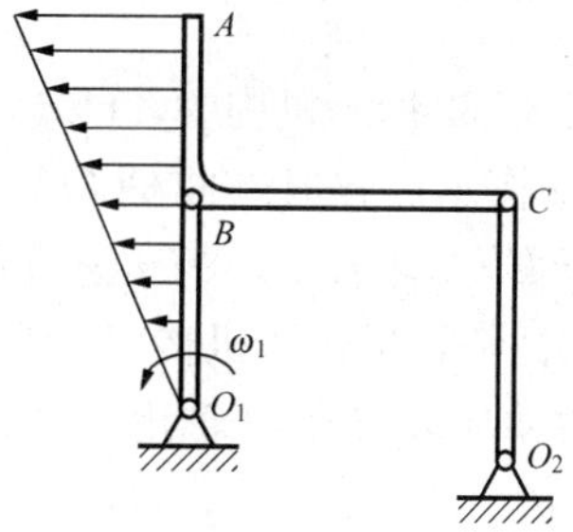

图 8-27 思考题 8-7 图

习　　题

8-1 如图 8-28 所示，在筛动机构中，筛子的摆动是由曲柄连杆机构带动。已知曲柄 OA 的转速 $n_{OA}=40\text{r/min}$，$OA=0.3\text{m}$。当筛子 BC 运动到与点 O 在同一水平线上时，$\angle BAO=90°$。求此瞬时筛子 BC 的速度。

8-2 半径为 r 的圆柱形滚子沿半径为 R 的圆弧槽纯滚动。在图 8-29 所示瞬时，滚子中心 C 的速度为 $\boldsymbol{v}_C$、切向加速度为 $\boldsymbol{a}_C^{\tau}$。求这时接触点 A 和同一直径上最高点 B 的加速度。

8-3 图 8-30 所示两齿条以速度 $\boldsymbol{v}_1$ 和 $\boldsymbol{v}_2$ 同方向运动。在两齿条间夹一齿轮，其半径为 r，求齿轮的角速度及其中心 O 的速度。

8-4 四连杆机构中，连杆 AB 上固连一块三角板 ABD，如图 8-31 所示。机构由曲柄 O_1A 带动。已知：曲柄的角速度 $\omega_{O1A}=2\text{rad/s}$；曲柄 $O_1A=0.1\text{m}$，水平距离 $O_1O_2=0.05\text{m}$，$AD=0.05\text{m}$；当 $O_1A\perp O_1O_2$ 时，AB 平行于 O_1O_2，且 AD 与 AO_1 在同一直线上；$\varphi=30°$。求三角板 ABD 的角速度和点 D 的速度。

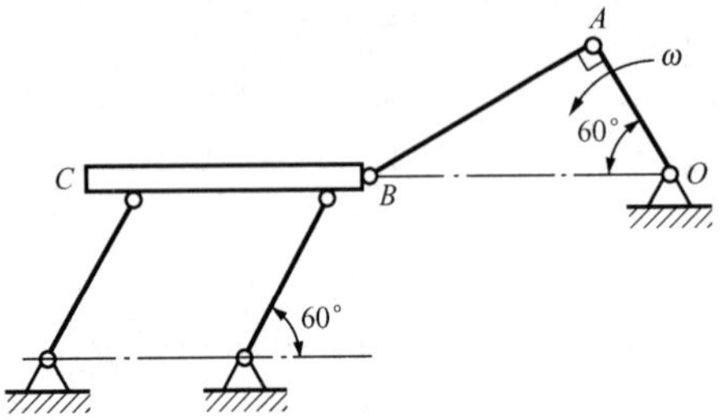

图 8-28 习题 8-1 图

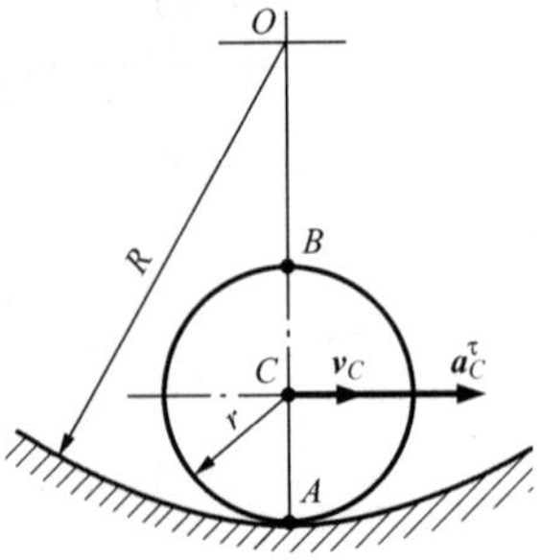

图 8-29 习题 8-2 图

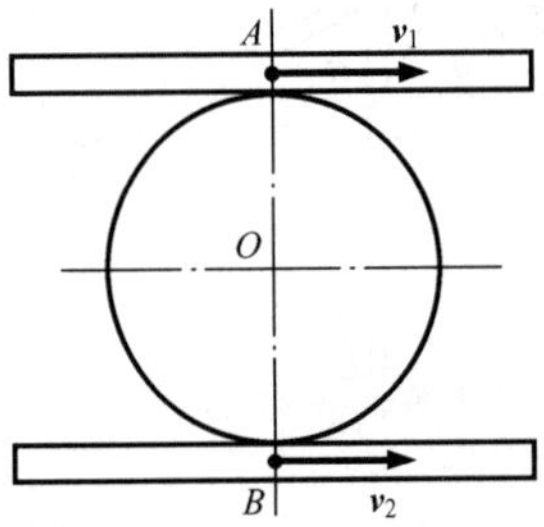

图 8-30 习题 8-3 图

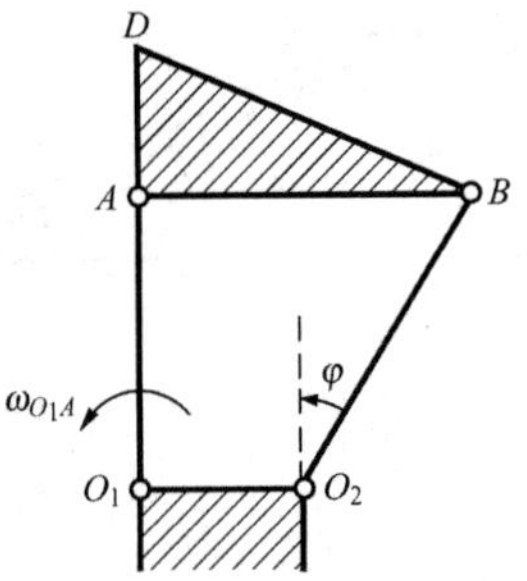

图 8-31 习题 8-4 图

8-5 图 8-32 所示机构中，已知：$OA=0.1\text{m}$，$BD=0.1\text{m}$，$DE=0.1\text{m}$，$EF=0.1\sqrt{3}\text{m}$；$\omega=4\text{rad/s}$。在图示位置时，曲柄 OA 与水平线 OB 垂直；且 B、D 和 F 在同一铅直线上。又 DE 垂直于 EF。求杆 EF 的角速度和点 F 的速度。

8-6 在瓦特行星传动机构中，平衡杆 O_1A 绕 O_1 轴转动，并借连杆 AB 带动曲柄 OB；而曲柄 OB 活动地装置在 O 轴上，如图 8-33 所示。在 O 轴上装的齿轮 Ⅰ，齿轮 Ⅱ 与连杆 AB 固连于一体。已知：$r_1=r_2=0.3\sqrt{3}\text{m}$，$O_1A=0.75\text{m}$，$AB=1.5\text{m}$；又平衡杆的角速度 $\omega=6\text{rad/s}$。求当 $\gamma=60°$ 且 $\beta=90°$时，曲柄 OB 和齿轮 Ⅰ 的角速度。

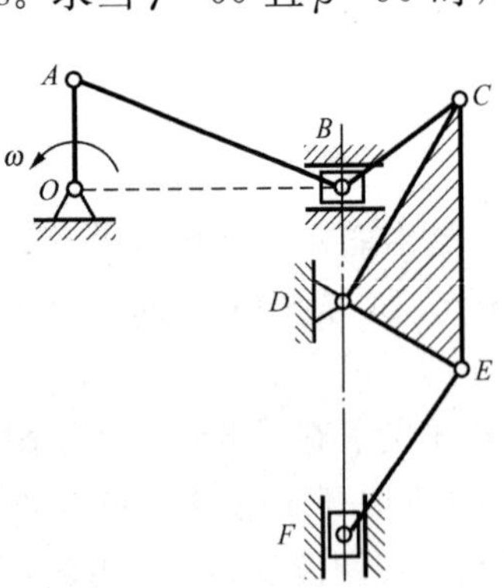

图 8-32 习题 8-5 图

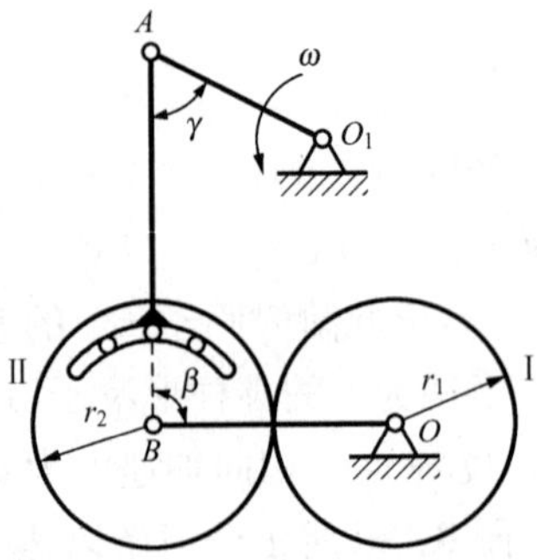

图 8-33 习题 8-6 图

8-7 如图 8-34 所示齿轮刨床的刨刀运动机构。曲柄 OA 以角速度 ω_0 绕 O 轴转动，通过齿条 AB 带动齿轮Ⅰ绕 O_1 轴转动。已知 $OA=R$，齿轮Ⅰ的半径 $O_1C=r=\frac{R}{2}$。在图示位置 $\alpha=60°$，求此瞬时齿轮Ⅰ的角速度。

8-8 半径为 75mm 的轮子沿水平直线轨道作无滑动滚动，通过铰接于轮缘的连杆 BD 带动摆杆 AB，如图 8-35 所示，图中尺寸单位为 mm。在图示瞬时，角速度 $\omega=6\text{rad/s}$，杆 AB 恰处于水平。求该瞬时 AB、BD 两杆的角速度。

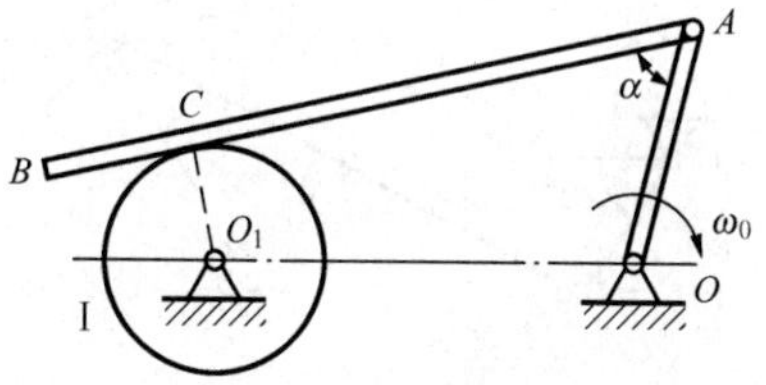

图 8-34 习题 8-7 图

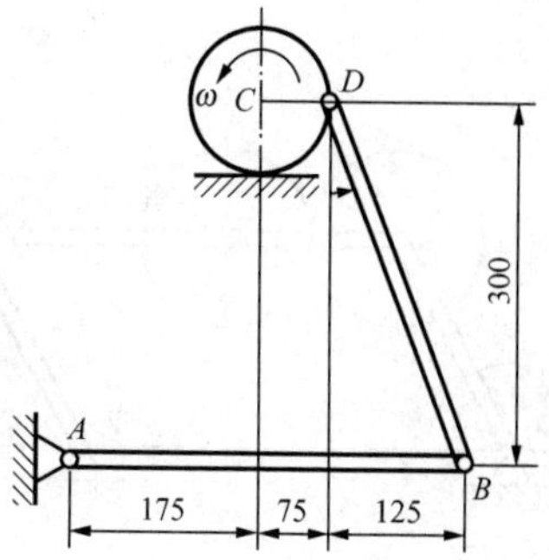

图 8-35 习题 8-8 图

8-9 半径为 R 的轮子沿水平面滚动而不滑动，如图 8-36 所示。在轮上有圆柱部分，其半径为 r。将线绕于圆柱上，线的 B 端以速度 $\boldsymbol{v}$ 和加速度 $\boldsymbol{a}$ 沿水平方向运动。求轮的轴心 O 的速度和加速度。

8-10 曲柄 OA 以恒定的角速度 $\omega=2\text{rad/s}$ 绕轴 O 转动，并借助连杆 AB 驱动半径为 r 的轮子在半径为 R 的圆弧槽中作无滑动的滚动，如图 8-37 所示。设 $OA=AB=R=2r=1\text{m}$，求图示瞬时点 B 和点 C 的速度与加速度。

8-11 在曲柄齿轮椭圆规中，齿轮 A 和曲柄 O_1A 固结为一体，齿轮 C 和齿轮 A 半径均为 r 并互相啮合，如图 8-38 所示。图中 $AB=O_1O_2$，$O_1A=O_2B=0.4\text{m}$。O_1A 以恒定的角速度 ω 绕轴 O_1 转动，$\omega=0.2\text{rad/s}$。M 为轮 C 上一点，$CM=0.1\text{m}$。在图示瞬时，CM 为铅垂，求此时 M 点的速度和加速度。

8-12 在图 8-39 所示曲柄连杆机构中，曲柄 OA 绕 O 轴转动，其角速度为 ω_0，角加速度为 α_0。在某瞬时曲柄与水平线间成 60°角，而连杆 AB 与曲柄 OA 垂直。滑块 B 的圆形槽内滑动，此时半径 O_1B 与连杆 AB 间成 30°角。如 $OA=r$，$AB=2\sqrt{3}r$，$O_1B=2r$，求在该瞬时，滑块 B 的切向和法向加速度。

8-13 三连杆机构如图 8-40 所示。曲柄 OA 以匀角速度 ω_0 绕 O 轴转动。已知 $OA=O_1B=r$。在图示位置，OA 垂直于 OO_1，$\angle OAB=\angle BO_1O=45°$，求此时 B 点的加速度和杆 O_1B 的角加速度。

8-14 两相同的圆柱在中心与杆 AB 的两端相铰接，两圆柱分别沿水平和铅直面作无滑动滚动，如图 8-41 所示。已知 $AB=500\text{mm}$，圆柱半径 $r=100\text{mm}$。在图示位置，圆柱 A 有角速度 $\omega_1=4\text{rad/s}$，角加速度 $\alpha_1=2\text{rad/s}^2$，图中尺寸单位为 mm。试求该瞬时直杆 AB 和圆柱 B 的角速度、角加速度。

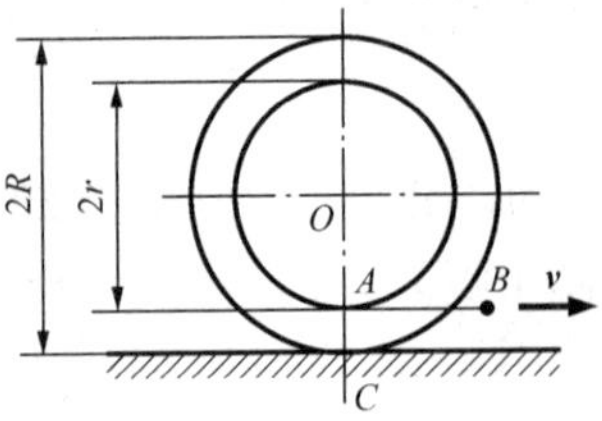

图 8-36 习题 8-9 图

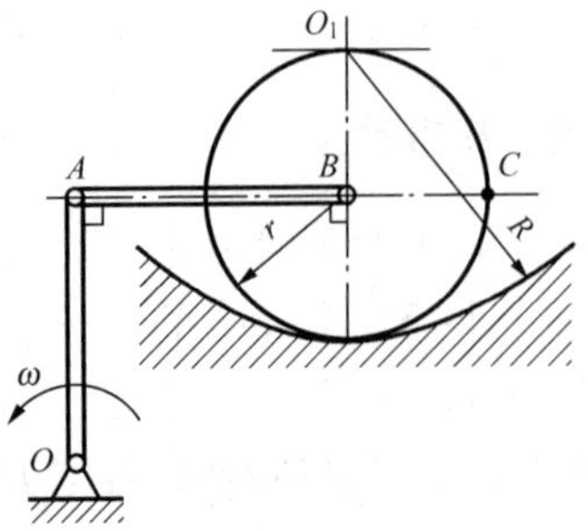

图 8-37 习题 8-10 图

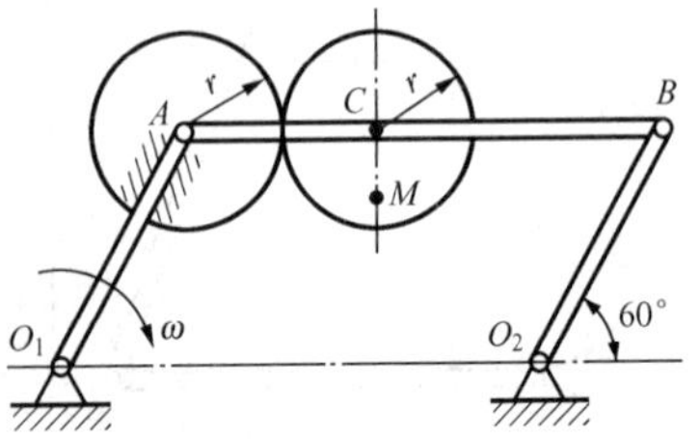

图 8-38 习题 8-11 图

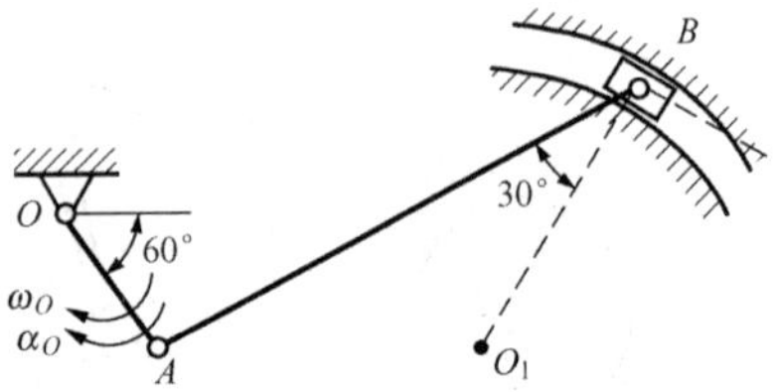

图 8-39 习题 8-12 图

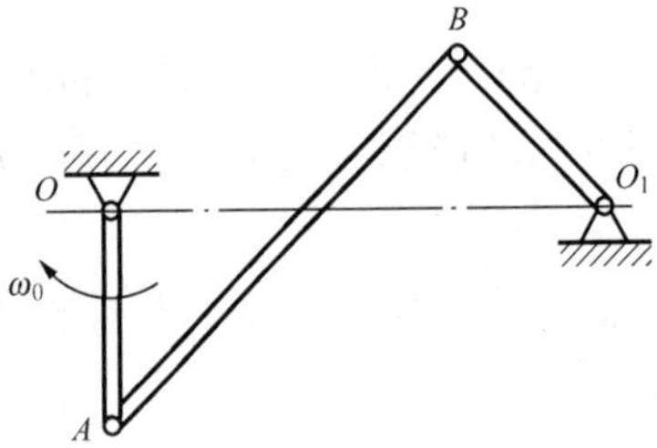

图 8-40 习题 8-13 图

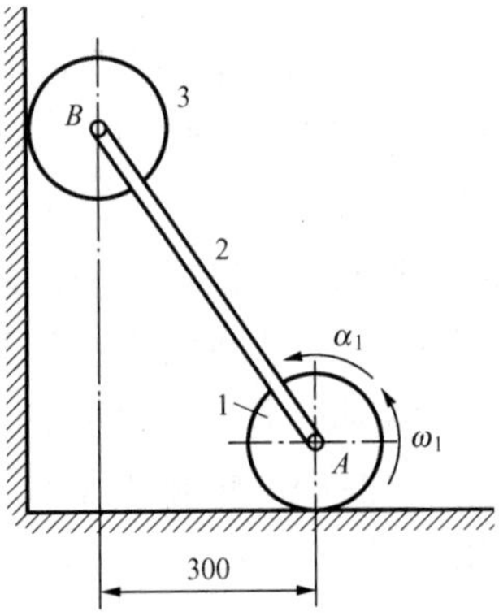

图 8-41 习题 8-14 图

8-15 图 8-42 所示曲柄连杆机构带动摇杆 O_1C 绕 O_1 轴摆动。在连杆 AB 上装有两个滑块，滑块 B 在水平槽内滑动，而滑块 D 则在摇杆 O_1C 的槽内滑动。已知：曲柄长 $OA=50\text{mm}$，绕 O 轴转动的匀角速度 $\omega=10\text{rad/s}$。在图示位置时，曲柄与水平线间成 90°，$\angle OAB=60°$，摇杆与水平线间成 60°；距离 $O_1D=70\text{mm}$。求摇杆的角速度和角加速度。

8-16 如图 8-43 所示，轮 O 在水平面上滚动而不滑动，轮心以匀速 $v_O=0.2\text{m/s}$ 运动。轮缘上固连销钉 B，此销钉在摇杆 O_1A 的槽内滑动，并带动摇杆绕 O_1 轴转动。已知：轮的半径 $R=0.5\text{m}$，在图示位置时，AO_1 是轮的切线，摇杆和水平面间的交角为 60°。求摇杆在该瞬时的角速度和角加速度。

8-17 平面机构的曲柄 OA 长为 $2l$，以匀角速度 ω_O 绕 O 轴转动。在图 8-44 所示位置时，$AB=BO$，并且 $\angle OAD=90°$。求此时套筒 D 相对于杆 BC 的速度和加速度。

8-18 图 8-45 所示行星齿轮传动机构中，曲柄 OA 以匀角速度 ω_O 绕 O 轴转动，使与齿轮 A 固结在一起的杆 BD 运动。杆 BE 与 BD 在点 B 铰接，并且杆 BE 在运动时始终通过

固定铰支的套筒 C。如定齿轮的半径为 $2r$，动齿轮半径为 r，且 $AB=\sqrt{5}r$。图示瞬时，曲柄 OA 在铅直位置，BDA 在水平位置，杆 BE 与水平线间成角 $\varphi=45°$。求此时杆 BE 上与 C 相重合一点的速度和加速度。

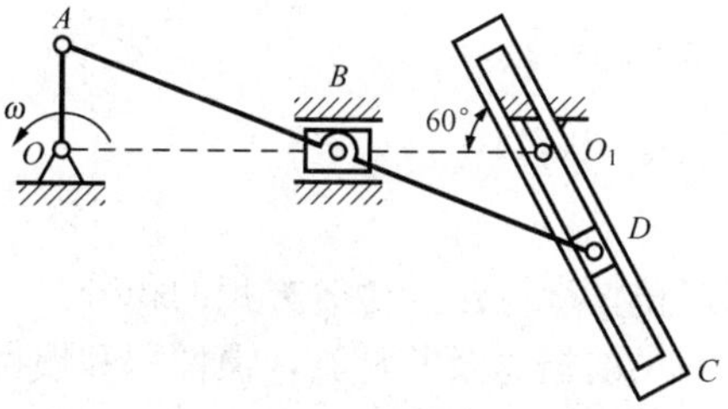

图 8-42 习题 8-15 图

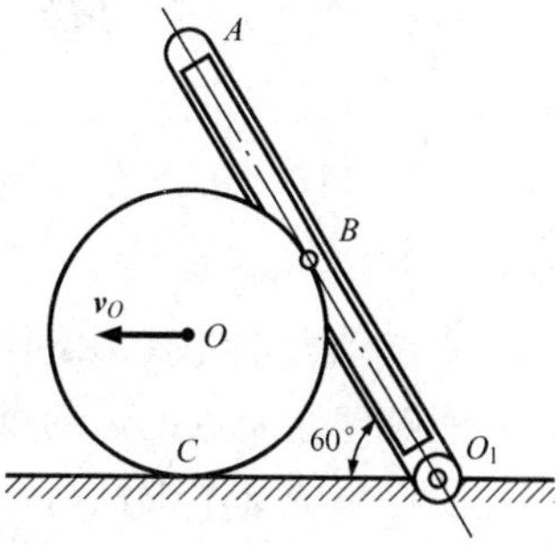

图 8-43 习题 8-16 图

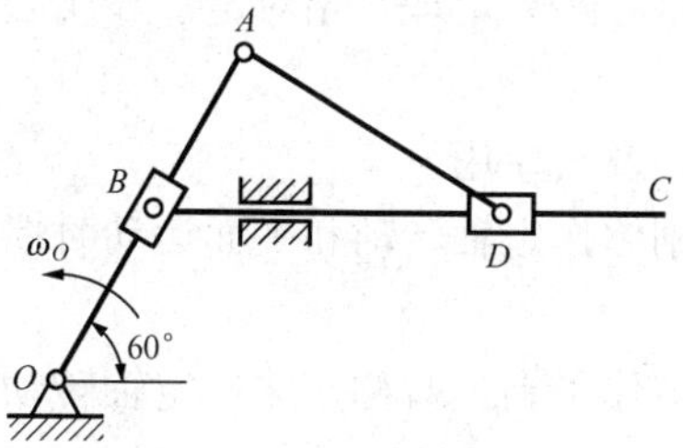

图 8-44 习题 8-17 图

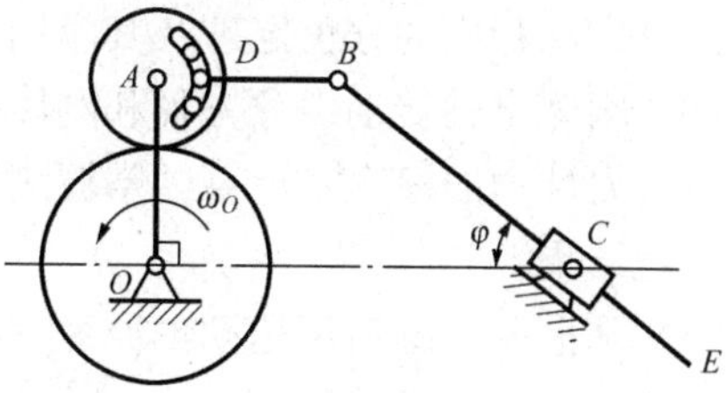

图 8-45 习题 8-18 图

第三篇 动 力 学

动力学教学基本要求

（1）质点动力学的基本定律。

（2）能够建立质点的运动微分方程，并可以求简单情况下运动微分方程的积分。

（3）质点系的基本惯性特征：质心、刚体转动惯量的概念及其计算，惯性积和惯性主轴的概念。

（4）掌握并能熟练计算动力学中各基本物理量（动量、动量矩、动能、力的功等）。

（5）动力学普遍定理（包括动能定理、动量定理、质心运动定理、相对定点和质心的动量矩定理）和相应的守恒定理及其应用。

（6）刚体定轴转动微分方程和刚体平面运动微分方程及其应用。

（7）惯性力的概念及计算。掌握刚体平动以及对称刚体作定轴转动和平面运动时惯性力系的简化结果。

（8）掌握并熟练运用达朗伯原理（动静法）求解刚体作平动、对称刚体作定轴转动和简单平面运动的动力学问题。

（9）定轴转动刚体轴承的动反力和附加动反力的概念，静平衡和动平衡的概念，动平衡与静平衡的条件。

（10）虚位移、虚功、理想约束、自由度、广义坐标的概念。

（11）虚位移原理及其应用。

动力学引言

静力学研究物体在力系作用下的平衡规律，但如果作用力系不满足这些规律，则物体将发生运动。

运动学研究物体运动的几何性质，但不涉及物体的受力和惯性。

动力学的任务是研究物体的机械运动与作用力系之间的关系。在这部分中将对物体运动的物理原因进行全面的分析，建立物体机械运动的普遍规律。

动力学的问题在工程中广泛存在，如均衡、振动、稳定、冲击等。尤其是高速转动机械对动力学提出了更加复杂的课题，在现代工程技术中更具有重要的意义。现代的机械和机构常常需要在高速和相当大的加速度下运行。以现代回转机械为例，喷气发动机、燃气轮机和离心压缩机的最高转速可以达到约 3×10^4 r/min，而陀螺仪表、超精密磨床甚至可以达到约 10^5 r/min。随着机械转速的提高，转轴上各点的法向加速度将以转速的平方数增大，离心惯性力将会很大，必须运用动力学理论才能正确进行分析，否则分析的结果将与实际情形相差很大。

动力学研究的对象包括质点和质点系。质点是指具有一定质量而几何形状和大小可以忽略不计的物体。当物体的大小形状对所研究的问题不起主要作用，可以忽略不计时，便可将该物体抽象为质点进行研究，如做平动或近似平动运动的物体。物体是否当作质点处理，主要取决于力学问题的性质，而不是它的实际大小。**质点系**是有限或无限个彼此具有一定联系的质点的集合。这是力学中最具有普遍意义、内含十分广泛的模型。任何固体、液体、气体以及任何一部机器等都可视为质点系。**刚体**可视为由无限多个质点其间距保持不变的质点系。当物体的形状大小在所研究的问题中不可忽略，该物体就应抽象为质点系。

9 动 力 学 基 础

本 章 提 要

本章首先介绍了牛顿三大定律及质点动力学的基本方程具体应用时的三种微分方程形式，讨论了质点动力学的两类基本问题和质点系的基本惯性特征，包括质点系的质量和质量中心、刚体的转动惯量、惯性积和惯性主轴，为进一步学习质点系的动力学问题做相应的准备。

9.1 动力学基本定律

动力学以牛顿定律为基础，是牛顿（1642～1727）在总结伽利略等前人对自然的观察和实验研究成果的基础上，于 1687 年归纳概括的三个力学定律，理论力学里几乎所有的结论都可由它为出发点推导出来。

第一定律（惯性定律）

不受力作用的质点，将保持静止或匀速直线运动状态。

此定律对力作了一个定性的定义，指出力是使物体的运动状态改变的外部原因。一切质点均具有保持其静止或匀速直线运动状态不变的基本属性，这种属性称为**惯性**。不受力作用的物体是不存在的，实际中可理解为受平衡力系作用。如质点受不平衡力系作用，其平衡状态将被破坏而引起运动状态的变化。

静止或运动只有相对于某个参考系才有意义。因此，此定律还定义了惯性参考系——将符合第一定律的这种参考系称为**惯性参考系**。在此参考系中所受合力为零的质点或处于静止或处于匀速直线运动状态，只要物体的运动状态有了变化，则总可以分析出是某个力作用的结果。惯性参考系是牛顿定律成立的前提。尽管地球在太阳系中运动，但如果只限于研究地球表面及其邻近范围的机械运动，地球在相当程度上可以近似的作为惯性参考系。否则，应根据所研究的问题选择日心参考系、地心参考系作为惯性参考系。今后如不特别指明，均采用地球作为分析计算的标准。

质点的匀速直线运动称为**惯性运动**。第一定律阐述了质点作惯性运动的条件，通常亦称为**惯性定律**。

第二定律（力与加速度关系定律）

质点的质量与加速度的乘积，等于作用于质点的力的大小，加速度的方向与力的方向相同。

如果分别以 m、$\boldsymbol{a}$、$\boldsymbol{F}$ 表示质点的质量、质点获得的加速度及作用力，则第二定律可表示为

$$m\boldsymbol{a} = \boldsymbol{F} \tag{9 - 1}$$

式（9 - 1）是牛顿第二定律的数学表达式，也称**质点动力学的基本方程**。它给出了质点的质

量、加速度与作用力之间的定量关系。方程中作用力 $\boldsymbol{F}$ 与加速度 $\boldsymbol{a}$ 为矢量关系，因此，若于质点上作用若干个力，则质点的加速度等于每一个力分别作用时所产生的加速度的矢量和，称为**力的独立作用原理**。据此原理，牛顿第二定律可表示为

$$m\boldsymbol{a} = \sum \boldsymbol{F} \tag{9-2}$$

由式（9-1）知，在相同作用力的作用下，质量愈大的质点获得的加速度愈小，即其保持惯性运动的能力愈强，因此这里引入的质量是质点惯性的度量，称为**惯性质量**。

在地球表面，质点仅受重力 $\boldsymbol{G}$ 作用时的加速度称为**重力加速度**，以 $\boldsymbol{g}$ 表示，其方向向下与重力方向相同，由式（9-1）得

$$m\boldsymbol{g} = \boldsymbol{G} \quad 或 \quad m = \frac{\boldsymbol{G}}{\boldsymbol{g}} \tag{9-3}$$

式（9-3）建立了物体的重量与质量间关系，当测得物体的重量 $\boldsymbol{G}$ 和重力加速度 $\boldsymbol{g}$ 时，由此式便可求得物体的质量 m。需要指出：重量与质量是两个不同概念的物理量，重量是物体所受地球引力的大小，随着物体在地面上的位置不同而不同，重力加速度也随着改变，但两者的比值——物体的质量是常量。根据国际计量委员会规定的标准，重力加速度 $\boldsymbol{g}$ 的大小为 $9.80665\mathrm{m/s^2}$，一般取为 $9.8\mathrm{m/s^2}$。在国际单位制中，质量、长度和时间是基本量，对应的基本单位分别是千克（kg）、米（m）和秒（s）；力是导出量，力的导出单位为 $\mathrm{kg \cdot m/s^2}$，称为牛［顿］（N）。使质量为 1kg 的质点产生 $1\mathrm{m/s^2}$ 的加速度需要的力规定为 1N，即

$$1\mathrm{N} = 1\mathrm{kg} \cdot 1\mathrm{m/s^2} = 1\mathrm{kg \cdot m/s^2}$$

质量、长度和时间的量纲为 $[M]$、$[L]$、$[T]$，力的量纲为 $[F] = [M][L][T]^{-2}$。

第三定律（作用与反作用定律）

两个物体间的相互作用力与反作用力总是大小相等，方向相反，沿着同一直线，且同时分别作用在这两个物体上。

第三定律是牛顿力学的重要部分，它说明不论是静止平衡还是运动，作用总是相互的。在后面的学习中还将看到它是质点系动力学的基础。

9.2 质点的运动微分方程

具体应用质点动力学的基本方程时，要在指定的惯性参考系中选择适当的坐标系，将牛顿第二定律表示为包含质点坐标对时间的导函数方程，称为**质点的运动微分方程**，它是描述质点运动的动力学过程。对于不同的坐标形式，有不同形式的运动微分方程。常见的三种形式为：

（一）矢量形式的质点运动微分方程

设一质点 M 的质量为 m，受到力 $\boldsymbol{F}_1$，$\boldsymbol{F}_2$，…，$\boldsymbol{F}_n$ 的作用，其合力 $\boldsymbol{F} = \sum \boldsymbol{F}_i$，沿某一曲线轨迹运动，则由牛顿第二定律，得到矢量形式的质点运动微分方程

$$m\frac{\mathrm{d}^2\boldsymbol{r}}{\mathrm{d}t^2} = \sum \boldsymbol{F}_i \tag{9-4}$$

在实际计算时，常将此式投影到直角坐标系，或自然轴系上（图 9-1），得到投影形式的标量方程。

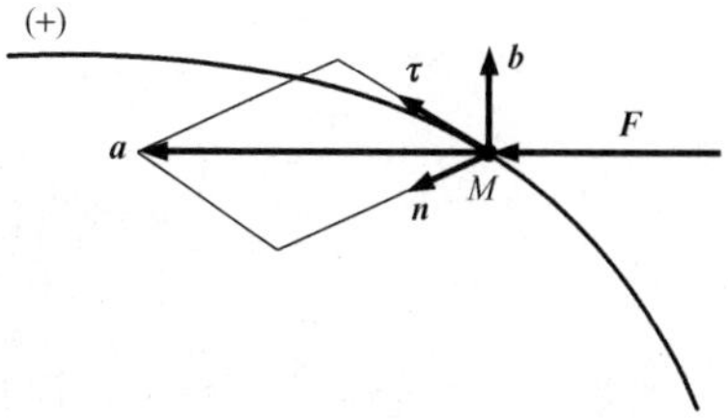

图 9-1

（二）直角坐标形式的质点运动微分方程

设矢径 $\boldsymbol{r}$ 在直角坐标轴上的投影分别为 x，y，z，力 $\boldsymbol{F}_i$ 在直角坐标轴上的投影分别为 F_{xi}，F_{yi}，F_{zi}，将式（9-4）投影到坐标系的各轴上，得到直角坐标形式的质点运动微分方程

$$m\frac{\mathrm{d}^2x}{\mathrm{d}t^2}=\sum F_{xi},\ m\frac{\mathrm{d}^2y}{\mathrm{d}t^2}=\sum F_{yi},\ m\frac{\mathrm{d}^2z}{\mathrm{d}t^2}=\sum F_{zi} \tag{9-5}$$

（三）自然轴系形式的质点运动微分方程

在质点 M 上建立其运动轨迹的自然轴系 $M\tau nb$，将式（9-4）投影到坐标系的各轴上，得到自然轴系形式的质点运动微分方程

$$m\frac{\mathrm{d}v}{\mathrm{d}t}=\sum F_{\tau i},\ m\frac{v^2}{\rho}=\sum F_{ni},\ 0=\sum F_{bi} \tag{9-6}$$

第三个式子表示，所有外力在副法线方向上的投影之和等于零，这与质点的加速度在运动轨迹的密切面内相对应。

9.3 质点动力学的两类基本问题

质点动力学的问题大致可分两类：一是已知质点的运动，求作用于质点上的力；二是已知作用在质点上的力，求质点的运动。

下面举例说明质点动力学两类问题的解法。

【例 9-1】 曲柄连杆机构如图 9-2（a）所示。曲柄 OA 以匀角速度 ω 绕轴 O 转动，滑块 B 沿轴 x 作往复直线运动，曲柄 $OA=r$，连杆 $AB=l$。当 $\lambda=\frac{r}{l}$，λ 比较小时，以 O 为坐标原点，滑块 B 的运动方程可近似写为

$$x=l\left(1-\frac{\lambda^2}{4}\right)+r\left(\cos\omega t+\frac{\lambda}{4}\cos 2\omega t\right)$$

如滑块 B 的质量为 m，忽略摩擦及连杆 AB 的质量。试求当 $\varphi=\omega t=0$ 和 $\frac{\pi}{2}$ 时，连杆 AB 所受的力。

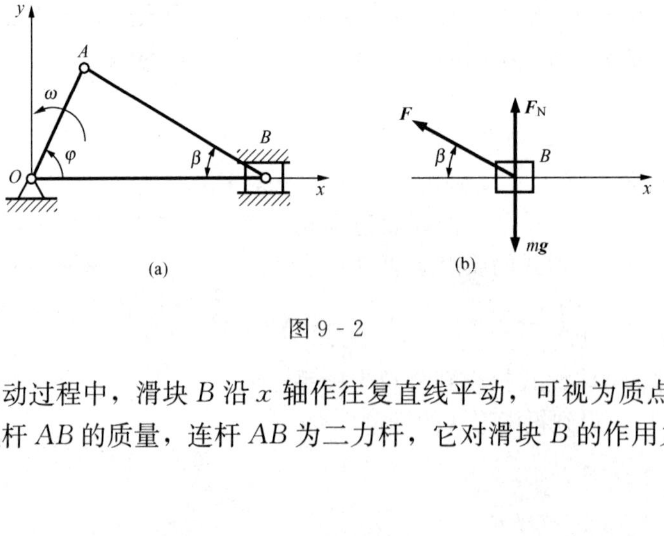

图 9-2

解 在系统运动过程中，滑块 B 沿 x 轴作往复直线平动，可视为质点，将其作为研究对象。由于忽略连杆 AB 的质量，连杆 AB 为二力杆，它对滑块 B 的作用力 $\boldsymbol{F}$ 沿 AB 连线。

当$\varphi=\omega t$时，滑块B的受力分析如图9-2（b）所示。

建立滑块B沿x轴的运动微分方程

$$ma_x=-F\cos\beta \tag{1}$$

由题设的运动方程，求得

$$a_x=\frac{d^2x}{dt^2}=-r\omega^2(\cos\omega t+\lambda\cos2\omega t) \tag{2}$$

当$\omega t=0$时，$\beta=0$，分别代入方程（1）、（2），得

$$a_x=-r\omega^2(1+\lambda)$$
$$F=mr\omega^2(1+\lambda)$$

这时，杆AB受拉力。

当$\omega t=\frac{\pi}{2}$时，$\cos\beta=\sqrt{l^2-r^2}/l$，分别代入方程（1）、方程（2），解得

$$a_x=r\omega^2\lambda$$
$$F=-mr\omega^2/\sqrt{l^2-r^2}$$

这时，杆AB受压力。

【例9-2】 汽车重$G=1500$kN，以匀速$v=10$m/s驶过拱桥［图9-3（a）］，设拱桥中点的曲率半径为$\rho=50$m。忽略摩擦，求汽车到达拱桥中点时对桥面的压力。

解 将汽车视为质点，则作用于其上的力有重力$\boldsymbol{G}$，桥面对它的约束反力$\boldsymbol{F}_N$，如图9-3（b）所示，由于已知运动轨迹为圆弧，可采用自然坐标系，由沿法向的运动微分方程

$$m\frac{v^2}{\rho}=\sum F_N \tag{1}$$

得

$$\frac{G}{g}\times\frac{v^2}{\rho}=G-F_N \tag{2}$$

由此得

$$F_N=G-\frac{G}{g}\times\frac{v^2}{\rho}=G\left(1-\frac{v^2}{\rho g}\right) \tag{3}$$

代入具体数字得 $F_N=1500\left(1-\frac{10^2}{50\times9.8}\right)=1190(\text{kN})$

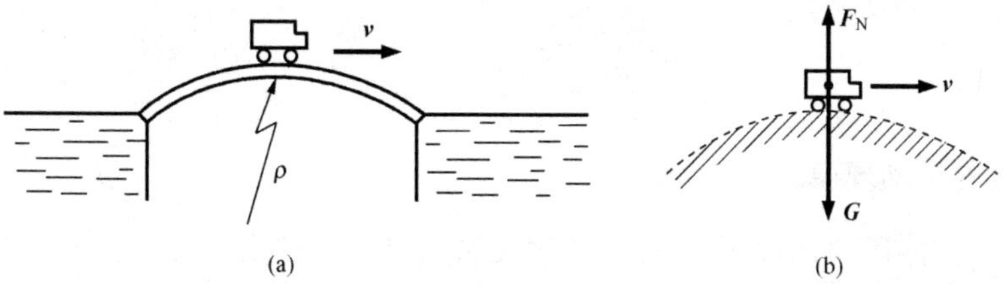

图9-3

汽车对桥面的压力与$\boldsymbol{F}_N$大小相等方向相反。由于质点加速度方向总是偏向于轨道的凹面，所以运动的汽车对桥的凸面的压力比静压力小，而对凹面的压力比静压力大。这就是凹凸不平路面凹的地方越来越凹的一个原因。

以上两个例子都属于质点动力学第一类问题。求解此类问题，如已知质点的运动方程，

对其求导数并代入相应的质点运动微分方程，即可求出质点所受的力。这类问题的求解一般比较简单，在数学上归结为微分问题。

求第二类问题时，作用在质点上的力一般可分为两类：常力和变力（力是时间、位置或速度的函数），问题归结为求解微分方程组。

【例 9-3】 物体在阻尼介质（如空气、水等液体）中运动时，都要受到与前进方向相反的阻力作用，当速度 $\boldsymbol{v}$ 不大时，阻力 $\boldsymbol{F}_R$ 的大小与速度的一次方成正比，即 $\boldsymbol{F}_R=-c\boldsymbol{v}$，其中 $c>0$ 为由实验测定的阻力系数。求物体在阻尼介质中的自由下落运动。

解　考虑物体在阻尼介质中自由下落运动。

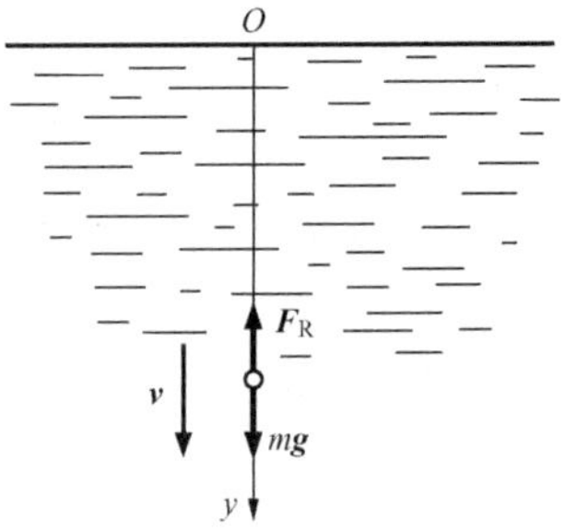

图 9-4

建立坐标系如图 9-4 所示，以物体的起始点为坐标的原点，Oy 轴方向向下。物体的运动可视为质点在阻尼介质中的直线运动，物体所受的力为重力 $m\boldsymbol{g}$ 和阻力 $\boldsymbol{F}_R$，其受力分析如图 9-4 所示，则运动微分方程为

$$m\ddot{y}=mg-cv \tag{1}$$

或

$$\frac{\mathrm{d}v}{\mathrm{d}t}=g-\lambda v \tag{2}$$

$$\lambda=\frac{c}{m}$$

解此微分方程，分离变量，并注意到运动初始条件，当 $t=0$，$v_0=0$，则有

$$\int_0^v\frac{\mathrm{d}v}{g-\lambda v}=\int_0^t\mathrm{d}t$$

两边积分得

$$v=\dot{y}=\frac{g}{\lambda}(1-\mathrm{e}^{-\lambda t}) \tag{3}$$

这就是物体运动速度随时间的变化关系。

再对方程（3）分离变量，运动初始条件，当 $t=0$，$y_0=0$，又得

$$\int_0^y\mathrm{d}y=\frac{g}{\lambda}\int_0^t(1-\mathrm{e}^{-\lambda t})\mathrm{d}t$$

两边积分，得

$$y=\frac{g}{\lambda}\left[t-\frac{1}{\lambda}(1-\mathrm{e}^{-\lambda t})\right] \tag{4}$$

这就是物体下落的运动规律。

由方程（3）物体运动速度随时间的变化关系可知，式中的 $\frac{g}{\lambda}\mathrm{e}^{-\lambda t}$ 一项按时间指数律衰减，当 $t\to\infty$ 时，有

$$v_{极限}=\lim_{t\to\infty}\frac{g}{\lambda}(1-\mathrm{e}^{-\lambda t})=\frac{g}{\lambda}=\frac{mg}{c} \tag{5}$$

即 $t\to\infty$ 时速度将趋于一个极限速度，称为物体在阻尼介质中自由下落的极限速度。它表明物体下落速度不能无限增大，当达到极限速度后，引起物体下落的重力与阻力达到平衡，不可能再加速。因此在方程（1）中令 $\ddot{y}=0$，

即 $$mg-cv=0$$

就得到极限速度 $$v_{极限}=\frac{mg}{c}$$

方程（5）说明不同质量的物体，在同一介质中下落时，其极限速度是不同的。生产中，常利用此原理去分开不同比重的物料，如选矿、净化谷粒等。

【例 9-4】 弹簧上端固定如图 9-5（a）所示，下端吊着用细线相连的两个质点 A 和 B，其质量均为 m。静止时弹簧被拉长，伸长量为 δ 如图 9-5（b）所示。细线突然被剪断时质点 B 即自行落下。求质点 A 的运动方程。

解 当细绳被剪断，质点 B 将向下落。取 Oy 轴方向向下，弹簧未变形时质点 A 的位置为坐标的原点 O。显然，当质点 B 落下，则它对质点 A 的运动就不再有影响。质点 A 运动时所受的力为自身重力 $m\boldsymbol{g}$ 和弹簧力 $\boldsymbol{F}$，质点 A 在任意坐标 y 处弹簧的变形量为 $|y|$，设弹簧刚度系数为 k，则不论弹簧被伸长（$y>0$），或被压缩（$y<0$），总有弹簧力 $\boldsymbol{F}=-ky\boldsymbol{j}$，这时力是时间的函数。则得运动微分方程为

$$m\ddot{y}=mg-ky \tag{1}$$

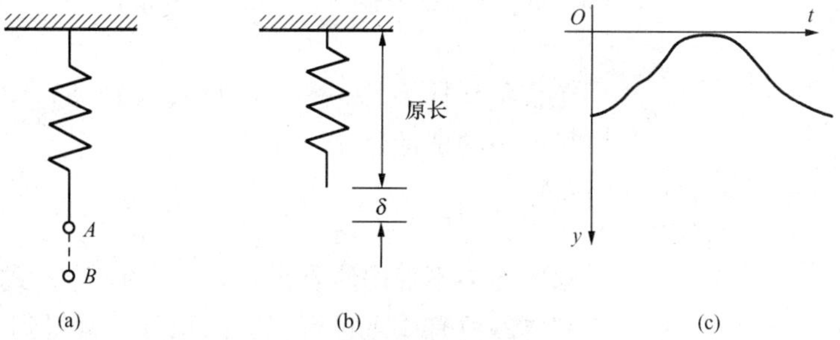

图 9-5

因为两个质点同时悬挂在弹簧上处于静止时，弹簧的伸长量为 δ，由平衡条件有关系式 $2mg=ky$，从而求得弹簧刚度系数 $k=2mg/\delta$。代入方程（1）整理得

$$\ddot{y}+\frac{2g}{\delta}y=g \tag{2}$$

此微分方程的通解为

$$y=A\cos(\omega t+\alpha)+\frac{\delta}{2} \tag{3}$$

这里 $\omega=\sqrt{2g/\delta}$，A、α 为积分常数，由初始条件确定。以细线被剪断瞬时为初始时刻，则初始条件表示为，当 $t=0$，$y=\delta$，$\dot{y}=0$。代入方程（3）并作相应整理得

$$A\cos\alpha+\frac{\delta}{2}=\delta$$

$$-A\sin\alpha=0$$

解得 $\alpha=0$，$A=\frac{\delta}{2}$，代入方程（3）得质点 A 的运动方程为

$$y=\frac{\delta}{2}\left(1+\cos\sqrt{\frac{2g}{\delta}}t\right) \tag{4}$$

方程（4）表示质点 A 在区间［0，δ］内作频率为 ω、振幅为 δ/2 的简谐运动。

9.4　质点系的基本惯性特征

前面的讨论已经得出，质量是质点惯性的度量。而由 n 个质点组成的质点系的惯性特征，不仅与各质点质量的大小有关，而且与各质点质量的分布有关。

9.4.1　质点系的质量与质量中心

考虑由 n 个质点组成的质点系，第 i 个质点的质量为 m_i，相对固定点 O 的矢径为 $\boldsymbol{r}_i$（图 9-6），度量质点系惯性的特征量之一是质点系的总质量 m，为质点系中各质点质量的算术和为

$$m=\sum m_i \tag{9-7}$$

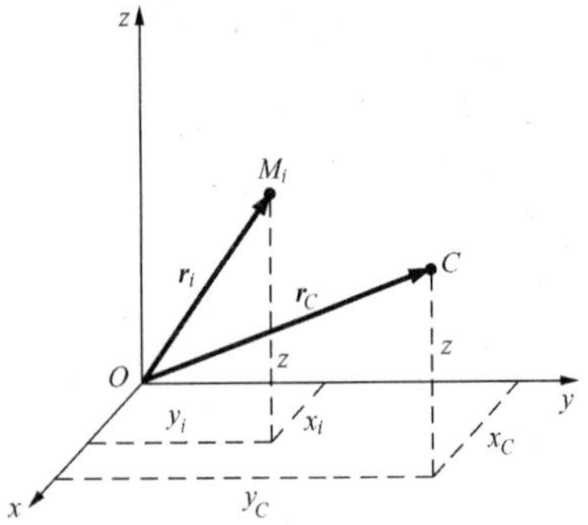

图 9-6

质点系的质量中心简称质心。质心的矢径以 $\boldsymbol{r}_C$ 表示，其位置与质点系的质量分布有关

$$\boldsymbol{r}_C=\frac{\sum m_i\boldsymbol{r}_i}{m} \tag{9-8}$$

在直角坐标系 $Oxyz$ 中，将式（9-8）向各坐标轴投影，得质心的坐标公式

$$x_C=\frac{\sum m_ix_i}{m},\ y_C=\frac{\sum m_iy_i}{m},\ z_C=\frac{\sum m_iz_i}{m} \tag{9-9}$$

刚体作为不变的质点系，将式（9-7）、式（9-9）变为对刚体的所有质点进行相应的积分，就得到相应刚体的质量和质心公式。刚体质量是刚体平移惯性的度量。

易见，在均匀的重力场内，质点系的质心与其重心是重合的，可以用求重心的方法求质心。必须指出，质心和重心是两个不同的概念。质心是表征质点系质量分布的一个几何点，实际上是质点系质量分布的平均坐标。而重心是质点系的重力作用点，只在重力场内存在。由质量存在的广泛性，质心比重心具有更广泛的意义。

9.4.2　刚体的转动惯量

一、刚体对轴的转动惯量

考察两个质量相同、直径大小不一的均质薄圆环，使圆环绕轴线作转动，可以发现直径大的圆环较直径小的启动困难。这表明刚体转动时的惯性与其质量的分布有关。为此引入描述刚体转动时的惯性特征的物理量即转动惯量。

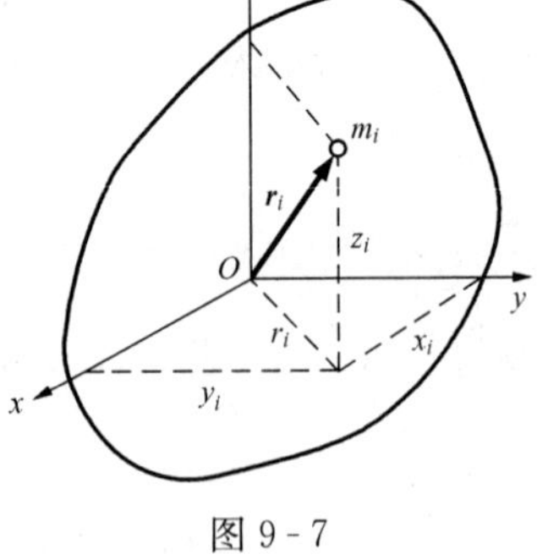

图 9-7

设刚体内第 i 个质点的质量为 m_i，该质点的坐标为（x_i、y_i、z_i），到 z 轴的距离为 r_i（图 9-7）。则刚体内各质点的质量与其到 z 轴距离的平方之乘积的总和，称为**该刚体对 z 轴的转动惯量**，用 J_z 表示，即

$$J_z=\sum m_ir_i^2=\sum m_i(x_i^2+y_i^2)$$

或
$$J_z=\int_M r^2\mathrm{d}m=\int_M(x^2+y^2)\mathrm{d}m$$

由上式可知，转动惯量恒为正值，其大小与刚体的质量以及质量相对于的轴的分布有关，同一刚体对不同轴一般有不同的转动惯量。这样，该刚体对 x、y、z 轴的转动惯量分别为

$$\left.\begin{aligned}J_x&=\sum m_i(y_i^2+z_i^2)=\sum m_i r_{ix}^2\\J_y&=\sum m_i(z_i^2+x_i^2)=\sum m_i r_{iy}^2\\J_z&=\sum m_i(x_i^2+y_i^2)=\sum m_i r_{iz}^2\end{aligned}\right\}\tag{9-10}$$

或

$$\left.\begin{aligned}J_x&=\int_M(y^2+z^2)\mathrm{d}m\\J_y&=\int_M(z^2+x^2)\mathrm{d}m\\J_z&=\int_M(x^2+y^2)\mathrm{d}m\end{aligned}\right\}\tag{9-11}$$

转动惯量的量纲是 $[J]=[M][L]^2$，在国际单位制中，它的单位是千克·米^2（$\mathrm{kg\cdot m^2}$）。

刚体对轴的转动惯量是刚体相对转轴的质量分布的特征量，转动惯量是刚体转动时惯性的度量。

如果刚体是很薄的平板，其厚度相对于其他长度可以忽略不计。这时，取平板表面与坐标平面 Oxy 重合，则式（9-10）、式（9-11）可以简化为

$$\left.\begin{aligned}J_x&=\sum m_i y_i^2\\J_y&=\sum m_i x_i^2\end{aligned}\right\}\quad 或\quad \left.\begin{aligned}J_x&=\int_M y^2\mathrm{d}m\\J_y&=\int_M x^2\mathrm{d}m\end{aligned}\right\}\tag{9-12}$$

比较式（9-10）、式（9-11）和式（9-12），得关系式

$$J_z=J_x+J_y\tag{9-13}$$

式（9-13）对任何形状的薄板均成立。称之为**薄板的垂直轴定理**：薄板对板平面内任意两相互垂直的轴的转动惯量之和，等于对过此二轴交点并与板平面垂直的轴的转动惯量。

二、惯性半径（或回转半径）

工程上常用惯性半径（或回转半径）表示转动惯量。

设刚体的总质量为 m，刚体对 z 轴的转动惯量为 J_z，令

$$J_z=m\rho_z^2\tag{9-14}$$

则由式（9-14）所定义的特征长度

$$\rho_z=\sqrt{\frac{J_z}{m}}$$

称为**刚体对 z 轴的惯性半径（或回转半径）**。由式（9-14），若把刚体的总质量集中于一点，并使该质点对 z 轴的转动惯量等于刚体对 z 轴的转动惯量，则惯性半径 ρ_z 的物理意义就是

这个点到 z 轴的距离。

同理，可得刚体对 x、y、z 轴的惯性半径

$$\rho_x=\sqrt{\frac{J_x}{m}},\ \rho_y=\sqrt{\frac{J_y}{m}},\ \rho_z=\sqrt{\frac{J_z}{m}} \tag{9-15}$$

显然几何形状相同的均质物体对相同轴的惯性半径是一样的。

表 9 - 1 给出了常见均质物体的转动惯量和惯性半径，可供应用时参考。对形状复杂的物体常用实验的方法得出其转动惯量。

表 9 - 1　　简单均质刚体的转动惯量

匀质物体	简　　图	转 动 惯 量	回 转 半 径
细直杆	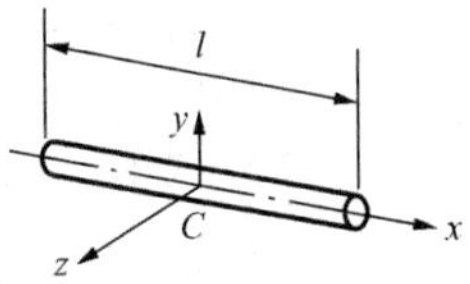	$J_x\approx 0$ $J_y=J_z=\frac{1}{12}ml^2$	$\rho_x\approx 0$ $\rho_y=\rho_z=\frac{\sqrt{3}}{6}l$
矩形薄板	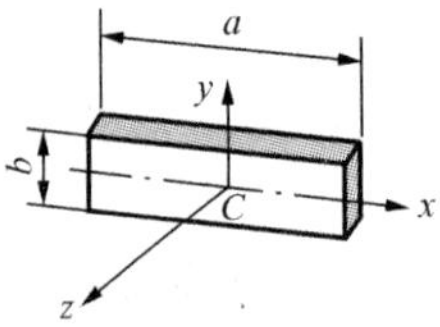	$J_x=\frac{1}{12}mb^2$ $J_y=\frac{1}{12}ma^2$ $J_z=\frac{1}{12}m(a^2+b^2)$	$\rho_x=\frac{\sqrt{3}}{6}b$ $\rho_y=\frac{\sqrt{3}}{6}a$ $\rho_z=\frac{1}{6}\sqrt{3(a^2+b^2)}$
长方体	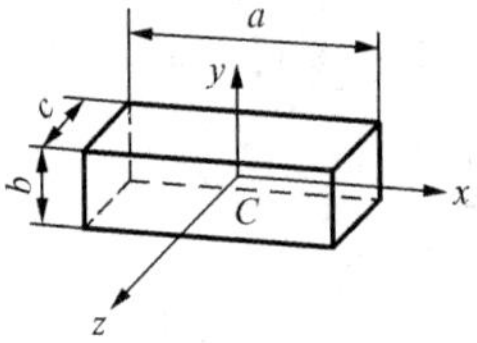	$J_x=\frac{1}{12}m(b^2+c^2)$ $J_y=\frac{1}{12}m(c^2+a^2)$ $J_z=\frac{1}{12}m(a^2+b^2)$	$\rho_x=\frac{1}{6}\sqrt{3(b^2+c^2)}$ $\rho_y=\frac{1}{6}\sqrt{3(c^2+a^2)}$ $\rho_z=\frac{1}{6}\sqrt{3(a^2+b^2)}$
薄圆盘	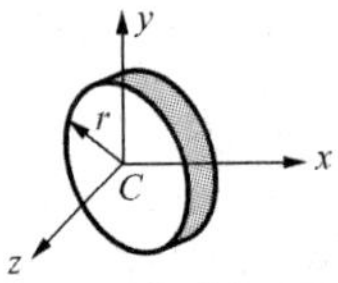	$J_x=J_y=\frac{1}{4}mr^2$ $J_z=\frac{1}{2}mr^2$	$\rho_x=\rho_y=\frac{1}{2}r$ $\rho_z=\frac{\sqrt{2}}{2}r$
圆　柱	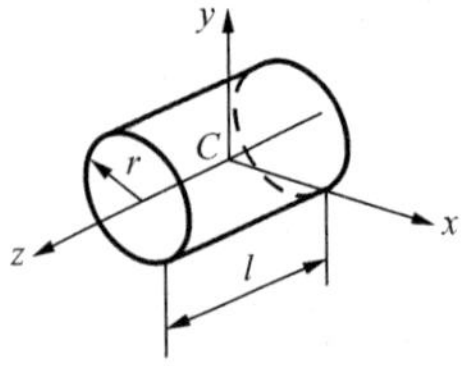	$J_x=J_y=\frac{m}{12}(3r^2+l^2)$ $J_z=\frac{1}{2}mr^2$	$\rho_x=\rho_y=\frac{1}{6}\sqrt{3(3r^2+l^2)}$ $\rho_z=\frac{\sqrt{2}}{2}r$
实心球	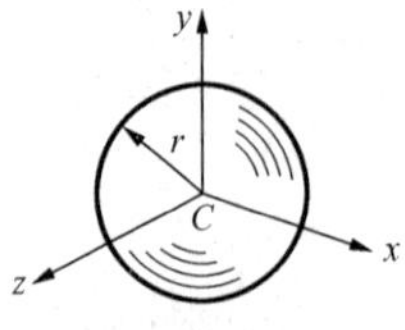	$J_x=J_y=J_z=\frac{2}{5}mr^2$ $\left(m=\frac{4}{3}\rho\pi r^3\right)$	$\rho_x=\rho_y=\rho_z=\frac{1}{5}\sqrt{10}r$

注　m—物体的质量；C—质心；ρ—密度。

三、平行移轴定理

由前面的讨论可知，刚体的转动惯量与轴的位置有关。工程设计手册通常给出各种常见几何形体的刚体对通过其质心轴的转动惯量。平行移轴定理给出了刚体对通过其质心轴的转动惯量和与这质心轴平行的轴的转动惯量之间的关系。

设刚体的质心为 C，总质量为 m。刚体对通过其质心的 z_1 轴的转动惯量为 J_{zC}，刚体对另一平行于 z_1 轴且距离为 d 的 z 轴的转动惯量为 J_z。

建立坐标系 $Cx_1y_1z_1$ 与 $Oxyz$，其中 Cz_1 轴通过其质心 C 且与 Oz 轴相距为 d，不失一般性，令 Cy 轴与 Oy 轴重合如图 9-8 所示。两坐标系的变换关系为

$$x = x_1,\ y = y_1 + d,\ z = z_1 \tag{1}$$

由式（9-10），刚体对 Cz_1 轴与 Oz 轴的转动惯量分别为

$$J_{zC} = \sum m_i r_1^2 = \sum m_i (x_1^2 + y_1^2) \tag{2}$$

$$J_z = \sum m_i r^2 = \sum m_i (x^2 + y^2) \tag{3}$$

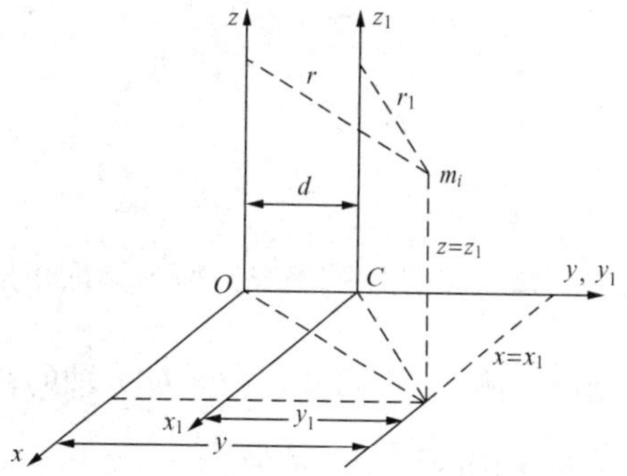

图 9-8

将方程（1）代入方程（3），得

$$J_z = \sum m_i [x_1^2 + (y_1 + d)^2] = \sum m_i (x_1^2 + y_1^2) + 2d\sum m_i y_1 + d^2 \sum m_i \tag{4}$$

方程（4）右端的第一项就是 J_{zC}，第三项等于 md^2，由质心的坐标公式（9-9）及所建立的坐标系 $Cxyz$，Cz_1 轴过质心 C，有 $y_C=0$，所以第二项等于零。因此得

$$J_z = J_{zC} + md^2 \tag{9-16}$$

即刚体对任一轴的转动惯量，等于刚体对与该轴平行的质心轴的转动惯量，加上刚体的质量与此两轴间距离的平方的乘积。这就是**转动惯量的平行移轴定理。**这个定理说明，在刚体对各平行轴的所有的转动惯量中，对质心轴的转动惯量为最小。

必须指出，应用平行移轴定理时，Cz_1 轴要通过质心 C。对不过质心的任意两平行轴的转动惯量，不存在式（9-16）的关系，它们之间的关系必须通过式（9-16）导出。

【例 9-5】 均质等截面细直杆 AB 长为 l，质量为 m（图 9-9）。试求该杆对于：

（1）过质心 C 且与杆垂直的 y 轴的转动惯量；

（2）过杆的端点 A 且与 y 轴平行的 y' 轴的转动惯量。

解 如图建立坐标系。

（1）取杆上的微元 $\mathrm{d}x$，其质量为 $\mathrm{d}m=\frac{m}{l}\mathrm{d}x$，对 y 轴的转动惯量为 $\frac{m}{l}x^2\mathrm{d}x$。于是，杆 AB 对 y 轴的转动惯量由式（9-12）得

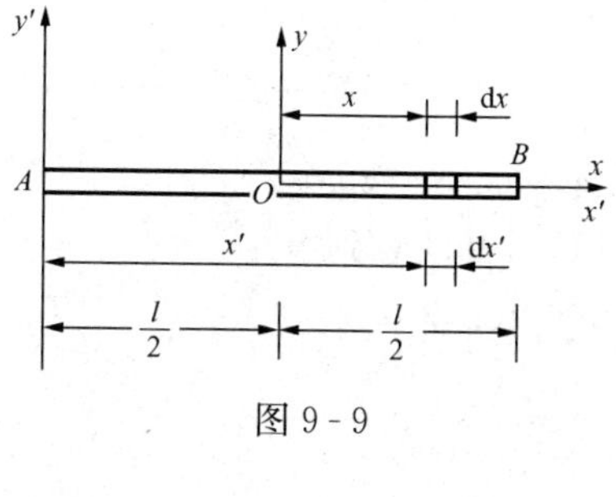

图 9-9

$$J_y = \int_{-l/2}^{l/2} \frac{m}{l} x^2 \mathrm{d}x = \frac{1}{12} ml^2$$

（2）由转动惯量平行移轴定理，得

$$J_{y'} = J_y + m\left(\frac{l}{2}\right)^2 = \frac{1}{12}ml^2 + \frac{1}{4}ml^2 = \frac{1}{3}ml^2$$

【例 9-6】 试求质量为 m 的均质矩形薄板［图 9-10(a)］对通过某一边的轴的转动惯量。

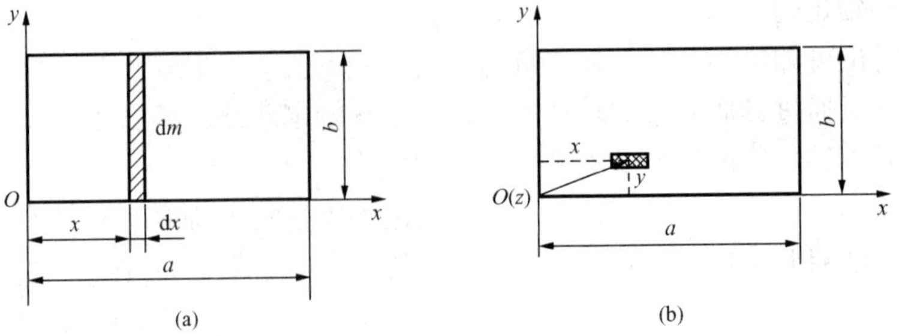

图 9 - 10

解 如图 9 - 10（a）所示，取矩形薄板的宽为 dx、高为 b 的微元，其质量为 $\mathrm{d}m=\frac{m}{a}\mathrm{d}x$，则由［例 9 - 5］可知，微元对 x 轴的转动惯量为 $\frac{1}{3}\mathrm{d}mb^2=\frac{1}{3}\frac{m}{a}b^2\mathrm{d}x$，由式（9 - 12）得矩形薄板对 x 轴的转动惯量为

$$J_x=\int_0^a\frac{1}{3}\frac{m}{a}b^2\mathrm{d}x=\frac{1}{3}mb^2$$

同理可得对 y 轴的转动惯量为

$$J_y=\frac{1}{3}ma^2$$

再求对垂直于板平面的 Oz 轴［图 9 - 10（b）］的转动惯量。由薄板的垂直轴定理式(9 - 13)，即得矩形薄板对 Oz 轴的转动惯量为

$$J_z=J_x+J_y=\frac{1}{3}m(a^2+b^2)$$

9.4.3 刚体的惯性积和惯性主轴

平行移轴定理给出了刚体对于过质心轴相互平行的各轴的转动惯量之间的关系。下面讨论刚体对共点的各轴的转动惯量之间的关系。

在刚体内任取一点 O 为原点，建立与刚体固连的直角坐标系 $Oxyz$。取过点 O 的轴 OL，其与三坐标轴正向的夹角分别为 α、β、γ。设刚体内第 i 个质点的质量为 m_i，该质点的坐标为（x_i、y_i、z_i），相对点 O 的矢径为 $\boldsymbol{r}_i$，到 L 轴的距离为 ρ_i。按定义，刚体对 OL 轴的转动惯量为

$$J_L=\sum m_i\rho_i^2 \tag{1}$$

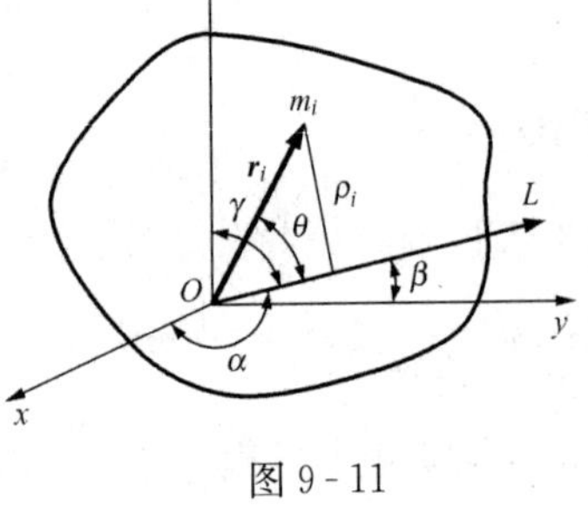

图 9 - 11

设矢径 $\boldsymbol{r}_i$ 与 OL 轴正向的夹角为 θ（图 9 - 11），则有

$$\rho_i^2=r_i^2\sin^2\theta=r_i^2(1-\cos^2\theta) \tag{2}$$

而

$$r_i\cos\theta=x_i\cos\alpha+y_i\cos\beta+z_i\cos\gamma \tag{3}$$

将方程（2）、（3）代入方程（1），并注意到

$$\cos^2\alpha+\cos^2\beta+\cos^2\gamma=1$$

就有

$$J_L=\sum m_i[(x_i^2+y_i^2+z_i^2)(\cos^2\alpha+\cos^2\beta+\cos^2\gamma)-(x_i\cos\alpha+y_i\cos\beta+z_i\cos\gamma)^2]$$
$$=\cos^2\alpha\sum m_i(y_i^2+z_i^2)+\cos^2\beta\sum m_i(z_i^2+x_i^2)+\cos^2\gamma\sum m_i(x_i^2+y_i^2)$$
$$-2\cos\beta\cos\gamma\sum m_iy_iz_i-2\cos\gamma\cos\alpha\sum m_iz_ix_i-2\cos\alpha\cos\beta\sum m_ix_iy_i \quad (4)$$

由前面的讨论知

$$\left.\begin{aligned}J_x&=\sum m_i(y_i^2+z_i^2)\\J_y&=\sum m_i(z_i^2+x_i^2)\\J_z&=\sum m_i(x_i^2+y_i^2)\end{aligned}\right\} \quad (5)$$

分别表示刚体对 x、y、z 轴的转动惯量。现在再引入一些符号，令

$$\left.\begin{aligned}J_{yz}&=\sum m_iy_iz_i\\J_{zx}&=\sum m_iz_ix_i\\J_{xy}&=\sum m_ix_iy_i\end{aligned}\right\} \quad (9-17)$$

分别表示刚体对 yz、zx、xy 平面的惯性积，通称为**刚体对点 O 的惯性积**。将方程（5）、式（9-17）代入方程（4），得到

$$J_L=J_x\cos^2\alpha+J_y\cos^2\beta+J_z\cos^2\gamma$$
$$-2J_{yz}\cos\beta\cos\gamma-2J_{zx}\cos\gamma\cos\alpha-2J_{xy}\cos\alpha\cos\beta \quad (9-18)$$

如果 OL 轴与三坐标轴的夹角 α、β、γ 和刚体对 x、y、z 轴的转动惯量及对点 O 的惯性积为已知，则由式（9-18）可以求出刚体对于通过点 O 的任意的 OL 轴的转动惯量。再者，由于点 O 的任意性，由式（9-18）所求出的转动惯量是刚体对任意轴的转动惯量，因此式（9-18）称为**转动惯量的转轴公式。**

由式（9-17）可以看出，惯性积具有对称性，即

$$J_{xy}=J_{yx},\quad J_{yz}=J_{zy},\quad J_{zx}=J_{xz} \quad (9-19)$$

且惯性积的取值可以是正值、负值或零。容易理解，当刚体具有质量对称面 Oxy 时，应有 $J_{zx}=0$，$J_{yz}=0$。由此可知，刚体的惯性积是描述刚体的质量相对于坐标平面的分布是否对称的特征量。惯性积具有与转动惯量相同的量纲。

如果惯性积 $J_{zx}=0$，$J_{yz}=0$，则称 Oz 轴为**刚体的惯量主轴**。同样，如果惯性积 $J_{zx}=0$，$J_{xy}=0$，或 $J_{yz}=0$，$J_{xy}=0$，则称 Ox 轴或 Oy 轴为刚体的惯量主轴。不难验证，对于有对称轴的刚体，则该对称轴为刚体的惯量主轴；对于有对称面的刚体，垂直于该对称面的任意轴为刚体的惯量主轴。可以证明，对于刚体的任意定点 O，总存在刚体在 O 点的三个互相垂直的惯量主轴。刚体关于三个互相垂直的惯量主轴的转动惯量称为**刚体的主转动惯量。**过刚体质心的惯量主轴称为**中心惯量主轴。**刚体关于三个中心惯量主轴的转动惯量称为**刚体的中心主转动惯量。**

【例 9-7】 考虑均质圆盘转子，质量为 m，质心为 C，转子的转轴 Cz 与圆盘中心轴 Cz' 有一偏角 θ（图 9-12）。试求转子的惯性积 J_{zx}。

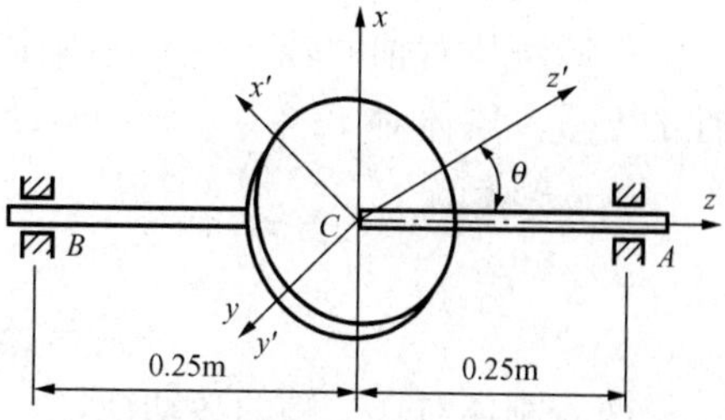

图 9-12

解 过 C 建立两个直角坐标系 $Cxyz$、$Cx'y'z'$（图 9-12），两坐标系的坐标变换关系为

$$x=x'\cos\theta+z'\sin\theta,\ y=y',\ z=-x'\sin\theta+z'\cos\theta \quad (1)$$

由式（9 - 17）、方程（1），有

$$\begin{aligned} J_{zx} &= \sum m_i z_i x_i = \sum m_i (x'_i\cos\theta + z'_i\sin\theta)(-x'_i\sin\theta + z'_i\cos\theta) \\ &= \sum m_i (z'^2_i - x'^2_i)\sin\theta\cos\theta + \sum m_i x'_i z'_i (\cos^2\theta - \sin^2\theta) \end{aligned} \tag{2}$$

而

$$\begin{aligned} \sum m_i (z'^2_i - x'^2_i) &= \sum m_i (z'^2_i + y'^2_i - y'^2_i - x'^2_i) = \sum m_i (z'^2_i + y'^2_i) - \sum m_i (y'^2_i + x'^2_i) \\ &= J_{x'} - J_{z'} \end{aligned} \tag{3}$$

显然坐标系 $Cx'y'z'$ 为转子的中心主轴坐标系，因而有

$$J_{x'} = \frac{1}{4}mr^2 \qquad J_{z'} = \frac{1}{2}mr^2 \qquad J_{z'x'} = J_{z'y'} = 0 \tag{4}$$

将方程（3）、（4）代入方程（2），得

$$J_{zx} = (J_{x'} - I_{z'})\sin\theta\cos\theta = -\frac{1}{4}mr^2\sin\theta\cos\theta = -\frac{1}{8}mr^2\sin2\theta \tag{5}$$

本 章 小 结

（1）动力学以牛顿三个力学定律为基础。惯性参考系是牛顿定律成立的前提。

1）第一定律指出一切质点均具有保持其静止或匀速直线运动状态不变的基本属性。质量是质点惯性的度量。力是使物体的运动状态改变的外部原因。

2）第二定律给出了质点的质量、加速度与作用力之间的定量关系。其数学表达式为 $m\boldsymbol{a} = \boldsymbol{F}$，称质点动力学的基本方程。

3）第三定律说明不论是静止平衡还是运动，物体的作用总是相互的。

（2）将牛顿第二定律表示为包含质点坐标对时间的导函数方程 $m\dfrac{\mathrm{d}^2\boldsymbol{r}}{\mathrm{d}t^2} = \sum \boldsymbol{F}_i$，称质点的运动微分方程，在实际应用时，应根据问题取相应的投影式。

（3）质点动力学的问题大致可分两类：一类是已知质点的运动，求作用于质点上的力；另一类是已知作用在质点上的力，求质点的运动。求解质点动力学第一类问题一般比较简单，在数学上归结为微分问题；求第二类问题时，作用在质点上的力一般可分为两类：常力和变力（力是时间、位置或速度的函数等），问题归结为求解微分方程组的积分问题，积分常数由运动的初始条件确定。

（4）质点系的质量中心简称质心。其位置与质点系的质量分布有关，质心的矢径用 $\boldsymbol{r}_C$ 表示为：$\boldsymbol{r}_C = \dfrac{\sum m_i \boldsymbol{r}_i}{m}$。在均匀的重力场内，质点系的质心与其重心是重合的。刚体质量是刚体平移惯性的度量。

（5）刚体对轴的转动惯量是刚体相对转轴的质量分布的特征量，转动惯量是刚体转动惯性的度量。刚体对 x、y、z 轴的转动惯量为

$$\left.\begin{aligned} J_x &= \sum m_i (y_i^2 + z_i^2) = \sum m_i r_{ix}^2 \\ J_y &= \sum m_i (z_i^2 + x_i^2) = \sum m_i r_{iy}^2 \\ J_z &= \sum m_i (x_i^2 + y_i^2) = \sum m_i r_{iz}^2 \end{aligned}\right\}$$

（6）刚体对任一轴的转动惯量，等于刚体对与该轴平行的质心轴的转动惯量，加上刚体的质量与此两轴间距离的平方的乘积：$J_z = J_{zC} + md^2$。这就是转动惯量的平行移轴定理。

平行移轴定理给出了刚体对相互平行的各轴的转动惯量之间的关系。

（7）刚体的惯性积是描述刚体的质量相对于坐标平面的分布是否对称的特征量 $J_{yz}=\sum m_i y_i z_i$，$J_{zx}=\sum m_i z_i x_i$，$J_{xy}=\sum m_i x_i y_i$ 分别表示刚体对 yz、zx、xy 平面的惯性积，通称为刚体对点 O 的惯性积。惯性积具有与转动惯量相同的量纲。

（8）如果惯性积 $J_{zx}=0$，$J_{yz}=0$，则称 Oz 轴为刚体的惯量主轴。同样，如果惯性积 $J_{zx}=0$，$J_{xy}=0$，或 $J_{yz}=0$，$J_{xy}=0$，则称 Ox 轴或 Oy 轴为刚体的惯量主轴。对于刚体的任意定点 O，总存在刚体在 O 点的三个互相垂直的惯量主轴。刚体对于三个互相垂直的惯量主轴的转动惯量称为刚体的主转动惯量。过刚体质心的惯量主轴称为中心惯量主轴。刚体关于三个中心惯量主轴的转动惯量称为刚体的中心主转动惯量。

思　考　题

9-1　试分析下列各种说法是否正确？为什么？

（1）质点的运动方向一定是作用于该质点上的合力的方向。

（2）质点的速度越大，该质点所受的力也就越大。

（3）当已知质点的质量和所受的力时，该质点的运动规律便完全确定了。

9-2　质点作曲线运动时，是否不受任何力的作用？

9-3　绳拉力 $F=2\text{kN}$，物重 $G_1=2\text{kN}$，$G_2=1\text{kN}$。若滑轮质量不计，问在图 9-13（a）、（b）两种情况下，重物的加速度是否相同？两根绳中的张力是否相同？

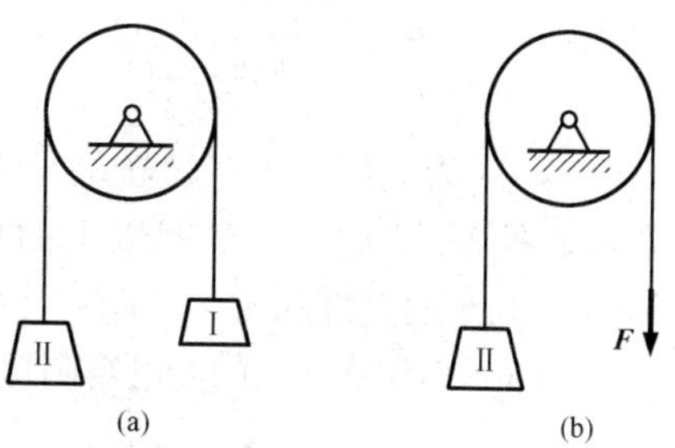

图 9-13　思考题 9-3 图

9-4　某人用枪瞄准了空中一悬挂的靶体。如在子弹射出的同时靶体开始自由下落，不计空气阻力，问子弹能否击中靶体？

9-5　试判断下列计算是否正确：

（1）质量为 m 的均质细杆 AB 如图 9-14（a）所示，已知 $J_z=\frac{1}{3}ml^2$，由平行移轴定理可求得 $J_{z1}=\frac{1}{3}ml^2+ma^2$。

（2）细长杆 AB 由铁质部分和木质部分组成如图 9-14（b）所示，两段长度相等，且都可视为均质。设总质量为 m，由平行移轴定理可求得 $J_z=J_{z_1}+m\left(\frac{l}{2}\right)^2$。

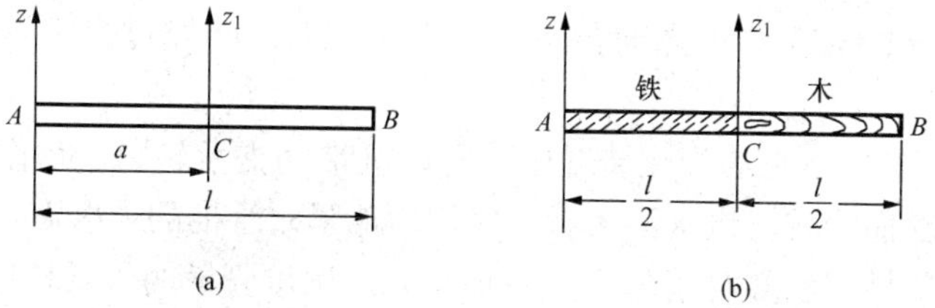

图 9-14　思考题 9-5 图

9-6　在质量相同的条件下，为了增大物体的转动惯量，可以采取哪些办法？

习 题

9-1 列车（不含机车）质量为 2×10^5kg，由静止状态开始，以等加速度沿水平轨道行驶，经过 60s 后达到 54km/h 的速度。设车轮与钢轨之间的摩擦系数为 0.005，求机车给列车所施加的拉力。

9-2 小车以匀加速度 a 沿倾斜角为 θ 的斜面向上运动，在小车的平顶上放一质量为 m 的物体 A 随车一起运动，如图 9-15 所示。为使物体不从车上脱落，试问物体与车之间摩擦系数最小应为何值?

9-3 汽车以匀速 v=18km/h 行驶，如图 9-16 所示。试求汽车在下述三种位置时对路面的压力：(1) 水平路面；(2) 凸起路面的最高处；(3) 凹下路面的最低处。设汽车的重量为 8kN，凸起凹下路面的曲率半径均为 20m。

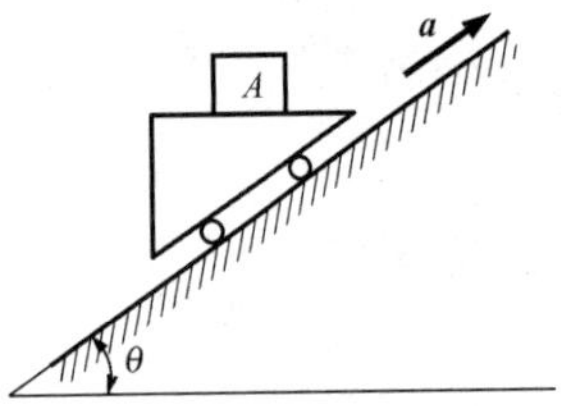

图 9-15 习题 9-2 图

图 9-16 习题 9-3 图

9-4 为了使列车对铁轨的压力垂直于路基，在铁道弯曲部分，外轨要比内轨稍微提高，如图 9-17 所示。试就以下的数据求外轨高于内轨的高度 h。轨道的曲率半径为 ρ=300m，列车的速度为 v=12m/s，内、外轨道间的距离为 b=1.6m。

9-5 小环从固定的光滑半圆柱顶端 A 无初速地下滑。求小环脱离半圆柱时的位置角 φ。

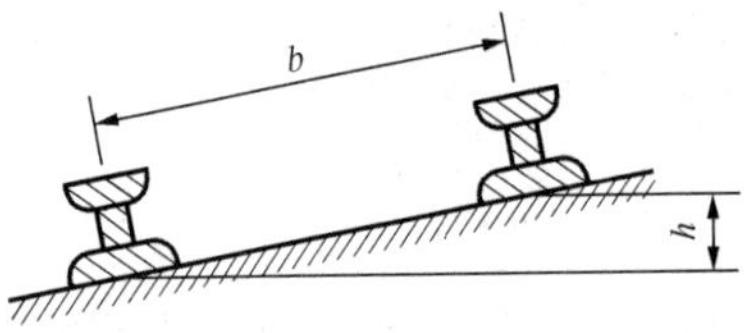

图 9-17 习题 9-4 图

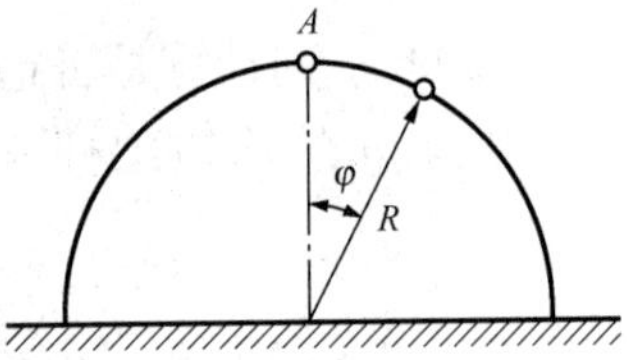

图 9-18 习题 9-5 图

9-6 一物体质量为 10kg，在变力 $F=98(1-t)$ N 的作用下运动（t 以 s 计）。设物体的初速度为 v_0=20cm/s，且力的方向与速度的方向相同。问经过多少秒后物体停止，停止前走了多少路程?

9-7 在图 9-19 所示离心浇注装置中，电动机带动支承轮 A、B 作同向转动，管模放在两轮上靠摩擦传动而旋转。铁水浇入后，将均匀地紧贴管模的内壁而自动成型，从而可得到质量密实的管型铸件。已知管模内径 D=400mm，试求管模的最低转速 n。

9-8 质量为 m 的球 M，由两根各长 l 的杆所支持，此机构以不变的角速度 ω 绕铅直轴 AB 转动，如图 9-20 所示，如 $AB=2a$，两杆的各端均为铰接，且杆重忽略不计，求杆的内力。

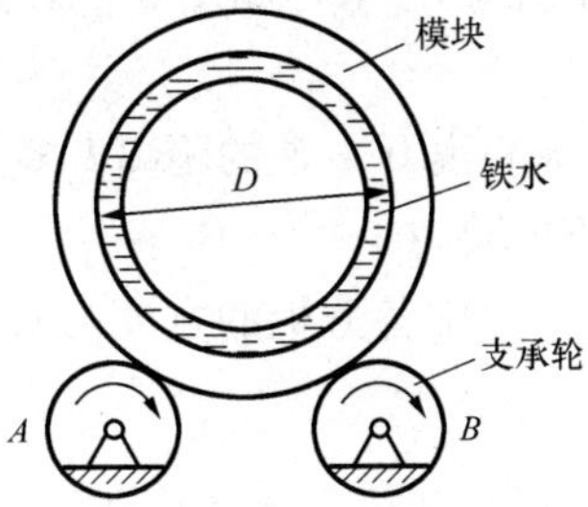

图 9-19 习题 9-7 图

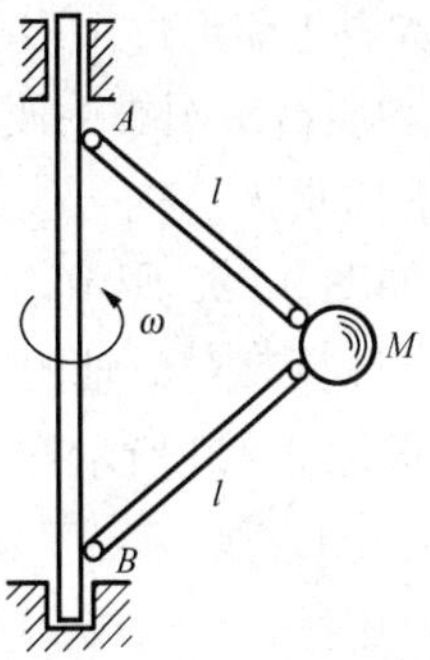

图 9-20 习题 9-8 图

9-9 图 9-21 所示电机 A 重 0.6kN，通过联结弹簧放在重 5kN 的基础上。电机沿铅垂线按规律 $y=B\cos\frac{2\pi}{T}t$ 作简谐运动。式中振幅 $B=0.1\text{cm}$，周期 $T=0.1\text{s}$，弹簧的重量不计。求支承面 CD 所受压力的最大值和最小值。

9-10 用两绳悬挂的质量为 m 的物体处于静止，如图 9-22 所示。试问：(1) 两绳中的张力各等于多少？(2) 若将绳 A 剪断，则绳 B 在该瞬时的张力又等于多少？

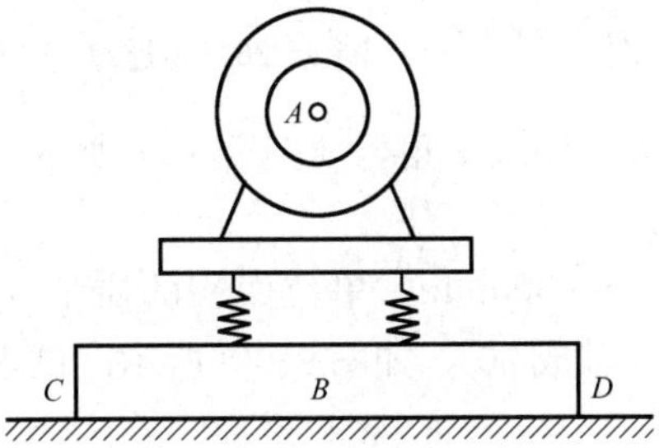

图 9-21 习题 9-9 图

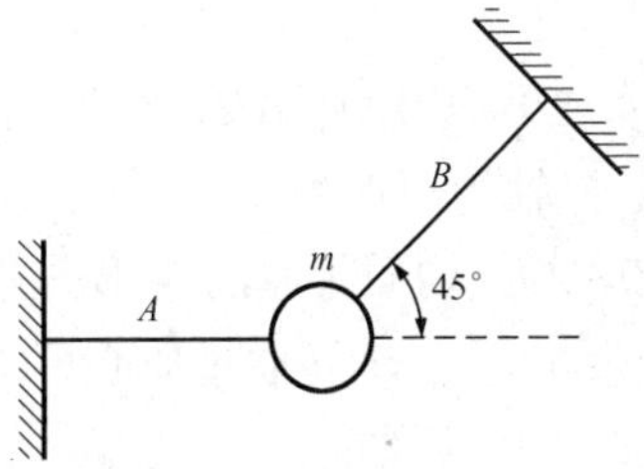

图 9-22 习题 9-10 图

9-11 潜水器的质量为 m，受到重力与浮力的向下合力 $\boldsymbol{F}$ 而下沉。设水的阻力 $\boldsymbol{F}_1$ 与速度的一次方成正比，$F_1=kAv$，式中 A 为潜水器下沉投影面积；v 为下沉的瞬时速度；k 为比例常数。若 $t=0$ 时，$v_0=0$，试求潜水器下沉速度和距离随时间变化的规律。

9-12 铰接于点 O 的均质杆 OB，其质量为 m，长为 l，物体 A 的质量也为 m，物体 A 与杆和地面之间的摩擦系数为 f。当物体在常力 F 的拉动下从杆的中点无初速地向右移动，如图 9-23 所示。试求物体 A 离开时的速度。

9-13 跳伞员在打开降落伞时的速度为 v_0，作用于降落伞上的空气阻力与速度的一次方成正比。试用极限速度和时间表示跳伞员的铅直降落速度。

9-14 质量为 m 的小球以初速度 v_0 从地面铅直上抛。设重力不变；空气阻力 $\boldsymbol{F}$ 与速度的平方成正比，$F=kmv^2$，其中 k 为比例常数。试求小球落回地面时的速度 v_1。

9-15 重为 10N 的物体，在水中沿水平直线运动。当速度大于 0.5m/s 时，阻力与速度平方成正比，比例常数 $k_1=0.2$；当速度小于 0.5m/s 时，阻力与速度一次方成正比，比例常数 $k_2=0.1$。今给物体以 8m/s 的初速

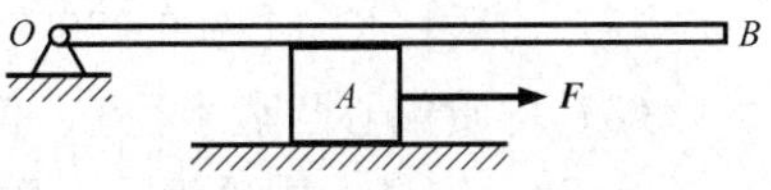

图 9-23 习题 9-12 图

度，试求物体停止前走过了多少路程。

9-16 均质截头圆锥的质量为 m，上、下底半径分别为 r、R，如图 9-24 所示，试求对 z 轴的转动惯量 J_z。

9-17 如图 9-25 所示，一半径为 r 的均质小球，球心离开 z 轴的距离 l 多大时，可以作为一个质点计算其对 z 轴的转动惯量 J_z，而误差不超过 5%？

9-18 求图 9-26 所示均质薄板对 x 轴的转动惯量（图中各薄板的宽度为 b，面积为 ab 的板的质量为 m）。

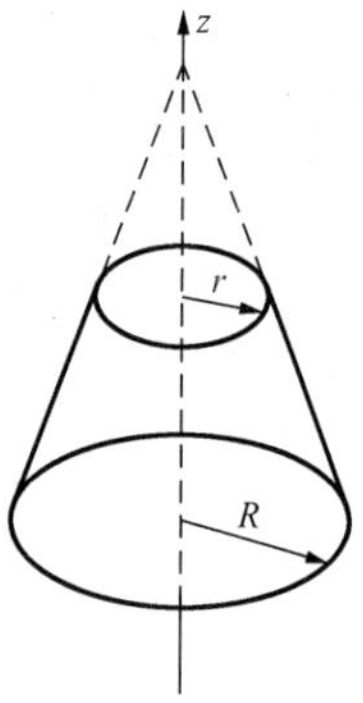

图 9-24 习题 9-16 图

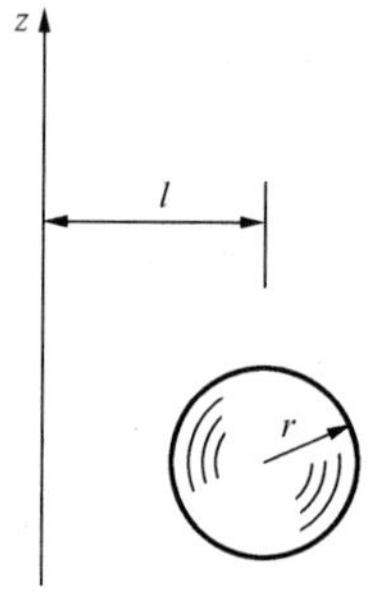

图 9-25 习题 9-17 图

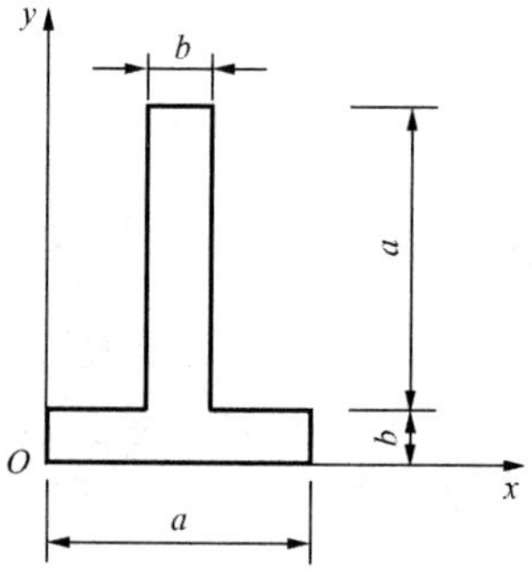

图 9-26 习题 9-18 图

9-19 均质杆 AB，长为 l，质量为 m，杆轴线与 y 轴成 α 角，如图 9-27 所示，求其对 x、y 轴的惯性积。

9-20 均质等厚的矩形薄板，边长 $a=400\text{mm}$，$b=300\text{mm}$，单位面积的质量 $\rho=2\times10^{-4}\text{kg/mm}^2$。轴 u 通过质心 C，在 yz 平面内，并与 z 轴成 30°，如图 9-28 所示。试求薄板对 u 轴的转动惯量。

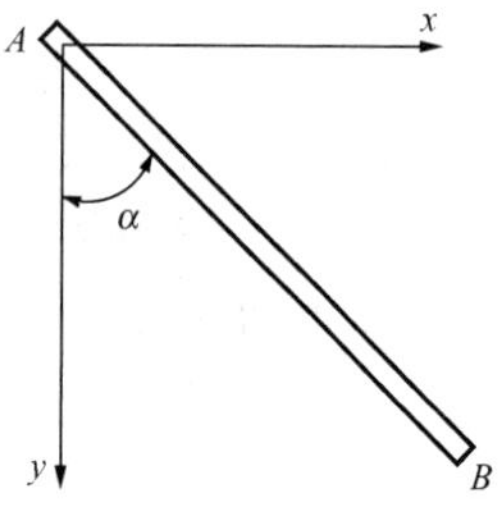

图 9-27 习题 9-19 图

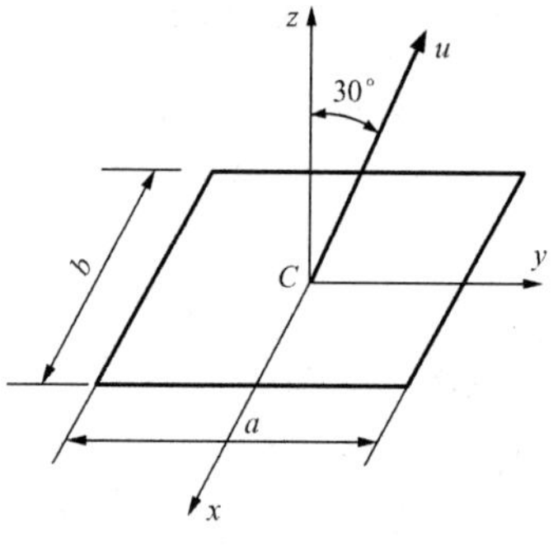

图 9-28 习题 9-20 图

9-21 图 9-29 中所示物体重量均为 $\boldsymbol{G}$。计算对转轴 O 的转动惯量：

（1）均质圆盘半径 r [图 9-29（a）]；

（2）均质杆长 l [图 9-29（b）]；

（3）均质偏心圆盘半径 r、偏心距为 e [图 9-29（c）]。

9-22 连杆的质量为 m，质心在点 C。若 $AC=a$，$BC=b$，如图 9-30 所示，连杆对 B 轴的转动惯量为 J_B。求连杆对 A 轴的转动惯量。

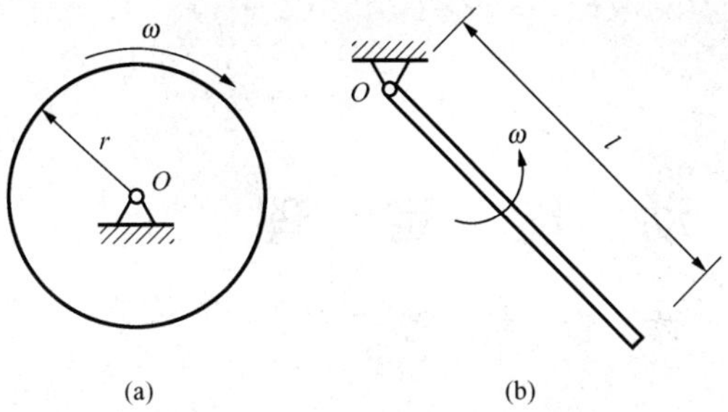

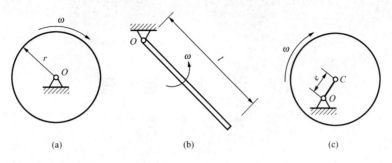

图 9-29 习题 9-21 图

9-23 一厚度可以忽略不计的均质圆盘，由于安装不好，其转动轴 z 与圆盘的中心轴 z' 有一偏角，如图 9-31 所示。试计算 J_z 和 J_{yz}。

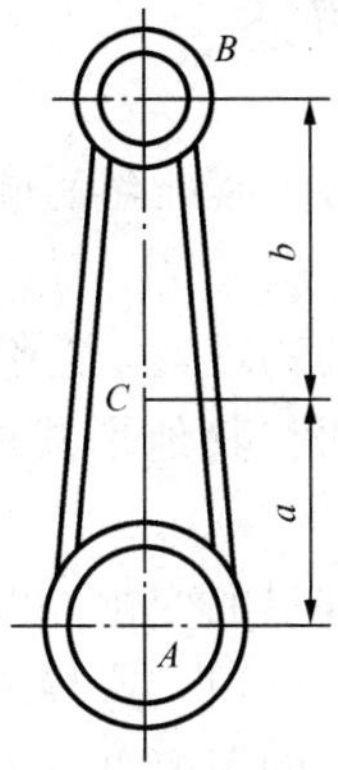

图 9-30 习题 9-22 图

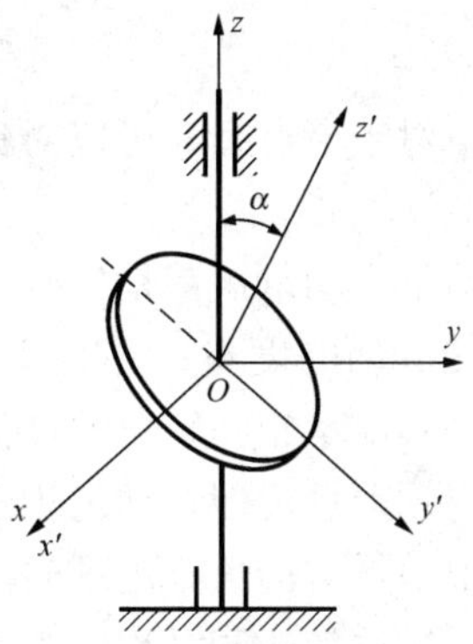

图 9-31 习题 9-23 图

10 动能定理

本章提要

本章提出了动能与功的概念，建立了质点系动能变化与力的功之间的关系，即动能定理，并介绍了功率和势能的概念以及机械能守恒定理。在一定条件下，应用动能定理求解质点系动力学问题，物理概念明确，便于深入了解机械运动的性质。

10.1 动力学普遍定理概述

理论上，对于质点系，可以对每一个质点列出运动微分方程，然后联立求解，但往往会遇到困难。

动能、动量、动量矩都是反映物体机械运动动力特征的物理量，它们分别在不同的范畴作为物体机械运动的度量；并且动能还可以作为机械运动与其他形式的运动（如热、电、声、光等）之间能量相互转化的度量。

动能定理、动量定理、动量矩定理分别阐明上述各物理量的变化与作用力之间关系的客观规律，其中动量、动量矩定理先于牛顿第二定律为人们所认识。这些定理均可由牛顿第二定律出发，经过适当的演绎和归纳而分别获得，它们从不同的角度更直接地反映了机械运动的一些普遍规律，比牛顿第二定律的适用范围更广，更便于解决质点系动力学问题。

上述3个定理统称为动力学普遍定理，本章先介绍动能定理。

10.2 动能

10.2.1 质点的动能

设质点的质量为 m，在运动中，某瞬时的速度为 $\boldsymbol{v}$，则此质点的动能等于其质量与速度平方的乘积之半，即

$$T = \frac{1}{2}mv^2 \tag{10-1}$$

动能和速度的方向无关，是正标量，由量纲分析易知，在国际单位制中，动能的单位为牛顿·米（N·m）或焦耳（J）。

10.2.2 质点系的动能

质点系是指有限个或无限个质点组成的系统，亦包括刚体或刚体系，有时称为系统。质点系的动能为组成质点系的各质点动能的算术和。即

$$T = \sum \frac{1}{2}m_i v_i^2 \tag{10-2}$$

例如图 10-1 所示的质点系有三个质点，它们的质量分别是 $m_1=3m_2=4m_3$。忽略绳的质量，并假设绳不可伸长，则三个质点的速度 $\boldsymbol{v}_1$、$\boldsymbol{v}_2$ 和 $\boldsymbol{v}_3$ 大小相同，都等于 v，而方向各异。计算质点系的动能不必考虑它们的方向，于是得

$$T=\frac{1}{2}m_1v_1^2+\frac{1}{2}m_2v_2^2+\frac{1}{2}m_3v_3^2=4m_3v^2$$

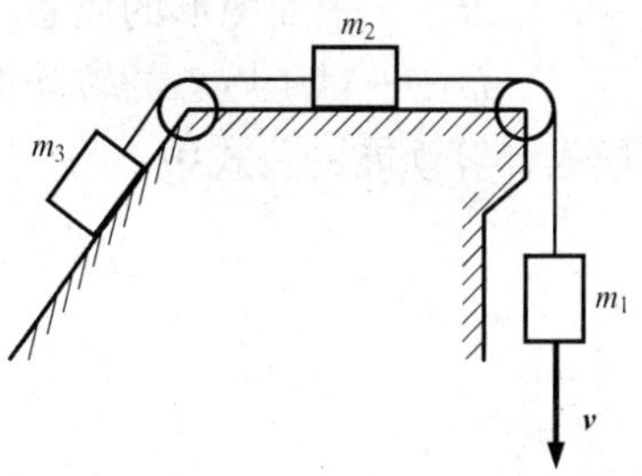

图 10-1

刚体是由无数质点组成的质点系。刚体作不同的运动时，各质点的速度分布不同，故而刚体的动能应按照刚体的运动形式来计算。

（一）平动刚体的动能

刚体平动时，其内各点的速度都相同，可以质心为代表，故平动刚体的动能为

$$T=\sum\frac{1}{2}m_iv_i^2=\frac{1}{2}v_C^2\sum m_i$$

$$T=\frac{1}{2}mv_C^2 \tag{10-3}$$

$$m=\sum m_i$$

m 是刚体的总质量。这表明，平动刚体的动能等于其质量与平移速度平方的乘积之半。

（二）定轴转动刚体的动能

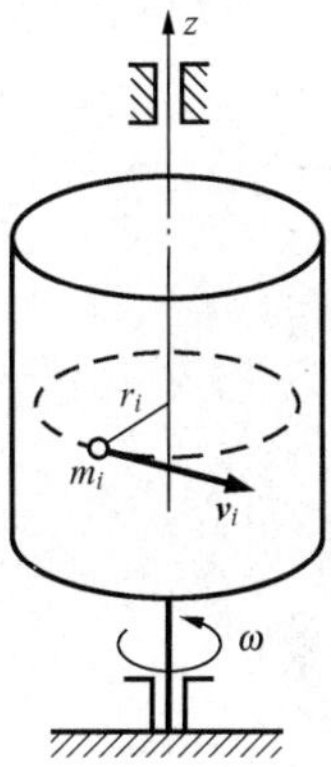

图 10-2

设刚体绕固定轴 z 转动的角速度为 ω，任一质点 m_i 的速度 $v_i=r_i\omega$（图 10-2）。

于是绕定轴转动的刚体的动能为

$$T=\sum\frac{1}{2}m_iv_i^2=\sum\left(\frac{1}{2}m_ir_i^2\omega^2\right)=\frac{1}{2}\omega^2\cdot\sum m_ir_i^2$$

$$\sum m_ir_i^2=J_z$$

式中　J_z——刚体对于 z 轴的转动惯量。

$$T=\frac{1}{2}J_z\omega^2 \tag{10-4}$$

即绕定轴转动的刚体的动能，等于刚体对于转轴的转动惯量与角速度平方乘积的一半。

（三）平面运动刚体的动能

取刚体质心 C 所在的平面图形（图 10-3），设点 P 是图形某瞬时的速度瞬心，ω 是平面图形转动的角速度，于是作平面运动的刚体的动能为

$$T=\frac{1}{2}J_P\omega^2$$

式中　J_P——刚体对于瞬心轴的转动惯量。

由于在不同时刻，刚体以不同的点作为瞬心，因此用上式计算动能在一般情况是不方便的。

如图 10-3 所示，C 为刚体的质心，根据计算转动惯量的平行轴定理有

$$J_P=J_C+md^2$$

式中　m——刚体的质量；

d——平面图形的质心 C 与图形某瞬时的速度瞬心 P 两点之间的距离；

J_C——对于质心的转动惯量。

代入计算动能的公式中，得

$$T = \frac{1}{2}(J_C + md^2)\omega^2 = \frac{1}{2}J_C\omega^2 + \frac{1}{2}m(d\omega)^2$$

因 $d\omega = v_C$，于是得

$$T = \frac{1}{2}mv_C^2 + \frac{1}{2}J_C\omega^2 \tag{10-5}$$

即作平面运动的刚体的动能，等于随质心平动的动能与绕质心转动的动能之和。

例如一半径为 R、质量为 m 的均质圆盘在水平面上作纯滚动（图 10-4），若盘心作匀速直线运动，速度为 v_C，则均质圆盘的动能为

$$T = \frac{1}{2}mv_C^2 + \frac{1}{2}\left(\frac{1}{2}mR^2\right)\left(\frac{v_C}{R}\right)^2 = \frac{3}{4}mv_C^2$$

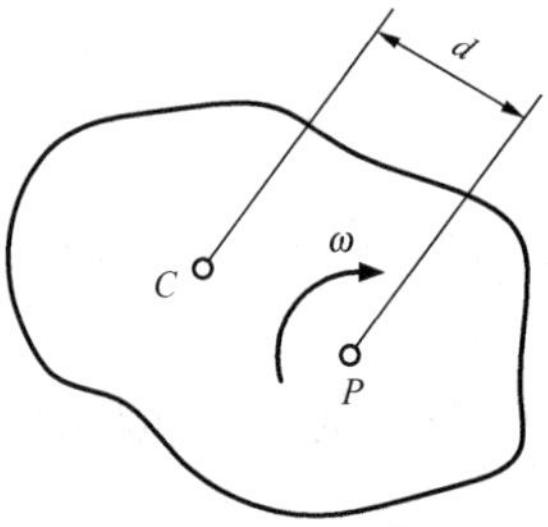

图 10-3

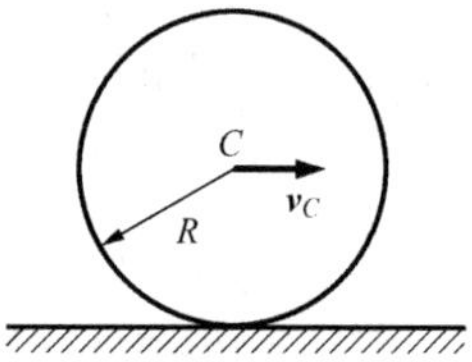

图 10-4

10.3 力 的 功

力的功是力在一段路程中对物体作用累积效果的度量（即力在空间效应的累积）。

10.3.1 功的一般表达式

如图 10-5 所示，设质点受力 $\boldsymbol{F}$ 作用沿曲线运动，现把整个路程分成无数多个微小弧段，而某一弧段对应的微小位移为 $\mathrm{d}\boldsymbol{r}$。力 $\boldsymbol{F}$ 与质点的微小位移 $\mathrm{d}\boldsymbol{r}$ 的点积称为力的**元功**。以 δW 表示，既有

$$\delta W = \boldsymbol{F} \cdot \mathrm{d}\boldsymbol{r} \tag{10-6}$$

考虑到 $\mathrm{d}\boldsymbol{r} = \boldsymbol{v}\mathrm{d}t$，上式可写为

$$\delta W = \boldsymbol{F} \cdot \boldsymbol{v}\mathrm{d}t \tag{10-7}$$

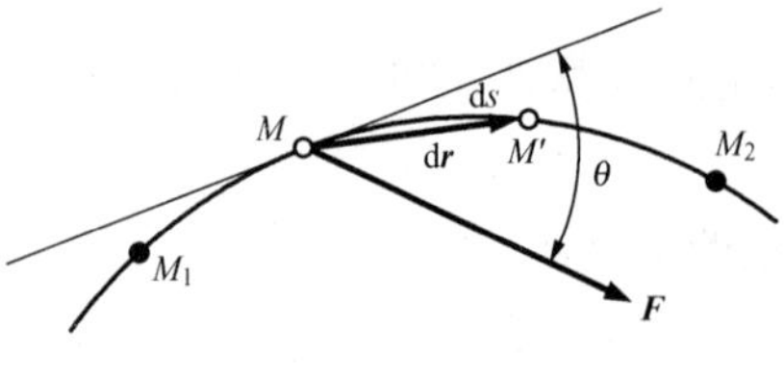

图 10-5

因元功一般不是某个函数 W 的全微分，故不记为 $\mathrm{d}W$，而记为 δW（δW 作为整体记号）。按照点积的定义和性质，元功的计算表达式可写为

$$\delta W = F\mathrm{d}s\cos\theta = F_\tau \mathrm{d}s \tag{10-8}$$

式中 θ——力 $\boldsymbol{F}$ 与轨迹切线间的夹角；

F_τ——力在作用点的轨迹的切线方向上的投影。

质点从 M_1 运动到 M_2，力 $\boldsymbol{F}$ 所作的总功为

$$W = \int_{M_1}^{M_2} \boldsymbol{F} \cdot \mathrm{d}\boldsymbol{r} = \int_s F\cos\theta \mathrm{d}s = \int_s F_\tau \mathrm{d}s \tag{10 - 9}$$

由上式可知，当力 $\boldsymbol{F}$ 始终与质点位移垂直时，该力不作功。

在直角坐标系中，设 $\boldsymbol{i}$、$\boldsymbol{j}$、$\boldsymbol{k}$ 为三坐标轴的单位矢量，则

$$\boldsymbol{F} = F_x\boldsymbol{i} + F_y\boldsymbol{j} + F_z\boldsymbol{k}$$

$$\mathrm{d}\boldsymbol{r} = \mathrm{d}x\boldsymbol{i} + \mathrm{d}y\boldsymbol{j} + \mathrm{d}z\boldsymbol{k}$$

将上式代入式（10 - 6）和式（10 - 9），根据矢量运算法则，可得力的元功和功的解析表达式

$$\delta W = F_x\mathrm{d}x + F_y\mathrm{d}y + F_z\mathrm{d}z \tag{10 - 10}$$

$$W_{12} = \int_{M_1}^{M_2} (F_x\mathrm{d}x + F_y\mathrm{d}y + F_z\mathrm{d}z) \tag{10 - 11}$$

显然，功是代数量，在国际单位制中，功的单位为焦耳（J）。

10.3.2 几种特殊力的功

（一）常力的功

质点受常力作用，沿直线轨迹行经的距离为 s，如图 10 - 6 所示，此力所作的功为

$$W_{12} = \int_0^s F\cos\alpha \mathrm{d}s$$

即

$$W_{12} = Fs\cos\alpha \tag{10 - 12}$$

（二）重力的功

某物体在运动时，它的重心的轨迹如图 10 - 7 所示。其重力在直角坐标轴上的投影分别是 $F_x=0$，$F_y=0$，$F_z=-G$。由式（10 - 10）知，其重力 $\boldsymbol{G}$ 的元功

$$\delta W = -G\mathrm{d}z = \mathrm{d}(-Gz + C)$$

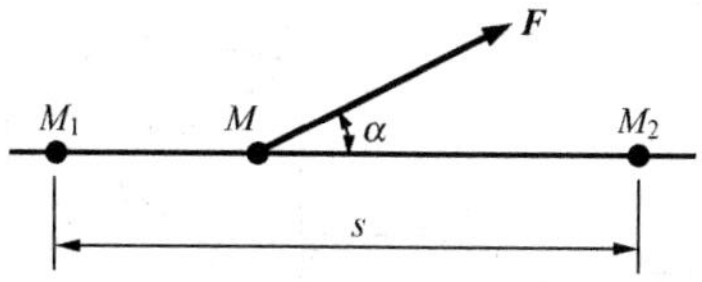

图 10 - 6

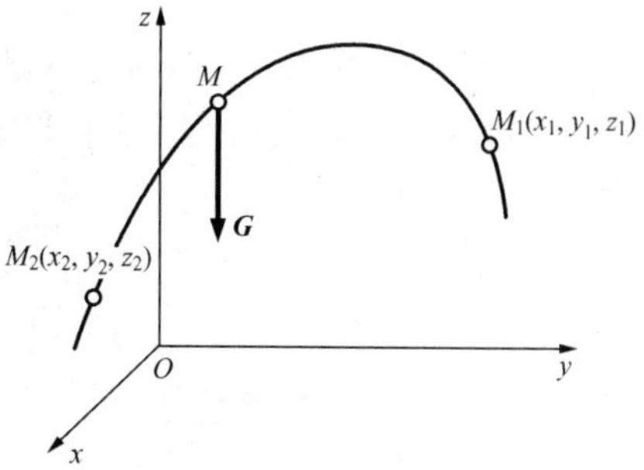

图 10 - 7

当质心从 M_1 运动到 M_2 时，重力 $\boldsymbol{G}$ 的功

$$W = \int_{z_1}^{z_2} \mathrm{d}(-Gz + C) = G(z_1 - z_2)$$

即

$$W = mg(z_1 - z_2) \tag{10 - 13}$$

式（10-13）表明，重力所作的元功为某一函数的全微分，而重力所作的功与质点所沿的路径无关，只决定于质点运动的始末两位置的高度差。高度降低，重力作的功为正，反之为负。

（三）弹性力的功

设物体受到弹性力的作用，作用点 M 的轨迹为图 10-8 所示的曲线。设弹簧的刚度系数为 k、自然长度为 l，并记弹簧变形量为 $\delta=|r-l|$，则在弹簧的弹性极限内，弹性力可表示为

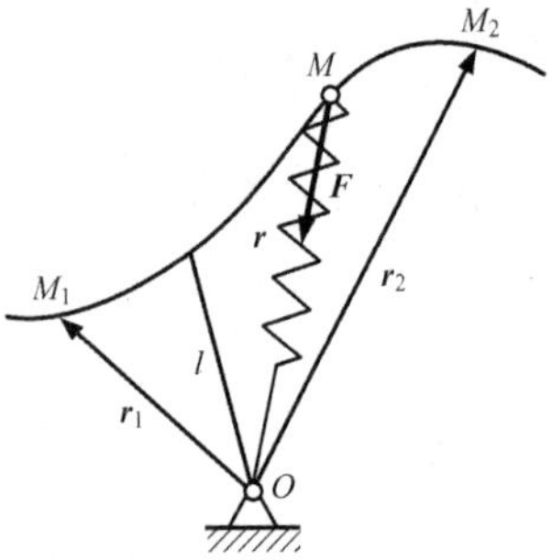

图 10-8

$$\boldsymbol{F}=-k(r-l)\frac{\boldsymbol{r}}{r} \quad (1)$$

将方程（1）代入式（10-6），弹性力的元功

$$\delta W=-k(r-l)\frac{\boldsymbol{r}}{r}\cdot \mathrm{d}\boldsymbol{r} \quad (2)$$

$$\boldsymbol{r}\cdot \mathrm{d}\boldsymbol{r}=\mathrm{d}\frac{\boldsymbol{r}\cdot\boldsymbol{r}}{2}=\mathrm{d}\frac{r^2}{2}=r\cdot \mathrm{d}r \quad (3)$$

将方程（3）代入方程（2）得

$$\delta W=-k(r-l)\mathrm{d}r$$

于是

$$W_{12}=\int_{r_1}^{r_2}-k(r-l)\mathrm{d}r=\frac{k}{2}[(r_1-l)^2-(r_2-l)^2]$$

即

$$W_{12}=\frac{k}{2}(\delta_1^2-\delta_2^2) \quad (10-14)$$

式中 δ_1、δ_2——路程始、末端处弹簧变形量。

式（10-14）表明：弹性力的元功是某一函数的全微分，且弹性力的功只与质点运动的始末位置的弹簧的变形量有关，而与质点运动的路径无关。

10.3.3 质点系所受力的功

下面讨论作用于质点系中各质点上力的功之和。正确、简捷地进行这一计算，尤其是那些做功为零的力，对动能定理的应用十分方便。

（一）平动刚体上力系的功

刚体平动时，其上各点位移相同，如以刚体质心的位移 $\mathrm{d}\boldsymbol{r}_C$ 代表，则作用在刚体上力系元功为

$$\sum\delta W=\sum F\cdot \mathrm{d}\boldsymbol{r}_C=(\sum F)\cdot \mathrm{d}\boldsymbol{r}_C=\boldsymbol{F}_{\mathrm{R}}'\cdot \mathrm{d}\boldsymbol{r}_C \quad (10-15)$$

即：平动刚体上力系的元功等于这力系的主矢与质心微小位移的点积。

（二）作用在转动刚体上外力的功

设刚体绕定轴 Oz 转动，一力 $\boldsymbol{F}$ 作用在刚体上 M 点，如图 10-9 所示。若刚体转动微小转角 $\mathrm{d}\varphi$ 时，力 $\boldsymbol{F}$ 的作用点 M 走过一微小弧长 $\mathrm{d}s=r\mathrm{d}\varphi$，力 $\boldsymbol{F}$ 的元功

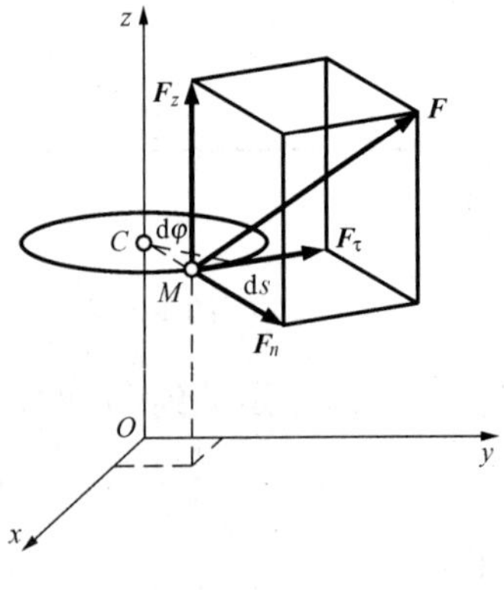

图 10-9

$$\delta W = F_\tau r \mathrm{d}\varphi$$

式中 $\boldsymbol{F}_\tau$——力 $\boldsymbol{F}$ 作用点圆周轨迹切线上的投影；

r——点 M 到转轴的垂直距离。

由力对轴之矩的定义知道，$F_\tau r$ 为力 $\boldsymbol{F}$ 对转轴 Oz 的力矩 $F_\tau r = M_z$，所以

$$\delta W = M_z \mathrm{d}\varphi \tag{10-16a}$$

即在转动刚体上的力的元功等于该力对于转轴的力矩与刚体微小转角的乘积。

如果刚体受一力系作用，则式（10-16a）中的 $M_z = \sum M_{zi}$，也就是该力系对转轴 Oz 的主矩。

当刚体的转角由 φ_1 变为 φ_2 时，则力 $\boldsymbol{F}$ 所作的功为

$$W_{12} = \int_{\varphi_1}^{\varphi_2} M_z \mathrm{d}\varphi \tag{10-16b}$$

若力矩 M_z 为常量时，则

$$W_{12} = M_z(\varphi_2 - \varphi_1) \tag{10-16c}$$

如果作用在刚体上的是力偶，则力偶所作的功仍可由式（10-16）计算，其中 M_z 为力偶矩矢 $\boldsymbol{M}$ 在 z 轴上投影。

当刚体作平面运动时，作用于刚体上力偶所作的功仍可由式（10-16）计算。

（三）作用在平面运动刚体上力的功

假设力 $\boldsymbol{F}$ 作用在平面运动刚体上点 A。在 $\mathrm{d}t$ 时间内，质心 C 的位移为 $\mathrm{d}\boldsymbol{r}_C$，刚体转动的微小转角为 $\mathrm{d}\varphi$，点 A 的位移为 $\mathrm{d}\boldsymbol{r}_A$（图 10-10）。以 C 为基点，由基点法有

$$\mathrm{d}\boldsymbol{r}_A = \mathrm{d}\boldsymbol{r}_C + \mathrm{d}\boldsymbol{r}'$$

其中 $\mathrm{d}\boldsymbol{r}'$为点 A 绕质心 C 的微小转动位移，且 $\mathrm{d}\boldsymbol{r}' \perp AC$，大小为 $\overline{AC} \cdot \mathrm{d}\varphi$。因此，力 $\boldsymbol{F}$ 的元功为

$$\delta W = \boldsymbol{F} \cdot \mathrm{d}\boldsymbol{r}_C + \boldsymbol{F} \cdot \mathrm{d}\boldsymbol{r}'$$

即

$$\delta W = \boldsymbol{F} \cdot \mathrm{d}\boldsymbol{r}_C + M_C(\boldsymbol{F})\mathrm{d}\varphi \tag{10-17}$$

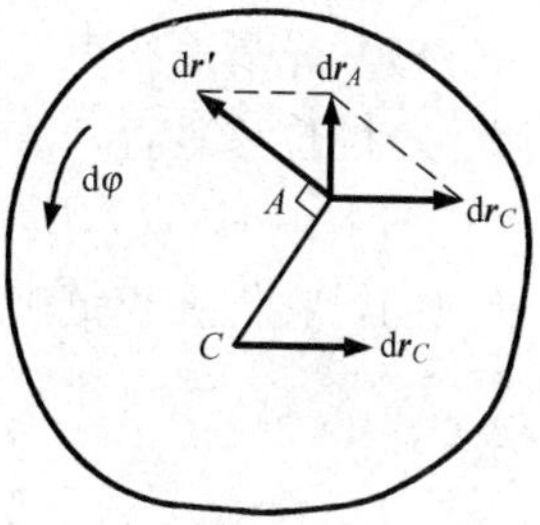

图 10-10

式（10-17）表明：作用平面运动刚体上力的元功等于力在刚体随质心平动中的元功与力对质心的矩在刚体转动中的元功之和。

如果刚体上作用的是一个力系，则力系的元功为

$$\begin{aligned}\delta W &= \sum \delta W = \sum \boldsymbol{F} \cdot \mathrm{d}\boldsymbol{r}_C + \sum M_C(\boldsymbol{F})\mathrm{d}\varphi \\ &= (\sum \boldsymbol{F}) \cdot \mathrm{d}\boldsymbol{r}_C + [\sum M_C(\boldsymbol{F})]\mathrm{d}\varphi\end{aligned}$$

即

$$\delta W = \boldsymbol{F}'_{\mathrm{R}} \cdot \mathrm{d}\boldsymbol{r}_C + M_C \mathrm{d}\varphi \tag{10-18}$$

其中 $\boldsymbol{F}'_{\mathrm{R}} = \sum \boldsymbol{F}$ 为力系的主矢，$M_C = \sum M_C(\boldsymbol{F})$ 为力系对质心的主矩。式（10-18）表明：作用在平面运动刚体上力系的元功等于这力系的主矢在刚体随质心平动中的元功与这力系对质心的主矩在刚体转动中的元功之和。

此结论也适用于作一般运动的刚体，基点也可以是刚体上任意一点。

（四）质点系内力的功

质点系内部各质点之间的相互作用力称为质点系的内力。内力总是成对出现，每一对内

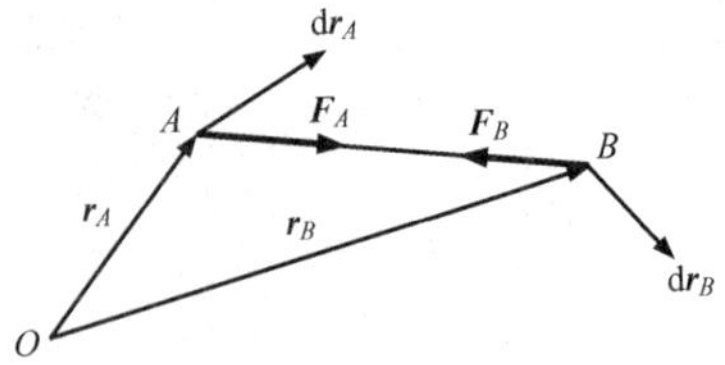

图 10 - 11

力总是大小相等，方向相反，沿同一作用线。因此质点系全部内力的主矢和对任一点的主矩均为零。但内力做功的代数和却不一定为零。这一点应特别注意。

设质点系中两质点间的内力为 $\boldsymbol{F}_A=-\boldsymbol{F}_B$，如图 10 - 11 所示。内力元功之和为

$$\delta W=\boldsymbol{F}_A\cdot \mathrm{d}\boldsymbol{r}_A+\boldsymbol{F}_B\cdot \mathrm{d}\boldsymbol{r}_B=\boldsymbol{F}_A\cdot \mathrm{d}\boldsymbol{r}_A-\boldsymbol{F}_A\cdot \mathrm{d}\boldsymbol{r}_B$$
$$=\boldsymbol{F}_A\cdot \mathrm{d}(\boldsymbol{r}_A-\boldsymbol{r}_B)=\boldsymbol{F}_A\cdot \mathrm{d}(\overrightarrow{BA})$$

将 $\mathrm{d}(\overrightarrow{BA})$ 分成两个分量，其中一个分量垂直于$\overrightarrow{BA}$，反映该矢量方向的变化；另一个分量沿着$\overrightarrow{BA}$，反映该矢量长度的变化。$\boldsymbol{F}_A$ 与前一分量的点积为零；与后一分量的点积为 $-\boldsymbol{F}_A\cdot \mathrm{d}(\overline{BA})$。于是

$$\delta W=-\boldsymbol{F}_A\cdot \mathrm{d}(\overline{BA}) \tag{10 - 19}$$

这里 $\mathrm{d}(\overline{BA})$ 表示距离 BA 的微小变化，可见每对内力的元功和与两点间距离的变化有关，而与参考点 O 的选择无关。因此当质点系内质点间的距离可变化时，内力功的总和一般不为零。例如炮弹的爆炸，人体的活动，发动机汽缸内气体压力做功等，都是靠内力做功。

但是，刚体内任意两质点间的距离保持不变，所以刚体内力的元功之和恒等于零。

（五）约束力的功恒等于零的理想情况

作用于质点系上的约束力一般要做功，但在许多理想情况下，约束力不做功，或做功之和等于零。下面举例说明这样一些理想情况。

（1）光滑面约束［图 10 - 12（a）］或光滑铰链约束［图 10 - 12（b）］，因约束力恒与其作用点的位移垂直，故这些约束力的元功恒等于零。

图 10 - 12（c）所示两刚体用中间铰链连接时，铰链处相互作用的约束力 $\boldsymbol{F}$ 和 $\boldsymbol{F}'$ 是等值反向的，它们在铰链中心的任何位移 d$\boldsymbol{r}$ 上作功之和都等于零。

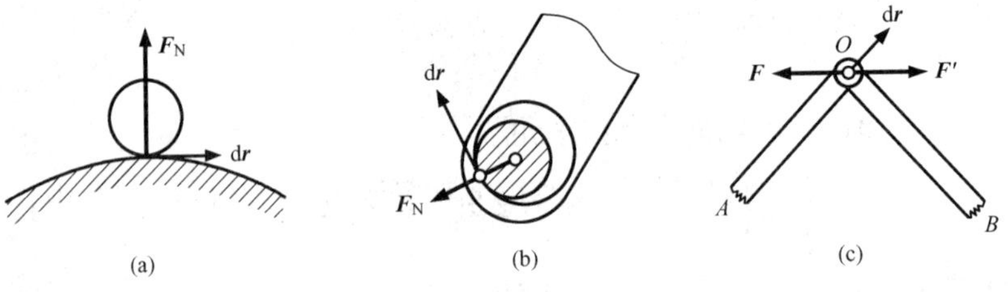

图 10 - 12

（2）图 10 - 13 所示的**二力杆**对 A、B 两点的约束力，有 $\boldsymbol{F}_1=-\boldsymbol{F}_2$，而两端位移沿 AB 连线的投影又是相等的，显然两约束力做功之和也等于零。

（3）不难证明**不可伸长的柔绳**，其约束反力的元功之和亦为零。在图 10 - 14 中，跨过无重滑轮且不可伸长的绳索，对 A、B 的约束力 $\boldsymbol{F}_\mathrm{T}$ 和 $\boldsymbol{F}'_\mathrm{T}$，大小相等，其元功之和

$$\delta W=\boldsymbol{F}_\mathrm{T}\cdot \mathrm{d}\boldsymbol{r}_A+\boldsymbol{F}'_\mathrm{T}\cdot \mathrm{d}\boldsymbol{r}_B=-F_\mathrm{T}\mathrm{d}r_A+F'_\mathrm{T}\mathrm{d}r_B\cos\alpha$$

即

$$\delta W=-F_\mathrm{T}(\mathrm{d}r_A-\mathrm{d}r_B\cos\alpha)$$

绳索不可伸长，所以

$$\mathrm{d}r_A=\mathrm{d}r_B\cos\alpha$$

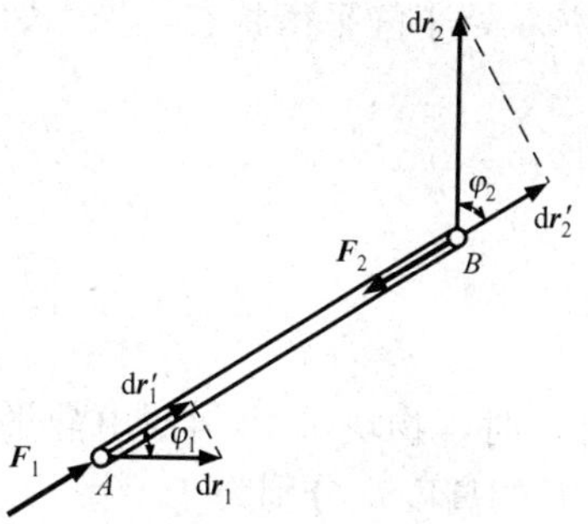

图 10 - 13

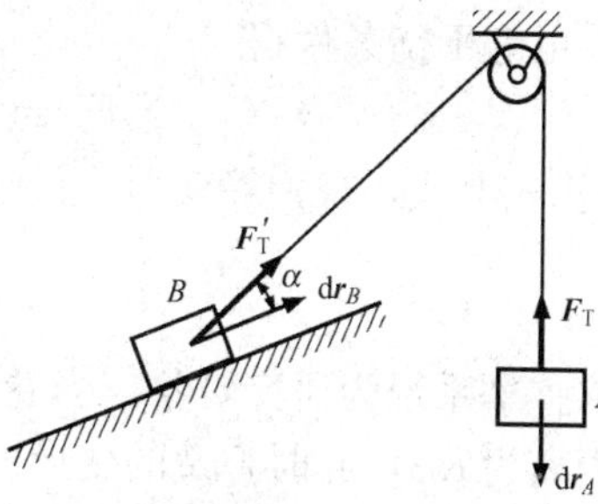

图 10 - 14

因此有

$$\delta W = 0$$

（4）**刚体沿固定支承面作纯滚动**（图 10 - 15）**时的滑动摩擦力**。这时出现的是静摩擦力，此摩擦力的元功为

$$\delta W = \boldsymbol{F}_s \cdot d\boldsymbol{r}_P = \boldsymbol{F}_s \cdot \boldsymbol{v}_P dt$$

因为 P 点是刚体的速度瞬心，即 $v_P=0$，所以

$$\delta W = 0$$

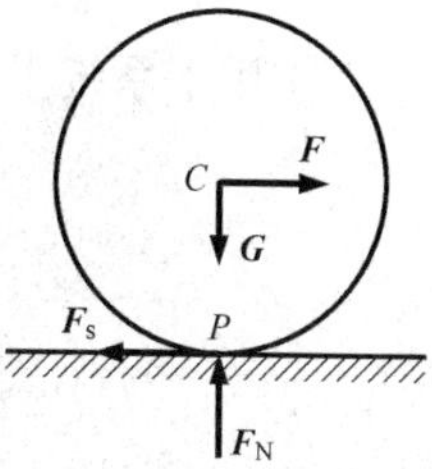

图 10 - 15

即刚体沿固定支承面作纯滚动时，摩擦力的功等于零。

以上所列各种约束，不论是质点系外部约束，还是各质点相互之间的约束，其约束力的元功之和均为零。这些约束称为**理想约束**。

若以 $\sum \delta W_N$ 表示质点系全部约束力的元功之和，那么，对于具有理想约束的质点系来说，有

$$\sum \delta W_N = 0 \tag{10 - 20}$$

必须注意上述理想情况各结论的条件。例如笼统而言的摩擦力，其功为正、为负、为零都有可能。

【例 10 - 1】 重量为 $\boldsymbol{G}_B$，半径为 R 的卷筒 B 上，如图 10 - 16（a）所示，作用一变力偶 $M=C\varphi$，其中 C 为常数，φ 为卷筒的转角。缠绕在卷筒上绳索的引出部分与斜面平行，并与重量为 $\boldsymbol{G}_A$ 的物块 A 相连，斜面为光滑面，它的倾角为 θ，其上放一刚度为 k 的弹簧，弹簧的下端固定，上端与物块 A 相连。若卷筒的转角 $\varphi=0$ 时，绳索对物块的拉力为零，物块处于静平衡状态，则当卷筒转过任意角度 φ 时，作用于系统上所有力的功为多少？

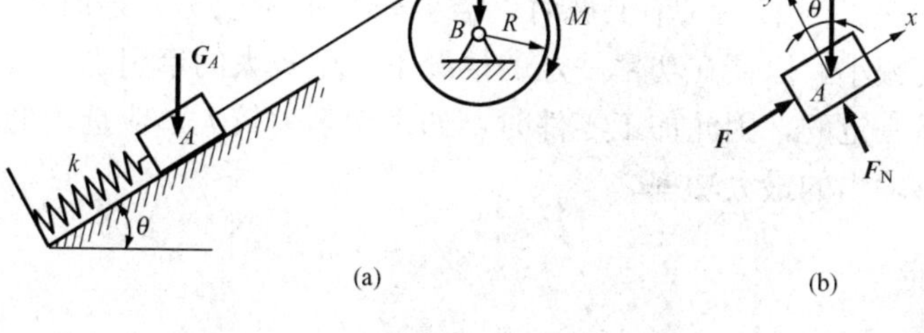

图 10 - 16

解 (1) 取物块 A 为研究对象，当 $\varphi=0$ 时，物块 A 处于静平衡状态，受力如图 10-16(b) 所示，由静平衡条件得

$$\sum F_x = 0, \quad F_A - G_A\sin\theta = 0$$

将 $k\delta_1 = F$ 代入上式，得弹簧变形

$$\delta_1 = \frac{G_A}{k}\sin\theta$$

(2) 取整个系统为研究对象。当卷筒转过任意角 φ 时，物块 A 沿斜面由静平衡位置向上滑移的距离为 $R\varphi$，此时弹簧的变形 δ_2 和物块 A 上升的高度 h 分别为

$$\delta_2 = R\varphi - \delta_1 = R\varphi - \frac{G_A}{k}\sin\theta$$

$$h = R\varphi\sin\theta$$

作用于系统上的力 $\boldsymbol{G}_A$，弹性力 $\boldsymbol{F}$ 和力偶矩 M 的功分别为

$$W_{GA} = -G_A h = -G_A R\varphi\sin\theta$$

$$W_F = \frac{k}{2}(\delta_1^2 - \delta_2^2) = G_A R\varphi\sin\theta - \frac{1}{2}kR^2\varphi^2$$

$$W_M = \int_0^{\varphi} M\mathrm{d}\varphi = \int_0^{\varphi} C\varphi\mathrm{d}\varphi = \frac{1}{2}C\varphi^2$$

系统运动过程中，全部约束反力及卷筒重力 $\boldsymbol{G}_B$ 都不做功，故作用于系统上的所有力的总功为

$$W_{\varphi} = W_{GA} + W_F + W_M = \frac{1}{2}(C - kR^2)\varphi^2$$

10.3.4 功率

在工程中，为了表明做功的快慢，我们引入功率的概念。力在单位时间内所作的功，称为功率。用 P 表示

$$P = \frac{\delta W}{\mathrm{d}t} = \frac{\boldsymbol{F}\cdot\mathrm{d}\boldsymbol{r}}{\mathrm{d}t} = \boldsymbol{F}\cdot\boldsymbol{v} = F_{\tau}v \tag{10-21}$$

即功率等于力与速度的点积，或等于力在速度方向的投影与速度大小的乘积。

如果功是用力矩或力偶矩计算，由力矩元功表达式 $\delta W = M_z\mathrm{d}\varphi$，得其功率为

$$P = \frac{\delta W}{\mathrm{d}t} = \frac{M_z\mathrm{d}\varphi}{\mathrm{d}t} = M_z\frac{\mathrm{d}\varphi}{\mathrm{d}t} = M_z\omega \tag{10-22}$$

即力矩的功率等于力矩与转动角速度的乘积。

在国际单位制中，功率的单位为 W（瓦特）（$1\mathrm{W} = 1\mathrm{Js}^{-1}$）或 kW（千瓦）。

由式（10-21）和式（10-22）可知：在功率一定的条件下，若需要大的力和力矩，则应该降低速度或转速。例如，汽车上坡时，需要较大的牵引力，这时驾驶员一般使用低速挡，使汽车的速度减小，以便在功率一定的情况下产生较大的牵引力。又比如每台机床能够输出的最大功率是一定的，因此加工零件时，如果切削力较大，应选用低转速，使两者的乘积不超过机床能够输出的最大功率。

10.3.5 势能

质点在某空间内受到一个大小、方向完全由所在位置确定的力作用，这部分空间称为**力**

场。质点在力场中运动时，力作的功只与质点的起始与终了位置有关，与运动路径无关，则该力场为**势力场**或保守力场；质点受的力为**有势力**或**保守力**。如前节所述，作用于质点的重力、弹性力等所做的功只与质点的起始与终了位置有关，故地球表面的空间是重力场；还有引力场、弹性力场等。重力、弹性力等则为有势力。

一般地说，质点位于势力场中的某一位置时，相对于所选定的基准位置来说具有一定能量。势力场中质点相对于基准位置的能量称为**势能**。基准位置的势能为零，所以基准位置称为**零位置**。

质点（或质点系）在势力场中某位置 M 的势能，等于质点（或质点系）从该位置 M 运动到零位置 M_0 的过程中有势力作的功。用 V 表示势能，即

$$V_M = V_M(x,y,z) = W_{M\to M_0} = \int_M^{M_0} \boldsymbol{F}\cdot \mathrm{d}\boldsymbol{r}$$

即

$$V_M = -\int_{M_0}^{M} (F_x\mathrm{d}x + F_y\mathrm{d}y + F_z\mathrm{d}z) \tag{10-23}$$

10.4 动 能 定 理

动能定理将建立质点或质点系的动能改变和作用力的功之间的关系。

10.4.1 质点的动能定理

设质量为 m 的质点 M 在力 $\boldsymbol{F}$ 作用下沿曲线运动，如图 10 - 17 所示。由质点运动微分方程，得

$$\boldsymbol{F} = m\frac{\mathrm{d}\boldsymbol{v}}{\mathrm{d}t}$$

两端点积 $\mathrm{d}\boldsymbol{r}$，得

$$\boldsymbol{F}\cdot\mathrm{d}\boldsymbol{r} = m\frac{\mathrm{d}\boldsymbol{v}}{\mathrm{d}t}\cdot\mathrm{d}\boldsymbol{r} = m\boldsymbol{v}\cdot\mathrm{d}\boldsymbol{v}$$

即

$$\mathrm{d}\left(\frac{1}{2}mv^2\right) = \delta W \tag{10-24}$$

式（10 - 24）称为质点动能定理的微分形式：即质点动能的增量等于作用在质点上力的元功。

若质点在 M_1 位置时的速度为 $\boldsymbol{v}_1$，运动到位置 M_2 时的速度为 $\boldsymbol{v}_2$，将式（10 - 24）沿路径 $\widehat{M_1M_2}$ 积分，得

$$\frac{1}{2}mv_2^2 - \frac{1}{2}mv_1^2 = W_{12} \tag{10-25}$$

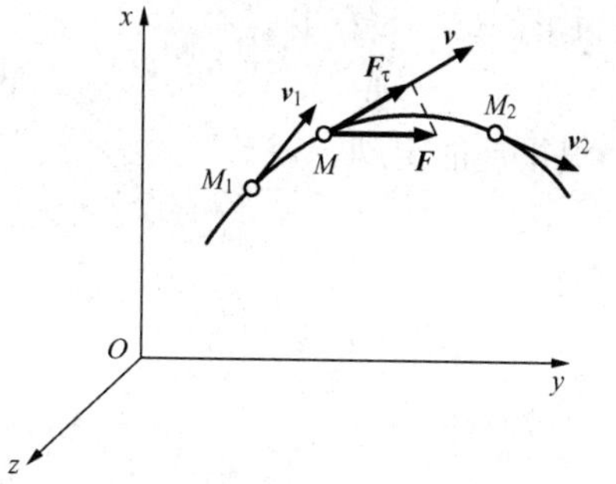

图 10 - 17

这是**质点动能定理的积分形式**：在质点运动的某一过程中，质点的动能的变化量等于作用于质点的力作的功。

需要注意，动能和功的量纲相同，但两者是不同意义的物理量。动能是质点机械运动的度量，是对应于某个瞬时状态的。功则是力对质点作用效果的度量，是对应于某一过程的。

10.4.2 质点系的动能定理

由质点的动能定理很容易推广到质点系的情况。对质点系内每一个质点，由式（10-24）写出方程，并把所有这些方程相加，有

$$\sum \mathrm{d}\left(\frac{1}{2}m_i v_i^2\right) = \sum \delta W_i$$

因为 $\sum \mathrm{d}\left(\frac{1}{2}m_i v_i^2\right) = \mathrm{d}\sum\left(\frac{1}{2}m_i v_i^2\right) = \mathrm{d}T$，故上式可写成

$$\mathrm{d}T = \sum \delta W_i \tag{10-26}$$

这是**质点系动能定理的微分形式**：质点系动能的微分等于作用在质点系上的所有力的元功之和。

将上式两边求积分，有

$$T_2 - T_1 = \sum W_i \tag{10-27}$$

这是**质点系动能定理的积分形式**：质点系在任一运动过程中，起始位置和终了位置的动能的变化量，等于作用在质点系上的全部力在这一过程中的总功。上式中 T_1、T_2 分别代表质点系在所论运动过程中始、末瞬时的动能。

若质点系所受的约束为理想约束（约束力做功之和为零），则动能定理中右边将只包含主动力做功之和；若质点系是刚体或刚体系，质点间距离不变（内力做功之和为零），则动能定理中右边将只包含外力做功之和。

10.4.3 机械能守恒定理

质点或质点系在某一位置的动能与势能之代数和称为**机械能**。若质点系在运动过程中只受有势力的作用，则其机械能保持不变，称为**机械能守恒定律**。

在图 10-18 中，质点在某势力场中运动。作用在此质点上的有势力的作用点（即 M 点）由 M_1 运动到 M_2 时，该力所作的功为 W_{12}。质点 M 在 M_1、M_2 处的势能分别为

$$V_1 = W_{10}, \quad V_2 = W_{20}$$

由图 10-18 看出

$$W_{12} = W_{10} - W_{20} = V_1 - V_2$$

根据动能定理，得

$$T_2 - T_1 = W_{12} = V_1 - V_2$$

即

$$T_1 + V_1 = T_2 + V_2 \tag{10-28}$$

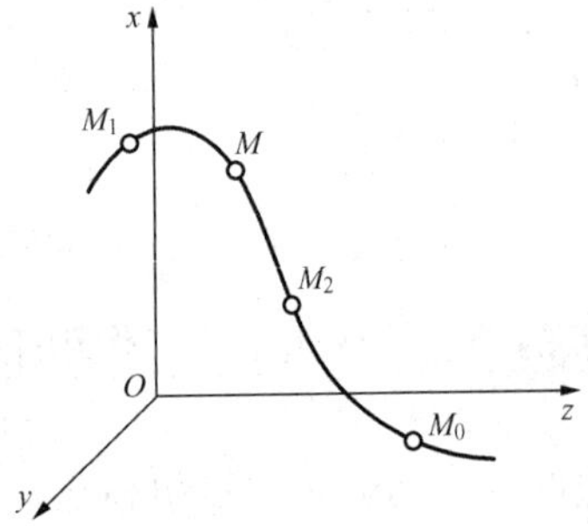

图 10-18

这就是**机械能守恒定律**。对质点系来说，定律中的动能和势能是指质点系的总动能和总势能。质点系受到几种有势力的作用时，可以分别选择每种势力场的零位置，分别计算对应的势能，其代数和即为总势能。在机械能守恒定律中，涉及的是两位置势能的差值 $V_1 - V_2$，所以，该定律与各势力场的势能零点的选择无关。

很明显，机械能守恒定律不能用于非保守力的情况；动能定理则不限于保守系统，它比机械能守恒定律的应用范围更广。

10.4.4 动能定理应用举例

一般来说，动能定理的积分形式可用来求物体运动的路程，始、末速度及所受的做功的力（包括内力）；微分形式多直接用来求加速度或建立系统的运动微分方程。但要注意，动能定理显然不能求出不做功的力。

应用动能定理的分析要点是：

（1）确定研究对象及分析位置。研究对象多数情况下取整个系统，根据需要有时也可取部分物体的组合。分析位置一般取始、末位置（用动能定理的积分形式时）或任意位置（用微分形式时）。

（2）受力分析，计算有功力的总功或元功。

（3）运动分析，计算始、末动能或列出任意位置动能的表达式。

（4）应用动能定理建立动力学方程。

【例 10 - 2】 如图 10 - 19 所示，鼓轮向下运送重 $G_1=400$N 的重物，重物下降的初速度 $v_0=0.8$m/s，为了使重物停止，用摩擦制动，设加在鼓轮上的正压力 $F_N=2000$N，制动块与鼓轮间摩擦系数 $f=0.4$，已知鼓轮重 $G_2=600$N，其半径 $R=0.15$m，可视为均质圆柱体，求制动过程中重物下降的距离 s。

解 取重物及鼓轮组成的系统为研究对象。设重物下降距离 s 时，鼓轮所转过的角度为 φ，$s=R\varphi$。对这一制动过程使用动能定理求解。

（1）受力分析，求功：系统受 $\boldsymbol{G}_1$，$\boldsymbol{G}_2$，$\boldsymbol{F}_N$，$\boldsymbol{F}$ 及 $\boldsymbol{F}_{OX}$，$\boldsymbol{F}_{OY}$ 力作用如图 10 - 19 所示。仅重力 $\boldsymbol{G}_1$ 和摩擦力 $\boldsymbol{F}$ 做功，所以其功为

$$\sum W_{12}=G_1s-FR\varphi=(G_1-F_Nf)s$$

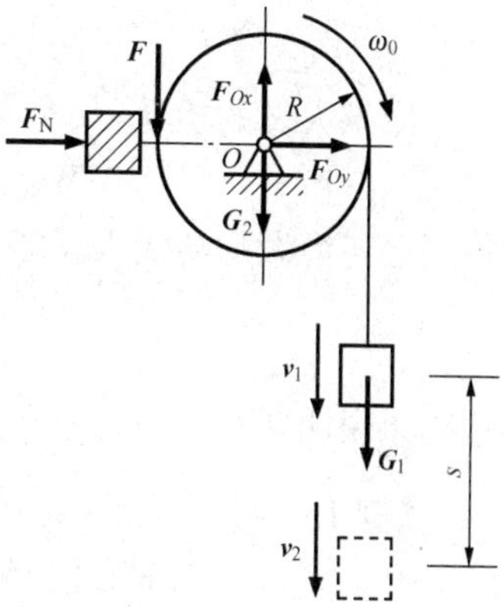

图 10 - 19

（2）运动分析，求始、末状态的动能：系统在制动开始位置时，重物的速度为 $v_1=v_0$，鼓轮的角速度为 $\omega_0=\dfrac{v_0}{R}$，故其系统动能

$$T_1=\frac{1}{2}\frac{G_1}{g}v_0^2+\frac{1}{2}J_0\omega_0^2$$

J_0 为鼓轮对中心轴 O 的转动惯量，即

$$J_0=\frac{1}{2}\frac{G_2}{g}R^2$$

所以

$$T_1=\frac{1}{2}\frac{G_1}{g}v_0^2+\frac{1}{4}\frac{G_2}{g}R^2\omega_0^2=\frac{2G_1+G_2}{4g}v_0^2$$

重物下降 s 时，系统静止，故此时系统动能

$$T_2=0$$

（3）由动能定理积分形式（10 - 27），得

$$0-\frac{2G_1+G_2}{4g}v_0^2=(G_1-F_N\cdot f)s$$

解之得

$$s=\frac{v_0^2(2G_1+G_2)}{4g(F_Nf-G_1)}=0.057(\text{m})$$

【例 10-3】 自动卸料车连同料共重 G，如图 10-20 所示。无初速地沿倾角为 $\alpha=30°$ 的斜面滑下，料车滑至底端与弹簧相撞，当料车把弹簧压缩到最大变形时，有控制机构固定料车，待卸料后，松开料车，依靠被压缩弹簧的弹性力刚好把空料车沿斜面弹回到原位置。设空车重 G_0，摩擦阻力为车重的 0.2 倍，问 G 与 G_0 的比值应多大，才能实现这种送料方式。

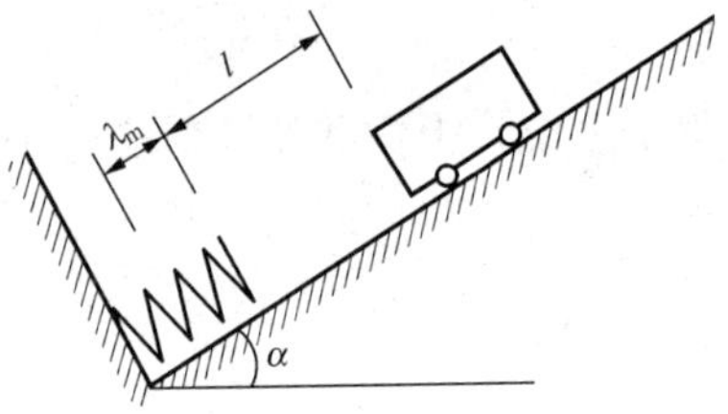

图 10-20

解 取车为研究对象，从重车开始下滑到空车又刚好被弹回原地的全部行程作为研究的过程。假设车的初始位置到弹簧的距离为 l，弹簧的最大压缩为 λ_m，则始末位置的动能及各种力相应的功都容易计算，故使用动能定理的积分形式求解问题比较简便。

由题意知 $T_1=T_2=0$，根据动能定理，有

$$T_2-T_1=\sum W_{12}=0$$

求全部过程中各力相应的功：

重力做的功为

$$W_{重}=G(l+\lambda_m)\sin30°-G_0(l+\lambda_m)\sin30°$$

弹性力做的功为

$$W_{弹}=\frac{k}{2}(0^2-\lambda_m^2)+\frac{k}{2}(\lambda_m^2-0^2)$$

摩擦力做的功为

$$W_{摩}=-G\times0.2(l+\lambda_m)-G_0\times0.2(l+\lambda_m)$$

将上述各力做的功代入动能定理，有

$$0.3G-0.7G_0=0\Rightarrow\frac{G}{G_0}=\frac{7}{3}$$

这结果说明，车重应是空车的 2.33 倍，如果低于此值，弹簧将不能把空车弹回原来位置。

【例 10-4】 如图 10-21 所示，已知主动轮Ⅰ，传动轮Ⅱ和卷筒Ⅲ的半径分别为 R_1，R_2，R_3，轮Ⅰ对转轴的转动惯量为 J_1，轮Ⅱ和卷筒对转轴的转动惯量为 J_2，重物 A 的质量为 m，加于轮Ⅰ的转动力矩为常量 M。不计轴承摩擦和绳索质量，求重物 A 上升的加速度。

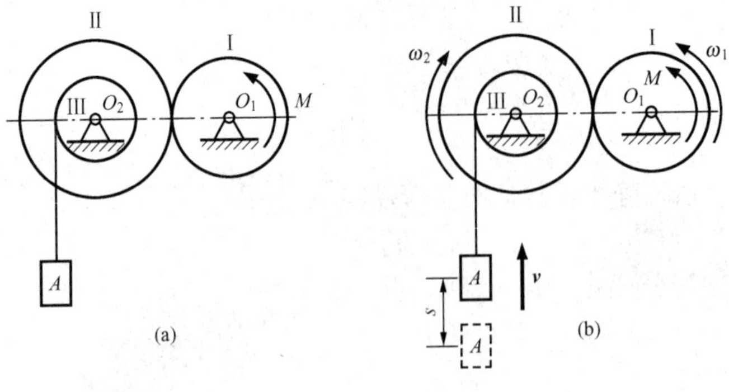

图 10-21

解 考察系统由初始时刻到某一时刻这一过程应用动能定理求解。

(1) 受力分析，求功：

设由初始时刻开始到某时刻轮Ⅰ转过角度 φ_1，重物 A 上升距离 s，作用于系统之力的功为

$$\sum W_{i0} = M\varphi_1 - mgs$$

(2) 运动分析，求动能：

设系统的初始动能为 T_0，它是一个定值；在常力矩 M 作用下某时刻重物 A 上升的速度为 v，则轮Ⅰ、轮Ⅱ和卷筒的角速度 ω_1、ω_2 分别为

$$\omega_1 = \frac{1}{R_1}\left(R_2 \times \frac{v}{R_3}\right) = \frac{R_2 v}{R_1 R_3},\quad \omega_2 = \frac{v}{R_3}$$

因此，该时刻系统的动能为

$$T_i = \frac{1}{2}J_1\omega_1^2 + \frac{1}{2}J_2\omega_2^2 + \frac{1}{2}mv^2 = \frac{1}{2}\,\frac{J_1R_2^2 + J_2R_1^2 + mR_1^2R_3^2}{R_1^2R_3^2}v^2$$

(3) 由动能定理 $T_i - T_0 = \sum W_{i0}$ 有

$$\frac{1}{2}\,\frac{J_1R_2^2 + J_2R_1^2 + mR_1^2R_3^2}{R_1^2R_3^2}v^2 - T_0 = M\varphi_1 - mgs$$

将上式两边对时间求导，并注意到 $\frac{\mathrm{d}\varphi_1}{\mathrm{d}t} = \omega_1$，$\frac{\mathrm{d}s}{\mathrm{d}t} = v$，$\frac{\mathrm{d}v}{\mathrm{d}t} = a$，$\frac{\mathrm{d}T_0}{\mathrm{d}t} = 0$ 得到

$$a = \frac{MR_1R_2R_3 - mgR_1^2R_3^2}{J_1R_2^2 + J_2R_1^2 + mR_1^2R_3^2}$$

【例 10 - 5】 在图 10 - 22 所示系统中滚子 A 和滑轮 B 均为均质，重量均为 G，半径为 R。滚子沿倾角为 θ 的斜面作纯滚动，借跨过滑轮 B 的不可伸长的绳索提升重为 G_D 的物体，同时带动滑轮 B 绕 O 轴转动，求滚子质心 C 的加速度。

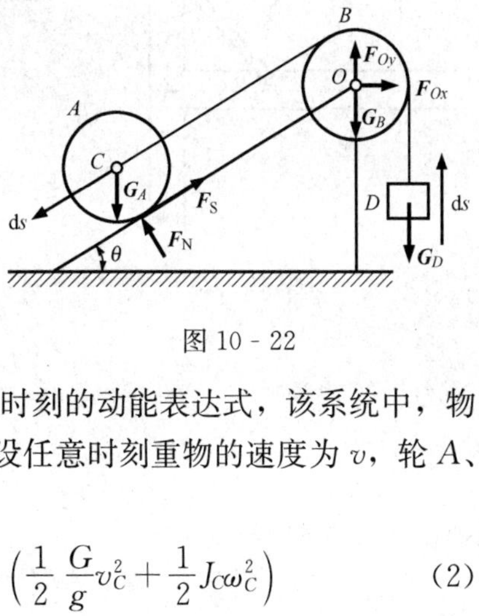

图 10 - 22

解 取整个系统为研究对象，用动能定理的微分形式求加速度

$$\mathrm{d}T = \sum \delta W_F \qquad (1)$$

(1) 运动分析求动能：先写出系统在运动过程中任意时刻的动能表达式，该系统中，物体 D 作平动，滑轮 B 作定轴转动，滚子 A 作平面运动。设任意时刻重物的速度为 v，轮 A、B 的角速度分别为 ω_A、ω_B，则此时系统的总动能为

$$T = T_D + T_B + T_A = \frac{1}{2}\frac{G_D}{g}v^2 + \frac{1}{2}J_B\omega_B^2 + \left(\frac{1}{2}\frac{G}{g}v_C^2 + \frac{1}{2}J_C\omega_C^2\right) \qquad (2)$$

上式中 $J_B = J_C = \frac{1}{2}\frac{G}{g}R^2$ 为已知，又由系统运动的协调性，有下列运动关系成立

$$v = v_C,\quad \omega_B = \frac{v}{R},\quad \omega_C = \frac{v_C}{R} = \frac{v}{R}$$

带入方程 (2)，得

$$T = \frac{G_D + 2G}{2g}v^2 \qquad (3)$$

所以

$$\mathrm{d}T=\frac{G_D+2G}{g}v\mathrm{d}v \tag{4}$$

（2）受力分析求元功：作用于系统上的力有重力 $\boldsymbol{G}_D$，$\boldsymbol{G}_A$，$\boldsymbol{G}_B$ 和轴承的约束反力 $\boldsymbol{F}_{Ox}$、$\boldsymbol{F}_{Oy}$ 及斜面对滚子的法向反力 $\boldsymbol{F}_\mathrm{N}$ 与摩擦力 $\boldsymbol{F}_\mathrm{s}$，如图 10 - 22 所示。滚子作纯滚动，它与斜面接触处为速度瞬心，摩擦力不做功。系统只有重物 D 和滚子 A 的重力 $\boldsymbol{G}_D$ 和 $\boldsymbol{G}_A$ 做功，其元功为

$$\sum\delta W_F=(G\sin\theta-G_D)\mathrm{d}s \tag{5}$$

将方程（4）、方程（5）代入方程（1），两边再除以 $\mathrm{d}t$，注意 $\frac{\mathrm{d}s}{\mathrm{d}t}=v$，得

$$\frac{G_D+2G}{g}v\frac{\mathrm{d}v}{\mathrm{d}t}=(G\sin\theta-G_D)v \tag{6}$$

所以

$$a_C=\frac{\mathrm{d}v_C}{\mathrm{d}t}=\frac{\mathrm{d}v}{\mathrm{d}t}=\frac{G\sin\theta-G_D}{G_D+2G}g$$

该题亦可用动能定理的积分形式求解，解法与［例 10 - 4］类似，同学们可自行完成。

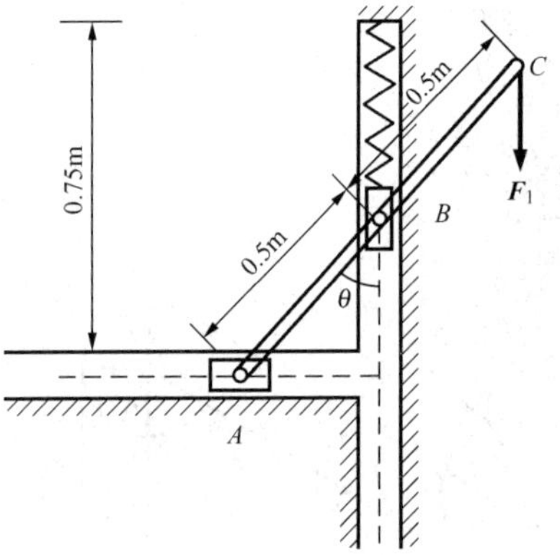

图 10 - 23

【例 10 - 6】 匀质细杆 ABC 的质量为 $m=4\mathrm{kg}$，长度为 $l=1\mathrm{m}$，如图 10 - 23 所示。在一端作用一铅直力 $F_1=120\mathrm{N}$，假设在位置 $\theta=30°$ 静止释放，求 $\theta=90°$ 时杆的角速度。已知弹簧的刚度系数为 $k=500\mathrm{N/m}$，$\theta=0°$ 时，弹簧为自然状态，滑块 A、B 的质量和摩擦均略去不计。

解 杆 ABC 作平面运动，将 $\theta=30°$ 静止位置到 $\theta=90°$ 的位置作为研究的运动过程，显然可以应用动能定理的积分形式求解。

（1）受力分析，求在系统的整个运动过程中，各力做的功：

已知力的功为

$$W_{F1}=F_1 l\cos 30°$$

重力做的功为

$$W_G=mg\,\frac{l}{2}\cos 30°$$

弹性力做的功为

$$W_F=\frac{k}{2}\left[\left(\frac{l}{2}-\frac{l}{2}\cos 30°\right)^2-\left(\frac{l}{2}\right)^2\right]=\frac{kl^2}{8}\times(-0.982)$$

约束反力的功为零。

（2）运动分析求始末位置动能：由题意初始位置杆 ABC 的动能为零。即

$$T_0=0$$

末位置杆 ABC 处于水平位置，此时的速度瞬心重合于点 A，故质心速度为

$$v_B=\frac{l}{2}\omega$$

杆末位置的动能为

$$T=\frac{1}{2}mv_B^2+\frac{1}{2}J_B\omega^2=\frac{1}{6}ml^2\omega^2$$

(3) 应用动能定理的积分形式，即

$$T-T_0=W_{F1}+W_G+W_F$$

$$\frac{1}{6}ml^2\omega^2-0=F_1l\cos30°+mg\,\frac{l}{2}\cos30°-\frac{kl^2}{8}\times0.982$$

代入数据，得

$$\omega=9.45(\text{rad/s})$$

本 章 小 结

(1) 动能是物体机械运动的一种度量

1) 质点的动能 $T=\frac{1}{2}mv^2$

2) 质点系的动能 $T=\sum\frac{1}{2}m_iv_i^2$

3) 平动刚体的动能 $T=\frac{1}{2}mv_C^2$

4) 绕定轴转动刚体的动能 $T=\frac{1}{2}J_z\omega^2$

5) 平面运动刚体的动能 $T=\frac{1}{2}mv_C^2+\frac{1}{2}J_C\omega^2$

(2) 功是从量的方面去看运动形式的变化。力的功是力对物体作用的累积效应的度量。功的一般表达式为

$$W=\int_s F\cos\theta\mathrm{d}s$$

$$W_{12}=\int_{M_1}^{M_2}\boldsymbol{F}\cdot\mathrm{d}\boldsymbol{r}=\int_{M_1}^{M_2}(F_x\mathrm{d}x+F_y\mathrm{d}y+F_z\mathrm{d}z)$$

1) 常力的功 $W_{12}=Fs\cos\alpha$

2) 重力的功 $W_{12}=mg(z_1-z_2)$

3) 弹性力的功 $W_{12}=\frac{k}{2}(\delta_1^2-\delta_2^2)$

4) 定轴转动刚体上力的功 $W_{12}=\int_{\varphi_1}^{\varphi_2}M_z\mathrm{d}\varphi$

5) 平面运动刚体上力系的功 $\delta W=\boldsymbol{F}'_\mathrm{R}\cdot\mathrm{d}\boldsymbol{r}_C+M_C\mathrm{d}\varphi$

6) 常见的约束反力的功

理想约束反力的功 $\sum\delta W_\mathrm{N}=0$

轮纯滚动时滑动摩擦力的功 $\delta W_F=0$

7) 质点系内力的功

$$\delta W^{(i)}=\boldsymbol{F}\cdot\mathrm{d}(\overrightarrow{BA})$$

刚体内力的功$\sum \delta W_{刚}^{(i)}=0$。

(3) 功率是力在单位时间内所做的功

$$P=\frac{\delta W}{\mathrm{d}t}=\boldsymbol{F}\cdot\boldsymbol{v}=F_{\tau}v=M_{z}\omega\text{(力矩或力偶矩的功率)}$$

(4) 有势力的功只与物体运动的起点和终点的位置有关，而与物体内各点轨迹的形状无关。

(5) 物体在势力场中某位置的势能等于有势力从该位置到一任选的零势能位置所做的功。

重力场中的势能$V=mg(z-z_0)$

弹性力场中的势能$V=\frac{k}{2}(\delta^2-\delta_0^2)$

(6) 有势力的功可通过势能的差来计算

$$W_{12}=V_1-V_2$$

(7) 动能定理：

微分形式 $\mathrm{d}T=\sum \delta W_i$

积分形式 $T_2-T_1=\sum W_i$

理想约束条件下，只计算主动力的功。刚体内力不做功，但须注意：内力有时做功之和不为零。

(8) 机械能＝动能＋势能＝$T+V$。机械能守恒定律：如果质点或质点系只在有势力作用下（存在非有势力但不做功也在其内）运动，则机械能保持不变，即

$$T+V=\text{常数}$$

思　考　题

10-1 在弹性范围内，将弹簧的伸长量加倍，拉力所作的功也加倍吗？

10-2 比较质点的动能与刚体绕定轴转动的动能的计算式，指出它们相似的地方。

10-3 汽车的速度由0增至5m/s，再由5m/s增至10m/s，这两种情况下汽车发动机所做的功是否相等？

10-4 在运动学中讲过，刚体作平面运动时，可任选一个基点A，平面运动可以看成是随基点A的平动和绕基点A的转动。但是平面运动刚体的动能是否可按下式计算？

$$T=\frac{1}{2}mv_A^2+\frac{1}{2}J_A\omega^2$$

10-5 分析下列说法是否正确：

(1) 力偶的功的正负号取决于力偶的转向，逆时针为正，顺时针为负；

(2) 质量大的物体一定比质量小的物体动能大；

(3) 速度大的物体一定比速度小的物体动能大。

10-6 在铅垂平面上的粗糙圆槽内，有一质点M与弹簧相连，如图10-24所示。如果该质点获得初速v_0，恰好使它在圆槽内滑动1周，则作用在质点M上的弹性力、重力、法向约束力及摩擦力所做的功是否均等于零？

10-7 如图10-25所示，自某高处以大小相等，但倾角不同的初速度抛出质点。若不计空气阻力，当这一质点落到同一水平面H—H时，它的速度大小是否相等？为什么？

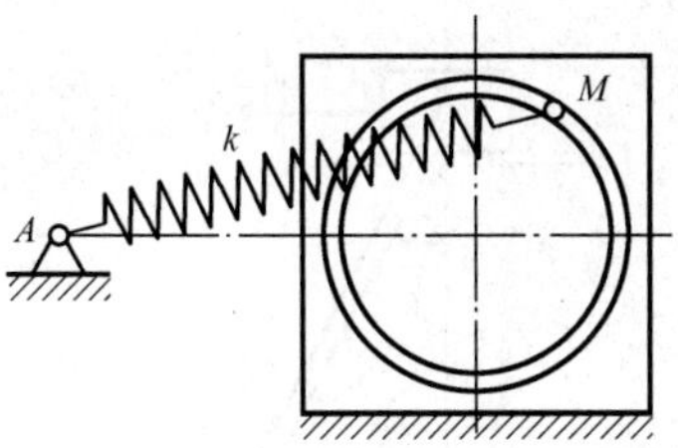

图 10-24 思考题 10-6

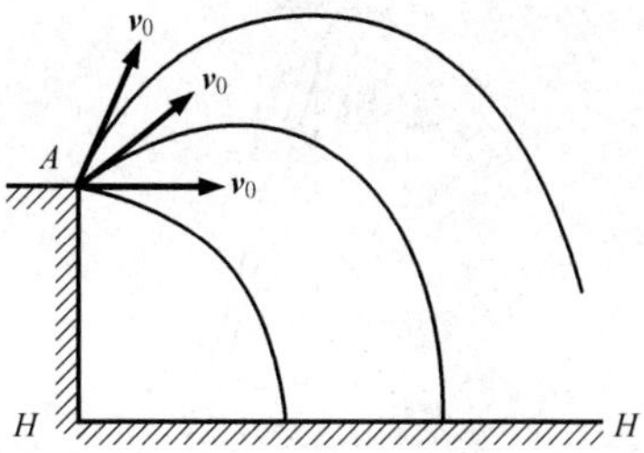

图 10-25 思考题 10-7

10-8 功和功率有什么区别？为什么快速提升物体时感觉较累？

10-9 运动员起跑时，什么力使运动员的质心加速运动？什么力使运动员的动能增加？产生加速度的力一定做功吗？

习 题

10-1 如图 10-26 所示重为 $\boldsymbol{G}_2$，半径为 r 的齿轮Ⅱ与半径为 $R=3r$ 的固定内齿轮Ⅰ相啮合。齿轮Ⅱ通过均质的曲柄 OC 带动而转动。曲柄的重量为 $\boldsymbol{G}_1$，角速度 ω。试计算行星齿轮机构的动能。齿轮可视为均质圆盘。

10-2 图 10-27 所示坦克的履带质量为 m，两个车轮的质量均为 m_1。车轮可视为均质圆盘，半径为 R，两车轮间的距离为 πR。设坦克前进速度为 $\boldsymbol{v}$，计算此质点系的动能。

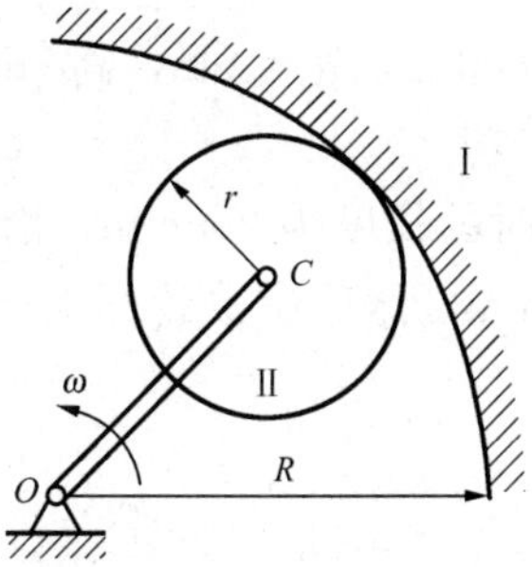

图 10-26 习题 10-1 图

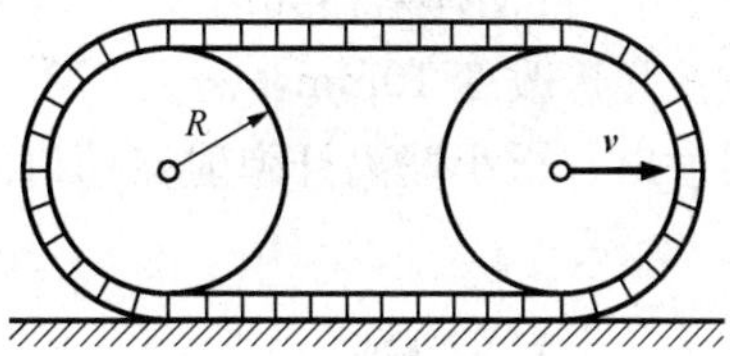

图 10-27 习题 10-2 图

10-3 长为 l、重为 $\boldsymbol{G}$ 的均质杆 OA 绕球形铰链 O 以匀角速度 ω 转动，如图 10-28 所示。如杆与铅垂线的夹角为 β，求杆的动能。

10-4 如图 10-29 所示一滑块 A 重量为 $\boldsymbol{G}_1$ 可在滑道内滑动，与滑块 A 用铰链连接的是重量为 $\boldsymbol{G}_2$，长为 l 的均质杆 AB。现已知滑块沿滑道的速度为 $\boldsymbol{v}_1$，杆 AB 的角速度为 ω_1，此时杆与铅垂线的夹角为 φ，试求此瞬时系统的动能。

10-5 弹簧 AD 的一端固定于点 A，另一端 D 沿半圆轨道滑动，如图 10-30 所示。半圆的半径为 1m，弹簧原长 1m，刚性系数为 50N/m。求当点 D 自 B 运动至 C 时，弹性力所做的功。

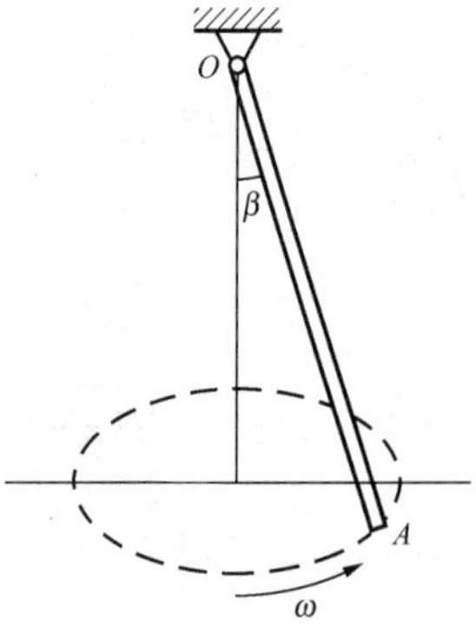

图 10-28　习题 10-3 图

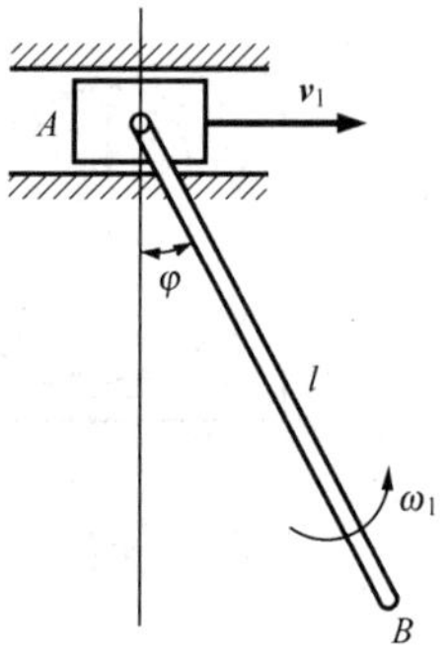

图 10-29　习题 10-4 图

10-6　如图 10-31 所示重量为 G_A、半径为 r 的卷筒上，作用一力偶矩 $M=a\varphi+b\varphi^2$，其中 φ 为转角，a 和 b 为常数。卷筒上的绳索拉动水平面上的重物 B。设重物 B 的重量为 G_B，它与水平面之间的滑动摩擦因数为 f。绳索质量不计。当卷筒转过两圈时，试求作用于系统上所有力做的功。

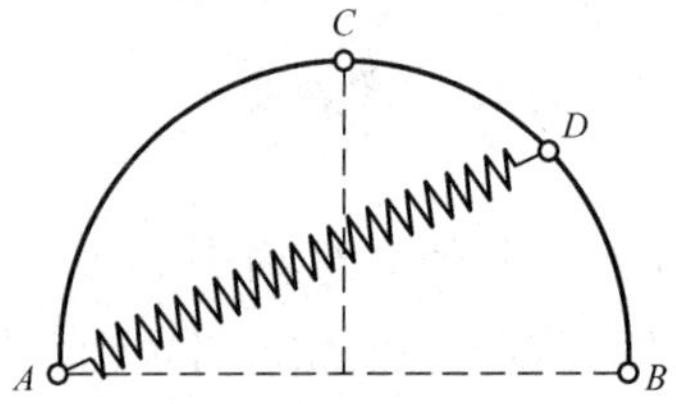

图 10-30　习题 10-5 图

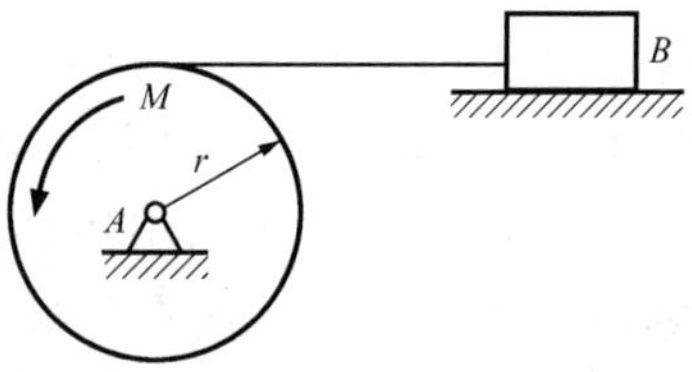

图 10-31　习题 10-6 图

10-7　如图 10-32 所示一对称的矩形木箱，质量为 2000kg，宽 1.5m，高 2m，如要使它绕棱边 C（转轴垂直于图面）翻倒，人最少要对它做多少功。

10-8　自动弹射器如图 10-33 所示，弹簧在未受力时的长度为 200mm，恰好等于筒长。欲使弹簧改变 10mm，需力 2N。如弹簧被压缩到 100mm，然后让质量为 30g 的小球自弹射器射出。求小球离开弹射器筒口时的速度。

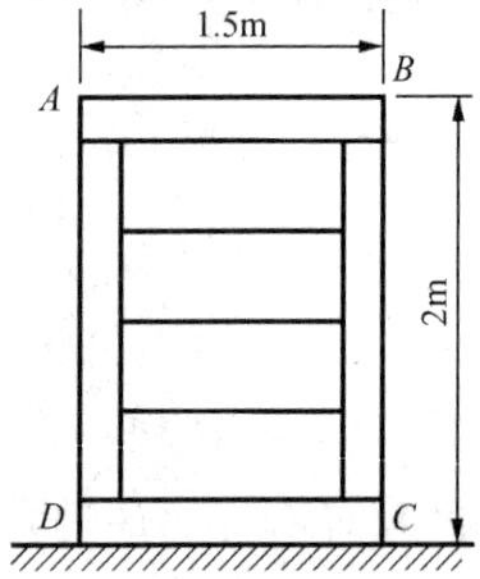

图 10-32　习题 10-7 图

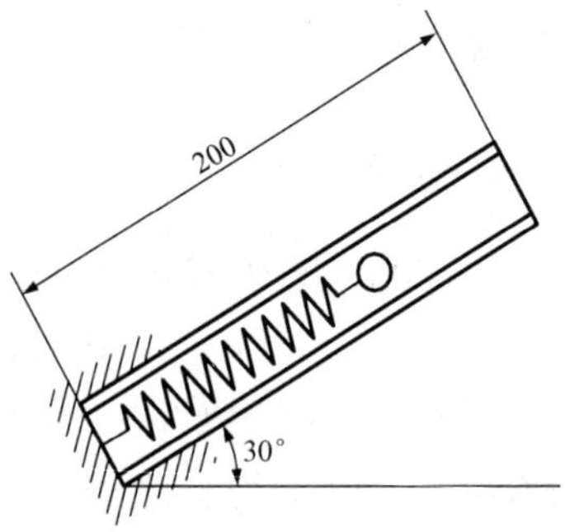

图 10-33　习题 10-8 图

10-9　平面机构由两均质杆 AB、BO 组成，两杆的质量均为 m，长度均为 l，在铅垂平面内运动。在杆 AB 上作用一不变的力偶矩 M，从图 10-34 所示位置由静止开始运动，不计摩擦。求当杆端 A 即将碰到铰支座 O 时杆端 A 的速度。

10 - 10 均质连杆 AB 质量为 4kg，长 $l=600$mm。均质圆盘质量为 6kg，半径 $r=100$mm。弹簧刚度为 $k=2$N/mm，不计套筒 A 及弹簧的质量。如连杆在图 10 - 35 所示位置被无初速释放后，A 端沿光滑杆滑下，圆盘做纯滚动。求：①当 AB 达水平位置而接触弹簧时，圆盘与连杆的角速度；②弹簧的最大压缩量 δ。

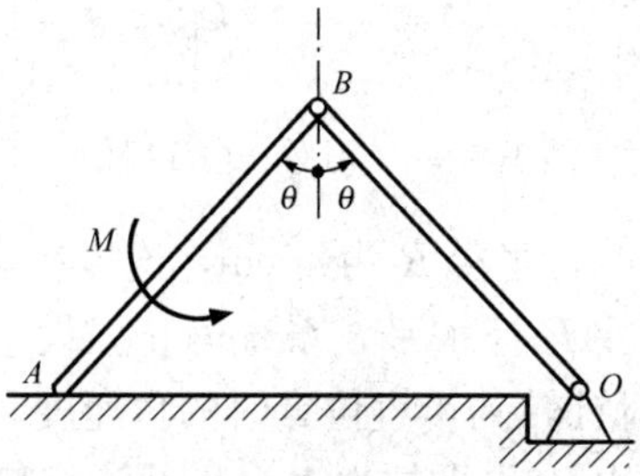

图 10 - 34 习题 10 - 9 图

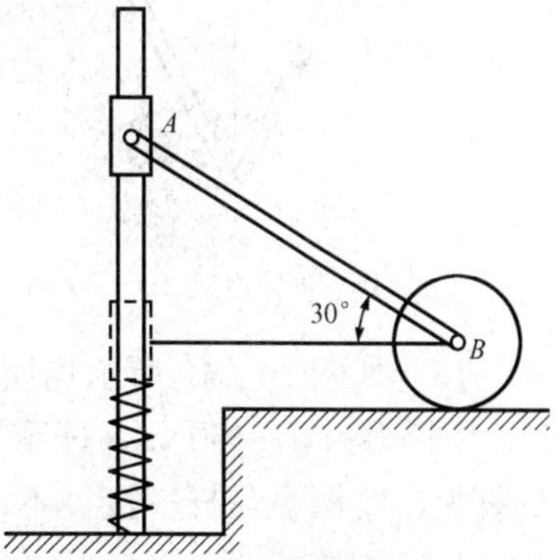

图 10 - 35 习题 10 - 10 图

10 - 11 周转齿轮传动机构放在水平面内，如图 10 - 36 所示。已知动齿轮半径为 r，质量为 m_1，可看成为均质圆盘；曲柄 OA，质量为 m_2，可看成均质杆；定齿轮半径为 R。在曲柄上作用一不变的力偶，其矩为 M，使此机构由静止开始运动。求曲柄转过角 φ 后的角速度和角加速度。

10 - 12 均质细杆 AB 长为 l，质量为 m_1，上端 B 靠在光滑的墙上，下端 A 以铰链与均质圆柱的中心相连。圆柱质量为 m_2，半径为 R，放在粗糙水平面上，自图 10 - 37 所示位置由静止开始滚动而不滑动，杆与水平线的交角 $\theta=45°$。求点 A 在初瞬时的加速度。

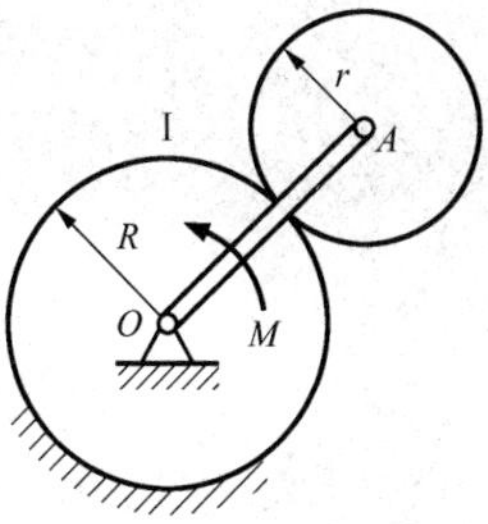

图 10 - 36 习题 10 - 11 图

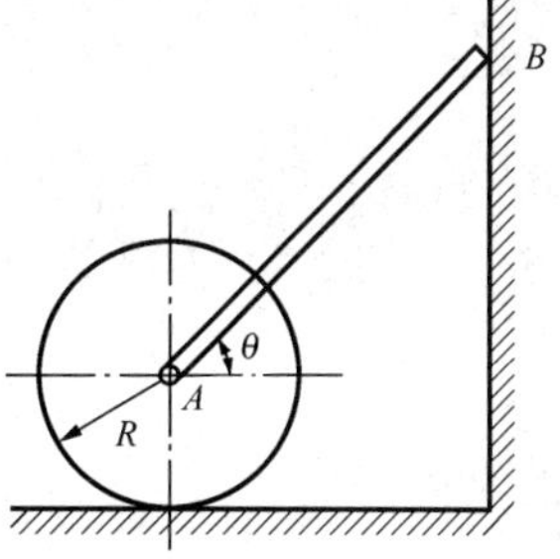

图 10 - 37 习题 10 - 12 图

10 - 13 AB、BC、CD、DA 四杆各重 $\mathbf{W}$、长 l，用光滑铰链连接。开始时点 C 与点 A 重合，系统静止，此后点 C 下落，求点 C 到达图 10 - 38 所示位置时的速度。

10 - 14 长度为 l 的均质细杆 AB 及 BC 用铰链 B 连接，C 端有一小轮，小轮沿铅直墙壁下滑，不计摩擦及小轮质量，如图 10 - 39 所示。求当 AB 绕轴 A 转到铅垂位置，BC 正好在水平位置时，小轮 C 的速度。

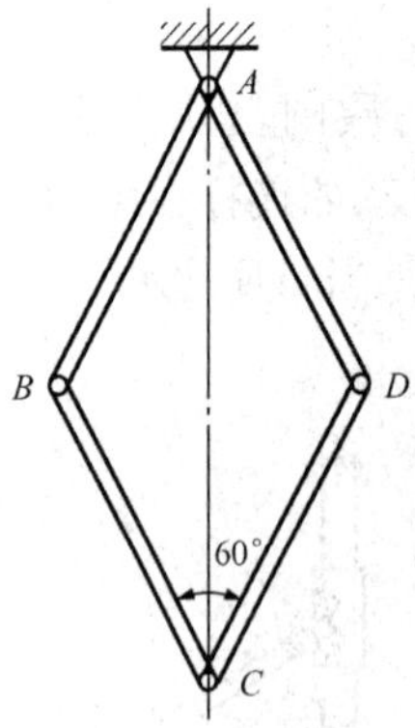

图 10-38 习题 10-13 图

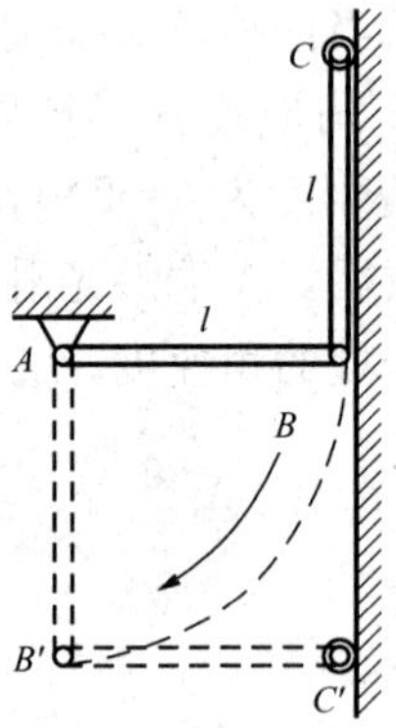

图 10-39 习题 10-14 图

10-15 如图 10-40 所示均质圆盘的重量 $\boldsymbol{G}_2$ 为 160N，半径 R 为 45cm，连接在均质杆 AB 上，杆长 $l=AB=60$cm，杆重 $\boldsymbol{G}_1=120$N。开始时，AB 杆水平，系统静止。设①圆盘焊接到杆上；②圆盘与杆铰接。不计摩擦。求 AB 杆顺时针转到铅直位置时的角速度。

10-16 均质杆 AB 用水平绳索连于定点 C，B 端作用有水平拉力 $\boldsymbol{F}$，在图 10-41 所示位置（AC 水平），突然去掉力 $\boldsymbol{F}$，求 A 端到达 A' 时的速度。不计摩擦。

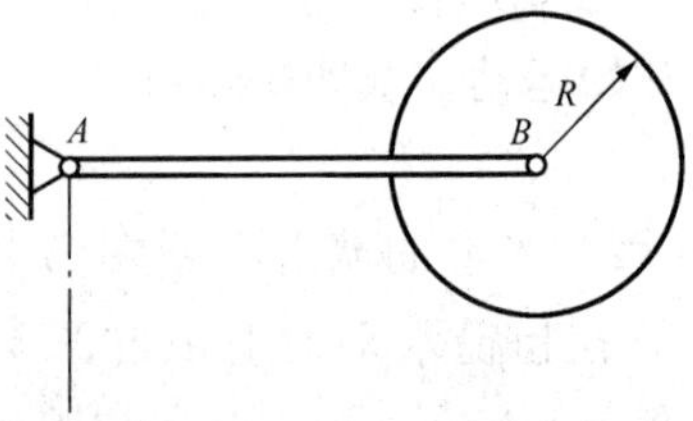

图 10-40 习题 10-15 图

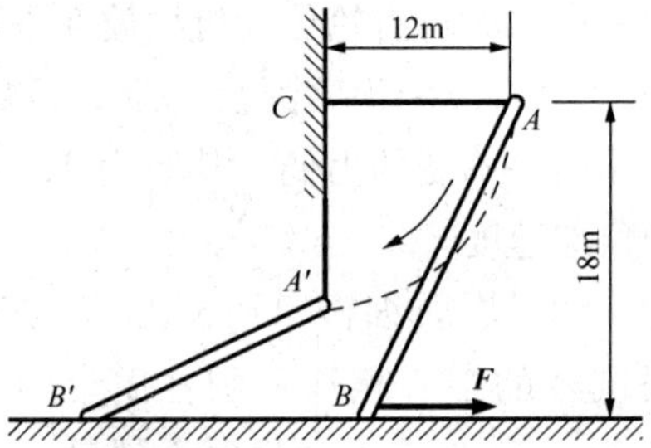

图 10-41 习题 10-16 图

11 动量定理和动量矩定理

本章提要

本章提出了动量、动量矩与冲量的概念及计算方法。动能定理是从能量的角度分析质点系的动力学问题，建立了系统动能的变化与作用于系统上力的功之间的关系。本章介绍动量定理和动量矩定理，与动能定理不同，它们是从动量的观点出发分别建立质点或质点系的动量、动量矩与力的作用量——冲量、力矩的关系。注意质心运动定理与动量定理是等价的；动量矩定理仅对定点及质心成立，对一般动点通常不成立。将质心运动定理及对质心的动量矩定理应用于刚体平面运动，即得到平面运动微分方程。

11.1 动量定理及质心运动定理

本节讨论动量定理及质心运动定理，它们给出了质点系动量的变化量或质心的运动与作用在质点系上外力之间的关系。

11.1.1 质心运动定理

（一）质心运动定理

第九章讨论质点系的基本惯性特征时已经指出，质点系的运动不仅与作用在质点上的力及各质点的质量大小有关，而且与质量的分布情况有关。

设有 n 个质点组成的质点系，其中任一质点 M_i 的质量为 m_i，其矢径为 $\boldsymbol{r}_i$，如图 9 - 6 所示。质点系中各质点的质量总和为 $m=\sum m_i$，则由矢径 $\boldsymbol{r}_C$ 所确定的几何点 C 称为质点系的**质量中心**（简称质心），由其定义式（9 - 8）易得

$$m\boldsymbol{r}_C=\sum m_i\boldsymbol{r}_i \tag{11 - 1}$$

将式（11 - 1）两端对时间 t 求二阶导数并应用牛顿第二定理，有

$$m\boldsymbol{a}_C=\sum m_i\boldsymbol{a}_i=\sum \boldsymbol{F}_i \tag{a}$$

式中 $\boldsymbol{F}_i$——作用于质点 M_i 的所有力的合力。

应当注意，在作用于 M_i 的力中，存在有所考察的质点系内其他质点对 M_i 的作用力，称为内力，其合力用 $\boldsymbol{F}_i^{(\mathrm{i})}$ 表示；也有质点系之外的物体对 M_i 的作用力，称为外力，用 $\boldsymbol{F}_i^{(\mathrm{e})}$ 表示。即有

$$\boldsymbol{F}_i=\boldsymbol{F}_i^{(\mathrm{i})}+\boldsymbol{F}_i^{(\mathrm{e})} \tag{b}$$

将式（b）代入式（a）得

$$m\boldsymbol{a}_C=\sum m_i\boldsymbol{a}_i=\sum \boldsymbol{F}_i=\sum \boldsymbol{F}_i^{(\mathrm{i})}+\sum \boldsymbol{F}_i^{(\mathrm{e})}$$

而内力总是大小相等、方向相反、作用线相同地成对出现，因此，$\sum \boldsymbol{F}_i^{(\mathrm{i})}\equiv 0$，于是有

$$m\boldsymbol{a}_C=\sum \boldsymbol{F}_i^{(\mathrm{e})} \tag{11 - 2}$$

上式表明：质点系的质量与质心加速度的乘积等于作用于质点系上所有外力的矢量和，即外力系的主矢。这个结论称为**质心运动定理**。

将式（11-2）与质点的动力学基本方程 $m\boldsymbol{a}=\sum\boldsymbol{F}$ 相比较，可以看到，它们的形式是相似的。质心运动定理描述的是质点系质心的运动规律，而质心的运动可以看成是一个质点的运动，设想此质点集中了整个质点系的质量及其所受的外力。因此，质心运动定理描述的是质点系随同质心的平行移动。

质心运动定理是矢量式，应用时取投影形式。

直角坐标轴上的投影式为

$$ma_{Cx}=\sum F_x^{(e)},\quad ma_{Cy}=\sum F_y^{(e)},\quad ma_{Cz}=\sum F_z^{(e)} \tag{11-3}$$

自然轴上的投影式为

$$m\frac{\mathrm{d}v_C}{\mathrm{d}t}=\sum F_\tau^{(e)},\quad m\frac{v_C^2}{\rho}=\sum F_n^{(e)},\quad 0=\sum F_b^{(e)} \tag{11-4}$$

（二）质心运动守恒定理

由质心运动定理可以得出下列两个推论：

（1）当 $\sum\boldsymbol{F}_i^{(e)}=0$ 时，由式（11-2）得

$$\boldsymbol{v}_C=\text{常矢量}$$

这表明：若作用于质点系上的所有外力的矢量和恒等于零，则质心作匀速直线运动；如果开始时质心是静止的，则质心位置始终保持不变。

（2）当 $\sum F_x^{(e)}=0$ 时，由式（11-3）得

$$v_{Cx}=\text{常量}$$

这表明：若作用于质点系的所有外力在某轴上投影的代数和恒等于零，则质心的速度在该轴上的投影保持不变；如果开始时质心的速度在该轴上的投影等于零，则质心沿该轴的坐标保持不变。

上述结论，称为**质心运动守恒定理**。

质心运动定理，在质点系动力学中，有很重要的意义。在很多实际问题中会经常遇到。比如，汽车发动机汽缸内燃气的压力是内力，仅靠它不能使汽车的质心运动。但是发动机开动后，经过一套机构可促使主动轮转动，使路面对车轮作用向前的摩擦力，这个外力使汽车的质心向前运动。下雪天汽车开动时打滑现象，正是由于摩擦力很小的缘故。同样道理，人们在光滑的路面上只靠自己肌肉的力量是不能行走的。此外，在许多实际问题中，质心的运动往往是问题的主要方面。例如，发射后的炮弹，由于自身的旋转，其运动很复杂，但是若能知道它的质心运动规律，对射击来说就够了。道路修筑中的定向爆破，爆破后土石的运动很复杂，但就它们的整体来说，如不计空气阻力，就只受重力作用，则质心的运动就像一个质点在重力作用下作抛射运动一样，只要控制好质心的初速度，就可使爆破后大部分的土石抛掷到指定的地方。

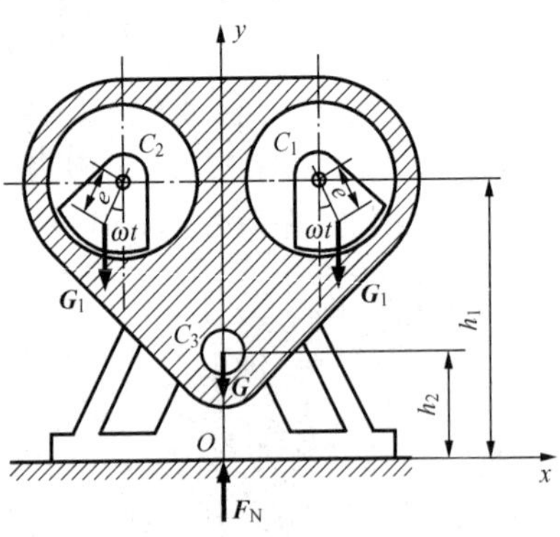

图 11-1

【例 11-1】 压实土壤用的振动器由两个相同的偏心锤及机架组成，如图 11-1 所示。已知底座的质量为 m，每个偏心锤的质量为 m_1，偏心距为 e，两偏心锤以

相同的匀角速度 ω 朝相反的方向转动，转动时两偏心锤始终保持对称。求振动器对土壤的压力。

解 将机架和两个偏心锤视为一质点系。作用于此质点系上的外力有两个偏心锤的重力均为 $\boldsymbol{G}_1$，机架的重力 $\boldsymbol{G}$，土壤的约束反力 $\boldsymbol{F}_N$。取坐标轴如图 11-1 所示。

由质心运动定理的直角坐标表达式（取 y 方向投影），有

$$F_N - 2G_1 - G = (2m_1 + m)\frac{d^2 y_C}{dt^2} \tag{1}$$

设偏心锤的轴离地面的高度为 h_1，机架重心离地面的高度为 h_2，则按质心坐标公式有

$$(2m_1 + m)y_C = 2m_1(h_1 - e\cos\omega t) + mh_2 \tag{2}$$

将方程（2）代入方程（1）后，得

$$F_N - 2G_1 - G = 2m_1\frac{d^2}{dt^2}(h_1 - e\cos\omega t) + m\frac{dh_2}{dt^2} = 2m_1 e\omega^2\cos\omega t$$

故

$$F_N = 2G_1 + G + 2m_1 e\omega^2\cos\omega t = (2m_1 + m)g + 2m_1 e\omega^2\cos\omega t$$

$(2m_1+m)g=F'_N$ 为静反力。而 $2m_1 e\omega^2\cos\omega t=F''_N$ 为附加动反力。

当 $\omega t=0$ 时，全反力 $\boldsymbol{F}_N$ 最大，其值为

$$F_{N\max} = (2m_1 + m)g + 2m_1 e\omega^2$$

当 $\omega t=\pi$ 时，全反力 $\boldsymbol{F}_N$ 最小，其值为

$$F_{N\min} = (2m_1 + m)g - 2m_1 e\omega^2$$

振动器对土壤的压力与 $\boldsymbol{F}_N$ 等值、反向。

【例 11-2】 小船质量是 m_1，长度是 l，人的质量是 m_2。起初人站在静止的船尾部，后来走到船头重新站定，如图 11-2 所示。求此过程小船的位移。不计水的阻力。

解 考虑在静水中的小船和人所组成的系统。这个系统不受水平外力，所以在水平方向的质心运动守恒。因为开始时质心是静止的，所以质心位置保持不变，即

$$x_{C0} = x_C \tag{1}$$

如图 11-2 所示建立固定坐标系 Oxy，设 y 轴通过初始时刻小船的质心，依题意有：$x_{10}=0$，$x_{20}=-l/2$；设人从船头走到船尾的过程中，小船向前走了 x，则有：$x_1=x$，$x_2=x_1+l/2=x+l/2$。分别写出系统始、末位置的质心坐标 x_{C0}、x_C

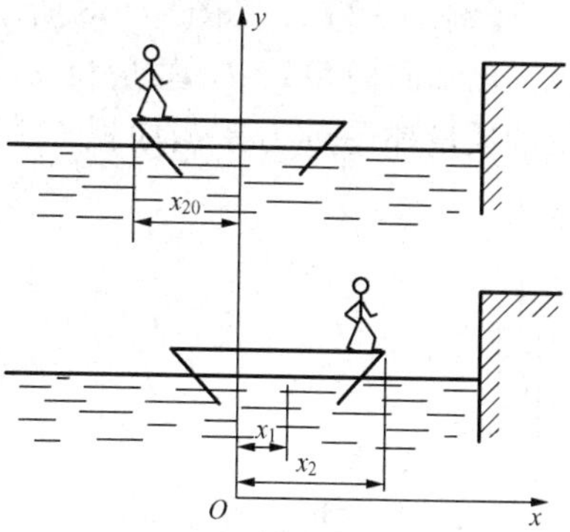

图 11-2

$$x_{C0} = \frac{m_1 x_{10} + m_2 x_{20}}{m_1 + m_2} = \frac{-m_2 l/2}{m_1 + m_2},$$

$$x_C = \frac{m_1 x_1 + m_2 x_2}{m_1 + m_2} = \frac{m_1 x + m_2(x + l/2)}{m_1 + m_2}$$

代入方程（1）并经整理有

$$(m_1 + m_2)x = -m_2 l$$

从而求得

$$x = -\frac{m_2 l}{m_1 + m_2}$$

负号说明，小船的位移和 x 轴正方向相反。

11.1.2 动量与冲量

（一）动量

物体之间往往有机械运动的相互传递。例如人们打台球，母球给目标球一个冲击力，使目标球获得速度，母球也改变了原来的运动状态。而物体在进行机械运动传递时产生的相互作用力不仅与物体的速度变化有关，而且还与物体的质量有关。例如，一颗高速飞行的子弹，虽然它的质量不大，但击中目标时，产生很大的冲击力；质量很大的桩锤，在打桩时，虽然它的落锤速度不大，但是它可以将桩打入地基。据此，可以用质点的质量与速度的乘积，来表征质点的这种运动的强弱。

质点的质量与速度的乘积称为质点的**动量**，即

$$\boldsymbol{p} = m\boldsymbol{v} \tag{11-5}$$

动量是矢量，其方向与速度的方向相同。在国际单位制中，动量的单位为千克·米/秒（kg·m/s）或牛顿·秒（N·s）。

质点系中所有各质点动量的矢量和（主矢）称为该质点系的动量，即

$$\boldsymbol{p} = \sum m_i \boldsymbol{v}_i \tag{11-6}$$

将式（11-1）两边对时间 t 求导数，得到 $m\boldsymbol{v}_C = \sum m_i \boldsymbol{v}_i$，于是有

$$\boldsymbol{p} = \sum m_i \boldsymbol{v}_i = m\boldsymbol{v}_C \tag{11-7}$$

即**质点系的动量等于质点系的总质量与其质心速度的乘积**。用这个结果计算刚体及刚体系的动量特别方便。

【例 11-3】 如图 11-3 所示，椭圆规机构由均质曲柄 OA、规尺 BD 及滑块 B 和 D 组成。已知曲柄 $OA=l$，质量为 m_1，以角速度 ω 绕定轴 O 转动；$BD=2l$，质量为 $2m_1$；两滑块的质量都是 m_2。求当曲柄 OA 与水平线成角 φ 的瞬时，曲柄 OA 的动量与整个机构的动量。

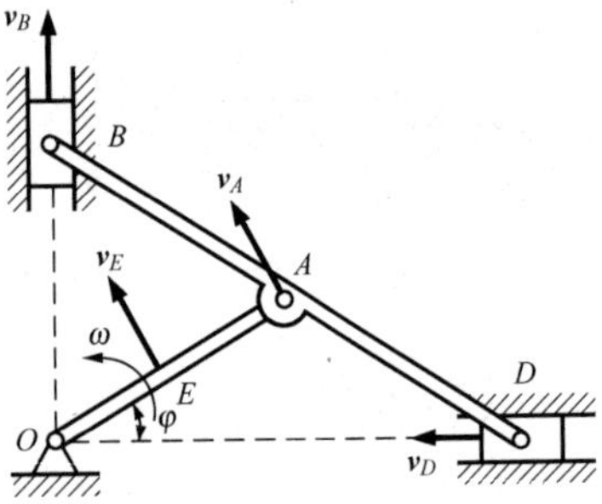

图 11-3

解 （1）曲柄 OA 的质心在中点 E，其动量的大小为

$$p_{OA} = m_1 v_E = \frac{1}{2} m_1 l\omega$$

其方向垂直于 OA，指向与 OA 的转动方向一致。

（2）整个机构的动量为

$$\boldsymbol{p} = \boldsymbol{p}_{OA} + \boldsymbol{p}_{BD} + \boldsymbol{p}_B + \boldsymbol{p}_D$$

在所讨论的瞬时，杆 BD 与两个滑块 B 和 D 的公共质心在 A 点，其动量大小为

$$p' = p_{BD} + p_B + p_D = 2(m_1 + m_2)v_A = 2(m_1 + m_2)l\omega$$

其方向垂直于 OA，指向与 ω 的转动方向一致。

所以，整个系统动量的大小为

$$p = p' + p_{OA} = 2(m_1 + m_2)l\omega + \frac{1}{2}m_1 l\omega = \frac{1}{2}(5m_1 + 4m_2)l\omega$$

方向垂直于 OA，与 ω 的转动方向一致。

【例 11-4】　如图 11-4 所示，半径均为 R，质量均为 m 的均质圆轮与圆盘分别沿水平直线作纯滚动和绕中心 O 的定轴转动，圆轮质心速度为 $\boldsymbol{v}_C$，圆盘的转动角速度为 ω，试求圆轮和圆盘的动量。

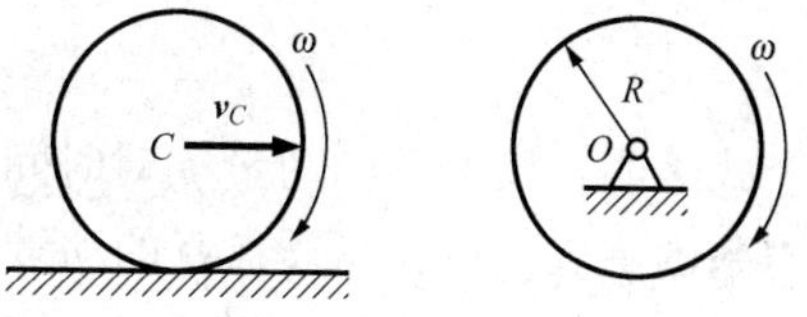

图 11-4

解　圆轮的动量为

$$\boldsymbol{p}_{轮}=m\boldsymbol{v}_C$$

圆盘的动量为

$$\boldsymbol{p}_{盘}=m\boldsymbol{v}_C=0$$

由此可见，质点系的动量只是描述质点系随质心运动的一个运动量，它不能描述相对于质心的运动。

（二）力的冲量

从日常实践可知，物体运动状态的改变，不仅与作用于物体上的力的大小和方向有关，而且与力作用的时间长短有关。例如，工人用手推一辆停在轨道上的小车，即使推力不大，但经过一段时间后就能使小车得到一定的速度，而且推的时间越长，小车的速度越大。又如，子弹在枪膛内受到由于火药爆炸所产生的气体推力的作用，虽然作用时间短，但推力大，使子弹在出枪口时获得很大的速度。如果作用力是常量，我们用力与作用时间的乘积来衡量力在这段时间内积累的作用。作用力与作用时间的乘积称为常力的冲量。以 $\boldsymbol{F}$ 表示此常力，作用时间为 t，则此力的冲量为

$$\boldsymbol{I}=\boldsymbol{F}t$$

冲量是矢量，它的方向与常力的方向一致。

如果作用力 $\boldsymbol{F}$ 是变量，在微小时间间隔 $\mathrm{d}t$ 内，力 $\boldsymbol{F}$ 的冲量称为元冲量，即

$$\mathrm{d}\boldsymbol{I}=\boldsymbol{F}\mathrm{d}t \tag{11-8}$$

在 t_1 到 t_2 时间间隔内，变力 $\boldsymbol{F}$ 的冲量则为

$$\boldsymbol{I}=\int_{t_1}^{t_2}\boldsymbol{F}\mathrm{d}t \tag{11-9}$$

在国际单位制中，冲量的单位牛顿·秒（N·s）。它与动量的单位相同。在冲击、爆炸等现象中，时间过程很短，作用力极大，难以估计，但其冲量却是有限值。利用冲量的概念将给这类问题的动力学分析提供方便。

11.1.3　动量定理·冲量定理

（一）动量定理的微分形式

设有 n 个质点组成的质点系，其中任一质点 M_i 的质量为 m_i，速度为 $\boldsymbol{v}_i$。根据式（11-7），该质点系的动量为

$$\boldsymbol{p}=\sum m_i\boldsymbol{v}_i=m\boldsymbol{v}_C$$

上式两端对时间求导，得

$$\frac{\mathrm{d}\boldsymbol{p}}{\mathrm{d}t}=m\boldsymbol{a}_C$$

再结合质心运动定理即式（11-2），则有

$$\frac{\mathrm{d}\boldsymbol{p}}{\mathrm{d}t}=\sum \boldsymbol{F}_i^{(\mathrm{e})} \tag{11-10}$$

上式表明：质点系的动量 $\boldsymbol{p}$ 对时间 t 的导数等于作用在质点系上的所有外力的矢量和，即外力系的主矢。这就是**质点系的动量定理**。

在具体计算时，常将上式写成投影形式。例如，投影到固定的直角坐标轴上，有

$$\frac{\mathrm{d}p_x}{\mathrm{d}t}=\sum F_x^{(\mathrm{e})},\quad \frac{\mathrm{d}p_y}{\mathrm{d}t}=\sum F_y^{(\mathrm{e})},\quad \frac{\mathrm{d}p_z}{\mathrm{d}t}=\sum F_z^{(\mathrm{e})} \tag{11-11}$$

（二）动量定理的积分形式

将式（11-10）分离变量，并在瞬时 t_1 至 t_2 这段时间内积分，得

$$\boldsymbol{p}_2-\boldsymbol{p}_1=\sum\int_{t_1}^{t_2}\boldsymbol{F}_i^{(\mathrm{e})}\,\mathrm{d}t=\sum \boldsymbol{I}_i^{(\mathrm{e})} \tag{11-12}$$

这就是动量定理的积分形式，也称质点系的冲量定理。它表明：质点系的动量在任一时间间隔内的变化，等于在同一时间内作用于该质点系所有外力冲量的矢量和。

将式（11-12）投影到直角坐标轴上，有

$$p_{2x}-p_{1x}=\sum I_x^{(\mathrm{e})},\quad p_{2y}-p_{1y}=\sum I_y^{(\mathrm{e})},\quad p_{2z}-p_{1z}=\sum I_z^{(\mathrm{e})} \tag{11-13}$$

由质点系的动量定理表明，质点系的内力不能改变整个质点系的动量，只可能引起质点系中各质点动量的变化；要改变整个质点系的动量只能依靠外力，所以，应用质点系的动量定理求解动力学问题时，不需要分析内力。例如人在车厢内用力推箱壁并不能加快车的行驶速度。

（三）质点系的动量守恒定理

由动量定理可以得出下列两个推论：

（1）当 $\sum \boldsymbol{F}_i^{(\mathrm{e})}=0$ 时，由式（11-10）得

$$\boldsymbol{p}=\text{常矢量}$$

这表明：若作用于质点系上的所有外力的矢量和恒等于零，则质点系的动量保持不变。

（2）当 $\sum F_x^{(\mathrm{e})}=0$ 时，由式（11-11）得

$$p_x=\text{常量}$$

这表明：若作用于质点系的所有外力在某轴上投影的代数和恒等于零，则质点系的动量在该轴上的投影保持不变。

上述结论，称为**质点系的动量守恒定理**。

质点是质点系的一种特殊情况，故以上关于质点系的动量定理也同样适用于求解质点的动力学问题。

（四）动量定理与质心运动定理的关系

由式（11-10）和式（11-2），可统一表示为

$$\frac{\mathrm{d}\boldsymbol{p}}{\mathrm{d}t}=\sum \boldsymbol{F}_i^{(\mathrm{e})}=m\boldsymbol{a}_C$$

可见质点系的动量定理与质心运动定理是等价的。

11.1.4 质点系动量定理的应用

（一）流体在管道中流动时的动压力

现在应用质点系的动量定理，来分析流体在管道中流动时所产生的动压力问题。这类问

题在流体输送工程中有重要意义。

设有不可压缩流体在变截面的弯曲管道中作定常流动。所谓**定常流动**是指管内各处的速度分布不随时间而变化的流动。管中流体每单位时间流过的体积（体积流量）q_V 为常量，流体每单位体积的质量（密度）ρ 也是常量。

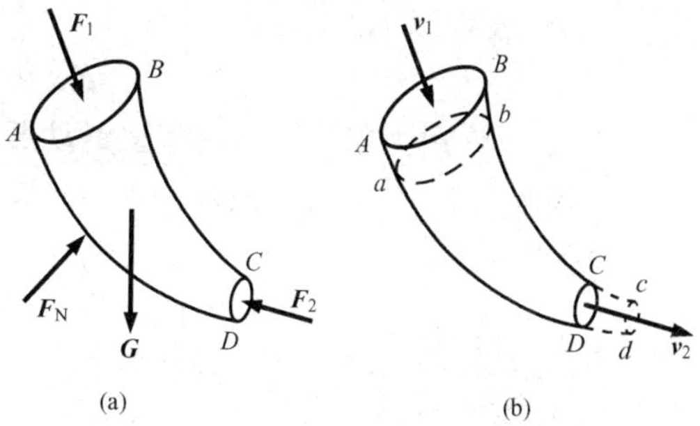

图 11 - 5

现取弯曲管道 $ABCD$ 所包含的这部分流体作为研究对象，如图 11 - 5（a）所示。作为一个质点系的这部分流体所受的外力有：流体的自重 $\boldsymbol{G}$，管壁的反力 $\boldsymbol{F}_N$，以及进口截面 AB、出口截面 CD 上的流体压力 $\boldsymbol{F}_1$、$\boldsymbol{F}_2$（这些力都是分布力的合力）。

在瞬时 t，上述这部分流体的动量记作 $\boldsymbol{p}_{ABCD}$。经过微小的时间间隔 Δt，流体运动到了 $abcd$ 位置，如图 11 - 5（b）所示，这时这部分流体的动量记作 $\boldsymbol{p}_{abcd}$。于是，在时间间隔 Δt 内质点系动量增量为

$$\Delta \boldsymbol{p} = \boldsymbol{p}_{abcd} - \boldsymbol{p}_{ABCD} = (\boldsymbol{p}_{abCD} + \boldsymbol{p}_{CDdc}) - (\boldsymbol{p}_{ABba} + \boldsymbol{p}_{abCD})$$

由于流动是定常的，公共部分 $abCD$ 中流速的分布不变，因此其中流体的动量也保持不变。因而，上式成为

$$\Delta \boldsymbol{p} = \boldsymbol{p}_{CDdc} - \boldsymbol{p}_{ABba}$$

设在进口和出口截面处流体的速度为 v_1 和 v_2，管道的截面积为 A_1 和 A_2，则有

$$q_V = A_1 v_1 = A_2 v_2 = 常量$$

$ABba$ 部分和 $CDdc$ 部分流体的质量分别为

$$\Delta m_1 = \rho A_1 v_1 \Delta t = \rho q_V \Delta t$$

$$\Delta m_2 = \rho A_2 v_2 \Delta t = \rho q_V \Delta t$$

因此，它们的动量分别为

$$\boldsymbol{p}_{ABba} = (\rho A_1 v_1 \Delta t)\boldsymbol{v}_1 = \rho q_V \Delta t \boldsymbol{v}_1$$

$$\boldsymbol{p}_{CDdc} = (\rho A_2 v_2 \Delta t)\boldsymbol{v}_2 = \rho q_V \Delta t \boldsymbol{v}_2$$

从而

$$\Delta \boldsymbol{p} = \rho q_V \Delta t \boldsymbol{v}_2 - \rho q_V \Delta t \boldsymbol{v}_1 = \rho q_V \Delta t(\boldsymbol{v}_2 - \boldsymbol{v}_1)$$

动量对时间的变化率为

$$\frac{\mathrm{d}\boldsymbol{p}}{\mathrm{d}t} = \lim_{\Delta t \to 0} \frac{\Delta \boldsymbol{p}}{\Delta t} = \rho q_V(\boldsymbol{v}_2 - \boldsymbol{v}_1)$$

根据质点系的动量定理式（11 - 10），并注意到 $\sum \boldsymbol{F}_i = \boldsymbol{G} + \boldsymbol{F}_1 + \boldsymbol{F}_2 + \boldsymbol{F}_N$，得到

$$\rho q_V(\boldsymbol{v}_2 - \boldsymbol{v}_1) = \boldsymbol{G} + \boldsymbol{F}_1 + \boldsymbol{F}_2 + \boldsymbol{F}_N \tag{a}$$

或写作

$$\rho q_V \boldsymbol{v}_1 - \rho q_V \boldsymbol{v}_2 + \boldsymbol{G} + \boldsymbol{F}_1 + \boldsymbol{F}_2 + \boldsymbol{F}_N = 0 \tag{11 - 14}$$

式（11 - 14）称为欧拉方程。

可以把管壁的动反力 $\boldsymbol{F}_N$ 分成 $\boldsymbol{F}'_N$ 和 $\boldsymbol{F}''_N$ 两部分：其中 $\boldsymbol{F}'_N$ 是由流体重量、进口和出口截面上流体压力所引起的，而 $\boldsymbol{F}''_N$ 则是由于流体的动量变化所引起的。显然

$$\boldsymbol{G} + \boldsymbol{F}_1 + \boldsymbol{F}_2 + \boldsymbol{F}'_N = 0 \tag{b}$$

式（a）减去式（b），得到

$$\boldsymbol{F}''_{\mathrm{N}} = \rho q_V(\boldsymbol{v}_2 - \boldsymbol{v}_1) \tag{11-15}$$

$\boldsymbol{F}''_{\mathrm{N}}$ 的反作用力就是流体对管壁的动压力。

设截面 1-1、2-2 的面积分别为 A_1 和 A_2，由不可压缩流体的连续性定律知

$$q_V = A_1 v_1 = A_2 v_2$$

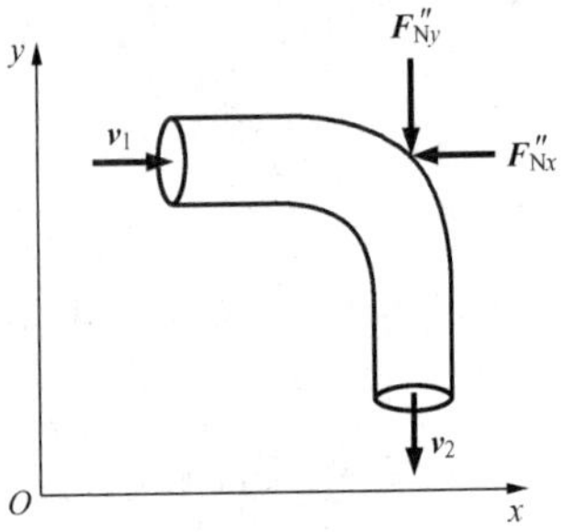

图 11-6

因此，只要知道流速和管道的截面尺寸，即可求得流体对管壁的动压力。

如图 11-6 为一管轴线位于水平面内的等截面直角形弯管。当流体被迫改变流动方向时，对管壁施加有附加的作用力，它的大小等于管壁对流体的约束动反力，即

$$F''_{\mathrm{N}x} = -\rho q_V(0 - v_1) = \rho q_V v_1 = \rho A_1 v_1^2$$

$$F''_{\mathrm{N}y} = -\rho q_V(-v_2 - 0) = \rho q_V v_2 = \rho A_2 v_2^2$$

由此可见，当流速很高或管道截面积很大时，动压力很大，在管道的弯头处应该安装支座。

（二）动量守恒问题

【例 11-5】 大炮的炮身重 $G=8\text{kN}$，炮弹重 $G_1=40\text{N}$，炮筒倾角 30°，从击发至炮弹离开炮筒所需时间 $t=0.05\text{s}$，炮弹出口速度 $v=500\text{m/s}$，由于射击时间很短，所有的摩擦力的影响可以忽略不计。求炮身反坐速度及地面对炮身的平均铅直反力。

解 取炮身与炮弹为一质点系来考察。作用于质点系外力有重力 $\boldsymbol{G}_1$、$\boldsymbol{G}$，地面的铅直反力 $\boldsymbol{R}$，选坐标轴 x、y 如图 11-7 所示。由于发射过程中外力在 x 轴上的投影始终为零，所以整个质点系的动量在 x 轴上的投影保持不变。发射前，炮身与炮弹静止不动，质点系的动量等于零；发射后，质点系动量在 x 轴上的投影仍然为零。设发射后的炮身的反坐速度为 v'，则有

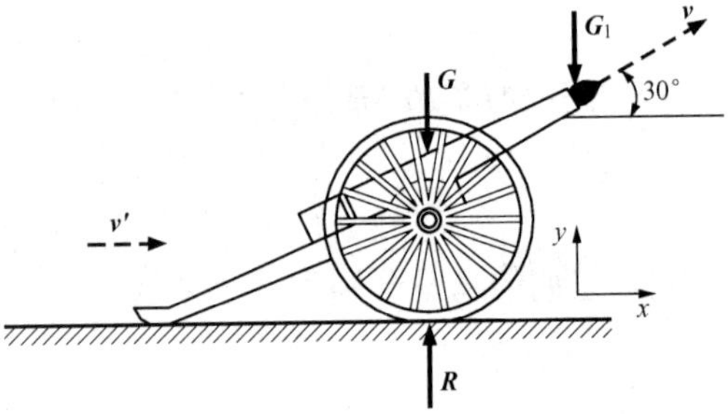

图 11-7

$$\frac{G}{g}v' + \frac{G_1}{g}v\cos30° = 0$$

移项并代入各已知值，得

$$v' = -\frac{0.04}{8} \times 500 \times \frac{\sqrt{3}}{2} = -2.16(\text{m/s})$$

负号表示炮身向后退，所以称为“反坐”。

又由 $p_{2y} - p_{1y} = \sum I_y^{(e)}$，有

$$\frac{G_1}{g}v\sin30° - 0 = (R - G - G_1)t$$

代入各已知值，得

$$R = G + G_1 + \frac{G_1}{g}\frac{v\sin30°}{t} = 8 + 0.04 + \frac{0.04}{9.8} \times \frac{500 \times 0.5}{0.05} = 28.5(\text{kN})$$

11.2 动量矩定理

在上一节中我们提到，绕通过质心的固定轴而转动的物体，不论它转动多快，整个物体动量为零。可见，质点系的动量仅描述了质点系运动中随质心的平动部分；而相对质心运动部分，可用另一个物理量——动量矩来描述。本节将介绍质点系动量矩的变化量与作用在质点系上外力之间的关系。在引入转动惯量的概念之后，将定理应用于研究刚体的定轴转动及平面运动，分别推导出刚体定轴转动微分方程及刚体平面运动微分方程。

11.2.1 动量矩

动量矩是度量质点或质点系对某点或某轴运动强度的一个物理量。其定义和计算与力矩的定义和计算完全一致。只要在原来力矩的定义及有关力矩的各种计算公式中，将力换成动量，即可完全适用于动量矩的计算。

（一）质点的动量矩

设质点 M 某瞬时的动量为 $m\boldsymbol{v}$，对固定点 O 的位置矢径为 $\boldsymbol{r}$，其坐标为 $\boldsymbol{r}(x,\ y,\ z)$，如图 11-8 所示。类似于力对点之矩，将质点的动量 $m\boldsymbol{v}$ 对点 O 的矩，定义为**质点对点 O 的动量矩**，记为

$$\boldsymbol{L}_O=\boldsymbol{M}_O(m\boldsymbol{v})=\boldsymbol{r}\times m\boldsymbol{v} \tag{11-16}$$

质点对点 O 的动量矩是矢量，其方位垂直于 $\boldsymbol{r}$ 和 $m\boldsymbol{v}$ 矢量所决定的平面，指向按右手螺旋法则确定。

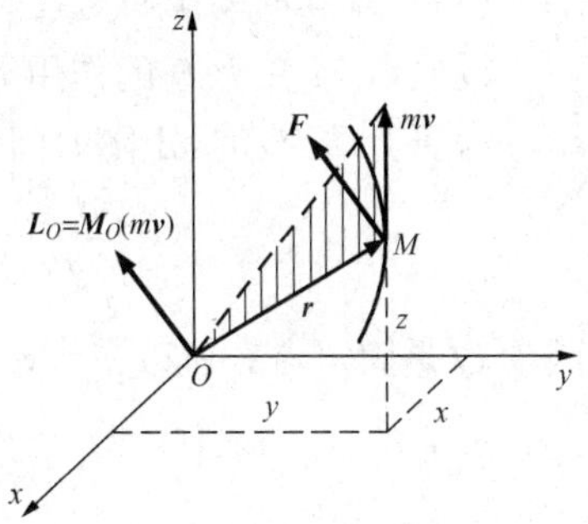

图 11-8

类似于力矩关系定理，可得到质点的动量对通过点 O 的固定轴之矩为

$$\left.\begin{aligned}L_x&=M_x(m\boldsymbol{v})=[\boldsymbol{r}\times m\boldsymbol{v}]_x=ymv_z-zmv_y\\L_y&=M_y(m\boldsymbol{v})=[\boldsymbol{r}\times m\boldsymbol{v}]_y=zmv_x-xmv_z\\L_z&=M_z(m\boldsymbol{v})=[\boldsymbol{r}\times m\boldsymbol{v}]_z=xmv_y-ymv_x\end{aligned}\right\} \tag{11-17}$$

并分别称为质点对固定轴 x，y，z 的动量矩。

在国际单位制中，动量矩的单位为千克·米^2/秒（$kg\cdot m^2/s$）。

（二）质点系的动量矩

质点系中所有各质点的动量对于任选的固定点 O 的矩的矢量和，称为**质点系对点 O 的动量矩**，记为

$$\boldsymbol{L}_O=\sum\boldsymbol{M}_O(m_i\boldsymbol{v}_i)=\sum\boldsymbol{r}_i\times m_i\boldsymbol{v}_i \tag{11-18}$$

其中 m_i、$\boldsymbol{v}_i$、$\boldsymbol{r}_i$ 分别为质点 M_i 的质量、速度和对于点 O 的位置矢径。

相似地，质点系中所有各质点的动量对于任一固定轴的矩的代数和，称为**质点系对于该轴的动量矩**，即

$$L_z=\sum M_z(m_i\boldsymbol{v}_i) \tag{11-19}$$

同样，类似于力矩关系定理，有

$$[\boldsymbol{L}_O]_z=\sum[\boldsymbol{M}_O(m_i\boldsymbol{v}_i)]_z=\sum M_z(m_i\boldsymbol{v}_i)=L_z \tag{11-20}$$

即质点系对固定点 O 的动量矩在通过该点的某轴上的投影等于质点系对该轴的动量矩。

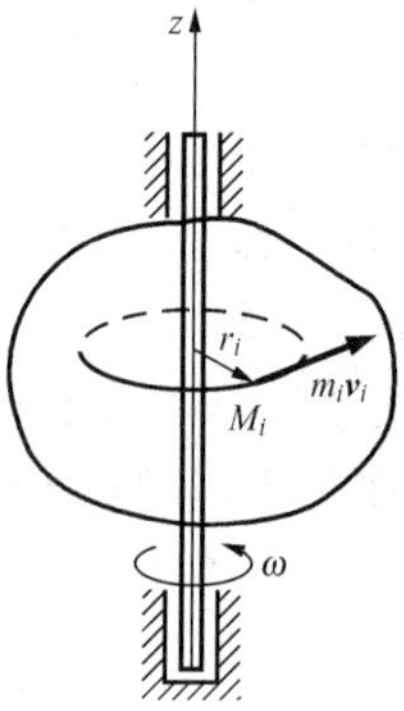

图 11-9

（三）定轴转动刚体的动量矩

设刚体以角速度 ω 绕固定轴 z 转动，如图 11-9 所示。刚体内任一点 M_i 的质量为 m_i，到转轴的距离为 r_i，速度为 $\boldsymbol{v}_i$。则质点 M_i 的动量 $m_i\boldsymbol{v}_i$ 对轴 z 的动量矩为

$$M_z(m_i\boldsymbol{v}_i) = m_iv_ir_i = m_ir_i^2\omega$$

而整个刚体对转轴 z 的动量矩为

$$L_z = \sum M_z(m_i\boldsymbol{v}_i) = \sum m_ir_i^2\omega = (\sum m_ir_i^2)\omega$$

注意到 $\sum m_i\boldsymbol{r}_i^2 = J_z$ 是刚体对转轴 z 的转动惯量，故

$$L_z = J_z\omega \tag{11-21}$$

即作定轴转动的刚体对于转轴的动量矩，等于刚体对于转轴的转动惯量与角速度的乘积。

11.2.2 动量矩定理

（一）质点的动量矩定理

设质点 M 在力 $\boldsymbol{F}$ 的作用下运动，它对固定点 O 的动量矩是 $\boldsymbol{L}_O = \boldsymbol{r}\times m\boldsymbol{v}$，如图 11-8 所示。为研究质点动量矩随时间的变化率与所受力之间的关系，将 $\boldsymbol{L}_O$ 对时间 t 求导

$$\frac{\mathrm{d}\boldsymbol{L}_o}{\mathrm{d}t} = \frac{\mathrm{d}}{\mathrm{d}t}(\boldsymbol{r}\times m\boldsymbol{v}) = \frac{\mathrm{d}\boldsymbol{r}}{\mathrm{d}t}\times m\boldsymbol{v} + \boldsymbol{r}\times\frac{\mathrm{d}}{\mathrm{d}t}(m\boldsymbol{v}) \tag{a}$$

因为 O 是固定点，所以 $\frac{\mathrm{d}\boldsymbol{r}}{\mathrm{d}t} = \boldsymbol{v}$；上式右边第一项等于零。又由动量定理 $\frac{\mathrm{d}}{\mathrm{d}t}(m\boldsymbol{v}) = \boldsymbol{F}$，于是式（a）成为

$$\frac{\mathrm{d}}{\mathrm{d}t}(\boldsymbol{r}\times m\boldsymbol{v}) = \boldsymbol{r}\times\boldsymbol{F}$$

或写作

$$\frac{\mathrm{d}\boldsymbol{L}_O}{\mathrm{d}t} = \boldsymbol{M}_O(\boldsymbol{F}) \tag{11-22}$$

将式（11-22）两边投影到固定直角坐标轴上，并注意到力矩关系定理，得到

$$\frac{\mathrm{d}L_x}{\mathrm{d}t} = M_x(\boldsymbol{F}),\quad \frac{\mathrm{d}L_y}{\mathrm{d}t} = M_y(\boldsymbol{F}),\quad \frac{\mathrm{d}L_z}{\mathrm{d}t} = M_z(\boldsymbol{F}) \tag{11-23}$$

式（11-22）和式（11-23）表明，质点动量对任一固定点（或轴）的矩随时间的变化率，等于质点所受的力对该固定点（或轴）的矩。这就是**质点的动量矩定理**。

（二）质点系的动量矩定理

质点的动量矩定理很容易推广到质点系。对质点系的每一个质点都可以写出对同一固定点 O 且类似于式（11-22）的方程。将这些方程全部相加，并把作用在质点上的力分成外力 $\boldsymbol{F}_i^{(e)}$ 和内力 $\boldsymbol{F}_i^{(i)}$，则可得到

$$\sum\frac{\mathrm{d}}{\mathrm{d}t}(\boldsymbol{r}_i\times m_i\boldsymbol{v}_i) = \sum(\boldsymbol{r}_i\times\boldsymbol{F}_i) = \sum(\boldsymbol{r}_i\times\boldsymbol{F}_i^{(i)}) + \sum(\boldsymbol{r}_i\times\boldsymbol{F}_i^{(e)})$$

交换求和、求导的运算次序，并且考虑到内力总是成对出现，每一对内力对任一点之矩的矢量和恒等于零，因而有 $\sum(\boldsymbol{r}_i\times\boldsymbol{F}_i^{(i)}) \equiv 0$，于是可得

$$\frac{\mathrm{d}}{\mathrm{d}t}[\sum(\boldsymbol{r}_i\times m_i\boldsymbol{v}_i)] = \sum(\boldsymbol{r}_i\times\boldsymbol{F}_i^{(e)}) = \sum\boldsymbol{M}_O(\boldsymbol{F}_i^{(e)})$$

即

$$\frac{\mathrm{d}\boldsymbol{L}_O}{\mathrm{d}t}=\boldsymbol{M}_O^{(e)} \tag{11-24}$$

若将式（11－24）投影到固定坐标轴上，则有

$$\frac{\mathrm{d}L_x}{\mathrm{d}t}=M_x^{(e)},\quad \frac{\mathrm{d}L_y}{\mathrm{d}t}=M_y^{(e)},\quad \frac{\mathrm{d}L_z}{\mathrm{d}t}=M_z^{(e)} \tag{11-25}$$

式（11－24）和式（11－25）表明，质点系对任一固定点或固定轴的动量矩随时间的变化率，等于质点系所受的外力对该固定点或固定轴的矩的矢量和（即外力主矩）或代数和。这就是质点系的动量矩定理。

由此可见，质点系的内力不能改变质点系的动量矩，只有作用于质点系的外力才能使质点系的动量矩发生改变。

（三）动量矩守恒定理

与上节相仿，有下列两种特殊情况：

（1）当 $\boldsymbol{M}_O^{(e)}=0$ 时，则有 $\boldsymbol{L}_O=$常矢量；

（2）当 $M_z^{(e)}=0$ 时，则有 $L_z=$常量。

可见，如果质点系所受所有外力对固定点（或固定轴）的矩的矢量和（或代数和）恒等于零，则质点系对同一点（或同一轴）的动量矩保持不变。这个结论称为**质点系动量矩守恒定理**，它给出了动量矩守恒的条件。显然该守恒定理对单个质点也适用。

11.2.3 质点系相对于质心的动量矩定理

上述动量矩定理是在规定矩心（或矩轴）为固定点（或固定轴）的情况下得到的。但在实际问题中，常常要求讨论刚体绕动点的转动规律，这就需要建立质点系对动点的动量矩定理。可以证明，质点系对质心的动量矩定理与质点系对固定点的动量矩定理有完全相同的形式，即有

$$\frac{\mathrm{d}\boldsymbol{L}_C}{\mathrm{d}t}=\boldsymbol{M}_C^{(e)} \tag{11-26}$$

质点系对质心的动量矩 $\boldsymbol{L}_C$ 对时间的导数等于质点系的外力对质心的主矩 $\boldsymbol{M}_C^{(e)}$，这就是**质点系相对于质心的动量矩定理**。

将式（11－26）投影到随同质心平动的坐标轴 x'、y'、z'上，得到质点系相对于质心的动量矩定理的投影形式为

$$\frac{\mathrm{d}}{\mathrm{d}t}L_{Cx'}=M_{Cx'}^{(e)},\quad \frac{\mathrm{d}}{\mathrm{d}t}L_{Cy'}=M_{Cy'}^{(e)},\quad \frac{\mathrm{d}}{\mathrm{d}t}L_{Cz'}=M_{Cz'}^{(e)} \tag{11-27}$$

由式（11－26）及式（11－27）可知：如果 $\boldsymbol{M}_C^{(e)}\equiv 0$（或 $M_{Cz'}^{(e)}\equiv 0$），则有 $\boldsymbol{L}_C\equiv$常矢量（或 $L_{Cz'}\equiv$常量）。即如质点系的外力对质心（或过质心的轴）之矩恒等于零，则质点系对质心（或对过质心的轴）的动量矩守恒。

11.2.4 动量矩定理应用举例

【例 11-6】 两个转子 A 和 B 分别以角速度 ω_A 和 ω_B 绕同一轴线 Ox 转动，它们对转轴的转动惯量分别为 J_A 和 J_B，如图 11－10 所示。现用离合器将两转子突然结合在一起，求接合后两转子的公共角速度 ω。

解 考察由两个转子所组成的质点系。在转子以不同角速度 ω_A 和 ω_B 转动到接合在一起以相同角速度 ω 转动这个短暂的过程中，作用于质点系的外力对 x 轴的矩等于零。因此，该质点系对 x 轴的动量矩保持不变。

考虑到定轴转动刚体的动量矩表达式（11 - 21），有

$$J_A\omega_A + J_B\omega_B = (J_A + J_B)\omega$$

由此解得

$$\omega = \frac{J_A\omega_A + J_B\omega_B}{J_A + J_B}$$

【例 11 - 7】 如图 11 - 11 所示，卷扬机鼓轮质量 m_1，半径 r，可绕过鼓轮中心 O 的水平轴转动。鼓轮上绕一绳，绳的一端悬挂一质量为 m_2 的重物。鼓轮视为均质。今在鼓轮上作用一不变力偶矩 M，试求重物上升的加速度。

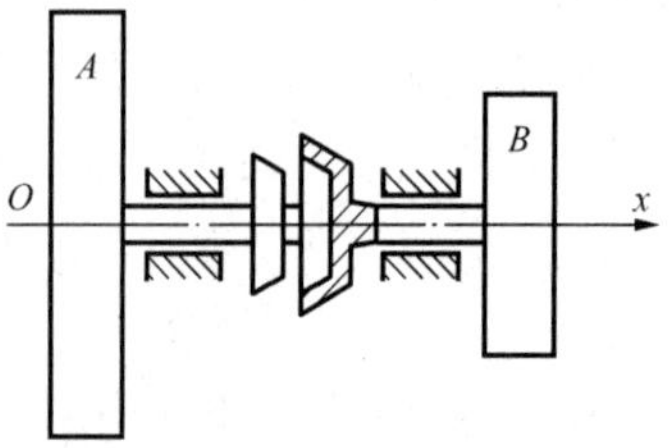

图 11 - 10

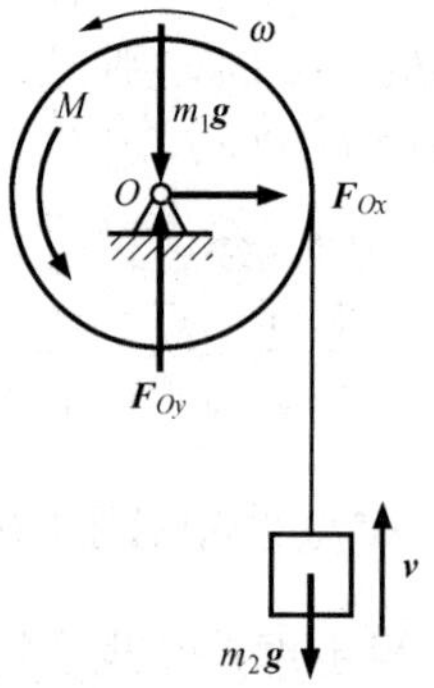

图 11 - 11

解 以鼓轮和重物构成的质点系为研究对象。

（1）受力分析：如图 11 - 11 所示质点系所受的外力有重力 $m_1\boldsymbol{g}$ 和 $m_2\boldsymbol{g}$，力偶矩 M 及轴承约束反力 $\boldsymbol{F}_{Ox}$、$\boldsymbol{F}_{Oy}$。质点系的外力对轴 O 的矩为

$$M_O^{(e)} = M - m_2 gr$$

（2）运动分析：设重物在任一时刻具有向上的速度 v，设绳不可伸长，则鼓轮具有角速度 $\omega=\frac{v}{r}$。

质点系的动量对轴 O 的矩为

$$L_O = J_O\omega + m_2 v \times r = \frac{1}{2}m_1 r^2 \times \frac{v}{r} + m_2 rv = \frac{1}{2}(m_1 + 2m_2)rv$$

（3）由动量矩定理 $\frac{\mathrm{d}L_O}{\mathrm{d}t}=M_O^{(e)}$，有

$$\frac{1}{2}(m_1 + 2m_2)r \times \frac{\mathrm{d}v}{\mathrm{d}t} = M - m_2 gr$$

由上式得重物上升的加速度

$$a = \frac{\mathrm{d}v}{\mathrm{d}t} = \frac{2(M - m_2 gr)}{(m_1 + 2m_2)r}$$

11.3 刚体定轴转动微分方程与平面运动微分方程

11.3.1 刚体定轴转动微分方程

现在应用质点系的动量矩定理来推导刚体定轴转动的微分方程。设有一刚体在主动力 $\boldsymbol{F}_1$、$\boldsymbol{F}_2$、…、$\boldsymbol{F}_n$ 作用下绕定轴 Oz 转动，它的角速度为 ω，对轴的转动惯量为 J_z，如图 11-12 所示。则刚体对 z 轴的动量矩为

$$L_z = J_z\omega$$

将 L_z 值代入质点系对轴的动量矩定理式（11-25），考虑到刚体对固连其上的 z 轴的转动惯量为常量，可得

$$J_z\alpha = M_z \tag{11-28a}$$

或者

$$J_z\frac{\mathrm{d}\omega}{\mathrm{d}t} = M_z \tag{11-28b}$$

或者

$$J_z\frac{\mathrm{d}^2\varphi}{\mathrm{d}t^2} = M_z \tag{11-28c}$$

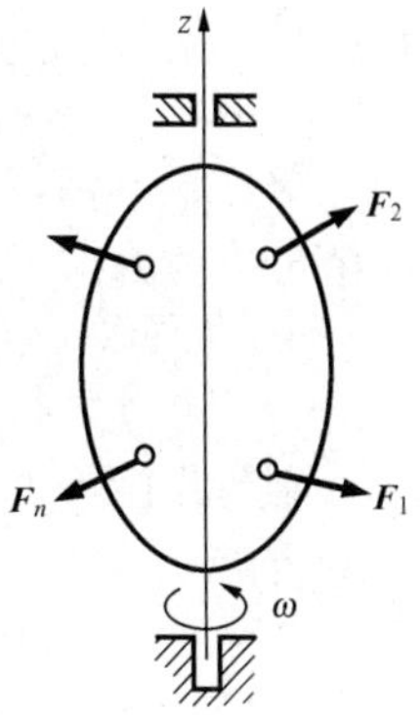

图 11-12

上式称为刚体定轴转动的微分方程。应用上式解题时，应注意力矩的正负号，可先规定转角 φ 的正向，力矩的转向与转角正向相同时取正号，反之为负号。在不计摩擦的情况下，转轴 z 的约束反力通过 z 轴，对 z 轴的矩为零，所以这些力在式（11-28）中不出现，M_z 为作用于转动刚体的主动力系对 z 轴之矩的代数和。

定轴转动刚体的动量矩表达式 $L_z=J_z\omega$ 与平动刚体的动量表达式 $\boldsymbol{p}=m\boldsymbol{v}$，以及刚体定轴转动的微分方程 $J_z\alpha=M_z$ 与平动刚体的运动微分方程 $m\boldsymbol{a}=\sum\boldsymbol{F}_i$，两相对照可见，有关转动的物理量（如 ω、α、M_z 等）与有关平动的物理量（如 $\boldsymbol{v}$、$\boldsymbol{a}$、$\sum\boldsymbol{F}_i$ 等）之间有着一一对应的关系，而转动惯量 J_z 则恰好与质量 m 相对应。可见转动惯量与质量相仿，也是刚体惯性的度量。质量是刚体平动时惯性的度量，转动惯量则是刚体转动时惯性的度量，转动惯量这一术语正是表达了这个意义。

【例 11-8】 如图 11-13 所示，已知滑轮半径为 R，转动惯量为 J，带动滑轮的胶带拉力为 $\boldsymbol{F}_1$ 和 $\boldsymbol{F}_2$。求滑轮的角加速度 α。

解 根据刚体绕定轴的转动微分方程有

$$J\alpha = (F_1 - F_2)R$$

于是得

$$\alpha = \frac{(F_1 - F_2)}{J}$$

由上式可见，只有当定滑轮为匀速转动（包括静止）或虽为非匀速转动，但可忽略滑轮的转动惯量时，跨过定滑轮的胶带拉力才是相等的。

【例 11-9】 如图 11-14 中物理摆（或称为复摆）的质量为 m，C 为其质心，摆对悬挂点的转动惯量为 J_O。求微小摆动的周期。

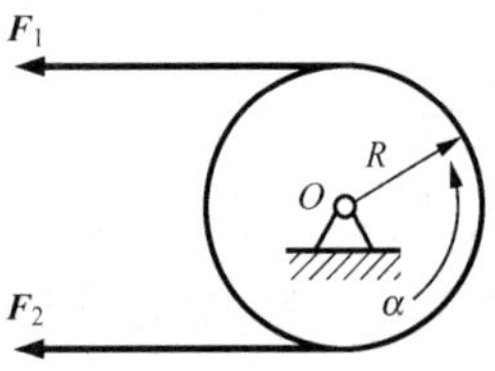

图 11 - 13

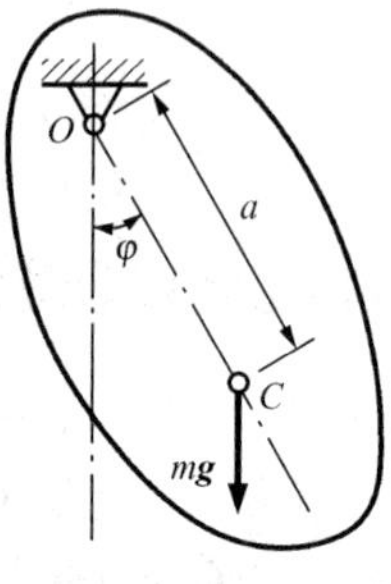

图 11 - 14

解 设 φ 角以逆时针方向为正。当 φ 角为正时，重力对点 O 之矩为负。由此，摆的转动微分方程为

$$J_O\frac{\mathrm{d}^2\varphi}{\mathrm{d}t^2}=-mga\sin\varphi$$

刚体作微小摆动，有 $\sin\varphi\approx\varphi$，于是转动微分方程可写为

$$J_O\frac{\mathrm{d}^2\varphi}{\mathrm{d}t^2}=-mga\varphi$$

或

$$\frac{\mathrm{d}^2\varphi}{\mathrm{d}t^2}+\frac{mga}{J_O}\varphi=0$$

此方程的解为

$$\varphi=\varphi_0\sin\left(\sqrt{\frac{mga}{J_O}}t+\theta\right)$$

φ_0 称为角振幅，θ 是初相位角，它们都由运动初始条件确定。摆动周期为

$$T=2\pi\sqrt{\frac{J_O}{mga}}$$

工程中可用上式，通过测定零件（如曲柄、连杆等）的摆动周期，以计算其转动惯量。

【例 11 - 10】 飞轮的半径 $r=25\mathrm{cm}$，对转轴 O 的转动惯量 $J_O=2.45\mathrm{kg\cdot m^2}$。今在飞轮以转速 $n=2000\mathrm{r/min}$ 绕 O 转动［图 11 - 15（a）］时加制动闸，闸块对轮缘作用正压力 $F_N=490\mathrm{N}$。已知闸块与轮缘之间的摩擦因数 $f'=0.8$，不计轴承上的摩擦和空气阻力，试求开始加闸制动到飞轮停止转动所需的时间。

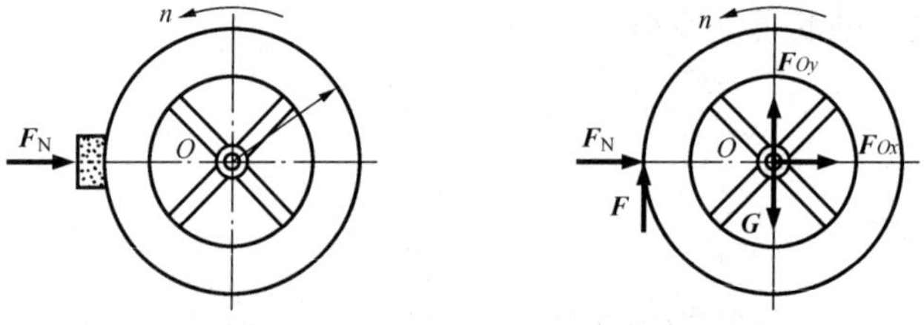

(a) (b)

图 11 - 15

解 以飞轮为研究对象，作用在它上的外力有：重力 $\boldsymbol{G}$，轴承反力 $\boldsymbol{F}_{Ox}$ 和 $\boldsymbol{F}_{Oy}$，正压力

$\boldsymbol{F}_N$ 以及滑动摩擦力 $\boldsymbol{F}$ [图 11-15 (b)]。前四个力的作用线都通过转轴 O，于是，飞轮的转动微分方程为

$$J_O \frac{\mathrm{d}\omega}{\mathrm{d}t} = -Fr$$

将 $F=f'F_N=$常量，代入上式并进行积分，则有

$$J_O\int_{\omega}^{0}\mathrm{d}\omega = -f'F_N r\int_{0}^{t}\mathrm{d}t$$

从而求得

$$J_O\omega = f'F_N rt$$

最后求得开始加闸到飞轮停止转动所需的时间为

$$t = \frac{J_O\omega}{f'F_N r}$$

把 $\omega=\frac{\pi n}{30}$以及其他已知数值代入上式，得

$$t = \frac{J_O}{f'F_N r}\times\frac{\pi n}{30} = \frac{2.45\times 2000\times\pi}{0.8\times 490\times 0.25\times 30} = 5.24(\mathrm{s})$$

11.3.2 刚体平面运动微分方程

平面运动刚体的位置，可由基点的位置与刚体绕基点的转角确定。在运动学里，基点是任意选的。在动力学的研究中，必须将刚体的运动和它所受的力联系起来。此时，只有通过质心运动定理把刚体质心的运动与外力的主矢联系起来；通过相对于质心的动量矩定理将刚体的转动与外力系的主矩联系起来。因此，在动力学中必须选取质心 C 作为基点，如图 11-16 所示，它的坐标为 x_C，y_C。设 M 为刚体上任意一点，CM 与 x 轴的夹角为 φ，则刚体的位置可由 x_C，y_C 和 φ 确定。刚体的运动分解为随质心 C 的平动和绕质心轴 Cz' 的转动两部分。

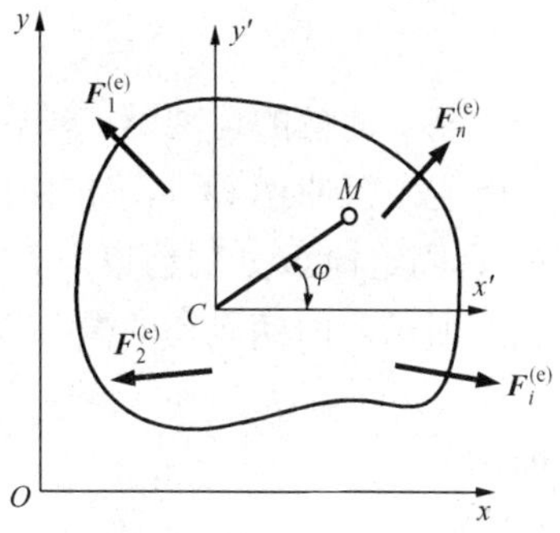

图 11-16

图 11-16 中 $Cx'y'$为固连于质心 C 的平动参考系，平面运动相对于此动系的运动就是绕质心轴 Cz'（过质心且垂直于运动平面的轴）的转动，则刚体对质心的动量矩为

$$L_C = J_C\omega$$

其中 J_C 是刚体对质心轴 Cz'（角标 Cz'简记为 C）的转动惯量，ω 为其角速度。

设在刚体上作用的外力可向质心所在的运动平面简化为一平面力系 $\boldsymbol{F}_1^{(e)}$，$\boldsymbol{F}_2^{(e)}$，…，$\boldsymbol{F}_n^{(e)}$，于是由质心运动定理和相对于质心的动量矩定理，有

$$m\boldsymbol{a}_C = \sum \boldsymbol{F}_i^{(e)},\quad J_C\alpha = \sum M_C[\boldsymbol{F}^{(e)}] \tag{11-29}$$

其中 m 是刚体的质量，$\boldsymbol{a}_C$ 是质心的加速度，$\alpha=\frac{\mathrm{d}\omega}{\mathrm{d}t}$为刚体的角加速度。上式也可写成

$$m\frac{\mathrm{d}^2\boldsymbol{r}_C}{\mathrm{d}t^2} = \sum \boldsymbol{F}_i^{(e)},\quad J_C\frac{\mathrm{d}^2\varphi}{\mathrm{d}t^2} = \sum M_C[\boldsymbol{F}^{(e)}] \tag{11-30}$$

以上两式称为刚体的平面运动微分方程。应用时，前一式取其投影式，如投影到直角坐标轴上有

$$\left.\begin{aligned} m\ddot{x}_C &= \sum F_x^{(e)} \\ m\ddot{y}_C &= \sum F_y^{(e)} \\ J_C\ddot{\varphi} &= M_C^{(e)} \end{aligned}\right\} \tag{11-31}$$

刚体的平面运动微分方程可以用来解决平面运动范围内（包括平面运动、定轴转动）的动力学的两类问题。

【例 11-11】 行星机构的曲柄 OO_1 受力矩 M 作用而绕固定铅直轴 O 转动，并带动齿轮 O_1 在固定水平齿轮 O 上滚动，如图 11-17（a）所示，设曲柄 OO_1 为匀质杆，长 l，重 $\boldsymbol{G}$，齿轮 O_1 为匀质圆盘，半径为 r，重 $\boldsymbol{G}_1$，试求曲柄的角加速度及两齿轮接触处沿切线方向的力。

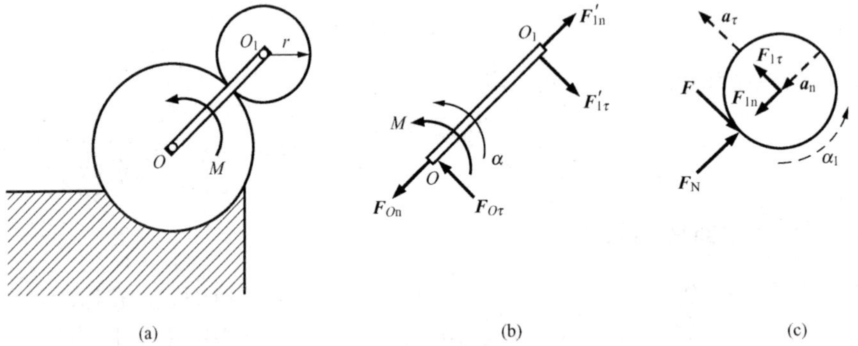

图 11-17

解 曲柄的运动是定轴转动，齿轮 O_1 的运动是平面运动。将两个物体分开来考察。

先考察曲柄 OO_1，作用于曲柄的力矩及力有：力矩 M，齿轮 O_1 作用于曲柄的力 $\boldsymbol{F}'_{1n}$ 及 $\boldsymbol{F}'_{1\tau}$，固定轴 O 处的约束力 $\boldsymbol{F}_{On}$、$\boldsymbol{F}_{O\tau}$，重力及其他垂直于图平面的力不予考虑，如图 11-17（b）所示。曲柄运动的微分方程为

$$J_O\alpha = M - F'_{1\tau}l$$

即

$$\frac{Gl^2}{3g}\alpha = M - F'_{1\tau}l \tag{1}$$

再考虑齿轮 O_1，作用于齿轮的力有曲柄的作用力 $\boldsymbol{F}_{1n}$ 及 $\boldsymbol{F}_{1\tau}$，固定齿轮的作用力 $\boldsymbol{F}$ 及 $\boldsymbol{F}_N$，垂直于图平面的力不予考虑，如图 11-17（c）所示。令齿轮中心 O_1 在垂直于 OO_1 方向的加速度为 $\boldsymbol{a}_\tau$，沿 OO_1 方向的加速度为 $\boldsymbol{a}_n$，齿轮的角加速度为 α_1，方向如图 11-17 所示。齿轮对中心轴的转动惯量为 $J_1 = \frac{G_1r^2}{2g}$，于是有

$$\frac{G_1}{g}a_\tau = F_{1\tau} - F \tag{2}$$

$$J_1\alpha_1 = Fr, \quad 即\frac{G_1r}{2g}\alpha_1 = F \tag{3}$$

因 $F_{1\tau} = F'_{1\tau}$，由运动学关系有

$$a_\tau = r\alpha_1 = l\alpha \tag{4}$$

求解以上方程，可得

$$\alpha=\frac{6Mg}{(2G+9G_1)l^2},\quad F=\frac{3G_1M}{(2G+9G_1)l}$$

11.4　动力学普遍定理的综合应用举例

动力学普遍定理的综合应用主要是指动量定理、动量矩定理和动能定理以及运动微分方程的综合应用。如前所述，每一个普遍定理各自建立了质点或质点系的某一方面的运动特征量（如动量、动量矩和动能）和与之相对应的力的特征量（如力系的主矢、主矩和力系的功）之间的关系，即它们从不同方面反映了物体机械运动的一般规律。因此各个定理既有共性，又有各自的特点和适用范围。例如，动量和动量矩定理为矢量形式，不仅能求出运动量的大小，还能求出它们的方向；质点系动量和动量矩的变化只取决于外力系的主矢和主矩而与内力无关。而动能定理却是标量形式，不反映运动量的方向性，做功的力则包含外力和内力，但在一般情况下不出现约束反力。

为了正确、灵活地运用普遍定理解决动力学问题，首先要熟练地掌握各个定理，同时，要对所选研究对象的受力情况、运动情况、已知条件及所求问题有一个清楚的分析和认识，然后再决定选择什么定理来建立动力学方程。在一般情况下，如须求解的未知量是运动量，通常首先考虑选用动能定理；对物体系统更应如此，因为此时可用整体研究，且在方程中不出现未知的约束反力，使求解过程得以简便。当然，对于有单一固定轴的系统，还可以选用动量矩定理。而如果须求解的未知量是力，通常考虑选用质心运动定理（或动量定理）或动量矩定理求解。

动力学问题类型众多，难点各异，不便更具体地定出几条固定的解题原则。同学们只有多看勤练，在实践过程中，善于分析，不断总结，就能逐步提高综合应用能力。

【例 11-12】　匀质圆盘可绕 O 轴在铅直面内转动，它的质量为 m，半径为 R。圆盘的质心 C 点上连接一刚性系数为 k 的水平弹簧，弹簧的另一端固定在 A 点，$CA=2R$ 为弹簧原长，圆盘在常力偶矩 M 作用下，由最低位置无初速地绕 O 轴向上转动，如图 11-18 所示，试求圆盘在到达最高位置时，轴承 O 的反力。

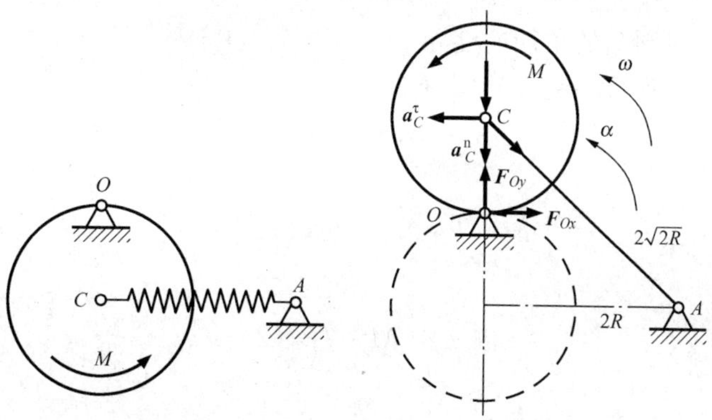

图 11-18

解 本题要求的最终结果是轴承 O 的约束反力。求约束力，宜用质心运动定理。但在应用质心运动定理之前，必须先求出质心的加速度 a_C^τ、a_C^n，也就是应先求出圆盘转到最高位置时的角速度 ω 和角加速度 α。为此，宜用动能定理求 ω。可是，最高位置是个特殊位置，不能用最高位置时的 ω 求导的办法来求 α，考虑到圆盘是定轴转动，可用转动微分方程求 α。于是可确定解题方案是：用动能定理求圆盘由最低位置转到最高位置时的角速度 ω，用转动微分方程求最高位置时圆盘的角加速度 α，从而求出质心的加速度，再应用质心运动定理求约束力 $\boldsymbol{F}_{Ox}$、$\boldsymbol{F}_{Oy}$。

（1）求圆盘由最低位置转到最高位置时的角速度 ω。

圆盘的动能

$$T_0 = 0$$

$$T = \frac{1}{2}J_O\omega^2 = \frac{1}{2}\left(\frac{1}{2}mR^2 + mR^2\right)\omega^2 = \frac{3}{4}mR^2\omega^2$$

作用在圆盘上的力系做功有三种：

重力做的功

$$W_1 = -mg \cdot 2R = -2mgR$$

弹性力做的功

$$\delta_1 = 0,\quad \delta_2 = 2\sqrt{2}R - 2R = 2R(\sqrt{2} - 1)$$

$$W_2 = \frac{1}{2}k(\delta_1^2 - \delta_2^2) = -2kR^2(3 - 2\sqrt{2})$$

力偶做的功

$$W_3 = M\varphi = M\pi$$

所有主动力做功之和为

$$W_{12} = W_1 + W_2 + W_3 = M\pi - 2mgR - 2kR^2(3 - 2\sqrt{2})$$

根据动能定理 $T-T_0=W_{12}$，有

$$\frac{3}{4}mR^2\omega^2 - 0 = M\pi - 2mgR - 2kR^2(3 - 2\sqrt{2})$$

解得

$$\omega^2 = \frac{4}{3}\frac{[M\pi - 2mgR - 2kR^2(3 - 2\sqrt{2})]}{mR^2}$$

（2）求最高位置时圆盘的角加速度 α。

由定轴转动微分方程 $J_O\alpha=\sum M_O^{(e)}$，有

$$J_O\alpha = M - F\cos45^\circ \cdot R$$

而

$$F = k \cdot \delta_2 = 2kR(\sqrt{2} - 1)$$

于是

$$\frac{3}{2}mR^2\alpha = M - kR^2(2 - \sqrt{2})$$

解得

$$\alpha = \frac{2}{3}\frac{[M - kR^2(2 - \sqrt{2})]}{mR^2}$$

（3）求质心的加速度

质心的切向和法向加速度分别为

$$a_C^{\tau} = R\alpha = \frac{2}{3}\frac{[M - kR^2(2-\sqrt{2})]}{mR}$$

$$a_C^{n} = R\omega^2 = \frac{4}{3}\frac{[M\pi - 2mgR - 2kR^2(3-2\sqrt{2})]}{mR}$$

（4）用质心运动定理求约束力

根据质心运动定理有

$$ma_{Cx} = \sum F_x,\quad -ma_C^{\tau} = F_{Ox} + F\cos 45^\circ$$

$$F_{Ox} = -ma_C^{\tau} - F\cos 45^\circ = -\left[kR(2-2\sqrt{2}) + \frac{2}{3}\cdot\frac{M - kR^2(2-\sqrt{2})}{R}\right]$$

又

$$ma_{Cy} = \sum F_y,\quad -ma_C^{n} = F_{Oy} - mg - F\sin 45^\circ$$

$$F_{Oy} = mg + F\sin 45^\circ - ma_C^{n}$$

$$= mg + kR(2-\sqrt{2}) - \frac{4}{3}\cdot\frac{M\pi - 2mgR - 2kR^2(3-2\sqrt{2})}{R}$$

【例 11 - 13】 均质细杆长为 l、质量为 m，静止直立于光滑水平面上，如图 11 - 19 所示。当杆受微小干扰而倒下时，求杆刚刚达到地面时的角速度和地面约束反力。

解 显然，宜用动能定理求杆由静止直立到刚刚达到地面时的角速度 ω；而在这个过程中，杆作平面运动，可用刚体平面运动微分方程求约束反力。

（1）求杆刚刚达到地面时的角速度 ω

杆运动过程中只有重力做功。则功和动能分别为

$$\sum W_i = mg\cdot\frac{l}{2}$$

$$T_1 = 0$$

$$T_2 = \frac{1}{2}J_A\omega^2 = \frac{1}{2}\cdot\frac{1}{3}ml^2\cdot\omega^2 = \frac{1}{6}ml^2\omega^2$$

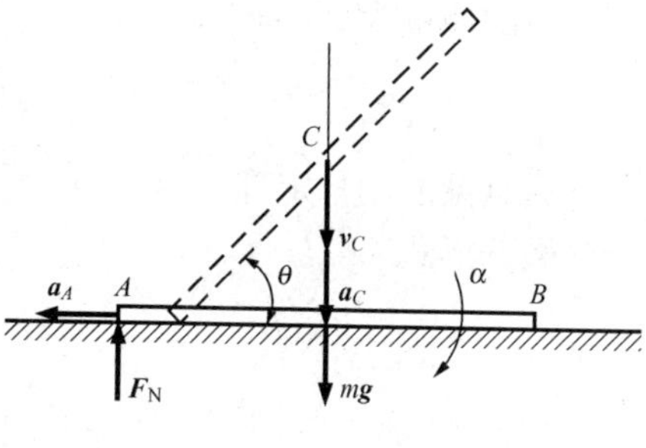

图 11 - 19

由动能定理 $T_2 - T_1 = W_{12}$，有

$$\frac{1}{6}ml^2\omega^2 - 0 = mg\,\frac{l}{2}$$

解得

$$\omega = \sqrt{\frac{3g}{l}}$$

（2）求杆刚刚达到地面时的地面约束反力

杆刚刚到达地面时受力如图 11 - 19 所示，由刚体平面运动微分方程，得

$$mg - F_N = ma_C \tag{1}$$

$$F_N\,\frac{l}{2} = J_C\alpha = \frac{1}{12}ml^2\alpha \tag{2}$$

由于地面光滑，直杆沿水平方向不受力，由质心运动守恒，$\boldsymbol{a}_C$ 为铅直向下。由运动学

知，杆到达地面时，A 点为速度瞬心，点 A 的加速度 $\boldsymbol{a}_A$ 为水平，由运动学知

$$\boldsymbol{a}_C = \boldsymbol{a}_A + \boldsymbol{a}_{CA}^{n} + \boldsymbol{a}_{CA}^{\tau}$$

沿铅直方向投影，得

$$a_C = a_{CA}^{\tau} = \frac{l}{2}\alpha \tag{3}$$

联立方程（1）、（2）、（3），解出

$$F_N = \frac{1}{4}mg$$

本 章 小 结

（一）质心运动定理

$$m\boldsymbol{a}_C = \sum \boldsymbol{F}_i^{(e)}$$

（二）质心运动守恒定理

（1）当$\sum \boldsymbol{F}_i^{(e)}=0$时，$\boldsymbol{v}_C$=常矢量；若同时又有$\boldsymbol{v}_{C0}=0$时，$\boldsymbol{r}_C$=常矢量，即质心位置不变。

（2）当$\sum F_x^{(e)}=0$时，v_{Cx}=常量；若同时又有$v_{C0x}=0$时，x_C=常量，即质心x坐标不变。

（三）动量定理

质点系的动量：

$$\boldsymbol{p} = \sum m_i \boldsymbol{v}_i = m\boldsymbol{v}_C$$

力的冲量为

$$\boldsymbol{I} = \int_{t_1}^{t_2} \boldsymbol{F} \mathrm{d}t$$

质点系的动量定理：

微分形式

$$\frac{\mathrm{d}\boldsymbol{p}}{\mathrm{d}t} = \sum \boldsymbol{F}_i^{(e)}$$

积分形式

$$\boldsymbol{p}_2 - \boldsymbol{p}_1 = \sum \int_{t_1}^{t_2} \boldsymbol{F}_i^{(e)} \mathrm{d}t = \sum \boldsymbol{I}_i^{(e)}$$

（四）动量守恒定理

当$\sum \boldsymbol{F}_i^{(e)}=0$时，$\boldsymbol{p}$=常矢量；当$\sum F_x^{(e)}=0$时，$p_x$=常量。

（五）动量矩

（1）质点对点O的动量矩是矢量$\boldsymbol{M}_O(m\boldsymbol{v})=\boldsymbol{r}\times m\boldsymbol{v}$。

（2）质点系对点O的动量矩也是矢量$\boldsymbol{L}_O=\sum \boldsymbol{M}_O(m_i\boldsymbol{v}_i)=\sum \boldsymbol{r}_i\times m_i\boldsymbol{v}_i$。

（3）若z轴通过点O，则质点系对于z轴的动量矩$L_z=\sum M_z(m_i\boldsymbol{v}_i)=[\boldsymbol{L}_O]_z$。

（4）刚体绕z轴转动的动量矩为$L_z=J_z\omega$。

（六）动量矩定理

（1）对于定点O和定轴z有$\dfrac{\mathrm{d}\boldsymbol{L}_O}{\mathrm{d}t}=\boldsymbol{M}_O^{(e)}$，$\dfrac{\mathrm{d}L_z}{\mathrm{d}t}=M_z^{(e)}$。

（2）若C为质心、$C_{z'}$轴通过质心，也有$\dfrac{\mathrm{d}\boldsymbol{L}_C}{\mathrm{d}t}=\boldsymbol{M}_C^{(e)}$，$\dfrac{\mathrm{d}}{\mathrm{d}t}L_{Cz'}=M_{Cz'}^{(e)}$。

（七）动量矩守恒定理

（1）当 $\boldsymbol{M}_O^{(e)}\equiv 0(\boldsymbol{M}_C^{(e)}\equiv 0)$ 时，则有 $\boldsymbol{L}_O=$常矢量（$\boldsymbol{L}_C\equiv$常矢量）；

（2）当 $M_z^{(e)}\equiv 0(M_{Cz'}^{(e)}\equiv 0)$ 时，则有 $L_z=$常量（$L_{Cz'}\equiv$常量）。

（八）刚体定轴转动微分方程

$$J_z\alpha = J_z\frac{\mathrm{d}\omega}{\mathrm{d}t} = J_z\frac{\mathrm{d}^2\varphi}{\mathrm{d}t^2} = M_z$$

（九）刚体平面运动微分方程

$$m\boldsymbol{a}_C = \sum \boldsymbol{F}_i^{(e)},\quad J_C\alpha = \sum M_C^{(e)}$$

即

$$\left.\begin{aligned} m\ddot{x}_C &= \sum F_x^{(e)} \\ m\ddot{y}_C &= \sum F_y^{(e)} \\ J_C\ddot{\varphi} &= M_C^{(e)} \end{aligned}\right\}$$

思　考　题

11 - 1　求图 11 - 20 所示各均质物体的动能、动量和动量矩，设各物体的质量均为 m。

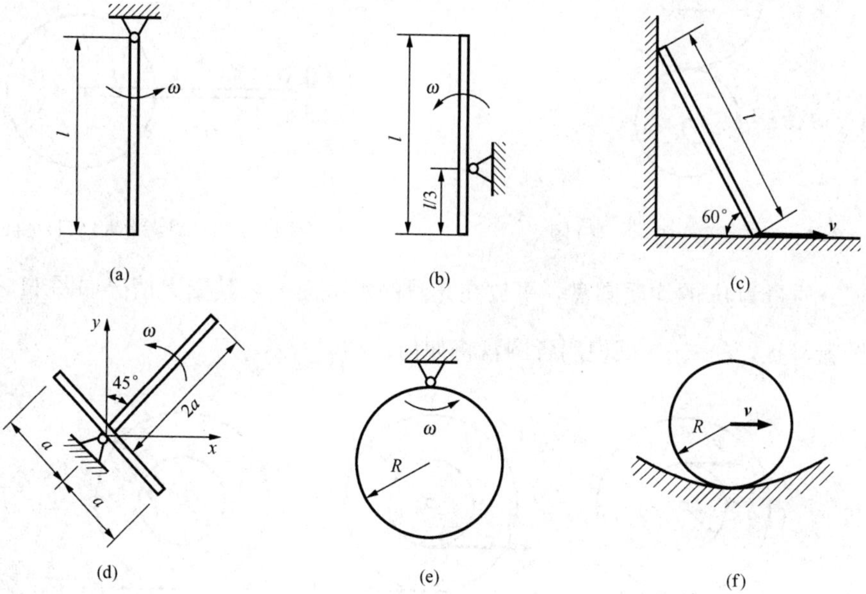

图 11 - 20　思考题 11 - 1 图

11 - 2　质点作匀速直线运动和匀速圆周运动时，其动量有无变化？为什么？

11 - 3　如果给某一运动的质点系施加一力偶，那么该质点系动量是否会发生改变？

11 - 4　二物块 A 和 B，质量分别为 m_A 和 m_B，初始静止。如 A 沿斜面下滑的相对速度为 $\boldsymbol{v}_r$，如图 11 - 21 所示。设 B 向左的速度为 $\boldsymbol{v}$，根据动量守恒定律，有

$$m_A v_r \cos\theta = m_B v$$

试判断上式是否正确。

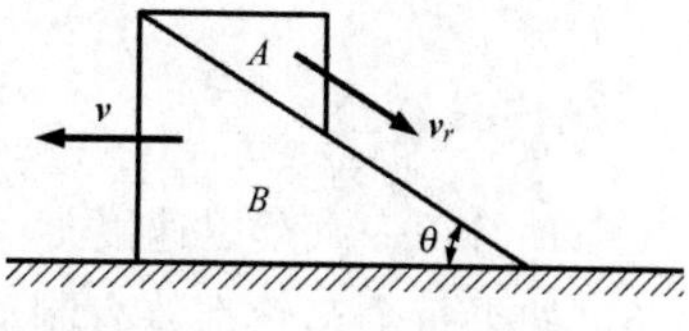

图 11 - 21　思考题 11 - 4 图

11－5 直立在光滑水平面上的均质杆，无初速地倒下，杆的质心轨迹是否是曲线？

11－6 质点系动量守恒时，其质心作什么运动？

11－7 有一火车以匀速度 $\boldsymbol{u}$ 直线行驶，车厢内一重为 $\boldsymbol{G}$ 的人以同方向、相对于车厢为 $\boldsymbol{v}$ 的速度向前行走，求该人的动量。如果人原在车上相对静止，其动量的变化是如何产生的？

11－8 何谓冲量？它与动量有什么关系？动量与冲量都是一个瞬时量吗？

11－9 细绳跨过光滑的滑轮，一猴沿绳的一端向上爬动。另一端系一砝码，砝码与猴等重。开始时系统静止。问砝码将如何运动？

11－10 如图 11－22 所示传动系统中 J_1、J_2 为轮Ⅰ、轮Ⅱ的转动惯量，轮Ⅰ的角加速度为 $\alpha_1=\dfrac{M_1}{J_1+J_2}$，试判断正确与否。

11－11 如图 11－23 所示，在铅垂面内，杆 OA 可绕轴 O 自由转动，均质圆盘可绕其质心轴 A 自由转动。如杆 OA 水平时系统静止，问自由释放后圆盘作什么运动？

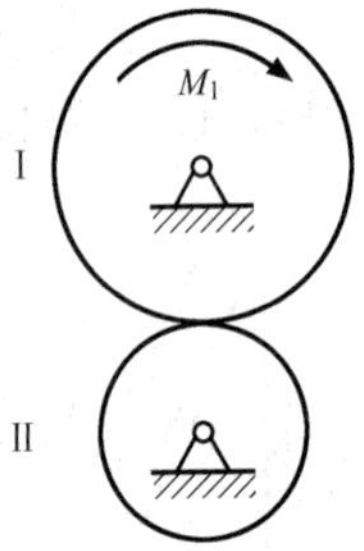

图 11－22 思考题 11－10 图

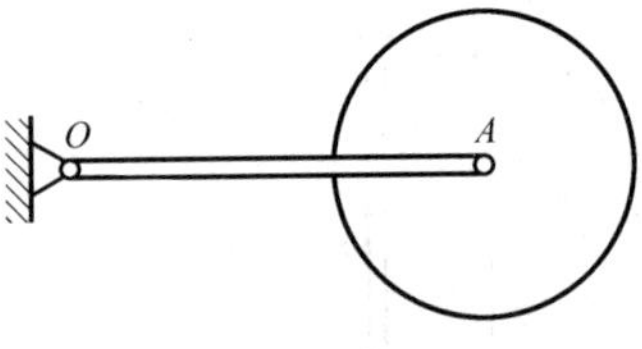

图 11－23 思考题 11－11 图

11－12 质量为 m 的均质圆盘，平放在光滑的水平面上，其受力情况如图 11－24 所示。设开始时圆盘静止，$r=\dfrac{R}{2}$。试说明各圆盘将如何运动。

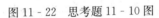

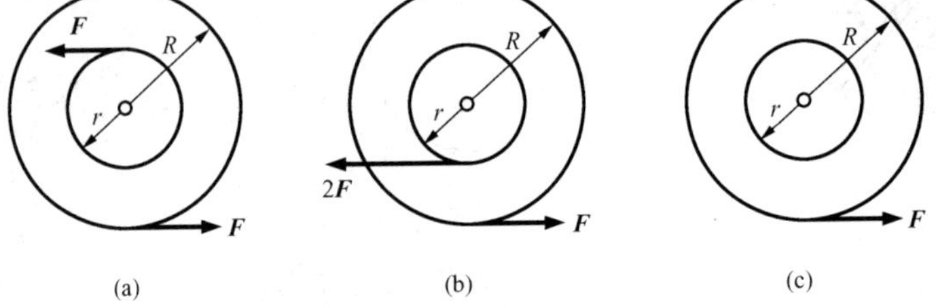

图 11－24 思考题 11－12 图

习 题

11－1 一汽车以速度 $v_0=90\text{km/h}$ 沿水平直线匀速行驶。轮胎与路面间的摩擦系数 $f=0.6$，如果每个车轮都装有制动闸，试求：

（1）使汽车停止需要多少时间；

（2）刹车过程中汽车行驶了多少路程。

11 - 2 试求图 11 - 25 所示各质点系的动量。各物体均为均质体。

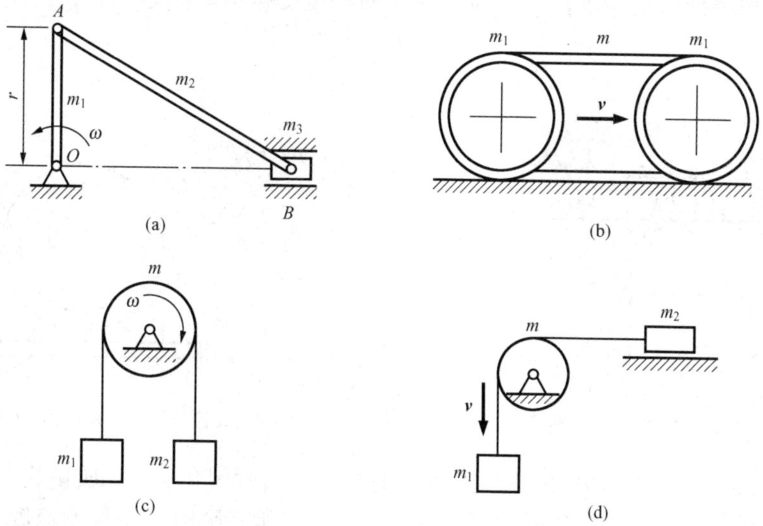

图 11 - 25 习题 11 - 2 图

11 - 3 质量分别为 $m_A=12\text{kg}$，$m_B=10\text{kg}$ 的物块 A 和 B，用一轻杆依次放在铅直墙面和水平地板上，如图 12 - 26 所示。物块 A 在一常力 $F=250\text{N}$ 的作用下，从静止开始向右运动。假设经过 1s 后，物块 A 移动了 1m，速度 $v_A=4.15\text{m/s}$。一切摩擦均可忽略，试求作用在墙面和地面的冲量。

11 - 4 如图 11 - 27 所示，质量 $m=1\text{kg}$ 的小球，以速度 $v_1=4\text{m/s}$ 与水平固定面相撞，方向与铅直线成 $\alpha=30°$ 角（入射角）。设小球弹跳的速度 $v_2=2\text{m/s}$，方向与铅直线成 $\beta=60°$ 角（反射角）。试求作用于小球的冲量。

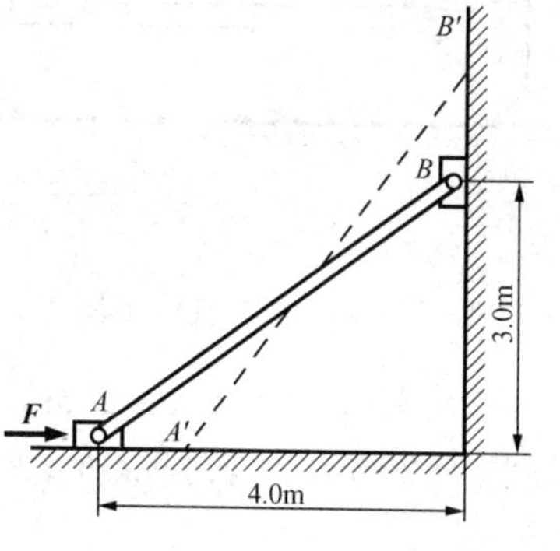

图 11 - 26 习题 11 - 3 图

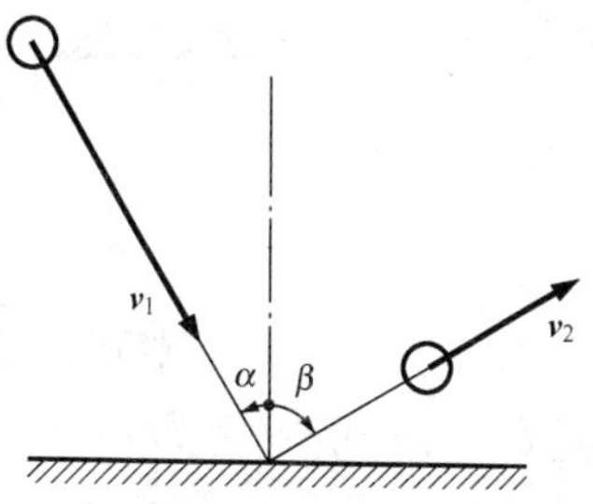

图 11 - 27 习题 11 - 4 图

11 - 5 如图 11 - 28 所示椭圆摆由一滑块 A 与小球 B 构成。滑块的质量为 m_1，可沿光滑水平面滑动；小球的质量为 m_2，用长 l 的杆 AB 与滑块相连。在运动的初瞬时，杆与铅垂线的偏角为 φ_0，滑块 A 的质心在 Oy 轴上，且无初速地将杆释放。不计杆的质量，求滑块 A 的位移 x，用偏角 φ 表示。

11-6 如图 11-29 所示质量为 m_1 的电动机，在转动轴上带动一质量为 m_2 的偏轮，偏心距为 e。如电机的角速度为 ω，试求：

（1）如电动机外壳用螺杆固定在基础上，求作用在螺杆上最大的水平反力 F_x。

（2）如不用螺杆固定，求角速度 ω 为多大时，电动机会跳离地面？

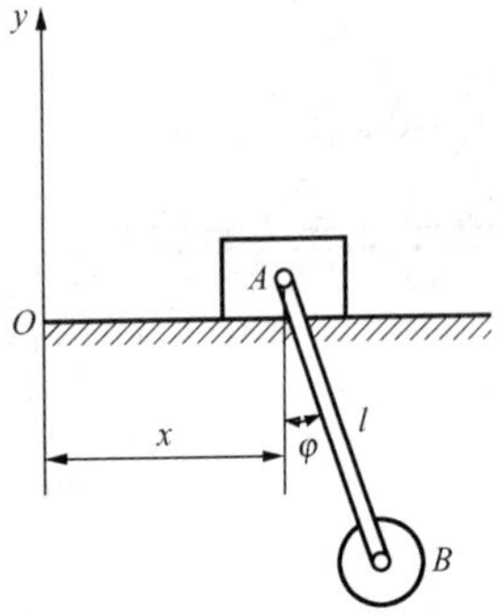

图 11-28 习题 11-5 图

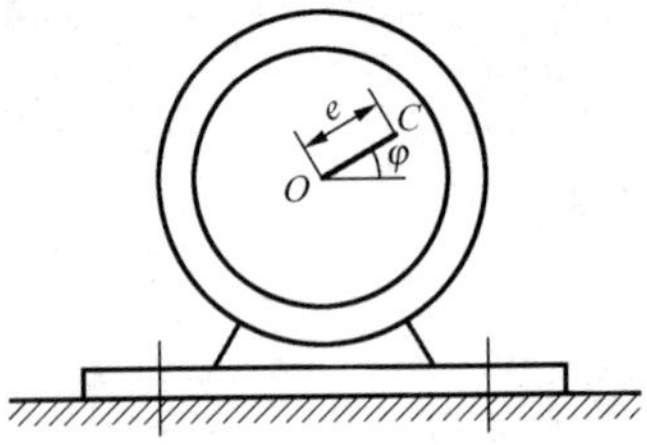

图 11-29 习题 11-6 图

11-7 质量为 m_1 的楔块 A 放在光滑水平面上，其倾斜角为 α。质量为 m_2 的杆 BD 可沿铅直导轨运动，其一端放在楔块 A 上。在图 11-30 所示瞬时，楔块的速度为 $\boldsymbol{v}_A$，加速度为 $\boldsymbol{a}_A$，求此时系统质心的速度及加速度。

11-8 如图 11-31 所示在一质量为 6000kg 的驳船上，用绞车拉动一质量为 1000kg 的箱子 A。开始时，船与箱均为静止。

（1）当箱子在船上拉过 10m 时，求驳船移动的水平距离（不计水的阻力）。

（2）设在船上测得木箱移动的速度为 3m/s，求驳船移动的速度及木箱的绝对速度。

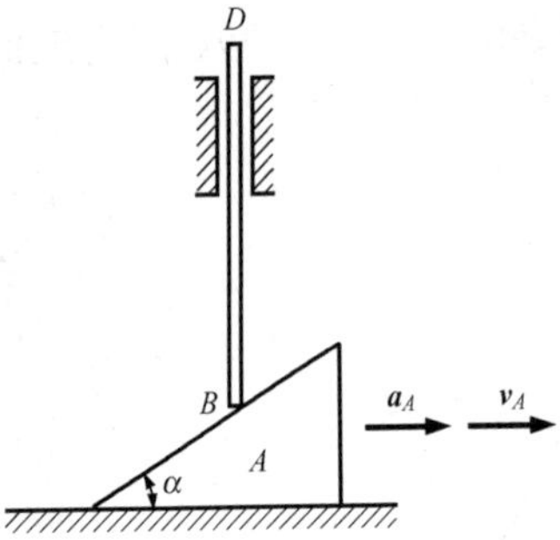

图 11-30 习题 11-7 图

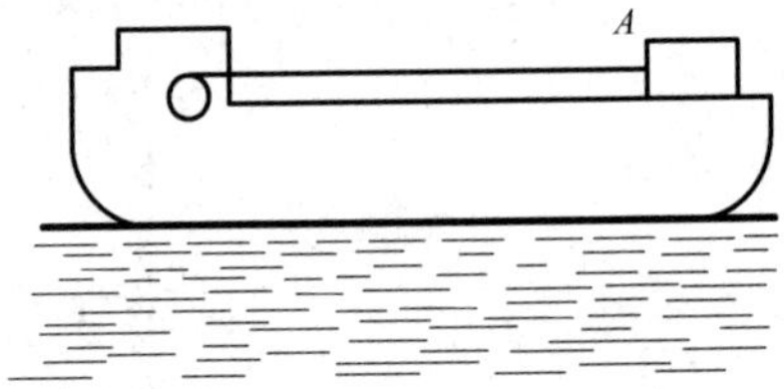

图 11-31 习题 11-8 图

11-9 砂子自漏斗 A 处以速度 $v_0=0.01\text{m/s}$ 铅垂下落，胶带的速度 $v=1.5\text{m/s}$，如图 11-32 所示。砂子的容重为 0.265N/cm^3，A 处横截面积为 200cm^2。求胶带所受的水平动压力。

11-10 图 11-33 所示施工中用喷枪浇筑混凝土衬砌。喷枪口的直径 $D=80\text{mm}$，喷射速度 $v_1=50\text{m/s}$，混凝土容重 $\gamma=21.6\text{kN/m}^3$。求喷浆对铅直壁面的动压力。

11-11 通风机的转动部分以初角速度 ω 绕其轴转动，空气的阻力矩与角速度成正比，即 $M=A\omega$，其中 A 为常数，如图 11-34 所示。如转动部分对其轴的转动惯量为 J，问经过多少时间后其转动角速度减少为初角速度的一半？在此时间内共转过多少转？

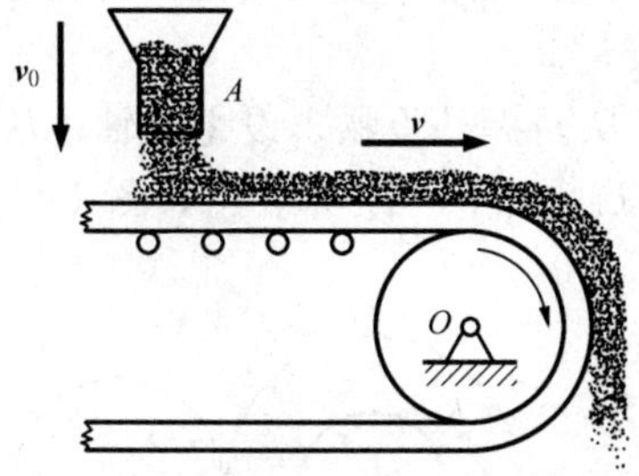

图 11 - 32　习题 11 - 9 图

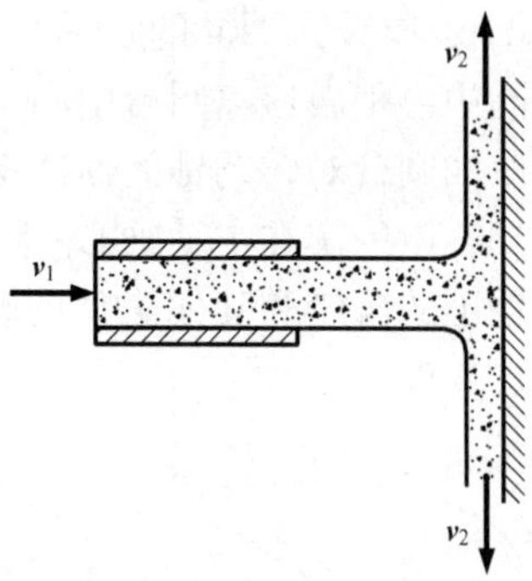

图 11 - 33　习题 11 - 10 图

11 - 12　两根质量各为 8kg 的均质细杆固连成 T 字形，可绕通过点 O 的水平轴转动，当 OA 处于水平位置时，T 形杆具有角速度 ω=4rad/s，如图 11 - 35 所示。求该瞬时轴承 O 处的约束反力。

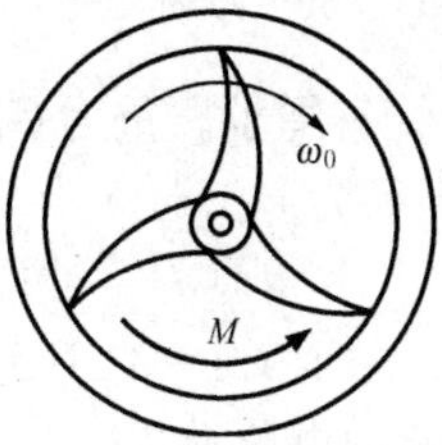

图 11 - 34　习题 11 - 11 图

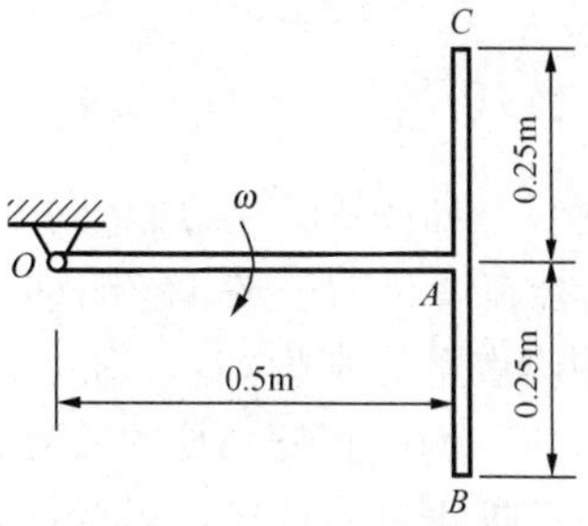

图 11 - 35　习题 11 - 12 图

11 - 13　如图 11 - 36 所示一半径为 r 的均质圆轮，在半径为 R 的圆弧面上只滚动而不滑动。初瞬时 $\theta=\theta_0$ 而 $\dot{\theta}=0$。求圆弧面作用在圆轮上的法向反力（表示为 θ 的函数）。

11 - 14　质量 M=100kg 的四角截头锥 $ABCD$ 放于光滑水平面上，质量分别为 m_1=20kg，m_2=15kg 和 m_3=10kg 的三个物块，由一条绕过截头锥上的两个滑轮的绳子相连接，如图 11 - 37 所示。试求：

（1）物块 m_1 下降 1m 时，截头锥的水平位移；

（2）若在 A 处放一木桩，求三物块运动时，木桩所受的水平力。各接触面均视为光滑的，两滑轮质量不计。

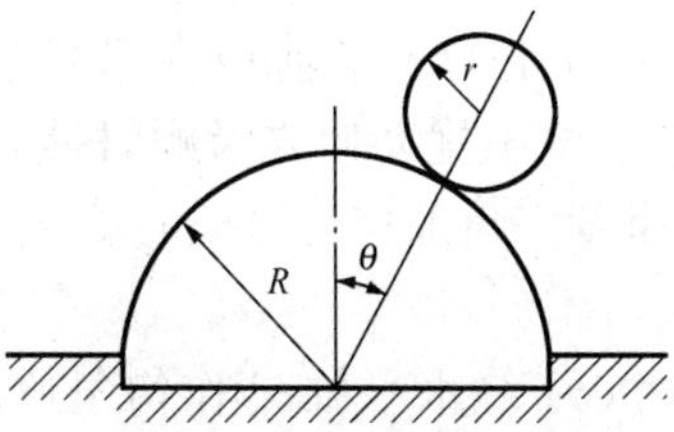

图 11 - 36　习题 11 - 13 图

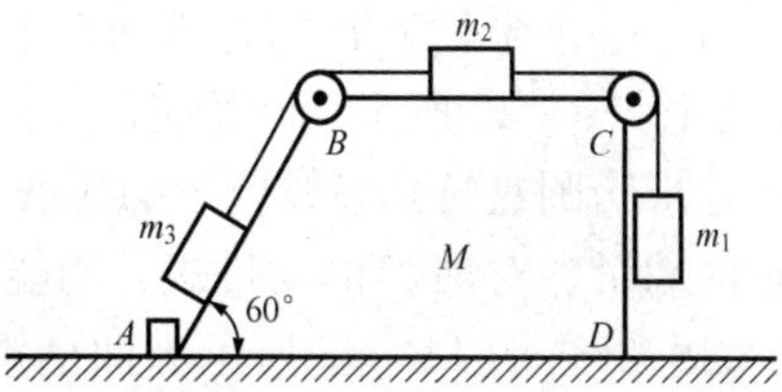

图 11 - 37　习题 11 - 14 图

11 - 15　如图 11 - 38 所示水平圆台的半径为 300mm，台面上有一过圆心的直槽 AB。

一长 200mm、质量为 1kg 的均质杆放置在直槽 AB 的正中间，圆台绕铅直轴以匀速 ω_0 转动。当杆的中心稍微偏离圆台中心，杆将沿直槽运动。求杆的一端运动至圆台边缘时圆台的角速度。已知圆台对转动轴的惯性矩为 $J=0.1\text{kg}\cdot\text{m}^2$。

11 - 16 电绞车在主动轴 O_1 上受有一力偶矩 M 从而提升重物。设主动轴、从动轴及安装于这两轴上的齿轮和其他附件的转动惯量分别为 J_{O1} 和 J_{O2}，各轮半径如图 11 - 39 所示。求重物的加速度。

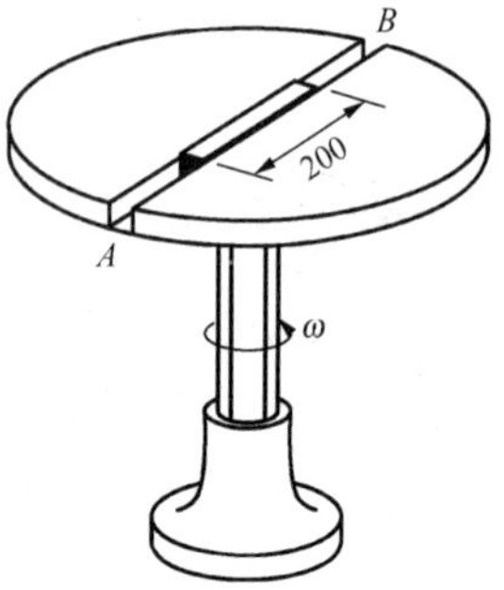

图 11 - 38 习题 11 - 15 图

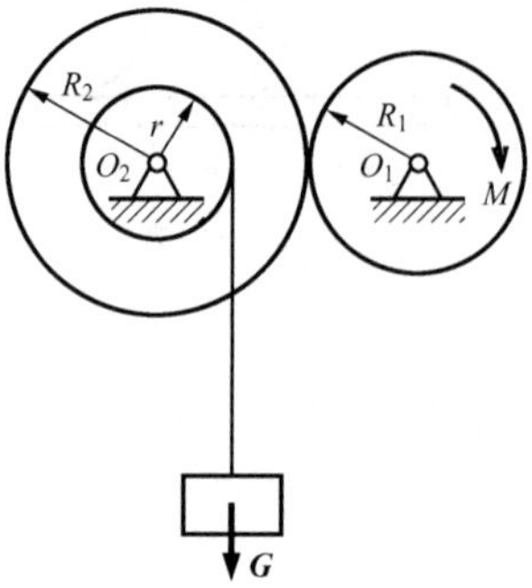

图 11 - 39 习题 11 - 16 图

11 - 17 如图 11 - 40 所示同轴并固连的两个滑轮，其上绕有绳子。重为 G_1、G_2 的重物 M_1、M_2 挂在绳子的一端。忽略绳子的重量，且把滑轮看成半径为 r_1、$r_2(r_2>r_1)$ 的均质圆盘，其相应重量分别为 G_{r1}、G_{r2}。试求滑轮的角加速度。

11 - 18 均质直杆 AB 的质量 $m=1.5\text{kg}$，长度 $l=0.9\text{m}$，在图 11 - 41 所示水平位置从静止释放，求当杆 AB 经过铅垂位置时的角速度及支座 A 处的约束反力。

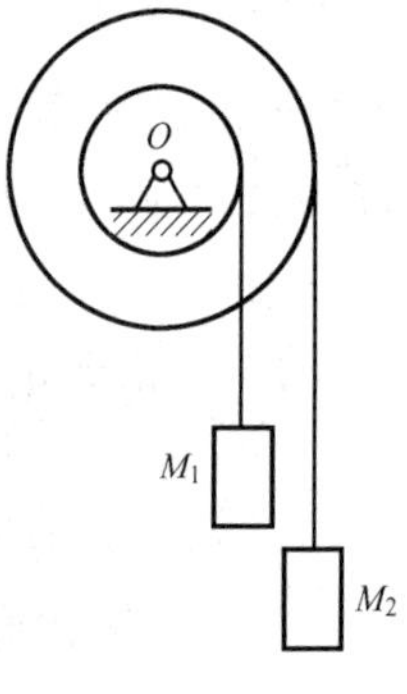

图 11 - 40 习题 11 - 17 图

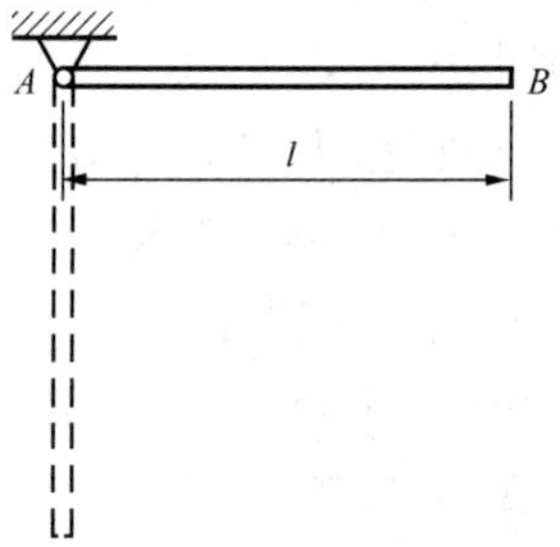

图 11 - 41 习题 11 - 18 图

11 - 19 半径为 R 的均质圆盘重为 G，可绕位于其圆周上的水平轴 O 在铅直平面内转动，如图 11 - 42 所示。开始时圆盘静止于最高位置，给予微小扰动使之沿顺时针方向向下转动。求当圆盘转到虚线所示的最低位置时，圆盘的角速度、角加速度、质心 C 的加速度、圆盘的动量、对轴 O 的动量矩、动能、轴 O 的动反力。

11 - 20 图 11 - 43 所示为曲柄滑槽机构，均质曲柄 OA 绕水平轴 O 作匀角速度转动。已知曲柄 OA 的质量为 m_1，$OA=r$，滑槽 BC 的质量为 m_2（重心在点 D）。滑块 A 的重量和各处摩擦不计。求当曲柄转至图示位置时，滑槽 BC 的加速度、轴承 O 的约束力以及作用在曲柄上的力偶矩 M。

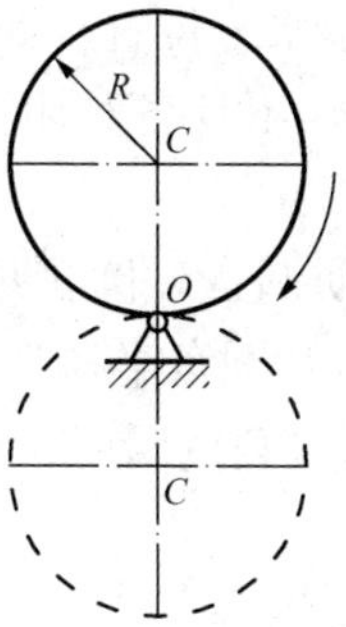

图 11-42 习题 11-19 图

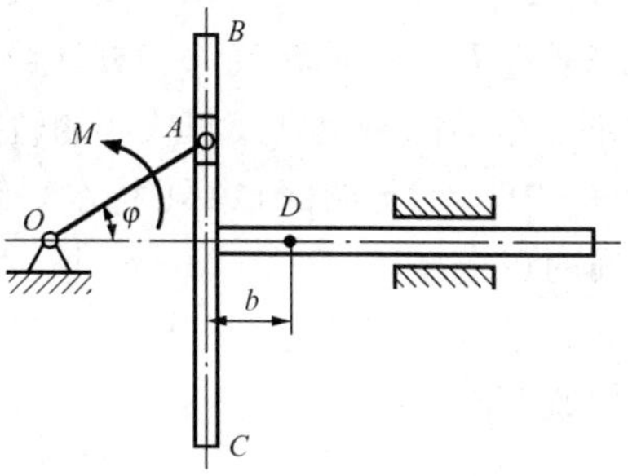

图 11-43 习题 11-20 图

11-21 滚子 A 质量为 m_1，沿倾角为 θ 的斜面向下只滚不滑，如图 11-44 所示。滚子借一跨过滑轮 B 的绳提升质量为 m_2 的物体 C，同时滑轮 B 绕 O 轴转动。滚子 A 与滑轮 B 的质量相等，半径相等，且都为均质圆盘。求滚子重心的加速度和系在滚子上绳的张力。

11-22 图 11-45 所示机构中，物块 A、B 的质量均为 m，两均质圆轮 C、D 的质量均为 $2m$，半径均为 R。轮 C 铰接于无重悬臂杆 CK 上，D 为动滑轮，梁的长度为 $3R$，绳与轮间无滑动，系统由静止开始运动。求：①A 物块上升的加速度；②HE 段绳的拉力；③固定端 K 处的约束力。

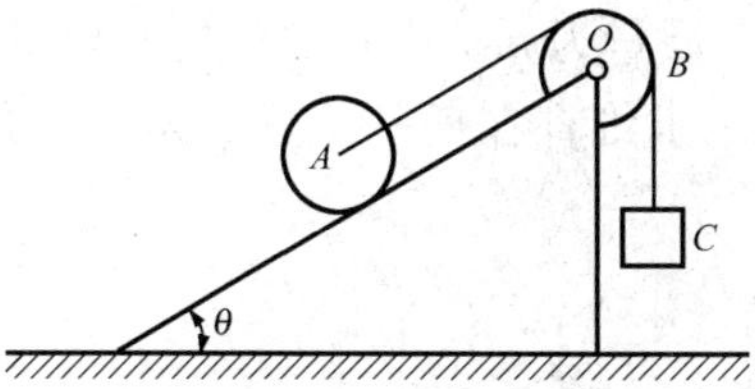

图 11-44 习题 11-21 图

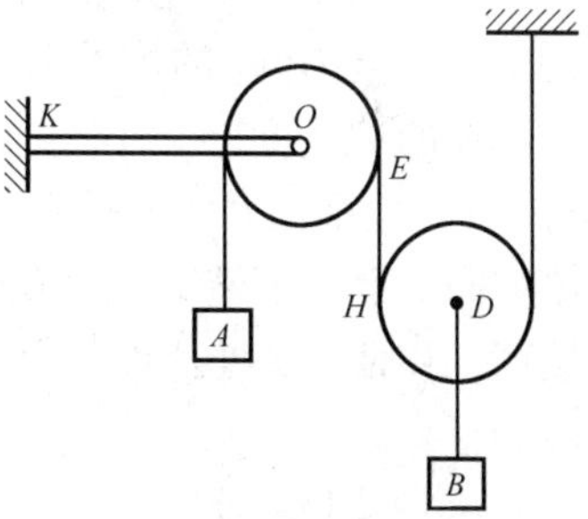

图 11-45 习题 11-22 图

11-23 在图 11-46 所示机构中，沿斜面纯滚动的圆柱体 O' 和鼓轮 O 为均质物体，质量均为 m，半径均为 R。绳子不能伸缩，其质量略去不计。粗糙斜面的倾角为 θ，不计滚阻力偶。如在鼓轮上作用一常力偶 M。求：①鼓轮的角加速度；②轴承 O 的水平约束力。

11-24 均质棒 AB 的质量 $m=4\text{kg}$，其两端悬挂在两条平行绳上，棒处在水平位置，如图 11-47 所示。设其中一绳突然断了，求此瞬时另一绳的张力 $\boldsymbol{F}$。

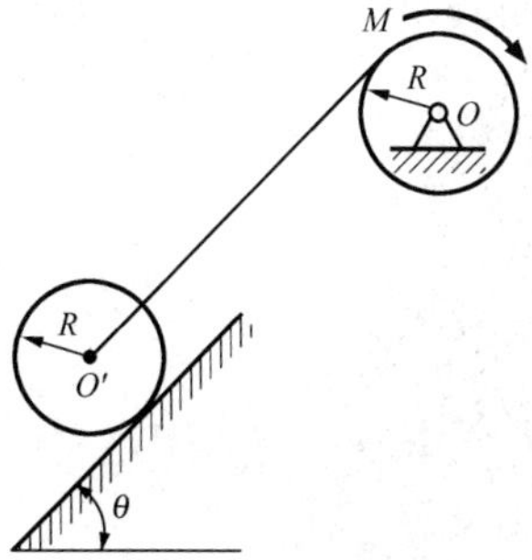

图 11-46 习题 11-23 图

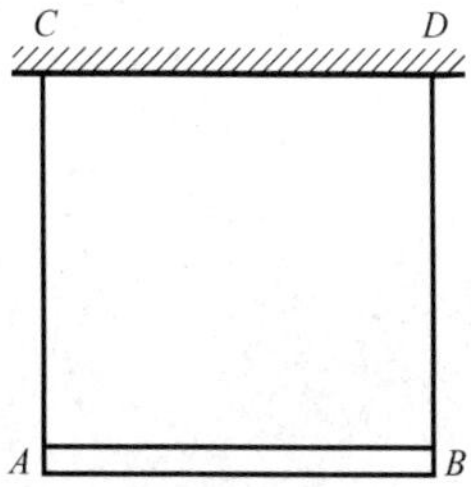

图 11-47 习题 11-24 图

11 - 25 图 11 - 48 所示均质杆长为 $2l$，质量为 m，初始时位于水平位置。如 A 端脱落，杆可绕通过 B 端的轴转动。当杆转到铅垂位置时，B 端也脱落了，不计各种阻力。求该杆在 B 端脱落后的角速度及其质心的轨迹。

11 - 26 均质细杆 OA 可绕水平轴 O 转动，另一端铰接一均质圆盘，圆盘可绕铰 A 在铅直面内自由转动，如图 11 - 49 所示。已知杆 OA 长 l，质量为 m_1；圆盘半径为 R，质量为 m_2；摩擦不计，初始杆 OA 水平，杆和圆盘静止。求杆与水平线成 θ 角的瞬时，杆的角速度和角加速度。

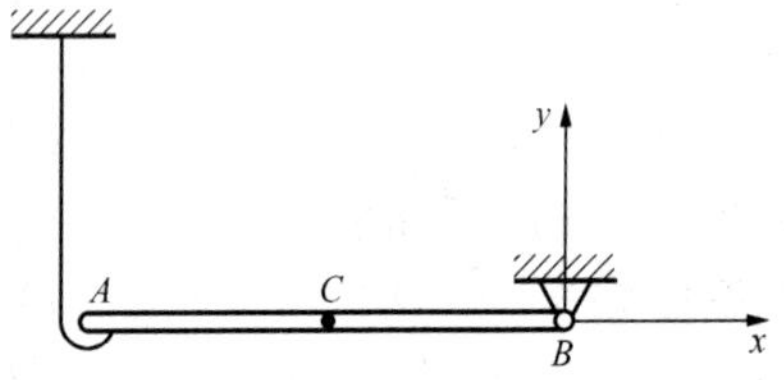

图 11 - 48 习题 11 - 25 图

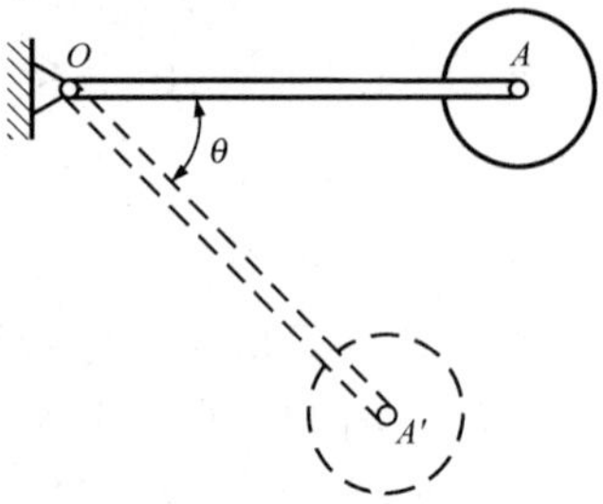

图 11 - 49 习题 11 - 26 图

11 - 27 图 11 - 50 所示三棱柱体 ABC 的质量为 m_1，放在光滑的水平面上，可以无摩擦地滑动。质量为 m_2 的均质圆柱体 O 由静止沿斜面 AB 向下纯滚动，如斜面的倾角为 θ。求三棱柱体的加速度。

11 - 28 如图 11 - 51 所示，均质细杆 AB 长 l，质量为 m，由直立位置开始滑动，上端 A 沿墙壁向下滑，下端 B 沿地板向右滑，不计摩擦。求细杆在任一位置 φ 角时的角速度 ω、角加速度 α 和 A、B 处约束反力。

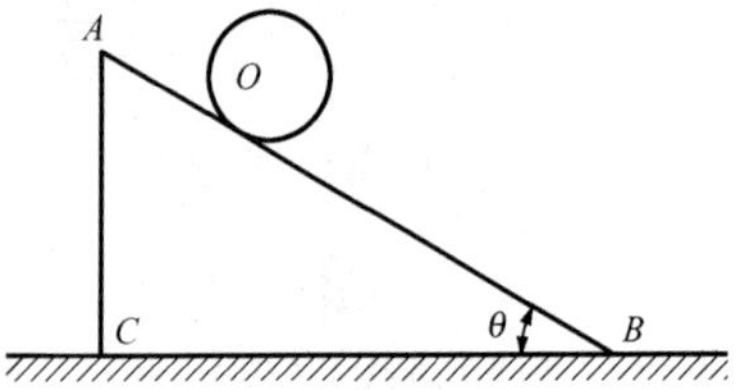

图 11 - 50 习题 11 - 27 图

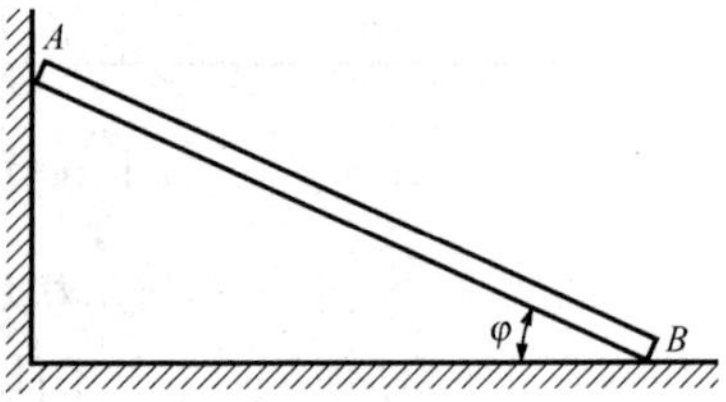

图 11 - 51 习题 11 - 28 图

12 达朗伯原理（动静法）

本 章 提 要

本章介绍的达朗伯原理提供了研究非自由质点系动力学问题的一种普遍方法，即通过引入惯性力，将动力学问题在形式上转化为静力学问题，用静力学中求解平衡问题的方法求解动力学问题，故亦称动静法。显然，惯性力系的简化问题是一个主要问题，本章具体讨论了刚体平移、定轴转动、平面运动时惯性力系的简化结果，讨论了消除绕定轴转动刚体的轴承动约束力的条件，并引出了静、动平衡的概念。

12.1 惯性力与达朗伯原理

设质量为 m 的非自由质点，受主动力 $\boldsymbol{F}$、约束力 $\boldsymbol{F}_N$ 作用，以加速度 $\boldsymbol{a}$ 运动，如图12-1所示。由牛顿第二定律，其运动方程为

$$m\boldsymbol{a} = \boldsymbol{F} + \boldsymbol{F}_N \tag{12-1}$$

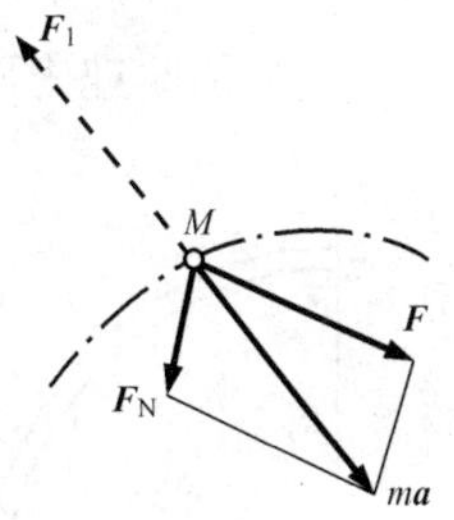

图 12-1

当质点受到其他物体的作用而引起其运动状态改变时，由作用与反作用定律，质点为保持其原有的运动状态，对施力物体有反作用力 $\boldsymbol{F}_I$，这个反作用力称为质点的惯性力。其定义式为

$$\boldsymbol{F}_I = -m\boldsymbol{a} \tag{12-2}$$

即质点惯性力的大小等于质点的质量 m 与加速度 $\boldsymbol{a}$ 的乘积，方向与加速度的方向相反，作用在施力的物体上。

对式（12-1）移项，并将惯性力 $\boldsymbol{F}_I$ 代入，得

$$\boldsymbol{F} + \boldsymbol{F}_N + \boldsymbol{F}_I = 0 \tag{12-3}$$

式（12-3）形式上看是个平衡方程，在质点运动的每一瞬时均成立。若假想在质点上施加惯性力 $\boldsymbol{F}_I = -m\boldsymbol{a}$，式（12-3）表明，运动的每一瞬时，质点在主动力 $\boldsymbol{F}$、约束力 $\boldsymbol{F}_N$ 和假想的惯性力 $\boldsymbol{F}_I$ 的共同作用下而处于形式上的平衡。这就是**质点的达朗伯原理**。

必须指出，对于非自由质点，惯性力 $\boldsymbol{F}_I$ 是作用于施力体而并非作用在质点上，质点也不是处于平衡状态。然而，在质点上虚加惯性力后，质点的动力学方程就变换为一种力的平衡方程的形式。由此，就可借用静力学的理论和方法来求解质点动力学问题，这就是达朗伯原理最重要的意义。这种方法称为**动静法**。

上述质点的达朗伯原理可以直接推广到质点系。设质点系由 n 个质点组成，第 i 个质点的质量为 m_i，在任意瞬时其上作用的主动力的合力为 $\boldsymbol{F}_i$、约束力的合力为 $\boldsymbol{F}_{Ni}$，该质点加速度为 $\boldsymbol{a}_i$，虚加上惯性力 $\boldsymbol{F}_{Ii} = -m_i\boldsymbol{a}_i$，将质点的达朗伯原理应用于每个质点，得 n 个矢量平衡方程，即

$$\boldsymbol{F}_i + \boldsymbol{F}_{\mathrm{N}i} + \boldsymbol{F}_{\mathrm{I}i} = \boldsymbol{0} \quad (i = 1,2,\cdots,n) \tag{12-4}$$

式（12 - 4）表明，运动的每一瞬时，质点系中每个质点上真实作用的主动力 $\boldsymbol{F}_i$、约束力 $\boldsymbol{F}_{\mathrm{N}i}$ 和虚加的惯性力 $\boldsymbol{F}_{\mathrm{I}i}$ 处于形式上的平衡。这就是**质点系的达朗伯原理**。

把作用于第 i 个质点上的所有力分为外力的合力 $\boldsymbol{F}_i^{(\mathrm{e})}$，内力的合力 $\boldsymbol{F}_i^{(\mathrm{i})}$，则式（12 - 4）可改写为

$$\boldsymbol{F}_i^{(\mathrm{e})} + \boldsymbol{F}_i^{(\mathrm{i})} + \boldsymbol{F}_{\mathrm{I}i} = \boldsymbol{0} \quad (i = 1,2,\cdots,n)$$

这表明，质点系中每个质点上作用的外力、内力和它的惯性力在形式上组成平衡力系。由静力学知，空间任意力系平衡的充分必要条件是力系的主矢和对任一点等于零，即

$$\sum \boldsymbol{F}_i^{(\mathrm{e})} + \sum \boldsymbol{F}_i^{(\mathrm{i})} + \sum \boldsymbol{F}_{\mathrm{I}i} = \boldsymbol{0}$$

$$\sum \boldsymbol{M}_O[\boldsymbol{F}_i^{(\mathrm{e})}] + \sum \boldsymbol{M}_O[\boldsymbol{F}_i^{(\mathrm{i})}] + \sum \boldsymbol{M}_O(\boldsymbol{F}_{\mathrm{I}i}) = \boldsymbol{0}$$

因为质点系中各质点间的内力总是成对出现，且分别等值反向共线相互平衡，必不包含在上式中。这样上式可写为

$$\left.\begin{aligned} \sum \boldsymbol{F}_i^{(\mathrm{e})} + \sum \boldsymbol{F}_{\mathrm{I}i} = \boldsymbol{0} \\ \sum \boldsymbol{M}_O(\boldsymbol{F}_i^{(\mathrm{e})}) + \sum \boldsymbol{M}_O(\boldsymbol{F}_{\mathrm{I}i}) = \boldsymbol{0} \end{aligned}\right\} \tag{12-5}$$

因此，**质点系的达朗伯原理**又可以表述为：运动的每一瞬时，作用于质点系上的所有外力与虚加在每个质点上的惯性力系在形式上组成平衡力系。式（12 - 5）是矢量式，共可写出六个投影式。利用式（12 - 5）求解非自由质点系的动力学问题的方法，称为**质点系的动静法**。

达朗伯原理为研究动力学问题提供了新的普遍方法，其不仅适用于解决动力学的两类基本问题，特别对需要求解约束力或外力的问题，应用达朗伯原理尤其方便。

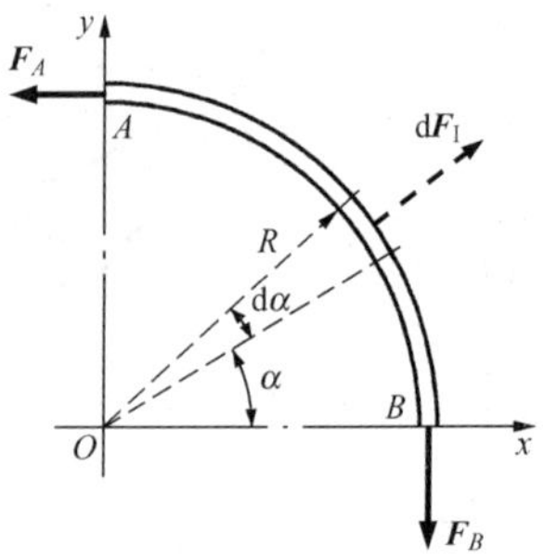

图 12 - 2

【例 12 - 1】 半径为 R，质量为 m 的飞轮以匀角速度 ω 转动。设轮缘较薄且质量均匀分布，轮辐质量不记。不考虑重力的影响，试求轮缘内由于转动引起的张力。

解 由于所求轮缘中的张力是内力，因此取四分之一轮缘为研究对象（图 12 - 2）。在 A、B 两截面上受有张力 $\boldsymbol{F}_A$、$\boldsymbol{F}_B$，对轮缘的任一小段弧 $R\mathrm{d}\alpha$ 虚加的惯性力为

$$\mathrm{d}F_{\mathrm{I}} = \mathrm{d}ma_{\mathrm{n}} = \frac{m}{2\pi R}R\,\mathrm{d}\alpha \cdot R\omega^2 = \frac{Rm\omega^2}{2\pi}\mathrm{d}\alpha$$

其作用线过飞轮中心。由达朗伯原理张力 $\boldsymbol{F}_A$、$\boldsymbol{F}_B$ 与四分之一轮缘上的惯性力处于形式上的平衡。得

$$\sum F_x = 0, \sum \mathrm{d}F_{\mathrm{I}}\cos\alpha - F_A = 0$$

$$\sum F_y = 0, \sum \mathrm{d}F_{\mathrm{I}}\sin\alpha - F_B = 0$$

解得

$$F_A = F_B = \sum \mathrm{d}F_{\mathrm{I}}\cos\alpha = \int_0^{\pi/2} \frac{Rm\omega^2}{2\pi}\cos\alpha\,\mathrm{d}\alpha = \frac{Rm\omega^2}{2\pi}$$

可以看到，飞轮匀速转动时，轮缘内各截面由于转动引起的张力大小相等，与角速度的平方成正比，在设计有关高速转动的构件时，必须考虑此张力对构件强度的影响。

12.2 惯性力系的简化

运用动静法求解问题时，应根据研究对象所作的具体运动，正确地简化与施加惯性力。下面将讨论刚体作平移、定轴转动及平面运动时惯性力系简化。以 $\boldsymbol{F}_{\mathrm{IR}}$ 表示惯性力系的主矢，由（12-5）中的第一式及质心运动定理，有

$$\boldsymbol{F}_{\mathrm{IR}} = -\sum \boldsymbol{F}_i^{(\mathrm{e})} = -m\boldsymbol{a}_C \tag{12-6}$$

此式对任何质点系做任意运动均成立，当然适用于作平移、定轴转动及平面运动的刚体。由静力学中任意力系简化的理论可知，主矢的大小、方向与简化中心的位置无关，主矩一般与简化中心的位置有关。在此，对刚体作平移、定轴转动及平面运动时惯性力系简化的主矩进行讨论。

（一）刚体作平移

刚体作平移时，运动的每一瞬时，其上任一点的加速度均相同，且等于刚体质心 C 的加速度 $\boldsymbol{a}_C$，即 $\boldsymbol{a}_i=\boldsymbol{a}_C$。当对其每一点都施加惯性力，则相应的惯性力系是一同向的平行力系如图 12-3 所示，任选一点 O 为简化中心，以 $\boldsymbol{M}_{\mathrm{IO}}$ 表示惯性力系对点 O 的主矩，有

$$\boldsymbol{M}_{\mathrm{IO}} = \sum \boldsymbol{r}_i \times \boldsymbol{F}_{\mathrm{I}i} = \sum \boldsymbol{r}_i \times (-m_i\boldsymbol{a}_i)$$
$$= -(\sum m_i\boldsymbol{r}_i) \times \boldsymbol{a}_C = -m\boldsymbol{r}_C \times \boldsymbol{a}_C$$

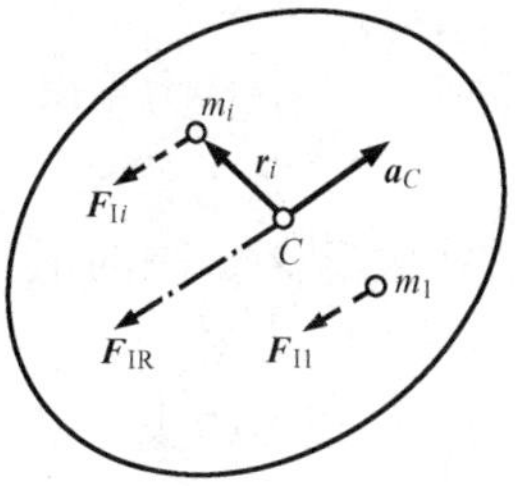

图 12-3

$\boldsymbol{r}_C$ 为质心 C 到简化中心 O 的矢径，显然此主矩一般不为零。若选质心 C 为简化中心，这时惯性力系对质心 C 的主矩 $\boldsymbol{M}_{\mathrm{IC}}$，则由 $\boldsymbol{r}_C=0$，有

$$\boldsymbol{M}_{\mathrm{IC}} = 0 \tag{12-7}$$

由此可得结论：平移刚体的惯性力系可简化为一通过质心的合力，合力的大小等于刚体的质量 m 与加速度 $\boldsymbol{a}_C$ 的乘积，合力的方向与加速度的方向相反。

（二）刚体绕定轴转动

设刚体以角速度 ω 和角加速度 α 绕定轴转动，刚体质心为 C，质量为 m。刚体内任一质点的质量为 m_i，距转轴距离为 r_i，其切向加速度和法向加速度大小为

$$a_i^{\tau} = r_i\alpha, a_i^{\mathrm{n}} = r_i\omega^2$$

则刚体内任一质点的惯性力亦可分解为切向惯性力 $\boldsymbol{F}_{\mathrm{I}i}^{\tau}$ 和法向惯性力 $\boldsymbol{F}_{\mathrm{I}i}^{\mathrm{n}}$，大小分别为

$$F_{\mathrm{I}i}^{\tau} = m_ia_i^{\tau} = m_ir_i\alpha, F_{\mathrm{I}i}^{\mathrm{n}} = m_ia_i^{\mathrm{n}} = m_ir_i\omega^2$$

它们的方向如图 12-4（a）所示。为简单起见，在转轴上任选一点 O 为简化中心，由第三章的讨论可知，力对点的矩矢在通过该点的某轴上的投影，等于力对该轴的矩。因此建立如图 12-4 所示直角坐标系，质点的坐标为 x_i，y_i，z_i，分别以 $M_{\mathrm{I}x}$，$M_{\mathrm{I}y}$，$M_{\mathrm{I}z}$ 表示惯性力系对 x，y，z 轴的矩，则惯性力系对 x 轴的矩为

$$M_{\mathrm{I}x} = \sum M_x(\boldsymbol{F}_{\mathrm{I}i}) = \sum M_x(\boldsymbol{F}_{\mathrm{I}i}^{\tau}) + \sum M_x(\boldsymbol{F}_{\mathrm{I}i}^{\mathrm{n}})$$
$$= \sum(m_ir_i\alpha\cos\varphi_i)z_i + \sum(-m_ir_i\omega^2\sin\varphi_i)z_i$$

由 $\cos\varphi_i=\dfrac{x_i}{r_i}$，$\sin\varphi_i=\dfrac{y_i}{r_i}$

可得

$$M_{\mathrm{I}x} = \alpha\sum m_ix_iz_i - \omega^2\sum m_iy_iz_i = J_{xz}\alpha - J_{yz}\omega^2 \tag{12-8}$$

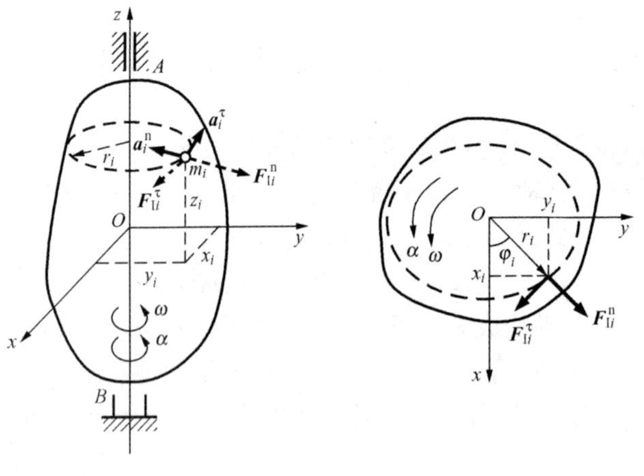

图 12 - 4

同理，得惯性力系对 y 轴的矩为

$$M_{Iy} = J_{yz}\alpha + J_{xz}\omega^2 \tag{12 - 9}$$

惯性力系对 z 轴的矩为

$$M_{Iz} = \sum M_z(\boldsymbol{F}_{Ii}^\tau) + \sum M_z(\boldsymbol{F}_{Ii}^n)$$

由于各质点的法向惯性力均通过 z 轴，有 $\sum M_z(\boldsymbol{F}_{Ii}^n) = 0$

因此

$$M_{Iz} = \sum M_z(\boldsymbol{F}_{Ii}^\tau) = -\sum m_i r_i^2 \alpha = -J_z\alpha \tag{12 - 10}$$

从而得刚体定轴转动时，惯性力系向转轴上一点 O 简化的主矩为

$$\begin{aligned}\boldsymbol{M}_{IO} &= M_{Ix}\boldsymbol{i} + M_{Iy}\boldsymbol{j} + M_{Iz}\boldsymbol{k} \\ &= (J_{xz}\alpha - J_{yz}\omega^2)\boldsymbol{i} + (J_{yz}\alpha + J_{xz}\omega^2)\boldsymbol{j} - J_z\alpha\boldsymbol{k}\end{aligned} \tag{12 - 11}$$

$J_{xz} = \sum m_i x_i z_i$，$J_{yz} = \sum m_i y_i z_i$，$J_z = \sum m_i r_i^2 = \sum m_i(x_i^2 + y_i^2)$ 分别为刚体对 xz、yz 平面的惯性积及对 z 轴的转动惯量。

从以上的讨论可以看到，绕定轴转动刚体的惯性力系简化结果，不仅与刚体的运动有关，而且与刚体的质量分布有关。

在实际工程中，绕定轴转动的刚体常常有质量对称平面且转动轴垂直此对称面，取转动轴与对称面的交点 O 为简化中心，则

$$J_{xz} = \sum m_i x_i z_i = 0, J_{yz} = \sum m_i y_i z_i = 0$$

从而惯性力系简化的主矩为

$$M_{IO} = M_{Iz} = -J_z\alpha \tag{12 - 12}$$

由此可得结论：具有质量对称平面的刚体绕垂直此对称面的定轴转动时，刚体的惯性力系向对称面与转动轴的交点 O 简化的结果为此平面的一个惯性力系主矢和一个惯性力系主矩，这个主矢的大小等于刚体的质量 m 与质心 C 的加速度 $\boldsymbol{a}_C$ 的乘积，方向与质心加速度的方向相反，作用线通过转轴；主矩的大小等于刚体对转轴的转动惯量 J_z 与角加速度 α 的乘积，转向与角加速度的转向相反。

特例讨论：

(1) 交点 O 与刚体的质心 C 重合，但角加速度 $\alpha \neq 0$，这时质心加速度 $\boldsymbol{a}_C = 0$，则有：

惯性力系主矢量 $\boldsymbol{F}_{IR}=0$；

（2）交点 O 与刚体的质心 C 不重合，但角加速度 $\alpha=0$，则有：惯性力系主矩 $\boldsymbol{M}_{IO}=0$；

（3）若交点 O 与刚体的质心 C 重合，且角加速度 $\alpha=0$，均有：惯性力系主矢量 $\boldsymbol{F}_{IR}=0$；惯性力系主矩 $\boldsymbol{M}_{IO}=0$。这时，不须加惯性力。

图 12-5 给出了上述几种特殊情况下，刚体惯性力系简化的结果示意图。

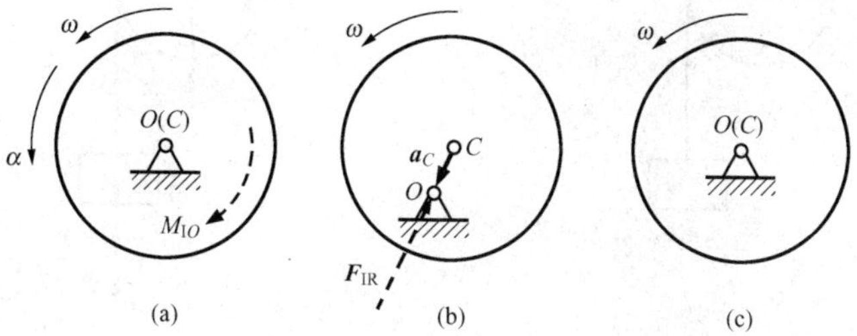

图 12-5

（三）刚体作平面运动（平行于质量对称面）

这里仅限于讨论具有质量对称面且平行于此对称面运动的刚体。此时刚体的惯性力系可转化为分布在对称面内的平面力系。设刚体质心为 C，根据运动学理论，刚体作平面运动时，可取质心 C 为基点，则平面运动可分解为随质心的平动和相对质心的转动，刚体上各点的加速度也可分解为质心的平动加速度和相对质心转动的加速度。若刚体质量为 m，相对于垂直对称面且过质心 C 的轴之转动惯量为 J_C，质心 C 加速度为 $\boldsymbol{a}_C$，刚体的角加速度为 α，运用前面已经得出的结果，可得结论：刚体平面运动时，随质心平动的惯性力系简化为作用于质心的惯性力系主矢，大小等于刚体的质量 m 与质心 C 的加速度 $\boldsymbol{a}_C$ 的乘积，方向与质心加速度的方向相反；相对质心转动的惯性力系简化为关于质心的惯性力系主矩，大小等于刚体对质心的转动惯量 J_C 与角加速度 α 的乘积，转向与角加速度的转向相反（图 12-6）。即

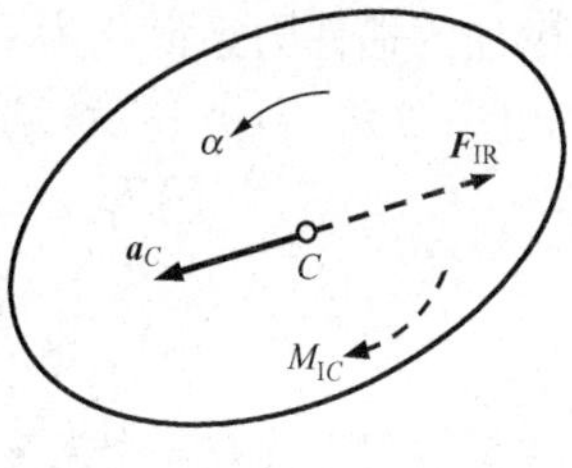

图 12-6

$$\left.\begin{aligned}\boldsymbol{F}_{IR} &= -m\boldsymbol{a}_C \\ M_{IC} &= -J_C\alpha\end{aligned}\right\} \tag{12-13}$$

从以上的讨论结果可以看到，虚加于刚体的惯性力系的简化结果，随着刚体所作的不同运动而不同，但惯性力系主矢均相同，且与简化中心无关，并将其虚加在简化中心上；惯性力系主矩则各不相同，且一般与简化中心有关。

12.3　动静法的应用举例

运用达朗伯原理研究解决刚体动力学问题时，首先要分析刚体的运动，按照其所作运动的类型，正确地虚加相应的惯性力系主矢和惯性力系主矩，然后再运用静力学的理论和方法加以求解。

【例 12 - 2】 悬臂梁 AB 的 B 端上装有质量为 m_B，半径为 R 的均质鼓论 B。其上作用有矩为 M 的主动力偶，提升的重物 C 的质量为 m_C［图 12 - 7（a）］。设 $AB=l$，梁和绳子的质量均略去不记。试求固定端 A 处的约束反力。

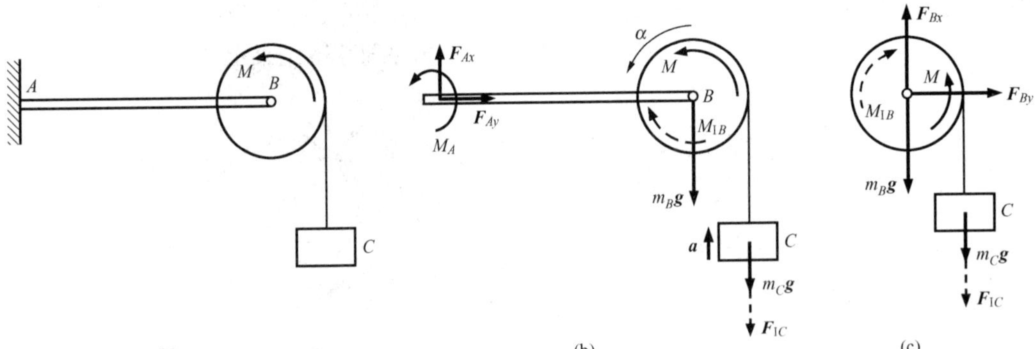

图 12 - 7

解　设在主动力偶 M 作用下，鼓论 B 以角加速度 α 绕转轴 B 逆时针转动，带动重物 C 以加速度 $\boldsymbol{a}_C$ 向上运动，且有 $a_C=R\alpha$。

取整个系统为研究对象。其上作用有主动力偶 M，重力 $m_B\boldsymbol{g}$、$m_C\boldsymbol{g}$ 和约束反力 $\boldsymbol{F}_{Ax}$、$\boldsymbol{F}_{Ay}$、M_A。分析系统的惯性力，均质鼓论 B 作定轴转动，质心在转轴 B 上，虚加的惯性力系简化为一惯性主矩 $M_{IB}=J_B\alpha=\dfrac{1}{2}m_BR^2\alpha$，转向与角加速度的转向相反；重物 C 作平动，虚加的惯性力系简化为一惯性力 $F_{IC}=m_Ca_C=m_CR\alpha$，方向与加速度的方向相反。受力分析如图 12 - 7（b）所示。应用质点系的动静法，可列出平衡方程

$$\sum F_x=0, F_{Ax}=0 \tag{1}$$

$$\sum F_y=0, F_{Ay}-m_Bg-m_Cg-F_{IC}=0 \tag{2}$$

$$\sum M_A=0, M_A+M-M_{IB}-m_Bgl-(m_Cg+F_{IC})(l+R)=0 \tag{3}$$

三个方程中共有 5 个未知量，因此再取鼓论 B 和重物 C 为研究对象，受力分析如图 12 - 7（c）。列方程

$$\sum M_B=0, M-M_{IB}-(m_Cg+F_{IC})R=0 \tag{4}$$

联立求解上述方程，解得

$$F_{Ax}=0$$

$$F_{Ay}=(m_B+m_C)g+\frac{2m_C(M-m_CgR)}{(m_B+2m_C)R}$$

$$M_A=(m_B+m_C)gl+\frac{2m_C(M-m_CgR)}{(m_B+2m_C)R}l$$

【例 12 - 3】 质量为 27kg 的长方形均质平板，由两个销钉 A、B 悬挂如图 12 - 8（a）所示。如果突然撤去销钉 B，试求出撤去销钉 B 的瞬时平板的角加速度和销钉 A 的约束反力。

解　将销钉 B 撤去，平板就只受销钉 A 的约束，并绕轴 A 作定轴转动，约束反力为 $\boldsymbol{F}_{Ax}$、$\boldsymbol{F}_{Ay}$［图 12 - 8（b）］。撤去销钉 B 的瞬时，角速度 $\omega=0$，设此时平板的角加速度为 α，平板质心加速度 $a_c^n=0$，$a_c^\tau=r\alpha$，其中 $r=AC=\dfrac{\sqrt{200^2+150^2}}{2}=125(\text{mm})$。平板惯性力系向

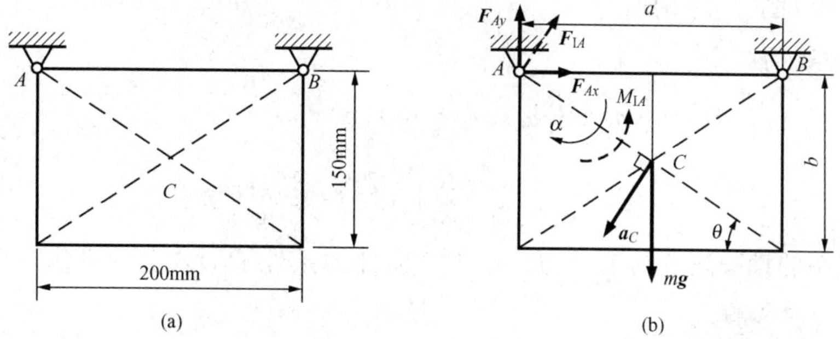

图 12-8

A 点简化，得 $F_{IA}=mr\alpha$，$M_{IA}=J_A\alpha$，方向如图 12-5（b）所示，其中

$$J_A=J_C+mr^2=\frac{m}{12}(a^2+b^2)+m\left(\frac{a^2+b^2}{4}\right)=\frac{m}{3}(a^2+b^2)$$

约束反力、重力、惯性力系处于形式上的平衡，应用动静法，可列出平衡方程

$$\sum F_x=0,F_{Ax}+F_{IA}\sin\theta=0$$

$$F_{Ax}=-F_{IA}\sin\theta=-mr\alpha\sin\theta \tag{1}$$

$$\sum F_y=0,F_{Ay}-mg+F_{IA}\cos\theta=0$$

$$F_{Ay}=mg-F_{IA}\cos\theta=mg-mr\alpha\cos\theta \tag{2}$$

$$\sum M_A=0,M_{IA}-\frac{a}{2}mg=0,\text{即}\frac{m}{3}(a^2+b^2)\alpha-\frac{a}{2}mg=0$$

$$\alpha=\frac{3ag}{2(a^2+b^2)}=\frac{3\times0.2\times9.8}{2(0.2^2+0.15^2)}=47(\text{rad/s}^2) \tag{3}$$

将方程（3）分别代入方程（1）、（2），解得

$$F_{Ax}=-95.34(\text{N}),F_{Ay}=137.72(\text{N})$$

【例 12-4】 均质圆柱体重 G，半径为 R，置于倾角为 30°的粗糙斜面上，在圆柱中心 C 系一与斜面平行的细绳，绳绕过一重为$\frac{G}{2}$、半径为$\frac{R}{2}$的均质滑轮，下端悬一重 G 的物体，使圆柱沿斜面滚而不滑，滚动摩擦可忽略不计如图 12-9（a）所示。试求物体的加速度。

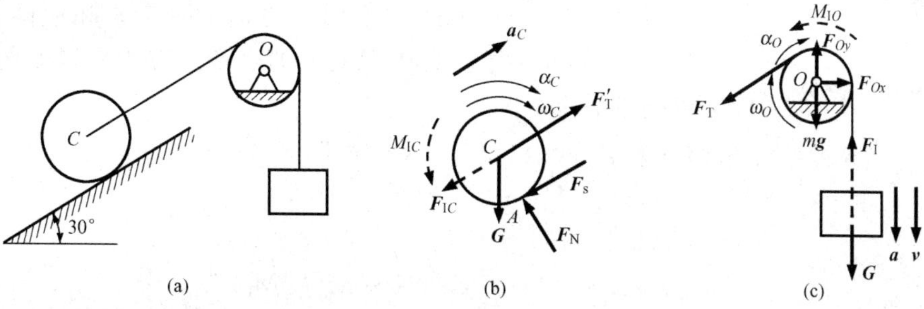

图 12-9

解 分别以均质圆柱体和均质滑轮及物体为研究对象，加上惯性力和惯性力偶后的受力

分析如图 12 - 9（b）、（c）所示。

由运动关系，有

$$a = \frac{R}{2}\alpha_O, a_C = R\alpha_C, a = a_C$$

且

$$J_O = \frac{1}{2}\frac{G}{2g}\left(\frac{R}{2}\right)^2, J_C = \frac{1}{2}\frac{G}{g}R^2$$

应用质点系的动静法，约束反力、重力、惯性力系处于形式上的平衡，分别对 O 点和 A 点取矩后得平衡方程

$$\sum M_O = 0, (F_T + F_I - G)\frac{R}{2} + M_{IO} = 0 \quad (1)$$

$$\sum M_A = 0, (G\sin 30° + F_{IC} - F'_T)R + M_{IO} = 0 \quad (2)$$

将 $F_I = \frac{G}{g}a$，$F_{IC} = \frac{G}{g}a_C$，$M_{IO} = J_O\alpha_O$，$M_{IC} = J_C\alpha_C$分别代入方程（1）、方程（2），解得

$$a = a_C = \frac{2}{11}g$$

12.4 绕定轴转动刚体的轴承动反力

由惯性力引起的约束反力称为动约束反力，简称动反力。工程中，习惯将转动机械的转动部件称为转子。由于制造或安装的误差，当转子高速转动时，其惯性力会引起很大的轴承动反力，这将导致机器剧烈振动，造成轴承严重磨损，甚至毁坏机器零件。这一节研究一般情况下，定轴转动刚体的轴承动反力问题，这种情况在高速转动机械中常常遇到。

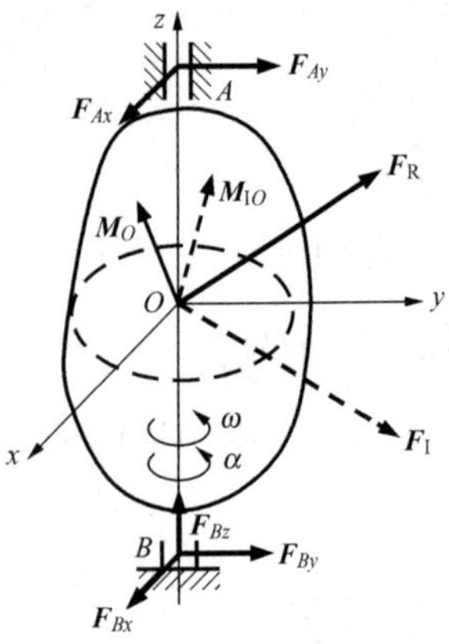

图 12 - 10

设刚体以角速度 ω 和角加速度 α 绕定轴 AB 转动，刚体质心为 C，质量为 m。取此刚体为研究对象，在转轴上任选一点 O 为简化中心，为求转动刚体的轴承约束反力，将作用在刚体上的主动力系向 O 点简化，得主动力系的主矢 $\boldsymbol{F}_R$ 和主矩 $\boldsymbol{M}_O$，将惯性力系也向 O 点简化，得惯性力系的主矢 $\boldsymbol{F}_I$ 和主矩 $\boldsymbol{M}_{IO}$，如图 12 - 10所示。根据质点系的达朗伯原理，刚体在主动力系的主矢 $\boldsymbol{F}_R$ 和主矩 $\boldsymbol{M}_O$、轴承约束反力 $\boldsymbol{F}_{Ax}$、$\boldsymbol{F}_{Ay}$、$\boldsymbol{F}_{Bx}$、$\boldsymbol{F}_{By}$、$\boldsymbol{F}_{Bz}$ 及惯性力系主矢 $\boldsymbol{F}_I$（注意 $\boldsymbol{F}_I$ 没有沿 z 方向的分量）和惯性力系主矩 $\boldsymbol{M}_{IO}$的共同作用下，处于形式上的平衡。应用质点系的动静法，可列出平衡方程

$$\sum F_x = 0, F_{Ax} + F_{Bx} + F_{Rx} + F_{Ix} = 0 \quad (1)$$

$$\sum F_y = 0, F_{Ay} + F_{By} + F_{Ry} + F_{Iy} = 0 \quad (2)$$

$$\sum F_z = 0, F_{Bz} + F_{Rz} = 0 \quad (3)$$

$$\sum M_x = 0, F_{By} \cdot OB - F_{Ay} \cdot OA + M_x + M_{Ix} = 0 \quad (4)$$

$$\sum M_y = 0, -F_{Bx} \cdot OB + F_{Ax} \cdot OA + M_y + M_{Iy} = 0 \quad (5)$$

由此五个方程，可解出轴承的全约束力为

$$\left.\begin{aligned} F_{Ax} &= -\frac{1}{AB}[(M_y + F_{Rx}\cdot OB) + (M_{Iy} + F_{Ix}\cdot OB)] \\ F_{Ay} &= \frac{1}{AB}[(M_x - F_{Ry}\cdot OB) + (M_{Ix} - F_{Iy}\cdot OB)] \\ F_{Bx} &= \frac{1}{AB}[(M_y - F_{Rx}\cdot OA) + (M_{Iy} - F_{Ix}\cdot OA)] \\ F_{By} &= -\frac{1}{AB}[(M_x + F_{Ry}\cdot OA) + (M_{Ix} + F_{Iy}\cdot OA)] \\ F_{Bz} &= -F_{Rz} \end{aligned}\right\} \tag{12-14}$$

由上述各式可看出，由于惯性力系分布在垂直于 z 轴的各平面内，止推轴承沿 z 轴的约束力 $\boldsymbol{F}_{Bz}$ 与惯性力无关。而垂直于 z 轴的轴承约束力 $\boldsymbol{F}_{Ax}$、$\boldsymbol{F}_{Ay}$、$\boldsymbol{F}_{Bx}$、$\boldsymbol{F}_{By}$ 由两部分组成：

(1) 由主动力引起的静约束力，与运动无关；

(2) 由惯性力系主矢、主矩引起的，为动约束力。

由式（12 - 14）知，要使动约束力为零，必须有

$$M_{Ix} = M_{Iy} = 0, F_{Ix} = F_{Iy} = 0$$

即要消除轴承的动约束力，其条件是：惯性力系主矢等于零，惯性力系对 x 轴和对 y 轴的矩也等于零。

由式（12 - 6）和式（12 - 11）知，必须有

(1) $\boldsymbol{a}_c=0$，则 $x_c=y_c=0$，即转轴必须过质心。

(2) $J_{xz}=J_{yz}=0$，即刚体对转轴的惯性积等于零。

综合上述可知，要使轴承的动约束力等于零，刚体的转轴必须是中心惯性主轴。

由于质量分布不均匀，制造安装不可避免有误差，实际上很难做到这一点。工程上为了消除动约束力，对于高速运转的转子，制成后要用试验的方法——静平衡和动平衡进行校正。设刚体的转轴通过质心，且除重力外不受其他外力作用，若刚体能在任意位置静止不动，这种现象称为**静平衡**。当刚体的转轴通过质心且为惯性主轴时，若刚体转动时不出现轴承动约束力，这种现象称为**动平衡**。能够达到静平衡的刚体，不一定能实现动平衡。

【例 12 - 5】 具有质量对称面的涡轮转子，转轴 AB 与转子对称面垂直，如图 12 - 11 所示，由于安装误差导致偏心，偏心距为 $e=0.5$mm，设转子质量 $m=20$kg，转速 $n=6000$r/min，$AB=l$，转轴的质量及摩擦均不计。试求质心 C 转至最低位置时轴承 A、B 的动约束力。

解 取整个系统包括转子及轴 AB 为研究对象。其上作用有转子重力 mg 和轴承 A、B 的约束力 $\boldsymbol{F}_{Ay}$、$\boldsymbol{F}_{By}$。分析系统的惯性力，转子绕转轴 AB 匀速转动，角加速度为零，由于偏心，系统虚加的惯性力系简化为过转子与转轴交点 O 的惯性力主矢 $F_I=ma_C=me\omega^2$，方向如图 12 - 11 所示。这样，整个系统在约束力、重力、惯性力系共同作用下处于形式上的平衡。应用质点系的动静法，可列出平衡方程

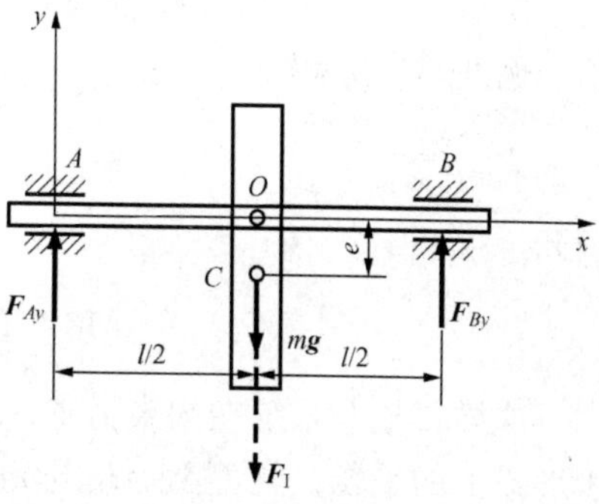

图 12 - 11

$$\sum F_y = 0, F_{Ay} + F_{By} - mg - F_I = 0 \tag{1}$$

$$\sum M_A = 0, F_{By}l - (mg + F_I)\times 0.5l = 0 \tag{2}$$

解出

$$F_{Ay} = F_{By} = 0.5mg + 0.5me\omega^2$$

可以看出，轴承约束力由两部分组成，一部分是由重力引起的静约束力 $0.5mg$；另一部分是由转子惯性力系引起的动约束力 $0.5me\omega^2$，则

$$\frac{\text{动约束力}}{\text{静约束力}}=\frac{e\omega^2}{g}=\frac{e}{g}\left(\frac{2\pi n}{60}\right)^2$$

在本例中，偏心距仅为 0.5mm、$n=6000\text{r/min}$，代入上式计算，结果表明，轴承的动约束力是只由重力引起的静反力的约 20 倍。此外，动约束力与角速度的平方成正比，当转速增加时，此倍数将急剧增加。并且惯性力的方向随着转子的转动呈周期性变化，则动约束力的方向也随着变化，从而引起机器的振动。

【例 12-6】 考虑［例 12-5］的转子，质心 C 偏置为零，但由于孔轴不正，安装后转轴与转子的中心轴成一偏角 $\theta=1°$［图 12-12（a)］。设转子质量 $m=20\text{kg}$，半径 $r=0.2\text{m}$，转速 $n=6000\text{r/min}$，$AB=0.5\text{m}$，转子可视为均质圆盘，转轴的质量及摩擦均不计。试求轴承 A、B 的动约束力。

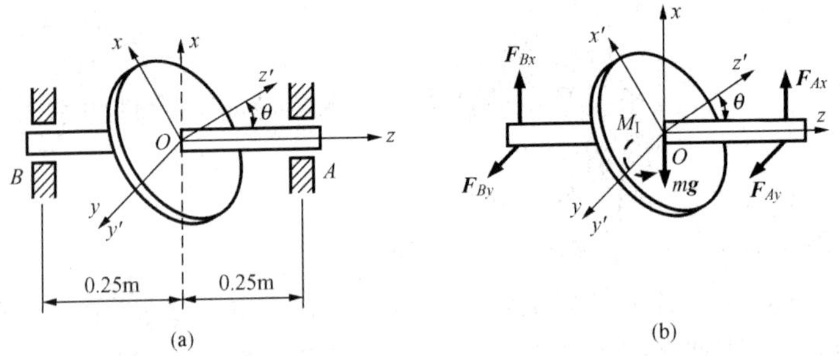

图 12-12

解 仍取整个系统包括转子及轴 AB 为研究对象，系统上作用的主动力有转子重力 mg 和轴承 A、B 的约束力 $\boldsymbol{F}_{Ax}$、$\boldsymbol{F}_{Ay}$、$\boldsymbol{F}_{Bx}$、$\boldsymbol{F}_{By}$。此时质心 C 与点 O 重合，但转轴与转子不垂直。建立两坐标系，$Oxyz$ 固结于转子，$Cx'y'z'$ 为转子的中心主轴坐标系，如图 12-12（b）所示。由于转子绕转轴 AB 匀速转动，角加速度为零，系统虚加的惯性力系向点 O 简化，由式（12-6)、(12-11）得

$$F_{\mathrm{I}}=ma_C=0$$
$$M_{\mathrm{I}x}=-J_{yz}\omega^2$$
$$M_{\mathrm{I}y}=J_{xz}\omega^2$$

对于所建立的坐标系，Oy 轴与 Cy' 轴重合为中心惯性主轴，故有 $J_{yz}=0$，所以，$M_{\mathrm{I}x}=0$。由［例 9-7］方程（5）得

$$J_{zx}=-\frac{1}{8}mr^2\sin 2\theta$$

因此

$$M_{\mathrm{I}}=M_{\mathrm{I}y}=J_{xz}\omega^2=-\frac{1}{8}mr^2\omega^2\sin 2\theta$$

这样，整个系统在约束力 $\boldsymbol{F}_{Ax}$、$\boldsymbol{F}_{Ay}$、$\boldsymbol{F}_{Bx}$、$\boldsymbol{F}_{By}$；重力 $m\boldsymbol{g}$ 和惯性力矩 $\boldsymbol{M}_{\mathrm{I}y}$ 共同作用下处于形式上的平衡。注意到 $\boldsymbol{M}_{\mathrm{I}y}$ 与 $m\boldsymbol{g}$ 在同一铅直平面内，且互相垂直，则有 $F_{Ay}=F_{By}=0$，也即 $\boldsymbol{F}_{Ax}$、$\boldsymbol{F}_{Bx}$、$m\boldsymbol{g}$ 和 $M_{\mathrm{I}y}$ 处于形式上的平衡。应用质点系的动静法，可列出平衡方程

$$\sum M_y = 0, F_{Ax}\frac{l}{2} + M_{Iy} - F_{Bx}\frac{l}{2} = 0 \tag{1}$$

$$\sum F_x = 0, F_{Ax} + F_{Bx} - mg = 0 \tag{2}$$

解得

$$F_{Ax} = 0.5mg + 0.25mr^2\omega^2\sin 2\theta = 2.85(\text{kN})$$

$$F_{Bx} = 0.5mg - 0.25mr^2\omega^2\sin 2\theta = -2.66(\text{kN})$$

其中轴承的静约束力和附加的动约束力分别为

$$F_{xj} = 0.5mg = 98(\text{N}), F_{xd} = 0.25mr^2\omega^2\sin 2\theta = 2.75(\text{kN})$$

附加的动约束力与静约束力的比值为

$$\gamma = \frac{F_{xd}}{F_{xj}} = 28$$

本 章 小 结

（1）质点惯性力的定义：大小等于质点的质量 m 与加速度 $\boldsymbol{a}$ 的乘积，方向与加速度的方向相反，作用在施力的物体上，即

$$\boldsymbol{F}_{\text{I}} = -m\boldsymbol{a}_C$$

（2）达朗伯原理，包含以下两类：

1）质点的达朗伯原理：运动的每一瞬时，质点 m 在主动力 $\boldsymbol{F}$、约束力 $\boldsymbol{F}_{\text{N}}$ 和假想的惯性力 $\boldsymbol{F}_{\text{I}}$ 的共同作用下而处于形式上的平衡，即

$$\boldsymbol{F} + \boldsymbol{F}_{\text{N}} + \boldsymbol{F}_{\text{I}} = 0$$

2）质点系的达朗伯原理：运动的每一瞬时，作用于质点系上的所有外力与虚加在每个质点上的惯性力系在形式上组成平衡力系，即

$$\left.\begin{aligned}\sum \boldsymbol{F}_i^{(e)} + \sum \boldsymbol{F}_{\text{I}i} = \boldsymbol{0}\\ \sum \boldsymbol{M}_O(\boldsymbol{F}_i^{(e)}) + \sum \boldsymbol{M}_O(\boldsymbol{F}_{\text{I}i}) = \boldsymbol{0}\end{aligned}\right\}$$

这些式子均是矢量式，共可写出六个投影式。

（3）惯性力系的简化，具体步骤如下：

1）刚体作平动时，惯性力系向质心简化，主矢与主矩为

$$\boldsymbol{F}_{\text{I}} = -m\boldsymbol{a}_{\text{C}}, \boldsymbol{M}_{\text{I}} = 0$$

2）刚体绕定轴转动时，惯性力系向转轴上任意点 O 简化，主矢与主矩为一个惯性力系主矢 $\boldsymbol{F}_{\text{I}}$ 和一个惯性力系主矩 $\boldsymbol{M}_{\text{I}O}$。

$$\boldsymbol{F}_{\text{I}} = -m\boldsymbol{a}_C, \boldsymbol{M}_{\text{I}O} = M_{\text{I}x}\boldsymbol{i} + M_{\text{I}y}\boldsymbol{j} + M_{\text{I}z}\boldsymbol{k}$$

其中

$$M_{\text{I}x} = J_{xz}\alpha - J_{yz}\omega^2, M_{\text{I}y} = J_{yz}\alpha + J_{xz}\omega^2, M_{\text{I}z} = -J_z\alpha$$

$$J_{xz} = \sum m_i x_i z_i, J_{yz} = \sum m_i y_i z_i, J_z = \sum m_i(x_i^2 + y_i^2)$$

若刚体具有质量对称平面，且此平面与转轴 z 垂直，$J_{xz}=0$，$J_{yz}=0$，则惯性力系向此质量对称面平面与转轴 z 的交点 O 简化，主矢与主矩为

$$\boldsymbol{F}_{\text{I}} = -m\boldsymbol{a}_C, M_{\text{I}O} = -J_O\alpha$$

3）刚体作平面运动时，若此刚体具有质量对称面且平行于此对称面运动，惯性力系向质心 C 简化，主矢与主矩为

$$F_I = -ma_C, M_{IC} = -J_C\alpha$$

虚加于刚体的惯性力系的简化结果，随着刚体所作的不同运动而不同。但总有惯性力系主矢均相同，且与简化中心无关，并将其虚加在简化中心；惯性力系主矩则各不相同，且一般与简化中心有关。

（4）刚体绕定轴转动，消除动约束力的条件是，此转轴是中心惯性主轴（转轴过质心且对此轴的惯性积为零）；质心在转轴上，刚体可以在任意位置静止不动，称为静平衡；转轴为中心惯性主轴，不出现轴承动约束力，称为动平衡。

思 考 题

12-1 如何计算惯性力系的主矢和主矩？选择不同的简化中心对惯性力系的主矢和主矩是否有影响？

12-2 均质杆绕其端点在平面内转动，将杆的惯性力系向此端点简化或向杆中心简化，其结果有什么不同？二者又有什么联系？此惯性力系能否简化为一合力？

12-3 质量为 m 的质点在空中运动时，只受到重力作用。试确定在下列三种情况下，质点惯性力的大小和方向：①质点作自由落体运动；②质点垂直上升；③质点作抛物线运动。

12-4 在加速行驶的一列火车中，哪一节车厢的挂钩受力最大？

12-5 作匀速平动的刚体与作匀速转动的刚体有无惯性力？

12-6 应用牛顿第二定律或动静法求解质点动力学问题时，概念上有何不同？所得结果是否相同？

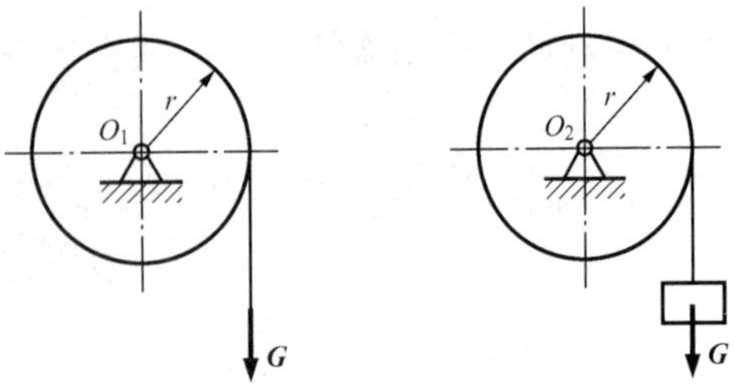

图 12-13 思考题 12-7 图

12-7 质量和半径完全相同的两个鼓轮，一个绳端施加一力 **G**；另一个绳端挂一重量为 **G** 的物体，如图 12-13 所示，两轮初速为零。问两轮在任一瞬时的角加速度是否相同？

12-8 在以角速度为 ω 作匀速转动的转轴上，固结着两个质量均为 m 的小球 A、B，如图 12-14 所示。试求图示各系统中惯性力系向 O 点简化的结果，并指出哪个是静平衡，哪个是动平衡？

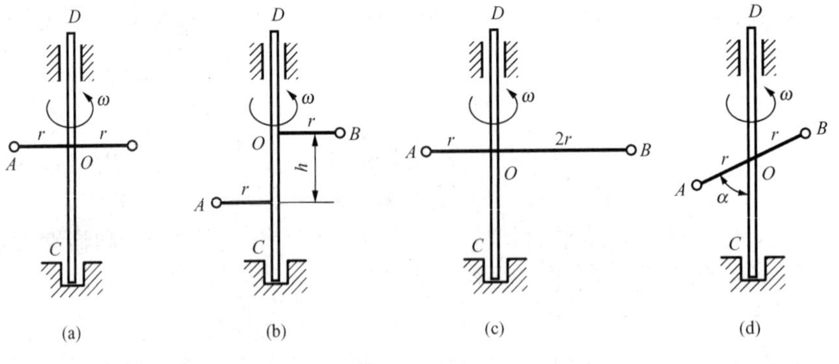

图 12-14 思考题 12-8 图

习　题

12-1　提升矿石的传送带与水平成倾角 θ。设传送带以匀加速度 $\boldsymbol{a}$ 运动如图 12-15 所示，为保持矿石不在带上滑动，求所需的摩擦系数。

12-2　露天装载机转弯时，弯道半径为 ρ，装载机重 $\boldsymbol{G}$，重心高出水平地面 h，内外轮间的距离为 b，如图 12-16 所示。设轮与地面的摩擦系数为 f_s，求：①转弯时的极限速度，即不至于打滑和倾倒的最大速度；②若要求当转弯速度较大时，先打滑后倾倒，则应有什么条件？③如装载机的最小转弯半径（自后轮外侧算起）为 570cm，轮距为 225cm，摩擦系数取 0.5，则极限速度为多少？

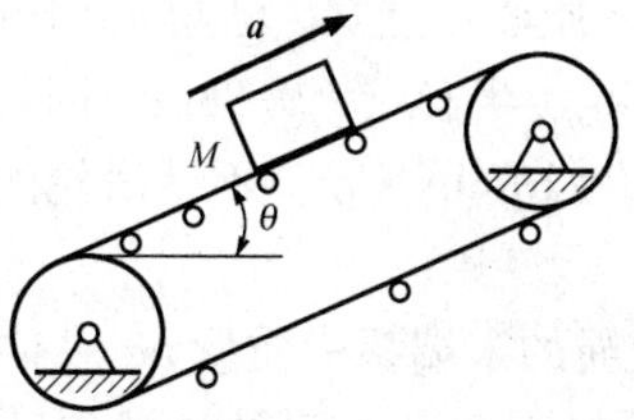

图 12-15　习题 12-1 图

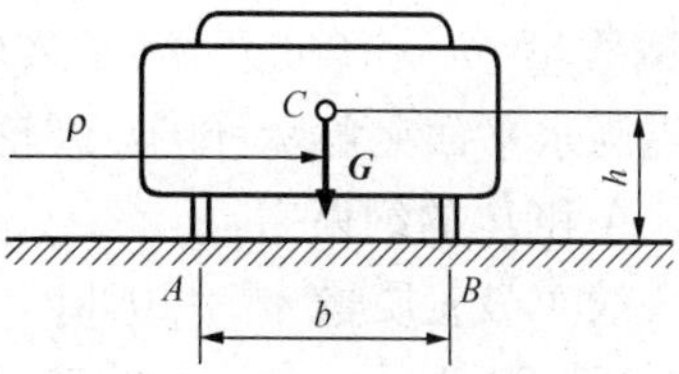

图 12-16　习题 12-2 图

12-3　凸轮导板机构，偏心轮圆心为 A，半径为 r，偏心距 OA 为 e，偏心轮绕 O 轴以匀角速度 ω 转动，如图 12-17 所示。当导板 CD 在最低位置时，弹簧的压缩为 b，导板质量为 m；求弹簧常量 c 为多大时，方使导板在运动过程中始终不离开偏心轮？

12-4　转子以角速度 ω 转动，圆周上用螺钉固定一质量为 m 的小物块 A，如图 12-18 所示。试求旋转中由物块惯性力引起的螺钉拉力。

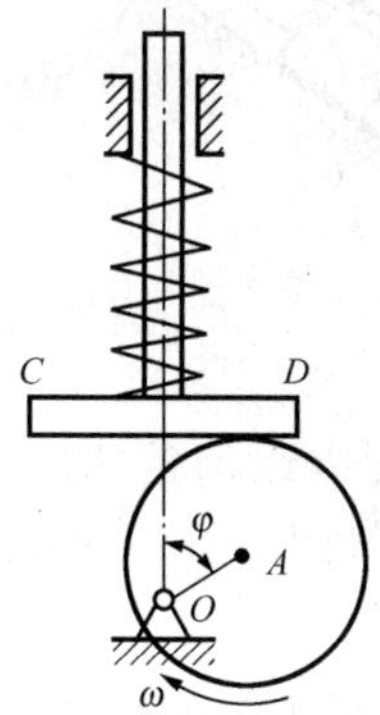

图 12-17　习题 12-3 图

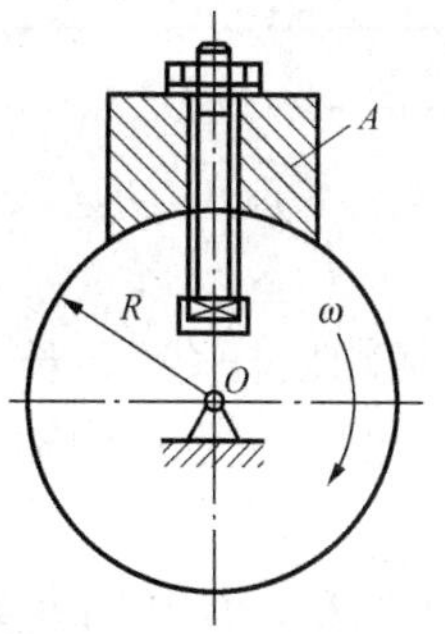

图 12-18　习题 12-4 图

12-5　电动绞车装在梁的中点，梁的两端放置在支座上。该车提起质量为 2000kg 的重物 B，以 1m/s^2 的等加速度上升，如图 12-19 所示。已知绞车和梁的质量共为 800kg，$AC=3\text{m}$，$CD=8\text{m}$ 试求支座 C 与 D 的约束力。

12-6　半径为 R、质量 $m=30\text{kg}$ 的均质半圆盘，用两根绳索悬挂如图 12-20 所示。$AC=BD$，$AB=CD$，将系统在 $\alpha=45°$处从静止释放。试求初瞬时两根绳索的受力。

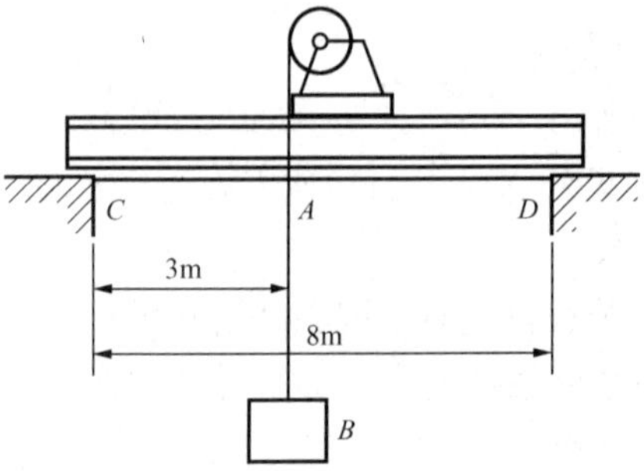

图 12-19　习题 12-5 图

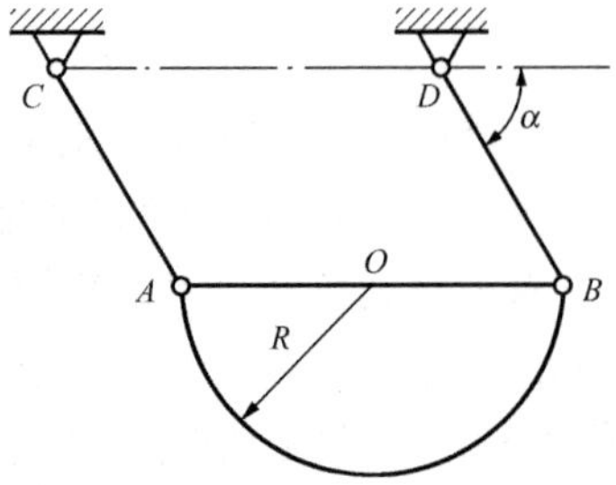

图 12-20　习题 12-6 图

12-7　图 12-21 所示打桩机支架质量 $m_1=2000$kg。质心在点 C，已知 $a=4$m，$b=1$m，$h=10$m，锤质量 $m_2=700$kg，绞车鼓轮质量 $m_3=500$kg，半径 $r=0.28$m，回转半径 $\rho=0.2$m。钢绳与水平面夹角 $\theta=60°$，鼓轮上作用着转矩 $M=1960$N·m。不计滑轮的大小和质量，求支座 A 和 B 的约束力。

12-8　绞车鼓轮质量 $m_1=400$kg，绕在轮上的钢丝绳的末端系一质量 $m_2=3000$kg 的重物 A，如图 12-22 所示，在轮上的转矩作用下，重物沿倾斜角 $\theta=45°$的光滑斜面以匀加速度 $a=1.5\text{m/s}^2$ 上升。求钢丝绳的拉力和轴承 O 处的约束力。

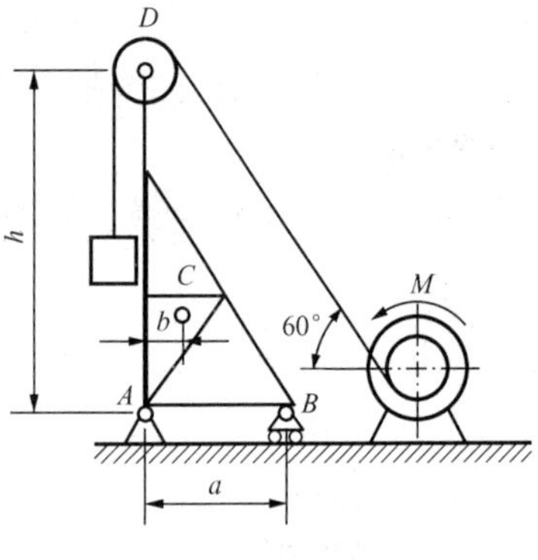

图 12-21　习题 12-7 图

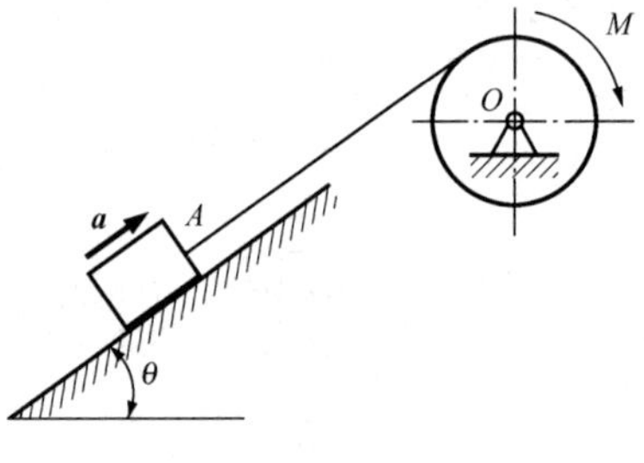

图 12-22　习题 12-8 图

12-9　等截面均质杆 OA，长 l，重量为 $\boldsymbol{G}$，在水平面内以匀角速度 ω 绕铅直轴转动，如图 12-23 所示。试求在距转动轴为 h 处的 D 截面上的轴向力，并分析在哪个截面上的轴向力最大。

12-10　刚架 ABC，B 端用轴承连接一重量为 $\boldsymbol{G}_B$、半径为 r 的均质圆盘，圆盘上用绳缠挂一重为 $G=4$kN 的重物 E，如图 12-24 所示重物 E 向下加速运动。求这时 A、C 处的支座反力。绳重及轴承的摩擦不计，且设：$G_B=2G$，$l=3r$，$AC=2r$。

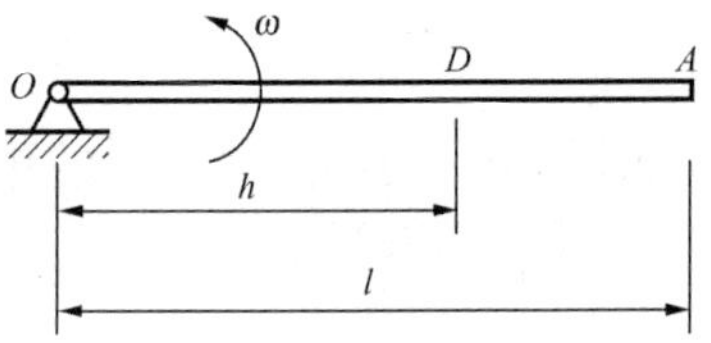

图 12-23　习题 12-9 图

12-11　两重物 A 和 B 各重为 $G_A=20$kN 和 $G_B=8$kN，连接如图 12-25 所示，并由电动机 E 拖动。如连接电机转子绳的张力为 3kN，不计滑轮的重量，求重物 A 的

加速度和绳 DF 的张力。

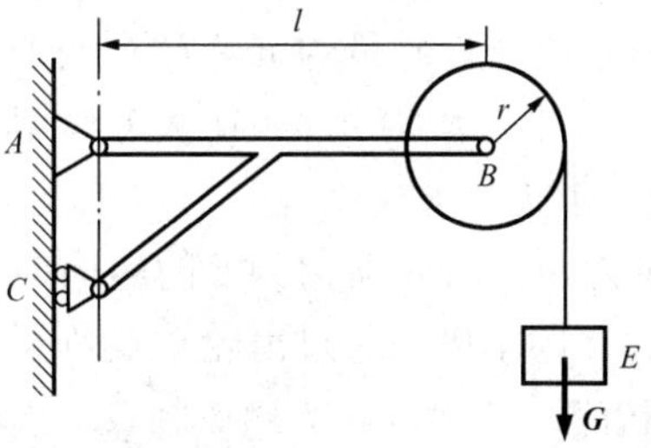

图 12-24　习题 12-10 图

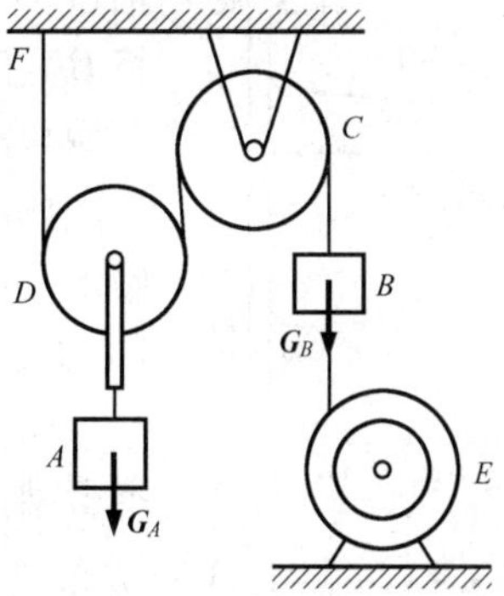

图 12-25　习题 12-11 图

12-12　圆柱形碾子重 $G=200$N，被其上缠绕的绳子拉着沿水平面滚动而不滑动如图 12-26 所示，此绳跨过无重滑轮 B 系一重量为 $G_A=100$N 的重物 A。求碾子中心的加速度。

12-13　均质圆柱重 $\boldsymbol{G}$、半径为 R，在与水平面夹角为 θ 的常力 $\boldsymbol{F}$ 作用下，沿水平面滚动而不滑动，如图 12-27 所示。求轮心的加速度及地面的约束力。

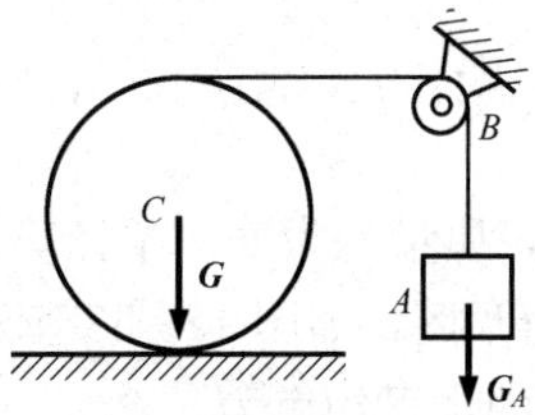

图 12-26　习题 12-12 图

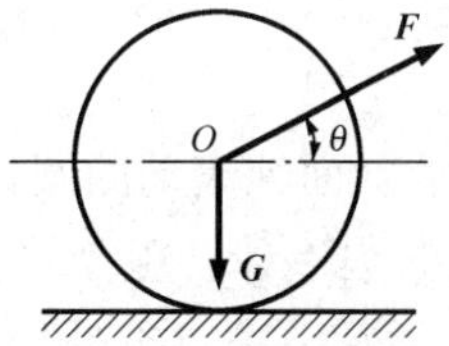

图 12-27　习题 12-13 图

12-14　两细长的均质直杆互成直角地固结在一起，如图 12-28 所示，其顶点 O 与铅直轴以铰接相连，此轴以等角速度 ω 转动。求长为 a 的杆离铅直线的偏角 φ 与 ω 间的关系。

12-15　图 12-29 所示轮轴对轴的转动惯量为 J。在轮轴上系有两个物体，质量各为 m_1 和 m_2。若此轮轴依顺时针转向转动，试求轮轴的角加速度，并求轴承 O 的附加动约束力。

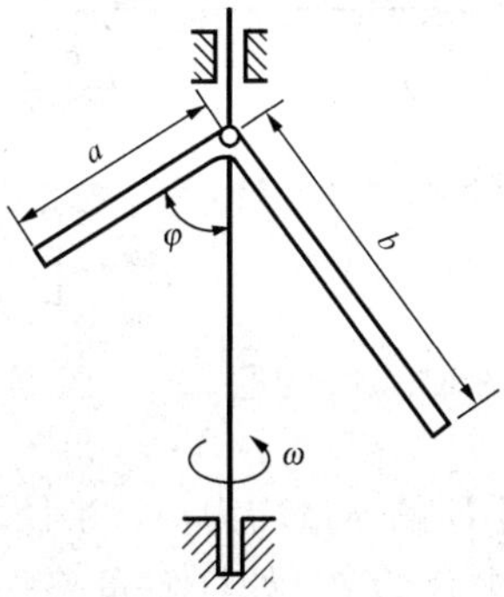

图 12-28　习题 12-14 图

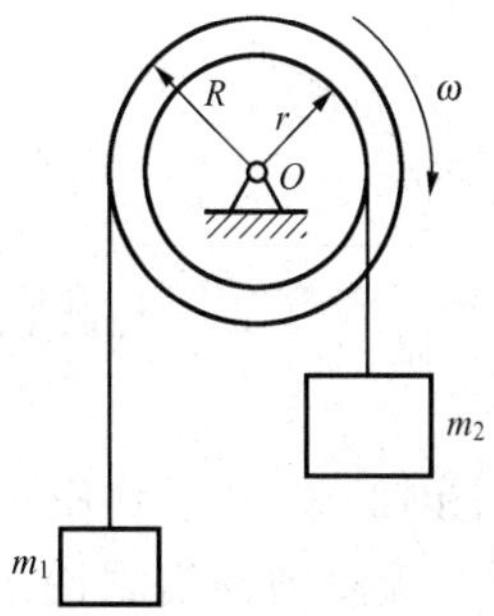

图 12-29　习题 12-15 图

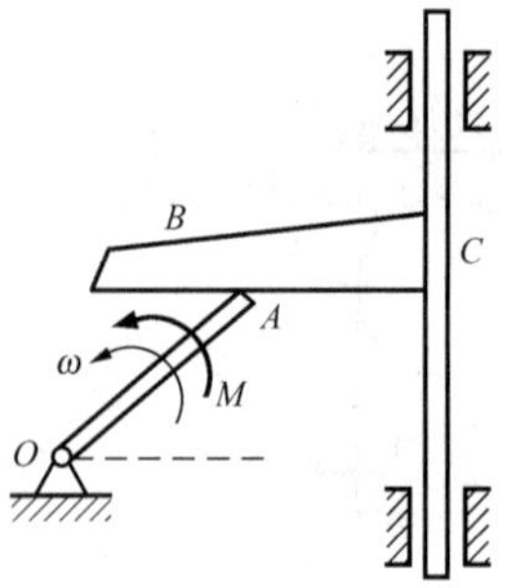

图 12-30 习题 12-16 图

12-16 曲柄 OA 质量为 m_1，长为 r，以等角速度 ω 绕水平轴 O 逆时针方向转动，如图 12-30 所示。曲柄的 A 端推动水平板 B，使质量为 m_2 的滑杆 C 沿铅直方向运动。不计摩擦，求当曲柄与水平方向夹角为 30°时的力偶矩 M 及轴承 O 的约束力。

12-17 图 12-31 所示均质板质量为 m，放在两个均质圆柱磙子上，磙子质量均为 m_1，半径均为 r。如在板上作用一水平力 F，并设各接触处无滑动。求板的加速度。

12-18 磙子 A 质量为 m，沿倾斜角为 θ 的斜面向下滚动而不滑动，如图 12-32 所示，磙子借一跨过滑轮 O 的绳子提升质量为 m_2 的物体 C，磙子 A 与滑轮 O 质量相等，半径相同，且都可视为均质圆盘。求磙子中心的加速度和系在磙子 A 上绳子的张力。

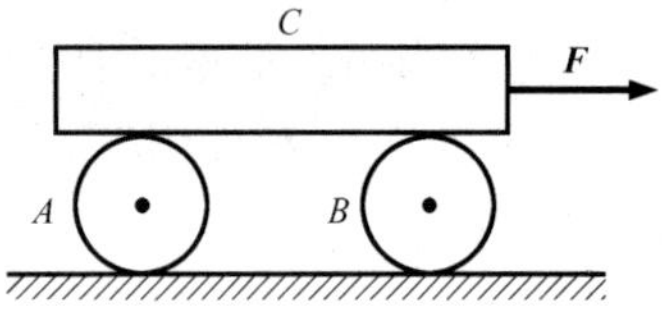

图 12-31 习题 12-17 图

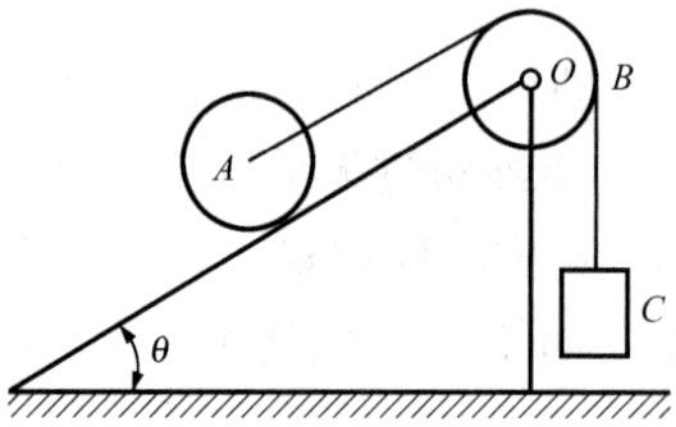

图 12-32 习题 12-18 图

12-19 沿斜面纯滚动的圆柱体 O' 和 O 为均质物体，质量均为 m，半径均为 R。绳子不能伸缩，质量略去不计，粗糙斜面的倾角为 θ，不计滚动摩擦，如图 12-33 所示。如在鼓轮上作用一常力偶 M。求：①鼓轮的角加速度；②轴承 O 的水平约束力。

12-20 重物 A 质量为 m_1，系在绳子上，绳子跨过不计质量的固定滑轮 D，并绕在鼓轮 B 上如图 12-34 所示。由于重物下降，带动了轮 C，使它沿水平轨道滚动而不滑动。设鼓轮半径为 r，轮 C 半径为 R，两者固连在一起，总质量为 m_2，对于其水平轴 O 的回转半径为 ρ。求重物 A 的加速度。

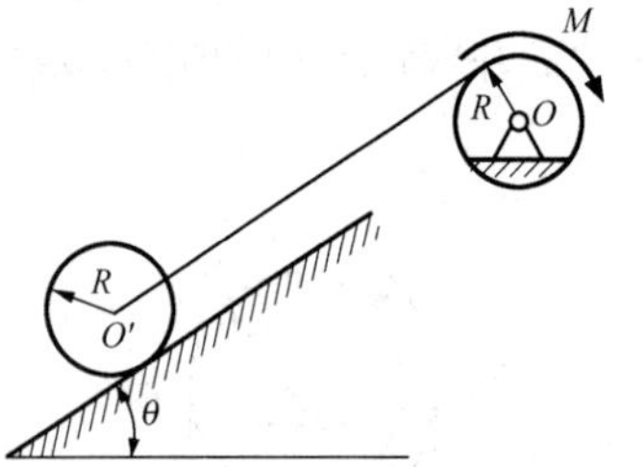

图 12-33 习题 12-19 图

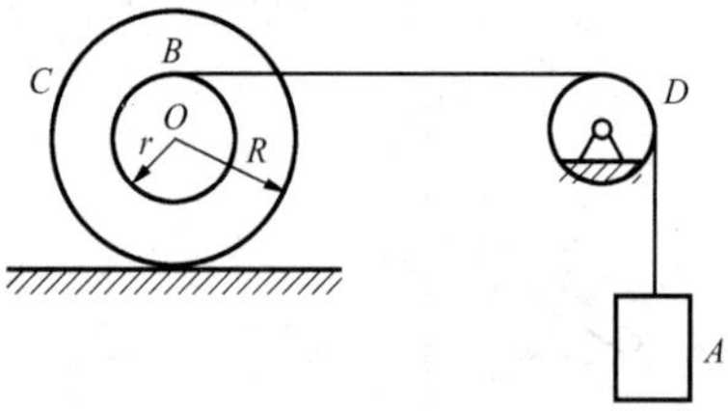

图 12-34 习题 12-20 图

12-21 图 12-35 所示均质实心圆柱体 A 和薄铁环 B 的质量均为 m，半径均为 r，两者用杆 AB 铰接，无滑动地沿斜面滚下，斜面与水平面夹角为 θ。如杆质量略去不计，求杆 AB 的加速度和杆的内力。

12-22 物体 A 质量为 m_1，沿楔状物 D 的斜面下降，同时借绕过滑车 C 的绳使质量为

m_2 的物体 B 上升，如图 12-36 所示。斜面与水平成 θ 角，滑轮与绳子的质量及一切摩擦略去不计。求楔状物 D 作用于地板凸出部分 E 的水平压力。

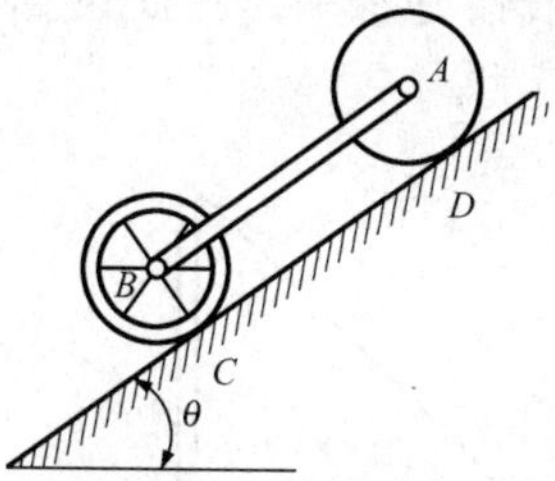

图 12-35 习题 12-21 图

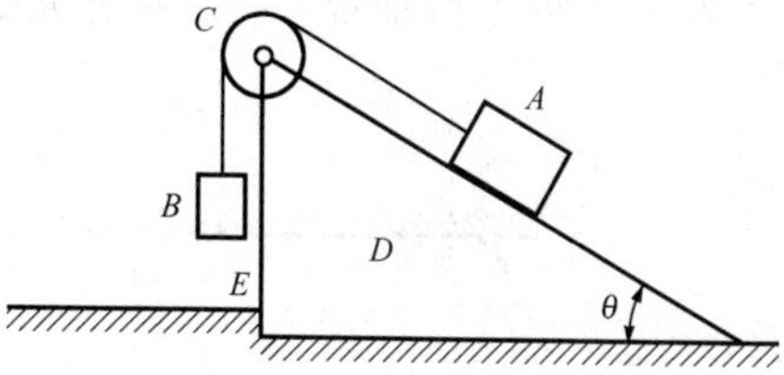

图 12-36 习题 12-22 图

12-23 质量为 m、半径为 R、轮心速度大小等均为常数的圆轮在三种不同情形下都作纯滚动，如图 12-37 所示，其中：①轮心 C 即圆心；②轮偏心，偏心距 $OC=e$；③轮心 C 即圆心且在同半径的固定圆轮上滚动。试简化三种情形下圆轮的惯性力。

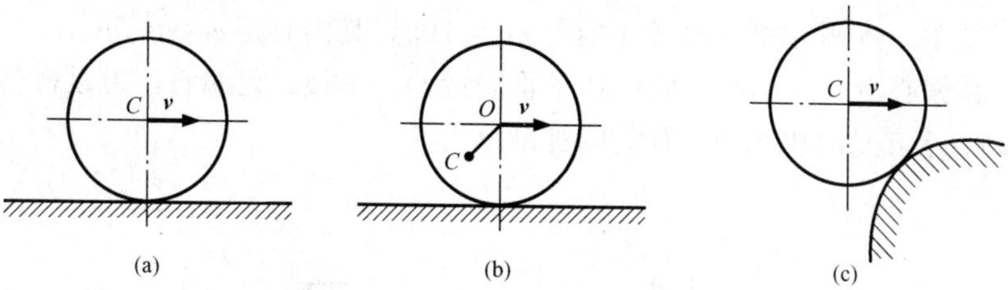

图 12-37 习题 12-23 图

12-24 面密度为 ρ_A、半径为 R 的圆轮在倾角为 α 的斜面上作纯滚动，其角速度与角加速度分别为 ω 和 α。如图 12-38 (a) 所示，其上挖取了一个半径为 $R/4$ 的圆洞；如图 12-38 (b) 所示，其上沿半径焊了一根杆 A，杆的质量为圆轮质量的 1/100。试简化两种情形下的惯性力。

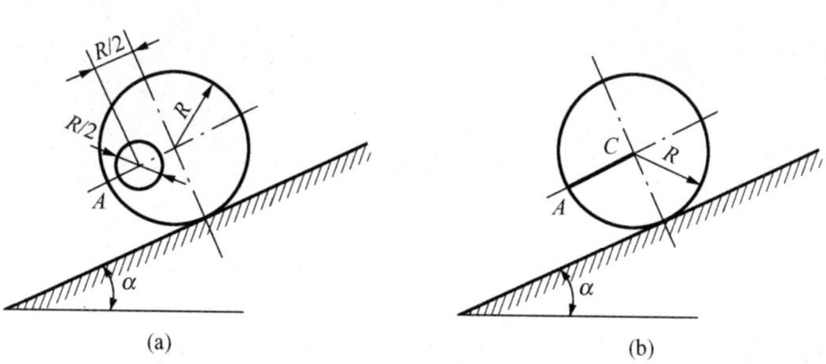

图 12-38 习题 12-24 图

12-25 均质长方体浪木重量为 $\boldsymbol{G}$，悬挂在等长的软绳上，浪木尺寸如图 12-39 所示。长度单位为 m。设浪木从图示绳子与铅直线成角 $\varphi=30°$ 的位置无初速地开始下滑，求在下面两个瞬时浪木的加速度和绳子的拉力：①开始运动的初瞬时；②浪木通过最低位置的瞬时。

12 - 26 质量为 m，长度为 $2l$ 的均质细杆 AB 与另两根等长的无重刚杆 OA、OB 相互铰接成一个等腰三角形 OAB，此三角形可在铅直平面内绕着水平的固定轴 O 转动。在图 12 - 40所示位置，杆 AB 正成铅直，而质心 C 与轴心 O 的连线恰好水平。在此位置无初速地释放，系统开始绕 O 轴转下。求在开始瞬时杆 OA、OB 的反力。

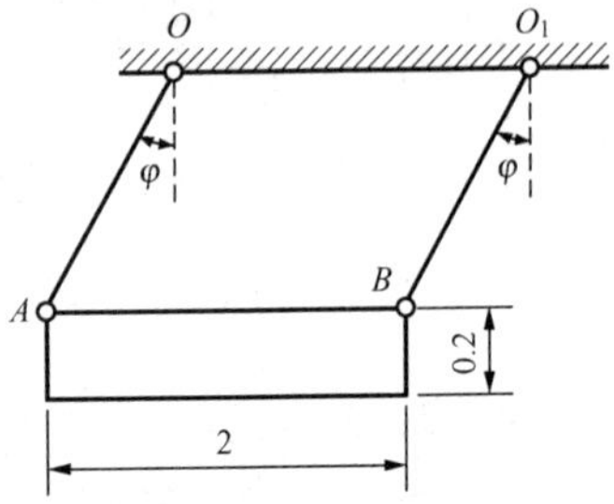

图 12 - 39 习题 12 - 25 图

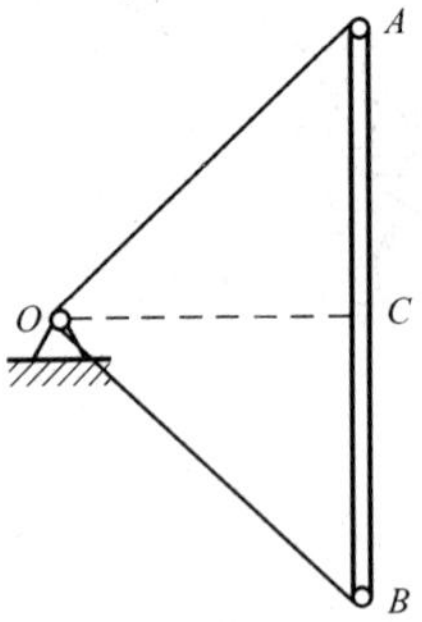

图 12 - 40 习题 12 - 26 图

12 - 27 图 12 - 41 所示磨刀砂轮 Ⅰ 质量 $m_1=1\text{kg}$，其偏心距 $e_1=0.5\text{mm}$，小砂轮 Ⅱ 质量 $m_2=0.5\text{kg}$，其偏心距 $e_2=1\text{mm}$，电机转子 Ⅲ 质量 $m_3=8\text{kg}$，无偏心，带动砂轮旋转，转速 $n=3000\text{r/min}$。求转动时轴承 A、B 的附加动反力。

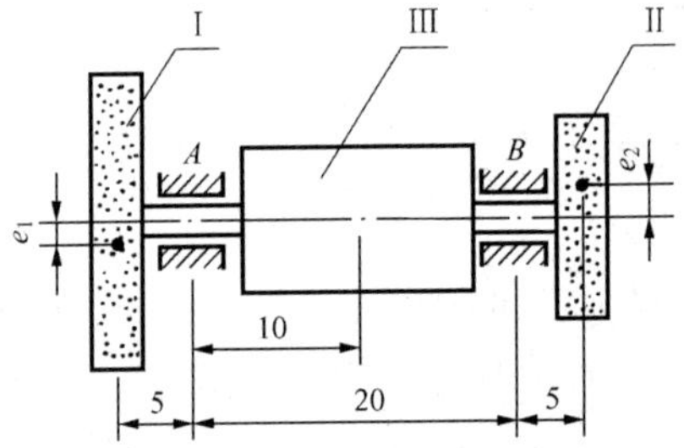

图 12 - 41 习题 12 - 27 图

13 虚位移原理

本章提要

本章首先介绍了与虚位移原理有关的概念，包括：约束、自由度、广义坐标、虚位移、虚功、理想约束，然后介绍了虚位移原理及其应用。虚位移原理是关于非自由质点系统平衡的一个普遍原理。它是从力的功出发直接建立起系统处于平衡时主动力之间的关系。应用虚位移原理，可以避免无关的约束反力的出现，使求解变得简单，是研究静力学平衡问题的另一重要途径。

13.1 约束·自由度·广义坐标

（一）约束

在本章中，将非自由质点系在运动过程中，各质点的位置和速度必须满足的限制条件称为**约束**，表示这些限制条件的数学方程称为**约束方程**。

如图13-1所示的单摆，质量为m的质点A受到长为l的摆杆约束，绕固定点O在平面内摆动；图13-2所示的曲柄连杆机构中，连杆的两端点A和B所受到的约束，这些约束的特点都是质点系中各质点的几何位置受到限制。

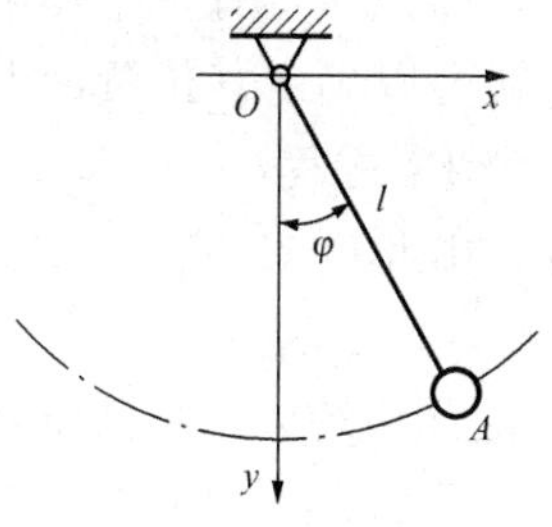

图13-1

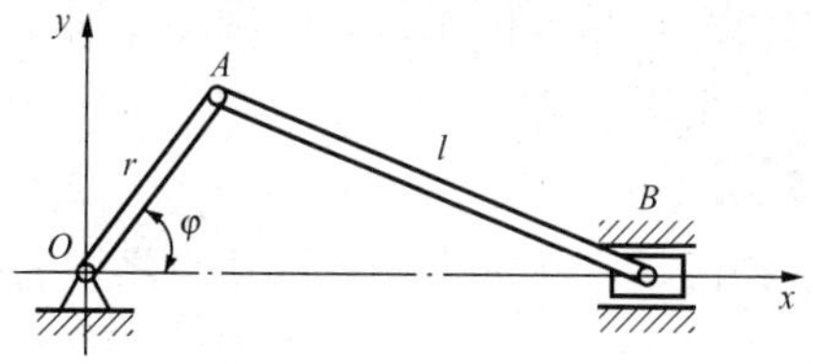

图13-2

它们的约束方程分别为

$$x^2+y^2=l^2 \tag{13-1}$$

和

$$\left.\begin{aligned} x_A^2+y_A^2&=r^2 \\ (x_B-x_A)^2+(y_B-y_A)^2&=l^2 \\ y_B&=0 \end{aligned}\right\} \tag{13-2}$$

对质点系中各质点几何位置的限制条件称为**几何约束**，或**完整约束**。只受到几何约束的系统称为**完整系统**，其约束方程的一般形式为

$$f_j(x_1,y_1,z_1;\cdots;x_n,y_n,z_n;t)=0 \quad (j=1,2,\cdots,s) \tag{13-3}$$

式中 n——质点系的质点数；

s——约束的方程数。

如图 13-3 所示，半径为 r 的车轮沿直线轨道作纯滚动时，轮子受到除轮心 O 始终保持与地面距离为 $y_O=r$ 的几何约束外，轮子上与地面的接触点 A 的速度，还受到只滚不滑的运动学限制 $v_A=0$，即每一瞬时有

$$v_O - r\omega = 0 \tag{13-4}$$

式（13-4）是轮子运动受到限制的约束方程。

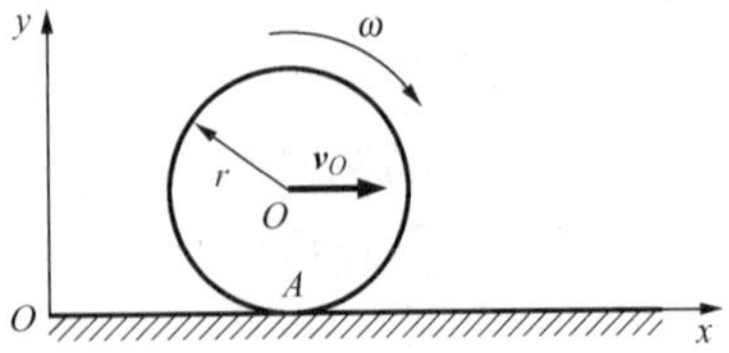

图 13-3

质点系在运动时受到某些运动学条件的限制称为**运动约束**，也称为**微分约束**。受不可积的微分约束的系统称为**非完整系统**。图 13-3 所示的轮子运动受到限制的约束方程 $v_O-r\omega=0$ 虽然是微分方程的形式，但它可以积分为有限的形式，所以仍属于完整约束。

式（13-1）和式（13-2）所表示的是一种最简单的约束，称为**定常、双面约束**。“定常”是指约束方程中不显含时间，限制条件不随时间变化；“双面”是指约束方程用等式表示。这种约束在实际中经常遇到，本章只讨论定常的双面几何约束，其约束方程的一般形式为

$$f_j(x_1, y_1, z_1; \cdots; x_n, y_n, z_n) = 0 \quad (j = 1, 2, \cdots, s) \tag{13-5}$$

式中 n——质点系的质点数；

s——完整约束的方程数。

（二）自由度

描述一个自由质点在空间的位置需要三个独立的参数，如三个直角坐标（x，y，z），则一个自由质点有三个自由度；若质点被限制在平面 Oxy 上，即该质点有一个约束，其约束方程为 $z=0$，此时，只需有两个独立的参数，如（x，y）就可以确定其位置，则该质点有两个自由度；如果该质点被限制在 x 轴上，即该质点有两个约束方程 $y=0$、$z=0$，则只需一个独立参数 x 即可确定其位置，故该质点有一个自由度。由此可知，确定质点系位置可不需要 $3n$ 个坐标。

一般来说，具有 n 个质点的质点系，若受到 s 个定常的双面几何约束，则该质点系的自由度数为

$$k = 3n - s \tag{13-6}$$

工程中的约束多数是定常的完整约束。在完整约束条件下，确定质点系位置的独立参数的数目等于系统的自由度数。

（三）广义坐标

确定质点系位置的独立参数的数目称为**质点系的广义坐标**。广义坐标必须是独立变量，它可以是长度——线坐标、角度——角坐标或其他，其选择不是唯一的，根据求解问题的性质与难易程度而定。对于完整系统来说，广义坐标的数目等于系统的自由度数；在非完整系统中，广义坐标的数目大于系统的自由度数。引入了广义坐标，可将确定质点系位置的坐标数目减少到最小。

以 q_1，q_2，…，q_k 表示质点系的广义坐标，则各质点的直角坐标都可以表成这些广义坐标的函数，即

$$\left.\begin{aligned} x_i &= x_i(q_1, q_2, \cdots, q_k) \\ y_i &= y_i(q_1, q_2, \cdots, q_k) \\ z_i &= z_i(q_1, q_2, \cdots, q_k) \end{aligned}\right\} \quad (i = 1, 2, \cdots, n) \tag{13-7}$$

这种函数关系中隐含了约束条件。

在图 13-2 所示的曲柄连杆机构中，若近似看成为质量集中在 A、B 的两质点系统，由式（13-2）知，该系统的约束方程 $s=3$，且质点只能在平面内运动；再由式（13-6）得系统自由度，亦即广义坐标个数为 $k=2\times2-3=1$。如取曲柄 OA 与 x 轴的夹角 φ 为广义坐标，则 A、B 两质点的位置可表示为 φ 的函数，即

$$\left.\begin{aligned} x_A &= r\cos\varphi \\ y_A &= r\sin\varphi \\ x_B &= r\cos\varphi + \sqrt{l^2 - r^2\sin^2\varphi} \\ y_B &= 0 \end{aligned}\right\}$$

13.2 虚位移·虚功·理想约束

一、虚位移

质点或质点系受到约束时，各质点的位移受到限制，而只能产生约束所允许的位移。将质点或质点系在主动力作用和已知约束的限制下，在 dt 时间内按照力学定律所作的位移称为实位移，或实运动；将在某瞬时，在约束允许的条件下，质点或质点系的可能实现的任何无限小的位移称为**该质点或质点系的虚位移**。

虚位移与实位移是不同的两个概念。虚位移不是经过 dt 时间所发生的真实小位移，而是假想的、约束允许的、从几何学或运动学考虑可能实现的无限小位移，它有无限多个。虚位移可以是线位移也可以是角位移。通常以微分符号“d”表示实位移，如 dx、ds、$d\boldsymbol{r}$ 等；以变分符号“δ”表示虚位移，如 δx、δs、$\delta\boldsymbol{r}$ 等。变分表示变量 x、s 和 $\boldsymbol{r}$ 的无限小“变更”，代数量的变分，其正向与原代数量一致，如 δx、δs；矢量的变分，为小位移矢量，由于虚位移只是约束所允许的、可能实现的位移，因而不限于一个确定的方向。在本书所讨论的问题中，变分运算与微分运算相类似。

在定常约束情况下，约束条件不随时间变化，这时的实位移必为无数虚位移之一，因而可将实位移选作虚位移。对于非定常约束，约束条件随时间变化，虚位移一般不是可能位移，实位移一般也不是无数虚位移之一。

质点系的虚位移，是质点系中所有质点的虚位移的集合。各质点的虚位移之间存在着一定的关系，其中独立的虚位移个数等于质点系的自由度数。通常可利用几何法、解析法确定这些关系。

（一）几何法

在定常约束情况下，实位移是虚位移中的一种，可以用求实位移的方法来求各质点的虚位移。由运动学关系 $d\boldsymbol{r}=\boldsymbol{v}dt$，可知质点的位移与速度成正比，因此可用分析速度的几何法分析各质点虚位移之间的关系。

（二）解析法

由式（13-7）知，质点系中各质点的坐标可表示为广义坐标 q_1，q_2，…，q_k 的函数，

因此各质点的虚位移 $\delta\boldsymbol{r}_i$ 在直角坐标轴上的投影，可由对式（13-7）求变分得到，即

$$\left.\begin{aligned}\delta x_i &= \frac{\partial x_i}{\partial q_1}\delta q_1 + \frac{\partial x_i}{\partial q_2}\delta q_2 + \cdots + \frac{\partial x_i}{\partial q_k}\delta q_k = \sum_{j=1}^{k}\frac{\partial x_i}{\partial q_j}\delta q_j \\ \delta y_i &= \frac{\partial y_i}{\partial q_1}\delta q_1 + \frac{\partial y_i}{\partial q_2}\delta q_2 + \cdots + \frac{\partial y_i}{\partial q_k}\delta q_k = \sum_{j=1}^{k}\frac{\partial y_i}{\partial q_j}\delta q_j \\ \delta z_i &= \frac{\partial z_i}{\partial q_1}\delta q_1 + \frac{\partial z_i}{\partial q_2}\delta q_2 + \cdots + \frac{\partial z_i}{\partial q_k}\delta q_k = \sum_{j=1}^{k}\frac{\partial z_i}{\partial q_j}\delta q_j\end{aligned}\right\}\quad (i=1,2,\cdots,n) \tag{13-8}$$

式（13-8）建立了质点坐标的变分与其广义坐标的变分之间的关系，即质点在直角坐标中的虚位移与广义坐标中的虚位移之间的关系。δq_j 称为广义虚位移，是广义坐标的独立变分。也即质点系的虚位移是质点系的广义虚位移的线性组合。

【例 13-1】 试分析图 13-4 所示机构在图示位置时，点 A、B 与 C 的虚位移。已知 $OA=AB=a$，$OC=l$。

解 当 OC 杆绕 O 轴转动时，通过连杆 AB 带动滑块 B 沿直线轨道运动。显然，OC 杆的位置确定了 A、B 和 C 点的位置，而 OC 杆的位置可由 OC 杆与 x 轴的夹角 φ 描述。因此可知此为一个自由度的系统，取 OC 杆与 x 轴的夹角 φ 为广义坐标。

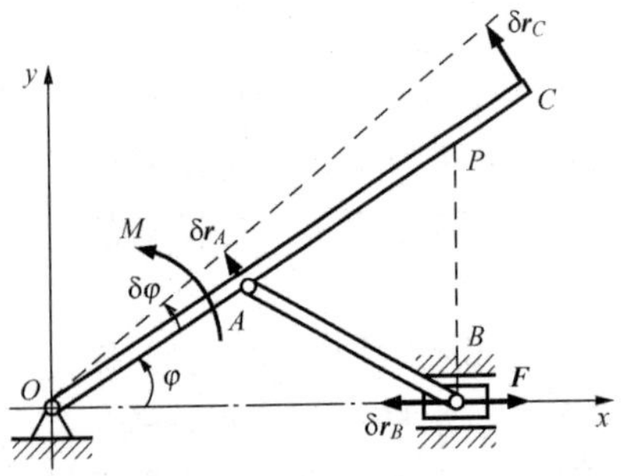

图 13-4

（1）几何法。设点 A、B 和 C 的虚位移分别为 $\delta\boldsymbol{r}_A$、$\delta\boldsymbol{r}_B$ 和 $\delta\boldsymbol{r}_C$，由于系统的约束是定常约束，所以各点虚位移之间的关系与实位移之间的关系相同。可取点 A、B 和 C 的虚位移如图 13-4 所示，则得点 A 和 C 的虚位移之间关系为

$$\frac{\delta r_A}{\delta r_C} = \frac{a}{l}$$

杆 AB 作平面运动，其速度瞬心在点 P，因而点 A 和 B 的虚位移之间关系为

$$\frac{\delta r_A}{\delta r_B} = \frac{PA}{PB} = \frac{a}{2a\sin\varphi} = \frac{1}{2\sin\varphi}$$

若给杆一个虚位移 $\delta\varphi$，则有 $\delta r_A = a\delta\varphi$，$\delta r_C = l\delta\varphi$，将各点的虚位移分别向 x、y 轴投影，得

$$\delta x_A = -a\sin\varphi\cdot\delta\varphi,\ \delta y_A = a\cos\varphi\cdot\delta\varphi$$
$$\delta x_B = -2a\sin\varphi\cdot\delta\varphi,\ \delta y_B = 0$$
$$\delta x_C = -l\sin\varphi\cdot\delta\varphi,\ \delta y_C = l\cos\varphi\cdot\delta\varphi$$

（2）解析法。将 A、B 和 C 各点的坐标表示为广义坐标的函数，得

$$x_A = a\cos\varphi,\ y_A = a\sin\varphi$$
$$x_B = 2a\cos\varphi,\ y_B = 0$$
$$x_C = l\cos\varphi,\ y_C = l\sin\varphi$$

利用式（13-8）将上述各式对广义坐标求变分，得各点虚位移在相应坐标轴上投影

$$\delta x_A = -a\sin\varphi\cdot\delta\varphi,\ \delta y_A = a\cos\varphi\cdot\delta\varphi$$

$$\delta x_B = -2a\sin\varphi \cdot \delta\varphi,\ \delta y_B = 0$$

$$\delta x_C = -l\sin\varphi \cdot \delta\varphi,\ \delta y_C = l\cos\varphi \cdot \delta\varphi$$

对于多个自由度质点系，若用几何法求各质点虚位移之间的关系，将涉及合成运动中复杂的速度矢量关系，较为繁琐。而求变分的方法与求微分相似，在一般情况下不会发生麻烦，用解析法就显示出优越性。

【例 13-2】 两质点 A 和 B 用长度为 l 的刚杆铰接如图 13-5 所示。试分析机构在图示位置时，点 A、B 的虚位移。

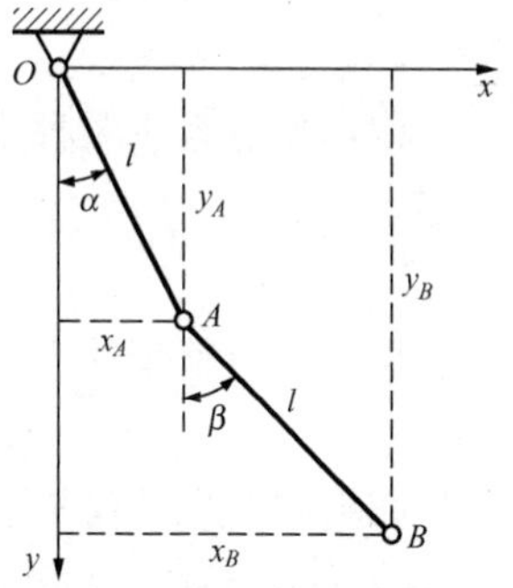

图 13-5

解 两刚杆 OA 和 AB 可各自独立地分别绕 O 轴和 A 轴转动，故此为两个自由度的系统。选择杆 OA 和 AB 与 y 轴的夹角 α 和 β 为广义坐标，各质点的坐标可表示为

$$x_A = l\sin\alpha$$

$$y_A = l\cos\alpha$$

$$x_B = l\sin\alpha + l\sin\beta$$

$$y_A = l\cos\alpha + l\cos\beta$$

利用式（13-8）将上述各式对广义坐标求变分，得各点虚位移在相应坐标轴上投影

$$\delta x_A = \frac{\partial x_A}{\partial\alpha}\delta\alpha + \frac{\partial x_A}{\partial\beta}\delta\beta = l\cos\alpha \cdot \delta\alpha$$

$$\delta y_A = \frac{\partial y_A}{\partial\alpha}\delta\alpha + \frac{\partial y_A}{\partial\beta}\delta\beta = -l\sin\alpha \cdot \delta\alpha$$

$$\delta x_B = \frac{\partial x_B}{\partial\alpha}\delta\alpha + \frac{\partial x_B}{\partial\beta}\delta\beta = l\cos\alpha \cdot \delta\alpha + l\cos\beta \cdot \delta\beta$$

$$\delta y_B = \frac{\partial y_B}{\partial\alpha}\delta\alpha + \frac{\partial y_B}{\partial\beta}\delta\beta = -l\sin\alpha \cdot \delta\alpha - l\sin\beta \cdot \delta\beta$$

二、虚功

作用于质点或质点系的力在虚位移上所作的功称为**虚功**。力在虚位移上作功的计算与作用在真实小位移上所作的元功的计算是一样的。如图 13-4 中，力偶 M 的虚功为 $M\delta\varphi$，是正功；力 $\boldsymbol{F}$ 的虚功为 $\boldsymbol{F} \cdot \delta\boldsymbol{r}_B$，是负功。一般以 $\delta W = \boldsymbol{F} \cdot \delta\boldsymbol{r}$ 表示力在虚位移 $\delta\boldsymbol{r}$ 上所作的虚功。显然虚功与虚位移一样，也是假想的，实际并未发生。因此，δW 一般也不是功的变分，仅是点积 $\boldsymbol{F} \cdot \delta\boldsymbol{r}$ 的记号。图 13-4 中的机构处于平衡状态，任何力都没有作实功，但力可以作虚功。

三、理想约束

如果在质点系的任何虚位移中，所有约束力所作的虚功之和等于零，称这种约束为**理想约束**。需要指出理想约束是对于整个系统的约束情况，而不是对作用于系统的个别约束力来说的。若以 $\boldsymbol{F}_{Ni}$ 表示作用在某质点上的约束力，$\delta\boldsymbol{r}_i$ 表示该质点的虚位移，δW_{Ni} 表示该约束力在虚位移中所作的虚功，则理想约束可以用数学公式表示为

$$\delta W_N = \sum\delta W_{Ni} = \sum\boldsymbol{F}_{Ni} \cdot \delta\boldsymbol{r}_i = 0 \qquad (13-9)$$

显然，光滑面约束、光滑铰链、无重刚杆、不可伸长的柔索、固定端等约束为理想约束。

13.3 虚位移原理及应用

设一质点系处于平衡，则其中任一质点 m_i 也处于平衡，作用于此质点上的主动力 $\boldsymbol{F}_i$ 和约束力 $\boldsymbol{F}_{Ni}$的合力必等于零，即

$$\boldsymbol{F}_i + \boldsymbol{F}_{Ni} = 0 \quad (i = 1、2、\cdots、n)$$

设给质点系于某种虚位移，其中质点 m_i 的虚位移为 $\delta\boldsymbol{r}_i$，则合力在虚位移上的元功必等于零，即

$$(\boldsymbol{F}_i + \boldsymbol{F}_{Ni}) \cdot \delta\boldsymbol{r}_i = 0 \quad (i = 1、2、\cdots、n)$$

显然，对整个质点系内的所有质点而言，应有

$$\sum(\boldsymbol{F}_i + \boldsymbol{F}_{Ni}) \cdot \delta\boldsymbol{r}_i = \sum\boldsymbol{F}_i \cdot \delta\boldsymbol{r}_i + \sum\boldsymbol{F}_{Ni} \cdot \delta\boldsymbol{r}_i = 0$$

如果质点系具有理想约束，则约束力在任何虚位移中所作的虚功之和等于零，即 $\sum\boldsymbol{F}_{Ni} \cdot \delta\boldsymbol{r}_i = 0$，代入上式，即得

$$\sum\boldsymbol{F}_i \cdot \delta\boldsymbol{r}_i = 0 \tag{13 - 10}$$

用 δW_{Fi}代表作用在质点 m_i 上的主动力的虚功，则有 $\delta W_{Fi} = \boldsymbol{F}_i \cdot \delta\boldsymbol{r}_i$，从而式（13 - 10）可以表示为

$$\sum\delta W_{Fi} = 0 \tag{13 - 11}$$

由此证明了上式是质点系平衡的必要条件，可以证明其也是充分条件。建议读者自行证明。

因此可得结论：具有理想、定常、双面约束的质点系，其平衡的充分必要条件是，所有主动力在质点系的任意虚位移上的虚功之和为零。这就是**虚位移原理**，又称为**虚功原理**。式（13 - 10）又称为**虚功方程**。

虚位移原理是一个关于平衡的原理，其通过主动力系在虚位移上的虚功来建立质点系的平衡条件，是在质点系具有理想约束的条件下建立的，其优点是在虚功方程中不出现全部未知的约束力。应用虚位移原理求解具有理想约束的刚体系统的静力学问题时，不必考虑约束力，只要求分析约束是否存在摩擦，如果忽略摩擦，则虚位移原理自然成立；如果存在摩擦，则把对虚位移作功的摩擦力列为主动力，则虚位移原理仍然成立；而若须求约束力，则可应用解除约束原理，将所求约束对应的约束力作为主动力，再应用虚位移原理。

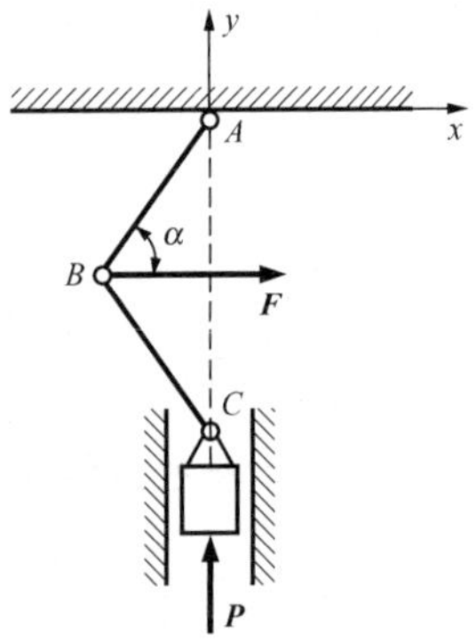

图 13 - 6

【例 13 - 3】 在图 13 - 6 所示平面曲柄式压榨机构中，铰链 B 上作用有水平力 $\boldsymbol{F}$，滑块 C 处作用有垂直力 $\boldsymbol{P}$，已知 $AB=BC=a$，平衡时 AB 与 BC 之间的夹角为 α，忽略摩擦。试求系统处于平衡时这些主动力之间的关系。

解 应用虚位移原理求解问题时，首先应确定研究对象，分析对象是否满足理想约束条件，然后求出各主动力的虚位移，建立并求解虚功方程。

以系统为研究对象，显然忽略摩擦时，理想约束的假设成立。由虚位移原理，有

$$\sum\delta W_{Fi} = F\delta x_B + P\delta y_C = 0 \tag{1}$$

求虚位移 δx_B、δy_C 关系式。选择 AB 杆与水平轴的夹角 α 为广义坐标，由约束条件，有

$$x_B = -AB\cos\alpha = -a\cos\alpha$$

$$y_C = -(AB + BC)\sin\alpha = -2a\sin\alpha$$

利用式（13-8）将上述各式对广义坐标求变分，得各点虚位移在相应坐标轴上投影

$$\delta x_B = a\sin\alpha\delta\alpha \tag{2}$$

$$\delta y_C = -2a\cos\alpha\delta\alpha \tag{3}$$

将方程（2）、(3）代入方程（1），得

$$(Fa\sin\alpha - P2a\cos\alpha)\delta\alpha = 0$$

因 $\delta\alpha$ 的任意性，应有

$$Fa\sin\alpha - P2a\cos\alpha = 0$$

解得

$$\frac{F}{P} = 2\cot\alpha$$

【例 13-4】 连续梁的结构及承载如图 13-7（a）所示。试求铰支座 D 的约束力。

解 这一连续梁结构为几何不变刚体系统，不可能有虚位移，为应用虚位移原理，必须应用解除约束原理，将其转化为几何可变刚体系统，既是解除某一约束并代之一相应的约束力，同时将此约束力视为主动力。

解除铰支座 D 的约束，代之以相应的约束力 $\boldsymbol{F}_D$ 并视为主动力，这样连续梁变为一个自由度的杆系结构，使系统发生虚位移如图 13-7（b）所示。可得各点的虚位移之间的关系为

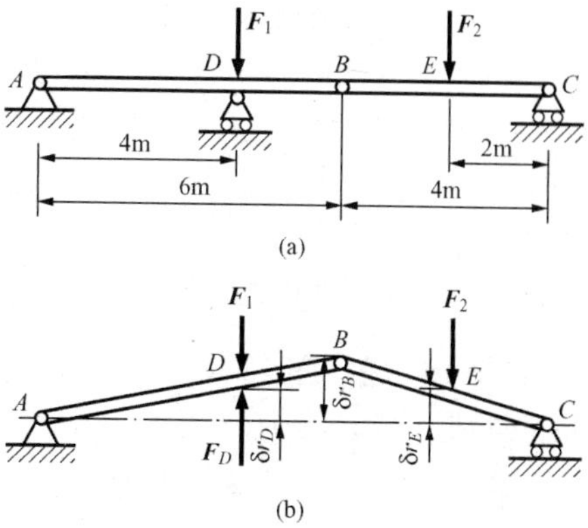

图 13-7

$$\frac{\delta r_D}{\delta r_B} = \frac{4}{6} = \frac{2}{3} \tag{1}$$

$$\frac{\delta r_B}{\delta r_E} = \frac{4}{2} = 2 \tag{2}$$

由此二式得

$$\frac{\delta r_D}{\delta r_E} = \frac{4}{3} \tag{3}$$

由虚位移原理，有

$$\sum \delta W_{Fi} = (F_D - F_1)\delta r_D - F_2\delta r_E = 0 \tag{4}$$

将方程（3）代入方程（4），解得

$$F_D = F_1 + \frac{3}{4}F_2$$

【例 13-5】 图 13-8（a）所示构架中，长为 $2a$ 的各斜杆在中点相互铰接，$\theta=45°$，不

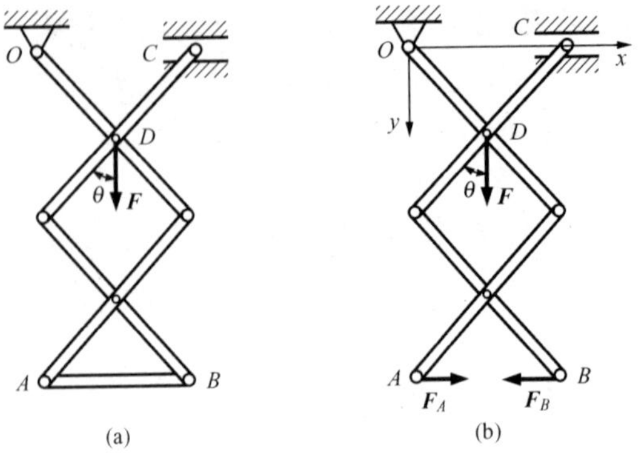

图 13-8

计各杆自重。试求在已知力 $\boldsymbol{F}$ 作用下 AB 杆的内力。

解 若用虚位移原理求解 AB 杆的内力，必须应用解除约束原理，将其转化为外力，同时将其视为主动力。

研究整个构架，除去 AB 杆，代之以相应的约束力 $\boldsymbol{F}_A$、$\boldsymbol{F}_B$，并视为主动力。求虚位移关系式。如图 13-8（b）建立坐标系，选择各斜杆与铅垂轴的夹角 θ 为广义坐标，由约束条件，有各力作用点的坐标为

$$y_D = a\cos\theta,\ x_A = 0,\ x_B = 2a\sin\theta$$

利用式（13-8）将上述各式对广义坐标求变分，得各点虚位移在相应坐标轴上投影

$$\delta y_D = -a\sin\theta\delta\theta,\ \delta x_A = 0,\ \delta x_B = 2a\cos\theta\delta\theta$$

由虚位移原理，有

$$\sum \delta W_{Fi} = F\delta y_D + F_A\delta x_A - F_B\delta x_B = 0$$

将各点虚位移代入，得

$$(-Fa\sin\theta - F_B 2a\cos\theta)\delta\theta = 0$$

因 $\delta\theta$ 的任意性，解得

$$F_B = -\frac{F}{2}\tan\theta = -\frac{F}{2}$$

负号说明 AB 杆的内力为压力。

【例 13-6】 图 13-9（a）所示为连续梁 ABE 的结构及承载，其中 $F_1=F_2=F_3=F$。试求固定端 A 的约束力。

解 固定端 A 的约束力为 $\boldsymbol{F}_{Ax}$、$\boldsymbol{F}_{Ay}$ 和 m_A，应用解除约束原理解除固定端 A 的约束将它们转化为外力，连续梁变为三个自由度的杆系结构如图 13-9（b）所示，应用虚位移原理，可列出三个虚功方程。

（1）使系统发生水平向右的虚位移 δx_A，如图 13-9（b）所示，这时只有约束力 $\boldsymbol{F}_{Ax}$ 对 δx_A 虚位移作功，有

$$F_{Ax}\delta x_A = 0 \tag{1}$$

因 δx_A 的任意性，应有

$$F_{Ax} = 0$$

（2）使梁 AB 发生铅直向下的虚位移，即 $\delta y_A=\delta y_B=\delta y_{F1}$，同时梁 BD 绕 C 转动，梁 DE 绕 E 转动，相应各力作用点的虚位移分别如图 13-9（c）所示，可得各点的虚位移之间的关系为

$$\delta y_{F2} = \frac{a}{b}\delta y_B = \frac{a}{b}\delta y_A$$

$$\delta y_{F3} = \frac{a}{2a}\delta y_D = \frac{1}{2}\frac{a}{b}\delta y_A$$

由虚位移原理，有

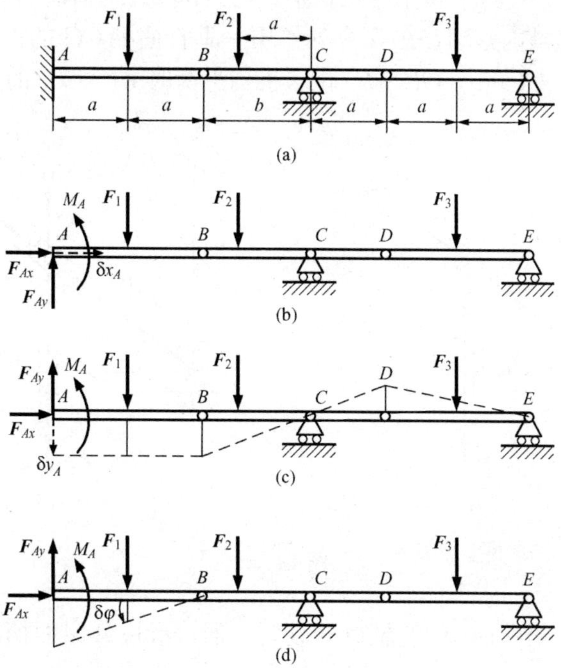

图 13-9

$$\sum \delta W_{Fi} = -F_{Ay}\delta y_A + F_1\delta y_{F1} + F_2\delta y_{F2} - F_3\delta y_{F3} = 0 \tag{2}$$

将各点虚位移代入方程（2），得

$$\left(-F_{Ay} + F_1 + F_2\frac{a}{b} - \frac{1}{2}F_3\frac{a}{b}\right)\delta y_A = 0$$

将已知条件代入，且由 δy_A 的任意性，解得

$$F_{Ay} = \left(1 + \frac{a}{2b}\right)F$$

（3）使梁 AB 发生绕 B 的虚位移 $\delta\varphi$，相应各力作用点的虚位移分别为 δy_A、δy_{F1}，$\delta y_{F2} = \delta y_{F3} = 0$，如图 13-9（d）所示。

由虚位移原理，有

$$\sum \delta W_{Fi} = M_A\delta\varphi - F_{Ay}\delta y_A + F_1\delta y_{F1} = 0 \tag{3}$$

此时各点的虚位移之间的关系为

$$\delta y_A = 2a\delta\varphi$$
$$\delta y_{F1} = a\delta\varphi$$

将各点虚位移代入方程（3），得

$$(M_A - 2aF_{Ay} + aF_1)\delta\varphi = 0$$

由 $\delta\varphi$ 的任意性，解得

$$M_A = 2aF_{Ay} - aF_1 = a\left(1 + \frac{a}{b}\right)F$$

此解法是一次性的解除固定端 A 的约束。也可以一步步的解除固定端 A 的约束，并将它们相应的约束力转化为外力，逐步求解。

【例 13-7】 图 13-10（a）所示的机构中，当曲柄 OC 绕轴 O 转动时，滑块 A 沿曲柄滑动，带动杆 AB 在铅直槽内移动，在 C 点处作用一垂直曲柄 OC 的力 $\boldsymbol{F}_1$，在 B 点处作用一沿 BA 的力 $\boldsymbol{F}_2$。已知：$OC=a$，$OK=l$。试求机构平衡时 F_1 与 F_2 的关系。

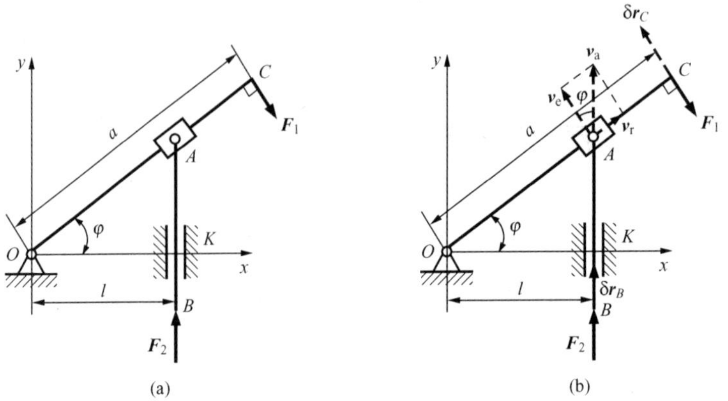

图 13-10

解 在此机构中，当曲柄 OC 绕轴 O 转动时，通过滑块 A 沿曲柄滑动带动杆 AB 在铅直槽内移动，给各力作用点的虚位移分别为 $\delta\boldsymbol{r}_B$、$\delta\boldsymbol{r}_C$，由虚位移原理，有

$$\sum\delta W_{Fi}=F_2\delta r_B-F_1\delta r_C=0 \tag{1}$$

可通过运动学的关系求各力作用点的虚位移的关系，即为所谓的“虚速度”法。设系统某个虚位移 $\delta\boldsymbol{r}$，可以想象虚位移是在某个极短的时间 $\mathrm{d}t$ 内发生的，这时对应点的速度 $\dfrac{\delta r}{\mathrm{d}t}$ 称为虚速度。由此，两点的虚速度大小之比也就等于虚位移大小之比。

以曲柄 OC 为动系，滑块 A 为动点，如有“虚运动”，由速度合成式

$$\boldsymbol{v}_\mathrm{a}=\boldsymbol{v}_\mathrm{e}+\boldsymbol{v}_\mathrm{r}$$

得虚速度分析如图 13-10（b）所示，由图示几何关系，有

$$v_\mathrm{e}=v_\mathrm{a}\cos\varphi$$

注意，$v_\mathrm{e}=\omega\cdot OA$，$v_\mathrm{c}=\omega\cdot OC$。则

$$v_\mathrm{c}=\frac{v_\mathrm{e}}{OA}a=v_\mathrm{e}\,\frac{a}{l}\cos\varphi=v_\mathrm{a}\,\frac{a}{l}\cos^2\varphi$$

由虚速度之比等于虚位移之比，得

$$\delta r_C=\delta r_A\,\frac{a}{l}\cos^2\varphi \tag{2}$$

而

$$\delta r_A=\delta r_B \tag{3}$$

将方程（2）、（3）代入方程（1），解出

$$F_1=F_2\,\frac{l}{a\cos^2\varphi}$$

为求虚位移 $\delta\boldsymbol{r}_B$ 与 $\delta\boldsymbol{r}_C$ 的关系，也可以由几何关系得出各点的坐标，并进行变分运算得到。

本 章 小 结

（一）约束·自由度·广义坐标

非自由质点系在运动过程中，各质点的位置和速度必须满足的限制条件称为约束；表示这些限制条件的数学方程称为约束方程。

在完整约束条件下，确定质点系位置的独立参数的数目等于系统的自由度数。

确定质点系位置的独立参数的数目称为质点系的广义坐标。广义坐标必须是独立变量，它可以是线坐标、角坐标或其他。对于完整系统来说，广义坐标的数目等于系统的自由度数；在非完整系统中，广义坐标的数目大于系统的自由度数。引入了广义坐标，可将确定质点系位置的坐标数目减少到最小。

（二）虚位移·虚功·理想约束

在某瞬时，在约束允许的条件下，质点或质点系的可能实现的任何无限小的位移称为该质点或质点系的虚位移。

作用于质点或质点系的力在虚位移上所作的功称为虚功。

如果在质点系的任何虚位移中，所有约束力所作的虚功之和等于零，称这种约束为理想约束。

（三）虚位移原理

具有理想、定常、双面约束的质点系，其平衡的充分必要条件是，所有主动力在质点系的任意虚位移上的虚功之和为零。此原理又称为虚功原理，即

$$\sum\delta W_{Fi}=\sum\boldsymbol{F}_i\cdot\delta\boldsymbol{r}_i=0$$

虚位移原理是一个关于平衡的原理，可用于具有理想约束的系统，也可用于具有非理想约束的系统。可以求主动力之间的关系，也可以求约束力。

运用虚位移原理求解平衡问题，关键是求出各虚位移之间的关系，一般可采用下列方法建立。

(1) 按几何关系。设机构某处产生虚位移，通过作图得出机构各处的虚位移，直接按几何关系确定各有关虚位移之间的关系。

(2) 通过变分运算。建立坐标系，选定合适的自变量，对各有关点的坐标进行变分运算，确定各有关虚位移之间的关系。

(3) 按运动学方法。设各点产生虚速度，求出各有关点的虚速度，由虚速度之比等于虚位移之比，确定各有关虚位移之间的关系。可运用运动学的各种方法求各有关点的虚速度。

思 考 题

13-1 何谓虚位移？它与实位移有何不同？

13-2 何谓理想约束和非理想约束？试各举一例说明。

13-3 虚位移原理是否只适用于具有理想约束的系统？

13-4 画出图 13-11 所示 A、B 点的虚位移方向。

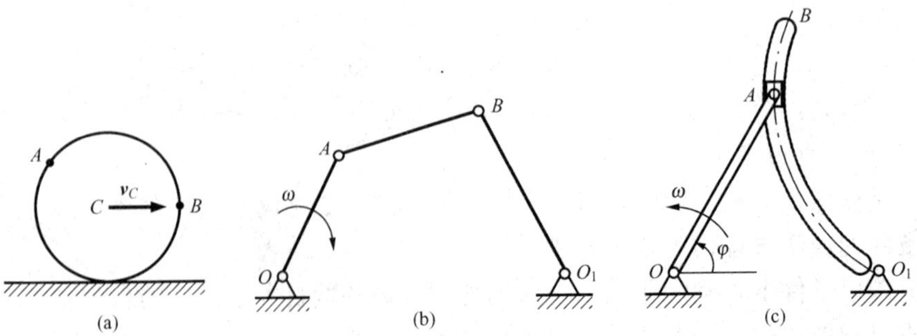

图 13-11 思考题 13-4 图

13-5 试用不同方法确定图 13-12 所示各机构虚位移 $\delta\theta$ 与力 $\boldsymbol{F}$ 作用点虚位移的关系，并进行不同方法的比较。

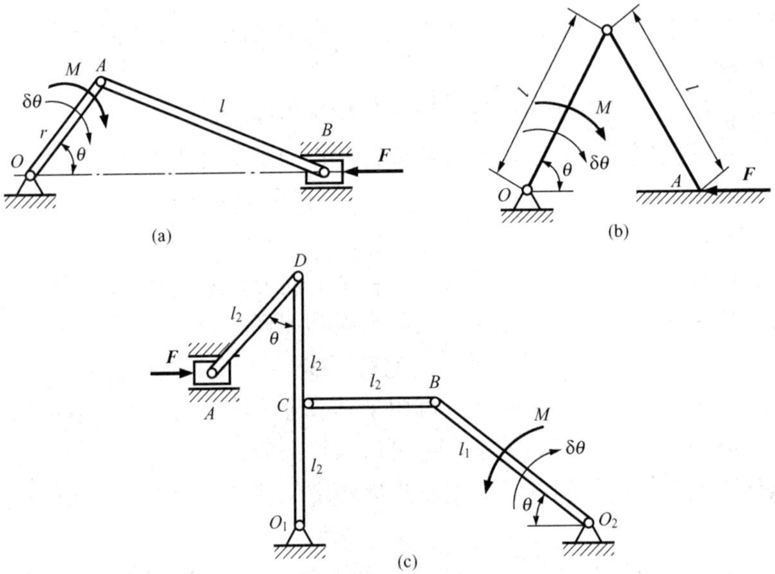

图 13-12 思考题 13-5 图

习 题

13-1 图 13-13 所示曲柄式压榨机的销钉 B 上作用有水平力 $\boldsymbol{F}$，此力位于平面 ABC 内，作用线平分 $\angle ABC$，$AB=BC$，各处摩擦及杆重不计，试求对物体的压榨力。

13-2 在图 13-14 所示机构中，两等长杆 AB 与 BC 在点 B 用铰链连接，又在杆的 D、E 两点连一弹簧。弹簧的刚度系数为 k，当距离 AC 等于 a 时，弹簧内拉力为零，不计各构件自重与各处摩擦。如在点 C 作用一水平力 $\boldsymbol{F}$，杆系处于平衡，试求距离 AC 之值。

13-3 在图 13-15 所示机构中，曲柄 OA 上作用一力偶，其矩为 M，另在滑块 D 上作用水平力 $\boldsymbol{F}$。机构尺寸如图所示，不计各构件自重与各处摩擦。试求当机构平衡时，力 $\boldsymbol{F}$ 与力偶矩 M 的关系。

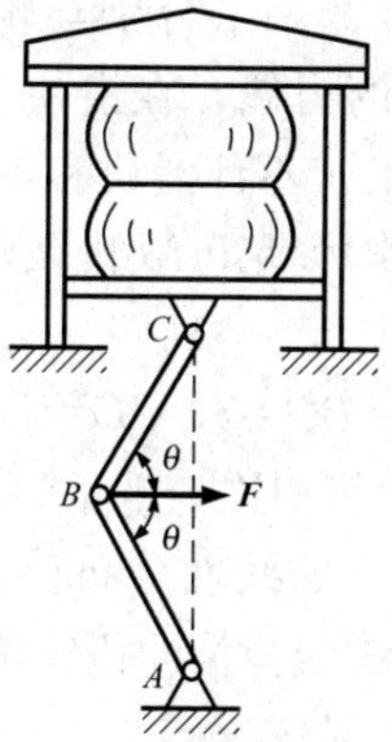

图 13-13　习题 13-1 图

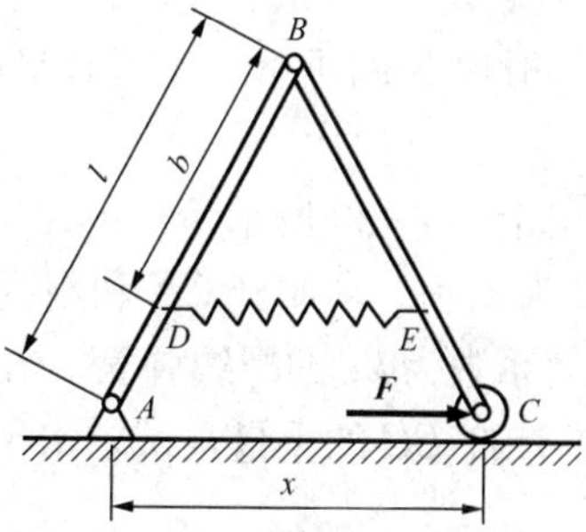

图 13-14　习题 13-2 图

13-4　图 13-16 所示滑套 D 套在直杆 AB 上。并带动杆 CD 在铅直道上滑动。已知 $\theta=0°$ 时弹簧为原长，弹簧刚度系数为 5kN/m，不计各构件自重与各处摩擦。试求在任意位置平衡时，应加多大的力偶矩 M?

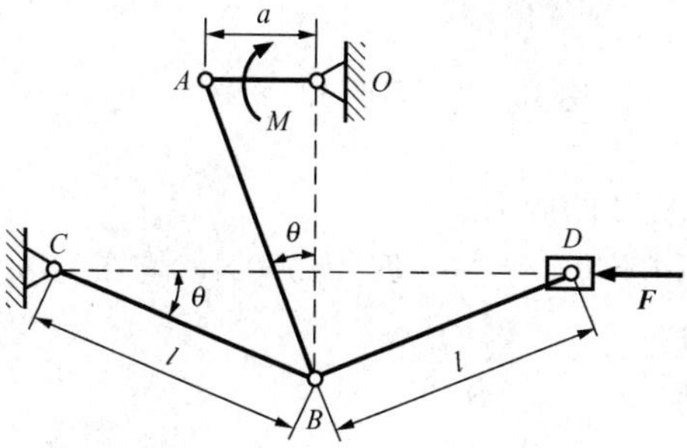

图 13-15　习题 13-3 图

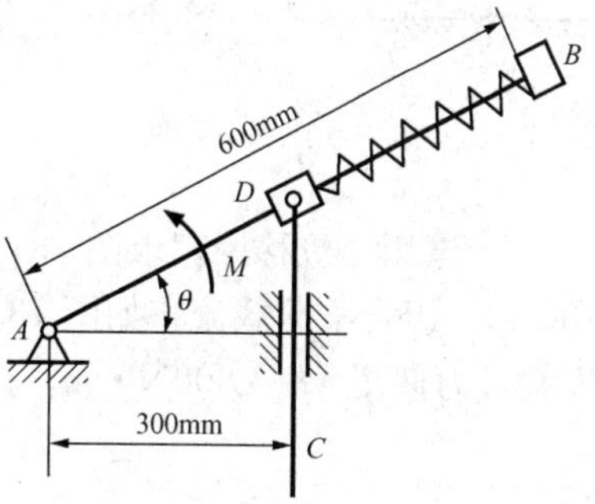

图 13-16　习题 13-4 图

13-5　在图 13-17 所示机构中，曲柄 AB 和连杆 BC 为均质杆，具有相同的长度和重量 $\boldsymbol{G}_1$。滑块 C 的重量为 $\boldsymbol{G}_2$，可沿倾角为 θ 的导轨 AD 滑动。设约束都是理想的，试求系统在铅垂面内的平衡位置。

13-6　图 13-18 所示机构在力 $\boldsymbol{F}_1$ 与 $\boldsymbol{F}_2$ 作用下在图示位置平衡，不计各构件自重与各处摩擦，$OD=BD=l_1$，$AD=l_2$。试求 F_1/F_2 的值。

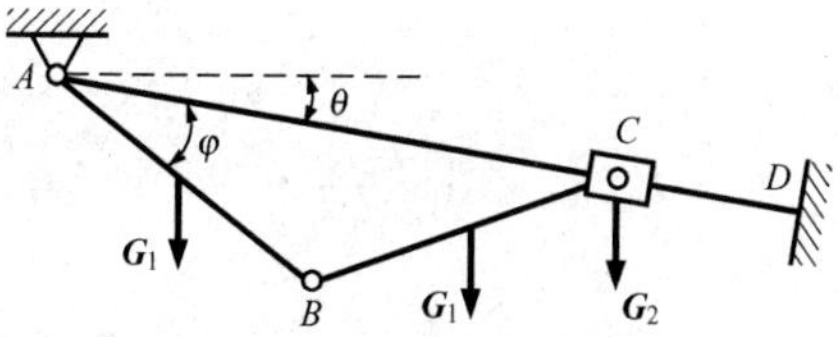

图 13-17　习题 13-5 图

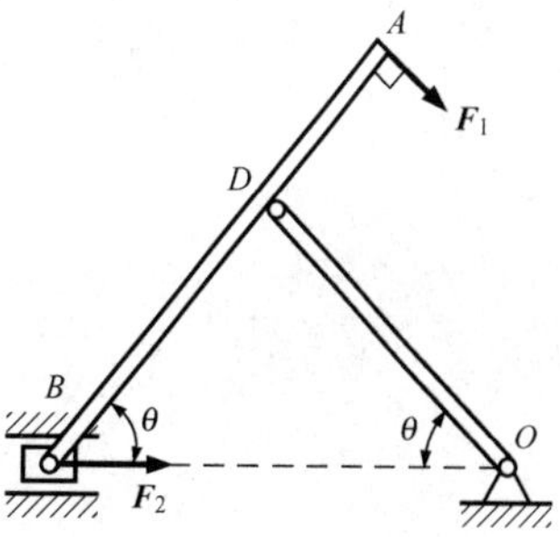

图 13-18　习题 13-6 图

13-7 半径为 R 的磙子放在粗糙水平面上，连杆 AB 的两端分别与轮缘上的点 A 和滑块 B 铰接，如图 13-19 所示。现在磙子上施加矩为 M 的力偶，在滑块上施加力 $\boldsymbol{F}$，使系统于图示位置处于平衡。设力 $\boldsymbol{F}$ 为已知，忽略滚动摩阻，不计滑块和各铰链处的摩擦，不计 AB 杆与滑块 B 的重量，磙子有足够大的重量 G。试求力偶矩 M 以及滚子与地面间的摩擦力 $\boldsymbol{F}_s$。

13-8 如图 13-20 所示，杆系在铅垂面内平衡，$AB=BC=l$，$CD=DE$，且 AB、CE 为水平，CB 为铅垂。均质杆 CE 和刚度系数为 k_1 的拉压弹簧相连，重量为 G 的均质杆 AB 左端有一刚度系数为 k_2 的螺线弹簧。在 BC 杆上作用有水平的线性分布荷载，其最大荷载集度为 q。不计杆 BC 的重量，试求水平弹簧的变形量 δ 和螺线弹簧的扭转角 φ。

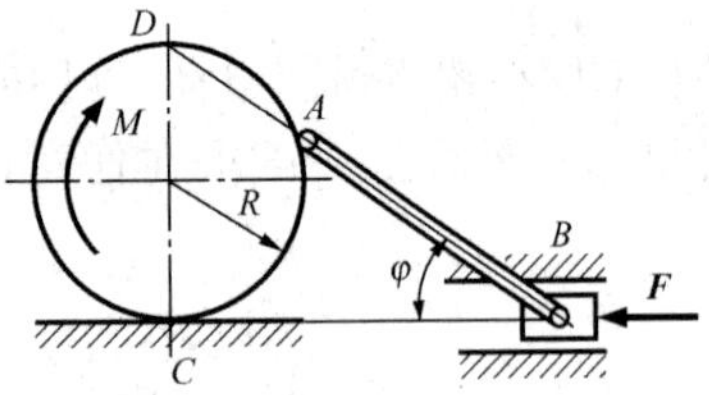

图 13-19 习题 13-7 图

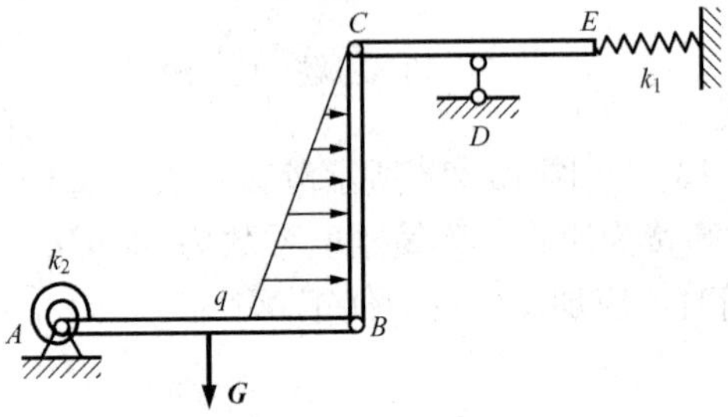

图 13-20 习题 13-8 图

13-9 试用虚位移原理求图 13-21 所示桁架中杆 3 的内力。

13-10 组合梁荷载分布如图 13-22 所示，已知跨度 $l=8\text{m}$，$F=4900\text{N}$，均布力 $q=2450\text{N/m}$，力偶矩 $M=4900\text{N}\cdot\text{m}$。试求支座约束力。

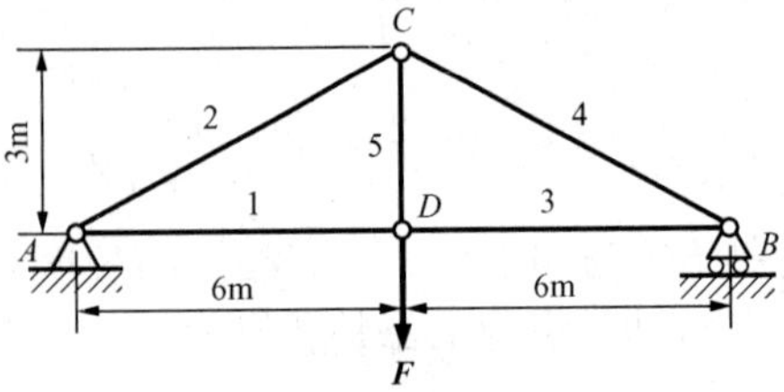

图 13-21 习题 13-9 图

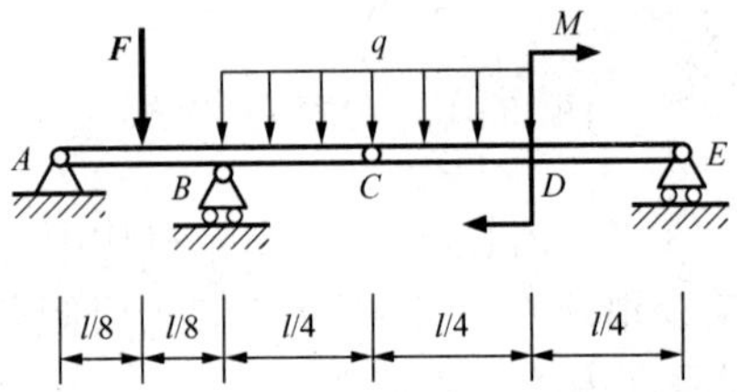

图 13-22 习题 13-10 图

习题答案

2 基本力系

2-1 $F_R=10.97(kN)$，$\alpha=31.74°$

2-2 $F_R=14.39(kN)$，$\alpha=65.36°$，$\beta=68.82°$，$\gamma=33.50°$

2-3 (a) $F_{AB}=0.577G$(拉)，$F_{AC}=1.155G$(压)；

(b) $F_{AB}=0.5G$(拉)，$F_{AC}=0.866G$(压)；

(c) $F_{AB}=1.064G$(拉)，$F_{AC}=0.364G$(压)；

(d) $F_{AB}=F_{AC}=0.577G$(拉)

2-5 $F_{AB}=-73(N)$，$F_{AC}=273(N)$

2-6 $F_D=\frac{l}{2h}F$

2-7 $F_{AB}=80(kN)$

2-8 $F_{1x}=-1.2(kN)$，$F_{1y}=1.6(kN)$，$F_{1z}=0$；

$F_{2x}=0$，$F_{2y}=0.625(kN)$，$F_{2z}=0.781(kN)$；

$F_{3x}=F_{3y}=0$，$F_{3z}=3(kN)$

2-9 $M_x(\boldsymbol{F})=566(N\cdot cm)$，$M_y(\boldsymbol{F})=-328(N\cdot cm)$，$M_z(\boldsymbol{F})=654(N\cdot cm)$，

2-10 $M_x=\frac{2}{\sqrt{3}}Fa$，$M_y=-\frac{1}{\sqrt{3}}Fa$，$M_z=\frac{1}{\sqrt{3}}Fa$

2-11 $M=Fa\sin\alpha\sin\beta$

2-12 $M_x=\frac{F}{4}(h-3r)$，$M_y=\frac{\sqrt{3}}{4}F(r+h)$，$M_z=-\frac{Fr}{2}$

2-13 $F_A=F_B=-1.22(kN)$，$F_C=1(kN)$

2-14 $F_{AB}=F_{AC}=\frac{\sqrt{F^2+G^2}}{\sqrt{3}}$，$\tan\alpha=\frac{G}{F}$

2-15 $F_{AB}=580(N)$，$F_{AC}=320(N)$，$F_{AD}=240(N)$

2-16 (a) $M_O(\boldsymbol{F})=aF\sin\alpha-bF\cos\alpha$

(b) $M_O(\boldsymbol{F})=\sqrt{a^2+b^2}F\sin\alpha$

(c) $M_O(\boldsymbol{F})=lF\sin\theta$

2-17 $F_A=\frac{20}{\sqrt{3}}(kN)$ (↙)，$F_b=\frac{20}{\sqrt{3}}(kN)$ (↗)，$F_{BC}=10\sqrt{2}(kN)$ (压)

2-18 $F_A=F_C=\frac{M}{2\sqrt{2}a}$

2-19 $F=50(N)$，$\theta=143°8'$

2-20 $F_{Ax}=1.5(N)$，$F_{Bx}=1.5(N)$，$F_{Az}=2.5(N)$，$F_{Bz}=2.5(N)$

3 任意力系

3-1 $\boldsymbol{F}'_R=(-345.4\boldsymbol{i}+249.6\boldsymbol{j}+10.55\boldsymbol{k})$ (N)

$\boldsymbol{M}_O=(-51.78\boldsymbol{i}-36.65\boldsymbol{j}+103.6\boldsymbol{k})$ (N·m)

3-2 $\boldsymbol{F}'_{\mathrm{R}}=\frac{\sqrt{2}}{2}F\boldsymbol{i}+\frac{3\sqrt{2}}{2}F\boldsymbol{j}+\sqrt{2}F\boldsymbol{k}$

$\boldsymbol{M}_O=-\sqrt{2}Fa\boldsymbol{j}+\frac{\sqrt{2}}{2}Fa\boldsymbol{k}$

3-3 $a=b+c$

3-4 $\boldsymbol{F}'_{\mathrm{R}}=(260\boldsymbol{i}-40\boldsymbol{j})$ (N)

$\boldsymbol{M}_O=(-14\boldsymbol{i}-38\boldsymbol{j}-30\boldsymbol{k})$ (N·m)，可以合成为力螺旋。

3-5 $F_E=1.2$(kN)，$F_H=F_K=0.8$(kN)。

3-6 $F_A=41.7$(kN)，$F_B=31.7$(kN)，$F_C=36.7$(kN)。

3-7 $F_3=F'_3=\frac{F_1r_1-F_2r_2}{r_3}$

3-8 $F_1=F_5=-F$(压)，$F_3=F$(拉)，$F_2=F_4=F_6=0$。

3-9 $F_N=2056$(N)，$F_{Ax}=-517$(N)，$F_{Az}=-889$(N)，$F_{Bx}=4118$(N)，$F_{Bz}=-1302$(N)

3-10 $F_{Ox}=-5$(kN)，$F_{Oy}=-4$(kN)，$F_{Oz}=8$(kN)；

$M_{Ox}=32$(kN·cm)，$M_{Oy}=-30$(kN·cm)，$M_{Oz}=20$(kN·cm)。

3-11 (1) $F'_{\mathrm{R}}=150$N(←)，$M_O=900$(N·mm)(顺时针)；

(2) $F_{\mathrm{R}}=150$N(←)，$y=-6$(mm)。

3-12 $F_{\mathrm{R}}=2.5$(kN)(↙)，与水平线夹角为$53°8'48''$，作用线与x轴的交点的x坐标为：$x=290$mm。

3-13 $F'_{\mathrm{R}}=189.3$(kN)(↘)，与水平线夹角为$88°35'$，$M_O=6.15$(kN·m)(顺时针)；$F_{\mathrm{R}}=189.3$(kN)(↘)，与水平线夹角为$88°35'$，作用线与x轴的交点的x坐标为：$x=3.25$(cm)。

3-14 $F_3=40$(N)

3-15 $G_3=333$(kN)，$x=6.75$(m)

3-16 $F_{\mathrm{T}}=22.6$(kN)

3-17 (1) $b=0.9$(m)；(2) $b=1.32$(m)。

3-18 $F_{AC}=-153$(kN)，$F_{BC}=33.3$(kN)，$F_{BD}=-193$(kN)。

3-19 (a) $F_{Ax}=-25$(kN)，$F_{Ay}=27.78$(kN)，$F_B=35.5$(kN)；

(b) $F_{Ax}=0$，$F_{Ay}=20$(kN)，$F_B=10$(kN)；

(c) $F_{Ax}=0$，$F_{Ay}=192$(kN)，$F_B=288$(kN)；

(d) $F_{Ax}=0$，$F_{Ay}=-45$(kN)，$F_B=85$(kN)；

(e) $F_{Ax}=F\cos\alpha$，$F_{Ay}=ql+F\sin\alpha$，$M_A=\frac{1}{2}ql^2+Fl\sin\alpha$；

(f) $F_{Ax}=0$，$F_{Ay}=\frac{1}{2}q_0l$，$M_A=\frac{1}{6}q_0l^2$。

3-20 (a) $F_{Ax}=20$(kN)，$F_{Ay}=20$(kN)，$M_A=-45$(kN·m)；

(b) $F_{Ax}=4$(kN)，$F_{Ay}=3$(kN)，$M_A=-16$(kN·m)；

(c) $F_{Ax}=-5$(kN)，$F_{Ay}=0$，$F_B=10$(kN)；

(d) $F_{Ax}=-20$(kN)，$F_{Ay}=20.7$(kN)，$F_B=13.3$(kN)。

3-21 (a) $F_{Ax}=0$，$F_{Ay}=88(\text{kN})$，$F_B=160(\text{kN})$，$F_D=74.4(\text{kN})$，$F_G=22.5(\text{kN})$；
(b) $F_{Ax}=0$，$F_{Ay}=-15(\text{kN})$，$F_B=40(\text{kN})$，$F_D=15(\text{kN})$。

3-22 (a) $F_{Ax}=0$，$F_{Ay}=6(\text{kN})$，$M_A=32(\text{kN}\cdot\text{m})$，$F_C=18(\text{kN})$；
(b) $F_{Ax}=34.6(\text{kN})$，$F_{Ay}=60(\text{kN})$，$M_A=220(\text{kN}\cdot\text{m})$，$F_C=69.28(\text{kN})$；
(c) $F_{Ax}=0$，$F_{Ay}=11.5(\text{kN})$，$M_A=26.5(\text{kN}\cdot\text{m})$，$F_C=2(\text{kN})$。

3-23 (a) $F_{Ax}=0$，$F_{Ay}=0$，$F_{Bx}=-50(\text{kN})$，$F_{By}=100(\text{kN})$，$F_{Cx}=-50(\text{kN})$，$F_{Cy}=0$；
(b) $F_{Ax}=20(\text{kN})$，$F_{Ay}=70(\text{kN})$，$F_{Bx}=-20(\text{kN})$，$F_{By}=50(\text{kN})$，$F_{Cx}=20(\text{kN})$，$F_{Cy}=10(\text{kN})$。

3-24 $F_{Ax}=0.3(\text{kN})$，$F_{Ay}=0.538(\text{kN})$，$F_B=3.54(\text{kN})$，$F_D=2.5(\text{kN})$。

3-25 $F_{Ax}=30(\text{kN})$，$F_{Ay}=15(\text{kN})$，$F_B=0$，$F_D=15(\text{kN})$。

3-26 $F_{AC}=8(\text{kN})$，$F_{BC}=-6.93(\text{kN})$

3-27 $F_{Ax}=2.89(\text{kN})$，$F_{Ay}=5(\text{kN})$，$M_A=15(\text{kN}\cdot\text{m})$；
$F_{Bx}=-2.89(\text{kN})$，$F_{By}=5(\text{kN})$，$M_B=10(\text{kN}\cdot\text{m})$。

3-28 $G_{\min}=2G_1\left(1-\dfrac{r}{R}\right)$

3-29 $F_{Ax}=10(\text{kN})$，$F_{Ay}=20(\text{kN})$，$M_A=60(\text{kN}\cdot\text{m})$；

3-30 $F_{Ax}=0$，$F_{Ay}=-\dfrac{M}{2a}$，$F_{Bx}=0$，$F_{By}=-\dfrac{M}{2a}$，$F_{Dx}=0$，$F_{Dy}=\dfrac{M}{a}$。

3-31 $F_{Ax}=1200(\text{N})$，$F_{Ay}=150(\text{N})$，$F_B=1050(\text{N})$，$F_{BC}=1500(\text{N})$。

3-32 (1) $F_{Ax}=\dfrac{3}{2}F_1$，$F_{Ay}=F_2+\dfrac{1}{2}F_1$，$M_A=-\left(F_2+\dfrac{1}{2}F_1\right)a$。

(2) $F_{BAx}=-\dfrac{3}{2}F_1$，$F_{BAy}=-\left(F_2+\dfrac{1}{2}F_1\right)$；$F_{BTx}=\dfrac{3}{2}F_1$，$F_{BTy}=\dfrac{1}{2}F_1$。

3-33 $F_E=\sqrt{2}F$，$F_{Ax}=F-6qa$，$F_{Ay}=2F$，$M_A=5Fa+18qa^2$。

3-34 $F_{N1}=14.6(\text{kN})$，$F_{N2}=-8.75(\text{kN})$，$F_{N3}=11.7(\text{kN})$。

3-35 $y=\dfrac{F}{2k}+L$

4 静力学应用专题

4-1 $F_1=-5.333F$(压)，$F_2=2F$(拉)，$F_3=-1.667F$(压)

4-2 $F_{AB}=4.40(\text{kN})$，$F_{AE}=-4.77(\text{kN})$，$F_{BE}=4.77(\text{kN})$，$F_{BD}=6.78(\text{kN})$，
$F_{DE}=-4.78(\text{kN})$，$F_{BC}=3.39(\text{kN})$，$F_{CD}=-6.78(\text{kN})$

4-3 $F_6=-4.333(\text{kN})$(压)，$F_7=-6.771(\text{kN})$(压)，$F_9=10(\text{kN})$(拉)，
$F_{10}=14.39(\text{kN})$(拉)

4-4 $F_4=21.83(\text{kN})$(拉)，$F_5=16.73(\text{kN})$(拉)，$F_7=-20(\text{kN})$(压)，
$F_{10}=-43.64(\text{kN})$(压)

4-5 $F_1=-\dfrac{4}{9}F$(压)，$F_2=-\dfrac{2}{3}F$(压)，$F_3=0$

4-6 $F_{BH}=20.1(\text{kN})$，$F_{CH}=-22.6(\text{kN})$，$F_{DH}=3(\text{kN})$，$F_{EH}=2.83(\text{kN})$

4-7 $F_1=-F_4=2F$，$F_2=-F_6=-2.24F$，$F_3=F$，$F_5=0$

4-8 $F_{BC}=4.33(\text{kN})$，$F_{GF}=-6.50(\text{kN})$

4-9 $F=9.8(\text{N})$

4-10 $x\geqslant 12(\text{cm})$

4-11 (1) 当重物上升时 $F_1=26(\text{kN})$；(2) 当重物下降时 $F_2=20.88(\text{kN})$。

4-12 $F=\dfrac{\sin(\alpha+\varphi_f)}{\cos(\theta-\varphi_f)}G$，当 $\theta=\varphi_f$ 时，$F_{\min}=G\sin(\alpha+\varphi_f)$

4-13 $\tan\alpha\geqslant\dfrac{G_1+2G_2}{2f(G_1+G_2)}$

4-14 $f_s=0.224$

4-15 $G_A=500(\text{N})$

4-16 $F=66.28(\text{N})$

4-17 $F=132.7(\text{N})$

4-18 先倾倒，$F=1.5(\text{kN})$

4-19 20N，B 运动

4-20 $x_C=\dfrac{a}{6}$，$y_C=\dfrac{a}{2}$，$z_C=\dfrac{a}{6}$

4-21 (a) $x_C=0$，$y_C=6.08(\text{mm})$；(b) $x_C=11(\text{mm})$，$y_C=0$；
(c) $x_C=5.1(\text{mm})$，$y_C=10.1(\text{mm})$。

4-22 (a) $x_C=0$，$y_C=24.8(\text{mm})$；(b) $x_C=0$，$y_C=-462(\text{mm})$

5 点的运动学

5-1 $y=l\tan kt$；$v=lk\sec^2 kt$；$a=2lk^2\tan kt\sec^2 kt$

$\theta=\dfrac{\pi}{6}$时，$v=\dfrac{4}{3}lk$，$a=\dfrac{8\sqrt{3}}{9}lk^2$；$\theta=\dfrac{\pi}{3}$时，$v=4lk$，$a=8\sqrt{3}lk^2$。

5-2 $v=-\dfrac{v_0}{x}\sqrt{x^2+l^2}$，$a=-\dfrac{v_0^2 l^2}{x^3}$

5-3 $y=e\sin\omega t+\sqrt{R^2-e^2\cos^2\omega t}$；$v=e\omega\left[\cos\omega t+\dfrac{e\sin 2\omega t}{2\sqrt{R^2-e^2\cos^2\omega t}}\right]$

5-4 $v_x=6\times10^3(\text{mm/s})$，$v_y=4.2\times10^3(\text{mm/s})$，$v_z=5.69\times10^3(\text{mm/s})$。
$a_x=18\times10^4(\text{mm/s}^2)$，$a_y=12.6\times10^4(\text{mm/s}^2)$，$a_z=19.4\times10^4(\text{mm/s}^2)$

5-5 $x_D=120\cos\sqrt{2}t(\text{mm})$，$y_D=360\sin\sqrt{2}t(\text{mm})$；
$v_{Dx}=-120\sqrt{2}\sin\sqrt{2}t(\text{mm/s})$，$v_{Dy}=360\sqrt{2}\cos\sqrt{2}t(\text{mm/s})$；
$a_{Dx}=-240\cos\sqrt{2}t(\text{mm/s}^2)$，$a_{Dy}=-720\sin\sqrt{2}t(\text{mm/s}^2)$

5-6 $x_B=r\cos\omega t+2r\sin\dfrac{\omega t}{2}$，$y_B=r\sin\omega t-2r\cos\dfrac{\omega t}{2}$；

$v_{Bx}=r\omega\left(-\sin\omega t+\cos\dfrac{\omega t}{2}\right)$，$v_{By}=r\omega\left(\cos\omega t+\sin\dfrac{\omega t}{2}\right)$；

$a_{Bx}=-\dfrac{1}{2}r\omega^2\left(2\cos\omega t+\sin\dfrac{\omega t}{2}\right)$，$a_{By}=-\dfrac{1}{2}r\omega^2\left(2\sin\omega t-\cos\dfrac{\omega t}{2}\right)$

5-7 $t=0\text{s}$ 时，$a=10(\text{m/s}^2)$；$t=1\text{s}$ 时，$a_\tau=10(\text{m/s}^2)$，$a_n=106.7(\text{m/s}^2)$；

$t=2\text{s}$ 时，$a_\tau=10(\text{m/s}^2)$，$a_n=83.3(\text{m/s}^2)$

5-8 $v_C=2\sqrt{gR}$，$a_C=4g$；$v_D=1.848\sqrt{gR}$，$a_D=3.487g$

5-9 $v=ak$，$v_r=-ak\sin kt$

5-10 $\boldsymbol{v}=(-1.46\boldsymbol{i}+3.33\boldsymbol{j})(\text{m/s})$；$\boldsymbol{a}=(5.21\boldsymbol{i}-4.48\boldsymbol{j})(\text{m/s}^2)$

5-11 $v_M=v\sqrt{1+\dfrac{p}{2x}}$；$a_M=-\dfrac{v^2}{4x}\sqrt{\dfrac{2p}{x}}$

5-12 $y=2x+4$，$-2<x<2$，$s=4.472\sin\dfrac{\pi}{3}t$

$v=4.683\cos\dfrac{\pi}{3}t$；$a_\tau=-4.094\sin\dfrac{\pi}{3}t$

5-13 $v_x=v_y=6\sqrt{2}(\text{m/s})$；$a_x=-36(\text{m/s}^2)$，$a_y=36(\text{m/s}^2)$

6 刚体的简单运动

6-1 $x=0.2\cos 4t(\text{m})$；$v=0.4(\text{m/s})$；$a=2.771(\text{m/s}^2)$

6-2 $\varphi=\dfrac{1}{30}t(\text{rad})$；$x^2+(y+0.8)^2=1.5^2(\text{m}^2)$

6-3 $v_o=0.707(\text{m/s})$；$a_o=3.331(\text{m/s}^2)$

6-4 $\omega=\dfrac{v}{2l}$；$\alpha=\dfrac{v^2}{2l^2}$

6-5 $v=0.86(\text{m/s})$

6-6 $v_B=10\sqrt{13}(\text{cm/s})$，$a_B=20\sqrt{26}(\text{cm/s}^2)$；$v_C=20\sqrt{5}(\text{m/s})$，

$a_C=40\sqrt{10}(\text{m/s}^2)$。

6-7 $\theta_{OA}=\dfrac{\sin\omega_0 t}{\dfrac{h}{r}-\cos\omega_0 t}$

6-8 $\omega_{OA}=\dfrac{bv_0}{b^2+v_0^2t^2}$，$\alpha_{OA}=-\dfrac{2bv_0^3t}{(b^2+v_0^2t^2)^2}$

6-9 $\varphi=\dfrac{\sqrt{3}}{3}\ln\left(\dfrac{1}{1-\sqrt{3}\omega_0 t}\right)$；$\omega=\omega_0 e^{\sqrt{3}\varphi}$

6-10 $\omega_2=0$，$\alpha_2=-\dfrac{16\omega^2}{r_2}$

6-11 $\varphi=\dfrac{r_2\alpha_2}{2l}t^2$

6-12 $\omega=\dfrac{v}{2R\sin\varphi}$，$v_C=\dfrac{v}{\sin\varphi}$，其中 $\sin\varphi=\dfrac{1}{2}\sqrt{2-2\sqrt{2}\dfrac{vt}{R}-\left(\dfrac{vt}{R}\right)^2}$

7 点的合成运动

7-1 $L=200(\text{m})$；$v_r=10.06(\text{m/s})$；$v=0.2(\text{m/s})$

7-2 $v_A=\dfrac{lav}{x^2+a^2}$

7-3 (a) $\omega_2=1.5(\text{rad/s})$；(b) $\omega_2=2(\text{rad/s})$

7-4 当 $\varphi=0°$时，$v=\frac{\sqrt{3}}{3}r\omega$ 向左；当 $\varphi=30°$时，$v=0$；

当 $\varphi=60°$时，$v=\frac{\sqrt{3}}{3}r\omega$ 向右

7-5 $v_C=\frac{av}{2l}$

7-6 当 $\varphi=0°$时，$v_{AB}=\omega e$

7-7 $v_M=0.529(m/s)$

7-8 $v=\frac{1}{\sin\theta}\sqrt{v_1^2+v_2^2-2v_1v_2\cos\theta}$

7-9 $a_{CD}=30(cm/s^2)$，铅直向下

7-10 $v=0.1(m/s)$；$a=0.346(m/s^2)$

7-11 $v=0.173(m/s)$；$a=0.05(m/s^2)$

7-12 $\omega_{AB}=2.667(rad/s)$；$\alpha_{AB}=20(rad/s^2)$

7-13 $\omega_1=\frac{\omega}{2}$，$\alpha_1=\frac{\sqrt{3}}{12}\omega^2$

7-14 $a_A=0.746(m/s^2)$

7-15 $v_M=0.173(m/s)$；$a_M=0.35(m/s^2)$

8 刚体的平面运动

8-1 $v_{BC}=2.512(m/s)$

8-2 $a_A=\frac{Rv_C^2}{r(R-r)}$，方向指向 C 点；$a_{Bx}=2a_C^{\tau}$，方向水平向右；

$a_{By}=\frac{(R-2r)\ v_C^2}{r(R-r)}$，方向垂直向下

8-3 $\omega=\frac{v_1-v_2}{2r}$；$v_O=\frac{v_1+v_2}{2}$

8-4 $\omega_{ABD}=1.072(rad/s)$；$v_D=0.254(m/s)$

8-5 $\omega_{EF}=1.333(rad/s)$；$v_F=0.462(m/s)$

8-6 $\omega_{OB}=3.75(rad/s)$；$\omega_{I}=6(rad/s)$

8-7 $\omega_{I}=\sqrt{3}\omega_0$ 顺时针

8-8 $\omega_{AB}=1.7(rad/s)$ 逆时针，$\omega_{BD}=1.5(rad/s)$ 逆时针

8-9 $v_O=\frac{Rv}{R-r}$；$a_O=\frac{Ra}{R-r}$

8-10 $v_B=2(m/s)$，$v_C=2.828(m/s)$；$a_B=8(m/s^2)$，$a_C=11.31(m/s^2)$

8-11 $v_M=0.098(m/s)$，$a_M=0.013(m/s^2)$

8-12 $a_n=2r\omega_0^2$，$a_{\tau}=r(\sqrt{3}\omega_0^2-2\alpha_0)$

8-13 $\alpha_{O_1B}=0.5\omega_0^2$，$a_B=0.707r\omega_0^2$。

8-14 $\omega_{AB}=1(rad/s)$，$\alpha_{AB}=0.25(rad/s^2)$；$\omega_B=3(rad/s)$，$\alpha_B=4.75(rad/s^2)$。

8-15 $\omega_{O_1C}=6.186(rad/s)$，$\alpha_{O_1C}=78.17(rad/s^2)$

8-16 $\omega_{O_1A}=0.2(\text{rad/s})$，$\alpha_{O_1A}=0.462(\text{rad/s}^2)$

8-17 $v_{DB}=1.155l\omega_0$，$a_{DB}=2.222l\omega_0^2$

8-18 $v'_C=6.865r\omega_0$，$a'_C=16.14r\omega_0^2$

9 动力学基础

9-1 $F=5098(\text{kN})$

9-2 $f_{\min}=\dfrac{a\cos\theta}{g+a\sin\theta}$

9-3 (1) 8(kN)；(2) 6.98(kN)；(3) 9.02(kN)

9-4 $h=7.84(\text{cm})$

9-5 $\varphi=48.2°$

9-6 $t=2.02(\text{s})$，$s=692(\text{cm})$

9-7 $n=67(\text{r/min})$

9-8 $F_{AM}=\dfrac{ml}{2a}(\omega^2a+g)$，$F_{BM}=\dfrac{ml}{2a}(\omega^2a-g)$

9-9 $v=v_{极限}-(v_{极限}-v_0)\mathrm{e}^{-gt/v_{极限}}$

9-10 (1) $\sqrt{2}mg$；(2) $\dfrac{\sqrt{2}}{2}mg$

9-11 $v=\sqrt{\dfrac{Fl}{m}-gf(1+\ln4)}$

9-12 $v=\dfrac{F}{ks}(1-\mathrm{e}^{-\frac{ks}{m}t})$，$x=\dfrac{F}{ks}\left[t-\dfrac{m}{ks}(1-\mathrm{e}^{-\frac{ks}{m}t})\right]$

9-13 $F_{\max}=5.84(\text{kN})$，$F_{\min}=5.30(\text{kN})$

9-14 $v_1=\sqrt{g/(g+kv_0^2)}$

9-15 $s=19.25(\text{m})$

9-16 $J_z=0.3m(R^5-r^5)/(R^3-r^3)$

9-17 $l\geqslant2.76r$

9-18 $J_x=m(a^2+3ab+4b^2)/3$

9-19 $J_{xy}=ml^2\cos\alpha\sin\alpha/3$

9-20 $J_u=0.42(\text{kg}\cdot\text{m}^2)$

9-21 (1) $\dfrac{Gr^2}{2g}$；(2) $\dfrac{Gl^2}{3g}$；(3) $\dfrac{G(r^2+2e^2)}{2g}$

9-22 $J_A=J_B+m(a^2+b^2)$

9-23 $J_z=mr^2(1+\cos^2\alpha)/4$，$J_{yz}=-mr^2\sin2\alpha/8$

10 动能定理

10-1 $T=\dfrac{9G_2+2G_1}{3g}r^2\omega^2$

10-2 $T=\dfrac{1}{2}(3m_1+2m)v^2$

10-3 $T=\dfrac{Gl^2\omega^2\sin^2\beta}{6g}$

10-4 $T=\dfrac{1}{2}\dfrac{G_1}{g}v_1^2+\dfrac{G_2}{2g}(v_1^2+\dfrac{1}{4}l^2\omega_1^2+v_1l\omega_1\cos\varphi)+\dfrac{1}{24}\dfrac{G_2}{g}l^2\omega_1^2$

10-5 $W=20.7(\mathrm{J})$

10-6 $\sum W_i=\dfrac{4\pi}{3}(6\pi a+16\pi^2b-3G_Bfr)$

10-7 $W=4900(\mathrm{J})$

10-8 $v=8.1(\mathrm{m/s})$

10-9 $v_A=\sqrt{\dfrac{3}{m}[M\theta-mgl(1-\cos\theta)]}$

10-10 (1) 圆盘的角速度 $\omega_B=0$，连杆的角速度 $\omega_{AB}=4.95(\mathrm{rad/s})$；

(2) $\delta_{max}=87.1(\mathrm{mm})$

10-11 $\omega=\dfrac{2}{R+r}\sqrt{\dfrac{3M\varphi}{9m_1+2m_2}}$；$\alpha=\dfrac{6M}{(R+r)^2(9m_1+3m_2)}$

10-12 $a_A=\dfrac{3m_1g}{4m_1+9m_2}$

10-13 $v=\sqrt{\dfrac{1}{7}(6gl\cos30°)}$

10-14 $v_C=2\sqrt{3gl}$

10-15 (1) $\omega=\sqrt{\dfrac{6gl(2G_2+G_1)}{2G_1l^2+3G_2R^2+6G_2l^2}}$；(2) $\omega=\sqrt{\dfrac{(6G_2+3G_1)}{(3G_2+G_1)}\dfrac{g}{l}}$

10-16 $v=11.29(\mathrm{m/s})$

11 动 量 原 理

11-1 (1) 4.25(s)；(2) 53.1(m)。

11-2 (a) $p=r\omega(0.5m_1+m_2+m_3)$ (←)，(b) $p=(m+2m_1)v$(→)，

(c) $p=r\omega(m_1-m_2)$ (↑)，(d) $p_x=m_2v$(←)，$p_y=m_1v$(↓)，$p=\sqrt{m_1^2+m_2^2}v$

11-3 $I_x=200.2(\mathrm{N\cdot s})$ (→)；$I_y=246.7(\mathrm{N\cdot s})$ (↓)；

11-4 $I=4.472(\mathrm{N\cdot s})$，与铅直线夹角 3°26′。

11-5 $x=\dfrac{m_2l}{m_1+m_2}(\sin\varphi_0-\sin\varphi)$，向右。

11-6 (1) $F_x=m_2l\omega^2$，(2) $\omega>\sqrt{\dfrac{m_1+m_2}{m_2e}g}$。

11-7 $v_{Cx}=\dfrac{m_1v_A}{m_1+m_2}$，$v_{Cy}=\dfrac{-m_2v_A\tan\alpha}{m_1+m_2}$，$a_{Cx}=\dfrac{m_1a_A}{m_1+m_2}$，$a_{Cy}=\dfrac{-m_2a_A\tan\alpha}{m_1+m_2}$

11-8 $x=\dfrac{10}{7}(\mathrm{m})$，$v_{船}=\dfrac{3}{7}(\mathrm{m/s})$，$v_{箱}=-2\dfrac{4}{7}(\mathrm{m/s})$

11-9 $F''_{Nx}=8.11(\mathrm{N})$

11-10 $F''_{Nx}=27.69(\mathrm{kN})$

11-11 $t=\frac{J}{A}\ln 2$，$n=\frac{J\omega_0}{4\pi A}$，

11-12 $F_{Ox}=-96(\text{N})$，$F_{Oy}=32.3(\text{N})$

11-13 $F_N=\frac{mg}{3}(7\cos\theta-4\cos\theta_0)$

11-14 (1) 13.8(cm)；(2) 49.4(N)

11-15 $\omega=0.721\omega_0$

11-16 $a=\frac{(MR_1-GR_2r)\ rR_2g}{GR_2^2r^2+(J_1R_1^2+J_2R_2^2)\ g}$

11-17 $a=\frac{2(G_1r_1+G_2r_2)}{(2G_1-G_{r1})\ r_1^2+(2G_2+G_{r2})\ r_2^2}$

11-18 $\omega=5.72(\text{rad/s})$，$F_{Ax}=0$，$F_{Ay}=36.75(\text{N})$

11-19 $\omega=\sqrt{\frac{8g}{3R}}$，$\alpha=0$；$a_C^\tau=0$，$a_C^n=\frac{8g}{3}$；$p=G\sqrt{\frac{8R}{3g}}$，方向水平向左；

$L_O=3GR^2\sqrt{\frac{2}{3Rg}}$，$T=2GR$；$F_{Ox}=0$，$F_{Oy}=\frac{11G}{3}$。

11-20 $a_{BC}=-r\omega^2\cos\omega t$，$M=r\left(\frac{1}{2}m_1g+m_2r\omega^2\sin\omega t\right)\cos\omega t$

$F_{Ox}=-r\omega^2\left(\frac{m_1}{2}+m_2\right)\cos\omega t$，$F_{Oy}=m_1g-\frac{1}{2}m_1r\omega^2\sin\omega t$

11-21 $a=\frac{m_1\sin\theta-m_2}{2m_1+m_2}g$，$F=\frac{3m_1m_2+(2m_1m_2+m_1^2)\ \sin\theta}{2(2m_1+m_2)}g$。

11-22 $a_A=\frac{1}{6}g$；$F=\frac{4}{3}mg$；$F_{Kx}=0$，$F_{Ky}=4.5mg$，$M_K=13.5mgR$

11-23 (1) $\alpha=\frac{M-mgR\sin\theta}{2mR^2}$；(2) $F_x=\frac{1}{8R}(6M\cos\theta+mgR\sin 2\theta)$

11-24 $F=9.8(\text{N})$

11-25 $\omega=\sqrt{\frac{3g}{2l}}$；$x_C^2+3ly_C+3l^2=0$

11-26 $\omega=\sqrt{\frac{3m_1+6m_2}{m_1+3m_2}\frac{g}{l}\sin\theta}$；$\alpha=\frac{3m_1+6m_2}{m_1+3m_2}\frac{g}{2l}\cos\theta$

11-27 $\alpha=\frac{m_2\sin 2\theta}{3m_1+m_2+2m_2\sin^2\theta}g$

11-28 $\omega=\sqrt{\frac{3g}{l}(1-\sin\varphi)}$；$\alpha=\frac{3g}{2l}\cos\varphi$；

$F_A=\frac{9}{4}mg\cos\varphi\left(\sin\varphi-\frac{2}{3}\right)$；$F_B=\frac{1}{4}mg\left[1+9\sin\varphi\left(\sin\varphi-\frac{2}{3}\right)\right]$

12 达朗伯原理

12-1 $f\geqslant\frac{a}{g\cos\theta}+\tan\theta$

12-2 (1) 不打滑极限速度 $v_{max}=\sqrt{\rho g f_s}$，不倾倒的极限速度 $v_{max}=\sqrt{\frac{b\rho g}{2h}}$；

(2) $h<\dfrac{b}{2f_s}$；(3) $v_{max}=17(km/h)$

12-3 $C>\dfrac{m\ (e\omega^2-g)}{2e+b}$

12-4 $F=mR\omega^2$

12-5 $F_C=17.42(kN)$，$F_D=12.02(kN)$

12-6 $F_{AC}=148.1(N)$，$F_{BD}=59.8(N)$

12-7 $F_{Ax}=-3.49(kN)$，$F_{Ay}=19.01(kN)$，$F_B=13.62(kN)$

12-8 $F=25.28(kN)$，$F_{Ox}=17.87(kN)$，$F_{Oy}=21.8(kN)$

12-9 $F=\dfrac{(l^2-h^2)\ G\omega^2}{2lg}$(拉)，$h=0$ 处，$F_{max}=\dfrac{Gl\omega^2}{2g}$

12-10 $F_{Ax}=-15(kN)$，$F_{Ay}=10(kN)$，$F_C=15(kN)$

12-11 $a_A=37.7(cm/s^2)$，$F_{FD}=10.38(kN)$

12-12 $a_C=2.8(m/s^2)$

12-13 $a_O=\dfrac{2F\cos\theta}{3G}g$，$F_N=G-F\sin\theta$，$F_S=\dfrac{F}{3}\cos\theta$

12-14 $\omega^2=\dfrac{3\ (b^2\cos\varphi-a^2\sin\varphi)\ g}{(b^3-a^3)\ \sin2\varphi}$

12-15 $\alpha=\dfrac{(m_2r-m_1R)\ g}{J+m_1R^2+m_2r^2}$，轴承 O 处的反力 $F_{Ox}=0$，$F_{Oy}=\dfrac{-\ (m_2r-m_1R)^2g}{J_O+m_1R^2+m_2r^2}$

12-16 $M=\dfrac{\sqrt{3}}{4}r\ [\ (m_1+2m_2)\ g-m_2r\omega^2]$，$F_{Ox}=-\dfrac{\sqrt{3}}{4}m_1r\omega^2$，

$F_{Oy}=\ (m_1+m_2)\ g-\ (m_1+2m_2)\ \dfrac{r\omega^2}{4}$

12-17 $a=\dfrac{4F}{4m+3m_1}$

12-18 $a_A=\dfrac{m_1\sin\theta-m_2}{2m_1+m_2}g$，$F=\dfrac{3m_1m_2+\ (2m_1m_2+m_1^2)\ \sin\theta}{2\ (2m_1+m_2)}g$

12-19 (1) $\alpha=\dfrac{M-mgR\sin\theta}{2mR^2}$；(2) $F_x=\dfrac{1}{8R}\ (6M\cos\theta+mgR\sin2\theta)$

12-20 $a_A=\dfrac{m_1g\ (r+R)}{m_10\ (R+r)^2+m_2\ (\rho^2+R^2)}$

12-21 $a=\dfrac{4}{7}g\sin\theta$，$F=-\dfrac{1}{7}mg\sin\theta$

12-22 $F_x=\dfrac{m_1\sin\theta-m_2}{m_1+m_2}mg\cos\theta$

12-23 (1) $F_I=0$，$M_{IC}=0$，(2) $F_I=me\left(\dfrac{v}{R}\right)^2$，沿 OC，背离点 O，$M_{IC}=0$

(3) $F_I=m\dfrac{v^2}{2R}$，$M_{IC}=0$

12-24 (1) 作用于质心处：$F_I=\dfrac{15}{16}\pi R^3\rho g\sqrt{\dfrac{901\alpha^2+\omega^4}{900}+\dfrac{\varepsilon\omega^2}{15}}$，$M_I=0.481\pi R^4\rho\alpha$

（2）作用于质心处：$F_{\rm I}=\frac{101}{100}\pi R^3\rho g\sqrt{\frac{40805\alpha^2+\omega^4}{40804}-\frac{\varepsilon\omega^2}{101}}$，$M_{\rm I}=0.503\pi R^4\rho\alpha$

12-25 （1）$0.5g=4.9(\mathrm{m/s^2})$，$0.408G$，$0.458G$；

（2）$(2-\sqrt{3})g=2.63(\mathrm{m/s^2})$，$0.634G$，$0.634G$

12-26 $F_{OA}=-\frac{\sqrt{2}}{8}mg=-0.177mg$，$F_{OB}=\frac{\sqrt{2}}{8}mg=0.177mg$

12-27 $F_A=80.19(\mathrm{N})$，$F_B=-75.26(\mathrm{N})$

13 虚位移原理

13-1 $F_{\rm N}=\frac{1}{2}F\tan\theta$

13-2 $AC=x=a+\frac{F}{k}\left(\frac{l}{b}\right)^2$

13-3 $F=\frac{M}{a}\cot2\theta$

13-4 $M=450\,\frac{\sin\theta\,(1-\cos\theta)}{\cos^3\theta}(\mathrm{N\cdot m})$

13-5 $\tan\varphi=\frac{G_1}{2\,(G_1+G_2)}\cot\theta$

13-6 $\frac{F_1}{F_2}=\frac{2l_1\sin\theta}{l_2+l_1\,(1-2\sin^2\theta)}$

13-7 $M=2RF$，$F_{\rm s}=F$

13-8 $\delta=-\frac{ql}{6k_1}$，$\varphi=\frac{Gl}{2k_2}$

13-9 $F_3=F$

13-10 $F_A=-2450(\mathrm{N})$，$F_B=14700(\mathrm{N})$，$F_E=2450(\mathrm{N})$

参 考 文 献

[1] 哈尔滨工业大学理论力学教研组编. 理论力学（第6版）. 北京：高等教育出版社，2002

[2] 浙江大学理论力学教研组编. 理论力学（第3版）. 北京：高等教育出版社，1999

[3] 陈传尧，刘恩远，梁枢平. 工程力学基础. 武汉：华中理工大学出版社，1999

[4] 贾启芬，赵志岗，刘习军. 工程静力学. 天津：天津大学出版社，1999

[5] 贾启芬，刘习军. 工程动力学. 天津：天津大学出版社，1999

[6] 罗固源，张祥东，胡文绩. 理论力学. 重庆大学出版社，新疆大学出版社，2002

[7] 王虎，王爱勤，樊丽俭. 工程力学（静力学·运动学·动力学）. 西安：西北工业大学出版社，2000

[8] 唐晓雯，石萍. 理论力学基本训练. 北京：科学出版社，2004

[9] 程燕平. 静力学. 哈尔滨：哈尔滨工业大学出版社，2004

[10] 蒲致祥，薛璞，刘小洋. 理论力学（中学时）. 西安：西北工业大学出版社，2000

[11] 史希陶，王景涌，杨敬祥. 理论力学. 北京：高等教育出版社，1988

[12] 胡运康，景荣春. 理论力学. 北京：高等教育出版社，2006